生鲜果蔬采后商品化处理

技术与装备

王 莉 著

中国农业出版社

序

農產品，特別是鮮活農產品與一般的商品不同，遠距離運輸極易造成產品的腐爛變質和較大的損耗。很多農產品，特別是果蔬產品需要就近就地進行加工而不適合遠距離異地加工。生鮮果蔬通過及時加工處理，一是可以有效減少農產品腐爛、變質和遠距離運輸造成的不必要損失，同時大大減輕運輸壓力和生產成本；二是可以有效解決農產品買難賣難問題，穩定和提高農民種植、養殖的積極性，保障農產品穩定供應；三是可以有效延長當地的農業產業鏈，大量吸收當地農村富餘勞動力就近就地就業，增加農民收入；四是可以彌補從田頭到餐桌農產品全程質量安全控制中初加工環節的缺失，保證農產品質量安全。因此，開展生鮮果蔬采後商品化處理具有重要的意義。

由於受儲藏條件和加工處理技術、能力及裝備的制約，我國農產品產後損失非常嚴重。例如，稻谷收獲後的損失率一般為 $6\%\sim8\%$，相當於 173.3 萬 hm^2 的水稻產量，折合 230 億元人民幣；玉米的損失率達 $8\%\sim11\%$，相當於 240 萬 hm^2 的產量，折合 225 億元人民幣；馬鈴薯損失率達 $15\%\sim25\%$，相當於 73.3 萬 hm^2 的產量，折合 105 億元人民幣；果蔬損失率為 $15\%\sim25\%$，相當於 590 萬 hm^2 的產量，折合 880 億元人民幣。產後損失不僅影響農產品供給和農民收入，而且造成環境污染，更會產生食品質量安全隱患，影響人體健康。究其原因可歸結為 5 個方面：（1）農產品自身特點所致。農產品的自然規律性決定了需要季節性生產、集中收獲和大量加工，而我國農產品生產主體的特殊性表現為農民個體多而散，沒有組織起來，沒有像發達國家一樣在一定區域內建立統一的加工中心進行收獲後的及時降水、降溫和儲藏。由於我國農產品價格形成機制尚不完善，農產品利潤率不高，加之國家缺乏相應的配套政策，導致投入主體（包括企業）積極性不高。（2）農產品初加工環節缺失。對農產品初加工認識不足，重視抓生產，忽視抓加工和流通的局面還沒有得到根本轉變，導致各種政策支持和投入嚴重不足，現有加工技術與裝備相當落後。（3）缺乏必要的標準規範。在農產品初加工環節尚未形成相關的技術標準體系。（4）科研成果轉化率低。農產品初加工领域的科研成果缺乏，即使有了成果，由于种种原因，大多数也没有得到有效的应用推广。(5) 产业布局不尽合理，包括原料与产品、产品与市场对接等方面。随着现代科学技术的进步，通过对农产品产后进行清选、分级、烘干、预冷、储藏、保鲜、包装等初加工，特别是对产后全过程进行质量控制管理，完全能够大大降低我国农产品的产后损失。

农产品初加工产业如何发展，也是我国农业工程科技人员面临和需要研究解决的重要问题。从技术层面而言，需要将现代工业技术运用于农产品初加工行业，有效提高农产品初加工的科技含量；农产品初加工装备要向高效、节能、环保方向发展，为用户提供环保安全的技术与产品，最大限度地降低农产品加工能耗，获得良好经济效益；要综合利用农产品资源，针对农产品可循环利用的特点，提高资源综合利用率，实现"吃干榨尽"的生产过程，产生更好的环境效益。从政策层面而言，要加大政府指导和支持力度，各级政府要把发展农产品产地初加工作为一项重大的民生工程来抓，高度重视、纳入规划、加大投入；要加快制定投资、补贴、税收、金融、保险等政策，出台扶持农产品产地初加工发展的政策，把产地初加工装备和设施作为重要的农业基础设施加以支持；要加大科技创新的资金投入，使我国对包括产地初加工等方面在内的农业工程科技投入占到农业科技投入的相应比例；要加大农产品产地初加工设施装备发展和建设力度，通过研制、集成先进适用技术装备，满足生产需要，推进农产品产地初加工行业顺利发展。

综观我国生鲜果蔬采后处理领域近30年的发展历程，装备研究远远落后于工艺研究，技术装备与生产工艺需求不相适应，制约着先进工艺的运用和工艺技术的创新与发展。技术装备的研发、设计、制造和应用与发达国家相比更是差距甚远，究其原因除与我国农业装备制造业整体水平不高有关外，科技创新投入严重不足，成果推广应用的有效途径和机制更是薄弱和缺乏。长期以来，我国在该领域一直处于落后状态，鲜见从技术装备与工程应用的视角，系统阐释果蔬采后加工处理与保鲜相关技术方面的专著。作者于20世纪80年代开始在这一领域从事技术研究，进入21世纪后再次重点关注该领域，长期深入的研究实践，为本书的写作提供了丰富的素材和奠定了坚实的基础。本书紧紧围绕果蔬采后商品化处理各环节的技术与装备应用问题，充分借鉴国内外发展经验和研究成果，全面、系统、深入地论述了生鲜果蔬采后预冷、清洗、分级、包装以及微生物控制等采后商品化处理环节相关的技术与装备问题，是农业工程领域科技人员开展工程理论研究的一次很好的尝试，为我国该领域的科研工作者、工程技术人员、装备设计制造人员以及使用装备的生产技术人员提供了颇有价值的技术资料，该书的出版对于推动我国生鲜果蔬采后商品化处理技术与装备的发展具有积极的作用。

我国农业基础设施与装备条件还很薄弱，果蔬采后商品化处理措施与发达国家相比还有很大差距，农产品产地初加工与贮藏设施亟需建设，广大农业工程科技人员任重道远。希望通过我们的共同努力，为我国农产品产地初加工事业和果蔬采后商品化产业的发展提供坚实有力的技术支撑。

农业部规划设计研究院院长

2012 年 10 月 31 日

前 言

　　果蔬生产同步于人类食物生产,作为产品通过交换成为商品的历史与商品出现的历史一样悠久,然而,"果蔬商品化处理"术语的频繁出现和使用,在我国还是近一、二十年的事情。随着设施农业的蓬勃发展,我国基本解决了菜篮子问题,果蔬产量提高的同时也出现了产品结构性过剩,采后损失问题更是越来越多地引起多方重视,采后损失不仅关系到产量损失,也关系到社会资源浪费。交通便利促成农产品在全世界范围大流通,也为农产品携带病源性因素(如病原微生物、残留农药、存在有害物等)大范围扩散提供了条件,尤其食源性疾病爆发屡次出现,使得农产品质量、农产品安全问题越来越受到消费者关注,甚至成为人们安居乐业、社会稳定的大问题。与百姓生活息息相关的果蔬产品也不例外。显然,采后损失问题和质量安全问题是期望在果蔬采后商品化处理环节能够得以解决的主要问题。

　　每当提及果蔬商品化处理,会使人们联想到国外农产品的产业化、规模化生产过程,惊叹其生产过程的机械化、自动化程度;每当从超市货架上看到进口果蔬与国产果蔬之间鲜明价格差异中所反映出的质量差距,不能不触动从事农业工程的科技人员去考虑如何改善我们的产品质量。

　　在作者看来,所谓果蔬商品化处理,旨在改变传统的果蔬生产与流通模式,以现代先进技术的融入,达到产品质量的统一及符合相应的技术标准和要求,使果蔬更加具备商品所应有的市场销售弹性、价值、可追溯性和使用安全保障性等特征,并使商品生产和经营获得效益,最终实现其价值和使用价值,使用价值的体现正是农业生产的目的,人们可以幸福地享受安全、优质的农产品。此外,现代化的果蔬商品化处理,还应运用好先进的技术与装备,创建必要的生产条件,减轻工人劳动强度,提高生产率,使生产的产品优于传统模式生产的产品,呈现出集约化、规模化、工厂化、机械化等诸多特征。在我国,果蔬商品化处理生产过程的各项环节,是否应该采用机械装备、采用怎样的技术与装备、如何使技术与装备在生产中发挥好作用是科研人员面临的课题,尤其是从事农业工程研究、设计人员应该关注和投入精力去力争解决的问题。

　　技术装备是实现现代化商品生产的手段。自18世纪英国工业革命,机器生产替代手工劳动,商品生产的手工作业方式逐渐向机器大工业的方式发生着转变。进入20世纪中叶,以自然科学成就为基础的大批新技术不断涌现,汇成了新技术革命的洪流，生物技术、新材料技术、新能源技术、信息技术、激光技术、机器人技术等现代新技术，无不向各个领域渗透，现代技术的发展呈现出相互渗入、互为集成、融合紧密和系统统一的特征。先进技术装备更是新技术与传统技术结合的产物，在现代人类生活、生产、通讯、军事等各项社会活动中都具有越来越重要的地位，发挥着不可替代的作用。

我国对果蔬采后商品化处理环节的关注和研究与发达国家相比起步较晚，技术与装备相对落后，通过引进国外先进技术装备完成生产设施建设是许多地方或部门采用的方式。然而，在生产实践中，采用、集成新技术，以先进技术装备形成生产力并获得经济效益，已经不局限于自然科学的范畴。先进技术能带来更好的经济、社会效益毋庸置疑，但由于资源条件、科学文化发达程度在国家及地区间存在差异，会造成先进技术在不同国家或地区的适用性不同，先进技术的应用必然要受到自然条件、经济条件、社会条件和技术基础等的制约。正因为如此，要想使先进技术与装备在工程实践中得以成功应用，前提是要对技术与装备本身全面了解和掌握。

研究、设计、制造和使用果蔬采后商品化处理技术装备，均离不开对该领域技术装备的全面、深入了解。与通用技术装备不同，果蔬采后技术装备专用性强，设备的设计制造模式无法沿用较大规模机械装备产品的设计制造模式。待处理对象的多样性以及生鲜果蔬特有的娇嫩、易腐坏、形状不规则、大小不统一等鲜活生物特征，会对机械装备设计提出更多要求。果蔬加工处理的季节性强，一旦使用机械设备组织生产，任何短时间的停工均会造成无法弥补的损失，因此对装备的运行可靠性和维护方便性提出了更高要求。若想用机械装备成功组成生产线，则需要考虑技术与装备的适用性、设备与工艺的紧密结合、设备之间的配套与合理衔接、设备作业与人工作业的配合协调等诸多因素。可以说，机械装备设计制造本身即系统工程，以技术与装备形成生产力的工程设计与实现更是需要结合社会环境和经济环境综合考虑的系统工程。

想以此书的架构和内容呈现果蔬采后商品化处理中涉及的技术与装备问题，与作者的专业背景和工作经历有关。20世纪80年代初毕业后步入社会的年代恰逢中国改革开放伊始，百废待兴，工厂化农业技术开始进入到我国科研人员的视野，以引进和消化吸收国外先进技术为基础的设施园艺装备和果蔬采后处理技术装备的研究与开发也逐步纳入到国家科技计划，作者有幸参与其中，并自此一直从事和开展这些领域的研究工作。2001年调入农业部规划设计研究院时，正值以温室为代表的设施园艺装备发展到了鼎盛时期，园艺产品的采后处理技术装备再次受到关注，受农业部规划设计研究院委派，开始了我国果蔬采后技术装备现状的调研，先后到过位于山东、江苏、江西、浙江、上海、广东、陕西等地的装备制造企业和果蔬产品生产企业参观考察，其间的一些情景对作者产生了深深的触动。在某蔬菜产品出口企业，为完成生产订单，几十个工人围在多列操作台旁手工切菜；在某冷冻蔬菜生产企业，工人排列在多个清洗槽两侧手工搓洗毛豆并手工将毛豆从水中捞起完成一槽向另一槽的传送；某企业为使从国外引进的鲜切蔬菜生产线得以正常运转，正在研究与之匹配的生产工艺；某企业引进了多功能的果蔬分级设备，但在生产中仅使用其中的一项功能。这一切不得不使我们要去思考是否在生产中应采用机械装备和如何才能使先进的技术装备在生产中发挥好作用这些容易提出和难以解决的问题。之后参观在日本举办的国际食品工业展会和在荷兰举办的国际设施园艺展会时，再次受到触动，在感叹机械装备在园艺产品栽培生产和采后处理过程中的完美表现的同时，也感叹发达国家中涉及该领域装备制造的企业与我国的企业在数量上的差距。

全面、系统和完整地揭示果蔬商品化处理中已经成功应用和有待应用的技术与装备是作者著作此书的初衷，然而，受作者专业知识、科研工作涉及领域以及观察问题视角的限制，呈现给大家的即是现在的面貌，内容的选择、成书结构、阐述深度无处不烙有作者对事物认识和理解的印记，只希望呈现的内容能为关注该技术领域的相关人员提供参考与借鉴。并恳请读者对其中的缺点、错误、疏漏和谬误提出批评和指正。

全书共分十章。第一章简单阐述了果蔬栽培生产、采摘和采后田间措施对果蔬商品化处理的影响以及应该注意的事项。第二章重点介绍了生鲜果蔬的商品化类型、质量要求、影响因素及保障措施。第三章从工程设计的角度阐述了规划生鲜果蔬集中商品化处理加工厂时所涉及的工艺流程、场地要求、设备选型布置、厂区布局及选址要求等内容。第四章至第九章分别介绍了预冷、清洗、微生物控制、去水、分级、包装等果蔬采后处理环节中的技术与装备。第十章介绍了与之相关的物料输送、周转箱倾倒与清洗消毒、果蔬去皮与分切、定量包装称量、在线检查等其他技术装备。书中还引入了一些国内外科研人员做出的试验数据，目的是为了使研究与应用技术装备的人员注意关注技术的适用条件问题。

本书的完成与出版得到了农业部规划设计研究院设施所的大力支持，得到了公益性行业（农业）科研专项"现代农业产业工程集成技术与模式研究（200903009）"经费资助，在此深表谢意！在此还要感谢家人在完成此书过程中给予的理解和支持！

王莉

2012 年 6 月于北京

目 录

□□□□□□□□□□□□□□□□

序
前言

第一章
果蔬商品化生产管理与采后田间措施

高质量果蔬表现为品质优良、无病害和无污染,表现为具有更好的食用安全性和更高的商品价值,还表现为允许有更长的运输时间、贮藏时间和货架期。要获得高品质、无病害和无污染的果蔬产品,首先应从田间生产管理开始,优质品种是获得优质商品的基础,良好的田间生产管理是获得无病害和无污染商品原料的保障;其次,采收过程、采后的田间处理过程及采取的措施对于获得高质量的果蔬产品,允许有更长的运输时间、贮藏时间和货架期尤为重要。

第一节　果蔬商品化生产的田间管理

一、影响果蔬商品价值的因素

与其他商品一样,果蔬商品化生产最终需要实现的是果蔬的使用价值和价值属性。果蔬的使用价值表现为为人们提供膳食营养、保障健康和享受美味,果蔬价值的实现是果蔬生产者从事生产活动的目的,而果蔬的品质、贮藏期和货架期则直接关系到果蔬使用价值和价值的实现。

果蔬栽培品种的选择、果蔬种植基地的生长环境条件及田间管理是影响果蔬品质的关键因素。

1. 果蔬栽培品种　通过优良品种培育可以提高果蔬的加工性能、贮藏性能和运输性能,可以延长果蔬的贮藏期和货架期。

2. 环境因素　环境因素如土壤类型、采收季节的气温、是否有霜冻、是否下雨也会对果蔬贮藏时间和果蔬质量产生影响。例如,在肥沃土壤中生长的胡萝卜与沙质丘陵地土壤相比,更不利于存放;雨期收获的莴苣不利于运输并会使采后损失增加,等等。

3. 田间管理　果蔬田间管理会影响到果蔬病害的发生,田间管理不当会造成果蔬采后易于腐坏,继而影响果蔬的贮藏期和货架期。施水过多或过少、氮肥施用过量、外界因素使作物产生应激反应、由于磕碰造成的机械伤害等,都会导致采后易于发生病害。

二、影响果蔬食用安全性的污染源及预防措施

(一)田间污染源

果蔬的食用安全问题开始于田间,果蔬被致病性微生物污染是许多食源性疾病发生的根源。种子、块茎等作物繁殖材料有可能受到污染,土壤、有机肥、灌溉用水等也有可能是污染源,昆虫、动物或人与作物接触也会造成污染。

1. 种子、块茎　由于种子或用于栽培的块茎受到了病原体的污染,作物从叶片生长开始就已经携带有致病性微生物。

2. 土壤　土壤污染主要是由于进入土壤的有机物和含毒废弃物过多，超过了土壤的自净能力，引起土壤质量恶化，就卫生学和流行病学的角度而言，生长其上的果蔬会对人类身体健康产生有害影响。

土壤污染物可分为生物污染物和化学污染物。生物污染物主要是致病微生物，致病微生物在土壤中可长时间存活和生长繁殖，通过土壤媒介，致病微生物进入果蔬后能引起果蔬发生病害和采后腐坏变质，人类食用带有致病微生物的果蔬会导致疾病甚至引起食源性疾病的爆发。化学污染物包括铅、汞、镉、铬、砷等有毒重金属，农药化肥及有毒的有机物，石油、多环芳烃、多氯联苯等致癌物，此外，放射性物质也可能造成土壤污染。

3. 有机肥　有机肥的原料来源有绿肥作物、杂草、作物秸秆、人粪便、畜禽粪便、畜禽垫圈料及垃圾等，如果作为有机肥的原料受到了致病微生物的污染，而在制作有机肥的过程中没有得到充分的发酵、腐熟或采取微生物杀灭措施，致病微生物也会通过有机肥的施用污染土壤及果蔬。

4. 灌溉用水　灌溉用水也是造成果蔬污染的污染源之一。灌溉用水如果受到动物粪尿或人粪尿的污染，或者直接用生活污水灌溉果蔬作物，致病微生物会通过灌溉水传播到新鲜果蔬。

5. 其他污染源　使用的机械设备、器具、作业人员、飞禽及昆虫等都可能是导致作物在生长期间受致病微生物污染的污染源。

（二）预防措施

为避免果蔬作物在生产环节受到致病微生物和有害毒物的污染，可以采取下列预防措施：

（1）果蔬种植区域应远离工业污染区和生活垃圾填埋场所，地表水和地下水源水质应符合农用灌溉水质要求。栽培生产无公害、绿色或有机产品时，应对土壤、空气和水质等进行评估，以符合相应产品生产的环境条件要求。

（2）需要对灌溉用水和动物粪肥定期进行评估。不要用家畜使用的池塘水进行灌溉；不要直接施用未腐熟的畜禽粪便或人粪便。果蔬作物在临近收获时周边田间勿进行施肥作业。

（3）在田间使用过的设备和工具应及时清洗，尤其应注意在一块田间使用后的设备在移到另一块田间使用前应清洗干净。

（4）不要将收获的产品堆积在鸟栖息的地方；落在果园地上的果实不要直接食用，特别应注意动物粪便或动物直接接触过的果实不应直接食用。

第二节　果蔬采收作业

一、采收时期

适时采收是保证果蔬产品产量与品质的重要条件。未熟或过熟时采收均会对果蔬采后品质产生不利影响，未成熟产品采收以后水分损失得更多，并且风味不佳。采收以后，果蔬品质不再提高，只能维持，因此正确选择果蔬作物的采收时期非常重要。

（一）果蔬成熟与采收期

1. 生理成熟期与园艺成熟期　成熟过程是作物走向生理成熟期或园艺成熟期的发展阶

段。生理成熟期是指作物或作物部分独立出来后可以继续发育的生长阶段，园艺成熟期是指作物或作物部分具备了消费利用的必要条件的生长阶段。采收时作物所处的成熟期决定了作物贮藏时间和最终产品质量，对于不同的果蔬作物，采收时期也不相同。

2. 果蔬成熟度与采收期　果实类产品如苹果、番茄和瓜类等，如果未到成熟期采收，会造成成熟不均匀、品质和风味差，并且更容易萎蔫和受机械伤害。过熟的果实可能变软和粉质化，采收后不久就淡而无味。所有过早或过晚采收的水果比起成熟适度时采收的都更容易生理失调且贮藏期短。除西洋梨、鳄梨和香蕉外的所有水果和熟果果菜，在植株上生长到完全成熟时方可达到最佳的食用质量，但是只有处于成熟期而未完全成熟时采收的果蔬才可以经受得住采后处理、贮存和长距离的运输。因此，判别成熟度确定采收期时需要权衡最佳食用质量和市场供应时间弹性两项指标，通常需采取折中的办法解决两者的矛盾。产品的采收时期应考虑作物的生理变化特点、运输距离长短、贮藏时间长短、采后的加工处理工艺以及市场供求情况等因素来确定。

（二）采收期的确定

1. 水果和熟果果菜类产品采收　根据是否能够在脱离植株后继续完成成熟的过程，水果和熟果果菜类产品可以分为两类，一类是一旦从植株上离开不能继续完成成熟过程，另一类是离开植株后可以继续完成成熟过程，达到完全成熟。完全成熟是指果蔬的生长后期到开始衰老之前的生理阶段，此时以营养成分、颜色、质地和其他感官特征等表征的审美品质和食用质量达到了最佳状态。前一类果蔬有浆果（如黑莓、树莓、草莓等）、樱桃、柑橘类（如柚子、柠檬、橙、橘、柑等）、葡萄、荔枝、甜瓜、菠萝、石榴、树番茄和西瓜等。除有些种类甜瓜外，这类果蔬中产生乙烯的量很少，并且对乙烯处理没有反应，这些果蔬应当在完全成熟时采收以确保良好的风味质量。后一类果蔬包括苹果、梨、榅桲、柿子、杏、桃、油桃、李、猕猴桃、鳄梨、香蕉、芒果、番木瓜、番荔枝、人心果、蛋黄果、番石榴、百香果和番茄等，这类果蔬成熟时伴随产生大量的乙烯，并且暴露在乙烯中处理会加速其成熟且成熟得更均匀。这类果蔬一旦成熟，处理时容易发生物理损伤，需要更加小心避免磕碰，因此这类果蔬通常在达到完全成熟之前采收，通过采取促熟的方法在采收以后使其达到完全成熟，以确保更好的风味质量。

2. 蔬菜产品的采收　蔬菜产品的采收时期是指蔬菜的食用器官生长发育到具备了消费利用必要条件而又可以获得最佳商品价值的成熟期。多数非果实类或非熟果类蔬菜（如黄瓜、夏南瓜、甜玉米、四季豆和甜豌豆等），在完全成熟之前可以达到最佳食用质量，如果采收延迟，会导致质量低劣和采后快速腐坏。例如，芦笋、豆角等采收时过熟会导致发硬；黄瓜采收时过熟会快速变黄；甜玉米采收时过熟会增加淀粉含量，甜味减弱；生菜采收时过熟会出现苦味，等等。

3. 影响采收期的其他因素　采收期还受到果蔬的销售地、贮藏期及加工需求等因素的影响。就地销售的产品可以适当晚采，需要长期贮藏和远距离运输的产品应适当早采，有呼吸高峰的产品应该在达到生理成熟或呼吸跃变前采收。

二、果蔬成熟度的判别

采收期主要由果蔬的成熟度来决定，成熟度可以通过果梗脱离的难易度、表面色泽的显现与变化、主要化学物质的含量、果实硬度、果蔬形态以及生长期与成熟特征等 6 个方面来加以判断。

1. 果梗脱离的难易度　有些种类的果实在成熟时果柄与果枝间产生离层，受风吹或摇动就可能脱落，此时为品质最好的成熟度，如不及时采收就会大量落果。

2. 表面色泽的显现和变化　果蔬表面颜色也是作为判断其成熟度的标志之一。未成熟果实的果皮中有大量的叶绿素，随着果实的成熟，叶绿素逐渐分解，底色、面色逐渐呈现出来，底色是果蔬中含有的花青素、番茄红素、胡萝卜素及叶黄素等天然色素。可以根据特定品种固有色泽的呈现程度，判断和确定采收的时期。例如，甜橙果实在成熟时呈现出类胡萝卜素，果皮表现出橙色。苹果、桃等的红色为花青素，呈血红色。番茄中含有番茄红素、胡萝卜素及叶黄素，果皮表现出大红色、粉红色或黄色。

有些果实的果皮从未成熟到成熟有明显的颜色变化，通常可根据果皮颜色划分为几个成熟阶段。

例如，番茄未成熟时果皮呈绿色，无光泽，果实及种子尚未充分生长发育定形，催熟困难，不宜采摘。番茄进入成熟阶段后，表面和内部会发生明显变化，可根据色泽变化分为若干个成熟期。美国农业部颁布的鲜番茄分级标准中，根据色泽分为了绿熟期（Green）、变色期（Breakers）、转红期（Turning）、粉熟期（Pink）、轻度红熟期（Light red）和完全红熟期（Red）6 个阶段，如图 1-2-1 所示。绿熟期番茄表面完全绿色，绿荫由浅到深发生变化。变色期是果实由绿熟到红熟的开始阶段，果脐周围开始出现黄褐色、粉色或淡红色，果实着红面积不到 10%。转红期的果实

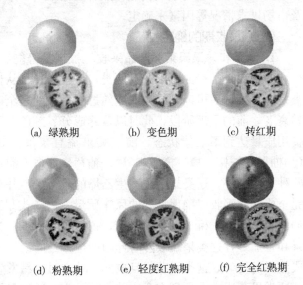

(a) 绿熟期　　(b) 变色期　　(c) 转红期

(d) 粉熟期　　(e) 轻度红熟期　　(f) 完全红熟期

图 1-2-1　番茄在不同成熟阶段颜色变化情况

呈现黄褐色、粉色或淡红色，面积超过 10%，但低于 30%。粉熟期果实呈现的粉色或红色面积超过 30%，但小于 60%。轻度红熟期的果实呈现粉红色和红色，其面积超过 60%，但小于 90%。完全红熟期果实表面 90% 以上呈现红色。

3. 主要化学物质的含量　主要化学物质的含量可以作为衡量果蔬品质和成熟度的标志。果蔬中某些化学物质如淀粉、有机酸、可溶性固形物含量以及果实糖酸比的变化与成熟度有关，可以通过测定这些化学物质的含量来确定采收时期。

手持式折光仪（图 1-2-2）也称为糖度计，可以测定果蔬中的总可溶性固形物（Total Soluble Solid, TSS）含量。由于糖分是果蔬汁中主要的可溶性固形物，因此可溶性固形物含量（SSC）可大致表示果蔬的含糖量。手持式折光仪利用了光折射原理，当光线从一种介质进入另一种介质时会产生折射现象，且入射角正

图 1-2-2　手持式折光仪

弦之比恒为定值，此比值称为折光率。果蔬汁液中可溶性固形物含量与折光率在一定条件下（同一温度、压力）成正比例，故通过测定果蔬汁液的折光率，可求出果蔬汁液含糖量的多少。

手持式折光仪操作简便，适合在户外使用。使用时将手持式折光仪的盖板打开，用干净镜头纸小心擦干棱镜玻璃面。在棱镜玻璃面上滴两滴蒸馏水，盖上盖板。将折光仪持于水平状态，从目镜处观察，检查视野中明暗交界线是否处在刻度的零线上。若与零线不重合，则旋转刻度调节螺母，使分界线面刚好落在零线上。再次打开盖板，用镜头纸将水擦干，然后如上法在棱镜玻璃面上滴两滴果蔬汁，进行观测，读取视野中明暗交界线上的刻度，即为果蔬汁中可溶性固形物含量即糖的大致含量（％）。

测定果蔬可溶性固形物含量（含糖量），可了解果蔬的品质，大约估计果实的成熟度。例如，表 1-2-1 和表 1-2-2 所示为推荐的一些果蔬产品采收时的可溶性固形物和可滴定酸指标。

表 1-2-1　一些主要品种苹果和柑橘类果实采摘成熟度指标

（引自：NY/T 1086—2006，NY/T 716—2003）

产　品	主要化学物质含量指标		
	总可溶性固形物（％）	可滴定酸（％）	固酸比
苹果			
澳洲青苹	≥10	≤0.80	
粉红女士	≥13.0	≤0.90	
富士	≥13.0	≤0.4	
嘎拉	≥12.5	≤0.35	
国光	≥13.5	≤0.8	
寒富	≥14.0	≤0.40	
红将军	≥13.0	≤0.4	
红星（新红星）	≥11.0	≤0.4	
红玉	≥12.0	≤0.9	
华冠	≥12.5	≤0.35	
金冠	≥13.5	≤0.6	
津轻	≥13.5	≤0.4	
乔纳金	≥13.5	≤0.5	
秦冠	≥14.0	≤0.4	
王林	≥13.5	≤0.35	
元帅	≥11.0	≤0.4	
柑橘类			
甜橙	≥9.0	≤1.1	>8∶1
宽皮柑橘	≥8.5	≤1.0	>8∶1
柚类	≥9.0	≤1.0	>8∶1
柠檬	>6.5	>3.5	

表 1-2-2　推荐的果蔬采摘成熟度指标

（引自：Kader A A，1999）

果蔬产品	可溶性固形物含量最小值（%）	可滴定酸最大值（%）	固酸比
苹果	10.5~12.5（取决于品种）		
杏	10	0.8	
蓝莓	10		
樱桃	14~16（取决于品种）		
葡萄	14~17.5（取决于品种）		20：1
葡萄柚			6：1
猕猴桃	14		
芒果	12~14（取决于品种）		
宽皮柑橘			8：1
厚皮甜瓜	10		
油桃	10	0.6	
橙			8：1
番木瓜	11.5		
桃	10	0.6	
梨	13		
柿子	18		
菠萝	12	1.0	
李子	12	0.8	
石榴	17	1.4	
树莓	8	0.8	
草莓	7	0.8	
西瓜	10		

4. 果实硬度　果实硬度也是衡量果蔬成熟度的指标之一。一般未成熟果实的硬度较大，随果实成熟硬度逐渐减小，达到一定成熟度后，会变得柔软多汁。因此，可以根据果实硬度的变化程度来鉴别果实的成熟度，通常用果实硬度计进行果实硬度的测定。只有掌握好适当的果实硬度，在最佳质地采收，产品才能够耐贮藏和运输，才能够适应利用机械设备进行的采后加工处理和操作。

果实硬度计也称为水果硬度计，如图 1-2-3 所示，用于测定果实硬度。果实硬度是指单位果面积承受的压力，单位以 N/cm^2 或 kg/cm^2 表示。

普通果实硬度计是利用了弹簧变形量与作用力成正比的关系制成的测量作用力大小的装置。测量时，弹簧变形通过压杆对果实施压，从削去表皮的部位垂直压入果实的内部，读取压入一定深度（一般为 10mm）时的压力值。不同硬度和不同尺寸的果实选用不同尺寸的压杆探头，例如，苹果选用的探头直径为 11mm，杏、鳄梨、猕猴桃、梨、芒果、桃、油桃、番木瓜等为 8mm，樱桃、葡萄和草莓等为 3mm，橄榄为 1.5mm。

果实硬度计的显示方式有数字显示和表盘显示两种，如图 1-2-3 中（b）和（d）为表盘显

(a) 电子式　　　　　　　(b) 机架夹持、表盘显示

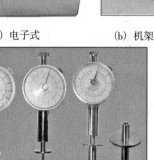

(c) 机架夹持、数字显示

(d) 表盘显示　　　　　　(e) 数字显示

图 1-2-3　普通果实硬度计

示，（c）和（e）为数字显示。施力的方式有手压方式和杆压方式，（d）和（e）为手压方式的硬度计，这类硬度计体积小，重量轻，便于携带，特别适用于现场检测。通常手压方式的硬度计也可装配于配套的专用机架上使用，通过操纵施压杆对果实施压，可提高测量时的精度。

　　测量果蔬硬度时，应注意果蔬尺寸的大小和温度，同种类果蔬果实尺寸较大或果蔬温度较高时通常果肉较软，所以要选择相同尺寸和相同温度的果蔬进行测量。较大的水果一般要选择两个穿孔部位，通常选择在受阳面和遮阳面两侧相对以及位于果蒂与果萼或顶之间中部的位置。

　　图 1-2-3（a）为电子式硬度计，这种硬度计克服了传统硬度计的人员操作施力时力度不均匀、方向易偏的缺点，采用步进电机控制直行机构驱动施力压杆，使插入过程匀速进行，并可准确控制插入的深度，测量完成后能够自动返回原点。这种电子式硬度计操作简便，测量精度高，并且可以与电脑连接记录从果实表面到行程结束过程中的全部硬度数据，形成从果实表面到行程结束的硬度曲线。

　　除上述的以破坏的方式测量果实硬度外，还有一种无损伤果实硬度计，如图 1-2-4 所示。这种硬度计不需破坏果实表皮就可以测量果肉的硬度。测量时将测点放到水平位置，测点处的表皮应没有瑕疵。在仪器的帮助下，可以观察到果实在一定的恒定压力和规定的测量距离作用下的变形。指示的测量值不是压力值而是

(a) 表盘显示　　　　(b) 数字显示

图 1-2-4　无损伤果实硬度计

系数（商数）。因此需要注意测力的探头，不要刺入果皮。无损伤硬度计适于测量的果蔬有桃、杏、李、樱桃、番茄、草莓、苹果和鳄梨等。这种硬度计由于不破坏果实表皮，可以在果实成熟阶段无需采摘的情况下测量其硬度，判断是否应该采收。

5. 果蔬形态　果蔬形态是果蔬成熟的直观反映。果蔬的茎、叶和果实必须长到一定的大小、重量和充实饱满的程度才能达到成熟。不同种类、品种的水果和蔬菜都具有固定的形状及大小特征。可以根据果蔬形态判别果蔬的成熟期，继而确定采收的时期。

6. 生长期和成熟特征　生长期和成熟特征也可作为判断果蔬成熟和确定采收时期的依据。在正常气候条件下，各种果蔬都要经过一定的天数才能成熟。因此，可以根据生长期来确定采收时期。另外，有些果蔬成熟时呈现出一些特征。例如，有些水果和瓜类的种子从尖端开始由白色逐渐变褐、变黑；有些地下茎、鳞茎类蔬菜如芋、姜和洋葱等达到成熟时，在地上部分开始变黄、枯萎和倒伏，可以通过植株的这些变化判断和确定采收时期。

另外，还应根据产品的食用部位和消费习惯来确定采收期，例如豌豆芽、豌豆苗、嫩豌豆荚和成熟豌豆粒是豌豆作物在不同生长阶段的产物，显然要获得这些产品应在不同的时期进行采收。

总之，果蔬产品种类繁多，采收成熟度要求没有统一标准，除上述可以用来判别成熟度的方法外，还有其他的判别方法和标准，尤其随着科学技术的发展和进步，还可以利用仪器定量测量更多的指标来确定成熟度。不同种类果蔬可以通过不同的方法判断成熟度，确定采收期，以适应当地销售或长途运输、长期贮藏或及时上市、加工处理以及销售产品类型的不同要求。表 1-2-3 为采收时成熟度的判别要素与适用的果蔬产品种类。表 1-2-4 为一些蔬菜和瓜类作物的成熟指标。

表 1-2-3　采收时成熟度的判别要素与适用的果蔬产品种类
（引自：Kader A A，1983）

成熟度判别要素	适用的果蔬产品
盛花后果实发育的天数（果实发育期）	苹果、梨
发育期的平均热量	豌豆、苹果、玉米
离层是否形成	某些瓜类、苹果、费约果
表面形态及结构	葡萄、番茄等的角质层形成 有些瓜类的表面网格 有些水果的光泽（蜡层形成）
尺寸	所有水果和多数蔬菜
比重	樱桃、西瓜、马铃薯
形状	香蕉的棱角 芒果的饱满程度 青花菜和花椰菜的密实程度
结实程度	生菜、结球甘蓝、抱子甘蓝
质地特性	
硬度	苹果、梨、核果
嫩度	梨
外部颜色	所有水果和大部分蔬菜

（续）

成熟度判别要素	适用的果蔬产品
内部颜色和结构	番茄中胶状物的形成 有些水果的肉质颜色
成分因素	
淀粉含量	苹果、梨
糖含量	苹果、梨、核果、葡萄
酸含量，固酸比	石榴、柑橘、番木瓜、瓜类、猕猴桃
果汁含量	柑橘类水果
油脂含量	鳄梨
苦涩性（单宁含量）	柿子、枣
内部乙烯浓度	苹果、梨

表 1-2-4　一些蔬菜和瓜类作物的成熟指标

（引自：Bautista O K and Mabesa R C，1977）

果蔬作物		成熟判别指标
根、球茎和鳞茎类	萝卜和胡萝卜	足够大和易碎（出现糠心为过熟）
	马铃薯、洋葱和蒜	叶子开始变干和下垂
	豆薯和生姜	足够大（变韧和纤维化为过熟）
	葱	叶子长至最宽和最长
果菜类	豇豆、长豇豆、菜豆、扁豆、甜豌豆和四棱豆	豆荚饱满，易于折断
	利马豆和豌豆	豆荚饱满，开始褪去绿色
	秋葵	达到理想尺寸且尖部易于折断
	瓠子瓜、蛇瓜和丝瓜	达到理想尺寸且指甲仍能容易掐穿果肉（如果指甲不能掐穿果肉为过熟）
	茄子、苦瓜、佛手瓜和黄瓜	达到理想尺寸但仍然脆嫩（如果颜色变暗或改变且种子变硬为过熟）
	甜玉米	如果切割，乳状浆液从籽粒流出
	番茄	切开时种子滑脱，或绿色开始变为粉色
	甜椒	深绿色开始变暗或变红
	厚皮甜瓜	轻微弯折瓜蒂就与藤蔓分离，留下规则的空腔
	白兰瓜	瓜果颜色从微绿的白色转变为乳白色，可闻到芳香味
	西瓜	下部颜色变为乳黄，敲击时呈空闷声
花菜类	花椰菜	花球紧密（如果花簇伸长和变得疏松为过熟）
	青花菜	花蕾簇丛紧密（如果疏松为过熟）
叶菜类	生菜	足够大，未开花
	结球甘蓝	顶部紧密（如果顶部打开为过熟）
	芹菜	足够大，未出现糠心

三、采收环境条件及采收方法

果蔬采收工作除应掌握好采收时期外，采收时的气候条件和采收操作方式也具有一定的技术性。采收操作人员应经过培训，掌握必要的操作技能；采收前应做好人力和物力上的安排和组织工作；应选择适合产品特点的采收时间、采收方法和采收容器。

1. 采收时间　一般最好在一天内温度较低的时间采收，因为此时产品的呼吸作用小，生理代谢缓慢，田间热小。通常选择在清晨采收为宜，此时产品自身所带的田间热降到最小，采后降到适宜贮藏温度所需的制冷量也为最小。但是也有例外，如有些柑橘类水果清晨时体积肿胀，此时采收容易损坏。又如有些产品需要在清晨抵达农贸市场，而夜间较低的环境温度也比较适宜运输，所以选择在傍晚采收更为适宜。

采收宜选择在晴天进行，还应避免在雨天采收，有些果蔬遇落雪、有雾、有霜或刮大风的天气均不宜采收。

2. 采收方法和注意事项　采收方法有人工采收和机械采收。在发达国家，随着收获机械设备的不断创新和开发，用机械代替人工进行采收，适用于大规模生产。机械采收有效率高、节省劳力、改善工作条件和降低采收成本的优点，但也存在产品易损伤和有些机械操作需要药剂配合的缺点。采收机械在果蔬产品生产中真正得到应用的是以加工为目的的产品采收，以鲜食为目的的产品基本还以人工采收为主。

果蔬受到机械损伤，如碰伤、表面擦伤和切口等，会加速水分和维生素 C 的损失，并且容易感染病原体从而导致腐坏。果蔬产品的表面结构是良好的天然保护层，当表面结构受到破坏后，组织就失去了天然的抵抗力，容易受到细菌的感染而造成腐烂。机械损伤还会增加水分损失。苹果上的一个碰伤，就会使水分损失率提高 4 倍。擦破皮的马铃薯损失重量是未擦破皮马铃薯的 3～4 倍。采收过程中引起的机械伤在以后的各个环节中无论如何处理也不能完全恢复。机械伤会增加采后包装、运输、贮藏和销售过程中的产品损耗，降低产品的商品性，大大影响贮藏保鲜的效果，降低经济效益。

与机械采收相比，人工采收具有灵活性高和机械损伤少的优点，但采收作业粗放，未经培训的采收人员如果操作不当也会造成果蔬损伤和损失。

人工采收时应戴手套，以免指甲刺伤作物。选用适宜的采收工具如果剪和割刀等，并需掌握正确的操作方法，操作时需轻拿轻放，尽量勿使果蔬擦刮、碰撞、扎刺和划切，勿使表皮破损，避免造成机械伤害。应尽量减少对果蔬的触碰，每次触碰都可能造成不同程度的损伤，并且许多损伤不易被发现。

果蔬种类繁多，食用器官（根、茎、叶、花、果实和种子）各不相同，采收方法和技术也各不相同。采收方法不当会引起果蔬产品的损伤，一些多次采收的蔬菜，操作不当还会使植株受到伤害。

采收时还应注意及时剔除腐坏、有虫害和过于成熟的果蔬，这些果蔬混入采收的果蔬中，在运输和短时间存放期间都会由于乙烯释放量增加、呼吸增加和水分损失，对整个果蔬产生损害，进一步扩大腐坏范围。并且这些果蔬还增加运输负荷量，加大果蔬的流通成本和后续的加工处理成本。

3. 采收容器　采收时使用的容器应适宜，田间采摘时宜用背袋、背筐等，便于随手放置和携带。散装箱或周转箱的大小应适中，太大容易造成底部产品的压伤。散装箱或周转箱的材料也很重要，柳条箱、竹筐对产品伤害较重，木箱、防水纸箱和塑料周转箱对产品伤害较轻。散装箱或周转箱中应适当使用填料，并且应避免装箱过满，以防止损伤的发生。

4. 采收人员要求　采收作业人员的个人卫生也很重要，尤其对于生鲜即食的果蔬产品。如果采收操作人员携带有食源性病原体，也会对果蔬产品造成污染。因此，应加强从事果蔬生产人员的教育和培训，养成良好的个人卫生习惯和良好的操作习惯。

第三节　果蔬采后田间措施

一、及时降低果蔬产品温度

温度是维持产品采后质量最重要的因素，保护好采后产品和及时降低果蔬的温度非常必要。

1. 果蔬内部温度与环境温度　果蔬在一天当中较热的时段暴露于阳光下时，内部温度会上升到高于环境温度，有时深色果蔬甚至能达到黑球温度。如此过高的内部温度会使果蔬很快萎蔫，更易受真菌侵袭，并使采后损失增加。表 1-3-1 是一些果蔬采后达到的最高温度与环境温度之间的关系。

表 1-3-1　一些果蔬采后达到的最高温度与环境温度之间的关系

(引自：Rickard J E and Coursey D G，1979)

作　　物	环境温度（℃）	采后果蔬温度（℃）	果蔬温度与环境温度之差（℃）
茄子	35.6	45.9	10.3
结球甘蓝	33.5	29.8	−3.7
胡萝卜	33.5	35.7	2.2
葡萄柚	34.2	39.4	5.2
柠檬（成熟）	34.2	36.1	1.9
洋葱（白的）	33.5	41.8	8.3
橙	33.5	41.2	7.7
番木瓜（2/3 着色）	35.6	40.3	4.7
菠萝	34.2	39.9	5.7
马铃薯	35.6	48.0	12.4
番茄（红）	33.5	43.2	9.7
番茄（绿）	33.5	42.5	9.0
芜青	36.8	38.8	2.0

从表 1-3-1 可以看出，仅有结球甘蓝等少数果蔬内部温度可能低于环境空气温度，这是由于结球甘蓝中水分含量高，通过水分蒸发可以带走热量，但同时也会出现萎蔫的现象。

2. 采取遮阳措施降低果蔬温度　应保护采收后的果蔬产品不要受到阳光的直接照射，迅速将产品从田间露天运送到有遮阳的场所，在田间搁置时也需要采取必要的遮阳措施。遮阳是有效减少热量在产品中积聚从而保护产品的田间措施，方法简单，容易实现。

图 1-3-1 所示是在尼日利亚采收块茎山药时，存放在有遮阳仓房和完全暴露在日照下的

山药中心温度的比较，图中还给出了 1d 中的环境温度，可以看出放置在阳光暴露下的山药中心温度超过 40℃的时间长达几个小时。在贮藏 3 个月后的采后损失，没有遮阳措施的高达 50%，有遮阳措施的只有 12%～15%。

3. 采取预冷措施降低果蔬温度 采收后还应尽可能快地使产品降温，也就是对产品采取预冷措施，并且使产品保存在最佳温度和湿度范围的环境中，从而维持果蔬质量和减少采后损失。

延长从采收到预冷之间的时间会导致果蔬的损失，果蔬失水和腐烂都会增加果蔬的损失量，风味和营养质量的破坏也会造成果蔬商品价值的损失。对于极易腐坏的草莓而言，采后到降温的时间每延迟 1h，腐坏量增加 10%。Sommer N F（1992）描述了感染褐腐病（*Monolinia fructicola* 真菌感染）的桃子在不同采后预冷拖延时间下出现腐坏征兆的情况。桃子采后立即预冷，经 3d 冷藏后的腐坏面积少于 2mm，而在预冷时间拖延情况下，腐坏面积会大大增加，如图 1-3-2 所示。

采后到降温时间的延迟还会影响果蔬的贮藏时间和货架期，通常每延迟 1h，货架期将损失 1d，有些产品的货

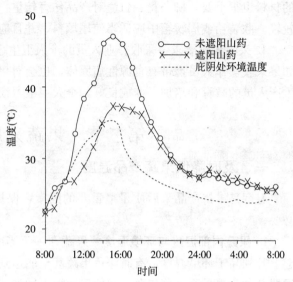

图 1-3-1　山药块茎在有无遮阳下存放时中心温度的比较
（引自：Rickard J E and Coursey D G，1979）

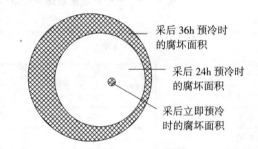

图 1-3-2　采后预冷拖延对桃子褐腐征兆的影响
（0℃贮藏前在 20℃放置 0、24 和 36h）
（引自：Sommer N F，1992）

架期甚至损失几天。非冷害敏感果蔬在冰点以上和冷害敏感果蔬在最低安全温度以上存放时，环境温度每增加 10℃，腐坏和营养质量损失的速率会增加 2～3 倍。

降低产品温度是减少腐坏和延长货架期最重要的途径，场地冷却设施和冷藏车运输是及时降低产品温度的最佳措施。场地冷却设施对于果蔬生产还具有一定的经济价值和意义。果蔬生产者如果具备了场地冷却和贮藏的手段，还可以利用好市场价格弹性，获得更好的经济效益。

有些果蔬产品需要在田间进行冲洗，特别是携带泥沙的叶菜类蔬菜。田间冲洗也是迅速降低产品温度的有效方法，并且有利于防止产品萎蔫，保持产品的品质。需要特别注意的是，清洗水应使用洁净水，如果清洗水循环使用，应用消毒剂进行杀菌消毒。

二、田间包装

1. 田间包装注意事项 有些果蔬的包装需要在田间进行。例如，草莓是极其脆弱的一类果蔬，即使少许的触摸都会使其受到损伤，采收之后应立即进行包装，尽量避免增加触摸

的次数。

在田间进行包装时，应对作物特性有充分的了解，准备好必要的包装材料如包装盒或包装箱等。包装规格、包装方法和包装材料的选用，应注意掌握和参考市场销售的需求信息，考虑产品的运输方式和离销售地的距离，以确保产品在销售时仍具有完好的品质。

包装操作应小心进行。包装时对产品按尺寸、品质和色泽等进行分装非常必要，同一箱盒中盛装均匀一致的产品有利于销售时按质论价，获得更好的销售收入。包装箱上提供产品信息也很必要，产品信息有助于消费者了解产品和产地情况，也有利于生产者赢得良好的声誉和创建优质品牌。

2. 田间包装作业机具　田间包装作业时配置一些简单机具有利于改善作业条件和保护好产品。例如，图 1-3-3 所示的田间推车，可以在田间方便行走，可以放置纸箱和包装盒，箱盒装满后可以快速推到冷却设施中或有遮阳的场所。

又如，图 1-3-4 所示的田间带蓬推车，带有货架和遮阳棚，货架可放置便于分装的箱盒，遮阳棚可避免产品遭受阳光的直接照射。这种车装有车轮，采收作业人员可以方便地将其推到田间地头。

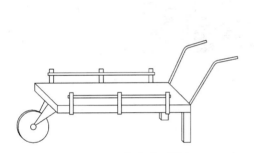

图 1-3-3　田间包装用推车

图 1-3-4　田间带蓬推车

另外，还可以制作出拖拉机拖曳式带蓬拖车，利用小型拖拉机牵引到田间，进行采收包装作业和运输。将拖车的顶棚设计为折叠式，运输时放下，田间使用时打开用来遮阳。

在发达国家，非常重视果蔬的采后田间作业，图 1-3-5 所示的自行式田间包装系统，有

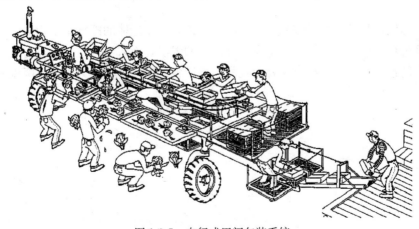

图 1-3-5　自行式田间包装系统

（引自：Kitinoja L and Kader A A，2003）

宽敞的作业平台，采收人员可以在这个能够田间行走的平台上进行剪切、整理、捆扎、分级和包装等作业。这种包装系统还可以通过配置输送机直接将装好的包装箱运送到卡车的货厢上。根据不同产品的需要，可以选择不同的配置，例如作业人员操作位的数量、排列的间距、利用地面的空间等，采收作物的接收位置也可以选择在前部、后部或两侧。

图 1-3-6 所示为田间生菜处理系统，鲜切果蔬生产企业将鲜切生菜加工的前处理环节安排在田间进行，利用田间设备完成以往需要在车间进行的挖心和修整工序，在加工厂的出产品率由以往的 60%～65% 提高到超过 95%，既减少了加工厂的废弃物排放，又可以节约运输能源消耗和减少运输成本。

图 1-3-6　田间生菜处理系统
（引自：Watada A E *et al.*，2005）

三、装运

装箱是为了防止产品物理损伤和易于搬运。托盘装运时，码垛堆积要确保箱子码放整齐，并且用绳子将托盘捆住。

在采收场地，无论是否已经对果蔬采取了降温措施（场地预冷），用配备制冷设备的车辆进行运输是保证果蔬产品品质的最佳运输方式，也是果蔬采后冷链建立的不可或缺的环节。

对于场地已进行预冷的果蔬和尚未降温的果蔬，适于运输的冷藏车不相同。已经降温的果蔬在运输过程中仅需要使果蔬维持在适宜贮藏的温度，而未经降温的果蔬需要在运输过程中完成果蔬的预冷过程，冷藏车需要配置的制冷设备的制冷量要远大于已经降温果蔬的运输车辆。

第二章
生鲜果蔬商品化类型、质量及保障措施

第一节 生鲜果蔬商品化类型

果蔬采后商品化处理也称作果蔬最少量加工处理，经商品化处理后的果蔬产品仍保持鲜活，呈现的商品形态可以分为完整形态、半完整形态和分切形态三类。

一、完整形态

如图 2-1-1 所示，完整形态的商品保持果蔬采摘时的外观形状，加工处理过程是将萎蔫茎叶、从田间携带的泥土、附着的虫体以及不属于果蔬自身的其他异物去除，清洗或者不需清洗。该类商品根据种类和品种、表面处理的方式和程度以及后续冷链措施等的不同，可以分为可直接食用、需清洗后食用和再经去皮除杂等处理后食用等多种形式。可直接食用商品需有完好的包装和食用说明，其他形式的商品可视具体情况采取不同的盛装或包装方式。

图 2-1-1 完整果蔬

二、半完整形态

半完整形态的商品指白菜、瓜类和大葱等大型果蔬经切开或分段后销售的一种商品形态，如图 2-1-2 所示，这类商品与完整果蔬的区别是存在切口，为微生物的生长繁殖提供了更有利的条件，这类商品比完整果蔬更应注意产品的包装，通常需要用塑料膜等包装材料阻断切口与周围环境的直接接触。

图 2-1-2 半完整果蔬

三、分切形态

分切形态的商品也称为鲜切果蔬，如图 2-1-3 所示，指依据人们的食用和烹饪习惯，将果蔬去皮或分切为条、块、粒和瓣等各类形状。该类商品分为直接食用和烹饪后食用两类，均需完好的包装和明确的食用说明。

图 2-1-3　分切果蔬

第二节　商品化果蔬的质量

商品化果蔬的质量是品质、属性和特征的综合表现形式，决定了提供给消费者的商品价值。描述果蔬产品质量的特性参数包括外观、质地、风味、营养价值和新鲜程度等。消费者购买果蔬产品时，无论是完整果蔬、半完整果蔬还是鲜切果蔬，无论鲜食还是烹饪，首先都会依据外观和新鲜程度来判断和决定购买的意愿，而食用以后会依据产品的质地和风味来衡量产品的价值和对产品的满意度，甚至理智消费者会对产品的营养价值和安全性更加感兴趣。

完整果蔬的质量取决于果蔬品种、采收前的田间管理和气候条件、采收时的成熟度和采收方法以及采后采取的商品化处理措施。

鲜切果蔬的产品质量，除取决于制备鲜切产品的完整果蔬的质量外，还会受到更多因素的影响，如果蔬采收后到制备鲜切产品之间的间隔时间、处理程序和处理环境条件；分切刀具的锋利程度、切块的尺寸和表面积大小、清洗消毒工艺和表面水分去除等制备鲜切产品的工艺方法；包装方法、冷却速度、存放的温湿度及其他环境条件；产品的畅销程度和销售时采取的卫生措施和环境条件，等等。

一、外观质量

果蔬的外观质量是通过人的视觉加以判断和感知的，包括尺寸的大小、形状、色泽（颜色、表面光泽）、表面特征、鲜嫩程度、整齐度、成熟均匀性以及是否有缺陷或腐坏等。

任何特定种类或品种的果蔬产品都具有特定的形状特征、尺寸范围和表面色泽等应具备的性状指标。如果形状异常、尺寸过大或过小、色泽不好，会影响消费者对产品的认同度和满意度，影响到商品的价值。

果蔬缺陷可能是采前生长期间发生的、采收过程中造成的和采后出现的。采前出现的缺陷有由于虫害、病害、鸟类伤害和冰雹伤害等造成的各类伤；施用农药不当等造成的化学伤害；与温度有关的结冻、冷害、晒斑和晒伤等；以及诸如伤痕、疤痕、褐变、外皮不良着色等的各种瑕疵。采收时出现的缺陷多为碰伤、擦伤、切口等机械损伤。采后缺陷可以是形态学的、物理的、生理的或病理的。形态学的缺陷如马铃薯、洋葱和大蒜等的发芽；洋葱生根，芦笋伸长和弯曲；果实内种子萌芽（如柠檬、番茄和青椒等）；结球甘蓝和生菜中子茎出现；青花菜开小花，等等。物理缺陷包括：萎蔫和皱缩，内部变干，机械损伤（如刺破、切口、擦伤、开裂、压伤、表皮磨损、刮伤、挤压变形和瘀伤等），以及生长裂纹。生理和病理缺陷如番茄果实的膨胀、苹果的水心和马铃薯黑心等。图 2-2-1 所示为樱桃番茄从外观表现出的各种缺陷。

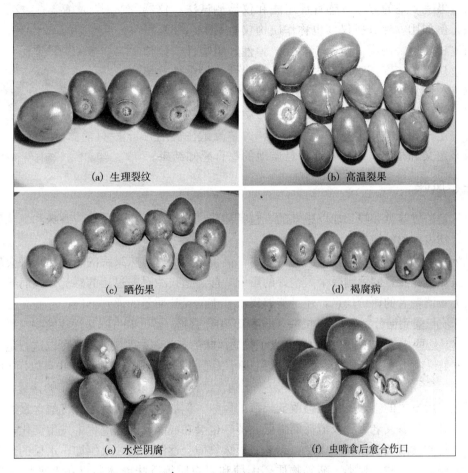

图 2-2-1 樱桃番茄的各种缺陷

果蔬采后商品化加工处理时，对果蔬产品外观质量的控制，通常在拣选、分级和质量检验等环节完成，应将所有有缺陷的果蔬挑拣出来。尺寸大小、形状、色泽等通常用规格等级来确定和划分质量标准，经过分级的果蔬产品，更能够展示自身的质量优势。

二、质地

果蔬质地是通过触觉感知的一组物理特性，这些特性可分为力学特性、几何特性和组成特性。力学特性包括坚实度、硬度、脆度、软度和韧性等；几何特性包括果粒大小和形状、粉性和粗细度等；组成特性包括汁液含量（水分）、纤维含量和果胶物质含量等。显然，不同果蔬适合用其中的不同项来描述和衡量。

质地不仅与果蔬的种类和品种有关，也与果蔬的成熟度有关。另外，果蔬采收方式、采后加工处理方式、贮藏条件和运输方式等都会对果蔬质地产生直接影响。

果蔬质地不仅对于鲜食或烹饪很重要，而且对于采后加工处理和运输也很重要。例如，过软的果实不利于长途运输。

衡量果蔬质地的方法有感官评定法和仪器测试法。仪器测试法，例如用物性分析仪（也称作质构仪）（图 2-2-2）可以分析测试嫩度、硬度、脆性、黏性、弹性、咀嚼性、拉伸强度、抗压强度、穿透强度、内聚性、黏附性、松弛性、果蔬新鲜度、恢复度、破坏强度、张力、断裂强度、破裂点、剥离强度、铺展性等。仪器测试的这些力学特性虽然与感官评价有一定的相关性，但并非完全相关，力学测试往往用力或能量来定义和描述，而感官评价是质地的综合感知结果。

图 2-2-2　物性分析仪

三、风味

风味是通过味觉和嗅觉加以感知的，包括甜味、酸味、涩味、苦味、香味和臭味等，是多种化合物表现出的结果。

风味质量的好坏影响消费者的购买意愿，高价格购买好风味果蔬的趋势在未来会越来越突出。虽然风味质量的评判受个人嗜好的影响，酸甜适口或过酸过甜的感觉因人而异，但通过收集大众消费者的评价信息，还是能够得出基本的风味质量的评判标准。

风味质量受到糖分（甜）、有机酸（酸度）、酚化合物（涩）和气味活性挥发物（香味）的含量影响，这些成分的最适浓度范围建立了优质风味的基础，这些成分也是可以进行定量测量的，也就是说风味可以定量描述。例如，甜味可以通过糖度计测定糖度，酸味可以用 pH 计测定 pH（氢离子浓度指数），咸味可以测定氯化钠含量，苦味可以测定硫酸奎宁的含量，等等。

果蔬采后发生的生理变化也会改变果蔬的风味。例如，糖分含量和有机酸含量均在成熟时达到最高，随着衰老因呼吸消耗而降低。涩味也会在成熟和衰老过程中发生变化，幼嫩时体内涩味物质含量较高，随着成熟、衰老、涩味物质会逐渐降低。又例如，水果的芳香物是醇、酯、醛、酮、酸、烃类、萜等物质，由糖和蛋白质等香味前体经过一系列酶的催化产生，在成熟和衰老过程中会发生改变。随着产品成熟，产品体内香味前体含量逐渐升高，释放香气能力增大；在衰老过程中，香味前体逐渐减少，释放能力越来越弱。蔬菜的芳香物以氨基酸或糖苷的形式存在，是细胞内的各种代谢产物，随产品成熟，浓度逐渐升高，在衰老过程中，浓度略有降低。

四、营养价值

新鲜水果和蔬菜是人体所需营养的重要来源，特别是维生素 ［维生素 C（抗坏血酸）、维生素 A、维生素 B_6、维生素 B_1（硫胺素）、维生素 B_3（烟酸）、维生素 B_9（叶酸）、维生素 B_2（核黄素）］、矿物质（镁、铁、锌、钙、钾、磷）和膳食纤维的来源。在果蔬中还有类黄酮、类胡萝卜素、番茄红素、多酚和其他植物性营养等成分，可以降低患癌症、心脏病和其他疾病的风险。

不同种类和不同品种果蔬中的营养物质含量或营养价值存在很大差异，并且还受到生长气候条件的影响，特别是温度和光照会对营养成分的合成产生重要的影响。另外，土壤、灌溉施肥、植保管理以及采收时的成熟度均会对果蔬营养成分产生影响。采后处理或贮藏不得当，营养价值会损失，特别是维生素 C 的含量。果蔬受到机械损伤、贮藏时间过长、贮藏温度过高或湿度过低以及低温敏感作物遭遇冷害等，都会使维生素 C 大大降低。新采摘果蔬、贮藏一个时期的果蔬和经过烹饪的果蔬，营养价值也有所不同。

例如，低温环境利于促进糖和维生素 C 的合成（葡萄糖可以合成维生素 C 的前体——酮基葡萄糖酸），并且降低维生素 C 的氧化速率。番茄中的 β-胡萝卜素在温度为 15～21℃时达到最高值。对于温度敏感性而言，作物中 B 族维生素含量的变化很独特，耐热性作物（豆角、番茄、青椒和瓜类等）在高温环境（27～30℃）比在低温环境（10～15℃）产生更多的 B 族维生素，相反，耐冷性作物（青花菜、结球甘蓝、菠菜、豌豆等）在低温环境比在高温环境产生更多的 B 族维生素。光照强度增加，维生素 C 含量增加，类胡萝卜素和叶绿素会减少，而对 B 族维生素影响不明显。

五、安全卫生状况

安全卫生状况主要指果蔬中是否含有自然产生的毒素、化学农药、肥料、水、重金属污染、病原体污染、异味及其他有害物质等。随着自然环境的逐渐恶化，人们会日益关注不该存在于果蔬中的有害物质，这些有害物质的检验和测定会显得越来越重要。因而安全卫生状况也是体现果蔬商品价值的因素之一。

第三节　影响商品化果蔬质量的因素

一、果蔬品种

果蔬品种是获得高质量商品化果蔬的先决条件，每种作物都具有成分、品质和采后寿命的基因潜势，通过优良品种选育可以获得商品果蔬期望的外观、质地、风味和营养价值。

二、栽培气候条件

果蔬栽培气候条件，特别是温度和光照对成分和营养有很大影响。因此，栽培的地理位置和季节能够决定果蔬的维生素 C、胡萝卜素、核黄素、硫胺素和类黄酮含量。通常，光照强度越低，作物组织的维生素 C 成分含量越低。作物的蒸腾作用随温度提高而增加，因此，温度会影响作物对矿物质的摄取吸收和新陈代谢。降雨量会影响对作物的供水量，继而会影响作物收获部分的成分组成，从而影响后续采收与加工处理操作时果蔬对机械损伤的敏感性。

三、栽培模式

果蔬栽培模式也会影响果蔬成分和营养含量。栽培模式包括土壤类型、用于果树的植根体（作为植物繁殖的根茎或砧木）、覆盖物、灌溉和施肥，这些均影响水分和营养对于作物的供应，从而影响收获作物的成分和营养。栽培模式还会影响到果蔬加工处理的适应性，例如水果中的钙含量高，采后寿命会更长，可以减少呼吸率和乙烯的产生，延迟成熟，增加硬度，减少生理失调和腐坏的发生率。另外，杀虫剂和生长调节剂的使用虽然不直接影响作物的成分，但会间接影响作物的成熟，减缓或加速成熟。

四、采后处理

果蔬是高度易腐商品，在采后处理过程以及流通过程中，容易损伤和衰变。损伤和衰变会导致果蔬迅速腐败，造成采后损失，有些果蔬的采后损失甚至高达 50％以上。因此，减少采后损失，特别是减少经济损失，对于生产者和消费者都具有重要意义。

果蔬的自然特性决定了果蔬的腐坏特征，从而决定采取的采后处理方式，表 2-3-1 列举了导致不同类型果蔬腐坏而造成产品损失的主要原因。

表 2-3-1 造成果蔬产品损失的主要原因

产品分组	造成果蔬损失的主要原因
根茎类蔬菜：胡萝卜，甜菜，洋葱，蒜，马铃薯，甜薯	机械伤与愈伤方式不当，发芽，失水，冷害
叶类蔬菜：生菜，莙荙菜，菠菜，结球甘蓝，春葱	机械伤，失水，呼吸速率高，褪色
花类蔬菜：朝鲜蓟，花椰菜，青花菜	机械伤，失水，变色，小花脱落
未成熟果菜：黄瓜，南瓜，茄子，青椒，秋葵荚，豆角	碰伤等机械损伤，失水，采收时过于成熟，冷害
成熟果实：番茄，瓜，香蕉，芒果，苹果，葡萄，樱桃，桃，杏	碰伤等机械损伤，失水，采收时过于成熟，冷害

生鲜果蔬腐坏变质是生物学的、微生物学的、生理/生化的以及物理的等多种因素共同作用的结果，而这些因素往往由于生产操作人员缺乏必要的技能培训、缺少贮藏设施、处理技术不当、质量控制措施无效和环境条件不利所造成，另外时间对果蔬的腐坏起到了决定性的作用，果蔬腐坏因素及产生原因见表 2-3-2。

表 2-3-2 果蔬腐坏因素及产生原因

腐坏因素	产生原因
生物学的与生理的	
有害物（例如昆虫、啮齿动物、鸟类）	农艺栽培生产/加工生产习惯不良
腐坏微生物（例如细菌和真菌）	缺少必要的卫生措施
呼吸速率	过热和温度过高
产生乙烯	环境（温度、大气压）
生长发育	时间和环境
成熟、促熟和衰老	时间和环境
蒸腾作用和失水	时间、环境和不正确的包装
化学的与生物化学的	
酶	环境、操作和碰撞
氧化	氧浓度高
非酶促变	包装和包装气体成分不正确、热
光氧化	不正确包装

（续）

腐坏因素	产生原因
物理的	
磕碰和挤压	操作和包装不正确
萎蔫	相对湿度和包装不正确
质地变化	环境和包装不正确
水分变化	相对湿度和包装不正确

采后处理包括根菜愈伤、整理、清洗、去除杂物、按成熟度分类、尺寸分级、打蜡、控制腐坏的杀菌剂处理、控制腐烂和/或虫害的热处理、控制昆虫的熏蒸、预防生芽或虫害的辐射、促熟乙烯暴露处理、采取的气调包装和气调贮藏措施等。在多数情况下，这些处理可有效维持果蔬质量和延长产品的采后寿命。

第四节　生鲜果蔬商品化生产与质量保障措施

一、商品化生产与流通模式

所谓商品化生产，是指通过必要的预冷、拣选、整理、分级和包装等采后加工处理环节，使果蔬具有更好的感官价值、利于定价的等级区分以及有助于延长贮藏期和货架期的良好状况。根据果蔬种类品种的不同、商品化形态的不同、市场定位的不同、销售地域的不同以及生产经营主体的不同，等等，采后加工处理的工艺模式和进行的场所、果蔬流通的路线和经由的环节等会有诸多差异。

生鲜果蔬商品化生产与流通的模式如图 2-4-1 所示。

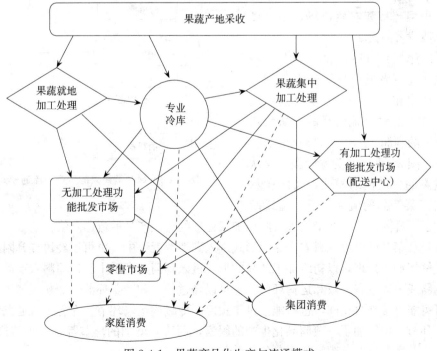

图 2-4-1　果蔬商品化生产与流通模式

　　果蔬就地加工处理和果蔬集中加工处理的区别主要体现在两个方面，一是生产经营的主体不同，二是加工处理场所所处的位置不同。就地加工处理的生产主体通常为果蔬的种植栽培经营者，利用田间设备（如第一章中提到的田间推车和田间包装系统等）或者位于田间地头的设施，以及与温室设施相连的处理车间等进行果蔬的加工处理。而果蔬集中加工处理的生产经营者，不从事果蔬的栽培生产，也不从事果蔬的批发贸易，加工处理场所通常设置在果蔬栽培生产区域的中心位置，通过订单或收购的方式接收周边栽培者生产的果蔬原料，专业化从事果蔬的加工和处理，使生产的产品进入到流通环节。

　　批发市场和零售市场的经营行为以贸易和销售为主，是果蔬产品的集散中心和经营网点。在批发市场或集散地以及零售市场经营果蔬这样的易腐产品，冷库等可以制冷和存放果蔬的设施是必要的。

　　批发市场的经营模式多种多样，基本服务是提供交易场所和对产品进行检验测试，有些批发市场或集散中心还提供产品的拍卖服务。有加工处理功能的批发市场兼有集中加工处理和产品批发销售的功能，生产经营者可能是同一主体，也可能是不同的主体。

　　零售市场指分散于城镇居民网点的大、中、小型超市和农贸市场，是直接面对家庭消费者的大卖场。

　　专业冷库指具有冷库设施的专业经营者，这些经营者通过投资建设冷库设施，将库位出租给需要者，使其达到短期存放和长期贮藏果蔬的目的，从而获取经营冷库的利润。

　　例如，图 2-4-2 所示为绿叶类蔬菜从田间到餐桌的生产流通模式，实线所示的是原料蔬菜产品的流通路线，虚线所

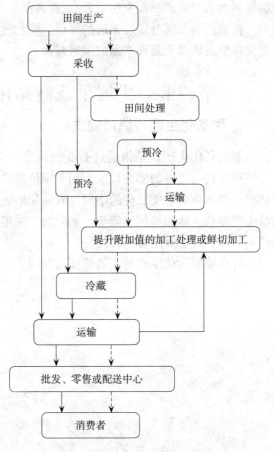

图 2-4-2　绿叶类蔬菜的生产与流通模式

示是经过了提升附加值的加工处理或鲜切加工处理的蔬菜产品的流通路线。

　　绿叶类蔬菜既可以以原料农产品的形式进入到消费者手中，也可以经过提升附加值的加工处理或鲜切加工处理，以初级加工产品的形式进入到消费者手中。以原料农产品形式进入消费者的路线可以只有采收和运输环节，也可以经过预冷和冷藏环节。而初级加工产品的生产原料既可能直接来自田间，也可能经过了预冷、冷藏或运输环节。在各种流通路线中，每增加一个环节，即增加了一项商品化生产的因素，而所有增加的环节都是以维持产品质量、保障食用安全和获得商品附加值为目的的。

二、果蔬冷链物流

果蔬冷链物流是指果蔬从采收以后到进入消费终端的整个过程中的每一环节，始终处于产品所需的适宜环境温度下，对于大多数果蔬产品而言，为维持适宜温度需要具备制冷条件。

果蔬产品的生产与流通链条可能有多种多样，但无论环节的多少，均可用点和线加以描述，点指的是加工处理地、临时存放或长期存放地、批发或零售地，等等，线指的是连接这些地点之间的路线。冷链物流就是通过冷库和冷藏车辆来建立这些点和线，使果蔬在每一位置时都处于冷环境中。

有关冷库贮藏和冷藏运输的专业书籍较多，本书不再重述，仅在此给出一些数据供参考。附表 2-1 中给出了果蔬贮藏推荐温、湿度和贮藏寿命；附表 2-2 给出的是果蔬在批发市场或配送中心短期存放时的适宜温、湿度分组；附表 2-3 给出了果蔬贮藏时的相容性，可以从表中方便查出果蔬是否适宜在同一处存放。

三、果蔬质量控制与保障措施

质量控制是指将果蔬质量维持在消费者可接受的水平，质量保障是指可以确保有效实现果蔬质量控制的系统，包括硬件设施和作业程序。质量控制及质量保障系统的建立对于保证产品质量必不可少，需贯穿果蔬生产、采收、采后加工及运输全过程，甚至在果蔬到达目的地后的销售环节也不可忽视。

采收环节，需对操作人员进行培训，做到适时采摘，作业时轻拿轻放，避免磕碰等造成机械损伤，保护好产品不受阳光的直接照射。

采后加工处理环节，需检查产品抵达时的成熟度、质量和温度；采取有效的卫生措施，减少微生物污染；检查包装材料和运输箱，确保满足规范要求；对操作人员进行果蔬产品分级、包装及其他作业培训，对产品随机抽样检查以确保满足标准的要求；在预冷环节注意检测产品的温度，确保温度达到要求；根据商品类型确定是否需要清洗杀菌工艺，清洗杀菌作业应对清洗水和产品的微生物进行检测和监控；质量检查人员应与产品接收方之间保持必要的沟通，发现问题及时纠正，并指导生产。

在运输环节，装货之前应对运输车辆的功能性和清洁状况进行检查；对操作人员进行装车和码放作业培训；每件货物最好配置温度记录仪，并保存所有产品的记录，作为跟踪-反馈系统的一部分。

产品到达目的地后，需检查产品质量，并且尽快移送到适于存放的区域；从配送中心运送到零售市场的时间不要耽搁，无特殊情况下应遵循先进先出的原则。

先进的生鲜果蔬商品化生产的产品质量控制程序，首先需要鉴别全过程中可能存在的危害点，并建立完善的防控措施。在联合国粮农组织的《提高生鲜果蔬质量与安全性实用方法培训手册》的"维持果蔬质量行动计划的指导方针"中，分为行动计划准备和行动计划实施两部分，详细列举了 9 个工作步骤，用来指导在果蔬商品化生产实践中制定果蔬质量保障计划和推进计划的实施，内容见表 2-4-1。栽培生产过程和采后处理过程可能存在的危害点鉴别和需要采取的防控措施见附表 2-4 至附表 2-7。

表 2-4-1 维持果蔬质量行动计划的指导方针

序号	步骤	工作内容
		行动计划准备
1	组织团队制定计划并协助实施	召集跨学科专业技术人员组成小组，参与到整个生产链所涉及的由产品、过程和人员组成的复杂系统中。需要这个团队去鉴别质量问题，把握时机，给出适合当地情况的完整可行的解决方案。 有些质量损失问题需要农户、企业家、运输经营者和包装生产人员，以及其他一些研究机构提供具有创造性的解决方法和适用技术。因此，即使行动计划由领导小组制定，成功的方案仍需要各方的支持。 应明确给出行动计划的目标： a. 打算做什么？以下目标可供参考。 ——提高整个过程的效率，优化步骤； ——延长产品的采后保鲜期； ——区分产品，以照顾到特性市场的需要； ——减少品质和物质损耗，维持产品质量和安全。 b. 针对的是什么产品或哪些产品？新鲜果蔬均易腐坏，但有程度的差异，并且在成熟和衰败过程中呈现不同的生理表现，有些果蔬更容易受到错误处理方法的影响。了解这些现象，才可能选择科学的方法，以达到完备的采后处理。 c. 计划在哪里实施？公司、地区还是全国，等等。 d. 过程中的哪个阶段需要改进？在收获时，还是在包装过程，等等？ 确定目标市场和预期达到的产品质量（产品标准、生产标准和作业标准）非常必要，为维持产品质量而增加环节是以消费者满意为导向的。 还需要清楚，哪些是必须考虑的危害点。也就是说要找出那些阻碍产品质量达到特定标准的危害。这意味着要涉及法规、消费者要求、特定行业和市场标准、注册登记声明和召回主张等，其中要指出相关性强和发生更频繁的危害。 对于新鲜果蔬而言，损失首先与生物学的、化学的、机械和生理的因素有关，其次是由于采后处理不当所造成。 这一团队还需要对应用的采后处理技术、农地产权结构和涉及的农户加以鉴别，供解决问题和决策时参考。
2	制定流程图	从采收到消费者的每一主要步骤都需要加以鉴别，从而确定哪一环节需要改进。如有可能，还需要对参与者、相关时期和进入目标市场的活动加以鉴别。流程图为设计和计划提供充分的技术信息，并给出逻辑关系和顺次关系，保证所有步骤都被包括在内。
3	鉴别导致质量损失的危害点和建立控制方法	接下来的任务是在过程中的每一阶段，鉴别与质量损失关联以及与目标市场的标准或质量规格不符的危害点。 制定计划团队要描述过程中的每一步，根据经验指出与维持质量和功效有关的优势和劣势。 要对每一问题和危害导致的直接损失和间接损失进行研究。 在鉴别过程中每一步存在的危害点时，应注意考虑： a. 斟酌过程参与者的意见； b. 查看可获得的信息，如出口企业的生产和交易质量记录、损失和召回的百分比，以帮助识别危害，选择适当的控制方法。 问题一旦搞清楚，就需要建立适当的预防和控制措施。 有些措施来自训练有素的工人、运输人员、商人等，而另一些措施则来自于实践证实可行的工艺和技术。有时需要研究机构提供技术和信息。 在危害预防和控制措施的关键阶段，需要给出短期、中期和长期的考虑事项，为采用技术、筹集资金和改变工艺留有余地。有关优化工艺的建议，需要进行成本效益分析，以清晰指出拟采用工艺以及获得的效益。

（续）

序号	步　骤	工作内容
		行动计划准备
4	将控制点按照优先次序划分和排序	一旦问题鉴别和解决方法达成共识，应确立过程中的某些步骤为优先级，在这些步骤中需要引入预防、减少或消除危害的控制方法。 通常，与采后处理不当有关系的问题是累积而成的，不可能通过单一的控制方法在过程中特定的点得到解决。不过，鉴别那些可以有效预防、减少和消除危害的关键步骤很重要。 控制点具有了优先级时，要对鉴别的危害的重要性进行排序，例如，评估质量损失、与机械伤关联的物理损失以及其他物理的和生理的伤害等。
5	鉴别验收等级	对生鲜果蔬而言，验收等级按照判别质量和尺寸大小来划分，以目标市场的质量标准为依据，不同等级允差可能不同。 对于果实的缺陷（机械伤），允差标准取决于确定的质量等级。对于有些危害，如虫害或病害、异味或危及安全的味道等，容忍度为零，需要强制性检测以阻止这些危害。 允差标准或者说对于不符合某些质量要求的可接受性与特定目标市场的期望有关系。如果是出口市场，就要大力引导生产符合出口产品质量的果蔬，通过采收和采后过程中适宜的处理方法来维持果蔬的质量。 对于确定的控制点，必须建立验收标准，以控制运作的功效，例如冷藏的最佳温度范围（避免由于过冷或过热影响采后寿命采后寿命）。 一旦在不同阶段确定了短期、中期和长期的方法后，需要开展下列工作： a. 针对工人的培训计划； b. 在田间进行的挑选和分级计划； c. 最优化的洗后去水计划。 需要评估可使用的人力和财力资源（包括企业的和社会的），需要征得相关人员的应允。

行动计划实施

实施行动计划需要考虑以下要点：

——建立一个系统，跟踪计划中设想的行动；

——由于执行控制方法效率低而不能达到预期目标，需要商榷采取措施（纠正措施）；

——商榷核查过程；

——保存所有文件和记录；

——商榷策略以保障行动计划中的所有参与者能够承担义务和负责任；

——需要时对计划进行调整。

序号	步　骤	工作内容
6	建立跟踪系统	为评估控制措施的有效性，需要建立一个简单易行的跟踪系统。需要专人负责收集数据，监督收集数据的频率，注意行动计划目标不能达到的情况。 跟踪产品质量的例子，如已交付的质量的记录、接收的百分率、拒收的原因、再次检查过程温度、拣选分级设备的记录、培训记录、洗后风干时间和温度。
7	制定补救计划	当达不到行动计划目标时，需要采取补救行动。为确保成功，需要采取加强对工人和运输人员培训，再次检查温度控制系统、贮藏条件、加工处理产品的后勤保障以及停留时间等贯穿于整个行动计划实施过程的一系列措施。
8	文件和记录	为了正确评估计划，需要保存所有记录。这也是获得合格证的前提条件，应该作为计划的一部分。
9	计划的评估和重新调整	消费者满意和实现利润是需要达到的双重目标，园艺部门生产的产品会经常发生变化。因此，随着市场需求的变化，根据市场机遇和处理产品采后技术的差异，需要不断调整和变更质量和安全保证计划。 质量和安全保证的目的是满足消费者的需要，同时通过适应、变革和创新来有效获得利润。

第三章
集中商品化处理加工设施规划

果蔬采后的商品化处理通常在产地、区域性集贸中心或农产品物流配送中心等进行。处理加工的场所可以是田间地头的一座简易建筑物，也可以是与温室设施相连的包装车间，还可以是各项功能齐全的果蔬集中处理加工厂或果蔬包装加工厂，等等。

规划设计是果蔬集中处理加工厂或包装加工厂建设时需要完成的一项重要内容，面临的任务有两种不同模式，一是在现有设施基础上进行，二是全新建设。

规划设计包括工艺规划设计和非工艺规划设计两大部分。工艺规划设计是按照工艺要求进行的规划和设计，以车间工艺规划设计为主，并对其他设计部分提出各种数据和要求，作为非工艺规划设计的依据。非工艺规划设计包括总平面、土建、采暖通风、给排水、供电及自控、制冷、动力、环保等各项内容的确定。

果蔬集中处理加工厂或包装加工厂的工艺规划设计主要包括全厂总体工艺布局、产品方案及生产量、产品生产工艺流程、设备选型和生产能力计算、车间平面布置、原材料供应和产品配送方式、废弃物处理方式、物料计算、生产动力计算和劳动力计算等内容。

果蔬集中处理加工厂或包装加工厂的规划设计应根据处理的果蔬种类和品种、处理后的商品要求、生产量规模要求、配置设备的机械化程度要求以及处理场所与原料产地的地理位置关系等各种因素来确定。

新建项目需要在对建设规模、生产工艺、原料产地和产品配送市场等基本内容研究确定之后，选择合适的建厂地区和场（厂）址。

第一节　产品方案和生产规模

确定产品方案和生产规模是设施规划时进行功能分区和设备选型配套的基础，合理利用空间和设施合理设计是产品质量的保障，也是获得最大生产效益的前提。

一、产品方案

产品方案是指主导产品、辅助产品与生产能力的组合，包括加工处理果蔬原料种类、商品类型、符合的质量标准与规格、原料量与产品量的关系以及拟采取的工艺技术方案等。在进行产品方案设计时，需要考虑以下几方面内容：

（1）果蔬的种类和品种。需要了解待加工处理果蔬的种类、品种，是单一果蔬种类、单一品种加工处理，还是多种类、多品种果蔬加工处理。多种类、多品种果蔬加工处理时，需要考虑是否可以在生产工艺和设备选用上归类，即是否有工艺上的相似性和设备的通用性。

（2）产品收获的季节性。需要了解加工处理果蔬原料的来源，并明确原料果蔬的采收季节，同时需要了解果蔬最长贮藏期。夏季果蔬与冬季果蔬通常有不同的贮藏适宜温度和贮藏期，进行冷藏库和预冷库设施设计时，需要考虑使用周期和温、湿度调控的需要，合理分间和设计库容量。进行多个种类果蔬加工处理作业时是否存在时间上的重合期，共同使用空间和设备是为了最大限度地利用资源，而专用设备加工处理单一产品可以更好地确保生产稳定和产品质量。

（3）加工处理后的商品类型。处理完整果蔬与处理鲜切果蔬时的工艺和流程有较大差别，食品安全保障的关键控制环节和危害程度也不尽相同。鲜切果蔬也分为即食果蔬（ready-to-eat）和烹饪用果蔬（ready-to-cook），两者在微生物控制指标上有差异。进行设施规划设计时，需要着重考虑鲜切果蔬生产的卫生保障措施，特别是对于即食果蔬产品的生产加工，在任何关键控制点上的失控都可能导致食品安全事故的发生。

（4）运输和配送方式。原料从产地到加工厂和产品从加工厂到销售市场（或用户）的运输距离、运输方式和运输时间等，都会对产品处理加工环节产生影响，也会影响到产品的质量保障。产地到加工厂、加工厂到销售市场的时间越长，果蔬加工处理完成的时间越长，对于短期贮藏寿命的产品，产品的可食用期和货架期就越短。在进行建筑布局和设备配置时，应考虑最大限度地缩短加工处理时间，并兼顾好设备和建筑空间的利用率。

二、生产规模

生产规模指拟完成的处理果蔬原料的重量和生产出的产品重量，两者之间的关系即

$$\sum G_r = \sum G_p + \sum G_w \tag{3-1-1}$$

式中　　$\sum G_r$ ——生产各种商品类型果蔬需要的原料重量总和；

$\sum G_p$ ——果蔬产品重量总和；

$\sum G_w$ ——损耗与废弃物产生重量之和。

核算和掌握果蔬原料重量和产品产出重量，明确生产工艺，是制定设备配置方案和设施规划设计的依据。

果蔬产品生产与工业产品生产不同，存在诸多不确定因素。受到原料收获季节的影响，处理的时期可能只有几个月，并且在收获季节往往是产品处理量最大和生产最集中的时期。产品处理量最大时期核算出的日处理量、班产量或小时处理量可以用来作为确定设备和设施处理能力的依据。

果蔬产品组合方式也是影响生产规模的因素，利用同一生产区域和配套设备进行多种类果蔬生产，将加工处理工艺相同或相近的果蔬产品归类和估算处理量，可以提高建筑设施和设备的利用率。

另外，需要考虑造成设备闲置和冷库闲置的因素和闲置时间周期，合理利用时间因素对规模量的调节作用，可以优化设备和设施配置，获得最大效益。

产品方案和生产规模确定后，需要制定出时间表。例如某加工厂根据当地生产的果蔬种类和供货订单要求的产品类型，确定的产品方案，见表3-1-1。

表 3-1-1　产品方案

果蔬种类	处理量	产品类型	产品量	生产工艺内容	冷藏要求	生产时期											
---	---	---	---	---	---	1	2	3	4	5	6	7	8	9	10	11	12
马铃薯	A_1	完整	A_2	清洗、分级、运输包装	长期										—	—	—
	B_1	鲜切	B_2	清洗、分切、杀菌、去水、气调包装	短期	—	—	—	—					—	—	—	—
樱桃番茄	C_1	完整	C_2	拣选、分级、包装	短期	—	—	—									
	D_1	即食	D_2	拣选、清洗、杀菌、去水、包装	短期												
苹果	E_1	完整	E_2	拣选、清洗、杀菌、去水、包装	长期												
菠菜	F_1	完整	F_2	拣选、整理、包装	短期	—	—			—	—	—					

第二节　果蔬商品化加工处理工艺流程

　　商品化加工处理工艺流程根据果蔬种类、品种、果蔬的商品形态、产品要求以及运输方式等多方面因素来确定。

　　经商品化加工处理的果蔬产品应具有良好的感官质量、符合市场要求的等级区分和有利于延长贮藏期和货架期的良好状况。

　　预冷和冷藏对于大多数果蔬进行商品化处理是必不可少的环节，果蔬采收后需要迅速除去田间热，预冷是确保果蔬产品质量和延长货架期的必要手段，处理后的果蔬无论是长期存放还是短时的周转均离不开冷藏。清洗环节也非常重要，可以改善果蔬外观和卫生条件，还可以及时除去果蔬表面的农药残留。苹果和柑橘等较耐贮藏的水果通常经过整理、分级、清洗、打蜡、包装和冷藏等处理环节。叶类蔬菜一般需要进行清理除杂、清洗、去水和包装。鲜切果蔬需要进行初清洗、整理除杂、分切、杀菌、漂洗、去水和包装等环节。

　　总之，果蔬商品化处理工艺流程是多种多样的，其中有些环节必须由手工操作完成，有些环节可以由机械设备替代，有些环节必须依靠设备方可实现。因此，与果蔬商品化处理相配套的技术装备也应具有多样性。下面介绍一些国内外针对不同种类果蔬采用的加工处理工艺流程的案例。

一、根类和块茎类蔬菜

　　根类蔬菜指以膨大的肉质直根为食用部分的蔬菜，块茎类蔬菜指以地下块茎为食用部分的蔬菜。这些蔬菜包括萝卜、胡萝卜、芜菁、根用甜菜、马铃薯、芋、豆薯、甜薯等。采后加工处理工艺如图 3-2-1 所示。

二、洋葱及类似蔬菜

　　这类蔬菜包括洋葱、蒜等，采收后需要愈伤。愈伤可以在田间进行，也可在稍后进行。这类蔬菜常采用的加工处理工艺如图 3-2-2 所示。

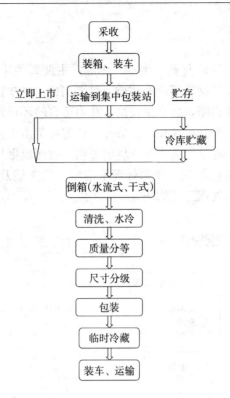

图 3-2-1　根类、块茎类蔬菜加工处理工艺流程

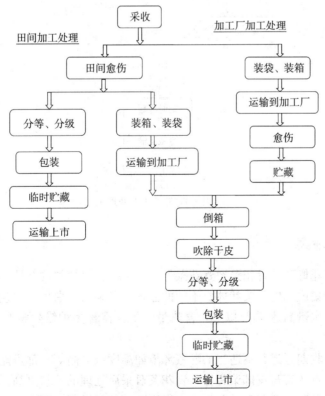

图 3-2-2　洋葱等类似蔬菜的加工处理工艺流程

三、叶菜类蔬菜

这类蔬菜包括绿叶菜、结球甘蓝、生菜、葱等，主要以柔嫩的叶片、叶柄或茎部供食用，由于富含各种维生素和矿物质等营养物质，是人们日常喜欢食用的一类蔬菜。

叶菜类蔬菜的组织非常柔嫩，含水量较高，在不适宜的环境条件下极容易失水和腐坏变质，搬动和处理操作时容易受到机械损伤。另外，这类蔬菜由于直接与土壤接触，蔬菜的表面积大，容易携带泥沙，也容易受到生长环境的影响，因而也更易受到污染。

通常这类蔬菜的贮藏时间较短，如果处理不当和采后未能及时上市，会造成较大的损失。这类蔬菜常采用的加工处理工艺如图 3-2-3 所示。

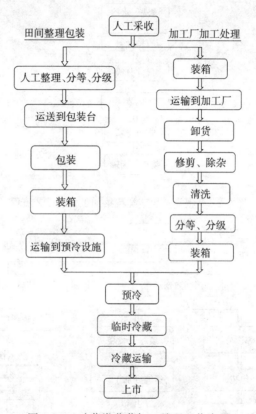

图 3-2-3 叶菜类蔬菜加工处理工艺流程

四、花菜类蔬菜

花菜类蔬菜有花椰菜、青花菜、紫花菜等，为十字花科植物的茎顶端的总花梗、分花梗和未发育的花芽密集成的肉质头状体，不同的品种，呈现出乳白色、绿色和粉紫色。

这类蔬菜的含水量高达 90% 以上，含热量较低，富含多种维生素和含有抗癌成分，对人体具有保健功效。

这类蔬菜的采收期延迟和不适当的贮藏环境如温度低或高等，都可能引起松球和花球变色，使品质下降。青花菜与花椰菜相比，青花菜对采后处理的要求更高，如果采后未及时预冷和在低温环境下贮藏，花蕾和花茎就会失绿转黄，甚至呈现花蕾开放的现象。因此最好能使蔬菜产品在 3～6h 内温度降至 1～2℃。花椰菜和青花菜在贮藏期间都会释放一些乙烯，应注意适时通风换气或采取乙烯吸附的措施。

这类蔬菜常采用的加工处理工艺如图 3-2-4 所示。

五、果菜类蔬菜

果菜类蔬菜是指以果实为食用部分的蔬菜，例如茄子、黄瓜、青椒和夏南瓜等。这类蔬菜常采用的加工处理工艺如图 3-2-5 所示。

六、番茄

番茄是全世界栽培最为普遍的果菜之一，2011 年全世界产量达 1.59 亿 t，我国产量达 0.49 亿 t，约占世界产量的 30%，也是世界上产量最多的国家。番茄含有丰

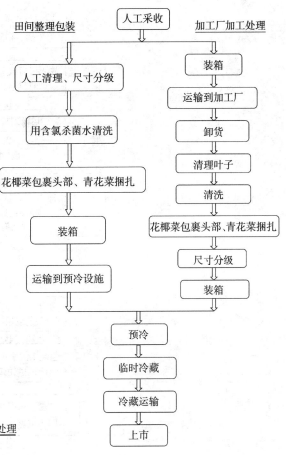

图 3-2-4　花菜类蔬菜加工处理工艺流程

富的胡萝卜素、维生素 C 和 B 族维生素，食用部分为多汁的浆果。营养学家研究认为，每人每天食用 50～100g 新鲜番茄即可满足人体对几种维生素和矿物质的需要。

由于发达国家的番茄生产有规模大和集中采收的特点，产业化、规模化的处理加工已经有几十年的历史，图像识别、机械手等更为自动化和智能化的机械设备也逐渐在生产中使用。

番茄常采用的规模化生产的加工处理工艺如图 3-2-6 所示。

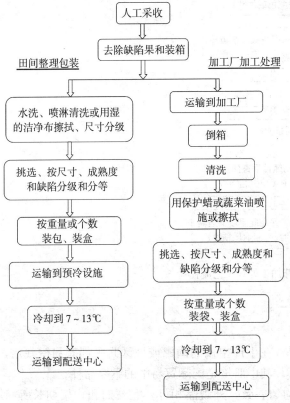

图 3-2-5　果菜类蔬菜加工处理工艺流程

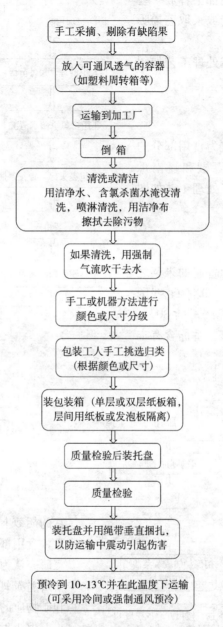

图 3-2-6 番茄加工处理工艺流程

七、甜橙

甜橙是世界上栽培最为广泛的木本水果,在生产柑橘的国家或地区几乎都有甜橙栽培,主要品种有普通甜橙、糖橙、脐橙和血橙等,其中脐橙是国际贸易中的重要品种。

通过商品化处理的甜橙具有品质规格均匀一致,外观品相好,贮藏期和货架期长等特点。甜橙常采用的规模化生产的加工处理工艺如图 3-2-7 所示。

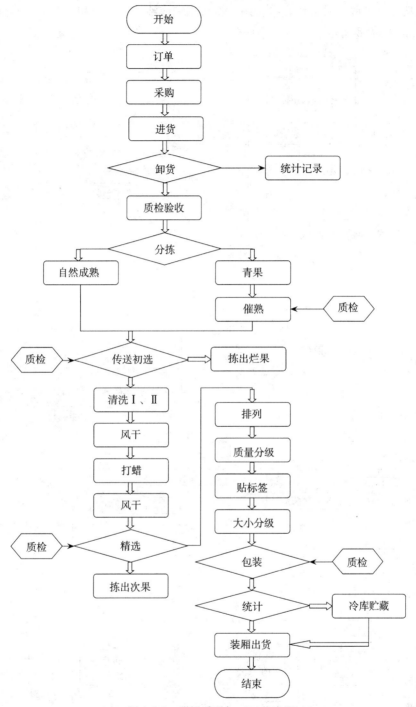

图 3-2-7 甜橙采后加工工艺流程

八、酸浆果

酸浆果是茄科植物，分布在世界各地的温带和亚热带地区，果实貌似樱桃番茄，但部分或全部被封闭在一个由花萼形成的纸状外皮内。由于含有丰富的氨基酸、矿物质和维生素，尤其硒含量颇高，具有增强人体免疫及防癌、抗癌功效，越来越受人们的推崇。

　　酸浆果从花萼中取出后可以直接食用，也可以制成沙拉、果酱和干制果等。酸浆果的加工生产流程如图 3-2-8 所示。

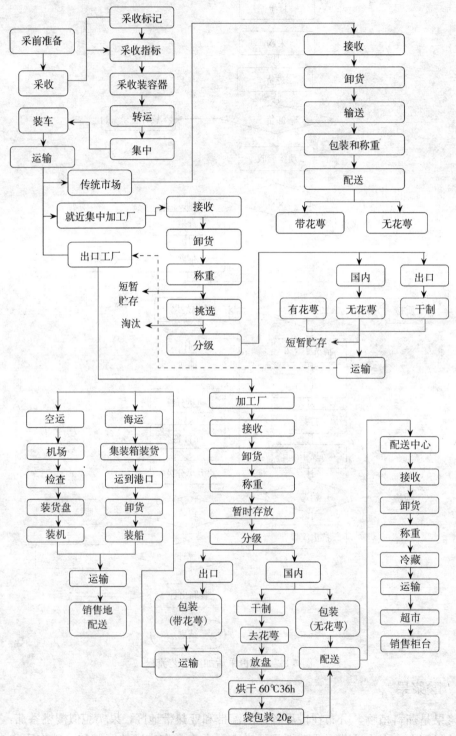

图 3-2-8　酸浆果加工生产流程

(引自：Piñeiro M and Ríos L B D，2004)

九、鲜切果蔬

鲜切果蔬是指经过了最少量加工处理,通常需要经过分切、清洗、杀菌和包装等工序,仍保持新鲜果蔬的品质,使得产品100%地可以食用的商品形式。鲜切果蔬生产开始于20世纪40年代,而在70年代以后得以迅速发展,主要供应给餐饮业、饭店和团体食堂等,尤其适应快餐连锁店经营模式的需要,同时也在超市销售以适应城市人群的快节奏工作生活方式。

鲜切果蔬产品无论是即食产品还是供烹饪产品,除具有新鲜和方便的基本特征外,还需要保持原果蔬应具备的营养价值,应保证外观、质地和风味等感官品质,需要有较长的保质期和保鲜度,并且应确保食用安全。

鲜切果蔬产品不同于完整果蔬。完整果蔬的质量取决于栽培品种、种植管理和气候条件、采收时的成熟度、采收方法以及采后处理工艺等。鲜切果蔬的质量不仅取决于制备鲜切产品的完整果蔬的质量和受到果蔬采收后到制备鲜切产品之前的处理程序、环境条件和时间的影响,还要受到诸如分切刀具的锋利程度、切块尺寸和表面积大小、清洗和表面水分去除等制备方法的影响,另外还受到包装条件、冷却与存放条件和销售条件等后期条件的影响。

在鲜切果蔬加工生产中用到的设备包括清洗机、分切机、脱水机、包装机以及检测监控设备等。由于鲜切果蔬产品保持了新鲜果蔬的品质,并且消费食用方便,在发达国家很受消费者的欢迎。

鲜切蔬菜常采用的加工处理工艺如图 3-2-9 所示,鲜切水果常采用的加工处理工艺如图 3-2-10 所示。

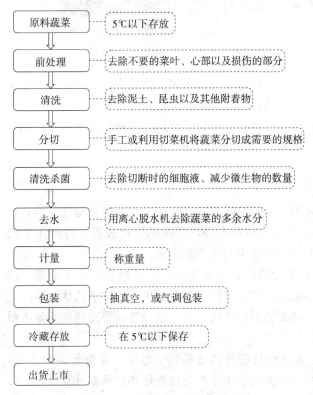

图 3-2-9　鲜切蔬菜常用加工工艺

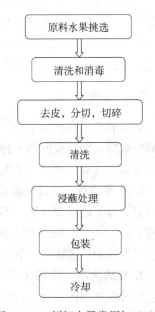

图 3-2-10　鲜切水果常用加工工艺

第三节　各生产环节对场地和设施的要求

一、货物接收

厂区交通道路布局应便于送货和出货车辆的出入，出入车辆应不发生冲突。

收货区位置应靠近办公室，便于管理。

收货场地面积根据产品种类、生产规模等确定，同时还需考虑生产高峰季节的收货量。生产经营规模较小时，收货和发货可以安排在同一区域，如果生产经营规模较大，收货区和发货区分开更有利于装卸货物。

收货区堆放货物的场地面积大小应能容纳一定时间内的集中到货，通常可以按照两个小时计。露天场地收货时，需考虑采用简易棚等设施，保护货物免遭日晒雨淋。收货区应有宽敞的入口供车辆卸货，卸货平台高度可以与车厢底面高度一致，如图 3-3-1 所示。

(a) 卸货平台同时接收多车辆　　　　　　　(b) 平台高度与车厢底面高度一致

图 3-3-1　收货区

如果不希望车辆靠近收货场地，通常可采取机械搬运的方式，到货产品转装托盘和用叉车卸货，此时的收货地秤应与室外场地同一标高。

接收产品时，每批产品应按照产品特性、品种、重量和生产地进行检验，根据检验结果决定是否接收，因此还需考虑产品分区堆放和人员活动的空间。

二、冷藏

果蔬的冷藏在冷库中进行。冷库是采用人工制冷降温并具有保冷功能的仓储建筑群，包括制冷机房、变配电间等。冷库的位置、大小和库房布局，要根据生产规模、冷藏工艺流程、与加工处理工序之间的关系和在整个加工处理中的作用来决定。

1. 冷库位置　果蔬先经过加工处理后入库冷藏，还是先入库冷藏然后再加工处理，两种情况下冷库的设置位置是不相同的。冷库的设置位置还应该考虑果蔬的输送路线。生产规模较大时，未加工处理的果蔬从冷库到达加工处理生产线和加工处理好的果蔬送到冷库，最好采用不同的运输线路，装运作业和接收作业应分开。

2. 库房大小　库房指冷库建筑物主体及为其服务的楼梯间、电梯、穿堂等附属房间，有些库房穿堂内还设置制冷机组。库房的大小应根据年生产处理总量和贮藏期计算决定。如果需要果蔬较长时间贮藏以供应市场，冷库的贮藏量可以按年生产量的 80% 计算。如果果蔬不需要较长时间贮藏，加工包装后能够及时送入市场，冷库的贮藏量取决于加工包装生产线的生产量，考虑到果蔬产品流向市场时可能出现的短期产品积压或市场临时脱销的需要，冷库贮藏量可以按照3～5d的包装生产线生产量进行考虑。

3. 库房高度 库房的高度一般按照周转期长短进行选取，用作长期贮藏的库房高度可以较高一些，用于短期贮藏或周转期短的库房高度可以低些。堆放高度也与果蔬周转速度有关，长期贮藏果蔬堆放高度较高，周转快、等级分类多的果蔬堆放高度应较低。

4. 冷间数量、大小与布置 冷间是冷库中采用人工制冷降温房间的统称，如冷藏间、预冷间（也称冷却间）等，冷藏间用于贮存产品，预冷间用于对产品进行冷却加工。冷间数量应根据加工生产产品种类、产品周转时间及冷间功能划分与要求等来确定。

如果加工厂需要同时处理几种产品，最好将不同产品贮存在不同的冷藏间。冷藏间内已经贮存有产品时，再入库的产品会影响原有良好贮存条件的维持，因此尽量避免果蔬多次入库的情况。

未包装和包装好的货物应放置在不同的冷藏间内。包装好的果蔬比未包装的果蔬隔热性好，传热困难，为保持相同产品的中心温度，存放包装好产品的冷藏间空气温度应比未包装产品冷藏间空气温度略低。

冷藏间的大小应根据贮藏果蔬的主要品种、包装规格、运输堆码方式等确定，还需要考虑是否需要使用托盘和电动叉车，使用托盘和电动叉车时，冷间面积应适当加大，并且应尽量减少建筑结构上的阻障，通道和门的尺寸也应便于托盘和电动叉车的通过。

冷间应按照不同的设计温度分区、分层布置。

三、冷间预冷

生菜、樱桃、草莓、桃等高度易腐产品，在进行加工包装或贮藏前应及时去除田间热，需要进行预冷。

采用冷库通过空气对果蔬进行预冷是果蔬预冷的一种方式，空气预冷完成时间一般在数小时到24h，有些需要24h以上。预冷间的大小和数量可以按照每天的进货量来考虑。预冷间的高度一般不超过4.5m，货物堆放高度视产品种类而定，例如桃的最大堆放量为400kg/m²，苹果、柑橘的最大堆放量为1 000kg/m²。

虽然冷间空气预冷与其他预冷方式相比，需要的预冷时间较长，但使用和操作比较方便，有很大的灵活性，并且适用所有产品。预冷间需要的制冷能力远大于冷藏间，与冷藏间分别为不同的制冷系统。

预冷间使用频繁，物料需要根据批次情况或供货订单的不同分开堆放，堆放时存在一定随意性，难以做到码放齐整。预冷间的大小除设计满足周转量需要外，还需考虑留有足够的搬运空间，如图3-3-2所示。

图 3-3-2 预冷间

由于不同果蔬对冷害的敏感性不同，适用的预冷温度也不同，对于加工处理多种类果蔬的加工厂，通常需要设置两个以上预冷间。对于控制在同一环境温度的预冷间，由于使用频繁，每批次库外较高温度果蔬进入后，都会对库内果蔬产生一定影响，从而影响到果蔬的预冷时间和预冷效果，因此，需要根据批次处理量的大小进行合理分间，提高预冷功效。

出于建设造价的考虑，功能分区有时难以做到细分，有些预冷间也会作为果蔬的暂存间使用，此时需要考虑原料与产品的区分，也需要考虑制冷能力对预冷或暂存需要的影响。

四、催熟

大多数果蔬可以在采后立即食用。也有一些果蔬采收后需经过后熟或人工催熟，其色泽、芳香等风味才能符合人们的食用要求。如柿子、香蕉等未充分成熟前，带有强烈的涩味，无法食用，经人工催熟以后可将涩味消除。又如，番茄等采摘时未完全成熟，可以采用催熟的方法，加速其成熟过程，以满足消费者的需要。

催熟过程需要在加工处理厂进行，用于果蔬催熟的房间称为催熟间。

在催熟间中，果蔬通过放置在有特殊温度、湿度和气体成分要求的环境中，其内部糖分、有机酸和果胶等进行转化，果蔬的色泽和香味也伴随发生变化。果蔬成熟过程是内在发生的，外部环境是为了加速这个过程的进行。

催熟间的环境空气温度一般维持在15～25℃范围，有些果蔬需要20～25℃，相对湿度90%左右。因此，催熟间应采取隔热措施，通常需要设置加热和加湿装置，加热量应保证在规定时间内将环境空气加热到果蔬需要的温度。为了使果蔬成熟后能够暂存到市场销售，通常催熟间还需配制制冷设备。

催熟间内需要输入新鲜空气或氧气，排出果蔬成熟过程中产生的二氧化碳（CO_2）气体，所以应配置通风设备，排风量应保证每天1～3次的换气次数。

有些催熟过程，需要向催熟间输入乙烯（C_2H_4），其浓度为1 000～2 000mg/kg，有些还需要同时输入氧气（O_2），使室内的氧气浓度达到50%，这种处理方式仅适用于气调库，墙体有气密性要求，并且需要有二氧化碳气体过滤装置。采用乙烯和增加氧气浓度时，需要考虑防火。

由于催熟间的环境条件有利于霉菌的繁殖，因此需要特别考虑防菌问题，需要定期进行消毒。

五、加工处理

从事果蔬加工处理的场所为处理车间，或称为包装间，在这里进行果蔬的整理、分级、清洗、杀菌、包装以及水预冷，等等。

1. 空间尺寸要求　包装加工车间的净高度一般为4～5m，如果和冷库相邻，也可以与冷库高度取齐。鲜切果蔬加工车间净高应在3m以上。

车间的面积取决于日处理周转量和采用的设备。日处理量应保证接收产品在24h之内处理完毕，如果不能安排工人轮班工作，日处理时间应不超过15h，期中还应留1h左右的设备清洗维护和场地清理的时间。例如，图3-3-3所示的车间内布置了多条柑橘包装生产线，设备占地面积、设备高度和生产线布局决定了对空间尺寸的要求。

图 3-3-3　柑橘分级包装车间布置多条生产线

此外，还应考虑以下几方面因素对空间的需要：

（1）应考虑加工处理生产线首端产品的堆放空间和末端产品的堆放空间，如图 3-3-4 所示。

（2）应考虑生产线周边需有足够的人员操作空间和车辆运输过道，手推车为 1.2m，叉车为 2m。

图 3-3-4　生产线周边需有堆放产品的空间

图 3-3-5 所示为典型的输送机设备配合手工作业的果蔬拣选、包装生产方式。输送机设备有 3 层传送带，每层可以传送不同的物料，用于包装作业时，上层传送包装箱，中层传送盛装好的果蔬箱，下层传送挑拣出的劣等果蔬。除需要考虑设备布置需要的空间外，还要考虑物料堆放、搬运空间、托盘码放空间、叉车作业空间以及包装箱准备和传递空间，等等。

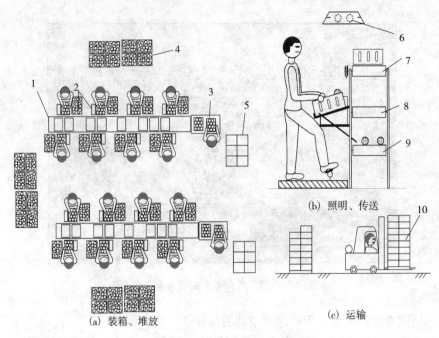

（a）装箱、堆放　　　　　　　　（b）照明、传送

（c）运输

图 3-3-5　输送机设备配合手工作业方式

1. 输送机　2. 拣选装箱工位　3. 检查和封口工位　4. 原料堆放　5. 托盘堆码
6. 照明光源　7. 上层传送带　8. 中层传送带　9. 下层传送带　10. 叉车运输

（3）应考虑原料、产品和包装材料等集中堆放时需要占用的空间和人员、车辆行走空间，如图 3-3-6 所示。

（a）出入口附近堆放货物时应留有行走空间

（b）包装材料堆放　　　　　（c）果蔬原料堆放　　　　　（d）果蔬包装成品堆放

图 3-3-6　留有足够的行走空间和各类物品的集中堆放空间

（4）在条件允许时，要考虑设置休息室和卫生间。

（5）为今后发展留有一定空间，以备添置新设备。

表 3-3-1 是国外水果处理包装间的面积要求，仅供参考。

表 3-3-1 国外水果处理包装间面积与年周转量的关系

年周转量（t）	包装间面积（m²）
2 000	400～800
3 000～4 000	1 500～1 800
6 000～10 000	1 800～2 500
15 000～20 000	3 000～4 000

2. 分间与分区 处理车间的分间和分区主要从产品对卫生条件的要求和环境温度控制要求两方面考虑，另外还需要考虑产品的种类、规模和生产线设备安装使用要求等。

例如，自动化程度较高、规模较大的苹果、甜橙等水果采后处理生产可以分为原料清洗处理和分级包装处理两个车间进行，使原料和产品彻底分开，以确保产品不会受到原料的污染。而生产规模较小的清洗、分级、包装生产也可以在同一车间按顺序分区域进行。

处理车间的卫生条件要求视终端产品的要求决定。在进行鲜切产品生产时，原料的整理和预清洗等前处理作业、清洗杀菌工序等准清洁作业与包装工序等清洁作业，均应分间进行，并且各分间之间应视清洁程度要求给予有效隔离，防止交叉污染。果蔬物料流与废弃物流方向相反；从原料到产品的各工序作业区域环境温度控制为由高到低走向；各区域的通风应避免灰尘积聚和循环，气流保持从包装到原料处理的方向流动，如图 3-3-7 所示。

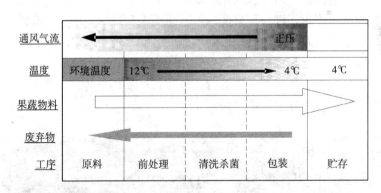

图 3-3-7 鲜切果蔬生产与各工序物料流向、环境空气要求的关系

另外，如果加工处理的鲜切果蔬产品供直接生食，后端工序的处理车间还应有更严格的卫生要求。图 3-3-8 所示的某鲜切蔬菜加工生产线，产品在不同卫生条件车间输送时，经前处理后的蔬菜通过窗口被输送至后端工序，在后端工序，蔬菜完成清洗、杀菌、去水和小袋包装后，再通过窗口送出至检验和装箱。

3. 对环境温度要求 处理车间的环境温度根据工作人员的适宜温度、耐受温度以及当地的气候条件等因素来决定，通常应保证人员长时间工作时的环境温度不高于 35℃ 和不低于 10℃。

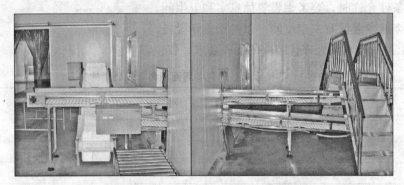

(a) 经前处理的蔬菜通过窗口送至清洗、杀菌和包装车间

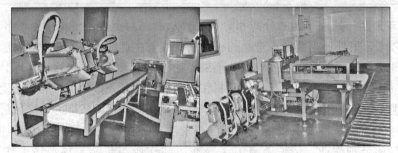

(b) 蔬菜完成小袋包装后再通过窗口送至检验和装箱

图 3-3-8 有严格卫生要求产品的输送方式

处理车间的采暖、通风和空调制冷等措施，除考虑人员对环境的需要外，还应考虑设备投资和运行费用等经济因素，对于自动化程度高、不需要人员长时间工作的环境，仅需考虑满足果蔬对环境的基本要求，即保证果蔬冬季不会受冻和夏季不承受太高的温度。

有些产品以及鲜切果蔬产品的处理车间对环境温度有较高要求，环境温度需要根据处理的产品种类和购货方的要求来确定，通常较低的环境温度有利于产品的保鲜，有时在高温季节为达到产品要求，甚至在高温冷库中进行一些特殊产品的处理，如图 3-3-9 所示为 9 月份工人穿着棉衣在冷库中加工处理蒜薹产品。

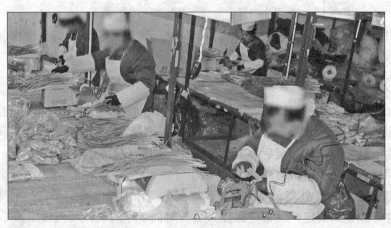

图 3-3-9 工人在冷库中加工处理产品

4. 照明要求　车间应有充足的自然采光或人工照明。一般工作场所的照度不低于200lx，切割、挑拣、包装场所照度不低于300lx，分选、检验等工作面照度不低于500lx，通常在人工作业工位的上方设置照明光源，使光照度满足作业的需要，如图3-3-5（b）所示。

照明光线的色彩不应产生误导，以不改变果蔬本色为宜。生产线及工作面上方的照明设施应装有防护罩，以防止灯具破损而造成对产品污染。

六、包装材料贮存

包装材料、周转箱及托盘等，不仅是生产成本的构成要素，同时也带来生产中的存放和管理问题。

包装材料的存放地点应与使用地点靠近，以便于仓库管理人员收发管理。

包装材料是易燃品，需要注意消防要求，存放包装材料的仓库与其他建筑物之间的距离应不小于12m。

包装材料的库存量根据包装生产用量确定。生产旺季，包装材料库存量至少应满足15d的消耗量。例如，如果每天周转60t果蔬，每箱可装15～20kg，则每天需要包装箱3 000～4 000个，库存量至少需要45 000～60 000个。

包装材料贮存间的大小应根据同时存放材料的最大量确定，同时应考虑存放的包装材料的种类、尺寸、分区放置要求、取放要求以及搬运通道要求，等等。

通常情况下，果蔬收获后盛装在包装箱内送到加工处理厂，这些包装箱一般为可回收包装箱，如果送货者不回收包装箱，则包装材料贮存间应考虑留有包装箱放置空间。

七、装运发货

发货场主要用来对果蔬产品进行整体装箱、标记和装车。

需要装运发货的果蔬产品，可能来自包装线的末端，也可能来自冷库，因此发货场的位置应考虑到适应这两种来源的产品需要。

发货场面积大小通常由加工处理生产量决定，另外还需要考虑货物运输距离、货物的运输方式以及整装方式对场地的要求。铁路运输集装箱装箱需要的场地面积要远大于冷藏车装车面积。

大规模生产厂有的还需要建月台设施，并配置整箱包装线，用来完成适于运输的整体装箱。

八、厂内运输方式

厂内运输通常采用叉式自动装卸车、手推叉车和输送机3种运输方式。

叉式自动装卸车是加工处理厂厂区内运输货物和码垛必需的设备，尤其在冷库中使用频繁。叉式自动装卸车的规格应满足冷库内码放货物高度的需要。

手推叉车方便灵活，通常用于无需提升、地方窄小、运输距离短以及地面不能承受叉式自动装卸车或机动车重量的地方。

输送机通常在大规模生产厂内使用，主要用于各工序间货物的传送。输送机的灵活性较差，在加工处理车间使用较方便，在冷藏间使用时有一定的局限性。

输送机设备有动力和无动力驱动两种，可以分为重型和轻型，重型用于运送散装箱或托盘承载货物，轻型主要用于运送纸箱或空箱。如果运输距离短、运输量不大，尤其在输送线附近有操作工人时，可以采用无动力输送机。

第四节　设备选型及设备工艺布置

设备选型的总体方针是技术先进、生产可靠和经济合理。设备选型时除遵循基本原则外，还需考虑生鲜果蔬产品的特殊性及注意相关事项。设备工艺布置与加工处理工艺流程和设备选型之间的关系是相辅相成的。设备工艺布置直接取决于工艺流程和设备的选择，同时对工艺流程和设备的选择产生一定影响。

一、设备选型基本原则

设备选型的基本原则包括以下几方面内容：

（1）设备选型应与产品方案和生产工艺技术相适应，满足生产量的需要，适应产品种类和商品类型的要求；

（2）符合生鲜果蔬类产品加工的标准要求，符合产品质量的要求；

（3）最大限度地发挥其生产能力，力争获取最大经济效益；

（4）提高连续化、规模化程度，降低劳动强度，提高劳动生产率；

（5）强调设备的可靠性、成熟性，保证生产和质量稳定；

（6）符合国家、行业发布的技术标准要求；

（7）在满足功能和生产过程要求的前提下，力求经济合理；

（8）主要设备与辅助设备之间相互配套。

二、设备选用时的相关注意事项

1. 设备组合类型与生产工艺　任何设备都存在果蔬种类的适用性，处理加工不同种类果蔬所需要的设备往往有很大差异，由各类设备组成的生产线通常仅适用于单一或几类果蔬的生产，生产线的适用性也取决于设备选型。

为适应果蔬生产的季节性，充分发挥设备的使用效率和节约设备成本，有些设备的配置可以采取灵活组合配置的方式。例如，用于大规模处理加工番茄或青椒生产线的周转箱倾倒机，可以设置为可移动方式，在处理其他的不同期产品时，可移动到其他包装线去使用。

2. 设备选型与生产规模　对于大规模的果蔬加工生产，宜采用一条生产线专门处理单一产品的设计方案。需要一条生产线用于几种产品的处理加工生产时，选择设备组合时应考虑单机的功能和适用性，为使生产线适于多种类果蔬产品，也可采用人工参与的设计方案。

3. 设备功能及对果蔬质量的影响　加工处理的环节越多，果蔬可能受到的触摸、碰撞、摩擦等物理伤害的机会就越多，这些都是果蔬维持原有品质的不利因素。设备在实现自身功能的同时，也不可避免地对果蔬产生影响。选用设备时，应注意考虑设备对果蔬可能造成的损伤情况，而设计和制造设备时应考虑采取防护措施和尽可能用柔和而有效的方式对果蔬进行处理。例如，设备上接落果的台面可以考虑用软垫对果蔬进行保护；

清洗果蔬的毛刷要经过结构和材质的优化；水流或气流直接作用于果蔬表面时要解决好效果与损伤的矛盾；利用热空气对果蔬进行表面风干去水时应考虑温度对果蔬生理变化的影响；切菜机设备性能好坏尤其切刀的锋利程度直接会影响鲜切果蔬的质量和贮藏期；等等。设备设计人员和生产企业应提供性能优良和可靠的设备，设备使用人员应掌握设备使用注意事项，按照说明书操作。

总之，只有充分掌握设备性能，使用好设备，才能真正实现设备功能和实现机械化生产。

4. 选用设备的经济性考虑　在进行选配设备时，可以通过经济核算对方案进行比选。除进行设备投资费用差异比较外，还可以通过运行费用差异和设备运行寿命期限内费用差异比较，对设备选配进行优化。

两方案年运行费用的比较可用式（3-4-1）计算。

$$EC = (C_1 - C_2)T \qquad (3\text{-}4\text{-}1)$$

式中　EC——两方案比较年运行费用差，元/年；

　　C_1、C_2——方案 1 和方案 2 的单位时间运行费用，如每天的运行费用（元/d），包括设备运行所需的电、水、气等费用、人员费用及其他有显著影响的所有费用；

　　T——每年设备运行的时间，d/年。

进行两方案设备运行寿命期限内费用差异比较时可用式（3-4-2）计算。

$$EF = RL \cdot EC + P_1 - P_2 \qquad (3\text{-}4\text{-}2)$$

式中　EF——两方案比较费用差，元；

　　RL——设备运行寿命期（项目计算期），年；

　　P_1、P_2——方案 1 和方案 2 设备的购置价格，元。

三、设备工艺布置

设备需要按照生产工艺流程进行布置，布置时应注意利用现有车间建筑与新建车间的区别，无论哪种情况，都应使自动化生产线的物流衔接和完整，使有人工配合的生产线的工位设置与设备能力匹配，人员操作要方便，空间利用要合理。

设备选定后，通过绘制设备的生产流程图，在车间空间内组装配置，设计生产线方案，明确生产线占据的空间位置，合理进行布局。设备生产流程图以设备外形尺寸绘出，表达设备之间的相互关系，明确物料和废料的流向，给出设备明细。设备按工艺流程布置后，可以直观看到和分析出配置的合理性。

例如，图 3-4-1 所示的甜橙生产线，包括了周转箱传送、接料倾倒、毛刷喷淋清洗、传送提升、干燥去水、传送检果、打蜡、光电分级等设备。这条生产线的布置采取了甜橙与周转箱垂直流动的方式，交叉点在接料倾倒部分。

图 3-4-2 所示的鲜切蔬菜杀菌漂洗生产线，在图（a）和图（b）中采取了不同的设备布置，图（a）为上下折回布置的方式，图（b）为直线布置。很显然，（a）方式节省占地，但物料走向出现折回；（b）方式物料走向合理，但水输送管道较长。

图 3-4-3 是鲜切果蔬混合沙拉生产线，包括了人工分切输送、切碎、提升、清洗杀菌、漂洗、离心甩干等设备。人工分切输送和切碎有两条分支线，分别用来完成两种不同种类和规格要求果蔬的切碎。

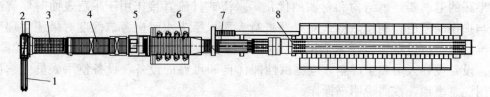

图 3-4-1　甜橙加工生产线设备布置

1. 周转箱传送　2. 接料倾倒　3. 毛刷清洗　4. 传送提升　5. 干燥去水
6. 传送检果　7. 打蜡　8. 光电分级

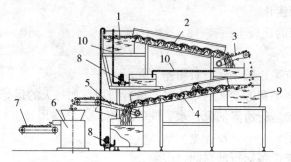

(a)　上下折回布置方式

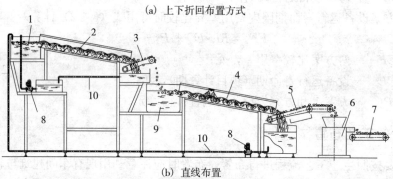

(b)　直线布置

图 3-4-2　鲜切蔬菜杀菌漂洗生产线

1. 贮料　2. 涡流冲洗杀菌　3. 筛网沥水输送　4. 涡流漂洗　5. 筛网沥水输送
6. 离心甩干　7. 输送到包装　8. 水泵　9. 水槽　10. 管路

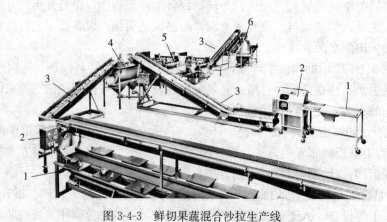

图 3-4-3　鲜切果蔬混合沙拉生产线

1. 手工分切和传送　2. 切碎　3. 提升　4. 清洗杀菌　5. 漂洗　6. 离心甩干

第五节 厂区设施、工艺布局和车间平面布置

一、主要设施

加工厂的主要设施有机房、加工处理车间、设备维修间、包装材料存放间、车库、冷库、办公室、卫生间和废弃物堆放站等。

对于规模大、利用自动化生产线设备加工处理果蔬的加工厂而言，机房是生产的核心，是必需的基础设施，在此进行生产的全面控制、生产线的运行操作和生产过程中作业监控和产品质量监控，等等。对于小规模加工厂而言，机房也是必备基础设施，其基本功能是为整个厂区和生产提供配电。

加工处理车间是完成整理、分级、清洗、杀菌和包装等果蔬采后处理工序的必不可少的场所。包装材料存放间用于包装材料的存放和周转。冷库是不同于普通建筑的设施，需要专门的建筑隔热材料和制冷设备。车库用于厂内车辆的停放。办公室的主要功能是为加工处理厂管理人员提供办公场所和为产品质量检验检测提供实验室，有条件的情况下，质检实验室与办公室分开设置，主要根据加工处理规模大小、建设用地和投资能力等因素决定，图3-5-1所示为某企业的质量检验实验室。此外，还需要配置供热、供水、供电、卫生间以及废弃物临时存放等其他设施。

图 3-5-1 产品质检实验室

鲜切果蔬加工厂还需要注意设置微生物学检验实验室、人员出入车间的清洗消毒设施、人员进入清洁区的清洗消毒与风淋设施等。

二、场地

场地应留有足够的空地，不仅便于车辆行驶和停放，还应考虑发展和扩建的需要。

露天场地面积通常应是建筑面积的5倍以上。如果在厂区内还需进行市场销售活动，场地面积还需要增加。

加工厂加工处理的果蔬种类和产品类型可能变化很快，加工工艺和处理方法通常也具有灵活性，因此设施的总体平面布局必须考虑到发展和变化。单独工序的更换应无需增加很大的费用，每个工序应视作一个基本单元，应有足够的空间。建筑物的结构设计必须考虑有足够的无柱子空间以及今后的拓展和调整。

果蔬商品化处理工作的季节性较强，并且受到市场变化和气候条件变化的制约。场地安

排和布局需要考虑大多数产品适宜的处理工艺方法与少数产品特殊工艺要求之间的兼顾。

三、工艺布局

工艺布局指根据加工处理任务和工艺流程对各车间、冷库等生产设施在加工厂场地进行的合理布置。工艺布局是在满足工艺需要，考虑各建筑物所需占地面积、物流车辆通过所需占地面积以及堆场占地面积等的需要的基础上，视可利用场地区域对生产流程进行的合理规划和配置。

工艺布局需考虑物料流向的合理性，避免各工序操作之间的相互干涉，留有足够的装卸和临时堆放用地空间，原料车辆和产品车辆的行驶路线分开，物料在各工序间的传递路线为最短，等等。

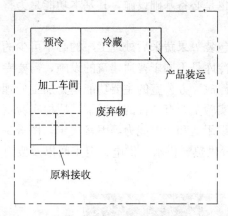

图 3-5-2　生产设施布局（L 形物流）

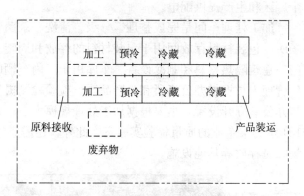

图 3-5-3　生产设施布局（直线物流）

图 3-5-2 为包装加工厂基本生产设施的一种布局方式，物流走向为 L 形，原料和产品的装运明显分开，废弃物的堆放位置也便于处理和运走。图 3-5-3 中基本生产设施布局的物流走向为直线。

卫生条件要求严格的鲜切果蔬加工厂，要充分考虑人员、产品、设备和通风气流的流动对微生物污染控制的影响，应注意使产品和人员行走的路线最短，并且应使人员、产品和通风气流朝一个方向流动，利用原料、产品的直行路线或物理隔离方式将原料与产品分开。图 3-5-4 所示为鲜切加工厂人员与物流的一种模式。

四、车间平面布置

车间平面布置指对加工处理车间

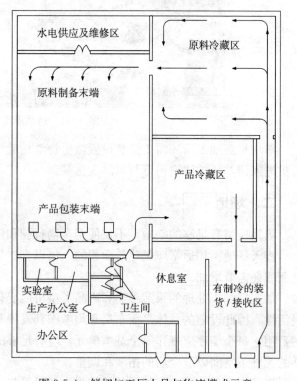

图 3-5-4　鲜切加工厂人员与物流模式示意

或包装车间内设备、工位、物料堆放与流动路线、叉车行走路线等进行的合理规划和布置。需要考虑物料流向的合理性，原料与产品分开，物流路线在洁净产品阶段应避免交叉，如图 3-5-5 所示。

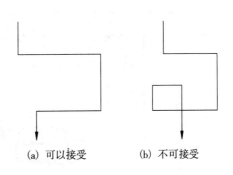

图 3-5-5　果蔬物流路线在洁净产品
阶段应避免交叉

　　车间内布局时，设备布置要考虑人员操作、用电、用水、用气等的方便和合理性，要充分考虑原料、产品和包装材料的流向。图 3-5-6、图 3-5-7 和图 3-5-8 是加工处理果蔬的车间布局，3 种布局均适合果蔬经加工处理后再预冷的工艺流程。图 3-5-6 车间面积约 250m²，布置了 2 条生产线和一组包装台。生产线配置了倾倒、清洗、风干、人工分级等设备，同时还配置了包装后产品输送设备，用于规模量较大的青椒和番茄等产品的处理；手工包装台用于黄瓜、茄子、洋葱、结球甘蓝等零散蔬菜的分拣包装。图 3-5-7 车间面积约 430m²，中间通道将车间分隔成两个区域，一个区域内配置的两条生产线与图 3-5-6 类似，用于青椒和番茄的加工处理；另一区域内配置了机械化分级生产线和包装台，机械化分级生产线可适于多种产品进行尺寸、重量、色泽和质量的分级，包装台用于零散产品的拣选包装。图 3-5-8 车间面积约 270m²，布置了 2 条生产线，一条用于青椒和番茄的清洗、分级和包装，另一条适于多种产品进行尺寸、重量、色泽和质量的分级。

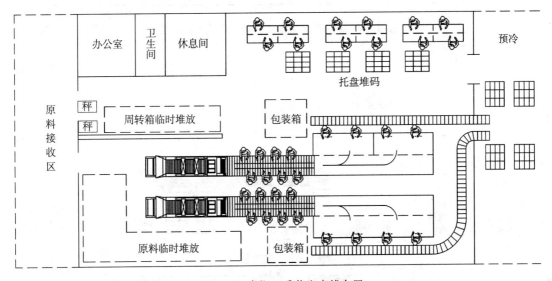

图 3-5-6　青椒、番茄生产线布置

　　图 3-5-9 是预冷间和冷藏间分别设置在原料接收和产品装运附近布置的方式，这种布局方式可以使果蔬及时预冷，适合果蔬到厂后不能及时加工处理的生产方式。

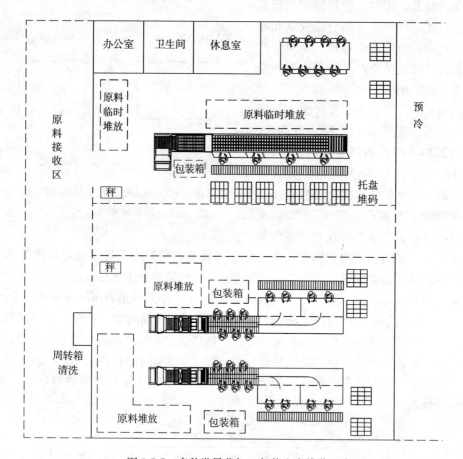

图 3-5-7　多种类果蔬加工包装生产线分区布置

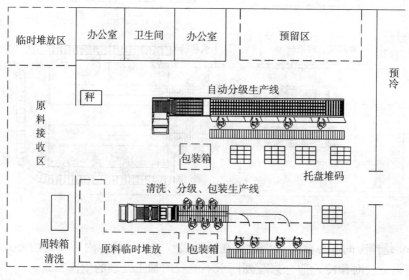

图 3-5-8　多种类果蔬加工包装生产线集中布置

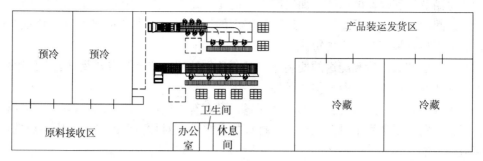

图 3-5-9　预冷与冷藏分开布局的方式

第六节　果蔬处理加工厂（或包装加工厂）选址

新建项目在对生产规模与建设规模、生产工艺与物流关系、设备配置与运行要求等各项内容进行了研究之后，就应为项目建设选择合适的建厂地区和场（厂）址。

一、选址应考虑的因素

果蔬处理加工厂（或包装加工厂）的建设选址，重点需要考虑自然环境因素和地理位置因素，另外人文环境和农产品区域规划等与政策相关的因素也会对工厂建设和运营的成功与否产生一定影响。

1. 自然环境　自然环境因素主要考虑农产品资源、水资源和土地资源等，商品化处理包装销售产品更期待无公害和无污染，以有机、绿色和食用安全确定其商品地位。项目本身对环境无不利影响，而对环境具有一定的敏感性，例如水和土壤被污染后栽种的原材料则不能使用。另外，果蔬清洗用水水质应符合饮用水标准，若采用地下水则需了解是否符合卫生要求。

2. 地理位置　地理位置和运输条件对于选址也尤为重要，对于果蔬产品处理而言，运费不仅是生产成本的重要部分，运输距离还直接影响到果蔬产品贮藏期和货架期，尤其从产地到包装加工厂的距离过长而不具备冷链运输时，商品质量会大打折扣，不仅影响生产效益，还会影响经营者的声誉。

3. 人文环境　在我国，传统习惯根深蒂固，农产品产区人员素质和文化程度会影响新事物、新理念的接受和适应，同时也影响新技术的掌握和先进设备的操作使用，因对新技术、新设备没有掌握好而发生的生产问题，有时会归因于技术设备造成。因此，良好生产模式的建立往往需要一个过程，而对于区域文化和各项条件具备的地区，利于项目建设和运营的成功。

二、选址的一般原则

选址原则包括以下几个方面：

（1）应符合国家、地区和乡镇规划的要求，满足项目对原材料、电力、水和人力的供应，满足生产工艺和物流营销的要求。

（2）遵循节约和效益的原则，加工厂应建设在果蔬生产地的中心位置，以缩短产品从收获到预冷之间的时间，也即缩短种植地到加工厂的运输距离。通常情况下应不超过 6h 的运输路程，对于易腐果蔬时间应更短。

（3）应考虑产品出货和配送的便利性，经商品化处理后的果蔬需要及时运送到市场，因此处理厂的选址还应考虑交通的便利条件。

（4）场（厂）址附近应有良好的卫生环境，没有有害气体、放射源、粉尘和其他扩散性的污染源，特别需要考察上风向工矿企业排放的危害性及对加工厂的影响，应避免选择在受污染河流的下游。

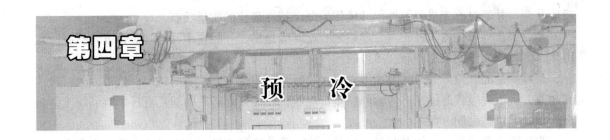

第四章

预　冷

预冷是对新采摘果蔬在运输、贮藏或加工之前迅速除去田间热的措施。预冷可以有效抑制果蔬的呼吸作用，减少水分蒸发，降低营养成分消耗，减少乙烯释放量，抑制微生物繁殖，最大限度地保持其硬度和鲜度等品质指标，延长贮藏期和货架期，同时减少贮藏时所需的能耗。

预冷与冷藏不同，冷藏只需要使产品保持在恒定温度就可以，而预冷需要快速使果蔬降温，因此，预冷需要的制冷量大于冷藏，预冷与冷藏是两个完全独立的生产系统，需要用专门的冷却设备。冷却果蔬的方法有很多，按照传热媒介的不同，可分为水冷却法、真空冷却法、空气冷却法和冰接触冷却法等。这些方法可以迅速除去果蔬田间热，使果蔬温度降低到目标温度。

目标温度因果蔬的种类和品种而异，一般应达到或接近果蔬的贮藏适温。与一般意义的冷却降温不同，对预冷的要求是降温速度越快越好，通常希望在果蔬采摘的24h之内达到目标温度。

第一节　果蔬呼吸代谢及预冷的重要性

一、果蔬的呼吸代谢

果蔬采收以后仍然与采收前一样是具有生命的有机体，采收后发生的主要生命活动是呼吸代谢。呼吸代谢的本质是在有酶参与下的生物化学反应，将细胞组织中复杂的有机物质逐步氧化分解为简单物质，最后变成二氧化碳（CO_2）和水（H_2O），同时释放出能量。释放的能量，一部分被细胞捕获作为高能键转移到三磷酸腺苷（ATP）和还原型烟酰胺腺嘌呤二核苷酸（NADH）分子中供生命活动之用，一部分以热的形式散发出来，这部分散发的热量称为呼吸热。

果蔬的呼吸作用分有氧呼吸和缺氧呼吸两种。

在大气环境中或氧气充足条件下所进行的呼吸称为有氧呼吸。体内的糖、酸被充分分解为 CO_2 和 H_2O，并释放出热量，可用下列简单反应式表示：

$$C_6H_{12}O_6 + 6O_2 \longrightarrow 6CO_2 + 6H_2O + 2\ 667kJ \qquad (4\text{-}1\text{-}1)$$

果蔬在缺氧环境或周围氧供应不足时进行的呼吸称为缺氧呼吸（或无氧呼吸）。在这种状态下，果蔬靠分解葡萄糖来维持呼吸活动，体内的糖、酸不能充分氧化，生成乙醇（C_2H_5OH）、CO_2 和热量等，乙醇等物质积累会造成细胞腐烂和死亡。反应过程可表示如下：

$$C_6H_{12}O_6 \longrightarrow 2CO_2 + 2C_2H_5OH + 117kJ \qquad (4\text{-}1\text{-}2)$$

由于果蔬采后呼吸代谢释放大量的呼吸热，因此需要通过采后技术的实施，减少果蔬的呼吸代谢，并通过改变果蔬的外部环境使果蔬维持在最佳的质量状态。

衡量果蔬呼吸代谢快慢的重要参数之一是呼吸速率，呼吸速率又称呼吸强度，指在一定温度下，单位质量的果蔬产品在单位时间内吸收氧或释放二氧化碳的量。

果蔬产品的贮藏寿命与呼吸速率成反比，呼吸速率越高，贮藏期越短。这是因为呼吸速率越高，表明呼吸代谢越旺盛，营养物质消耗越快，而营养物质的消耗直接影响到硬度、糖分、风味等果蔬品质参数。

高呼吸速率的产品，如青花菜、生菜、桃、菠菜和甜玉米等的贮藏寿命要低于苹果、柠檬、洋葱、马铃薯等具有低呼吸速率的产品。各类果蔬产品可以根据其呼吸速率的高低归为几种类型，见表4-1-1。

表 4-1-1　果蔬呼吸速率范围

（引自：Saltveit M E，2004）

分类	5℃时的呼吸速率 [mg/(kg·h)]	产　品
非常低	<5	坚果、枣
低	5～10	苹果、柑橘、葡萄、猕猴桃、洋葱、马铃薯
中等	10～20	杏、香蕉、樱桃、桃、油桃、梨、李子、无花果、结球甘蓝、胡萝卜、生菜、辣椒、番茄
高	20～40	草莓、蓝莓、树莓、花椰菜、利马豆、鳄梨
很高	40～60	朝鲜蓟、豆角、抱子甘蓝
极高	>60	芦笋、青花菜、蘑菇、豌豆、菠菜、甜玉米

注：除另有说明外，本书中呼吸速率（也称为呼吸强度）均以果蔬释放出的 CO_2 计。

二、影响呼吸代谢的因素

影响果蔬呼吸的因素有温度、低温与高温胁迫、气体成分、物理胁迫和生长阶段等。

1. 温度　温度是影响果蔬采后生命活动最重要的因素，影响果蔬的新陈代谢和呼吸作用。对大多数果蔬而言，温度升高，会使其呼吸作用呈指数倍加强，呼吸速率与温度之间存在式（4-1-3）所示的关系。

$$W_{CO_2} = \beta \left(\frac{9t_m}{5} + 32 \right)^g \tag{4-1-3}$$

式中　W_{CO_2}——果蔬的呼吸速率，即单位质量的果蔬产品在单位时间内产生 CO_2 的量，mg/(kg·h)；

　　　　t_m——果蔬的质量平均温度，℃；

　　　　β、g——呼吸系数，见表4-1-2。

不同果蔬产品的呼吸速率不同，而同一果蔬产品在不同温度下的呼吸速率也不相同。例如，菠菜在20～21℃下的呼吸速率约是番茄的7倍，生活经验告诉我们番茄更耐贮藏。又如，菠菜在20～21℃下的呼吸速率约是4～5℃下的5倍，显然，夏天菠菜放在冰箱中更利于保鲜。常见果蔬呼吸速率见附表4-1。

表 4-1-2　果蔬的呼吸系数

（引自：Becker B R and Fricke B A, 1996）

产品	呼吸系数		产品	呼吸系数	
	β	g		β	g
苹果	5.6871×10^{-4}	2.5977	洋葱	3.668×10^{-4}	2.538
蓝莓	7.2520×10^{-5}	3.2584	橙	2.8050×10^{-4}	2.6840
抱子甘蓝	2.7238×10^{-3}	2.5728	桃	1.2996×10^{-5}	3.6417
结球甘蓝	6.0803×10^{-4}	2.6183	梨	6.3614×10^{-5}	3.2037
胡萝卜	5.0018×10^{-2}	1.7926	李子	8.608×10^{-5}	2.972
葡萄柚	3.5828×10^{-3}	1.9982	马铃薯	1.709×10^{-2}	1.769
葡萄	7.056×10^{-5}	3.033	瑞典甘蓝	1.6524×10^{-4}	2.9039
青椒	3.5104×10^{-4}	2.7414	豆角	3.2828×10^{-3}	2.5077
柠檬	1.1192×10^{-2}	1.7740	甜菜	8.5913×10^{-3}	1.8880
利马豆	9.1051×10^{-4}	2.8480	草莓	3.6683×10^{-4}	3.0330
青柠檬	2.9834×10^{-8}	4.7329	番茄	2.0074×10^{-4}	2.8350

从化学反应式（4-1-1）中可以看到，每生成 6mol CO_2 同时产生 2667kJ 的热量，即每生成 1mg CO_2 同时产生 10.1J 的热量，因此果蔬呼吸热与呼吸速率之间存在式（4-1-4）所示的关系：

$$h_W = \frac{10.1}{3600} W_{CO_2} \tag{4-1-4}$$

式中　h_W——果蔬的呼吸热，W/kg。

果蔬在不同温度下的呼吸热见附表 4-2。

研究表明，温度每升高 10℃，果蔬生物学反应的速率提高 2～3 倍。呼吸速率每 10℃ 间隔的温度商表示为 Q_{10}，可按下式计算：

$$Q_{10} = R_2 / R_1 \tag{4-1-5}$$

式中　R_1 和 R_2——分别为某低温度时的呼吸速率和高于此温度 10℃ 时的呼吸速率。

呼吸速率的温度商 Q_{10} 常用来从已知温度的呼吸速率计算出另一温度的呼吸速率。温度商通常随温度变化，温度较高时的温度商小于温度低时的温度商，见表 4-1-3。

表 4-1-3　果蔬在不同温度下的呼吸温度商

（引自：Saltveit M E, 2004）

温度（℃）	呼吸温度商 Q_{10}
0～10	2.5～4.0
10～20	2.0～2.5
20～30	1.5～2.0
30～40	1.0～1.5

用温度商 Q_{10} 还可以分析计算出果蔬在不同温度下的相对腐坏速率，以及典型果蔬产品的相对货架期，见表 4-1-4。

表 4-1-4　果蔬在不同温度下的相对腐坏速率和相对货架期

（引自：Saltveit M E，2004）

温度（℃）	呼吸商 Q_{10}（设定）	相对腐坏速率	相对货架期
0	—	1.0	100
10	3.0	3.0	33
20	2.5	7.5	13
30	2.0	15.0	7
40	1.5	22.5	4

2. 低温或高温胁迫　　低温胁迫和高温胁迫是对果蔬生命活动产生不利影响的两种环境胁迫，在两种环境下都会引起果蔬的生理性伤害，低温胁迫又称冷害，高温胁迫又称热害。

低温胁迫常在热带和亚热带果蔬产品中发生，当环境温度还没有下降到结冻温度，一般为 10～12℃ 以下时，果蔬表现为呼吸反常和生理代谢不适。对冷敏感的果蔬，低温下的呼吸商 Q_{10} 相对较高，呼吸速率会快速增加，促使其回到非冷害温度。

果蔬受冷害后，组织内变黑、变褐和干缩，外表出现凹陷斑，有异味。一些表皮较薄、较柔软的果蔬，易出现水渍状的斑块。

在进行果蔬预冷处理时，需要考虑低温胁迫对果蔬的影响。表 4-1-5 列出了各类果蔬能够容忍的最低安全温度。

表 4-1-5　一些果蔬允许的最低安全温度

（引自：Wang C Y，2004）

产　品	最低安全温度（℃）	0℃到安全温度之间贮藏时呈现的伤害特征
苹果（Apples）	2～3	内部褐变、褐色心、水渍样衰败、软冻伤
芦笋（Asparagus）	0～2	暗淡、灰绿、顶梢变软
番荔枝（Atemoya）	4	表皮发暗、不能成熟、果肉变色
鳄梨（Avocados）	4～13	果肉变成灰褐色
木橘（Bael）	3	外皮出现褐斑
香蕉（Bananas）	11.5～13	催熟时色暗
利马豆（Bean，lima）	1～4.5	褐色锈斑块、斑点或斑区
脆豆角（Bean，snap）	7	蚀损斑和呈黄褐色
面包果（Breadfruit）	7～12	成熟异常、呈暗褐色
佛手瓜（Choyote）	5～10	呈暗褐色、蚀损斑、肉色发暗
蔓越莓（Cranberries）	2	质地变韧、肉色变红
黄瓜（Cucumbers）	7	蚀损斑、水渍斑点、腐烂
茄子（Eggplants）	7	表面冻伤、间隔性腐烂、籽变黑
姜（Ginger）	7	变软、组织衰溃、腐烂
番石榴（Guavas）	4.5	浆化伤、腐烂

（续）

产　品	最低安全温度 （℃）	0℃到安全温度之间贮藏时呈现的伤害特征
葡萄柚（Grapefruit）	10	冻伤、蚀损斑、水样衰溃
豆薯（Jicama）	13～18	表面腐烂、变色
柠檬（Lemons）	11～13	蚀损斑、膜状着色、红疹斑
青柠檬（Limes）	7～9	蚀损斑、随时间变成棕褐色
荔枝（Lychee）	3	外皮变褐色
芒果（Mangos）	10～13	表皮浅灰色灼伤状污点、成熟不均匀
山竹（Mangosteen）	4～8	皮层硬化和变褐
瓜类（Melons）		
网纹甜瓜（Cantaloupe）	2～5	蚀损斑、表面腐烂
白兰瓜（Honey dew）	7～10	红棕色污点、蚀损斑、表面腐烂、不能成熟
卡萨巴甜瓜（Casaba）	7～10	蚀损斑、表面腐烂、不能成熟
甜瓜（Crenshaw and Persian）	7～10	蚀损斑、表面腐烂、不能成熟
秋葵荚（Okra）	7	变色、水浸区、蚀损斑、腐烂
鲜橄榄（Olive，fresh）	7	内部褐变
橙（Oranges）	3	蚀损斑、褐色污点
番木瓜（Papayas）	7	蚀损斑、不能成熟、变味、腐烂
西番莲（Passion fruit）	10	外皮深红色污点、风味丧失、腐烂
甜椒（Peppers，sweet）	7	成片蚀损、外壳和花萼处间隔性腐烂、籽变黑
菠萝（Pineapples）	7～10	催熟时呈暗绿、内部褐变
石榴（Pomegranates）	4.5	蚀损斑、外部和内部褐变
马铃薯（Potatoes）	3	红褐色褐变、变甜
南瓜（Pumpkins and Hardshell spuash）	10	腐烂、尤其是间隔性腐烂
红毛丹（Rambutan）	10	外果皮颜色变暗
甜薯（Sweetpotatoes）	13	腐烂、蚀损斑、内部变色、煮时心硬
树番茄（Tamarillos）	3～4	表面蚀损斑、变色
芋（Taro）	10	内部褐变、腐烂
番茄（Tomatoes）		
成熟（Ripe）	7～10	水渍状和变软，腐烂
绿熟（Mature-green）	13	成熟时颜色差、间隔性腐烂
蕹菜（俗称空心菜）（Water convolvulus）	10	叶子和茎干颜色变暗
西瓜（Watermelons）	4.5	蚀损斑、味道差

注：特征通常在转到温暖环境时呈现。

　　高温胁迫指温度升高到超过果蔬生理能承受的范围，使果蔬生理造成伤害，又称为热害。高温胁迫时，果蔬呼吸速度不再增加，新陈代谢紊乱，酶蛋白变性，出现组织坏死点。许多果蔬组织能忍受几分钟的短时间高温胁迫，这种特性利于进行果蔬的表面杀菌。果蔬连续处于高温胁迫下，会出现中毒征兆，然后全部组织衰亡。但是，有控制性地使果蔬短时间暴露在引起伤害的温度下，可以调节其组织对以后伤害胁迫的响应。

　　3. 气体成分　果蔬需要有适度的氧气来维持有氧呼吸，氧气浓度越高，呼吸速率越高，反之，氧气浓度越低，果蔬呼吸得越慢，相应地果蔬成熟衰老的进程也越慢，这意味着货架期延长。如果氧气浓度过低，果蔬呼吸停止，那么果蔬就会衰竭死亡，同时也就失去了果蔬的产品价值。维持果蔬最低呼吸速率所必要的氧气浓度随果蔬种类不同而不同，多数果蔬产品为2%～3%。为提高果蔬贮藏寿命，有时将氧气浓度维持在更低的水平，此时应注意维持最佳的贮藏温度，例如，苹果在最佳温度下可以维持的氧气浓度可达1%。

在较高的环境温度下，如果葡萄糖转化成ATP分子时需要的氧气超出了环境能够提供的范围，就会导致其进行缺氧呼吸。因此，在选择采取采后处理措施时，应考虑果蔬需要适度的氧气浓度，如在进行果蔬打蜡、薄膜包装及运输包装时。果蔬在缺氧严重时，会导致其发酵和变酸。

对于有些果蔬产品，提高CO_2浓度能降低其呼吸速率，延缓衰老，并且能抑制真菌繁殖。但是，在低O_2和高CO_2浓度环境下，能够促使果蔬进行发酵代谢。有些产品在纯N_2或高CO_2环境下能耐受的时间很短，如低温下只能耐受几天的时间。

4. 外力胁迫　外力胁迫指由于挤压、摩擦、磕碰和剐蹭等一切外力作用于果蔬时，对果蔬产生的不利影响。外力胁迫会对果蔬造成机械伤害，甚至轻微的外力胁迫都会影响果蔬呼吸。外力胁迫会引起果蔬呼吸具有实质性的升高，同时会伴随乙烯释放。由外力胁迫产生的信号会从受伤处迁移到邻近未受伤组织，并诱导其在更大范围内发生生理改变。这些生理改变包括呼吸增强、产生乙烯、酚类物质代谢和伤口愈合。伤诱导呼吸增强是短时间的，通常会持续几小时或几天。但是，在有些组织中，外伤刺激产生的变化，如促熟，会使增强的呼吸持续很久。

5. 生长发育阶段　果蔬产品通常是果蔬作物在不同生长发育阶段的产物，例如，水果来自于作物的果实，而蔬菜来自作物的根、茎、叶、花或果实。根、茎、叶、花和果实是作物在不同生长发育阶段执行不同生理机能的器官，在采后的呼吸代谢也有很大差异。根、块茎、鳞茎等贮藏器官的呼吸速率最低，而芦笋、青花菜等具有生长或开花机能的器官呼吸速率很高。表4-1-6列出了来自于作物不同器官的果蔬产品。

表4-1-6　来自作物不同器官的果蔬产品

（引自：Abbott J A and Harker F R，2004）

作物器官	水　果	蔬　菜	调味品或装饰品
根		甜菜（Beet）、胡萝卜（Carrot）、木薯（Cassava）、欧萝卜（Parsnip）、水萝卜（Radish）、甜薯（Sweet potato）、芜菁（圆萝卜）（Turnip）、山药（Yam）	甘草（Licorice）
块茎		马铃薯（Potato）、菊芋（洋姜）（Jerusalem artichoke）、芋（Taro）	
根茎			姜(Ginger)、姜黄(Turmeric)
鳞茎		洋葱（Onion）、红葱头（Shallot）	蒜（Garlic）
球茎		荸荠（Water chestnut）	
萌芽的种子		豆芽（Bean sprouts）等	
茎干		芦笋（Asparagus）	桂皮［Cinnamon(bark)］
叶芽		结球甘蓝（Cabbage）、抱子甘蓝（Brussels sprouts）、比利时菊苣［Belgian endive(etiolated)］	

（续）

作物器官	水　果	蔬　菜	调味品或装饰品
叶柄		旱芹（Celery）、菜用大黄（Rhubarb）	
叶		散叶甘蓝（Collards）、羽衣甘蓝（Kale）、蒜苗（Leek）、生菜（Lettuce）、芥菜（Mustard greens）、葱［Onion (green)］、菠菜（Spinach）、西洋菜（Watercress）	罗勒(Basil)、月桂(Bay)、细香葱(Chives)、芫荽(Cilantro)、莳萝叶(Dill leaf)、墨角兰(Marjoram)、薄荷(Mint)、牛至(Oregano)、欧芹(Parsley)、迷迭香(Rosemary)、鼠尾草(Sage)、龙蒿(Tarragon)、百里香(Thyme)
花蕾		朝鲜蓟［Artichoke (globe)］、青花菜（Broccoli）、花椰菜（Cauliflower）、百合（Lily bud）	刺山柑花蕾（Capers）、丁香（Cloves）
花		南瓜花（Squash blossoms）	可食用装饰花（Edible flowers (garnishes)）
花托	草莓（Strawberry）、无花果（Fig）		
未成熟果实		佛手瓜［Chayote（Christophene, Mirliton)］、黄瓜（Cucumber）、茄子（Eggplant）、青豆角［Beans (green)］、脆豌豆（Snap peas）、青椒［Pepper (*Capsicum*)］、夏南瓜（Summer squash）、西葫芦（Zucchini）	小黄瓜（腌渍）［Gherkin (pickled)］
成熟果实	苹果（Apple）、番荔枝(Atemoya)鳄梨（Avocado）、蓝莓（Blueberry）、杨桃（Carambola）、番荔枝（Cherimoya）、樱桃（Cherry）、柑橘（Citrus）、蔓越莓（Cranberry）、枣（Date）、葡萄（Grape）、菠萝蜜（Jackfruit）、芒果（Mango）、橄榄（Olive）、番木瓜（Papaya）、桃（Peach）、梨（Pear）、菠萝（Pineapple）、石榴（Pomegranate）、草莓（Strawberry）	面包果（Breadfruit）、酸浆果（Tomatillo）、番茄（Tomato）、冬南瓜［Winter squashes (Pumpkin, hubbard, acorn, *etc.*)］	多香果（Allspice）、刺山柑（Caper berries）、杜松果（Juniper）、肉豆蔻（Mace）、红辣椒［Pepper (red, *Capsicum*)］、罗望子（Tamarind）、香荚兰豆（Vanilla bean）
种子	坚果（Nuts）、各种水果中的包含物	豆（成熟的）［Beans (mature)］、椰子（Coconut）、花生（Peanuts）、甜玉米（Sweet corn）、坚果（Nuts）、果实类蔬菜中的包含物（如南瓜、番茄、豆角）	茴芹（欧洲大茴香）（Anise）、葛缕子（Caraway）、小豆蔻（Cardamon）、孜然（Cumin）、莳萝子（Dill seed）、小茴香（Fennel）、芥菜子（Mustard）、肉豆蔻仁（Nutmeg）、胡椒（黑、白）［Pepper (black, Piper)］、石榴子（Pomegranate）、罂粟子（Poppy seed）、芝麻（Sesame seed）
真菌类		蘑菇(Mushrooms)、松露(Truffles)	

当作物器官成熟以后，呼吸速率会明显下降。许多蔬菜和未成熟的水果等是处于生长旺盛期间采收的产品，具有较高的呼吸速率；而成熟果实、休眠期的叶芽和贮藏器官等的呼吸速率相对较低。

采后果实类果蔬的呼吸类型可分为呼吸跃变型和无呼吸跃变型，典型模型如图 4-1-1 所示。

呼吸跃变型也称呼吸高峰型，呼吸速率具有跃变前的最小、跃变上升、跃变峰值和跃变后下降 4 阶段变化的特征。这类果蔬生长停止后呼吸速率会有短时期的下降，随后会迅速上升到最高值，之后再次下降。果实的风味品质在跃变峰值期最好，随后变坏，这期间实际是果实从达到成熟向衰老过度的转折时期。属于此类型的有番茄、苹果、梨、香蕉、鳄梨、芒果等。不同种类跃变型果实，自采摘到呼吸上升的时间间隔不同，呼吸速率从最低到峰值之间上升的程度也不同。鳄梨、芒果等热带与亚热带水果跃变顶峰的呼吸是跃变前的 35 倍，而苹果、梨等温带水果仅为 1 倍左右。

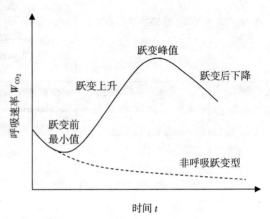

图 4-1-1　果实类果蔬的典型呼吸模型
（引自：Saltveit M E，2004）

非呼吸跃变型果实和其他器官果蔬生长停止后，呼吸速率呈下降趋势。非呼吸跃变型果实、贮藏器官蔬菜等呼吸下降缓慢，而处于生长中的组织和未成熟果实呼吸下降迅速。柑橘和柠檬等为非跃变型果实。

表 4-1-7 为各类果蔬采后所属的呼吸类型。

表 4-1-7　果蔬采后的呼吸类型

跃变型果实	非跃变型果实
番茄、苹果、梨、柿子、杏、桃、李子、西瓜、甜瓜、油桃、鳄梨、香蕉、番木瓜、西番莲、面包果、番荔枝、人心果、刺果番荔枝、无花果、番石榴、美洲番石榴、菠萝蜜、猕猴桃、芒果	黄瓜、辣椒、蓝莓、樱桃、葡萄、柠檬、青柠檬、橄榄、橙、柚子、菠萝、草莓、树番茄、可可、腰果

三、预冷的作用和意义

预冷的作用和意义表现为以下几个方面：

1. 迅速除去田间热和呼吸热　果蔬采摘前后由于阳光和气温等因素作用蓄积在果蔬体内的热量称为田间热。果蔬呼吸作用中释放的能量大部分以热的形式散发出体外，这种热量称为呼吸热。田间热和呼吸热是果蔬在低温下贮藏时首先应克服的两个热源。田间热源来自果蔬之外，呼吸热源产自果蔬之内，虽然热源不同，但都会使果蔬温度上升，上升的温度又会加速果蔬的呼吸。对于春、夏、秋季节采收的果蔬，环境高温会促进其呼吸，产生并蓄积热能，例如，结球甘蓝 20℃时的呼吸热约为 0℃时的 6 倍，甜樱桃 20℃时的呼吸热约为 0℃时的 10 倍。

因此，需要通过冷却手段迅速除去高于果蔬目标温度部分的热量和果蔬呼吸作用产生的热量，降低果蔬温度，从而减缓果蔬的呼吸、抑制热能蓄积。

2. 减少果蔬水分损失　新鲜果蔬含有大量水分，果蔬组织的含水量约占鲜重的80％，果蔬失水会出现萎蔫与皱缩，严重影响产品的外观及商品价值。

果蔬失水主要表现为水分子自果蔬表面蒸发，温度越高，水分蒸发得越快，因此降低温度可以减缓失水的速率。另外高温会促进微生物的繁殖，并加快水分的散失，从而大大影响果蔬的品质。

3. 降低呼吸速率，保持果蔬品质　采摘后的果蔬仍然是鲜活的组织器官,需要消耗自身内部养分产生能量以维续生命,也就是将自身贮存的养分如淀粉、糖类或脂肪转化为能量,部分用来合成细胞修复,大部分则以热量的方式释放出来。高温会加速果蔬糖分的转化,如将果蔬在30℃的环境条件下放置24h,会失去60％的糖分;而在0℃时放置同样时间,则只损失5％的糖分。温度越高果蔬的呼吸速率越高,养分代谢速率也越快,产品也越容易老化和腐坏,不易贮藏。反之,在低温下产品呼吸率降低,可以长期贮藏。因此快速降低果蔬温度,可以减缓呼吸速率,延长贮藏时间。图4-1-2所示为温度对果蔬贮藏寿命和腐坏的影响,从中看出,当产品温度降低到所能承受的最低温度时,可以获得最大的贮藏寿命期。

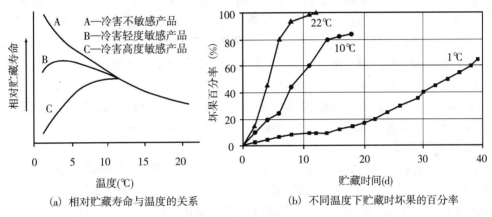

(a) 相对贮藏寿命与温度的关系　　(b) 不同温度下贮藏时坏果的百分率

图 4-1-2　温度对产品贮藏寿命和果蔬腐坏的影响

(引自：Kmutt，2007)

4. 抑制病原菌繁殖　一般果蔬致腐病原菌的生长发育最适温度与果蔬田间采收温度相同，约20~30℃，如果不迅速将果蔬的温度降下来，微生物便快速生长繁殖而使产品腐坏。低温可以迅速杀死萌芽中的孢子，抑制菌落的生长或减缓孢子的萌发和菌丝的生长。采收后迅速降低产品温度至其所能容忍的最低温度，是最理想的控制采收后微生物腐败的方法。

5. 防止乙烯产生　乙烯是一种天然的植物激素，所有的植物组织都具有产生乙烯的能力，尤其在果实后熟、物理伤害、环境逆境及组织老化时会产生乙烯。乙烯除了使呼吸跃变型果实食味变佳外，还会造成叶片脱落、叶绿素消失、组织老化等不良影响。大多数园艺产品诱发乙烯作用的最适温度在16~21℃，且配合某一特定乙烯浓度，才能激发它的作用。因此采收后将产品迅速地冷却，并维持在适当的低温下，可以有效地抑制乙烯所造成的不良影响。

6. 提高经济效益　由于经过预冷处理的果蔬已经除去田间热，温度降低到较低水平，呼吸速率得到控制，随后的运输或贮藏过程仅需要提供维持低温的制冷量即可，冷藏库的制冷量可以大大减少。另外，果蔬入库前已经过冷却降温，在库中堆放时不必考虑新、旧产品堆置的位置分隔，这样可以减少工作量，提高生产效益。

第二节　预冷方法及设备

果蔬预冷的方法根据热传递原理的不同可分为冰冷却、水冷却、空气冷却、强制气流蒸发冷却和真空冷却5类。

一、冰冷却

冰冷却是一种最古老的预冷方法，利用冰与果蔬直接或间接接触，通过冰融化过程的液化和汽化作用吸收果蔬的热量，从而降低果蔬温度。

冰在融化的过程中，会吸收与其直接接触的果蔬表面的热量，变成0℃的水和水蒸气。冰与果蔬的接触面积越大，降温的效果越好。这种预冷方式是一种简单易行的方式，通常用在运输过程。可以在运输包装中加冰或在顶部加冰的果蔬有：朝鲜蓟、青花菜、结球甘蓝、白菜、甜玉米、白萝卜、菊苣、羽衣甘蓝、蒜苗、生菜、葱、巴梨、水萝卜、油麦菜、红葱头、萝卜缨。不可以用冰的果蔬有苹果、豆角、利马豆、黑莓、蓝莓、网纹甜瓜、花椰菜、黄瓜、茄子、无花果、蒜、葡萄、白兰瓜、猕猴桃、蘑菇、秋葵、干洋葱、桃、梨、青椒、辣椒、柿子、李子、马铃薯、南瓜、榅桲、红菊苣、芜菁甘蓝、无核小蜜橘、菠菜、南瓜、草莓、甜薯、番茄、酸浆果、圆萝卜、西瓜。

如果添加了足够冰的果蔬包装箱堆放在一起，整个物流过程都能使其控制在低温环境下。另外，冰冷却的方法也增加了环境的湿度，减少产品水分损失。

（一）冰冷却方式

冰冷却方式有包装箱内加冰、冰袋（瓶）、流体冰和包装箱顶部置冰等几种。

1. 包装箱内加冰　该方式利用机器或人工将块冰压碎，或者利用机器制出碎冰，然后将碎冰直接撒置在果蔬产品的上部，一同置于耐水包装箱，如图4-2-1所示。

图4-2-2所示为片冰机组，利用蒸发制冷原理，可以制出干爽疏松的鳞片状冰，制出的冰片在相同重量下具有更大的表面积，能达到快速吸热使产品冷却的目的，另外冰片可以进到被冷却物的间隙中，减少热交换，保持冰的温度。

包装箱内加冰的方法对于一些产品能达到预冷的目的，但因固体冰不会流动，只停留在原处，使得产品降温不够均匀。因为需要完成开箱、加冰和封箱的过程，因此这种方式还存在劳动量大和操作慢等缺点。

2. 冰袋（瓶）　将水或冷冻介质封装在塑料袋（瓶）中，冷冻至固体，然后再将其置于果蔬包装箱内，这是我国对一些易腐价优的果蔬产品常采用的一种预冷方式，如图4-2-3所示。由于冰水不直接与产品接触，不存在因冰水卫生状况不佳或果蔬过湿引起的污染问题。

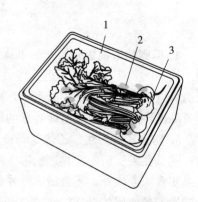

图4-2-1　加冰冷却蔬菜示意图
1. 包装箱　2. 碎冰　3. 蔬菜

图 4-2-2 制冰片机制出冰片

3. 流体冰 流体冰为浆状的冰水混合物，是较大规模产业化生产时常采用的一种冰冷却方式，该方式可在短时间内对大量产品进行预冷。图 4-2-4 所示为流体冰冷却常用设备，主要包括碎冰机、冰水混合槽、泵和输送软管等，用泵将碎冰和水混合的流体泵出，通过注射管口注入到包装箱内。

图 4-2-4（a）是单个包装箱的注冰方式，输送机将敞开的盛有果蔬的包装箱输送到流体冰注口处，使冰从箱的顶部注入，可以使冰与果蔬很好接

图 4-2-3 冰袋冷却
1. 包装箱 2. 蔬菜
3. 冰袋（展开平铺在蔬菜上）

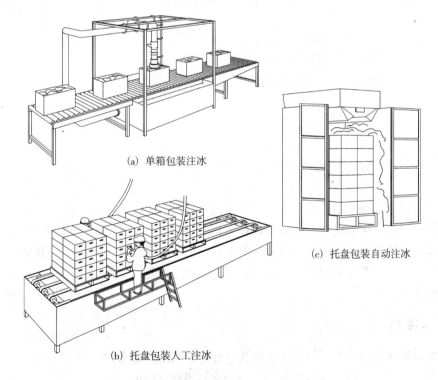

（a）单箱包装注冰

（b）托盘包装人工注冰

（c）托盘包装自动注冰

图 4-2-4 流体冰冷却常用设备

触。图 4-2-4（b）是对已经装上托盘包装箱的注冰方式，该方式灵活快捷，利用人工将冰从包装箱把手开口处注入箱内，而无须将包装箱打开和挪动。图 4-2-4（c）是自动化托盘注冰方式，码放好包装箱的托盘放到金属围罩内之后，冰水混浆快速填入金属围罩，此时冰水混浆可以穿过包装箱的所有孔口进入到箱内，冰水混浆将金属围罩充满后，再将包装箱周围多余的冰水排走，此时留下的冰水全部在包装箱内。托盘进出围罩由升降车完成。

流体冰冷却很有效，但通常会使产品过湿，产品湿热的表面往往为采后病菌的繁殖提供了有利条件。因此，冰冷却产品不能再次回暖。

4. 包装箱顶部置冰 运输时在托盘包装的顶部放置 50～100mm 厚的碎冰层，这种方法仅对上层产品产生作用，通常用来保持已经预冷产品的温度，使其温度不再次升高。

（二）用冰量

冰的溶解热为 335kJ/kg，即每溶解 1kg 冰需要吸收 335kJ 的热量，该热量能够使 3kg 的果蔬产品降低 28℃左右，通常情况下，将产品的温度从 35℃降低至 2℃，需要融化冰的量约是产品重量的 38%。融化冰带走的热量除果蔬田间热外，还要考虑包装需要的冷负荷量及热量损失等，另外还需要在运输过程使产品维持在适宜的低温。

实践中，通常只有 1/4～1/2 的冰制冷量用来冷却产品，其余部分抵御外部传入的热量，换言之，有 1/2～3/4 的冰被外部传入的热量融化。

冰冷却果蔬产品时，包装箱内用冰量可按式（4-2-1）计算。

$$\omega_{ice} = \frac{H_{cp} + H_w}{h_{ice}}$$

$$= \frac{m_{cp} c_{cp} (t_{cp1} - t_{cp2}) + H_w}{h_{ice}} \tag{4-2-1}$$

式中　ω_{ice}——用冰量，kg；

H_{cp}——果蔬冷却需要的热量，kJ；

H_w——外部传入包装箱内的热量，kJ，可根据包装的隔热性按果蔬冷却需热量的 1～3 倍估算；

m_{cp}——包装箱内的果蔬质量，kg；

c_{cp}——果蔬比热容，kJ/(kg·℃)；

t_{cp1}、t_{cp2}——分别为果蔬初始温度和冷却后温度，℃；

h_{ice}——冰的溶解热，为 335kJ/kg。

对于产地加工是否采用冰冷却方法对果蔬进行冷却，视当地获取冰的难易程度而定，如果需要配备制冰机、碎冰机和注冰机等设备才能完成冰制冷过程，其投资费用需进行核算，与其他方式比较其经济性。另外，包装冰的操作过程中也会损耗大量的冰，其费用也需要考虑计入成本；由于需要大量的冰，会增加运输产品的总重量；产品需要防水包装以及存在贮藏安全隐患等。

二、水冷却

水冷却也称作冷水冷却，是以冷水作为冷却媒介与果蔬充分接触进行对流换热，将果蔬田间热带走，降低果蔬温度的冷却方法。由于水与果蔬之间的传热系数比空气要大，能够通过果蔬与水之间的对流换热，快速带走果蔬内部的热量，冷却时间短、效果好。

（一）水冷却方式

冷水冷却通常以冰或制冷机组作为冷水的制冷源。冷水冷却装置按照水与果蔬的接触方式可以分为喷淋方式和浸没方式两种，按照冷却作业的连续性又可分为间歇式和连续式，按照果蔬是否装箱分为整箱果蔬冷却和散装果蔬冷却。另外，还有风-水冷却的方式和车载的方式。

1. 整箱间歇喷淋式水冷却　图 4-2-5 为整箱间歇喷淋式水冷却装置。水冷却装置由机体、货架、换热器、水箱、过滤器、水泵、管路、分流盘、挡水帘和控制柜等组成。

利用叉车或输送设备将果蔬箱码放在冷却装置的货架上，挡水帘拉合后冷却装置内部可以形成相对密闭的空间，开启循环水泵将水通过过滤器、主管、分流管输送到分流盘，经过分流盘使得水均匀撒向换热器，经换热器冷却后的水通过果蔬之间的间隙和周转箱上的开孔，自上而下流过果蔬表面，将果蔬的热量带走并流入货架下方的水箱中。换

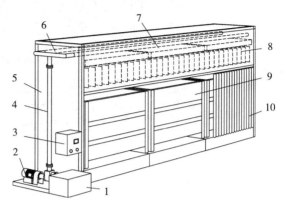

图 4-2-5　整箱间歇喷淋式水冷却装置
1. 水箱　2. 水泵　3. 控制柜　4. 主管　5. 机体　6. 分流管
7. 分流盘　8. 换热器　9. 果蔬箱　10. 挡水帘

热器可以是制冷机组的蒸发器，与制冷机组相连，利用制冷设备，使循环水不断制冷，保持在设定的温度。

2. 整箱连续喷淋式水冷却　图 4-2-6 为整箱连续喷淋式水冷却装置。在间歇式水冷却装置的基础上，增加了输送机设备，利用输送机输送托盘包装通过冷却装置，使冷却作业可连续进行。

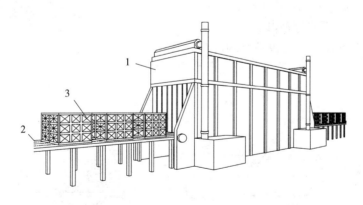

图 4-2-6　整箱连续喷淋式水冷却装置
1. 水冷却装置　2. 输送机　3. 货盘包装

3. 散装果蔬连续喷淋式水冷却　图 4-2-7 是散装果蔬连续喷淋式水冷却设备构成及工作原理图，图 4-2-8 是设备外观图。设备的制冷系统和水循环系统与上述间歇喷淋式水冷却装置相似，果蔬通过传送带连续进入喷水区域，通过与水进行热交换带走果蔬的热量。

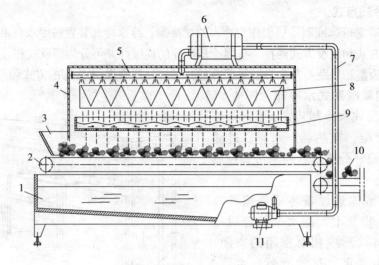

图 4-2-7　连续喷淋式水冷却设备构成及工作原理图
1. 水槽　2. 输送装置　3. 进料口　4. 箱体　5. 喷水管　6. 贮水箱
7. 供水管　8. 换热器　9. 分流盘　10. 果蔬　11. 水泵

4. 散装果蔬连续浸没式水冷却　图 4-2-9 是散装果蔬连续浸没式水冷却工作原理图。果蔬由传送带连续带动进入到水槽，并浸没在冷却槽中随传送带行走，行走到槽的另一端后再由传送带提升传送到下一道工序。冷却槽中的水经水循环系统和制冷系统使其不断循环和冷却，保持在设定的温度。

5. 人工作业的水冷却方式　图 4-2-10 是一种用冰作为冷源水冷果蔬的方式。水槽蓄水后，将碎冰加入，然后再放进成筐的蔬菜进行冷却。

6. 风-水冷却方式　托盘包装整箱冷却方式存在冷却不均匀的现象，冷水不能均匀地分配到所有包装箱，

图 4-2-8　连续喷淋式水冷却机

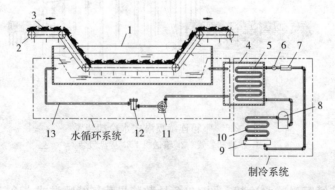

图 4-2-9　连续浸没式水冷却工作原理图
1. 冷却槽　2. 传送带　3. 果蔬　4. 冷却蓄水槽　5. 蒸发器　6. 膨胀阀　7. 干燥器
8. 压缩机　9. 储水器　10. 冷凝器　11. 水泵　12. 过滤器　13. 水管

(a) 水槽中加入碎冰　　　　(b) 蔬菜放入冰水中冷却

图 4-2-10　冰水冷却成筐蔬菜

甚至有些包装箱的果蔬没有被冷却。为克服这一缺点，有些批量冷却装置增加了大容量风机，利用风机的抽吸作用，使冷水呈细小微粒状洒向果蔬包装，更均匀地通过果蔬产品，达到更好的冷却效果。这种冷却装置也称为风-水冷却装置，如图 4-2-11 所示。

7. 车载水冷却　车载水冷却也是欧美等国在农场冷却产品时常采用的一种方式，主要用来对甜玉米和芦笋等大批量生产的产品进行冷却，由于冷却及时，可以大大提高产品的货架期。

如图 4-2-12 所示，冷却系统包括车载部分和车外固定部分。车载部分指车厢内顶部设置有喷水管路，底部有隔水板和水回收流道；车外固定部分包括水泵、水槽、碎冰以及水回收系统等。产品装入车厢后，车外固定水泵系统与车载管路连接，利用车厢形成的空间对产品实施水冷，流出车厢的水加

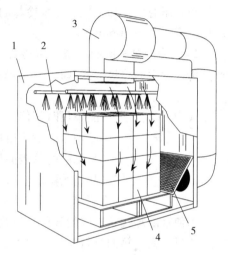

图 4-2-11　风-水冷却装置
1. 机体　2. 喷淋水管　3. 风机
4. 果蔬箱　5. 隔水板

以回收，通过消毒和冰制冷后循环使用。货车装载 600～800 箱甜玉米时，水冷却采用的流量约 3.8m³/min，冷却时间需要 1h，经冷却后，车厢内外管连接分离，将碎冰加在包装箱

图 4-2-12　车载水冷却方式
1. 货车　2. 车外固定泵水系统　3. 车厢内部　4. 车厢内置喷淋管　5. 果蔬产品

的顶部，然后立即运输。

这种方式冷却需要大量的冰，大约每冷却 $1m^3$ 的水需要 0.35t 冰块。由于需要的设备简单，很容易在产地实施。

（二）水冷却效果及制冷量

1. 水冷却效果　水冷却的效果取决于水温、果蔬与冷水接触的方式（如果蔬在水中是否搅动）和时间、包装码放方式以及包装箱的结构等。有些实践结果认为，喷淋式比浸没式冷却速度快，主要由于喷淋水流过果蔬的速度要快些，能更快速地将果蔬的热量带走。但是，如果产品浸没在水中，并且将水搅动，则冷却速度远快于喷淋方式，甚至快 1 倍，主要因为浸没水中的果蔬能与水更充分地接触。事实上，果蔬包装方式和包装箱的码放方式均会影响果蔬冷却的速度，包装箱码放紧密时，喷淋水只能与部分果蔬接触，必然会影响冷却效果。

与差压通风冷却相比，冷水冷却的冷却速度较快，例如，水冷却樱桃只需要 10min，冷却瓜类需要 45～60min。

2. 水冷却需要的制冷量　水冷却需要的制冷量可通过产品传入水中的热量进行估算，产品传入水中的热量按式（4-2-2）计算。

$$Q_{ua} = h_{pw}A_p(t_s - t_w) \qquad (4-2-2)$$

式中　Q_{ua}——产品单位时间传入水中的热量，W；

　　　h_{pw}——产品与水的对流换热系数，$W/(m^2 \cdot ℃)$；

　　　A_p——产品暴露的总表面积，m^2；

　　　t_s——产品初始温度，℃；

　　　t_w——水温，℃。

为使水冷却达到更好的效果，果蔬盛装在箱中冷却时，盛装的果蔬箱要让水能够沿垂直方向流过，盛装箱的材料应具有耐水性，通常可用塑料或木质材料。

水冷却不会使果蔬水分损失，而且对萎蔫果蔬能起到复水的作用，是一种经济有效的冷却方法。水冷却处理量大、快捷，而且方法简单，技术易于掌握，设备投资和运行费用相对较低，有时冷却也可以与果蔬清洗合并进行，是应用较早和应用广泛的一种冷却方式。据有关资料介绍，至 20 世纪 60 年代，美国的果蔬产品有 65% 以上进行冷却处理，而绝大部分采用的是冷水冷却方式。

冷水冷却的缺点是存在果蔬产品受微生物污染的风险，有些果蔬浸过水后不利于贮藏保鲜，需要迅速做去水处理。水冷却只适用于对水不敏感的产品，因此其使用受到限制。另外，冷却用水要保持卫生，对循环用水需进行过滤和消毒处理，以避免果蔬受到微生物的污染。

三、空气冷却

空气冷却是通过空气与果蔬的对流换热带走果蔬热量降低果蔬温度的方法。由于对流换热过程固体表面与流体之间的传热系数与流体的温度及流体流过固体表面的速度有关，空气冷却的效果及需要的冷却时间主要取决于与果蔬接触的空气温度和气流的速度。

在国外，空气冷却的商业化方法有多种，常用的有：①产品放置在制冷的房间中，使冷空气在产品周围不断循环；②产品在运输过程中进行空气冷却，利用专用的车载便携式的制冷设备；③利用输送机设备将果蔬产品传送通过制冷的通道，在制冷通道段，使强制冷气流直接吹向散放的果蔬；④利用连续输送机通过风洞的方式；⑤在盛装果蔬容器的不同侧，人为制造出压力差，强制使得气流通过果蔬，这种方法也是通常所说的差压通风冷却的方法。

(一)冷间冷却

产品放置在制冷的房间中，使冷空气在产品周围不断循环的冷却方法是普通通风冷却法，也称为自然对流冷却或冷间冷却或房间冷却，是利用制冷设备和送风系统在冷库或冷室中形成的冷环境放置果蔬的一种冷却方式（图 4-2-13）。将果蔬产品置于冷库或冷室中，冷风吹到果蔬上或包装容器的周围，在果蔬或包装容器周围产生自然对流循环，将果蔬的田间热置换出来，达到冷却果蔬的目的。这种冷却方式与通常的冷藏方式无本质区别，其优点是设施造价较低，虽然可用于各种果蔬冷却，但通常只有需长期贮藏的果蔬会获得较好的经济性和冷却效果。这种方式冷却的缺点是空气不易进入到果蔬内部，致使冷却速度缓慢，而且果蔬冷却不均匀。果蔬码垛时风道的设置和包装箱上留孔的多少对冷却速度有很大影响，通常可以通过改善室内空气流动状态和气流速率来加速果蔬的冷却速度。

图 4-2-13　普通通风冷却

(二)强制气流冷却

强制气流冷却也称为差压通风冷却，与普通通风冷却不同，盛装果蔬的包装箱或袋子要能抵挡气流的通过（例如可以用纸箱），需要在盛装箱（袋）上有规则地打孔，盛装箱（袋）按特定方式码放，与送风装置一道形成特定的气流通道，也就是使盛装箱（袋）相对的两侧形成气压差。强制气流冷却的优点是冷却速度比普通通风冷却要快，果蔬从常温冷却到 5℃左右，只需 2～6h 的时间。利用强制气流冷却果蔬暂贮时间短，周转率较高，果蔬冷却比较均匀，适宜各种果蔬的冷却。缺点是强制气流冷却的一次处理能力比普通通风冷却要低，一般码垛的时间比普通通风冷却要长。强制气流冷却装置的造价比真空冷却装置要低，但比普通通风冷却库要高。

强制气流冷却方式根据气流形成方式的不同可以分为隧道式、冷墙式和迂回式等。

1. 隧道式　隧道式差压通风冷却是最普遍采用的方式，如图 4-2-14 所示，果蔬箱码放在冷却装置风机的两侧，用苫布铺盖在果蔬箱上方，使其间形成一个独立空间。当风机工作抽吸空气时，这个独立空间形成负压，迫使气流从果蔬箱外部气孔进入并通过果蔬流入到这个负压区。冷却装置内有与制冷装置连接的蒸发器，进入到冷却装置的空气经换热后变为冷空气后送出。通过这种方式可以有效地将果蔬的热量带走。

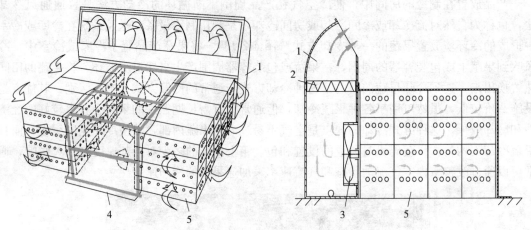

图 4-2-14 隧道式强制气流冷却构成及工作示意图

1. 送风装置　2. 蒸发器　3. 风机　4. 苫布　5. 果蔬箱

图 4-2-15 为专门用于隧道强制气流冷却的设备产品。

2. 冷墙式　冷墙式强制气流冷却如图 4-2-16 所示，在冷却装置内部设置一承压墙，果蔬箱倚靠冷却装置码放后，通过保险杆将装置上的通气口打开，风机工作后在承压墙和通气口之间的区域形成负压区，装置外气流会通过果蔬箱上的通孔流过果蔬后进入到负压区，这样就可将果蔬热量不断带走。这种强制气流冷却方式通常适用于少量果蔬预冷的情况，比较适合于车载运输途中预冷。

3. 迂回式　迂回式强制气流冷却如图4-2-17所示,这种冷却方式适合于用叉车码放的货架,经叉车码放后的果蔬箱之间留有空隙,这些空隙形成气流通道,利用挡风块和冷却装置上的通气口使得气流通道

图 4-2-15 强制气流冷却装置

迂回设置,冷却装置内部的负压会迫使外部空气通过迂回通道和果蔬箱孔经果蔬箱内部流动,使果蔬热量被带走。这种冷却方式比较适合于无需快速冷却而需长期贮藏的果蔬。

强制气流冷却的冷却时间取决于送气体积流量和果蔬的尺寸大小，一般送气量范围为每千克产品 0.5～2.0L/s。例如，在送气流量为 1.0L/(s·kg) 时，对于最小直径尺寸的葡萄冷却时间约 2h，而对于大尺寸的哈密瓜冷却时间则需要 5h 以上。

果蔬包装箱上的开孔面积大小会影响到气流的压力损失，通常情况下开孔面积占到箱体开孔面面积的 5% 为宜。

强制气流冷却会引起果蔬水分损失。水分损失量与果蔬冷却的初温与终温之间的温度差线性相关，果蔬的初始温度高而需要达到的冷却终温较低时，果蔬水分的损失量就较大。另外，用塑料膜包裹或塑料袋盛装果蔬可以减少果蔬水分损失，但这种情况会增加冷却需要的时间。

虽然强制气流冷却方式是能效最低的冷却方式，但由于适用的果蔬品种范围宽，在实际应用中仍被广泛采用。另外，强制气流冷却装置可以安放在冷藏设施中使用。

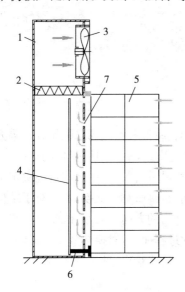 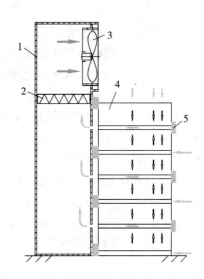

图 4-2-16　冷墙式强制气流冷却构成及工作示意图　　　图 4-2-17　迂回式强制气流冷却构成及工作示意图

1. 送风装置　2. 蒸发器　3. 风机　4. 承压墙　　　　1. 送风装置　2. 蒸发器　3. 风机
5. 果蔬箱　6. 保险杆　7. 通气口　　　　　　　　　　4. 果蔬箱　5. 挡风块

四、蒸发降温空气冷却

蒸发降温空气冷却与空气冷却有相同之处，都是利用空气作为果蔬冷却的媒介。在空气冷却系统中，使果蔬冷却媒介——空气制冷的设备通常为压缩式制冷机，而蒸发降温空气冷却则不同，使空气制冷的方式不是采用制冷机设备，而是利用湿帘降温装置使空气降温。

（一）利用湿帘降温装置冷却空气

1. 湿帘降温装置　湿帘降温装置如图4-2-18所示，主要由电机、风机、水槽、循环水泵、配水系统和湿帘等组成。循环水泵将水从水槽中泵起，通过配水系统使水从湿帘顶部流下，使湿帘全部淋湿。周围空气经过湿帘后进入风机，风机运行使得空气经湿帘降温后被送入室内。

湿帘降温装置利用了直接蒸发降温原理。直接蒸发降温指空气与水直接接触时，水会吸收空气的热量蒸发变成水蒸气，通过水的相变使空气温度下降。

2. 湿帘热交换效率　对于直接蒸发降温方

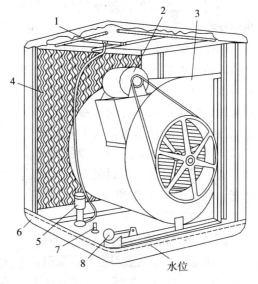

图 4-2-18　湿帘降温装置

1. 配水系统　2. 电机　3. 风机
4. 湿帘（三侧面均为湿帘）5. 循环水泵
6. 水槽　7. 水溢流口　8. 浮球阀

式,通常用"热交换效率"(也称"换热效率"、"接触系数",国外称"饱和效率")评价其热工性能,是把实际过程与理想过程进行比较,看其接近理想过程的程度。热交换效率可以表示为式(4-2-3)。

$$\eta = \frac{t_1 - t_2}{t_1 - t_{1w}} \times 100 \qquad (4\text{-}2\text{-}3)$$

式中　　η ——热交换效率,%;

　　　　t_1 ——处理前空气干球温度,℃;

　　　　t_2 ——处理后空气干球温度,℃;

　　　　t_{1w} ——处理前空气湿球温度,℃。

　　热交换效率通常受到空气质量流速、喷水系数、元件结构特性和空气与水的初参数等方面因素的影响。空气质量流速为单位时间通过水处理元件的空气质量,不受温度变化的影响。喷水系数指处理单位质量空气所用的水量,与喷水总量和通过的总风量有关。元件结构特性决定了提供给空气与水进行热湿交换时接触的松散或致密程度的空间,直接影响热交换效率。对于结构一定的水处理元件而言,空气与水的初参数决定了热湿交换推动力的方向和大小,改变空气与水的初参数,可以导致不同的处理过程和结果,但对同一空气处理过程而言,对换热效率的影响不大,可以忽略不计。热交换效率与影响因素的关系通常可以用实验公式给出,见式(4-2-4)。

$$\eta = C(v_a \rho)^m \mu^n \qquad (4\text{-}2\text{-}4)$$

式中　　C、m、n ——实验系数和指数;

　　　　v_a ——空气流速,m/s;

　　　　ρ ——空气密度,kg/m;

　　　　μ ——喷水系数,$kg_水/kg_{空气}$。

　　湿帘降温装置中用到的湿帘元件,生产企业通常会给出其产品的热交换效率特性,如图4-2-19所示为典型波纹板结构某规格纸质湿帘的热交换效率特性曲线。

　　不同规格湿帘提供给空气与水进行热湿交换时接触的松散或致密程度不同,不同厚度湿帘提供给空气与水进行热湿交换时接触的空间尺度不同,特定规格及厚度湿帘产品的换热效率仅与空气流速有关,而喷水系数 μ 对于湿帘元件而言则表现为用湿帘作为湿帘装置时所特定需要的供水模式,湿帘装置的循环供水模式保证了湿帘工作时处于完全湿润状态,也是湿帘工作的最佳保证状态,特定产品的 μ 值具有唯一性。

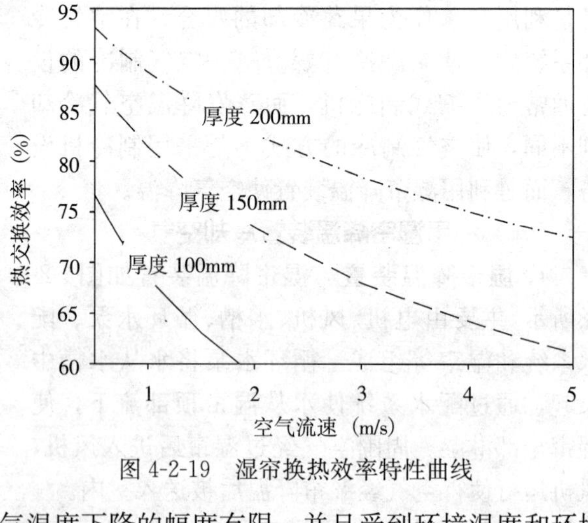

图 4-2-19　湿帘换热效率特性曲线

（二）湿帘降温装置冷却空气效果

　　利用湿帘降温装置对空气降温时,空气温度下降的幅度有限,并且受到环境温度和环境湿度的影响,图 4-2-20 是一天之中不同时刻空气经湿帘降温装置制冷后的温度曲线。从图中可以看出湿帘降温装置使空气温度下降的幅度为 10℃ 左右。

　　蒸发降温空气冷却方式相对比较经济,也是一种较常用的方法,该方法适合于不宜在低温下保存并且收获后短时间就销售的果蔬,如番茄、黄瓜等。

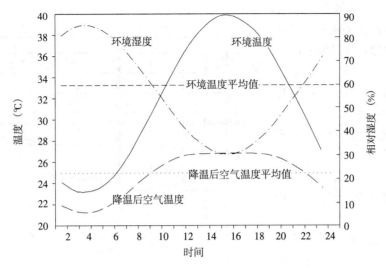

图 4-2-20　湿帘降温装置对空气的降温情况

五、真空冷却

真空冷却是将果蔬放置在密闭容器中，通过抽除果蔬周围空气迫使果蔬表面水分蒸发，以汽化潜热的形式带走果蔬热量降低果蔬温度的方法。

众所周知，干空气的比热容是 1.005kJ/(kg·℃)，常温下水蒸气的定压比热容是1.84 kJ/(kg·℃)，水的比热容是4.19kJ/(kg·℃)，0℃时水的汽化潜热是 2 500kJ/kg。

水在不同气压状态下的沸点不同，标准大气压 101.3kPa 下的沸点是 100℃，而在 0.61kPa 下的沸点是 0℃。

（一）真空冷却过程及水蒸发吸收热量

1. 真空冷却的热力学过程　真空冷却的热力学过程可以分为两个阶段。

在第一阶段，果蔬产品以环境温度放入冷却室，随着抽真空开始，气压下降，直至达到此温度下的饱和蒸汽压，在这个阶段果蔬温度保持不变。例如，果蔬冷却前的温度一般在22～30℃左右，如果要水在这个温度范围蒸发，其气压需要达到 2.7～4.3kPa（4.3kPa 下的沸点是 30℃，2.7 kPa 下的沸点是 22℃）。

冷却室内的压力达到饱和蒸汽压后，第一阶段结束，第二阶段开始。进入第二阶段后，果蔬表面的水分开始蒸发，水的汽化潜热很大，每蒸发 1g 水就会释放 2 500J 的热量，这些热量可使100g 水的温度下降 6℃，可以说每蒸发 1% 的水分可使温度下降 6℃。随着果蔬内水分的蒸发，温度会迅速下降，果蔬温度越低，要使水分蒸发的气压就越低，要使果蔬温度下降到 0℃，需要其周围的气压保持在 0.6kPa。利用真空冷却方式，果蔬温度下降很快，例如温度为 25℃的生菜 20min 就可以降到 3℃。

将理想气体方程用于商业化的真空冷却设备进行分析计算，可近似得出在冷却的第一和第二阶段真空冷却室内压力与比体积的关系式分别为式（4-2-5）和式（4-2-6）。

$$pv = 86.97 \tag{4-2-5}$$

$$pv^{1.056} = 169.85 \tag{4-2-6}$$

式中　p——绝对压力，kPa；

v ——比体积，m^3/kg。

压力与温度的关系取决于环境和产品的温度，当环境温度为30℃时，产品放入冷却室后，压力从大气压减小到饱和点的过程中，理论上室内温度恒定在30℃，之后温度沿饱和线逐渐下降。其关系曲线如图 4-2-21 所示。

果蔬产品在实际冷却过程中，温度与压力之间的关系会随产品的实际温度、产品的物理特性和产品表面可蒸发的水分量的不同有所变化。尽管在果蔬表面下的细胞空间有可能发生蒸腾作用，但是冷却过程蒸发的大部分水分依然来自果蔬的表面，蒸发水需要的热量也来自果蔬的表面，果蔬内部的传热仍是传导过程。因此，冷却降温的速度取决于产品表面积与体积的关系，取决于冷却室内抽真空的状况。

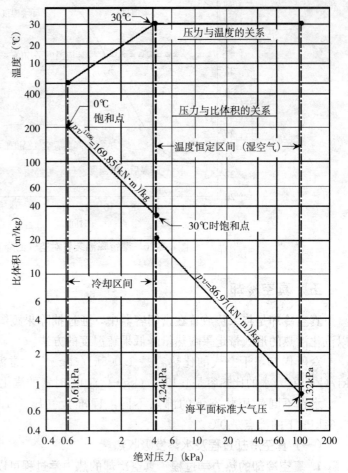

图 4-2-21 产品温度从 30℃降低到 0℃时，真空冷却室内压力、比体积和温度的关系
(引自：ASHRAE, 2010)

2. 真空冷却水蒸发吸收热量 水蒸发吸收热量是真空冷却过程中唯一的冷源，因此，从果蔬产品中带走的热量仅与水的蒸发量和汽化潜热有关。假设在理想条件下，与周围环境无热量交换，从果蔬产品去除的总热量可以表示为

$$Q = m_v \lambda \tag{4-2-7}$$

式中 Q ——从果蔬产品去除的总热量，kJ；

　　m_v ——水蒸发量，g；

　　λ ——水的汽化潜热，kJ/g。

真空冷却期间的水蒸发量与果蔬产品的比热和产品温度降低的幅度直接相关。理论上，比热为 $4kJ/(kg \cdot ℃)$ 的产品，温度每下降6℃，水蒸发量为1%。通常总损失率为2%~4%。

（二）真空冷却设备

1. 抽真空方式 利用真空泵进行抽真空，真空泵的抽真空方式，根据作用原理不同可分为射流式、离心式、往复式和旋片式 4 种，如图 4-2-22 所示。

射流式真空泵是利用文丘里效应的压力降产生的高速射流把气体输送到出口的一种动量传输泵，适于在粘滞流和过渡流状态下工作。这种抽真空方式特别适合带走冷却室中产生的

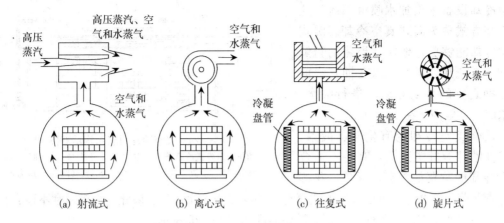

图 4-2-22 冷却系统抽真空原理图
(引自：ASHRAE，2010)

大量水蒸气，无需用压缩机对水蒸气进行冷凝。尽管射流真空泵有许多优点，由于需要高压蒸汽和携带不方便，所以如今很少使用。

离心式真空泵也是适于水蒸气冷凝的大体积泵，但由于获得低压需要很高的转速，机械结构制造有难度，因此在真空冷却中也较少使用。

往复式和旋片式真空泵都能够获得真空冷却需要的低压，并具有携带方便的优点。但是由于这两种泵属于容积泵，排量较低，因此采用这两种泵的真空冷却机需要配置独立的制冷系统，用来冷凝冷却过程中产生的水蒸气。

2. 真空冷却机组 图 4-2-23 为真空冷却机组，其基本结构及工作原理示意如图 4-2-24 所示。真空冷却机组主要由耐压容器、制冷系统和抽真空系统组成。制冷系统包括压缩机、冷凝器和蒸发冷却盘管等，抽真空系统主要包括真空泵和抽真空管路，耐压容器可以是各种形式的密闭舱，如图 4-2-23 中设备是由长方形箱体和密封门组成。待冷却果蔬送入到耐压容器后，关闭舱门，开启真空泵抽真空，一般情况下舱内压力到 80kPa 时启动制冷系统。制冷系统冷却盘管的作用不是直接用于冷却果蔬，而是将舱内的水蒸气凝结并通过集水盘收集起来，保证果蔬持续冷却，达到目标温度。

图 4-2-23 真空冷却机组

（三）真空冷却适宜的果蔬产品及冷却效果

真空冷却比较适合叶类蔬菜，这类蔬菜水分含量高，可以通过水分蒸发达到快速降温的目的。为增加冷却效力和减少果蔬水分损失，通常可以在产品冷却前将其打湿，例如可以在真空冷却设备中增加水喷淋系统，这种冷却方式称为湿式真空冷却。湿式真空冷却能够更好地保持果蔬的新鲜度和外观色泽，通常可以在抽真空前或在抽真空的后期对果蔬进行喷水，喷水时间一般控制在 10～60s。

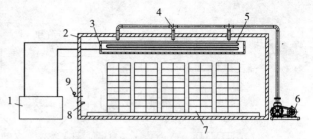

图 4-2-24　真空冷却机组结构示意图
1. 压缩机及蒸发式冷凝器　2. 箱体　3. 集水盘　4. 抽气管路
5. 冷却盘管　6. 真空泵　7. 果蔬箱　8. 放气阀　9. 压力表

适合真空冷却的有生菜、菠菜、菊苣及欧芹等叶类蔬菜，有些不适合真空冷却的蔬菜如芦笋、豆角、花椰菜、青花菜及蘑菇等，可以采用湿式真空冷却的方法。除一些浆果外，水果通常不适合真空冷却。一些产品在特定条件下达到的最终温度如图 4-2-25 所示。

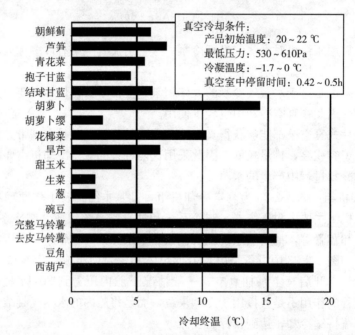

图 4-2-25　各种蔬菜在特定条件下最终达到的冷却温度
（引自：ASHRAE, 2010）

第三节　制冷量和冷却时间计算

一、果蔬冷却时需要的制冷量

果蔬冷却时需要的制冷量要远大于保持在恒定温度下冷藏时所需要的制冷量。虽然说制冷量越大越能够满足快速冷却的要求，但是如果制冷量过于超出正常需要的制冷量，就会造成设备和运行的浪费，很不经济。因此有必要尽量准确地确定冷却过程的制冷量。

冷却过程去除的总热量包括果蔬产品自身的热量、周围环境的传热量、空气渗透的传热量、容器的热量以及设备运行产生的热量，如电机、灯、风机和水泵等设备的产热量。

在冷却过程去除的总热量中，果蔬自身的热量占据重要地位，是主要部分。果蔬热量取决于果蔬的温度、冷却速度、在给定时间内冷却果蔬的量以及果蔬的比热。呼吸热虽然也是去除果蔬热量的一部分，但其所占的比例很小。

在冷却过程中，由于冷却产品的速度很快，在果蔬的内部必然产生温度梯度，这个温度梯度是果蔬产品特性、表面传热系数和冷却速度的函数。由于大多数果蔬产品的质量集中在果蔬外层部分，如果用果蔬中心温度计算去除果蔬热量势必导致计算出的热量过大，因此需要引入质量平均温度的概念用于热量的计算。

经简化，果蔬冷却过程需要去除的总热量计算如式（4-3-1）。

$$Q = mc_p(T_i - T_{ma}) \tag{4-3-1}$$

式中　Q——果蔬冷却去除的总热量，kJ；

　　　　m——待冷却果蔬的质量，kg；

　　　　c_p——果蔬的比热容，kJ/（kg·℃）；

　　　　T_i——果蔬的初始温度，℃；

　　　　T_{ma}——果蔬最终的质量平均温度，℃。

各类果蔬的比热容见附表 4-3。

果蔬冷却过程中，冷却需要的制冷量与完成冷却的时间有关，制冷量可按式（4-3-2）计算。

$$q = \frac{Q}{3\,600t} \tag{4-3-2}$$

式中　q——制冷量，kW；

　　　　t——冷却时间，h。

二、果蔬冷却时间

所有的冷却过程都是通过冷却媒介与果蔬接触，使果蔬的温度从初始温度下降，逐渐向冷却媒介的温度趋近，达到符合要求的果蔬最终温度。

为使果蔬产品达到有效冷却，需要满足 3 个条件：①冷却设备具备足够的制冷量，维持冷却媒介的温度恒定；②冷却媒介的流量要足够，确保与果蔬充分进行热交换；③果蔬在冷却设备中停留的时间要适当。

因此，为合理设计冷却设备，需要估算果蔬从初始温度冷却到最终温度需要的时间。或者说，为在一定时间内使果蔬从初始温度冷却到最终温度，合理确定所需要的制冷量。

果蔬的初始温度通常就是果蔬收获时的环境温度，果蔬的最终温度是果蔬贮藏或运输时要求的温度。

对于特定冷却媒介的温度和流量，果蔬需要的冷却时间也就是果蔬在冷却设备中的停留时间。

（一）冷却时间的热力学分析

果蔬冷却是一个复杂的热力学过程，随着果蔬周围温度的变化，果蔬内部水分含量会发生改变，加之果蔬具有不规则形状，无法精确计算得出冷却需要的时间，而果蔬冷却的热力学研究是建立在理论分析与实际经验结合的基础之上，利用一些假设条件进行估算。

1. 毕奥数　所有冷却方法都存在果蔬内部热传导和果蔬与周围介质进行对流换热的热交换过程。对于非稳态（或短暂）传热，通常引入毕奥数来描述固体内部与外部热阻分配比例，表示为公式（4-3-3）。

$$Bi = \frac{hL}{k} \tag{4-3-3}$$

式中　Bi——毕奥数，无量纲；

　　　h——果蔬表面与周围介质之间的对流换热系数，单位为 $W/(m^2 \cdot K)$；

　　　k——果蔬的导热系数，单位为 $W/(m \cdot K)$；

　　　L——果蔬的特征尺寸，单位为 m。在计算冷却时间时，果蔬的特征尺寸 L 取果蔬热量中心到果蔬表面的最短距离，如板状果蔬取为厚度的一半，球状和圆柱状果蔬取为半径。

果蔬表面与周围介质之间的对流换热系数 h 和果蔬的导热系数 k 见表 4-3-1 和表 4-3-2。

表 4-3-1　果蔬的表面对流换热系数

（引自：ASHRAE，2010）

产　品	形状和尺寸（mm）	换热媒介	温差 Δt 和/或媒介温度 t（℃）	媒介流速（m/s）	对流换热系数 h $[W/(m^2 \cdot K)]$
苹果	球形 52	空气	$t=27$	0.0	11.1
				0.39	17.0
				0.91	27.3
				2.0	45.3
				5.1	53.4
乔纳森	球形 58			0.0	11.2
				0.39	17.0
				0.91	27.8
				2.0	44.8
				5.1	54.5
	球形 62			0.0	11.4
				0.39	15.9
				0.91	26.1
				2.0	39.2
				5.1	50.5
红元帅（蛇果）	球形 63	空气	$\Delta t=22.8$ $t=-0.6$	1.5	27.3
				4.6	56.8
	球形 72			1.5	14.2
				4.6	36.9
	球形 76			0.0	10.2
				1.5	22.7
				3.0	32.9
				4.6	34.6
	球形 57	水	$\Delta t=25.6$ $t=0$	0.27	90.9
	球形 70				79.5
	球形 75				55.7

（续）

产 品	形状和尺寸 （mm）	换热媒介	温差 Δt 和/ 或媒介温度 t（℃）	媒介流速 （m/s）	对流换热系数 h ［W/(m² · K)］
黄瓜	圆柱形 38 （直径 38，长 160）	空气	t=4	1.00	18.2
				1.25	19.9
				1.50	21.3
				1.75	23.1
				2.00	26.6
无花果	球形 47	空气	t=4	1.10	23.8
				1.5	26.2
				1.75	27.4
				2.50	32.7
葡萄	圆柱形 11 （直径 11，长 22）	空气	t=4	1.00	30.7
				1.25	33.8
				1.50	37.8
				1.75	40.7
				2.00	42.3
梨	球形 60	空气	t=4	1.00	12.6
				1.25	14.2
				1.50	15.8
				1.75	16.1
				2.00	19.5
马铃薯（大包装 760mm ×510mm×230mm）	椭球形	空气	t=4.4	0.66	14.0
				1.23	19.1
				1.36	20.2
南瓜	圆柱形 46 （直径 46，长 155）	水	t=0.5 1.0 1.5	0.05	272 205 166
番茄	球形 70	空气	t=4	1.00	10.9
				1.25	13.1
				1.50	13.6
				1.75	14.9
				2.00	17.3

表 4-3-2 几种果蔬的导热系数

（引自：ASHRAE，2010）

产　品	导热系数 [W/(m·K)]	温度（℃）	水分质量百分比含量（%）
苹果	0.418	8	—
架豆角	0.398	9	—
甜菜	0.601	28	87.6
枣	0.337	23	34.5
无花果	0.310	23	40.4
葡萄柚果肉	0.462	30	
葡萄柚外壳	0.237	28	
绿葡萄	0.439	25	
油桃	0.585	8.6	82.9
洋葱	0.575	8.6	—
橙子果肉	0.435	30	
橙子外壳	0.179	30	
豌豆	0.315	7	
梨	0.595	8.7	—
马铃薯沙拉	0.479	2	
南瓜	0.502	8	

当毕奥数 Bi 趋近于 0（$Bi<0.1$）时，热传递的内部热阻远小于外部热阻，可以采用参数逼近的方法确定果蔬冷却时间；当毕奥数 Bi 很大（$Bi>40$）时，内部热阻远大于外部热阻，那么果蔬表面的温度可以假设为等于冷却媒介的温度，这种情况下热传导方程适用于简单几何形状果蔬的计算。当 $0.1<Bi<40$ 时，果蔬内部的热传导和外部的对流换热都需要考虑，这种情况下可以结合经验公式对简单几何形状果蔬进行计算。

2. 未竟温差比 冷却时间取决于果蔬初始温度与冷却媒介温度之间的差，以及果蔬与冷却媒介之间热交换的快慢。冷却的初始阶段，果蔬温度下降得较快，随着果蔬温度的下降，冷却的速度逐渐减慢。例如，图 4-3-1 所示为某特定果蔬在某方式冷却期间，果蔬与冷却媒介之间的温差随冷却时间的变化曲线。

所有冷却过程都具有相似的特性，产品的温度随时间呈指数下降。

为研究冷却过程中果蔬温度的变化规律，引入未竟温差比的概念。未竟温差比指未完成温差与可实现温差的比值，表示为式（4-3-4）。

$$Y = \frac{T - T_m}{T_i - T_m} \qquad (4\text{-}3\text{-}4)$$

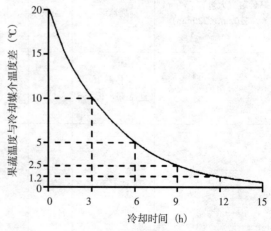

图 4-3-1　果蔬与媒介温差随冷却时间的变化关系

式中　Y——未竟温差比；

　　　T_m——冷却媒介的温度，℃；

　　　T_i——果蔬的初始温度，℃；

　　　T——果蔬产品温度，℃。

用未竟温差比绘制成与冷却时间的关系曲线，如图4-3-2所示，该图采用半对数坐标绘制，横坐标表示冷却时间，纵坐标表示未竟温差比。

3. 冷却曲线方程　图4-3-2中可以看出，冷却特性曲线包括曲线和直线两部分，为明确参数 Y 与冷却时间 τ 的关系，引入参数 j 和 f。参数 j 为滞后因子，代表了冷却开始与果蔬温度按指数下降之间的滞后程度；参数 f 代表了无量纲温差下降90%需要的时间。在冷却过程的直线部分，未竟温差比与冷却时间的关系可以表示为：

$$Y = je^{-2.303\tau/f} \qquad (4\text{-}3\text{-}5)$$

经变换后，冷却时间为：

$$\tau = \frac{-f}{2.303}\ln\left(\frac{Y}{j}\right) \qquad (4\text{-}3\text{-}6)$$

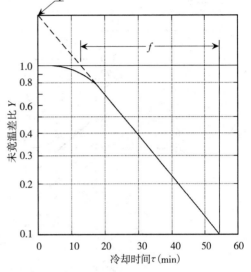

图 4-3-2　典型冷却曲线

其中，参数 f 是毕奥数 Bi 的函数，而参数 j 是毕奥数 Bi 和果蔬中位置的函数。将待冷却物体分为无限大平板、无限长圆柱或球体，并假设物体内部传热均匀和外部冷却媒介温度恒定，可用图4-3-3和图4-3-4中的曲线分别确定 f 和果蔬质量平均温度的 j，用 j_m 表示。

图中 α 是果蔬的热扩散率，热扩散率与比热和导热系数之间的关系见式（4-3-7），果蔬的热扩散率见表4-3-3。

$$\alpha = \frac{k}{\rho c_p} \qquad (4\text{-}3\text{-}7)$$

式中　α——果蔬热扩散率；

　　　k——果蔬导热系数；

　　　ρ——果蔬密度；

　　　c_p——果蔬比热容。

表 4-3-3　几种果蔬的热扩散率和密度

（引自：ASHRAE，2010）

产　品	热扩散率（mm²/s）	水分质量百分比含量（%）	密度（kg/m³）	温度（℃）
苹果	0.14	85	840	0～30
香蕉，果肉	0.12	76	—	5
樱桃，果肉	0.13	—	1 050	0～30
枣	0.10	35	1 319	23
无花果	0.096	40	1 241	23
桃	0.14	—	960	2～32

（续）

产　品	热扩散率（mm²/s）	水分质量百分比含量（%）	密度（kg/m³）	温度（℃）
马铃薯	0.13	—	1 040~1 070	0~70
洋李	0.12	43	1 219	23
草莓，果肉	0.13	92	—	5
甜菜	0.13	—	—	0~60

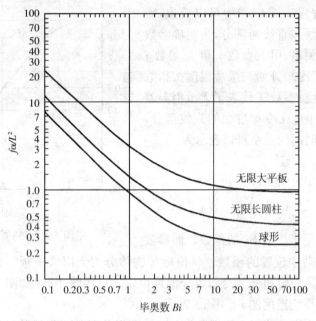

图 4-3-3　各形状物体的 $f\alpha/L^2$ 与毕奥数 Bi 之间的关系

（引自：ASHRAE，2010）

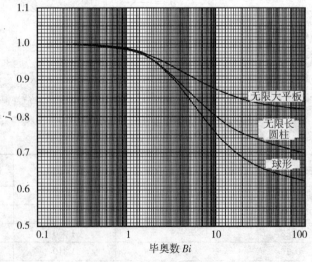

图 4-3-4　各形状物体的 j_m 与毕奥数 Bi 之间的关系

（引自：ASHRAE，2010）

（二）经验公式法估算冷却时间

利用经验公式可以估算得出果蔬的冷却时间。估算方法有半冷时间法和冷却系数法。

1. 半冷时间法 半冷时间指果蔬产品的温度下降到冷却媒介温度与果蔬初始温度之差的一半时所需要的时间，这个时间也就是 $Y=0.5$ 时需要的时间。在冷却过程中，只要冷却媒介温度保持恒定，半冷时间与果蔬的初始温度无关，是一个恒定值，该值可以通过实验方法获得。因此，某种果蔬的半冷时间确定后，就可以预测出果蔬的冷却时间。半冷时间法的经验公式见式（4-3-8）。

$$\tau = \frac{-Z\ln Y}{\ln 2} \tag{4-3-8}$$

式中　τ ——冷却时间；

　　　Z ——果蔬的半冷时间，一些果蔬在特定冷却方式下的半冷时间见表 4-3-4～表 4-3-6。

表 4-3-4　各种果蔬水冷却的半冷时间

（引自：ASHRAE，2010）

产　品	产品规格	容　器	半冷时间（min）
朝鲜蓟		无包装（完全暴露）	8
		板条箱，无盖，纸衬	12
芦笋	中等	完全暴露	1.1
		有盖板条箱，叠放，笋尖竖放	2.2
青花菜		完全暴露	2.1
		板条箱，无盖，纸衬	2.2
		板条箱，无盖，无衬	3.1
抱子甘蓝		完全暴露	4.4
		硬纸箱，开盖	4.8
		混乱堆放，（230mm 高）	6.0
结球甘蓝		完全暴露	69
		硬纸箱，开盖	81
		混乱堆放，（4 层）	81
胡萝卜（去茎叶）	大	完全暴露	3.2
		23kg 网袋	4.4
花椰菜（修整的）		完全暴露	7.2
旱芹	2 打	完全暴露	5.8
		板条箱，有盖，纸衬	9.1
甜玉米（带外皮）	5 打	完全暴露	20
		铁丝网箱，有盖	28
豌豆（带荚）		完全暴露（喷淋）	1.9
		35L 筐，无盖（喷淋）	2.8
		35L 筐，有盖（浸没）	3.5

（续）

产　品	产品规格	容　器	半冷时间（min）
马铃薯		完全暴露	11
		混乱堆放（5层，230mm高）	11
水萝卜		完全暴露	1.1
		板条箱，无盖，成捆的3层，230mm高	1.9
		硬纸箱，开盖，成捆的3层，230mm高	1.4
水萝卜（去茎叶）		完全暴露	1.6
		混乱堆放（230mm高）	2.2
番茄		完全暴露	10
		混乱堆放，5层，255mm高	11

表 4-3-5　各种果蔬的滞后因子、冷却系数和半冷时间

（引自：ASHRAE，2006）

产品与尺寸	温度（℃）			水流速（mm/s）	板条箱盛重（kg）	滞后因子 j	冷却系数 C（1/s）	半冷时间 Z（s）
	初温	终温	水温					
黄瓜 $l=0.16$m $d=0.038$m	22	4		50	5	1.291	0.001 601	546.6
					10	1.177	0.001 567	592.3
					15	1.210	0.001 385	638.2
					20	1.251	0.001 243	737.6
			0.5	50	5	1.037	0.001 684	432.9
					10	1.228	0.001 675	536.4
					15	1.222	0.001 629	548.5
					20	1.237	0.001 480	612.1
茄子 $l=0.142$m $d=0.045$m	21.5			50	5	1.077	0.000 822	933.9
					10	1.109	0.000 794	1 003
					15	1.195	0.000 870	1 011
					20	1.206	0.000 770	1 143
桃子 $d=0.056$m	21	4		50	5	1.067	0.001 585	
					20	1.113	0.001 201	
梨 $d=0.06$m	22.5	4	1.0	50	5	1.119	0.001 434	561.6
					10	1.157	0.001 419	591.0
					15	1.078	0.001 296	592.8
					20	1.366	0.001 151	873.1
		2		50	5	1.076	0.001 352	
					20	1.366	0.001 151	
李子 $d=0.037$m	22	2		50	5	1.122	0.003 017	
					20	1.171	0.002 279	

（续）

产品与尺寸	温度（℃）			水流速（mm/s）	板条箱盛重（kg）	滞后因子 j	冷却系数 C（1/s）	半冷时间 Z（s）
	初温	终温	水温					
南瓜 $l=0.155m$ $d=0.046m$	21.5	0.5		50	5	1.172	0.001 272	669.6
					10	1.202	0.001 186	739.8
					15	1.193	0.001 087	799.9
					20	1.227	0.001 036	866.6
番茄 $d-0.07m$	21	0.5		50	5	1.209	0.001 020	865.4
					10	1.310	0.000 907	1 062
					15	1.330	0.000 800	1 222
					20	1.322	0.000 728	1 336
		4		50	5	1.266	0.000 953	
					20	1.335	0.000 710	

注：l 为长度，d 为直径。

表 4-3-6　水与空气冷却甜玉米和樱桃的冷却系数和半冷时间

（引自：ASHRAE，2010）

产品	类型	喷口类型	水流量（m³/s）	空气流量（m³/s）	冷却系数 C（1/s）	半冷时间（s）
甜玉米	金属丝网装	粗放	0.340	0	0.000 347	
			0.340	0	0.000 444	
			0.208	0	0.000 642	
			0.378	0	0.000 336	
		中等	0.303	0	0.000 406	
			0.190	0	0.000 406	
			0.190	—	0.000 414	
			0.378	0	0.000 492	
			0.378	—	0.000 542	
			0.378	28	0.000 447	
			0.378	45	0.000 486	
			0.378	78	0.000 564	
		喷盘	0.946	0	0.000 464	
			1.513	0	0.000 567	
		粗放	0.378	0		2 170
		中等	0.303	0		1 730
			0.378	28		1 570
			0.378	45		1 440
			0.378	78		1 220
		喷盘	0.151	0		1 290

（续）

产品	类型	喷口类型	水流量（m³/s）	空气流量(m³/s)	冷却系数C（1/s）	半冷时间（s）
樱桃	真空冷却		0.173	57		3 710
			0.173	119		2 360
			0.173	183		2 310
	水冷却		0.173	51		1 890
			0.173	99		1 790
			0.173	142		1 390
	良好通风		0.173	51		2 170
			0.173	113		1 490
			0.173	145		1 050

2. 冷却系数法　冷却时间还可以利用冷却系数法进行估算。冷却系数法的经验公式见式（4-3-9）。

$$\tau = -\frac{1}{C}\ln\left(\frac{Y}{j}\right) \tag{4-3-9}$$

式中　C——冷却系数。

冷却系数是 $\ln Y$-τ 关系曲线斜率的负值。冷却系数表示单位冷却时间下未竟温差比的变化。冷却系数取决于果蔬的比热和与周围环境之间的传热。

如果将 $Y=0.5$ 带入公式(4-3-9)，可以得出冷却系数与半冷时间的关系，见式(4-3-10)。

$$Z = \frac{\ln(2j)}{C} \tag{4-3-10}$$

冷却系数由实验方法获得，一些果蔬在特定冷却条件下的冷却系数见表4-3-5～表4-3-7。

表4-3-7　水冷却桃的冷却系数
(引自：ASHRAE，2010)

水冷却方法	水流量	水温（℃）	水果温度（℃）		冷却系数C（1/s）
			初始	最终	
水流冲，桃装在 26.5L 的篮筐中	12.2m³/(h·m²)	1.67	31.1	8.22	0.001 05
	24.4m³/(h·m²)	1.67	29.4	6.44	0.001 11
		4.44	27.8	9.28	0.000 941
		7.22	27.8	9.50	0.001 44
	36.7m³/(h·m²)	1.67	32.5	4.11	0.001 83
		7.22	31.7	10.5	0.001 74
		12.8	31.2	14.4	0.001 39
淹没浸泡	4.54m³/h	1.67	29.4	6.39	0.001 23
	9.09m³/h	1.67	29.4	5.56	0.001 37
	4.54m³/h	7.22	31.1	9.67	0.001 68
	9.09m³/h	7.22	30.0	9.33	0.001 72
	13.6m³/h	7.22	30.0	10.4	0.001 30

第四节　几种冷却方法比较与选择

一、几种冷却方法的特点及冷却时间

几种冷却方法的热交换方式、冷却时间和设备投资等有明显的差异，表 4-4-1 列出了各种冷却方法的比较。

表 4-4-1　各种冷却方法的比较

冷却方法	冰冷却	水冷却	冷间冷却	强制气流冷却	真空冷却	湿式真空冷却
热交换方式	果蔬与冰之间传导换热	果蔬与水之间对流换热	果蔬与空气之间对流换热	果蔬与空气之间对流换热	水汽化	水汽化
典型冷却时间（h）	0.1～0.3[①]	0.1～1.0	20～100	1～10	0.3～2.0	0.3～2.0
产品水分损失（%）	—	0～0.5	0.1～2.0	0.1～2.0	2.0～4.0	—
水与产品接触	是（包装冰除外）	是	否	否	否	是
潜在污染问题	低	高[②]	低	低	无	高[②]
投资费用	高	低	低[③]	低	中等	中等
能效	低	高	低	低	高	中等
需要耐水包装	是	是	否	否	否	是
移动式（如车载方式）	普遍	少有	没有	有时	普遍	普遍
用于生产线	几乎不做	是	否	几乎不做	否	否

①仅在顶部放冰，需要的时间较长；
②需要对循环水进行消毒，以减少腐坏病原体的累积；
③对于需要长期冷藏的产品（如苹果）而言费用低，否则费用为高。

冷间冷却投资少，但冷却速度慢，适用于不易腐坏的果蔬产品，如马铃薯、洋葱、苹果和柑橘类水果等。冷间冷却也比较适于冷害较为敏感的果蔬产品。

为使冷间冷却获得更好的效果，包装箱之间应留有空隙，包装箱带有通气孔也会加速实现冷却，另外风机安装位置应利于冷气到达果蔬箱周围。表 4-4-2 是一些果蔬利用冷间冷却时的 7/8 冷却时间。

表 4-4-2　利用冷间冷却一些果蔬的 7/8 冷却时间
（引自：Thompon J F *et al.*，1998）

产品	包装类型	通风口百分比（%）	平均时间（h）	冷却到 7/8 的最长时间(h)
苹果	木箱，散装			24～36
朝鲜蓟	瓦楞板箱		24	
葡萄	木箱，堆码密实			30
梨	10.9kg 果箱		16	20
	10.9kg 果箱，有包裹		30	39
	折叠箱			
	25.4mm 间距	3.5	16	23
	无间距	5	24	40

（续）

产品	包装类型	通风口百分比（%）	平均时间（h）	冷却到7/8的最长时间(h)
李子	瓦楞板箱，满装，12.7kg			
	25.4mm 间距	4		22
	无间距	无		84
橙	61cm 深散装箱，无侧通风口		33	
	76cm 深散装箱，无侧通风口		45	

注：冷却时间为约计值，仅供参考，实际操作时需根据气候条件、设备类型和包装箱的码放方式通过监测产品温度来确定。

强制气流冷却与冷间冷却相比，可以大大提高冷却速度，缩短冷却时间，强制气流冷却的冷却时间大约是冷间冷却的1/10～1/4。冷却时间取决于气流速度、产品与冷气之间的温差、产品的大小等。表4-4-3是一些果蔬利用强制气流冷却时的冷时间。

表 4-4-3 利用强制气流冷却一些果蔬的7/8冷却时间
（引自：Thompon J F *et al.*，1998）

产品	包装类型	通风口百分比(%)	气流率 [m³/(min·kg)]	平均时间(h)
朝鲜蓟	瓦楞板箱	9	0.062	4
			0.094	3
葡萄	折叠箱	5.8	0.017	6
			0.025	4
			0.062	2
油桃	瓦楞板箱，带塑料托盘	6	0.031	4
			0.050	3
	加强边纸箱，2层，带顶衬	5	0.031	6
			0.050	4
梨	瓦楞板箱	2	0.019	9
			0.075	3
		5	0.025	6
			0.062	3
橙	散装箱，底部有缝隙，0.6～0.9m深，垂直气流		0.025	6
			0.062	3
草莓	货盘码放敞开式板条箱		0.031	4
			0.050	3
			0.087	2
番茄	瓦楞板箱		0.037	6
			0.069	4
			0.10	3

注：冷却时间为约计值，仅供参考，实际操作时需根据气候条件、设备类型和包装箱的码放方式通过监测产品温度来确定。

水冷却的速度比强制气流冷却更快。水冷却的速度取决于产品的初始温度、产品尺寸大小、水温、水流速度和采用的装箱类型等。表 4-4-4 是一些果蔬利用水冷却时的冷却时间。

表 4-4-4 利用水冷却一些果蔬的 7/8 冷却时间

（引自：Thompon J F *et al.*，1998）

产品	包装类型	水冷类型	流 率	平均时间（min）
芦笋	无（成捆）	浸没		6
桃	1.2m 方箱，0.6m 深	喷淋，自由泄水	568L/(min·箱)	30
		2.54mm 孔，能使箱充满		24
梨	开敞果箱	喷淋	161L/(min·m²)	42
甜玉米	金属丝网束板条箱	浸没，无搅动		46～84
		浸没，加搅动		28
		喷淋，自由泄水	202L/(min·m²)	45

注：冷却时间为约计值，仅供参考，实际操作时需根据气候条件、设备类型和包装箱的码放方式通过监测产品温度来确定。

二、预冷方法的选择

采用哪种方法进行预冷，影响因素很多，但大体可归纳为 5 个方面。

1. 果蔬对预冷的需求性 果蔬的生理机能、收获时的成熟度以及收获时的环境温度决定了果蔬产品的预冷需求和采用哪种冷却方式。有些果蔬极易腐坏，收获后需要尽可能快地进行预冷，如芦笋、豆角、青花菜、花椰菜、甜玉米、网纹甜瓜、夏南瓜、樱桃番茄、叶菜、朝鲜蓟、抱子甘蓝、结球甘蓝、旱芹、胡萝卜，等等。不易腐坏的果蔬，如白薯、甜薯、冬南瓜、绿熟番茄等，需要在较高的温度环境中愈伤，不需要预冷，但是如果环境温度太高，也需要考虑预冷。

2. 适应性 适应性指果蔬产品对预冷方式的适应程度，由果蔬产品的自身特性决定。例如遇水易于腐烂的产品就不能考虑水冷却的方式。

3. 经济性 每种冷却方式的设备投资和运行费用大不相同，如果果蔬适于多种冷却方式，其经济性就是确定选用哪种方法时需考虑的主要因素。如，真空冷却方式的效果最好，但是投资和运行成本都较高，只适用于处理可以获得较高经济效益的产品。

4. 市场需求性 市场需求性主要指果蔬产品的市场需求，也是指果蔬的商品性。通过贮藏可以延长供应市场时间的果蔬、需要长时间运输的果蔬或需要长时间贮藏的果蔬更需要进行快速预冷。迅速预冷还可以很好地保持果蔬的原有品质和延长货架期，有高品质需求的果蔬产品供应也需要采取较好的预冷措施。如杏、鳄梨、各类浆果、樱桃、梨、油桃、李子、番石榴、芒果、番木瓜和菠萝等。热带与亚热带水果容易受到冷害，预冷时需要根据水果的不同情况控制好温度。如甜樱桃、葡萄、梨和柑橘等水果的收获期长，即使不需要长期贮藏，但为了保持水果的高质量，收获后进行预冷也是完全必要的。香蕉属后熟型水果，不需要进行预冷。

5. 果蔬处理流程及设施状况 果蔬进行商品化处理时的操作流程以及处理果蔬时的基础设施如包装间的大小等，都是选择采用哪种预冷方式时需要考虑的因素。例如，需考虑果蔬是在田间包装还是在包装车间包装、进行果蔬预冷处理的周期长短、采用耐水包装需要的费用、预冷处理单一果蔬还是多种果蔬，等等。

表 4-4-5 为各种类果蔬推荐采用的冷却方法。

表 4-4-5 果蔬产品推荐冷却方法

产　品	处理规模	
	大	小
水果类		
柑橘	冷间冷却	冷间冷却
落叶树果类	强制气流冷却，冷间冷却，水冷却	强制气流冷却
亚热带水果	强制气流冷却，冷间冷却	强制气流冷却
热带水果	强制气流冷却，冷间冷却	强制气流冷却
浆果	强制气流冷却	强制气流冷却
葡萄	强制气流冷却	强制气流冷却
根、块茎类蔬菜		
带叶根类蔬菜	水冷却，冰冷却，强制气流冷却	水冷却，强制气流冷却
去叶根类蔬菜	水冷却，冰冷却	水冷却，冰冷却，强制气流冷却
马铃薯、甜薯	冷间冷却，水冷却	冷间冷却
鳞茎蔬菜		
干洋葱	冷间冷却	冷间冷却，强制气流冷却
蒜	冷间冷却	
叶类、茎叶蔬菜		
结球甘蓝	真空冷却，强制气流冷却	强制气流冷却
生菜	真空冷却	强制气流冷却
羽衣甘蓝、散叶甘蓝	真空冷却，冷间冷却，湿式真空冷却	强制气流冷却
叶用莴苣、菠菜、宽叶菊苣、菊苣、白菜、油菜、油麦菜	真空冷却，强制气流冷却，湿式真空冷却，水冷却	强制气流冷却
旱芹、菜用大黄	水冷却，湿式真空冷却，真空冷却	水冷却，强制气流冷却
葱、蒜苗	冰冷却，水冷却	冰冷却
茎干、花蕾类蔬菜		
朝鲜蓟	水冷却，冰冷却	强制气流冷却，冰冷却
芦笋	水冷却	水冷却
青花菜、抱子甘蓝	水冷却，强制气流冷却，冰冷却	强制气流冷却，冰冷却
花椰菜	强制气流冷却，真空冷却	强制气流冷却
未成熟果实类蔬菜		
黄瓜、茄子	冷间冷却，强制气流冷却，蒸发降温空气冷却	强制气流冷却，蒸发降温空气冷却

（续）

产 品	处理规模	
	大	小
青椒	冷间冷却，强制气流冷却，蒸发降温空气冷却，真空冷却	强制气流冷却，蒸发降温空气冷却
豆角	水冷却，强制气流冷却	强制气流冷却
豌豆	强制气流冷却，冰冷却，真空冷却	强制气流冷却，冰冷却
夏南瓜、秋葵	冷间冷却，强制气流冷却，蒸发降温空气冷却	强制气流冷却，蒸发降温空气冷却
成熟果实、种子类蔬菜		
酸浆果	冷间冷却，强制气流冷却，蒸发降温空气冷却	强制气流冷却，蒸发降温空气冷却
番茄	冷间冷却，强制气流冷却，蒸发降温空气冷却	
冬南瓜	冷间冷却	冷间冷却
甜玉米	水冷却，真空冷却，冰冷却	水冷却，强制气流冷却，冰冷却
瓜类		
网纹甜瓜、香瓜、白兰瓜、卡萨巴甜瓜	水冷却，强制气流冷却，冰冷却	强制气流冷却，蒸发降温空气冷却
克伦肖甜瓜	强制气流冷却，冷间冷却	强制气流冷却，蒸发降温空气冷却
西瓜	强制气流冷却，水冷却	强制气流冷却，冷间冷却
蘑菇	强制气流冷却，真空冷却	强制气流冷却
鲜香草		
未包装	水冷却，强制气流冷却	强制气流冷却，冷间冷却
包装	强制气流冷却	强制气流冷却，冷间冷却
仙人掌、仙人掌果	冷间冷却	强制气流冷却

第五章

清 洗

　　清洗是果蔬商品化处理过程中的一个重要环节，经清洗可以去除果蔬表面污物、微生物及残留农药。清洗前，果蔬表面上的微生物数量在 $10^4 \sim 10^8$ 个/g，有些叶菜类和根菜类果蔬由于黏附泥土，微生物数量更高。通过正确的清洗工艺，微生物数量会降低到其初始数量的 $2.5\% \sim 5\%$。

　　清洗效果受到清洗时间、清洗温度、机械力的作用方式以及清洗液体的 pH、硬度和矿物质含量等因素的影响。果蔬的清洗除通过机械力作用外，添加表面活性物质或清洗剂，也可以大大提高清洗效果。

　　果蔬属生鲜食品，其主要成分是水和有机物，在一定条件下能保持生物活性，但同时也是一类很易受外界物理、化学因素影响其性质的脆弱物质。清洗果蔬既要保持其品质不受损害，又要去除附着其上的杂质使之达到卫生标准的要求。

　　果蔬种类繁多，其形状、比重、表皮和肉质的坚实度和抵抗机械负荷的能力千差万别，不同果蔬产品应选择与其相适应的清洗工艺及清洗作用原理的清洗机设备。果蔬清洗可以用清水清洗和果蔬专用清洗剂清洗。用清水清洗可以方便地将泥土及附着的动、植物夹杂物去除干净，但要把油性污垢和附着在清洗对象表面的寄生虫卵和微生物完全去除干净是困难的。用清水清洗果蔬一般需要借助物理作用的配合，根据力作用原理的不同，可分为喷淋清洗、毛刷清洗、气泡清洗及淹没水射流清洗等。

第一节　清洗机设备种类

一、喷淋清洗

　　喷淋清洗方法是利用喷嘴喷射出一定压力的水直接作用于清洗原料上，依靠水的冲击作用使附着在果蔬表面的污物去除。

　　1. 喷淋清洗机的组成　喷淋清洗机由喷淋系统和传送系统组成。喷淋系统主要包括喷嘴、配水管路、水泵、过滤装置及水箱等，喷嘴按照一定的布局方式排列。传送系统根据清洗果蔬种类的不同采用不同的物料传送方式，不同传送方式决定了清洗设备可设计为不同的结构类型。例如，图 5-1-1 的喷淋清洗机设备采用了网链输送的方式，图 5-1-2 为辊轮输送方式。

　　2. 喷嘴类型及喷淋作用原理　用于果蔬喷淋清洗的喷嘴一般采用扁平扇形喷嘴，这种喷嘴喷出的液体具有较高的能量，特别适合表面清洗等需要有一定的冲击力并且要求喷液均匀的用途。如图 5-1-3 所示，这种喷嘴的作用区域为一长形带。

　　由于喷嘴内部液体具有流动性，扁平扇形喷嘴的喷口形状决定了喷出的液体呈扁平的扇形，喷嘴口尺寸决定了喷射覆盖的宽度，喷雾形状具有十分清晰、锋利的轮廓。喷出的扁平

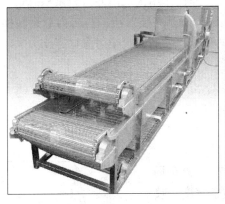
(a) 金属网链输送

(b) 喷淋清洗菠菜

图 5-1-1 网链输送喷淋清洗机

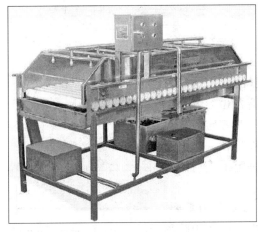
图 5-1-2 辊轮输送喷淋清洗机

图 5-1-3 扁平扇形喷嘴喷射图样

状液体层在远离喷嘴口的地方分裂成液滴，离喷口越远分裂的程度越大。

若利用喷淋方式使果蔬达到理想清洗效果，宏观上看是具有一定能量的清洗喷射流应均匀一致分配于果蔬表面；微观上看喷射出的水流应达到均匀一致的水滴尺寸和速度，从而以最佳的动量作用于果蔬表面。大量实验研究表明，水滴垂直作用于物体表面时其冲击力很大，并会产生水锤效应，即机械振动。机械振动在果蔬表层形成机械波并在表层介质中传播，机械波变形和蔓延使得表面污物开始破裂，而以倾斜方向作用于表面的水滴形成的横向射流在破裂的表层中渗透和扩展使得破裂的表层与果蔬分离。

3. 影响喷淋清洗效果的因素 喷淋清洗果蔬的作用力完全来自于喷嘴喷出的水滴对果蔬表面的冲击作用，作用于表面的负荷强度和持续时间取决于水滴冲击果蔬表面时动力学规律。影响喷淋清洗效果的因素包括喷射压力和流量、喷嘴离开果蔬作用表面的距离、喷嘴特性（喷嘴口径、喷射角）、数量及布局、冲击作用时间、果蔬特征（如形状、表面敏感性等）、果蔬脏污程度以及果蔬通过喷嘴时的速度，等等。

喷射压力和流量决定了喷射流对喷射目标表面的作用效果，可以用喷射力度表示。目前常用的喷射力度定义为单位面积上的平均冲击力，即在作用区域内冲击力累积总量与面积的比值，单位为牛每平方毫米（N/mm²）。这种描述方法是将喷射流的打击力总量转换成单位面积上的打击力度。理论冲击力累积总量可根据喷嘴产品的额定喷射流量、压力及喷嘴的结构类型计算得出。计算方法见式（5-1-1）。

$$I = 0.744Q\sqrt{P} \tag{5-1-1}$$

式中　I——理论总喷射冲击力，N；

　　　Q——喷嘴的流量，L/min；

　　　P——流体喷射压力，MPa。

喷嘴离开果蔬作用表面的距离与喷嘴特性和位置布局存在一定的关系，如图 5-1-4 所示。喷嘴理论覆盖宽度与喷嘴离开果蔬作用表面的距离和喷射角之间存在关系见式（5-1-2）。

$$B = 2H\tan\frac{\alpha}{2} \tag{5-1-2}$$

式中　B——理论覆盖宽度；

　　　H——喷嘴与果蔬表面的距离；

　　　α——喷嘴的喷射角。

Mulugeta E（2003）等试验研究了喷射清洗果蔬的过程，研究结果表明，喷嘴口径大小影响水滴直径的大小及分布，水滴冲击作用于果蔬表面，当作用力的方向与果蔬表面呈 60°～70°角时，对表面污物去除效果最佳，喷嘴口径、喷射压力和喷嘴离开果蔬表面的距离决定了喷射流对果蔬表面作用力的大小及分布。

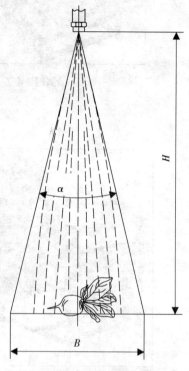

图 5-1-4　喷淋射流作用图

喷淋清洗设备中，喷嘴型号的选择和布局尤为重要。在行走式输送喷淋清洗果蔬的清洗机设备中，可选用喷射压力 0.2～0.3MPa、流量 3～5L/min 和喷射角 45°～60°的喷嘴。当果蔬传输行走方向与管路轴线方向垂直时，为达到较好的喷淋清洗效果，喷嘴的布局如图 5-1-5 所示，喷嘴的扇形作用面与管轴线保持一定的角度（γ 为 5°～15°），并使喷射区域有一定的重合量 D，喷嘴轴线与通过管轴线并垂直于待清洗物料表面的平面之间呈一倾斜角 β，其大小视清洗果蔬的种类和传输方式（网链输送、辊轮输送或其他）确定。喷嘴布局结构尺寸的关系见式（5-1-3）和式（5-1-4）。

$$h = H\cos\beta \tag{5-1-3}$$
$$E = B\cos\gamma - D \tag{5-1-4}$$

喷淋清洗方式为一种有效的清洗方式，冲蚀强度越高清洗效果越好，但为追求高强度的冲蚀效果，有可能造成清洗对象外表组织的损伤。果蔬在传输过程中，有些表面未暴露出，成为喷淋作用的死区，会影响清洗效果。另外，由于喷嘴的口径一般很小，利用循环水进行喷淋时应特别注意水的过滤，以免使喷嘴堵塞。

通常，喷淋清洗方式可以与其他方式结合，设计成综合作用方式的清洗机设备，也可以作为清洗工艺中的最后一道漂洗。

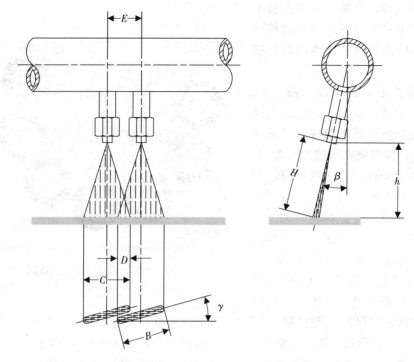

图 5-1-5 喷嘴布局图

二、毛刷清洗

毛刷清洗方式是利用原料与毛刷之间产生的摩擦作用使附着污垢清除，然后再用清水对原料进行冲洗的一种清洗方法。利用毛刷直接作用于果蔬清洗的设备可设计成多种类型，如多辊式毛刷清洗机、滚筒式毛刷清洗机和毛刷辊传送式清洗机等，毛刷清洗通常需要喷淋水配合。

1. 多辊式毛刷清洗机 图 5-1-6 所示为多辊式毛刷清洗机，该类清洗机可用于马铃薯、萝卜等根茎块状类蔬菜的清洗或去皮，清洗毛刷辊用较软的刷毛制作，如清洗同时要去除表皮需采用硬度较高的刷毛。图 5-1-7 为多辊式毛刷清洗机截面示意图。

毛刷辊沿近似圆弧线分布，形成半圆筒状容纳果蔬的空间，胡萝卜、马铃薯等放入后，设备启动，毛刷辊

图 5-1-6 多辊式毛刷清洗机
1. 机身 2. 毛刷辊 3. 胡萝卜 4. 喷水管
5. 出料口 6. 出料口启闭操纵杆 7. 供水管
8. 排水口

沿一定方向旋转，使果蔬翻滚并被毛刷刷洗。在毛刷清洗的同时，清洗机上部安装的喷淋管喷水冲洗掉泥污或果蔬皮。

2. 滚筒式毛刷清洗机 图 5-1-8 是滚筒式毛刷清洗机，该清洗机由滚筒、毛刷辊和喷淋管等组成。滚筒下部沉于水中，物料放在筛网式滚筒中，由于滚筒的滚动作用，使物料与物料之间、物料与毛刷之间以及物料与滚筒之间产生摩擦，使物料表面泥土去除并清洗净。这一类清洗方法兼有去皮的作用，可清洗的果蔬很有局限性。

3. 刷式果蔬清洗机 如图 5-1-9 所示是刷式果蔬清洗机，该清洗机由

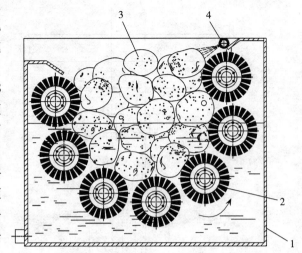

图 5-1-7 多辊式毛刷清洗机截面示意图
1. 机身　2. 毛刷辊　3. 马铃薯　4. 喷水管

下排半圆式固定刷和上排旋转刷形成了圆形果蔬的通道，果蔬从进料口进入清洗机后由旋转刷带动和导向板的导向作用通过该通道，在通道间经毛刷的刷洗作用，果蔬表面的污物被刷洗掉。经刷洗的果蔬由输送机提升进入到下道工序，果蔬在提升过程中通过喷淋管得到进一步的漂洗。

图 5-1-8　滚筒式毛刷清洗机
1. 机身　2. 滚筒　3. 毛刷辊
4. 喷淋管　5. 皮带传动　6. 出料口

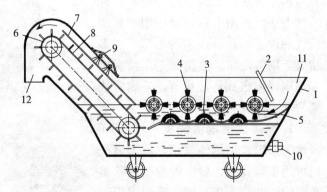

图 5-1-9　刷式果蔬清洗机
1. 水槽　2. 进料挡板　3. 固定刷　4. 旋转刷
5. 导向板　6. 输送机　7. 载料挡板　8. 输送带
9. 喷淋管　10. 排污口　11. 原料进口　12. 原料出口

4. 毛刷辊传送式清洗机 图 5-1-10 是毛刷辊传送式清洗机。该清洗机通过喷淋和毛刷共同作用进行清洗。清洗机由喷淋系统和毛刷辊输送系统组成。与辊轮输送喷淋清洗机不同，清洗机的输送辊为毛刷辊，在输送果蔬的同时对果蔬进行刷洗。

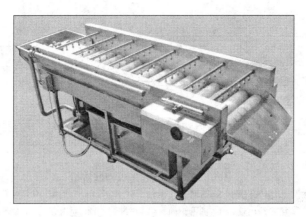

图 5-1-10 毛刷辊传送式清洗机

三、气泡清洗

气泡清洗也称作鼓风式清洗，是利用鼓风机将空气送进清洗槽中冲击清洗原料使其在水中翻动，并且通过气泡在水中的爆裂作用使污物从原料上洗去的一种方法。

1. 气泡清洗机结构 如图 5-1-11 为一种气泡清洗机，其清洗槽内部结构示意如图 5-1-12 所示。该气泡清洗机由清洗槽、送气管路、鼓风机、出气排管、筛网、提升装置、导向辊和控制柜等组成。筛网设置在出气排管的上方，使原料与出气排管隔开。

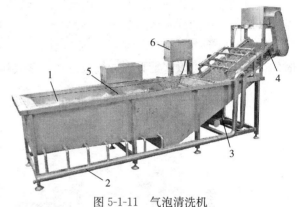

图 5-1-11 气泡清洗机
1. 清洗槽 2. 送气管路 3. 鼓风机
4. 提升装置 5. 导向辊 6. 控制柜

在气泡清洗机中，需要借助水流等其他方式输送物料，图 5-1-13 中的水泵将水通过管路送到前端，从喷口流出，使物料顺水流方向运动，同时利用拨辊调节水流和物料的运动，出料口设置的筛网滚筒将物料输送出去，同时还起到滤水的作用。

图 5-1-12 气泡清洗机内部结构示意
1. 筛网 2. 出气排管

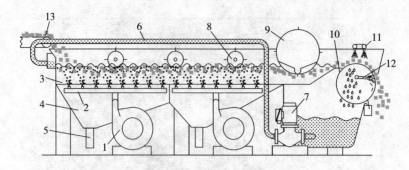

图 5-1-13　水流输送气泡清洗机

1. 鼓风机　2. 出气排管　3. 筛网　4. 水槽　5. 排污口　6. 管路　7. 水泵　8. 拨辊
9. 昆虫滤出辊　10. 滤网滚筒　11. 喷淋管　12. 喷射管　13. 物料

2. 气泡清洗作用原理及影响因素　鼓风机将空气通过送气管路送入出气排管，在出气排管上均匀分布有小孔，空气通过小孔进入水中形成气泡，气泡上升的过程中冲击果蔬，使果蔬振荡翻滚，气体涌动着的水浪以及气泡爆裂后溅开的水花进入果蔬表面凹凸缝隙，冲刷泥沙杂物，从而达到洗净果蔬的效果。

图 5-1-14 是气泡清洗樱桃番茄的实拍图，图（a）和图（b）分别是气流量较小和较大时的情况，图中可以清楚看到，气泡在水中形成和向上运动并聚集的情况。

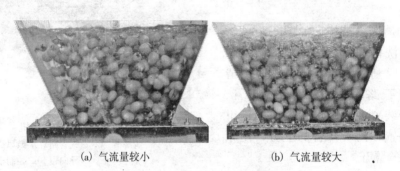

(a) 气流量较小　　　　　　　　　　(b) 气流量较大

图 5-1-14　气泡清洗樱桃番茄

有研究表明，气泡上升过程中，气泡间的相互作用使得气泡趋向于中轴线移动，频繁产生聚并和破碎现象，致使气泡尺寸和空间分布极其不均匀。气泡在水中的盘旋上升以及不均匀分布的特点使得液相形成强扰动，增大了气液相接触面积并提高气液两相间的传质速率。当气泡与固体表面接触时会发生碰撞，碰撞后形状变化很大，碰撞并开始变形的那一刻，气泡仍继续向固体表面运动直至气泡质心与固体表面之间的距离小于气泡半径，之后气泡远离固体表面，此外，气泡在固体表面上有滚动现象。总之，果蔬、水和气泡一起组成了复杂的固-液-气三相运动，固-液-气的两两界面之间会发生动量和能量的交换。

气泡的运动规律受到出气孔径和气体流量等诸多因素的影响，这些因素影响到果蔬在水中的运动状况，从而影响果蔬的洗净效果以及是否损伤。图 5-1-15 是出气孔径为 3mm、水面面积为 $0.12m^2$ 时不同果蔬量及不同空气流量下樱桃番茄的运动状况。可以看出，空气流量和清洗的果蔬量均会影响到果蔬在水体中的运动状况。

图 5-1-15　气泡清洗时，不同果蔬量和不同进气量下樱桃番茄的运动状态

3. 鼓风机风量与压力　鼓风机风量可以按照清洗槽水面面积和水体高度确定，当清洗槽水体高度为 0.5m 时，一般取每平方米水面面积空气量为 0.03～0.06m³/s。

鼓风机压力可按式（5-1-5）计算。

$$p = \frac{\rho_a v^2}{2}\left(1 + \sum \zeta\right) + g\rho_w h \tag{5-1-5}$$

式中　　p ——鼓风机压力，Pa；

ρ_a ——空气的密度，kg/m³；

ρ_w ——水的密度，kg/m³；

h ——出气排管孔口上方液层的高度，m；

$\sum \zeta$ ——总阻力系数，为沿程阻力系数和局部阻力系数之和；

v ——空气速度，m/s；

g ——重力加速度，m/s²。

四、淹没水射流清洗

1. 清洗机结构　淹没水射流清洗也称水流式清洗，如图 5-1-16 所示。清洗机主要由水槽、水循环系统、输水管、射水口等组成，示意如图 5-1-17 所示。根据清洗果蔬种类的不同，输水管及射水口的设置类型各异，主要有上射水设置和下射水设置。为使射流能同时起到输送物料的作用，还可将输水管和射水口沿物料输送方向设置。

上射水设置的射水管接近水面，下

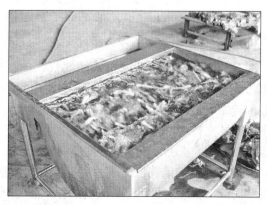

图 5-1-16　淹没水射流清洗机

射水设置的射水管接近物料槽底面。由于不同密度果蔬在水中所处的自然状态不同，呈现为下沉水底或上浮水面。将射水口分为上射水和下射水设置，可以适应清洗不同果蔬的需要，上射水适合于清洗浮于水面的果蔬，下射水适合于清洗沉于水底的果蔬。

兼有输送物料作用的清洗机，输水管沿物料输送方向设置，射水口轴线与输水管轴线（物料输送方向）之间的角度<90°，射水流不但可以搅动果蔬进行清洗，而且可以使果蔬定向运动，实现果蔬的输送。

图 5-1-18 所示，为螺旋输送水射流清洗机的外观和内部图，由于清洗机内表面光滑，在清洗过程中不会对物料造成损伤。

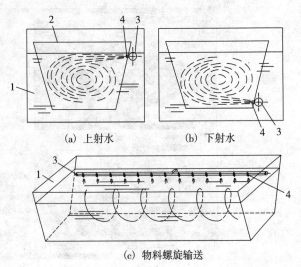

(a) 上射水　　　　(b) 下射水

(c) 物料螺旋输送

图 5-1-17　清洗机射水口设置示意
1. 水槽　2. 盛料网篮　3. 输水管　4. 射水口

图 5-1-18　螺旋输送水射流清洗机
1. 水槽　2. 输水管　3. 水泵　4. 射水口　5. 活动滤板

图 5-1-19 为多槽自动输送式清洗机，包括动力箱、水槽、盛菜网篮、水泵、输水管、射水口等，可以组成多级清洗模式，每槽之间的水隔开，并且自成循环。物料的输送靠盛菜网篮翻转完成。该类清洗机能够使后级清洗水溢流到前级或第一级，作为补充用水，而后级槽中不断补充新水，确保最后一道清洗水的洁净。该类清洗机比较适合鲜切菜的清洗、杀菌和漂洗工序在一机上完成，并且变换物料灵活。

2. 淹没水射流清洗机理　射流是指流体从排放口或喷口流入周围环境流体，并同其发生混合的流动状态。通常将水从喷口射入空气中形成的水流称为水自由射流，而水从喷口射入同一介质的水中所形成的水流称为淹没射流。当射流流出后的扩展受到界壁限制时，则称

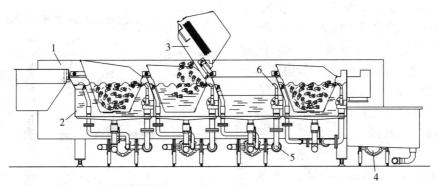

图 5-1-19　多槽自动输送式清洗机
1. 动力箱　2. 水槽　3. 盛菜网篮　4. 水泵　5. 输水管　6. 射水口

受限射流。

有研究表明，淹没射流从喷口射出后，与环境水体之间发生卷吸和相互掺混，使得射流边界不断向外扩展，射流横断面相应扩大，喷口轴线流速先呈迅速衰减态势，然后平缓衰减，无量纲量 $\dfrac{u_x}{u_j}$ 与 $\dfrac{x}{D}$ 之间近似表现为负指数函数衰减规律，即 $\dfrac{u_x}{u_j} \propto \left(\dfrac{x}{D}\right)^{-n}$，幂指数为 0.9～1.2，无量纲量 $\dfrac{u_x}{u_j}$ 与 $\dfrac{x}{D}$ 之间又可表示为式（5-1-6）。

$$\frac{u_x}{u_j} = 6.1\left(\frac{x}{D}\right)^{-1} \tag{5-1-6}$$

式中　　u_x——喷口轴线上距喷口原点为 x 处的喷射口轴线流速；

u_j——喷口处射流速度；

x——喷口轴线上离开原点的距离；

D——喷口口径。

在与喷口轴线相垂直的方向，射流与周围水的相互掺混由外向里发展，流速从轴线开始向外缘方向逐渐减小。射流主体区内，与喷口轴线垂直的不同断面上流速分布具有良好的自相似性，无量纲速度 $\dfrac{u}{u_x}$ 与无量纲位置尺寸 $\dfrac{y}{y_e}$ 之间的关系近似服从正态分布，可表示为：

$$\frac{u}{u_x} = 0.938 e^{-0.944\left(\frac{y}{y_e}\right)^2} \tag{5-1-7}$$

式中　　u——喷口轴线方向坐标为 x 断面上，与喷口轴线垂直方向坐标为 y 处的纵向流速；

y_e——x 断面上流速等于 $\dfrac{u_x}{e}$ 处的 y 方向位置坐标（e 为常数2.718 3）；

多个喷口位于同一管子轴线上，同时向水中喷射水流，如清洗机的射水布置。水从喷口射出后，射流边界按直线扩展。以 b_g 表示射流断面的特征半宽度，该处流速为 $\dfrac{u_x}{e}$，b_g 与 x 的关系见式（5-1-8），射流的扩散角变化范围为 10°～13°。

$$b_g = (0.107 \sim 0.109)x \tag{5-1-8}$$

如图 5-1-20 所示，由于射流的扩散，多股射流从喷口射出后，达到一定射程，相邻两股射流的边界线便交于一点 A。射流在 A 点之前互不影响，每股射流遵从单喷口射流的规律运动。射流在 A 点之后，相邻两股射流开始互相干扰和叠加，并汇成一片水流，其速度图形可近似地看作多股射流动量合并的结果。图中为喷口直径 10mm，喷口间距为 150mm 时，在射流方向不同截面的流速分布。

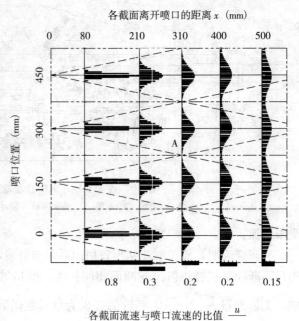

图 5-1-20　水射流在不同截面的流速分布

清洗机的清洗槽为一有限空间，无论喷水管为上位还是下位设置，都临近水的一个界面，在水流前进的方向还有槽壁的阻挡，因此射流的扩展会受到多界壁的限制，射流直径和流量不是一直沿程增加，而是增加到一定程度后又逐渐减小。当射流达到某一断面，其运动参数会发生根本性变化，射流流线开始越出边界产生回流，射流主体流量开始沿程减少。回流区流线呈闭合状，射流与回流共同形成旋涡中心。射流为上位时，水槽上部为射流区，下部为回流区；射流为下位时，水槽下部为射流区，上部为回流区。无论上位或下位射流，都会在清洗槽内形成涡旋式流动。由于果蔬的密度接近水的密度，在水中很容易随波逐流，水流的运动状态基本限定了果蔬的运动。如图 5-1-21 所示，为淹没水射流清洗不同形状果蔬的情景，可以看出，

(a) 清洗樱桃番茄

(b) 清洗毛豆

(c) 清洗整棵菠菜

(d) 清洗块状胡萝卜

图 5-1-21　各种果蔬在淹没水射流清洗过程中的运动状态

果蔬在有限的清洗槽空间和水射流的作用下呈整体旋转，单个果蔬呈直径变化的螺旋运动（平动），同时还伴随着自身的转动。

在淹没水射流的作用下，果蔬与水流之间会产生摩擦，果蔬之间、果蔬与清洗槽之间会碰撞，这些作用促使果蔬表面污物与果蔬脱离，使果蔬清洗干净。设计淹没水射流清洗机时，清洗槽的结构形状，要确保果蔬能够比较均匀地充满整个水体，并在淹没射流水作用下做蜗旋运动，使果蔬处于良好的运动状态。

由于果蔬的种类和比重不同，在水中自然分布的状态也不同，果蔬在水中静止时，可能出现原料从底面向上聚集、原料从水面向下聚集和部分原料浮出水面 3 种情况。果蔬静止在水中所占有的体积量决定了可清洗果蔬的最大量，该体积量指果蔬入水后在水中处于自然状态下所占据的空间体积，当果蔬浮出水面时，该体积量为水下处于自然状态下所占据的空间体积与浮出水面部分占有的空间体积之和，一般情况该体积量与总体积量（原料体积量与清洗槽中水体积量之和）的比值可达 70％～80％，叶菜类蔬菜达到 65％～75％时，就达到了最大清洗量，根茎类蔬菜达到 80％左右即达到最大清洗量。

第二节　果蔬清洗洁净程度的评价

果蔬清洗洁净程度可用洗净率、泥沙去除率和微生物去除率等技术参数进行评价。

一、洗净率

洗净率是通过感官对果蔬清洗后是否有污渍存留进行判定后，计量洗净果蔬量与未洗净果蔬量比率的一种方法。洗净率可表示为式（5-2-1）。

$$\chi = \frac{m_\chi}{m_\chi + m_\beta} \times 100 \qquad (5\text{-}2\text{-}1)$$

式中　χ——洗净率，％；

m_χ——洗净果蔬的质量，kg；

m_β——未洗净果蔬的质量，kg。

洗净果蔬指无任何污渍遗留在果蔬的表面，洗净果蔬和未洗净果蔬按照能够进行分割的单叶片或单个果计量区分，有污渍或泥沙滞留的叶片或果均算做未洗净果蔬。图5-2-1和图5-2-2示出洗净果蔬和未洗净果蔬的情况。

洗净率评价方法适用于油菜、菠菜、番茄等通过肉眼观察能够做出明确判断的果蔬。

二、泥沙去除率

泥沙去除率是通过比较果蔬清洗前后附着在表面的泥沙量的变化情况来评价果蔬洁净程度的方法，是客观的评价指标。泥沙量的收集在技术上可行并且完全能够量化，主要适用于泥沙含量较多的叶菜类的清洗效果的评价。泥沙去除率测试的关键是果蔬样本的选取以及清洗前后附着泥沙其他悬浮物的收集与测量。泥沙收集依靠人工进行，将清洗前或清洗后的果蔬样本放入容器盛装的水中，用手将果蔬上附着的所有物质全部清除掉，使其完全进入水中。收集的物质包括沉淀物和水中总固体。借用水中总固体的测定方法，控制在 105～

(a) 未清洗樱桃番茄　　　　　(b) 白粉虱代谢物污染果

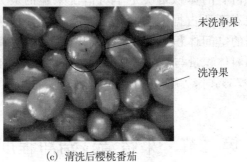

未洗净果

洗净果

(c) 清洗后樱桃番茄

图 5-2-1　樱桃番茄清洗效果比较

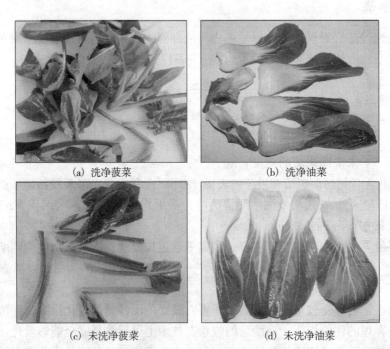

(a) 洗净菠菜　　　　　　(b) 洗净油菜

(c) 未洗净菠菜　　　　　　(d) 未洗净油菜

图 5-2-2　洗净蔬菜和未洗净蔬菜

110℃温度下进行烘干，然后称量烘干后物质的重量进行比较。泥沙去除率计算方法见式 (5-2-2)。

$$\psi = \frac{\omega_b - \omega_a}{\omega_b} \times 100 \qquad (5\text{-}2\text{-}2)$$

式中　ψ——泥沙去除率，%；

　　　ω_b——清洗前单位质量果蔬携带泥沙的质量，g/kg；

　　　ω_a——清洗后单位质量果蔬携带泥沙的质量，g/kg。

三、微生物去除率

微生物去除率是通过比较果蔬清洗前后的微生物，如菌落总数和大肠菌群等的变化情况进行果蔬清洗洁净程度描述的一项技术参数。可以借助现有的微生物试验测试方法测试微生物在果蔬上的存留情况。微生物去除率表示为式（5-2-3）。

$$\Omega = \frac{N_b - N_a}{N_b} \times 100 \qquad (5\text{-}2\text{-}3)$$

式中　Ω——菌落总数（或大肠菌群菌落数）去除率，%；

　　　N_b——清洗前单位质量果蔬携带的菌落总数（或大肠菌群菌落数），CFU/g；

　　　N_a——清洗后单位质量果蔬携带的菌落总数（或大肠菌群菌落数），CFU/g。

第三节　耗水量与清洗用水模式

清洗机设备耗水量的科学评价并非用单一的水使用量指标就能得到解决，它不仅与果蔬种类、脏污程度、清洗工艺密切相关，也与清洗用水模式以及清洗后果蔬的产品要求等有关。果蔬种类、脏污程度和清洗后果蔬的产品要求直接影响耗水的绝对量，而清洗工艺和清洗模式的不同可能会使耗水量有所改变，这也是果蔬清洗过程减少水消耗量的可利用因素。

一、清洗机用水方式

果蔬清洗机的类型很多，但就用水方式可分为蓄水＋间歇补水、蓄水＋连续补水和清洗全过程连续用水等几种方式。

蓄水＋间歇补水方式，如图 5-1-16 所示的淹没水射流清洗机和图 5-3-1 所示的单槽气泡式清洗机，该类清洗机通过外接管路将清洗槽蓄满水，然后对果蔬进行清洗。果蔬按批次放入和取出，由于每批次清洗和取出果蔬后，都会随果蔬带走一定量的水，因此需要间歇补水。清洗水脏后需要部分换水或全部排出脏水后再重新蓄水进行清洗。

蓄水＋连续补水方式为多数用于生产线的清洗机的用水方式，由于上下工序的需要，无论果蔬是连续不断地经过清洗机进入下道工序（如图 5-1-13 所示的水流输送气泡清洗

图 5-3-1　单槽气泡式清洗机

机），还是成批次地连续进入到下道工序（如图 5-1-19 所示的多槽自动输送式清洗机），清洗果蔬的作业为连续进行，果蔬会不断地将水带走，因此清洗过程需要连续补水。

清洗全过程连续用水方式，如图 5-3-2 所示的多辊毛刷式清洗机，在清洗全过程需要连续加水，并且清洗水不断地从排出口排出。图 5-3-3 所示的水流输送式清洗机，如果只使用新水，不将流走水回收处理后再利用，也属于这种情况。

图 5-3-2　多辊毛刷式清洗机

图 5-3-3　水流输送式清洗机

二、清洗水浊度、果蔬脏污程度和耗水量

1. 清洗水浊度　前面所述的 3 种用水方式中，清洗全过程连续用水方式的耗水量计量相对简单，只需要计量出批次（或连续）用水量和批次（或连续）果蔬清洗量，即可得出清洗单位质量果蔬的耗水量。而前两种情况由于涉及如何补水和换水的问题，搞清楚耗水情况相对复杂，实际生产中补水和换水往往依据操作人员的经验来判断，即操作人员根据经验判断清洗水的脏污程度，决定继续使用还是换掉。

清洗水的洁净程度（或脏污程度）可以用浊度来进行衡量。在国际标准 ISO 7027 中，浊度定义为由于不溶性物质的存在而引起的液体透明度降低的度量。

浊度是一种光学效应。由于水中含有泥沙、黏土、有机物、无机物、浮游生物和微生物等悬浮物质，可使光散射或吸收，浊度表示水对光线散射和吸收的能力，它不仅与悬浮物的含量有关，而且还与水中杂质的成分、颗粒大小、形状及其表面的反射性能有关。浊度测量在各行业应用广泛，可以通过浊度值反映水质状况，还可以通过浊度值对河水泥沙含量进行分析，等等。测定浊度的方法标准有多种，国际上常用的有《ISO 7027（EN ISO 7027）Water quality-Determination of turbidity》、《USEPA Method 180.1 Determination of turbidity by nephelometry》和《JIS K 0101 工业用水试验方法等》。在我国，不同行业先后制定了相关标准，如《GB13200—91 水质浊度的测定》、《GB/T15893.1—1995 工业循环冷却水中浊度的测定 散射光法》、《GB/T12151—2005 锅炉用水和冷却水分析方法浊度的测定（福马肼浊度）》和《DL/T809—2002 水质-浊度的测定》等。目前,浊度定量测量方法分为散射光浊度测量和衰减光浊度测量。散射光浊度是根据水样中微粒物质的光散射特性来确定的浊度,衰减光浊度是依据水样中微粒物质引起水样透过光强度降低的程度来确定的浊度。各标准方法不同,采用的计量单位也不相同,见表5-3-1,本书中浊度的单位用[浊度单位]表示。

表 5-3-1 国内外水质浊度测定标准比较

标 准	浊度名称	方法特点	浊度单位	仪器 (典型仪器商)
ISO 7027 (EN ISO 7027)	散射辐射浊度	入射辐射波长 860nm;入射辐射的光轴与散射辐射之间的测量角 90°±2.5°;在水样中的孔径角为 20°~30°	FNU	浊度计(Hach)
	衰减辐射浊度	入射辐射波长 860nm;测量角 0°±2.5°;在水样中的孔径角为 10°~20°	FAU	浊度计(Hach)
USEPA Method 180.1	散射光浊度	光源:色温 2 200~3 000K 钨灯。接收器:中心线与入射光光路成 90°角,偏差不超过±30°。有滤光系统接收器频谱峰值响应为 400~600nm	NTU	散射光浊度计 (Hach)
JIS K 0101	透过光浊度	对样品在 660nm 波长附近的透过光强度测量	度(福马肼)	分光光度计
	散射光浊度	测量样品中微粒在 660nm 波长附近导致的散射光强度	度(福马肼)	散射光浊度计 (Kasahara)
GB13200—1991	透过光浊度	于 680nm 波长,用 30mm 比色皿测定吸光度	度	分光光度计

浊度测量离不开测试仪器,除可采用传统使用的分光光度计进行测量外,国外仪器公司推出的浊度测试仪、浊度仪(计)等可测量散射光浊度和衰减光浊度的仪器也在我国得以广泛应用,用浊度仪测试更为方便、快捷和灵活,这些仪器分别采用的是不同的标准。例如 Hach 公司的 2100N 和 2100AN 系列浊度计采用的是 USEPA Method 180.1 标准,2100N IS 和 2100AN IS 系列浊度计采用的是 EN ISO 7027 标准;Kasahara 笠原理化工业株式会社的浊度计遵循的是 JIS K 0101:1998 标准。

2. 果蔬脏污程度 果蔬清洗试验结果表明,清洗水的脏污程度与待洗果蔬的脏污程度和清洗的果蔬量密切相关。清洗脏污程度一定的果蔬时,如果果蔬上携带的泥沙或其他附着物全部进入到水中,清洗水浊度与清洗的果蔬量线性相关,即:用一定量的水清洗同等脏污程度的果蔬时,清洗水浊度随果蔬清洗量按照一定比率变化。这个比率可以定义为:一定水量下,浊度随清洗果蔬量的变化率,简称为清洗水浊度变化率,可表示为

$$K = \frac{\Delta T}{m} \tag{5-3-1}$$

式中　K——浊度变化率,[浊度单位]/kg;

　　　ΔT——清洗水浊度变化量,[浊度单位];

　　　m——清洗果蔬的质量,kg。

如果用清洗水浊度变化量除以单位体积水清洗的果蔬量,可以得到浊度随单位体积水清洗果蔬量的变化率,简称为果蔬致浊率,可表示为

$$k = \Delta T / \left(\frac{m}{V}\right) \tag{5-3-2}$$

式中　k——果蔬致浊率,[浊度单位]/(kg·L^{-1});

　　　V——清洗水量,L。

对于特定清洗目标,如特定脏污程度的果蔬,致浊率为常数。致浊率的大小与果蔬的脏污程度有关,待洗果蔬越脏,致浊率越大。因此,果蔬致浊率可以作为果蔬脏污程度的评价参数。

从式（5-3-1）和式（5-3-2）可以得到清洗水浊度变化率与果蔬致浊率之间的关系为

$$K = \frac{k}{V} \tag{5-3-3}$$

3. 清洗耗水量　在对设备清洗果蔬进行耗水量计量时，引入清洗水的浊度指标，作为更换新水的依据，也就是说对果蔬完成清洗过程离开时的水质要求进行统一。在此基础上，可以对不同清洗机设备或清洗模式下的耗水量进行分析和比较。因此，设备清洗果蔬耗水量可以表述为：在果蔬离开时的清洗水浊度采用同一限定值的条件下，设备清洗单位质量果蔬所需要水的体积量，即清洗单位质量果蔬消耗的水量。

清洗单位质量果蔬的耗水量，指清洗一定量果蔬的总耗水量与清洗的果蔬质量之比。总耗水量为清洗设备的初始蓄水量与过程补充水量之和。总耗水量和清洗单位质量果蔬耗水量可以用公式（5-3-4）和（5-3-5）表示。

$$V_s = V_{s0} + V_{sp} \tag{5-3-4}$$

$$\xi = \frac{V_s}{m_s} \tag{5-3-5}$$

式中　V_s——设备总耗水量，L；

V_{s0}——设备初始总蓄水量，L；

V_{sp}——清洗过程中总补水量，L；

ξ——清洗单位质量果蔬耗水量，L/kg；

m_s——清洗果蔬的总质量，kg。

三、清洗果蔬时的补水模式及耗水量分析

（一）清洗果蔬的补水模式

实际清洗过程的清洗水利用模式可以分为单槽清洗和多槽清洗，换水模式可分为维持不亏水模式和维持浊度限定值模式，组合后有单槽清洗维持不亏水模式、单槽清洗维持浊度限定值模式、多槽清洗维持不亏水模式和多槽清洗维持浊度限定值模式等几种情况。

1. 单槽清洗维持不亏水模式（模式 A）　在单个清洗槽中进行清洗，果蔬逐批次放入和取出，果蔬上携带的泥沙被全部清洗掉进入水中。由于果蔬出水时要带走一定量的水，每次带走水后需要补充新水到初始水量。清洗一定量（若干批）的果蔬以后，清洗水浊度达到限定值，此时重新换水后再清洗果蔬。

2. 单槽清洗维持浊度限定值模式（模式 B）　在单个清洗槽中进行清洗，清洗过程中不断补水，除补充带走水量外，补充水要能够维持清洗水不超过浊度限定值。该清洗模式为连续清洗，需要补充足够量的水确保清洗水浊度不超过限定值。

3. 多槽清洗维持不亏水模式（模式 C）　用多于一个清洗槽清洗果蔬（如四槽）。果蔬在前级槽清洗后捞出进入到下一级槽，清洗逐槽进行。在清洗过程中，每槽的带走水量由后一级槽中流出的水补充，最后一级清洗槽中补充新水。该模式仅补充果蔬带走水量，最后一级水的浊度达到限定值后，所有槽重新换水。

4. 多槽清洗维持浊度限定值模式一（模式 D）　在模式 C 的基础上，除补充带走水量外，补充水量要维持最后一级清洗槽中水的浊度不超过限定值。后一级流出的水补充到前一级，最前一级多余的水排放掉，流出水量和排放水量均保证维持初始水量。

5. 多槽清洗维持浊度限定值模式二（模式 E） 用多于一个清洗槽清洗果蔬（如四槽），除最前一级清洗槽外，后几级槽等量补充新水，后几级槽排出的水都进入到最前一级中，最前一级的水排放掉，排放水量保证维持初始水量。

（二）清洗果蔬耗水量分析

1. 果蔬带水率与补水率 在清洗果蔬的过程中，每批次果蔬出水时都要带走一定量的水。由于果蔬带走水量与果蔬的质量成正比，可以用果蔬带水率来表示，果蔬带水率指果蔬出水时单位质量带走水的体积量。果蔬带水率可表示为

$$q = \frac{V_q}{m_0} \tag{5-3-6}$$

式中 q ——果蔬带水率，L/kg；

　　　m_0 ——果蔬逐次投放和取出量，kg；

　　　V_q ——果蔬带走水量，L。

为方便计算，引入补水率的概念。补水率指清洗单位质量果蔬向清洗槽中补充水的体积量，那么，补水量可表示为

$$V_p = q_p m_0 \tag{5-3-7}$$

式中 V_p ——清洗过程中逐次补水量，L；

　　　q_p ——补水率，L/kg。

对于维持不亏水模式（单槽或多槽），每批次清洗果蔬带走水后往清洗槽中补充的水量与带走水量相同。

当补水率大于带水率且达到某一量值时，无论是单槽模式还是多槽模式，都会使清洗水浊度维持在某一定值以下。因此对于维持浊度限定值模式，在果蔬致浊率一定时，为维持单槽或者多槽最后一级清洗槽的清洗水浊度在限定值以下，存在一个最小补水率。

2. 单槽模式清洗水浊度的变化规律 果蔬的清洗过程和补水过程都会使清洗水的浊度发生变化。清洗过程浊度的变化是由于果蔬上的泥沙进入造成的，补水过程清洗水的浊度变化是由于新水对于脏污水稀释的结果。为简化分析计算，假设清洗过程和补水过程是分步完成的，即：果蔬投入槽中清洗→果蔬从槽中取出→向槽中补充水→再次投入果蔬清洗。假设果蔬逐次投放量和每次补充的水量均为常量，并且补充新水的浊度为 0。

根据式（5-3-1）和（5-3-3），清洗各批次果蔬后，水的浊度变化可以表示为式（5-3-8），每批次补充新水 V_p 后水的浊度为式（5-3-9）。

$$T_{w(i)} = T_{m(i-1)} + k\frac{m_0}{V_0} \tag{5-3-8}$$

$$T_{m(i)} = T_{w(i)} \frac{V_0 - q_p m_0}{V_0} \tag{5-3-9}$$

式中 $T_{w(i)}$ ——清洗第 i 批次果蔬后水的浊度，[浊度单位]；

　　　$T_{m(i)}$ ——第 i 次补充新水后水的浊度，[浊度单位]。

3. 多槽模式清洗水浊度的变化规律 以四槽模式清洗果蔬为例，初级清洗槽为 a，以后各级清洗槽依次为 b、c、d。假设由于清洗果蔬进入各槽的污物比例分别为 λ_a、λ_b、λ_c 和 λ_d，而 $\lambda_a + \lambda_b + \lambda_c + \lambda_d = 1$，新水的浊度为 0，各槽的初始水量均为 V_0。与单槽时的假设相同，分为清洗过程和补水过程逐步分析，各清洗槽第 i 批次清洗果蔬后水的浊度分别为 $T_{aw(i)}$、$T_{bw(i)}$、$T_{cw(i)}$ 和 $T_{dw(i)}$，第 i 次补充新水后水的浊度分别为 $T_{am(i)}$、$T_{bm(i)}$、$T_{cm(i)}$ 和 $T_{dm(i)}$。

初级清洗槽清洗过程水浊度的变化，只是由于果蔬携带的泥沙造成的，其变化规律与单槽相同。而 b、c 和 d 槽水的浊度的变化，不仅与果蔬携带的泥沙有关，还与随果蔬一同带入的前级清洗水的浊度有关，因此其变化要考虑两个增加量。a、d 槽清洗果蔬后的浊度变化规律见式（5-3-10）、（5-3-11），b、c 槽与 d 槽相同。

$$T_{aw(i)} = T_{am(i-1)} + \lambda_a k \frac{m_0}{V_0} \tag{5-3-10}$$

$$T_{dw(i)} = T_{dm(i-1)} \frac{V_0 - qm_0}{V_0} + T_{cw(i)} \frac{qm_0}{V_0} + \lambda_d k \frac{m_0}{V_0} \tag{5-3-11}$$

补水过程可能有不同情况，可以向最后一级槽补充新水，也可以向后两级或几级槽都补充新水，各槽补水量可以相同也可以不同。现在就最后一级槽补充新水和后三槽等量补充新水两种情况分别进行讨论。

最后一级槽补充新水时，d 槽水浊度变化完全是由于新水的稀释作用，而其他三槽水的浊度变化则由于前一槽进入水与其混合，变化规律见式（5-3-12）和式（5-3-13），b、c 槽与 a 槽相同。

$$T_{am(i)} = T_{aw(i)} \frac{V_0 - q_p m_0}{V_0} + T_{bm(i-1)} \frac{q_p m_0}{V_0} \tag{5-3-12}$$

$$T_{dm(i)} = T_{dw(i)} \frac{V_0 - q_p m_0}{V_0} \tag{5-3-13}$$

对于后三槽等量补充新水的情况，由于 b、c、d 槽都只有新水进入，其变化规律与式（5-3-13）相同。a 槽由于后三槽的水都进入，所以变化规律相当于 4 种浊度的水进行混合，其规律见式（5-3-14）。

$$T_{am(i)} = T_{aw(i)} \frac{V_0 - 3q_p m_0}{V_0} + T_{bm(i-1)} \frac{q_p m_0}{V_0} + T_{cm(i-1)} \frac{q_p m_0}{V_0} + T_{dm(i-1)} \frac{q_p m_0}{V_0} \tag{5-3-14}$$

4. 不同用水模式的耗水量计算方法　假设果蔬完成清洗时清洗水的浊度限定值为 T_{xx}，不同用水模式的耗水量计算方法如下。

（1）模式 A。清洗过程仅维持初始水量，需要补充水量与带走水量相同。清洗水浊度达限定值 T_{xx} 时，已清洗 i 批次果蔬，此时单位质量耗水量为

$$\xi = \frac{V_0 + (i-1)qm_0}{im_0} \tag{5-3-15}$$

（2）模式 B。清洗过程中，补充的水量 V_p 要维持清洗槽水浊度在限定值 T_{xx} 以下，给定限定值后，q_p 可计算求得。总耗水量为初始水量与补水量的总和，因此单位菜重耗水量随果蔬清洗量变化，清洗 i 批次果蔬后，单位质量耗水量为

$$\xi = \frac{V_0 + (i-1)q_p m_0}{im_0} \tag{5-3-16}$$

（3）模式 C。与模式 A 类似，补水量仅满足果蔬带走水量，四槽清洗 i 批次后，清洗水浊度达限定值 T_{xx}，此时单位质量耗水量为

$$\xi = \frac{4V_0 + (i-1)qm_0}{im_0} \tag{5-3-17}$$

（4）模式 D。该模式在给定 d 槽水浊度的限定值 T_{xx} 后，可计算求得补充水量 q_p，按照该补充水量补水，清洗 i 批次果蔬后的单位质量耗水量为

$$\xi = \frac{4V_0 + (i-1)q_p m_0}{im_0} \tag{5-3-18}$$

（5）模式 E。同模式 D，可计算求得补充水量 q_p，按照该补充水量补水，该模式不同于的模式 D 的是 a、b、c 三槽等量补水，清洗 i 批次果蔬后的单位质量耗水量为

$$\xi = \frac{4V_0 + 3(i-1)q_p m_0}{i m_0} \tag{5-3-19}$$

（三）耗水量实例计算

以实际情况为例，假设单槽清洗时初始水量 1 000 L，逐次投放果蔬量为 10 kg。四槽清

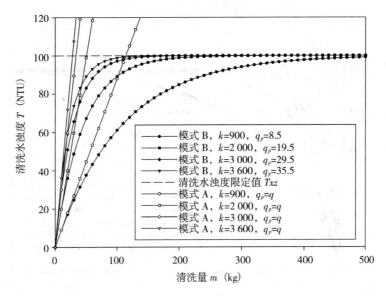

图 5-3-4 单槽清洗时清洗水浊度变化

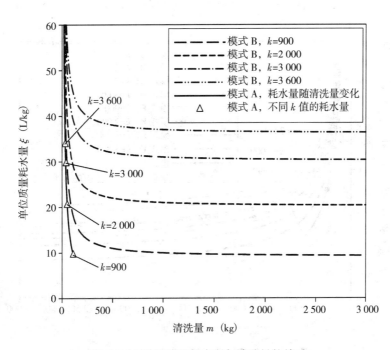

图 5-3-5 单槽清洗耗水量与清洗量的关系

洗时各槽初始水量为 250 L，逐次投放量为 2.5 kg，取果蔬进入各槽的污物比例 λ_a、λ_b、λ_c 和 λ_d 分别为 50%、33%、12% 和 5%。果蔬带水率 $q = 0.50$ L/kg。经测试果蔬致浊率 $k = 400 \sim 4\,000$ NTU/(kg·L⁻¹)，以果蔬致浊率 k 为 900、2 000、3 000 和 3 600 NTU/(kg·L⁻¹) 为例计算。最终清洗水浊度限定值 T_{zz} 为 100 NTU。

模式 A 和模式 B 的清洗水浊度随清洗量的变化如图 5-3-4 所示，单位质量耗水量与清洗量的关系如图 5-3-5 所示。模式 C、模式 D 和模式 E 的 d 槽清洗水浊度随清洗量的变化如图 5-3-6 所示，单位质量耗水量与清洗量的关系如图 5-3-7 所示。

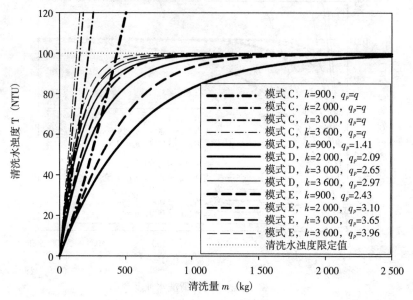

图 5-3-6　四槽清洗时 d 槽清洗水浊度变化

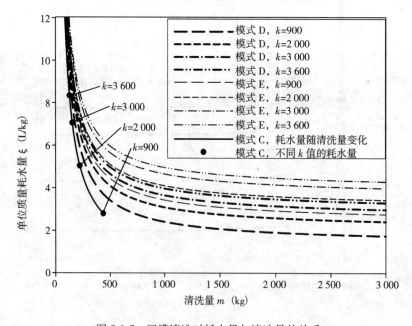

图 5-3-7　四槽清洗时耗水量与清洗量的关系

综合 5 种清洗补水模型分析，在果蔬种类、脏污程度一定，果蔬的带水率一定，期望果蔬离开时水的浊度指标一定（反映清洗水水质的指标）的情况下，不同清洗模型的耗水量相差较大。在该研究设定的条件下，清洗单位质量果蔬耗水量见表 5-3-2。

表 5-3-2　不同清洗模式单位质量耗水量比较

单位：L/kg

模式	清洗模型		果蔬致浊率 NTU（kg/L）			
			900	2 000	3 000	3 600
A	单槽清洗维持不亏水	清洗量 30 kg				33.83
		清洗量 35 kg			29.67	
		清洗量 50 kg		20.50		
		清洗量 110 kg	9.59			
B	单槽清洗，补水维持浊度 100NTU 以下	清洗量到 200 kg	14.00	25.00	35.00	41.00
		清洗量到 500 kg	11.00	22.00	32.00	38.00
		清洗量到3 000 kg	9.33	20.33	30.33	36.33
C	四槽清洗维持不亏水	清洗量 127.5 kg				8.34
		清洗量 152.5 kg			7.06	
		清洗量 220 kg		5.05		
		清洗量 435 kg	2.80			
D	四槽清洗补水维持出料槽水浊度 100NTU 以下	清洗量到 200 kg	6.41	7.09	7.65	7.97
		清洗量到 500 kg	3.41	4.09	4.65	4.97
		清洗量到3 000 kg	1.74	2.42	2.85	3.30
E	四槽清洗，三槽等量补新水，维持出料槽浊度 100NTU 以下	清洗量到 200 kg	7.43	8.10	8.65	8.96
		清洗量到 500 kg	4.43	5.10	5.65	5.96
		清洗量到3 000 kg	2.76	3.43	3.98	4.29

实例分析可以看出，果蔬脏污程度不同，耗水量也不同，果蔬越脏，耗水量越大。多槽清洗方式与单槽清洗方式相比，可大节约耗水，果蔬越脏表现得越突出。理由很简单，多槽清洗方式排走水的水质相对较差，即浊度高的水被排走，相对清洁的水能得到充分利用。

四槽清洗模式不同补水方式进行比较，d 槽补水方式比三槽等量补水方式更省水，对同等脏污程度果蔬而言，清洗量越大，越能节省用水。

在进行果蔬清洗机设计以及进行果蔬清洗生产线设计时应该充分考虑节水问题，要考虑设置水循环系统，使后一级清洗水能够流入到前一级清洗时使用，可以大大减少水资源的浪费。

第六章

采后微生物控制

人类、动物、植物和微生物在地球上是互存互生的，能够引起人、动物或植物生病的微生物称为病原微生物，杀灭病原微生物和抑制其生长繁殖对于保护人类健康和防止农作物腐坏具有重要意义。

消毒学将从物品中消除微生物的方法按照程度不同分为灭菌、消毒、防腐和保藏。灭菌是杀灭或去除外环境中一切微生物的过程，包括一切致病的和非致病的微生物，包括了细菌繁殖体、细菌芽孢、真菌及其孢子、病毒、立克次体、衣原体、螺旋体等，甚至也包括原生动物和藻类。消毒是指杀灭或去除外环境中各种病原微生物的过程，这里的病原微生物包括了除细菌芽孢以外的各种致病微生物。防腐是指杀灭和抑制活组织上微生物的生长繁殖，以防止其感染。保藏是指用化学、物理或生物的方法防止物品的生物学腐败。

消毒杀菌和控制微生物生长繁殖也是果蔬商品化处理的一个环节，果蔬种类不同、产品要求不同、商品化处理程度不同及流通模式不同，则所采用的杀菌消毒方法不相同，要求杀菌处理后达到的微生物限制指标也不相同。经消毒杀菌处理的果蔬有利于贮藏保鲜和保证食用安全，对即食果蔬产品而言，更是不可缺少的重要环节。

采后生理失调和病害均会影响果蔬保鲜。生理失调是由于过热、过冷、气调包装的氧（O_2）、二氧化碳（CO_2）和乙烯（C_2H_4）等气体环境不适等生理胁迫因素造成的，有些失调由机械损伤引起，为非生物性原因。生鲜果蔬无论是生物性失调还是非生物性失调，通常均会削弱其天然抵抗力，更容易受到病原体引起的生物性疾病的感染。微生物控制技术和方法可以用来控制果蔬致病微生物的繁殖，减少致病菌导致的果蔬腐坏，提高产品质量，延长商品的贮藏期和货架期。

第一节　微生物与果蔬腐坏

微生物是导致果蔬腐坏变质的主要原因之一，微生物导致的果蔬腐坏也称为采后病害，质地鲜嫩、营养丰富的果蔬是滋生微生物的温床。果蔬采后病害主要由于真菌或细菌引起，而真菌比细菌更为普遍。由细菌引起的病害在水果和浆果中少见，有时在蔬菜中更为常见。病毒虽然像采后失调一样会使产品衰退，但很少会引起采后病害。

一、果蔬腐坏表现

微生物引起的果蔬腐坏通常表现为霉变、酸腐、发酵、软化、腐烂、膨胀、产气、变色等。

果蔬霉变是由于果蔬受到了霉菌感染，并且是霉菌在果蔬上生长繁殖的结果。霉菌是丝状真菌的俗称，能形成分枝繁茂的菌丝体，但又不像蘑菇那样产生大型的子实体，呈现为肉眼可见的绒毛状、絮状或蛛网状的菌落。例如，由灰葡萄孢菌侵袭所致的灰霉病，使植物的花、果、茎、叶均可发病，图 6-1-1 为南瓜生长期间受感染发病示例。生鲜果蔬易受感染的真菌还有青霉菌、根霉菌、芽枝霉菌、交链孢属菌种和木霉属菌种等。图 6-1-2 所示为发霉的油桃，图 6-1-3 和图 6-1-4 为受感染的柠檬和樱桃，图 6-1-5 和图 6-1-6 分别为草莓根霉软腐和炭疽病。图 6-1-7 所示为智利进口苹果中的腐病果及天津出入境检验检疫局分离出的牛眼果腐病致病菌明孢盘菌属菌种（*Neofabraea alba*）。酵母菌也是真菌的一类，水果受到酵母菌感染，会导致产生酸、酒精和 CO_2。

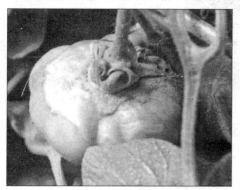

图 6-1-1　南瓜灰霉病

（引自：http://baike.baidu.
com/view/710706.htm）

图 6-1-2　发霉的油桃

（引自：维基百科，Created and uploaded by
Roger Mclassus on 27 Oct 2006.）

图 6-1-3　受感染柠檬

图 6-1-4　发霉的樱桃

图 6-1-5　草莓根霉软腐

（引自：中国农资在线，www.NZ518.com）

图 6-1-6　草莓炭疽病

（引自：同图 6-1-5）

(a) 果实发病症状

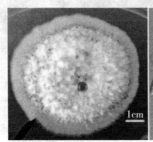

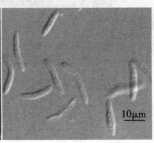

(b) 菌落形态特征　　　　　(c) 分生孢子

图 6-1-7　智利进口苹果中的腐病果及天津出入境检验检疫局分离出的牛眼果腐病致病菌
(引自：张裕君等，2012)

细菌引起的果蔬腐坏表现为出现褐斑、产生不良气味、质地变差和软烂。例如，十字花科蔬菜软腐病通常由于受到了欧文氏菌属细菌的感染。

二、导致果蔬病害的微生物种类及条件

导致果蔬病害的微生物种类视果蔬种类的不同而不同，也可能会受到生产地域的影响。在实施微生物控制技术时，需要了解微生物的种类、发生和繁殖条件等。例如，表 6-1-1 列出了果蔬采后常见病害及病原菌。

表 6-1-1　果蔬采后常见病害及病原菌

(引自：Coates L and Johnson G，1997；Boyette M D *et al.*，1993)

产　品	病　害	病原菌
温带水果		
仁果类	青霉病（Blue mould）	青霉属某些种（*Penicillium* spp.）
		扩展青霉（*Penicillium expansum*）
	灰霉病（Grey mould）	灰葡萄孢菌（*Botrytis cinerea*）
		富氏葡萄孢盘菌（*Botryotinia fuckeliana*）
	黑腐病（Black rot）	仁果囊孢壳菌（*Physalospora obtusa*）
	苦腐病（Bitter rot）	胶孢炭疽菌（*Colletotrichum gloeosporioides*）
		围小丛壳菌（*Glomerella cingulata*）
	黑斑病（Alternaria rot）	交链孢霉属某些种（*Alternaria* spp.）
	毛霉病（Mucor rot）	梨形毛霉（*Mucor piriformis*）
	牛眼果腐病（Bull's-eye rot）	明孢盘菌属某些种（*Neofabraea* spp.）[1]

（续）

产　品	病　　害	病原菌
核果类	褐腐病（Brown rot） 根霉腐病（Rhizopus rot） 灰霉病（Grey mould） 青霉病（Blue mould） 黑斑病（Alternaria rot） 吉尔霉属果腐病（Gilbertella rot） 牛眼果腐病（Bull's-eye rot）	丛梗孢属某些种（Monilia spp.） 美澳型核果链核盘菌（Monilinia fructicola） 根霉属某些种，主要为匍枝根霉（Rhizopus spp. mostly R. stolonifer） 灰葡萄孢菌（Botrytis cinerea） 富氏葡萄孢盘菌（Botryotinia fuckeliana） 青霉属某些种（Penicillium spp.） 交链孢霉属菌种（Alternaria sp.） 互隔交链孢霉（Alternaria alternata） 桃吉尔霉（Gilbertella persicaria） 明孢盘菌属某些种（Neofabraea spp.）①
葡萄	灰霉病（Grey mould） 青霉病（Blue mould） 根霉腐病（Rhizopus rot）	灰葡萄孢菌（Botrytis cinerea） 富氏葡萄孢盘菌（Botryotinia fuckeliana） 青霉属某些种（Penicillium spp.） 根霉属某些种（Rhizopus spp.） 匍枝根霉（Rhizopus stolonifer）
浆果	灰霉病（Grey mould） 根霉腐病（Rhizopus rot） 枝孢果腐病（Cladosporium rot） 青霉病（Blue mould）	灰葡萄孢菌（Botrytis cinerea） 富氏葡萄孢盘菌（Botryotinia fuckeliana） 根霉属某些种（Rhizopus spp.） 枝孢菌属某些种（Cladosporium spp.） 青霉属某些种（Penicillium spp.）
亚热带水果		
柑橘类水果	青霉病（Blue mould） 绿霉病（Green mould） 黑心病（Black centre rot） 蒂腐病（Stem end rot） 褐腐病（Brown rot）	意大利青霉（Penicillium italicum） 指状青霉（Penicillium digitatum） 柑橘黑腐交链孢霉（Alternaria citri） 柑橘拟茎点霉（Phomopsis citri） 柑橘间座壳（Diaporthe citri） 柑橘褐腐疫霉（Phytophthora citrophthora） 烟草疫霉（Phytophthora parasitica）
鳄梨	炭疽病（Anthracnose） 蒂腐病（Stem end rot） 细菌性软腐病（Bacterial soft rot）	胶孢炭疽菌（Colletotrichum gloeosporioides） 尖孢炭疽菌（Colletotrichum acutatum） 围小丛壳菌（Glomerella cingulata） 小穴壳菌属某些种（Dothiorella spp.） 葡萄座腔菌属某些种（Botryosphaeria spp.） 可可毛色二孢菌（Lasiodiplodia theobromae） 砖红瘤座孢菌［Stilbella cinnabarina（同物异名 Tubercularia lateritia）①］ 丛赤壳菌属菌种［Thyronectria pseudotrichia（同物异名 Nectria pseudotrichia）①］ 鳄梨拟茎点霉（Phomopsis perseae） 胡萝卜软腐欧文氏菌（Erwinia carotovora）

（续）

产品	病　害	病原菌
热带水果		
香蕉	炭疽病（Anthracnose） 冠腐病（Crown rot）	香蕉炭疽菌（*Colletotrichum musae*） 镰刀菌属某些种（*Fusarium* spp.） 轮枝菌属某些种（*Verticillium* spp.） 顶孢霉属菌种（*Acremonium* sp.） 香蕉炭疽菌（*Colletotrichum musae*）
	黑蒂病（Black end）	香蕉炭疽菌（*Colletotrichum musae*） 球黑孢霉（*Nigrospora sphaerica*） 镰刀菌属某些种（*Fusarium* spp.）
	长喙壳果腐病（Ceratocystis fruit rot）	奇异长喙壳（*Ceratocystis paradoxa*）
芒果	炭疽病（Anthracnose）	胶孢炭疽菌（*Colletotrichum gloeosporioides*） 尖孢炭疽菌（*Colletotrichum acutatum*） 围小丛壳（*Glomerella cingulata*）
	蒂腐病（Stem end rot）	小穴壳菌属某些种（*Dothiorella* spp.） 芒果拟盘多毛孢菌（*Pestalotiopsis mangiferae*） 可可毛色二孢菌（*Lasiodiplodia theobromae*） 芒果拟茎点霉（*Phomopsis mangiferae*） 葡萄座腔菌属某些种（*Botryosphaeria* spp.）
	根霉腐病（Rhizopus rot） 黑霉病（Black mould） 黑斑病（Alternaria rot） 灰霉病（Grey mould）	匍枝根霉（*Rhizopus stolonifer*） 黑曲霉（*Aspergillus niger*） 互隔交链孢霉（*Alternaria alternata*） 灰葡萄孢菌（*Botrytis cinerea*） 富氏葡萄孢盘菌（*Botryotinia fuckeliana*）
	青霉病（Blue mould） 毛霉病（Mucor rot）	扩展青霉（*Penicillium expansum*） 卷枝毛霉（*Mucor circinelloides*）
番木瓜	炭疽病（Anthracnose） 黑腐病（Black rot）	炭疽菌属某些种（*Colletotrichum* spp.） 番木瓜茎点霉（*Phoma caricae-papayae*） 番木瓜球腔菌（*Mycosphaerella caricae*）
	拟茎点霉腐病（Phomopsis rot） 根霉腐病（Rhizopus rot） 疫霉果腐病（Phytophthora fruit rot）	番木瓜拟茎点霉（*Phomopsis caricae-papayae*） 匍枝根霉（*Rhizopus stolonifer*） 棕榈疫霉（*Phytophthora palmivora*）
菠萝	软腐病（Water blister） 小果心腐病（Fruitlet core rot）	奇异长喙壳（*Ceratocystis paradoxa*） 绳状青霉（*Penicillium funiculosum*） 串珠镰刀菌胶孢变种（*Fusarium moniliforme* var. *subglutinans*） 藤仓赤霉胶孢变种（*Gibberella fujikuroi* var. *subglutinans*）
	酵母菌果腐病（Yeasty rot） 细菌性褐腐病（Bacterial brown rot）	酵母菌属某些种（*Saccharomyces* spp.） 菠萝欧文氏菌（*Erwinia ananas*）
蔬菜		
葫芦科	细菌性软腐病（Bacterial soft rot）	欧文氏菌某些种（*Erwinia* spp.） 多粘芽孢杆菌（*Bacillus polymyxa*） 丁香假单胞菌（*Pseudomonas syringae*） 野油菜黄单胞菌（*Xanthomonas campestris*）
	灰霉病（Grey mould）	灰葡萄孢菌（*Botrytis cinerea*） 富氏葡萄孢盘菌（*Botryotinia fuckeliana*）

（续）

产　品	病　　害	病原菌
葫芦科	镰刀菌霉腐病（Fusarium rot） 黑斑病（Alternaria rot） 炭腐病（Charcoal rot） 绵腐病（Cottony leak） 根霉腐病（Rhizopus rot）	镰刀菌属某些种（*Fusarium* spp.） 交链孢霉属某些种（*Alternaria* spp.） 菜豆壳球孢菌（*Macrophomina phaseolina*） 腐霉属某些种（*Pythium* spp.） 根霉属某些种（*Rhizopus* spp.）
番茄、茄子、辣椒	细菌性软腐病（Bacterial soft rot） 熟腐病（Ripe rot） 灰霉病（Grey mould） 镰刀菌霉腐病（Fusarium rot） 黑斑病（Alternaria rot） 枝孢果腐病（Cladosporium rot） 根霉软腐病〔Rhizopus rot（Soft rot）〕 水软腐（Watery soft rot） 绵腐病（Cottony leak） 小菌核病（Sclerotium rot） 番茄疫霉腐病（Buckeye rot） 酸腐病（Sour rot）	欧文氏菌属某些种（*Erwinia* spp.） 多粘芽孢杆菌（*Bacillus polymyxa*） 假单胞菌属某些种（*Pseudomonas* spp.） 野油菜黄单胞菌（*Xanthomonas campestris*） 炭疽菌属菌种（*Colletotrichum* sp.） 灰葡萄孢菌（*Botrytis cinerea*） 富氏葡萄孢盘菌（*Botryotinia fuckeliana*） 镰刀菌属某些种（*Fusarium* spp.） 互隔交链孢霉（*Alternaria alternata*） 枝孢菌属某些种（*Cladosporium* spp.） 根霉属某些种（*Rhizopus* spp.） 匍枝根霉（*Rhizopus stolonifer*） 核盘菌属某些种（*Sclerotinia* spp.） 腐霉属某些种（*Pythium* spp.） 整齐小菌核〔*Sclerotium rolfsii*（sclerotial state）〕 罗氏阿太菌（*Athelia rolfsii*） 疫霉属菌种（*Phytophthora* sp.） 白地霉（*Geotrichum candidum*）
豆科	灰霉病（Grey mould） 白霉及水软腐（White mould and Watery soft rot） 绵腐病（Cottony leak） 小菌核病（Sclerotium rot）	灰葡萄孢菌（*Botrytis cinerea*） 富氏葡萄孢盘菌（*Botryotinia fuckeliana*） 蚕豆葡萄孢菌（*Botrytis fabae*） 核盘菌属某些种（*Sclerotinia* spp.） 腐霉属某些种（*Pythium* spp.） 整齐小菌核〔*Sclerotium rolfsii*（sclerotial state）〕 罗氏阿太菌（*Athelia rolfsii*）
芸薹属	细菌性软腐病（Bacterial soft rot） 灰霉病（Grey mould） 黑斑病（Alternaria rot） 水腐病（Watery soft rot） 疫霉腐病（Phytophthora rot）	欧文氏菌属某些种（*Erwinia* spp.） 芽孢杆菌属某些种（*Bacillus* spp.） 假单胞菌属某些种（*Pseudomonas* spp.） 野油菜黄单胞菌（*Xanthomonas campestris*） 灰葡萄孢菌（*Botrytis cinerea*） 富氏葡萄孢盘菌（*Botryotinia fuckeliana*） 交链孢霉属某些种（*Alternaria* spp.） 核盘菌属某些种（*Sclerotinia* spp.） 葱疫霉（*Phytophthora porri*）
绿叶菜	细菌性软腐病（Bacterial soft rot） 灰霉病（Grey mould） 水腐病（Watery soft rot）	欧文氏菌属某些种（*Erwinia* spp.） 假单胞菌属某些种（*Pseudomonas* spp.） 野油菜黄单胞菌（*Xanthomonas campestris*） 灰葡萄孢菌（*Botrytis cinerea*） 富氏葡萄孢盘菌（*Botryotinia fuckeliana*） 核盘菌属某些种（*Sclerotinia* spp.）

（续）

产　品	病　害	病原菌
洋葱	细菌性软腐病（Bacterial soft rot） 黑霉腐病（Black mould rot） 镰刀菌基腐病（Fusarium basal rot） 煤污病（Smudge）	欧文氏菌属某些种（*Erwinia* spp.） 乳杆菌属某些种（*Lactobacillus* spp.） 假单胞菌属某些种（*Pseudomonas* spp.） 黑曲霉（*Aspergillus niger*） 尖孢镰刀菌洋葱专化型（*Fusarium oxysporum f.* sp. *cepae*） 洋葱炭疽菌（*Colletotrichum circinans*）
胡萝卜	细菌性软腐病（Bacterial soft rot） 根霉腐病（Rhizopus rot） 灰霉病（Grey mould） 水软腐（Watery soft rot） 小菌核病（Sclerotium rot） 鞘孢菌及根串珠霉腐病（Chalara and Thielaviopsis rots）	欧文氏菌属某些种（*Erwinia* spp.） 假单胞菌属某些种（*Pseudomonas* spp.） 根霉属某些种（*Rhizopus* spp.） 灰葡萄孢菌（*Botrytis cinerea*） 富氏葡萄孢盘菌（*Botryotinia fuckeliana*） 核盘菌属某些种（*Sclerotinia* spp.） 整齐小菌核［*Sclerotium rolfsii*（sclerotial state）］ 罗氏阿太菌（*Athelia rolfsii*） 鞘孢属菌种［*Chalara thielavioides*（有性阶段 *Hymenoscyphus pseudoalbidus*）①］ 根串珠霉（*Thielaviopsis basicola*）
马铃薯	细菌性软腐病（Bacterial soft rot） 干腐病（Dry rot） 湿腐病（Wet rot） 软腐病（Slimy soft rot） 坏疽病（Gangrene） 黑痣病（Black scurf） 银腐病（Silver scurf） 皮斑病（Skin spot）	欧文氏菌属某些种（*Erwinia* spp.） 镰刀菌属某些种（*Fusarium* spp.） 赤霉属某些种（*Gibberella* spp.） 腐霉属菌种（*Pythium* sp.） 梭菌属某些种（*Clostridium* spp.） 孔状短小茎点霉的变种（*Phoma exigua* var. *exigua* and var. *foveata*） 立枯丝核菌［*Rhizoctonia solani*（sclerotial state）（有性型 *Thanatephorus cucumeris*）］ 茄长蠕孢（*Helminthosporium solani*） 蛇孢霉属菌种（*Polyscytalum pustulans*）
甜薯	细菌性软腐病（Bacterial soft rot） 黑腐病（Black rot） 环腐病（Ring rot） 爪哇黑腐病（Java black rot） 镰刀菌表面腐病（Fusarium surface rot） 镰刀菌根腐病（Fusarium root and stem rot） 根霉软腐病（Rhizopus soft rot） 炭腐病（Charcoal rot）	菊欧文氏菌（*Erwinia chrysanthemi*） 甘薯长喙壳菌（*Ceratocystis fimbriata*） 腐霉属某些种（*Pythium* spp.） 柑橘葡萄座腔菌［*Diplodia gossypina*（同物异名 *Botryosphaeria rhodina*）①］ 尖孢镰刀菌（*Fusarium oxysporum*） 茄腐皮镰刀菌（*Fusarium solani*） 黑根霉（*Rhizopus nigricans*） 壳球菌属菌种（*Macrophomina* sp.）

①作者增加内容。

　　多数采后真菌引起的病害（腐败）通常是由具有繁殖活性的病原体组成的尘状孢子扩散引起的。孢子具有适应性，在热、冷或非常干燥的条件下均可存活。可以被浮尘或水带到很远的地方，可以大量地附着在暴露的表面。

　　孢子可以长期处于休眠状态，直到条件适宜时再萌生和繁殖。适宜生长条件包括：有水存在或环境相对温度高，环境温暖，光照低，氧和二氧化碳浓度适宜、有糖或淀粉等有机化合物营养物质存在。许多果蔬在未完全成熟时含有可抑制某些病菌繁殖的化合物，而这些化合物和抵抗力通常会在成熟期间消失。

因此，带有伤口的果蔬，如果盛装在包装箱中，又处于高温、湿润的环境，将是采后病原菌大量繁殖的理想场所。轻拿轻放可以避免受伤，采后快速预冷可以减少采后疾病的发生，如图 6-1-8 所示为温度对果生链核盘菌引起桃子褐腐病发生所产生的影响。

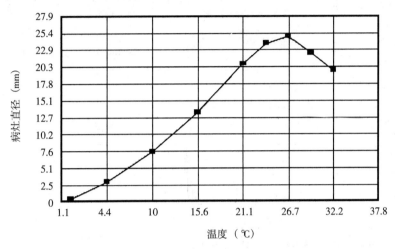

图 6-1-8　温度对果生链核盘菌引起桃子褐腐病发生的影响

（引自：Boyette M D *et al*.，1993）

三、导致鲜切果蔬腐坏的微生物种类

鲜切果蔬及果蔬沙拉产品的腐坏变质通常出现在销售期间，导致其腐坏的微生物可能来自完整果蔬，也可能与完整果蔬产品有所不同，主要有假单胞菌属和酵母菌。表 6-1-2 列举了在腐坏果蔬沙拉产品中分离出的一些微生物种类。

表 6-1-2　在沙拉中起支配作用的腐败微生物

（引自：Lamikanra O，2002 ）

腐败微生物	沙拉产品	参考文献
假单胞菌属[1]		
荧光假单胞菌（*Pseudomonas fluorescens*）	胡萝卜，生菜，混合沙拉，菊苣，马铃薯沙拉，结球甘蓝混拌沙拉，塔布利沙拉	Denis and Pioche, 1986；Brocklehurst *et al*.，1987；Nguyen-The and Prunier, 1989；Geiges *et al*.，1990；Marchetti *et al*.，1992；Magnuson *et al*.，1990；Bnnik *et al*.，1998；Jayasekara，1999
莓实假单胞菌（*Pseudomonas fragi*）	马铃薯沙拉，结球甘蓝混拌沙拉，塔布利沙拉	Jayasekara，1999
恶臭假单胞菌（*Pseudomonas putida*）	胡萝卜，生菜，混合沙拉，苜蓿芽，马铃薯沙拉，结球甘蓝混拌沙拉，塔布利沙拉	Denis and Pioche, 1986；Brocklehurst *et al*.，1987；Nguyen-The and Prunier, 1989；Geiges *et al*.，1990；Bennik *et al*.，1998；Jayasekara，1999

（续）

腐败微生物	沙拉产品	参考文献
假单胞菌属[①]		
边缘假单胞菌（*Pseudomonas marginalis*）	胡萝卜，生菜，混合沙拉，叶菊苣，马铃薯沙拉	Denis and Pioche, 1986；Nguyen-The and Prunier, 1989；Bennik *et al.*, 1998；Jayasekara, 1999
洋葱假单胞菌（*Pseudomonas cepacia*）	胡萝卜，混合沙拉，菊苣	Marchetti *et al.*, 1992
菊苣假单胞菌（*Pseudomonas chicorii*）	菊苣	Bennik *et al.*, 1998
黄褐假单胞菌（*Pseudomonas fulva*）	菊苣	Bennik *et al.*, 1998
少动鞘氨醇单孢菌（*Pseudomonas paucimobilis*）	胡萝卜，混合沙拉，菊苣	Marchetti *et al.*, 1992
嗜中温甲基杆菌（*Methylobacterium mesophilicum*）	胡萝卜，混合沙拉，菊苣	Marchetti *et al.*, 1992
绿黄假单胞菌（*Pseudomonas viridiflava*）	胡萝卜，生菜，混合沙拉	Denis and Pioche, 1986
嗜麦芽糖寡养单胞菌（*Stenotrophomonas maltophilia*）	胡萝卜，生菜，混合沙拉，马铃薯沙拉，结球甘蓝混拌沙拉	Denis and Pioche, 1986；Jayasekara, 1999
绿针假单胞菌（*Pseudomonas chlororaphis*）	调制沙拉	Geiges *et al.*, 1990
皱纹假单胞菌（*Pseudomonas corrugata*）	菊苣，苗芽菜，马铃薯沙拉，结球甘蓝混拌沙拉，塔布利沙拉	Bennik *et al.*, 1998；Jayasekara, 1999
栖稻黄色单胞菌（*Flavimonas oryzihabitans*）	塔布利沙拉	Jayasekara, 1999
其他细菌		
放射形土壤杆菌（*Agrobacterium radiobacter*）	马铃薯沙拉	Jayasekara, 1999
不动杆菌属某些种（*Acinetobacter* spp.）	塔布利沙拉	Jayasekara, 1999
棒形细菌（Coryneform bacteria）	胡萝卜，生菜，混合沙拉	Denis and Pioche, 1986
黄杆菌属菌种（*Flavobacterium* sp.）	胡萝卜，生菜，混合沙拉	Denis and Pioche, 1986
成团肠杆菌（*Enterobacter agglomerans*）	混合沙拉，叶菊苣，叶菜沙拉，调制沙拉，结球甘蓝混拌沙拉，塔布利沙拉	Brocklehurst *et al.*, 1987；Nguyen-The and Prunier, 1989；Geiges *et al.*, 1990；Magnuson *et al.*, 1990；Gras *et al.*, 1994；Jayasekara, 1999
河生肠杆菌（*Enterobacter amnigenus*）	塔布利沙拉	Jayasekara, 1999
日沟维肠杆菌（*Enterobacter gergoviae*）	结球甘蓝混拌沙拉	Jayasekara, 1999

（续）

腐败微生物	沙拉产品	参考文献
其他细菌		
胡萝卜软腐病欧文氏菌（*Erwinia carotovora*）	混合沙拉	Brocklehurst *et al.*，1987；Magnuson *et al.*，1990
肠杆菌科（Enterobacteria-ceae[③]）	菊苣，苗芽菜	Bennik *et al.*，1998
土生克雷伯氏菌（*Klebsiella terrigena*）	结球甘蓝混拌沙拉	Jayasekara，1999
乳酸杆菌属某些种（*Lactobacillus* spp.）	胡萝卜，生菜，混合沙拉	Denis and Pioche，1986；Magnuson *et al.*，1990
明串珠菌属某些种（*Leuconostoc* spp.）	胡萝卜，生菜，混合沙拉，马铃薯沙拉，结球甘蓝混拌沙拉，塔布利沙拉	Denis and Pioche，1986；Brocklehurst *et al.*，1987；Jayasekara，1999
水生拉恩氏菌（*Rahnella aquatilis*）	马铃薯沙拉，结球甘蓝混拌沙拉	Jayasekara，1999
黏质沙雷氏菌（*Serratia marcescens*）	塔布利沙拉	Jayasekara，1999
中间型耶尔森氏菌（*Yersinia intermediata*）	马铃薯沙拉	Jayasekara，1999
酵　母　菌		
假丝酵母属某些种（*Candida* spp.）	混合沙拉，蛋黄酱沙拉[②]，胡萝卜，菊苣	Marchetti *et al.*，1992；Magnuson *et al.*，1990；Hunter *et al.*，1994；Birzele *et al.*，1997
浅白隐球酵母（*Cryptococcus albidus*）	生菜	Magnuson *et al.*，1990
罗伦隐球酵母（*Cryptococcus laurentii*）	生菜，胡萝卜，混合沙拉，菊苣	Marchetti *et al.*，1992；Magnuson *et al.*，1990
汉逊德巴利酵母（*Debaryomyces hansenii*）	混合沙拉，蛋黄酱沙拉[②]	Magnuson *et al.*，1990；Hunter *et al.*，1994
发酵毕赤酵母（*Pichia fermentans*）	生菜，混合沙拉	Magnuson *et al.*，1990
膜璞毕赤酵母（*Pichia membranifaciens*）	蛋黄酱沙拉[②]	Hunter *et al.*，1994；Birzele *et al.*，1997
酿酒酵母（*Saccharomyces cerevisiae*）	混合沙拉，蛋黄酱沙拉[②]	Magnuson *et al.*，1990；Hunter *et al.*，1994
大连酵母（*Saccharomyces dairenensis*）	蛋黄酱沙拉[②]	Hunter *et al.*，1994
少孢酵母（*Saccharomyces exiguus*）	蛋黄酱沙拉[②]	Hunter *et al.*，1994
德尔布有孢酵母（*Torulaspora delbrueckii*）	混合沙拉，蛋黄酱沙拉[②]	Hunter *et al.*，1994；Birzele *et al.*，1997
皮状丝孢酵母（*Trichosporon cutaneum*）	生菜	Magnuson *et al.*，1990

（续）

腐败微生物	沙拉产品	参考文献
酵　母　菌		
解脂亚罗酵母（Yarrowia lipolytica）	蛋黄酱沙拉②	Hunter et al.，1994
拜赖接合酵母（Zygosaccharomyces bailii）	蛋黄酱沙拉②	Hunter et al.，1994
霉　菌		
黑曲霉（Aspergillus niger）	生菜，蛋黄酱沙拉②	Magnuson et al.，1990；Hunter et al.，1994
葱腐葡萄孢（Botrytis allii）	生菜	Magnuson et al.，1990
产黄青霉（Penicillium chrysogenum）	蛋黄酱沙拉②	Hunter et al.，1994

①经作者核实，其中有的细菌种类不属于假单胞菌属，有的种类根据 DNA 分析结果已归入假单胞菌属，并有其他拉丁学名。

②蛋黄沙拉包括凉拌结球甘蓝，稻米沙拉，马铃薯沙拉，水果和坚果沙拉，虾和意大利面沙拉和其他各色混合沙拉。

③肠杆菌科分离菌包括水生拉恩氏菌（Rahnella aquatilis），气味沙雷氏菌（Serratia odorifera），伤口埃希氏菌（Escherichia vulneris），产酸克雷伯氏菌（Klebsiella oxytoca），阴沟肠杆菌（Enterobacter cloacae），解淀粉欧文氏菌（Erwinia amylovora），中间肠杆菌（Enterobacter intermedius），栖冷克吕沃尔氏菌（Kluyvera cryocrescens），变形斑沙雷氏菌（Serratia proteamaculans），乡间布丘氏菌（Buttiauxella agrestis）。

假单胞菌属菌种为专性需氧的革兰氏染色阴性无芽孢杆菌，具有在简单媒介中生长的能力，能够合成酶，甚至在制冷条件下，容易使食物成分分解导致其腐坏。在水果和蔬菜变坏期间，假单胞菌产生果胶酶降解宿主组织的细胞壁，导致组织浸软，产生的其他组织降解酶包括纤维素酶、木聚糖酶、糖苷酶以及脂氧合酶。假单胞菌还可通过产生乙烯，使蔬菜在贮藏期间变黄。

乳酸菌是一类无芽孢、革兰氏染色阳性细菌的总称，发酵糖类，产物主要为乳酸，传统上用于发酵食品生产。在鲜切果蔬生产中，乳酸菌的发酵作用和在厌氧条件下生长繁殖的能力会使产品变酸、产气和出现异味，导致其腐坏。

肠杆菌科是一群生物学性状近似的革兰氏染色阴性杆菌，在栽培和加工生产过程会污染果蔬。生鲜蔬菜上存在的菌种包括阴沟肠杆菌、成团肠杆菌、水生拉恩氏菌、胡萝卜软腐病欧文氏菌、解淀粉欧文氏菌、产酸克雷伯氏菌和气味沙雷氏菌。这些菌具有作为兼性厌氧菌生长的能力，因此能在气调包装沙拉中存活。它们能够使葡萄糖发酵而产生酸、酒精和酯。这些菌可在鲜切蔬菜上生长繁殖并导致其腐坏。

对于酵母菌和霉菌而言，霉菌是导致果蔬采后疾病的主要微生物，但在鲜切产品的环境中，酵母菌往往是导致腐坏的罪魁祸首，其原因是由于果蔬遭破坏后有汁液和糖渗出促使酵母菌快速生长。酵母菌的特点是具有使简单碳水化合物发酵产生酒精、气体和芳香化合物的能力，有些酵母菌具有在相对低温环境生长的能力（10～15℃），有些酵母菌虽然发酵能力较弱，但也可以通过形成膜或气味变坏破坏鲜切产品。

第二节　果蔬携带微生物与人类健康

一、果蔬污染病原微生物的途径

果蔬天然携带的细菌对人而言一般为非致病性菌，但在生长环节可能被致病菌污染，尤其果蔬生长的土壤中灌溉了被污染的水或施用了携带病原体的肥料等，这些病原体很有可能传播到果蔬表面甚至果蔬内部，收获时生鲜果蔬的带菌数量一般为 $10^3 \sim 10^7$，加工处理、配送及销售等各环节也都存在被病原体污染的风险，果蔬成为病原微生物污染源的机制如图6-2-1所示。

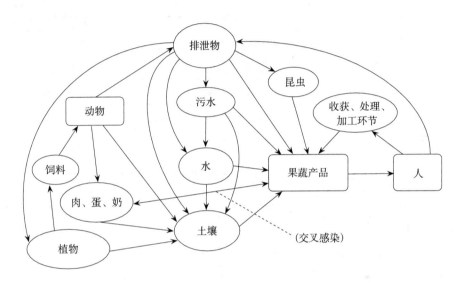

图 6-2-1　果蔬成为病原微生物污染源的机制

早在1912年，Creel R H 就报告证实，在染有伤寒沙门氏菌的土壤中生长出的生菜和水萝卜，病原体滞留在果蔬表面的时间可长达31d之久。1917年 Melick C O 播种生菜和水萝卜时在土壤中接种了伤寒杆菌，而收获时又在生菜和水萝卜中重新分离出伤寒杆菌。

二、国内外果蔬污染危害的一些事例

世界卫生组织1998年发布的《Surface decontamination of fruits and vegetables eaten raw：a review》报告中归纳列举了美国、西班牙、马来西亚等国研究人员发表的从原料蔬菜中分离出细菌病原体的情况（附表6-1），以及在食源性疾病爆发时从蔬菜中检出的病原体（表6-2-1），都说明了蔬菜产品存在被致病微生物污染的潜在危险。

据报道，在美国，自1990年以来生食果蔬产品引起的食源性疾病占食源性疾病的第四位，由生菜和苗菜引起的最为频繁；在欧洲，1992—1999年与生食果蔬关联的疾病暴发占食源性疾病的4.3%。

表 6-2-1　食源性疾病暴发时与果蔬关联的病原体

（引自：Beuchat L R，1998）

病原体	有牵连或怀疑食品	参考文献
蜡状芽孢杆菌（*Bacillus cereus*）	苗芽菜（Sprouts）	Portnoy *et al.*，1976
弯曲杆菌（*Campylobacter*）	黄瓜（Cucumber）	Kirk *et al.*，1997
空肠弯曲杆菌（*Campylobacter jejuni*）	生菜（Lettuce）	CDC，1998
肉毒梭菌（*Clostridium botulinum*）	蔬菜沙拉（Vegetable salad）	PHLS，1978
隐孢子虫（*Cryptosporidium*）	苹果酒饮料（Apple cider）	CDR，1991
环孢子虫（*Cyclospora*）	树莓（Raspberries）	Herwaldt *et al.*，1997
大肠埃希氏菌 O157 型（*E. coli* O157）	萝卜苗（Radish sprouts）	WHO，1996
大肠埃希氏菌 O157 型（*E. coli* O157）	苹果酒饮料（Apple juice）	CDC，1996
大肠埃希氏菌 O157 型（*E. coli* O157）	苹果酒饮料（Apple cider）	Besser *et al.*，1993
大肠埃希氏菌 O157 型（*E. coli* O157）	生菜（Iceberg lettuce）	CDR，1997
牛羊肝吸虫（*Fasciola hepatica*）	西洋菜（Watercress）	Hardman，1970
贾第鞭毛虫（*Giardia*）	含胡萝卜蔬菜（Vegetables, incl. carrots）	Mintz *et al.*，1993
甲型肝炎病毒（Hepatitis A virus）	生菜（Iceberg lettuce）	Rosenblum *et al.*，1990
甲型肝炎病毒（Hepatitis A virus）	树莓（Raspberries）	Ramsay and Upton.，1989
甲型肝炎病毒（Hepatitis A virus）	草莓（Strawberries）	Niu *et al.*，1992
诺沃克病毒（Norwalk virus）	拌沙拉（Tossed salad）	Lieb *et al.*，1985
阿贡纳沙门氏菌（*Salmonella* Agona）	凉拌结球甘蓝和洋葱（Coleslaw & onions）	Clark *et al.*，1973
迈阿密沙门氏菌（*Salmonella* Miami）	西瓜（Watermelon）	Gayler *et al.*，1955
奥拉宁堡沙门氏菌（Salmonella Oranienburg）	西瓜（Watermelon）	CDC，1979
浦那沙门氏菌（*Salmonella* Poona）	网纹甜瓜（Cantaloupes）	CDC，1991
圣保罗沙门氏菌（*Salmonella* Saintpaul）	豆芽（Beansprouts）	O'Mahony *et al.*，1990
斯坦利沙门氏菌（*Salmonella* Stanley）	苜蓿芽（Alfalfa sprouts）	Mahon *et al.*，1997
汤卜逊沙门氏菌（*Salmonella* Thompson）	根类蔬菜和紫菜（Root vegetables & dried seaweed）	Kano *et al.*，1996
费氏志贺氏菌（*Shigella flexneri*）	混合沙拉（Mixed salad）	Dunn *et al.*，1995
索氏志贺氏菌（*Shigella sonnei*）	生菜（Mixed salad）	Kapperud *et al.*，1995
索氏志贺氏菌（*Shigella sonnei*）	拌沙拉（Tossed salad）	Martin *et al.*，1986
霍乱弧菌（*Vibrio cholerae*）	沙拉作物和蔬菜（Salad crops & vegetables）	Shuval *et al.*，1989

　　虽然我国研究人员在对蔬菜污染状况的调查研究中，关注化肥、农药以及有毒重金属残留状况的较多，对蔬菜病原菌污染的调查研究相对较少，但关于蔬菜存在微生物污染的报道仍然可见。例如，1992—1993 年，安阳市卫生防疫站等对市、区某农贸市场蔬菜的微生物污染水平调查结果表明，两年检测 8 个蔬菜品种 576 份，检出阳性样品 92 份，占 16.0%，其中致病菌检出 12 份，占 2.1%，寄生虫卵检出 80 份，占 13.8%；1999 年 4 月—2000 年 4 月，四川江油市疾病预防控制中心对致泻性大肠埃希氏菌在蔬菜类初级食品中污染分布的调查研究报告指出，检出率达 19.5%；2004 年 9—12 月，河北省疾病预防控制中心对市场上销售蔬菜的李斯特菌污染的检测结果为阳性率 2.94%；王茂起等（2004）报道，河南省检测的 280 份生食蔬菜中，沙门氏菌、大肠埃希氏菌 O157：H7 和单增李斯特菌 3 种致病菌的阳性率高达 8.57%，其中沙门氏菌为 3.57%、大肠埃希氏菌 O157：H7 为 3.21%以及单增李斯特菌为 2.50%；2001 年 3 月—2002 年 12 月，福州市卫生防疫站对市场上销售的蔬菜抽查检测结果，60 份样本中 O157：H7 大肠埃希氏菌污染的检出率 3.33%；1999 年 7—9 月，山东大学医学院寄生虫研究室从济南 5 个菜市场采集的 12 种 112 份蔬菜样本中查出线虫虫卵，检出率 14.29%；从“净菜”25 份样本中检出蛔虫卵，检出率 8.0%；张惠芝等（2004）报道，在包括蔬菜在内的 6 类 51 份食品样本中，从空心菜中检出一株英诺克李斯特菌（*L. innocua*）；樊全君、张正尧等于 1997 年 8 月—1998 年 9 月对采自周口市集贸市场的 30 份蔬菜样本进行了李斯特菌的分离与鉴定，总阳性数 26.7%；上海市卫生局卫生监督所于 2000 年 3 月对上海市市场销售的食品中李斯特菌污染情况进行了调查，47 份蔬菜样本的单增李斯特菌阳性率为 2.13%，英诺克李斯特菌阳性率为 14.89%；孙锡娟等（1996）报道，上海市郊若干种蔬菜中的大肠埃希氏菌检出率：青菜 18.0%，甘蓝 30.1%，菠菜 66.0%，芹菜 21.0%，茄子 7.0%，番茄 8.0%，刀豆 8.0%，黄瓜 14.0%，花椰菜 14.0%。

　　与食用蔬菜相关联的食源性疾病暴发的事例也有见报道。如于建华等（2000）报道，1998 年 9 月如解放军某部发生一起食物中毒，用餐的 46 人中 35 人发病，发病率 76.1%，经流行病学调查、临床诊断及实验室检查，确定为一起福氏志贺氏菌 3b 引起的食物中毒，由污染福氏志贺氏菌 3b 的结球甘蓝引起，污染源是由于菜农采用未经发酵和消毒处理的鲜粪便施肥，而食堂炒菜过程中又未翻匀烧熟，使致病菌未能完全杀死，在适宜温度下大量繁殖而致。

　　由于果蔬表面含疏水性角皮层，微生物通常吸附于果蔬下表面的气孔和闭孔沟中，采用传统的物理清洗方式无法达到食品卫生管理规范的要求，尤其采用生食或凉拌食用方式，很容易造成微生物中毒。

三、新鲜果蔬微生物危害的风险等级

　　在世界卫生组织（WHO）和联合国粮农组织（FAO）正式出版前的 2008 会议报告《新鲜水果和蔬菜的微生物危害（Microbiological hazards in fresh fruits and vegetables）》中，根据疾病发生的频率与危害性、生产规模与范围、生产链和产业的多样性及复杂性、食源性病原体通过食物链扩大的可能性、控制的可能性、国际贸易范围与经济影响等 6 项标准评估，将新鲜果蔬分为了 3 个危害风险等级，见附表 6-2。

　　可见，果蔬中各种致病性微生物会严重危害人们的身体健康，控制和杀灭这些有害物是保证产品质量安全的重要环节。

第三节 微生物污染途径、控制要求与方法

采后果蔬微生物控制的首要目的是杀灭或抑制果蔬致病微生物，使其不能在果蔬上生长繁殖，减少果蔬的腐坏，延长贮藏期，维持果蔬质量。微生物控制的另一目的是杀灭或抑制人类致病微生物在果蔬上的生长繁殖，切断致病微生物通过果蔬传播导致人类疾病暴发的途径。

一、致病微生物污染途径

生鲜果蔬在栽培生产和采后处理环节均会受到致病微生物的污染，影响因素很多，栽培生产灌溉用水遭受污染、操作人员卫生状况差以及所采用设备的卫生状况差等，均可能是导致致病微生物污染的直接原因。为确保生鲜果蔬的食用安全，找出生鲜果蔬遭受污染的途径，采取措施和制定良好操作规范，可以有效控制和预防致病微生物通过生鲜果蔬传播。

Johnston L M（2005）等对果蔬微生物污染途径进行了调查研究，他们从美国南部地区生产的绿叶菜、调味香料菜和网纹甜瓜等果蔬中采集了 398 份产品样本，其中网纹甜瓜、香菜、欧芹和芥菜样本数占总样本的 85％，这些样本采自生产环节（田间）和采后加工包装环节（清洗槽、漂洗后、传送带、包装箱），对这些样本进行了总好氧菌、总菌落数、总肠球菌、大肠埃希氏菌测试，并且还分析了沙门氏菌、单核细胞增生性李斯特菌和 O157：H7 型大肠埃希氏菌。所有样本的微生物水平为：总好氧菌数 4.5～6.6 lg(CFU/g)，总肠球菌数1.3～4.3lg(CFU/g)，其中网纹甜瓜和芥菜的水平最高；总菌落数 1.0～3.4lg(CFU/g)；多数产品的大肠埃希氏菌数小于 1.0lg(CFU/g)，网纹甜瓜的为 1.5lg(CFU/g)。为识别污染的关键点，进一步对产品在清洗、漂洗和包装环节的微生物状况进行了分析，结果见表6-3-1。多数情况下，在加工包装环节，微生物指标保持相对稳定，特别是芥菜。但香菜和欧芹在加工包装过程中菌落总数会增加。从田间到加工包装，网纹甜瓜的微生物水平会显著增加，好氧菌数 6.4～7.0lg(CFU/g)、总菌落数 2.1～4.3lg(CFU/g)、总肠球菌数 3.5～5.2lg(CFU/g)、大肠埃希氏菌数 0.7～2.5lg(CFU/g)。对于所有样品，单核细胞增多性李斯特菌、O157：H7 型大肠埃希氏菌和沙门氏菌检出的状况分别是 0、0 和 0.7％（398 样本中检出 3 个）。这项研究证实了，从生产到消费的每一环节，都会影响到产品的微生物数量。

表 6-3-1　各环节样品微生物状况

（引自：Johnston L M，2005）

蔬菜	取样环节	微生物数 [lg(CFU/g)]			
		总好氧菌	总肠球菌	总菌落数	大肠埃希氏菌
香菜	田间	5.7	1.7	1.3	0.9
	清洗	6.5	2.3	1.6	0.7
	漂洗	5.9	1.9	2.4	0.7
	包装箱	6.7	2.0	2.7	0.8
欧芹	田间	5.2	2.1	1.7	0.8
	清洗	5.5	2.3	2.0	0.7
	漂洗	6.1	3.1	3.4	0.7
	包装箱	6.0	2.8	2.7	0.8

（续）

蔬菜	取样环节	微生物数 [lg(CFU/g)]			
		总好氧菌	总肠球菌	总菌落数	大肠埃希氏菌
芥菜	田间	6.1	4.0	2.0	1.0
	漂洗	6.2	4.6	3.0	1.1
	包装箱	6.3	4.3	3.0	1.0
网纹甜瓜	田间	6.4	3.7	2.4	0.8
	漂洗	6.4	3.5	2.1	0.7
	传送带	6.7	4.5	4.1	1.3
	包装箱	7.0	5.2	4.3	2.5

　　土壤、水、包装间的卫生条件以及空气等都是采后果蔬致病微生物污染的主要途径。土壤及腐烂的植物材料可能含有大量的病原体，这些病原体会通过刮风下雨传播到各处成为污染果蔬产品的污染源。如果池塘、河流等水源受到了各种排放污水的污染，用这样的水灌溉作物，或者在未经处理的情况下用于采后预冷或清洗，均会对果蔬产品造成污染。受到病原体污染的果蔬在包装车间处理时，会将病原体迅速传播到所有接触过的表面，如槽体、传送带、周转箱、工作台等。甚至空气也是传播致病微生物的媒介。

二、鲜切果蔬产品微生物控制要求

　　鲜切果蔬产品的质量涵盖了外观质量、质地质量、风味质量、营养成分和安全性。外观质量是通过视觉看到的，包括了尺寸大小、形状、颜色、表面光泽、没有瑕疵与腐坏。质地质量是通过触觉感知的，包括硬度、脆度、冰凉感、软面感和韧性等。风味质量是通过味觉和嗅觉体验到的，包括甜味、酸味、涩味、苦味、香味和臭味等。营养成分需要尽可能地保持果蔬原有的维生素、矿物质和膳食纤维以及包括类黄酮、类胡萝卜素、多酚等在内的其他植物性营养成分。安全性体现在微生物、化学和物理三方面有害物的控制。微生物控制应符合"即食"或"即用"产品的相应要求；化学有害物控制包括有来自果蔬原料的重金属、农药残留等化学有害物，还有加工过程中可能会接触到的如杀灭鼠虫害的药剂或加工过程中用到的化学药剂等；物理有害物控制指控制金属、砂石、毛发等有危害或影响质量的物质存在。

　　我国的一些相关标准中涉及与鲜切果蔬产品有关的微生物控制要求，例如在《DB11/Z 522—2008 奥运会食品安全即食即用果蔬企业生产卫生规范》中，微生物指标要求在即食和即用果蔬产品中致泻大肠埃希氏菌、金黄色葡萄球菌、志贺氏菌、沙门氏菌和单核细胞增生李斯特菌不得检出，在每100g即食果蔬产品中大肠菌群应≤430MPN，在即用果蔬产品中未有限制指标。在黑龙江省地方标准《DB23/T 1228—2008 净菜（瓜类蔬菜）通用技术条件》和《DB23/T 1227—2008 净菜（茄果类蔬菜）通用技术条件》中要求：即食净菜细菌总数≤5×10⁴CFU/g，非即食净菜细菌总数≤5×10⁵CFU/g；每100g即食净菜的大肠菌群≤90MPN，每100g非即食净菜的大肠菌群≤150 MPN；致病菌（沙门氏菌、志贺氏菌、金黄色葡萄球菌、溶血性链球菌）不得检出。

　　有关鲜切果蔬产品生产的微生物控制指标，在欧盟的食品微生物标准（Microbiological criteria for foodstuffs）中分别在"第1章食品安全标准"和"第2章生产过程卫生标准"中涉及相关要求，见表6-3-2。

表 6-3-2　欧盟关于鲜切果蔬的微生物控制要求

（引自：EC，2005）

第1章食品安全标准							
食品种类	微生物及其毒素、代谢物	取样方案①		限量②		分析方法	标准应用场合
		n	c	m	M		
1.19鲜切水果和蔬菜（即食）	沙门氏菌	5	0	在25g中无检出		EN/ISO 6579	产品在市场销售货架期内

第2章生产过程卫生标准							
食品种类	微生物	取样方案		限量		分析方法③	标准应用场合	结果不满意时的措施
		n	c	m	M			
2.5.1鲜切水果和蔬菜（即食）	大肠埃希氏菌	5	2	100 CFU/g	1 000 CFU/g	ISO16649-1或2	生产加工过程	改善生产卫生条件,精选原材料

①n 为样本数量；c 为可落入 m 和 M 之间的样本数量；

②$m = M$；

③采用最新版本标准。

三、微生物控制方法

微生物控制的常规方法有物理方法、化学方法和生物方法。物理方法包括热力法、过滤法、紫外线辐射法、电离辐射法、超声波法、微波法、等离子体法。化学方法是指利用各种化学消毒剂作用于微生物的方法。生物方法是指利用抗菌植物药、噬菌体、质粒和生物酶等生物制剂作用于微生物的方法。

采后果蔬处理或鲜切果蔬生产中通常采用和正研究开发的方法包括：利用热水或热气进行的热处理、化学消毒剂杀菌、紫外线辐射、超声波杀菌、微波杀菌、生物杀菌等。

果蔬化学杀菌通常采用物理清洗和杀菌剂配合使用的方式进行，目前使用的杀菌剂主要有氯系消毒剂、二氧化氯、臭氧和过氧化物，各类杀菌剂使用及处理方式的合法性对于每个国家而言是不相同的。杀菌剂的好坏主要以抗菌性、安全性、适用性和经济性为评价标准。好的杀菌剂应具有抗菌谱广、抗菌效率高、毒性低、稳定性好和使用成本低等特点。

当真菌病原体孢子正活跃地在果蔬产品上萌生菌丝体时，最容易进行化学控制。在适宜的环境条件下，孢子萌生迅速，通常只需要几个小时。一旦进行大量繁殖，菌体会向果蔬表层下移动，此时再进行化学控制非常困难。

美国等发达国家在果蔬采后处理过程的微生物控制技术实践已有相当长的历史，主要在果蔬的预冷和清洗环节对微生物进行控制。为利于资源节约，预冷用水和清洗用水常常多次使用或循环使用，多次使用或循环使用水如果不加以杀菌消毒处理，必然会带来微生物交叉感染的问题。在以往的实践中，通常会使用各种各样的杀真菌剂和杀菌剂（或与氯处理联合使用）余留在处理后的产品上来控制微生物的繁殖和传播，为产品提供持续性的保护。而目前，这些杀（真）菌剂已尽量不再使用，而是采用热处理、氯处理等对果蔬采后病菌进行控制管理。采用氯处理技术既有效又相对便宜，不会对健康或环境造成危害。

尽管果蔬表皮提供了抵抗病原菌感染的保护层，但是在湿润条件下，病原菌会通过各种孔口进入到果蔬内部。刺破伤、切口和擦伤，以及梗蒂和梗蒂疤痕均为病原菌提供了进入的机会。伤口尺寸大、浸没水中过深、水中停留时间长及水温高等都会增加病原菌进入果蔬产品的机会。甚至果蔬的微小天然孔口（气孔和皮孔）也会为病原菌提供路径。清洗时加入少量清洁剂会降低表面张力，增加氯移动到小孔中杀灭病原菌的效力。

第四节 热 处 理

热处理也称为果蔬采后温度预调节，在国外已有近百年的应用历史，最初用于杀灭柑橘果蝇，防治果蔬采后虫害。近年来随着消费者对无化学处理果蔬产品的热衷和追求，热处理技术也得到越来越多的关注。

实践证明，热处理技术对于贮藏期间维持果蔬质量能起到积极的作用，除可用于防治果蔬采后虫害外，也可用于杀灭或减少果蔬上病原体，控制采后果蔬的腐败及食源性疾病的发生，另外还可以有效控制采后果蔬的生理失调。

用于果蔬的热处理方法有热水浸泡、热水冲刷、热空气处理、湿热空气（水蒸气）处理、高温蒸汽处理和瞬间湿热处理等。采用的热处理方法不能对果蔬产品造成伤害，温度和作用时间的管控是既能达到处理效果又要防止果蔬伤害的关键。

热杀灭微生物的基本原理是破坏微生物的蛋白质、核酸、细胞壁和细胞膜，从而导致其死亡。干热和湿热对微生物蛋白质破坏的机制不同，干热灭活微生物的机制是氧化作用，湿热是通过凝固微生物的蛋白质导致其死亡。通常，为达到相同灭菌效果时，湿热法比干热法所需的温度低，作用时间短。

一、热水浸泡处理

热水浸泡处理是最早用于果蔬采后控制微生物减少腐坏的一类非化学处理方法有许多实例证明这种方法行之有效。表 6-4-1 为各种果蔬采用的热水处理方法、作用的病原体和获得效果的示例。

表 6-4-1 果蔬热水处理方法和作用的病原体

（引自：Kitinoja L and Kader A A，2003）

产品	病原体	温度（℃）	时间（min）	缺 点
苹果	盘长孢属菌种（*Gloeosporium* sp.） 扩展青霉（*Penicillium expansum*）	45	10	贮藏时间缩短
柚子	柑橘褐腐疫霉（*Phytophthora citrophthora*）	48	3	
豆角	巴特勒腐霉（*Pythium butlèri*）	52	0.5	
柠檬	指状青霉（*Penicillium digitatum*） 疫霉属菌种（*Phytophthora* sp.）	52	5～10	
芒果	胶孢炭疽菌（*Colletotrichum gloeosporioides*）	52	5	不能控制茎腐
瓜	真菌（Fungi）	57～63	0.5	
橙	色二孢属菌种（*Diplodia* sp.） 拟茎点霉属菌种（*Phomopsis* sp.） 疫霉属菌种（*Phytophthora* sp.）	53	5	褪绿作用弱

（续）

产品	病原体	温度（℃）	时间（min）	缺　　点
番木瓜	真菌（Fungi）	48	20	
桃	美澳型核果链核盘菌（*Monilinia fructicola*） 匍枝根霉（*Rhizopus stolonifer*）	52	2.5	表皮活动
青椒	欧文氏菌属菌种（*Erwinia* sp.）	53	1.5	轻微斑

注：番木瓜炭疽病控制需要进行两次处理，即 42℃ 30min 后 49℃ 20min。

用于控制果蔬采后病原体的热水处理温度通常在 40℃ 以上，许多果蔬在温度为 50～60℃ 的热水中处理 5～10min 时，质量不会遭到破坏。

因为真菌孢子及其感染通常发生在果蔬表面或皮下表层，热水浸蘸处理对真菌病原体的控制很有效。不同类别的真菌对高温的敏感度不同，例如，美澳型核果链核盘菌比扩展青霉对热更为敏感。

热水处理与热空气处理相比，传热快，果蔬表面温度和内部温度均容易达到目标温度，并且一致性好。热水处理与化学剂处理相比，具有处理周期短、容易监测、水果表面无化学残留、甚至对于已经进入果蔬内部的病原体都可以根除等优点。由于采后疾病的生物防控措施不具有根除病原体的作用，因而经热水处理后再结合采取生物防控措施，可以获得有效去除和防控的双重效果。

蓝莓在北美是一种非常重要的具有保健功能的园艺产品，也是一种易由真菌感染引起腐坏的产品，引起蓝莓腐坏的采后病原菌有灰葡萄孢菌、互隔交链孢霉、炭疽菌属菌种和暗色拟茎点霉（*phomopsis vaccinii* shear）。

FAN L（2008）等进行了热水浸蘸高灌蓝莓果的试验研究。蓝莓在采收后的 24h 内用 125g 规格塑料盒分装运输到试验地，运到后立刻称重贴标，然后用 22、45、50 和 60℃ 热水浸蘸处理 15s 或 30s，热水处理后置于层流气流室中用室温空气吹干 30min。经过处理和未处理的对照果贮存在 0℃ 冷库 0、1、2 或 4 周后再在 20℃ 模拟市场条件下放置 2d，之后对蓝莓质量进行评价。由于在 20℃ 放置 2d 后，所有处理情况的腐坏率均低，因此又多放 7d 进一步评价各处理情况的效果。质量评价包括可销售果与瑕疵果的外观评价，微生物检测，果实硬度检测，pH、可滴定酸和可溶性固形物等理化指标检测，挥发成分检测，结果如图 6-4-1～图 6-4-7 所示。

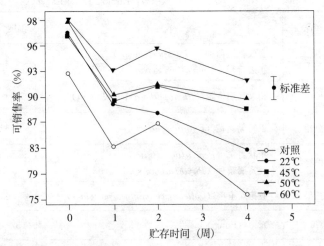

图 6-4-1　蓝莓经不同温度热水处理 15s 和 30s 后在 0℃ 贮存 0、1、2 或 4 周并且在 20℃ 放置 2d 评价的可销售率
（引自：FAN L，2008）

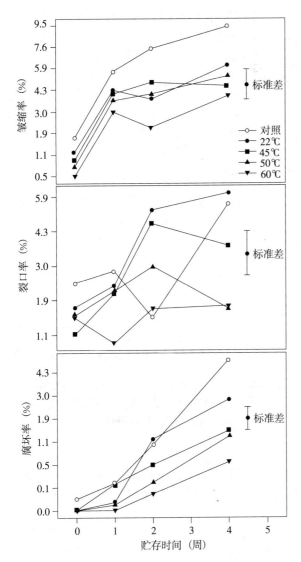

图 6-4-2　蓝莓经不同温度热水处理 15s 和 30s 后
在 0℃贮存 0、1、2 或 4 周并且在 20℃
放置 2d 评价的皱缩率、裂口率和腐坏率
（引自：同图 6-4-1）

热水处理对蓝莓可销售状况的影响如图 6-4-1、图 6-4-2 和图 6-4-3 所示。热水处理 15s 或 30s 对蓝莓贮存后的可销售状况没有显著影响，图中数据均取平均值。从图 6-4-1 和图 6-4-2 看出，经 60、50、45、22℃热水处理和未经热水处理的蓝莓，在 0℃贮存 4 周且在 20℃放置 2d 后，可销售率分别为 92％、90％、88％、83％和 76％；腐坏率分别为 0.6％、1.2％、1.4％、2.8％和 5.1％；经热水处理的蓝莓皱缩率平均为 4.9％，而未经热水处理的皱缩率为 9.5％；裂口情况，经 60℃或 50℃热水处理的明显低于 22℃热水处理和未经热水处理的。

当 20℃放置 9d 后，腐坏明显增加（图 6-4-3），而经 60℃热水处理的情况要明显好于其他处理情况，处理 15s 和 30s 的腐坏率分别为 1.8％和 0.4％。

热水处理对微生物的影响如图 6-4-4 所示。经 45、50℃热水处理 15s 或 30s，和经 60℃热水处理 15s 对于微生物的杀灭均没有明显效果，而经 60℃热水处理 30s，0 周和 1 周贮存时，好氧菌分别减少 0.6lg（CFU/g）和 0.45lg（CFU/g），酵母菌和霉菌分别减少 0.7lg（CFU/g）和 0.5lg（CFU/g）。贮存 4 周后，经 60℃热水处理 30s 的酵母菌和霉菌的存活低于其他处理情况。经分离和鉴别，本试验引起腐坏的真菌有灰葡萄孢菌、炭疽菌属菌种和青霉属菌种。引起灰霉腐的灰葡萄孢菌占主要地位，腐坏征兆为水渍状、灰白色到茶色的绒毛菌丝和果实表面有孢子生长。炭疽菌属菌种是蓝莓贮存期间引起腐坏的另一主要菌种，典型症状出现在贮存期或货架期，首先是浅表感染，之后向深处发展和孢子聚集，颜色由粉橙色变为深褐色，最后感染腐坏部位以下的果肉变软。另外，还在有些腐坏果上发现了青霉属菌种，但与前两种相比要少得多。

热水处理对其他品质参数的影响包括上表皮粉霜覆盖率、重量损失率、可滴定酸和可溶固形物含量等。试验结果为，热水温度越高和处理时间越长，上表皮粉霜覆盖率越低。经热水处理的与未经热水处理相比，重量损失率明显减少，经热水处理的重量损失率平均为

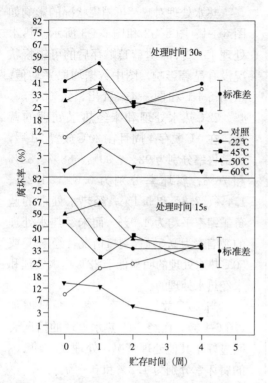

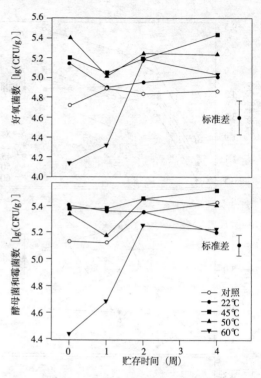

图 6-4-3 蓝莓经不同温度热水处理 15s 和 30s
后在 0℃贮存 0、1、2 或 4 周并且
在 20℃放置 9d 评价的腐坏率
（引自：同图 6-4-1）

图 6-4-4 蓝莓经不同温度热水处理 30s 后在 0℃
贮存 0、1、2 或 4 周并且在 20℃
放置 2d 的好氧菌和真菌数
（引自：同图 6-4-1）

0.4％，而未经热水处理的损失率为 3.8％（图 6-4-5）。经热水处理之后立即测得的可滴定
酸含量明显低于未经热水处理的，但在贮存期间基本保持恒定，而未经热水处理的随贮存时

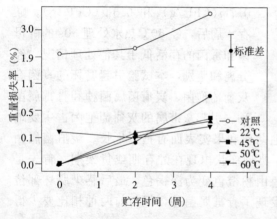

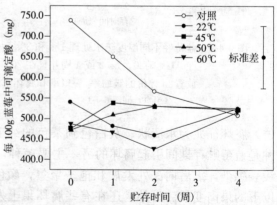

图 6-4-5 蓝莓经不同温度热水处理 15s 和 30s 后
在 0℃贮存 0、1、2 或 4 周并且在 20℃
放置 2d 的重量损失
（引自：同图 6-4-1）

图 6-4-6 蓝莓经不同温度热水处理 15s 和 30s 后
在 0℃贮存 0、1、2 或 4 周并且在 20℃
放置 2d 的柠檬酸含量
（引自：同图 6-4-1）

间下降，4 周时经热水处理和未经热水处理的达到同一水平（图 6-4-6）。经热水处理的可溶固形物平均为 14.7，未经热水处理的为 15.4。经热水处理的果实硬度平均为 1.78 N/mm，未经热水处理的为 1.73 N/mm；而果实硬度变化为，经热水处理的从处理后立即测量值的 1.57 N/mm 增加到贮存 4 周后的 2.0 N/mm，未经热水处理的从 1.60 N/mm 增加到 1.92 N/mm。经热水处理和未经热水处理的 pH 在贮存期间没有明显差异，平均值为 3.2。

热水处理对挥发物的影响如图 6-4-7 所示。FAN L 等对热水处理后和贮存期间的挥发物，包括乙酸乙酯（ethyl acetate）、甲醇（methanol）、乙醇（ethanol）、2-甲基丁酸乙酯（ethyl 2-methylbutanoate）、2-丁烯酸乙酯（ethyl 2-butenoate）、3-甲基丁酸乙酯（ethyl 3-methylbutanoate）、乙酸丁酯（butyl acetate）、己醛（hexanal）、3-甲基丁基乙酸酯（3-methylbutyl acetate）、莰烯（camphene）、柠檬烯（limonene）、伞花烃（cymene）、2-壬烯-1-醇（2-nonen-1-ol）、异戊酸己酯（hexyl 2-methylbutanoate）、1-甲基-4-（1-甲基乙烯基）苯（p,α-dimethylstyrene）、2-乙基己醇（2-ethyl hexanol）、己酸己酯（hexyl hexanoate）、糠醇（2-furanmethanol）、α-法呢烯（α-

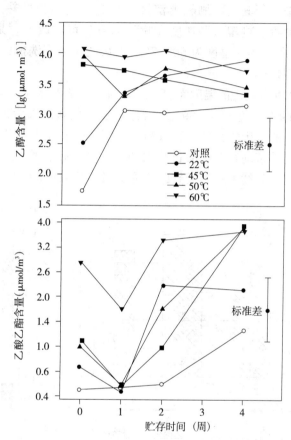

图 6-4-7　蓝莓经不同温度热水处理 15s 和 30s 后
在 0℃贮存 0、1、2 或 4 周并且在 20℃
放置 2d 的挥发物含量
（引自：同图 6-4-1）

farnesene）、1-十二醇（1-dodecanol）和苯并噻唑（benzothiazole）等进行了监测和分析，其中经 45、50 和 60℃热水处理的果顶部空间的乙醇、乙酸乙酯和 2-甲基丁酸乙酯的浓度在刚处理后明显高于未经热水处理的，处理时间 15s 和 30s 没有明显差异。0 周时，未处理的乙醇含量为 0.053mmol/m³，60℃热水处理的为 9.46mmol/m³；1 周时，未处理的乙醇含量达到 1.13mmol/m³，并且直到 4 周一直维持在这一水平；经 45、50 和 60℃热水处理的贮存期间乙醇含量无显著变化。只有经 60℃热水处理后立即测得的蓝莓顶部空间的乙酸乙酯含量明显高于其他处理情况，但 0℃贮存 4 周和 20℃放置 2d 后，45、50 和 60℃热水处理的乙酸乙酯含量均远高于未经热水处理的。可见，热水处理改变了挥发物的释放，但通过观察热水处理没有造成蓝莓果的组织伤害。

二、热水冲刷处理

除热水浸泡处理之外，近年来热水冲刷处理用于采后果蔬微生物控制和防止腐坏也起到了很好的作用。

热水冲刷处理包括热水冲洗和刷洗。这种技术通常在分级包装生产线上采用，果蔬由刷辊带动行驶，在刷辊上滚过，具有一定压力的热水从喷头喷出，对新鲜果蔬进行清洗和消毒。刷辊行驶速度和喷头的数量可以改变，果蔬产品在高温下暴露时间为 10～60s。由于热水温度为 50～70℃，从产品上刷洗掉的微生物不能存活，因此热水可以循环使用。

热水冲刷处理的温度为 48～53℃时，通常不超过 30s；温度为 55～60℃时不超过 20s。

Fallik E（1996、1999）等介绍，在以色列的采后加工包装生产线上，采用热水刷洗处理出口的玉米、芒果、青椒和柑橘等。机器喷出的热水温度为 50～65℃，产品在毛刷辊上并由其带动行驶。通过热水冲刷，可有效去除泥沙和真菌孢子，但也会引起表面破裂，需要在后续工序用天然蜡填充弥补。Karabulut O A（2002）等试验研究了热水刷洗

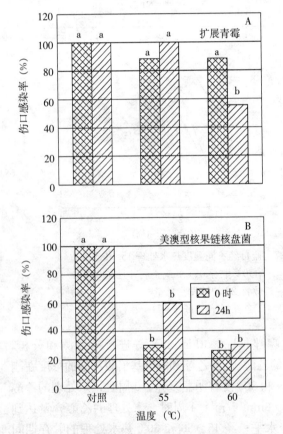

图 6-4-8　两种温度热水刷洗对抑制感染的效果

（相同小写字母表示无显著差异，$p=0.01$ 判定，

图 6-4-9～图 6-4-11 数据同）

（引自：Karabulut O A et al.，2002）

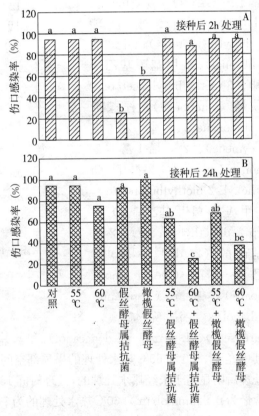

图 6-4-9　热水刷洗对抑制扩展青霉

感染的效果

（引自：同图 6-4-8）

处理对油桃和桃子的消毒杀菌效果，如图 6-4-8 至图 6-4-11 所示。结果表明，美澳型核果链核盘菌比扩展青霉对高温更敏感。油桃和桃经人工接种美澳型核果链核盘菌后，用 55～60℃热水刷洗处理 20s，与对照组比较，可以抑制 70%～80% 的感染，接种病菌后立即刷洗（0h）和 24h 后刷洗处理对感染抑制的百分率相近。Karabulut O A 等还进行了热水刷洗和酵母拮抗菌联合处理的试验研究，发现接种扩展青霉 24h 后，60℃热水刷洗处理 20 s，然后在假丝酵母属菌种（*Candida* spp.）拮抗菌悬浊液（菌数 10^8 cell/mL）中浸蘸，可以减少 60% 的感染。而拮抗菌橄榄假丝酵母（*Candida oleophila*）对于控制扩展青霉感染的作用较差，如图 6-4-9 所示。对于控制美澳型核果链核盘菌感染而言，热水刷洗和假丝酵母属拮抗菌的联合处理与热水刷洗单独处理相比没有明显的增效作用（图 6-4-10）。60℃热水刷洗处理 20s 可以使褐腐病腐坏降低到非常低的水平，经过 0℃下 30d 贮藏和 10d 的货架期，腐坏率能达到商业可接受的范围（＜5%），而与假丝酵母属拮抗菌联合处理没有增效的作用（图 6-4-11）。热水刷洗不会导致水果表面损伤和质量下降。

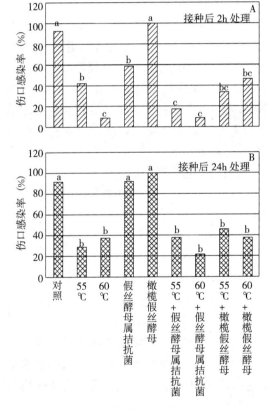

图 6-4-10　热水刷洗对抑制美澳型核果
链核盘菌感染的效果
（引自：同图 6-4-8）

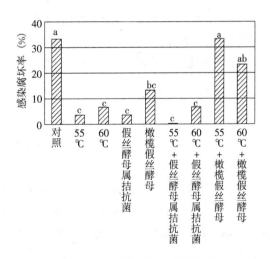

图 6-4-11　贮藏后热水刷洗处理
抑制腐坏的效果
（引自：同图 6-4-8）

三、热空气处理

热空气处理是将果蔬放置于带有通风机的热室中，或者利用可精确控制气流速度的热空气直接吹向果蔬。

热空气处理对果蔬加热的速度比热水处理要慢，加热过程时间较长，通常采用的温度为 38～40℃（对梨处理时＜27℃），处理时间为 12～96h。与湿热空气处理相比，缓慢地对果蔬加热和较低湿度的气流不会对果蔬造成损伤。

最初的热空气处理多用于采后果蔬虫害防治，后来研究人员发现，果蔬在高温气流或静止空气中暴露，也可以减少真菌感染，如可以抑制苹果上的扩展青霉、灰葡萄孢菌的繁殖和番茄上灰葡萄孢菌的繁殖。

除单独用热空气处理的方法外，还有采用 2%CaCl₂ 溶液压力渗透与热空气结合处理水果的方法，其效果远优于单一采用热空气或 CaCl₂ 溶液方法进行的处理，可使苹果贮藏 6 个月无腐坏发生。

采用 2%CaCl₂ 溶液压力渗透与热空气联合处理水果时，先进行钙处理要优于先进行热空气处理。电镜研究显示，在未进行热处理水果表面的表皮蜡质层出现大量的深层开裂，在水果表面形成了相互连接的网纹；而经过热处理水果表面的表皮蜡质层未显示出类似的开裂网纹，这种情况会限制 CaCl₂ 渗透进入水果。

1-甲基环丙烯（1-MCP）处理与热处理结合用于果蔬采后预防腐坏也有很好的效果。1-MCP 是一种非常有效的乙烯产生和乙烯作用的抑制剂。作为促进成熟与衰老的植物激素——乙烯，可能来自于果蔬自身，也有可能存在于贮藏环境的空气中，与果蔬细胞内部的相关受体结合，激活一系列与成熟有关的生理生化反应，加快果蔬衰老和死亡。1-MCP 亦可以很好地与乙烯受体结合，但这种结合不会引起成熟的生化反应，因此，在植物内源乙烯产生或外源乙烯作用之前，施用 1-MCP，它就会抢先与乙烯受体结合，从而阻止乙烯与其受体的结合，延长果蔬成熟与衰老的过程，从而延长保鲜期。尤其对于呼吸跃变型水果、蔬菜，在采摘后 48h 进行与热空气结合的处理，可以有效延长贮藏期，以苹果、梨为例，可以从原来的正常贮藏 3～5 个月，延长到 8～9 个月。1-MCP 处理与热处理结合对果蔬进行处理，比单独处理的效果更好，可以有效地减少腐坏率。

四、湿热空气处理（水蒸气处理）

湿热空气处理也称为水蒸气处理，指果蔬在 40～50℃接近饱和的水蒸气下暴露。湿热空气处理时，由于水蒸气微粒聚集在果蔬表面，传热速度远快于热空气处理，同时也更容易对果蔬造成热损伤。

国外用湿热空气处理水果已有二十多年的历史，处理方法是将果蔬暴露于湿热空气中 15～35min 后立即用冷水喷淋或冷空气迅速将果蔬冷却到最适宜的温度，可以有效抑制水果在贮藏过程中变软和腐坏。表 6-4-2 列举了对某些水果采用的湿热空气处理方法及获得的效果。

表 6-4-2　湿热空气处理果蔬方法和效果

（引自：Kitinoja L and Kader A A，2003）

产品	抑制的病原体	热处理条件			贮藏温度（℃）	效果
		温度（℃）	时间（min）	相对湿度（%）		
苹果	盘长孢属菌种（*Gloeosporium sp.*） 扩展青霉（*Penicillium expansum*）	45	15	100		质量变差

（续）

产品	抑制的病原体	热处理条件			贮藏温度（℃）	效果
		温度（℃）	时间（min）	相对湿度（%）		
瓜	真菌（Fungi）	30～60	35	低		破裂痕
桃	美澳型核果链核盘菌（*Monilinia fructicola*） 匍枝根霉（*Rhizopus stolonifer*）	54	15	80		
草莓	交链孢霉属菌种（*Alternaria* sp.） 葡萄孢菌属菌种（*Botrytis* sp.） 根霉属菌种（*Rhizopus* sp.） 枝孢菌属菌种（*Cladosporium* sp.）	43	30	98		

五、热蒸汽处理

热蒸汽处理是通过果蔬短时间暴露于热蒸汽中从而杀灭果蔬表面微生物的方法。当热蒸汽与冷的果蔬表面相遇时会发生凝结，释放出大量的汽化潜热（水在 1 个标准大气压、100℃时的汽化潜热为 2 260J/g），使果蔬表面温度迅速升高，而病原微生物通常生长在果蔬的表面，从而起到果蔬表面杀菌的作用。

许多病原微生物不耐高温，尤其细菌繁殖体，在高温作用下能短时间被杀灭。用一定压力的热蒸汽对果蔬进行处理，对于有些微生物引起的果蔬腐坏有很好的效果，例如，Afek U（1999）在实验室处理胡萝卜试验采用的热蒸汽暴露温度 90℃、作用时间 3s 和在半商业化试验时热蒸汽暴露温度 70℃、作用时间 5s，对抑制互隔交链孢霉引起的腐败均取得了良好的效果。

在 Eshel D（2009）等的研究案例中认为，为改善胡萝卜的外观，通常会采用刷洗的方法清洗，经刷洗的胡萝卜会引起黑根腐病，经过一段时间贮藏后上架销售时，尽管没有发展到软腐的程度，但高达 80% 的胡萝卜表面会出现黑根腐病的征兆。胡萝卜表面出现黑根腐病征兆与刷洗处理过程密切相关，图 6-4-12 中的图（a）为未经刷洗的胡萝卜，图（b）为贮藏前经过刷洗的胡萝卜，胡萝卜用聚乙烯袋包装，在 0.5℃ 的冷库中贮藏 30d，然后在货架上（20℃）放置 8d。

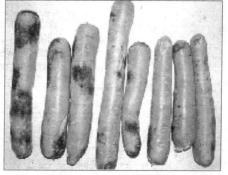

(a) 未经刷洗的胡萝卜　　　　　　　　(b) 经过刷洗的胡萝卜

图 6-4-12　未经刷洗和经刷洗的胡萝卜

（引自：Eshel D *et al.*，2009）

热蒸汽处理采用专用的蒸汽系统，最大压力为 0.4MPa 的热蒸汽喷射到由辊式输送机输送的胡萝卜上，暴露时间由调节输送机速度确定，测得的胡萝卜表面最高温度为 85℃。

将刷洗过的胡萝卜在热蒸汽中暴露 2～3s，然后擦光，可以减少 50%～75% 的黑根腐病腐坏；如果暴露时间增加到 4s，可以减少 80%。暴露 4s 与暴露 3s 相比，对于黑根腐病发生并没有非常显著的改善，但是会使 50% 的胡萝卜组织烫伤和色泽发生变化，如图 6-4-13 所示。

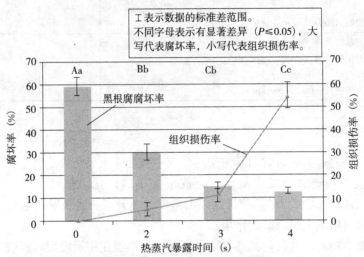

图 6-4-13　胡萝卜暴露于热蒸汽的时间与腐坏率和组织损伤率的关系
（引自：同图 6-4-12）

采用热蒸汽处理与喷施化学药剂或拮抗剂结合，对控制黑根腐病腐坏，可以起到增效的作用。

图 6-4-14 所示为热蒸汽处理、化学药剂处理、热蒸汽＋化学药剂联合处理对于控制胡萝卜采后黑根腐病腐坏发生的不同效果的比较。采用的化学药剂有 Tsunami® 100（商品名，成分为过氧乙酸和过氧化氢，有效成分为 20%）和异菌脲（商品名 Rovral™，0.5g/L）。胡萝卜经过机械刷洗以后，分别暴露于 3s 的蒸汽或/和喷施 0.5mL/L Tsunami® 100，或喷施 0.5g/L 异菌脲。处理后的胡萝卜装入商用聚乙烯袋，在 0.5℃ 的冷库中贮藏 30d，然后在货架上（20℃）放置 8d。可以看出，热蒸汽与 Tsunami® 100 联合处理具有增效的作用，可以减少 80% 的黑根腐病腐坏。

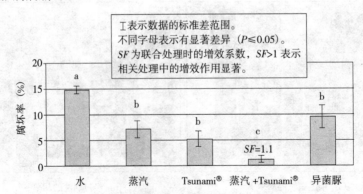

图 6-4-14　热蒸汽处理与化学药剂结合的增效作用
（引自：同图 6-4-12）

图 6-4-15 所示为拮抗剂（商品名 Shemer™，2g/L）处理、热蒸汽处理、Tsunami® 100 处理、热蒸汽与拮抗剂联合处理和 Tsunami® 100 与拮抗剂联合处理对于控制胡萝卜采后黑根腐病腐坏发生的不同效果的比较。热蒸汽处理为暴露时间 3s；拮抗剂处理为喷施 2g/L 的 Shemer™；Tsunami® 100 处理为 1mL/L 浓度的 Tsunami® 100 处理 30s 后用水漂洗；Tsunami® 100 与拮抗剂联合处理为 1mL/L 浓度的 Tsunami® 100 处理 30s 后用水加拮抗剂漂洗；热蒸汽与拮抗剂联合处理为热蒸汽中暴露 3s 后施用拮抗剂。处理后的胡萝卜装入商用聚乙烯袋，在 0.5℃ 的冷库中贮藏 30d，然后在货架上（20℃）放置 8d。

可以看出，胡萝卜贮藏前采用生物拮抗剂处理，不会对黑根腐病的发生起作用，而热蒸汽与拮抗剂联合处理具有很好的增效作用，可以减少 86% 的黑根腐病腐坏。与其相比，Tsunami® 100 与拮抗剂联合处理虽然比单独处理具有较好的增效作用，但比热蒸汽联合处理的效果要差，减少 54% 的黑根腐病腐坏。显然，用热蒸汽与生物拮抗剂结合对胡萝卜进行处理，可以有效控制胡萝卜采后因根串球霉（*Thielaviopsis basicola*）引起的黑根腐病，原因是热蒸汽热处理大大减少了其他微生物的数量，拮抗菌在与胡萝卜伤口上的微生物对抗时，能更为有效地生长繁殖。

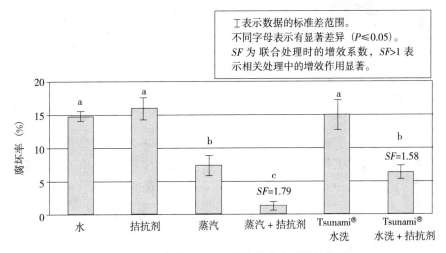

图 6-4-15　热蒸汽处理与拮抗菌结合的增效作用
（引自：同图 6-4-12）

六、瞬间湿热杀菌

瞬间湿热杀菌法是近年日本的研究人员与企业联合开发的一项新技术，与热蒸汽处理不同的是加热时间更为短暂，为严格控制果蔬在蒸汽中停留的时间，制造了瞬间湿热杀菌装置，如图 6-4-16 所示，主要用于鲜切果蔬、草莓、花生及豆类的表面杀菌。

瞬间湿热杀菌理论认为，微生物通常生长在果蔬的表面，瞬间湿热杀菌利用了饱和水蒸气凝结成水时释放的热量，瞬间使果蔬表面加热而不伴随有内部加热。被加热的表层厚度为 50~100μm，水蒸气凝结热层的厚度约为 10μm。病毒、细菌、真菌等微生物的大小一般 <10μm，如球菌的直径 0.5~2μm，杆菌长一般 1~5μm，能被水蒸气凝结热层包围。许多病原微生物不耐热，例如，大肠埃希氏菌在 87℃ 时的耐热时间为 0.12s。而植物表层细胞的大小为数十至数百微米，短时间的加热不会使细胞破坏。

有研究结果表明，热蒸汽通过物体时，表面温度上升的速度对于饱和蒸汽和不饱和蒸汽略有差别，如图 6-4-17 所示，饱和蒸汽经过时间为 85ms 时，物体表面温度可达到 92℃。推测果蔬在饱和蒸汽的包围下，经过 0.1s 的时间，表面温度可接近 100℃。

图 6-4-16　日本株式会社リキッドガスの瞬间湿热杀菌装置

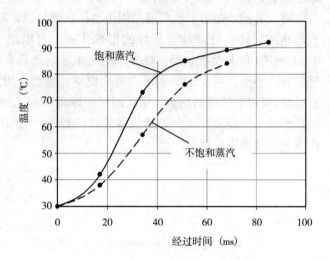

图 6-4-17　蒸汽通过时物体表面的温度变化

瞬间湿热杀菌装置的工作示意如图 6-4-18 所示。锅炉产生的饱和热蒸汽通入到瞬间杀菌装置中，使杀菌处理室中充满了饱和热蒸汽，在杀菌处理室的上侧开口部位，配置了能够

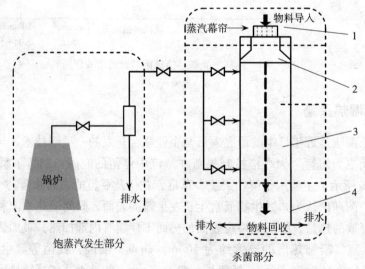

图 6-4-18　瞬间湿热杀菌装置工作示意图
1. 气体制抑装置　2. 落料口　3. 杀菌处理室　4. 物料冷却回收部
［引自：（株）リキッドガ，2010］

抑制蒸汽释出的气体抑制装置，物料导入后从落料口下落，下落过程中与饱和热蒸汽接触被加热杀菌。在杀菌处理室的下部设置有冷却回收装置，可边冷却边回收物料。

如果杀菌处理室的饱和热蒸汽中混入空气，在被处理物的表面会形成空气层，使导热率下降，降低杀菌效果。气体抑制装置除能够防止杀菌处理室中热蒸汽释出外，还可以防止空气混入。

图 6-4-19 所示为物料在高度为 1m 的热蒸汽氛围中下落时间与下落距离的关系，下落时间与表面温度的关系，以及水蒸气凝结发生时的状态示意。可以看到接近 100℃ 的作用时间约为 0.3s。

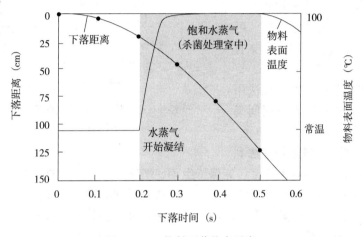

图 6-4-19　物料下落状态示意

图 6-4-20 所示为瞬间湿热杀菌法用于鲜切果蔬杀菌的试验结果。果蔬外皮或生菜、结球甘蓝的外叶去除，分切成 2cm×3cm，经杀菌处理后样品中未检出大肠埃希氏菌，霉菌、

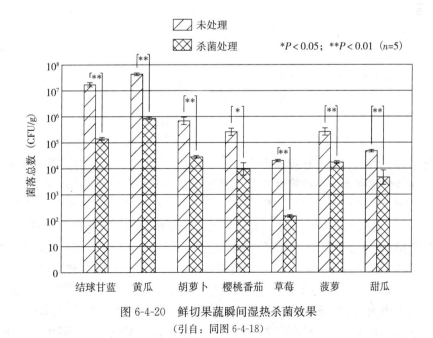

图 6-4-20　鲜切果蔬瞬间湿热杀菌效果
（引自：同图 6-4-18）

酵母菌等微生物减少到杀菌前的 $10^{-3} \sim 10^{-2}$。

果蔬的导热系数（热导率）较小，约为 $0.4 \sim 0.6\mathrm{W/(m \cdot ℃)}$，热量向内部扩散得较慢，瞬间加热杀菌处理时，表面与内部的温差很大，不会使果蔬的质地发生改变，对果蔬的色、香、味均没有影响，果蔬的新鲜度也保持不变。图 6-4-21 为用食品质地测定仪测试的生菜和结球甘蓝经瞬间湿热杀菌前后质地的变化情况，可以看出处理前后的质地几乎没有改变。

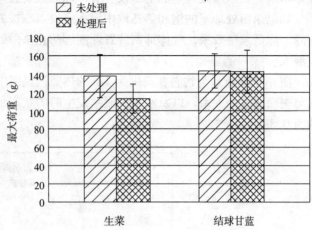

图 6-4-21　瞬间湿热杀菌前后蔬菜质地变化
（引自：同图 6-4-18）

传统长时间高温消毒方式无法用于生鲜果蔬的消毒杀菌，在长时间高温作用下，果蔬的新鲜程度和色、香、味均会丧失。瞬间湿热杀菌法利用水蒸气短时间与果蔬接触来杀菌，能保持生菜、结球甘蓝等蔬菜的脆感，水果及豆类等的风味不会丧失，并且能够保持果蔬的新鲜程度。瞬间湿热杀菌法较适用于鲜切果蔬的杀菌，由于不使用化学药剂，没有药剂残留，不会有异味，又能保持生鲜果蔬原有的质地和风味，是一种安全杀菌的新方法。

瞬间湿热杀菌装置采用了物料下落过程中完成杀菌的方式，自由下落的物料表面能够与蒸汽完全充分地接触，下落高度决定了作用时间的长短，能确保无物料滞留、无过时加热的现象发生。

七、采后热处理对果蔬的影响

附表 6-3 列举了热水处理、热水冲刷处理、热空气处理、湿热空气处理和热蒸汽处理等在园艺产品杀灭和预防真菌病原体时的应用试验示例。另外，在附表 6-4 和附表 6-5 中分别列举了采后虫害防控和采后预防生理失调所采用的热处理工艺试验示例，以供对照和参考。

此外，热处理对于果蔬生理和品质的影响主要包括以下几个方面：

（1）热处理对于果实后熟具有调节作用。多数呼吸跃变型果实，在后熟时表现出果肉变软、糖酸比增加、颜色加深、呼吸速率增加和产生乙烯等特性。这类果蔬暴露于高温时，会使其中的某些特性加强而另一些特性减弱，因此可以利用这种不协调的情况对果实后熟进行调节。例如，苹果、鳄梨和番茄进行热处理时，乙烯生成量增加的同时并不引起果实软化，并且之后乙烯的生成量逐渐下降；李、番茄热处理后呼吸速率下降，且无跃变上升变化；香蕉热处理后会抑制乙烯产生和对外源乙烯的感受性；李、番茄和桃等热处理后都能抑制乙烯产生。这些果蔬经过热处理之后，在 20℃ 货架存放时，可以延长其保鲜期。

（2）热带和亚热带果蔬对低温环境比较敏感，容易出现贮藏冷害，表皮呈现水渍状、蚀损斑，果皮和果肉褐变，甚至局部组织坏死、腐烂，而热处理可以防止或减轻果蔬贮藏中冷害的发生。其作用机理包括：能促进损伤的果皮细胞愈合，避免伤口扩展形成褐斑；能抑制果皮下的某种挥发性物质积累和氧化，从而防止果皮褐烫症的发生；能提高果蔬中细胞膜的不饱和脂肪酸含量，使细胞膜在低温时免受伤害，从而增加果蔬的抗冷性；有助于维持活性氧的代谢平衡，减少自由基对膜结构的破坏，使细胞膜具有正常的生理功能，从而抑制低温冷害的发生。

（3）热处理对果蔬品质如营养成分、风味、色泽、硬度等均产生一定的影响。有些果蔬经热处理作用时，营养成分和风味会发生变化，如番茄的可溶性固形物和可滴定酸含量有所增加，草莓的维生素 C 含量会增加等。热处理对果蔬色泽的影响主要表现为对果蔬叶绿素降解系统的影响和对类胡萝卜素合成的影响。对果蔬叶绿素降解系统的影响会导致不同的结果，而同种果蔬因热处理条件不同其结果也可能不同。例如，菠菜经 40℃ 3.5min 热水处理后会增加叶绿素的含量，而某品种番茄经热处理会加速叶绿素的降解；青花菜经 37℃ 热空气处理会加速其黄化，而经 48℃ 3h 热处理能显著抑制黄化和叶绿素降解。芒果经热处理后，类胡萝卜素含量会增加。热处理对果实硬度的影响，会随处理方式、温度和作用时间的不同而有所变化。

（4）热处理不当，会对果蔬组织造成损伤，需要在实施热处理时引起注意。热处理造成的果蔬损伤有外部损伤和内部损伤。外部损伤如表皮褐变、出现蚀损样斑点以及绿色蔬菜变黄等，内部损伤如异常发软、出现空腔、果肉颜色变暗等，另外有些果实还会出现快速软化或部分区域异常软化的现象。为使热处理达到理想的效果，同时又不会对果蔬造成损伤，需要严格管控好温度和作用时间。

第五节 氯系消毒剂清洗杀菌及其技术装备

溶于水中能产生次氯酸的消毒剂称为氯系消毒剂（也称含氯消毒剂），是世界上最早使用的一种化学消毒剂，常用的有氯气、漂白粉和次氯酸钠等。

果蔬采后商品化生产的清洗杀菌中最常用的氯系消毒剂是次氯酸钠。使用氯系消毒剂制备的杀菌水消毒，可以减少因产品表面存在微生物引起的果蔬腐败，也可以有效控制人类病原微生物通过果蔬产品传播疾病。

氯系消毒剂制备的清洗杀菌水中的有效成分是次氯酸（HClO），而次氯酸分子极不稳定，往往需要现场制备使用。

一、常规氯系消毒剂

（一）氯气与液氯

1. 氯的基本性质　自然界中氯以游离状态存在于大气层中，与臭氧发生化学反应，是破坏臭氧层的物质之一。

氯单质的化学式为 Cl_2，在常温常压下为黄绿色气体，俗称为氯气，有刺激性气味，有毒。在标准大气压 101.325kPa 下，0℃时的密度为 3.2g/L，熔点为 −101.5℃，沸点为 −34.04℃。

氯气经压缩可液化成金黄色液态氯，俗称液氯，是氯碱工业的主要产品之一，用作强氧化剂和氯化剂。工业用液氯中氯的体积分数为 99.6%～99.8%，水分的质量分数为

$0.01\% \sim 0.04\%$。

2. 氯消毒及毒副作用 氯是最早广泛使用的一种消毒剂，一般用于自来水及游泳池等的消毒。氯与水的化学反应式如下：

$$Cl_2 + H_2O \longleftrightarrow HClO + H^+ + Cl^- \qquad (6-5-1)$$

氯消毒具有杀菌效果快、使用方便、处理成本低和运行管理容易等优点，目前仍是最主要的消毒方法。

由于氯气的水溶性较差，且毒性较大，又会放出特殊气味，容易产生有机氯化合物，故全世界都在探寻替代品。以美国为例的发达国家的自来水消毒倾向于用二氧化氯代替，在我国也有许多水厂在研究探讨用二氧化氯或二氧化氯与液氯组合消毒的方式。

使用氯消毒的毒副作用是产生致癌物三卤甲烷。三卤甲烷很少存在于自然水体中，但会在消毒过程中由水中有机物与氯反应形成，主要生成物包括三氯甲烷（$CHCl_3$）、一溴二氯甲烷（$CHBrCl_2$）、二溴一氯甲烷（$CHBr_2Cl$）和溴仿（$CHBr_3$）等，此四者合称为三卤甲烷（THMs），自来水厂消毒时氯仿的出现频率和浓度较高。

许多国家都规定了水中三氯甲烷的最大允许含量，美国国家环保局规定在饮用水中的污染极限是 $0.01mg/L$，德国是 $0.025mg/L$，我国《GB5749—2006 生活饮用水卫生标准》中规定三氯甲烷的限值为 $0.06mg/L$。

(二) 漂白粉与漂粉精

1. 基本性质 漂白粉和漂粉精均为混合物，呈白色颗粒状粉末，有氯臭，主要成分是次氯酸钙 [$Ca(ClO)_2$]。漂白粉能溶于水，溶液呈浑浊状，有大量沉渣，稳定性差，可在空气中逐渐吸收水分和二氧化碳而分解。我国化工行业标准（HG/T 2496—2006）要求 B-35、B-32 和 B-28 规格的漂白粉含有效氯（以 Cl 计）分别不低于 35%、32% 和 28%。漂粉精易溶于水，有少量沉渣，稳定性好，受潮不易分解。漂粉精按合成工艺的不同，分为钠法和钙法生产，我国国家标准（GB/T 10666—2008）要求，钠法漂粉精优等品、一等品和合格品含有效氯（以 Cl 计）分别不低于 70%、65% 和 60%，钙法漂粉精优等品、一等品和合格品含有效氯（以 Cl 计）分别不低于 65%、60% 和 55%。

2. 漂白粉、漂粉精的水溶液

水溶液中，漂白粉或漂粉精中次氯酸钙的次氯酸根离子会发生水解，其化学式为：

$$Ca(ClO)_2 + 2H_2O \longrightarrow 2HClO + Ca(OH)_2 \qquad (6-5-2)$$

由于水溶液中含大量 $Ca(OH)_2$，呈碱性，pH 随浓度增加而升高（表 6-5-1）。

表 6-5-1 漂白粉、漂粉精水溶液的 pH

溶液浓度（%）	pH	
	漂白粉	漂粉精
10	12.3	11.9
1	11.7	11.0
0.1	10.5	10.4
0.01	8.7	8.3
0.001	7.8	7.3

（三）次氯酸钠溶液

1. 基本性质　次氯酸钠为氯系消毒剂的一种，分子式是 NaClO，其性质与氯气不同，属于强碱弱酸盐，是能完全溶解于水的清澈透明的黄绿色液体，也称为次氯酸钠溶液。

2. 次氯酸钠的工业制取　次氯酸钠溶液是一种非天然存在的强氧化剂，工业制取次氯酸钠是采用氯气直接通入氢氧化钠水溶液中反应生成，成本最为低廉，其化学反应方程式如下：

$$Cl_2 + 2NaOH \longrightarrow NaCl + NaClO + H_2O \tag{6-5-3}$$

我国国家标准将次氯酸钠溶液分为 A 型和 B 型。A 型的游离碱、铁、重金属和砷含量有限值，适用于消毒、杀菌及水处理等；B 型仅对游离碱和铁的含量有限值，适用于一般工业用途。A 型次氯酸钠溶液又分为 I 和 II 两种规格，其有效氯（以 Cl 计）的质量分数分别不小于 10％和 5％。

3. 次氯酸钠水溶液　次氯酸钠水解的化学式如下：

$$NaClO + H_2O \longleftrightarrow NaOH + HClO \tag{6-5-4}$$

次氯酸（HClO）以分子形式存在于次氯酸钠水溶液中的比率和 pH 与有效氯含量有关，有效氯含量越高、pH 越大，存在比率越低（表 6-5-2）。

表 6-5-2　次氯酸钠溶液浓度、pH 和次氯酸存在比率

次氯酸钠水溶液有效氯含量（mg/L）	pH	HClO 存在比率（％）
100	8.6	6
200	8.84	4.1
1 000	9.58	1
4 000	10.2	0.6
120 000	11.83	0.2

（四）电解次氯酸钠与次氯酸钠发生器

1. 电解次氯酸钠　电解次氯酸钠是通过电解食盐水制备，设备称为次氯酸钠发生器。次氯酸钠发生器是采用无隔膜电解法电解低浓度食盐水的装置，是一种技术成熟、工作稳定的产品。电解过程中，生成物氢气会从溶液中逸出，逸出时对溶液起到一定的搅动作用，使两极间的电解生成物与电解质发生一系列的化学反应，反应方程式如下：

总反应：　　　　　　$$NaCl + H_2O \longrightarrow NaClO + H_2 \uparrow \tag{6-5-5}$$

电极反应：

　　　　阳极　　　　　$$2Cl^- - 2e \longrightarrow Cl_2 \tag{6-5-6}$$

　　　　阴极　　　　　$$2H^+ + 2e \longrightarrow H_2 \tag{6-5-7}$$

溶液反应：　　　$$2NaOH + Cl_2 \longrightarrow NaCl + NaClO + H_2O \tag{6-5-8}$$

次氯酸钠发生器的工作原理示意如图 6-5-1 所示。

通过无隔膜法电解食盐水生成的次氯酸钠溶液，有效氯含量一般为 8 000～10 000mg/L，次氯酸钠水溶液稀释成有效氯含量 50～200mg/L 时，pH 大于 7.5。

2. 次氯酸钠发生器产品分类　根据使用用途，次氯酸钠发生器分为卫生消毒用和环境保护用两大类。卫生消毒类可以用于环境保护，环境保护类不得用于卫生消毒。卫生消毒类指用于饮水消毒，卫生器具及餐具消毒，蔬菜、水果、食品消毒等与人体健康直接有关的次氯酸钠发生器。环境保护类指用于工业废水处理，医院污水处理以及其他一切使用次氯酸钠

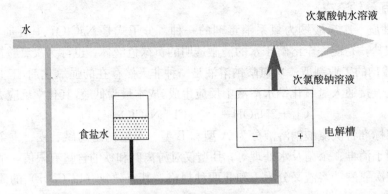

图 6-5-1　电解次氯酸钠杀菌水工作原理示意

溶液的工业部门等与人体健康无直接关系的次氯酸钠发生器。次氯酸钠发生器的运转方式分为连续式运转和间歇式运转两种。

3. 次氯酸钠发生器的技术参数　次氯酸钠发生器的主要技术参数有有效氯含量、有效氯产率、电流效率、电解电压、额定电解电流、直流电耗、交流电耗和盐耗等。

（1）有效氯产率。次氯酸钠发生器的产量用有效氯产率表示，其数值等于设备在额定状态下工作时，每小时生成有效氯的质量。有效氯产率按式（6-5-9）计算。

$$G = CQ \qquad (6-5-9)$$

式中　G——有效氯产率，g/h；

$\quad$ C——次氯酸钠溶液的有效氯含量，g/L；

$\quad$ Q——次氯酸钠溶液产量，L/h。

（2）电流效率。电流效率指电解槽中流过一定电量后，有效氯的实际生成量与理论生成量之比。根据法拉第电解定律，电解槽每通过 1A·h 的电量，有效氯的理论生成量为 1.323g。电流效率按式（6-5-10）计算。

$$\eta_I = \frac{G}{In\varepsilon} \times 100 \qquad (6-5-10)$$

式中　η_I——电流效率，%；

$\quad$ I——电解电流，A；

$\quad$ n——电极串联级数；

$\quad$ ε——单位电量有效氯的理论生成量，g/(A·h)，其值为 1.323。

（3）直流电耗。直流电耗指次氯酸钠发生器在额定状态下工作时，每生成 1kg 有效氯在电解槽中所消耗的直流电能，计算公式为（6-5-11）。

$$P_{DC} = \frac{UI}{G} \qquad (6-5-11)$$

式中　P_{DC}——直流电耗，kW·h/kg；

$\quad$ U——电解电压，V。

（4）交流电耗。交流电耗指次氯酸钠发生器在额定状态下工作时，每生成 1kg 有效氯，设备整机所消耗的交流电能，计算公为式为（6-5-12）。

$$P_{AC} = \frac{1\,000 \times P_1}{G} \qquad (6-5-12)$$

式中 P_{AC}——交流电耗，kW·h/kg；

P_1——整机输入有功功率，kW。

（5）盐耗。盐耗指次氯酸钠发生器在额定状态下运转时，每生成 1kg 有效氯所消耗 NaCl 的质量，计算公式为（6-5-13）。

$$U_S = \frac{S}{C} \tag{6-5-13}$$

式中 U_S——盐耗，kg/kg；

S——电解液浓度，用每升溶液中含氯化钠（NaCl）的克数来表示，g/L。

4. 产品质量等级 根据技术经济指标的不同，次氯酸钠发生器产品分为 A、B 和 C 3 个质量等级，见表 6-5-3。

表 6-5-3 次氯酸钠发生器的技术经济指标及质量分等

（引自：GB12176—1990）

技术经济指标	单位	质量等级		
		A	B	C
电解槽电流效率	%	≥72	≥65	≥60
直流电耗	kW·h/kg	≤4.5	≤5.0	≤6.5
交流电耗	kW·h/kg	≤6.0	≤7.0	≤10
盐耗	kg/kg	≤4.0	≤4.5	≤6.5
阳极寿命强化试验失效时间	h	≥20	≥15	≥10

5. 电解次氯酸钠的优缺点 电解法生成的次氯酸钠较为稳定和单纯，但也存在设备工作过程中电极结垢等难以克服的问题。

二、次氯酸钠的杀菌作用与用途

次氯酸钠溶液具有明显的消毒优势，是一种高效、广谱、安全的灭菌、杀病毒药剂，它同水的亲和性很好，能与水任意比例互溶，不存在液氯、二氧化氯等药剂的安全隐患，并且消毒效果被公认为和氯气相当。次氯酸钠的投加方法容易掌握，操作安全，使用方便，易于储存，对环境无毒害，不存在气体泄漏现象，可以在任意工作环境状况下使用。

（一）次氯酸钠对微生物的杀灭能力

次氯酸钠作为强氧化剂，能有效杀死各类微生物，如细菌、抗酸性杆菌、真菌、病毒、藻类、原虫和芽孢。在没有有机物存在的条件下，对真菌、病毒和藻类只要用有效氯为 1～6mg/L 的次氯酸钠就能杀死，但在实际应用中由于有有机物存在，通常都需要较高的浓度。次氯酸钠对各种微生物的杀灭能力见表 6-5-4。

表 6-5-4 次氯酸钠对各种微生物的杀灭能力

（引自：薛广波，2002）

微生物	pH	温度（℃）	消毒时间	有效氯（mg/L）	杀灭率（%）
藻类	7.8～8.2	22	—	2.0	控制其生长
细菌					

（续）

微生物	pH	温度（℃）	消毒时间	有效氯(mg/L)	杀灭率（%）
炭疽杆菌	7.2	22	120min	2.3~2.4	100
大肠埃希氏菌	7.0	20~25	1min	0.055	100
伤寒杆菌	8.5	20~25	1min	0.1~0.29	100
结核杆菌	8.4	50~60	20s~2.5min	50	100
痢疾杆菌	7.0	20~25	3min	0.046~0.055	100
金葡球菌	7.2	25	30s	0.8	100
噬菌体	6.9~8.5	25	15s	25	100
所有繁殖型细菌	9.0	25	30s	0.2	100
真菌					
黑曲霉菌	10~11	20	30~60min	100	100
黄红酵母	10~11	20	5min	100	100
病毒					
腺病毒	8.8~9.0	25	40~50s	0.2	99.8
柯萨奇△₂	6.9~7.1	27~29	3min	0.92~1.0	99.6
传染性肝炎	6.7~6.8	室温	30min	3.25	保护12位受试者
脊髓灰质炎 I	7.0	25~28	2~10min	0.21~0.33	99.9
原虫					
阿米巴包囊	7.0	25	150min	0.08~0.12	99~100
芽孢					
B metiens	10	20	64min	100	99
枯草杆菌	8	21	6min	100	99
蜡样杆菌	6.8~8	21	3~5min	50~100	99
破伤风杆菌	8.6~9.1	20	5~30min	500~250	100

（二）次氯酸钠的主要用途

由于次氯酸钠价格低廉、杀菌迅速，一直以来在国内外被广泛用于餐饮与医疗器具的消毒、果蔬清洗消毒以及畜禽养殖中的卫生防疫。次氯酸钠类消毒剂允许使用浓度及使用方法见表6-5-5，由于使用过后杀菌力不会马上消失，用于器具消毒时可防止二次污染。

表6-5-5 次氯酸钠类消毒剂允许使用浓度及使用方法

（引自：卫生部，2007）

使用范围	允许使用浓度（以有效氯含量计）（mg/L）	作用时间（min）	使用方法
一般物体表面	100~250	10~30	对各类清洁物体表面擦拭、浸泡、冲洗消毒
	400~700	10~30	对各类非清洁物体表面擦拭、浸泡、冲洗、喷洒消毒。喷洒量以喷湿为度
食饮具	按照《食（饮）具消毒卫生标准》（GB14934）		对去残渣、清洗后器具进行浸泡消毒；消毒后应将残留消毒剂冲净
	400	20	消毒传染病病人使用后的污染器具 用于先去残渣、清洗后再进行浸泡消毒的器具，消毒后应将残留消毒剂冲净
	500~800	30	消毒传染病病人使用后的污染器具 用于去残渣、未清洗进行浸泡消毒的器具，消毒后应将残留消毒剂冲净

（续）

使用范围	允许使用浓度（以有效氯含量计）（mg/L）	作用时间（min）	使用方法
果蔬	100～200	10	将果蔬先清洗、后消毒；消毒后用生活饮用水将残留消毒剂冲净
织物	250～400	20	消毒时将织物全部浸没在消毒液中，消毒后用生活饮用水将残留消毒剂冲净
血液、黏液等体液污染物品	5 000～10 000	≥60	对各类传染病病原体污染物品、物体表面覆盖、浸泡消毒
排泄物	10 000～20 000	≥120	按照1份消毒液、2份排泄物混合搅拌后静置120min以上

（三）次氯酸钠在果蔬清洗杀菌中的应用

在果蔬采后清洗杀菌和其他农产品的生产加工领域，国外用次氯酸钠杀菌消毒已有较长历史，近年来我国一些企业也开始采用。

1. 国内外相关标准　在美国《联邦规章典集》（CFR）第21篇"食品与药品"的FDA part 172（人类消费食品允许直接添加的食品添加剂）、FDA part 173（人类消费食品允许次直接添加的食品添加剂）、FDA part 175（间接食品添加剂：被覆层的粘合剂及成分）、FDA part 176（间接食品添加剂：纸和纸板成分）、FDA part 177（间接食品添加剂：聚合物）、FDA part 178（间接食品添加剂：辅剂、产品助剂和消毒杀菌剂）中均提及次氯酸钠。part 172中规定的是食物改良淀粉中次氯酸钠的限值，part 173中规定次氯酸钠可用于清洗果蔬和辅助用于果蔬的碱法去皮，part 175中规定次氯酸钠可作为胶粘剂的组分使用，part 176中规定次氯酸钠可作为水性和脂性食品接触纸或卡纸的成分，part 177中规定次氯酸钠可作为食品接触纺织品和纺织纤维的成分，part 178中规定次氯酸钠可作为与食品接触的加工设备、器具和物品等的消毒液。

我国国家标准《GB 25574—2010食品安全国家标准　食品添加剂　次氯酸钠》中对用作食品添加剂的次氯酸钠提出了各种理化指标：有效氯含量（以Cl计）≥5.0%，游离碱（以NaOH计）0.2%～1.0%，铁含量≤50mg/kg，重金属含量（以Pb计）≤10mg/kg，砷含量≤1mg/kg。

2. 次氯酸钠杀菌效果　郝志明等（2009）研究认为，在定量杀菌试验中，含有效氯50mg/L的次氯酸钠溶液对大肠埃希氏菌（ATCC8739）、金黄色葡萄球菌（ATCC6538）作用3min杀菌率达99.9%以上；以含有效氯300mg/L的次氯酸钠溶液作用30min，或含有效氯500mg/L的次氯酸钠溶液作用20min，均可将枯草芽孢杆菌黑色变种（ATCC9372）杀灭99.9%以上，而当次氯酸钠的有效氯含量少于400mg/L消毒时间少于30min不能达完全杀菌的效果。在水产品加工厂生产现场模拟消毒试验中，含有效氯50mg/L的次氯酸钠溶液对生产人员双手的大肠埃希氏菌（ATCC8739）能在1min达到完全杀菌效果，含有效氯100mg/L的次氯酸钠溶液对手套、塑料筛、不锈钢盘的大肠埃希氏菌（ATCC8739）能在1min达到完全杀菌效果。含有效氯500mg/L的次氯酸钠溶液对不锈钢无腐蚀，对铝有轻微的腐蚀，对碳钢和铜有中度腐蚀。

3. 果蔬对次氯酸钠杀菌作用的影响　侯田莹等（2010）研究了黄瓜切片和油菜连续加

样对次氯酸钠杀菌水杀菌效果的影响，同时探讨了油菜和黄瓜汁液对次氯酸钠溶液的氧化还原电位（ORP）值的影响。研究认为，切片黄瓜汁液渗出较多，多于1kg的样品量即会导致次氯酸钠杀菌水（有效氯含量30mg/L，10L）的ORP值和有效氯含量骤降，失去杀菌能力；而未切分的油菜对次氯酸钠杀菌水（有效氯含量25mg/L，10L）的ORP值影响较弱，质量达9kg时，ORP值仍维持在600mV。蔬菜汁液对次氯酸钠杀菌水的ORP影响呈反"S"曲线（图6-5-2）。

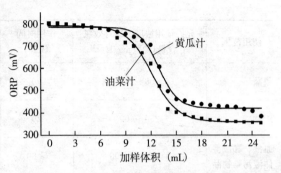

图6-5-2 蔬菜汁对次氯酸钠溶液ORP的影响
（引自：侯田莹等，2010）

张向慧等（2007）试验了有机物存在对次氯酸钠溶液有效氯含量的影响，通过加葱和不加葱试验，测定次氯酸钠有效氯含量的变化，见表6-5-6，认为由于葱的黏液质含有较多的有机物质，放置后会消耗掉一些次氯酸钠，使之有效氯含量下降。

表6-5-6 有机物（葱）对次氯酸钠有效氯含量的影响

（引自：张向慧等，2007）

编 号	不加葱	加 葱					
放置时间（min）	20	1	2	5	10	15	20
次氯酸钠有效氯含量(mg/L)	290	260	248	200	190	170	130

注：初始次氯酸钠有效氯含量300mg/L；葱剥去外皮，切制成5mm厚的葱圈。

可以看出，在果蔬清洗杀菌的实际生产中，控制杀菌水的有效氯含量、pH和连续补充新配制消毒液尤为重要。

三、氯系消毒剂杀菌作用机理和影响因素

（一）氯系消毒剂杀菌作用机理

一般认为，氯系消毒剂的杀菌机理包括次氯酸的氧化作用、新生氧的作用和氯化作用。

1. 次氯酸的氧化作用 次氯酸的氧化作用是最主要的杀菌机制。次氯酸是氯系消毒剂的主要杀菌成分，它是破坏微生物的重要物质。氯系消毒剂溶解于水中时可产生未解离的次氯酸分子，见式（6-5-1）、式（6-5-2）和式（6-5-4）所示。次氯酸极不稳定，在水中会解离成氢离子和次氯酸根离子，解离反应式如下：

$$HClO \longleftrightarrow H^+ + ClO^- \tag{6-5-14}$$

由氯系消毒剂制备的消毒杀菌水，其杀菌效力不取决于游离氯的总有效氯含量，而是取决于次氯酸分子的有效氯含量，这与次氯酸分子能够进入到微生物细胞内部的透过性有关。有关次氯酸和次氯酸根的作用机理，虽然目前还不十分明确，但是细胞壁、细胞膜的损伤、酶活性的失活、DNA的损伤以及离子不能透过是其主要原因。

次氯酸根只能对细胞壁表面起到破坏作用，不能进入到细胞内部。次氯酸在杀菌、杀病毒过程中，不仅可作用于细胞壁、病毒外壳，而且因次氯酸分子小，不带电荷，能通过细胞壁，可渗透进入菌(病毒)体内与菌(病毒)体蛋白、核酸和酶等发生氧化反应，破坏细菌的酶系统，阻碍

细菌的新陈代谢,从而杀死病原微生物(图6-5-3)。杀菌机理的反应式如下:

$$R-H + HClO + H_2O \longrightarrow R-OH + HCl + H_2O \qquad (6-5-15)$$

式(6-5-15)中,R—H 表示菌类等有机物,在次氯酸的作用下分解为 R—OH,并产生微量的 HCl,以 50mg/L 有效氯含量的杀菌水为例,产生盐酸的量为 0.5mg/L。

次氯酸盐溶液中只有微量的 HClO 分子和大量的 ClO⁻ 离子,是 HClO 分子在起杀菌作用,杀菌过程中微量的 HClO 分子被消耗后,式(6-5-14)的解离反应平衡被打破,反应向左进行,会有更多的 HClO 分子形成。

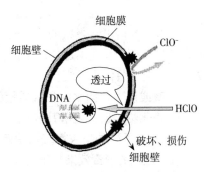

图 6-5-3　氯杀菌作用机理示意图

2. 新生氧的作用　次氯酸分解时可以产生新生态氧,有人推测次氯酸的杀菌作用可能与新生态氧与微生物的细胞原浆结合有关,但这种理论没有被充分证实,因为其他能产生氧化的化合物如过氧化氢和高锰酸钾也能产生新生态氧,但它们的杀菌作用远不及氯系消毒剂。

3. 氯化作用　据研究,氯系消毒剂中的氯本身也可能起到杀菌作用,杀菌机理表现为三方面。首先,氯能使细胞壁和细胞膜的通透性发生改变,甚至使细胞膜发生机械性的破裂,使细胞内容物外渗,导致细胞死亡。其次,氯能与细胞膜蛋白结合,形成氮—氯化合物,从而干扰了细胞的新陈代谢,式(6-5-16)表示的是细菌(病毒)蛋白质与次氯酸的反应过程:

$$R-NH-R + HClO \longrightarrow R_2NCl + H_2O \qquad (6-5-16)$$

另外,氯对细菌的一些重要的酶具有氧化作用,从而干扰了细菌的新陈代谢。

(二)影响杀菌作用的因素

影响氯系消毒剂水溶液杀菌效力的因素包括:pH、有效氯含量、温度、有机物、水质硬度、氨与氨基化合物、碘与溴、硫化物。

1. pH　氯系消毒剂的杀菌作用与未解离的次氯酸分子(HClO)有关,次氯酸的浓度愈高,杀菌作用愈强。次氯酸分子在氯系消毒剂水溶液中的存在比率与 pH 有关,对于次氯酸钠水溶液而言,pH 越低,次氯酸存在的比率越高。

2. 有效氯含量　在 pH、温度、有机物等不变的情况下,氯系消毒剂中的有效氯含量增加时,杀菌作用增强。有试验结果表明,对于 pH 一定的氯系消毒剂水溶液,随着有效氯含量的增加,达到完全杀灭微生物的时间逐渐缩短。有效氯含量与时间的乘积定义为 CT 值,通常用 CT 值来反映和比较消毒剂的杀菌效力。

3. 温度　温度高低对杀菌效力有明显影响,在一定范围内,温度升高能增强杀菌作用,例如,Costigan 用 200mg/L 有效氯含量、pH9 的溶液做试验,温度为 50℃时需要 60s 杀灭细菌,而温度为 55℃时只需要 30s 就能杀灭。

4. 有机物　有机物能消耗有效氯,降低其杀菌效力,此现象在浓度较低时较为明显。但在高浓度下,有机物存在并不明显影响其杀菌效力。例如,用 200mg/L 以上有效氯含量的次氯酸钠水溶液杀菌时,有机物存在的影响较不明显。

5. 氨和氨基化合物　有氨和氨基化合物存在时,游离氯的杀菌作用会大大降低。

实际上,当水中有氨存在时,氨与次氯酸产生一氯胺和二氯胺。反应是可逆的,因此,一氯胺和二氯胺的杀菌仍是次氯酸的作用,次氯酸被消耗后,反应向左进行。氯胺本身也有杀菌作用，但是氯胺的氧化能力较低，需要较高的浓度和接触时间。产生氯胺的反应如下：

$$NH_3 + HClO \longleftrightarrow NH_2Cl + H_2O \qquad (6\text{-}5\text{-}17)$$

$$NH_2Cl + HClO \longleftrightarrow NHCl_2 + H_2O \qquad (6\text{-}5\text{-}18)$$

Weber 等指出，当氨的浓度低于总有效氯的 1/8 时，氨会全部被破坏，结合性余氯会变成游离有效氯，表现出迅速的杀菌作用；当氨的浓度超过游离有效氯的 1/4 时，有效氯会形成氯胺，则杀菌作用迟缓。

6. 碘或溴　杀菌水中加入适量的碘或溴，可明显增强其杀菌作用。

7. 硫化物　硫代硫酸盐和亚铁盐类等硫化物存在时，可降低氯消毒剂的杀菌作用。

（三）次氯酸钠与次氯酸杀菌效果的比较

氯消毒剂的消毒效果与氯的存在状态有关，一般来说自由氯的消毒效果比结合氯好，在酸性条件下比碱性条件下的消毒作用强，表6-5-7为氯以不同状态存在时杀灭水中微生物需要的氯浓度。

表 6-5-7　杀灭水中 99%以上微生物的氯浓度

（引自：薛广波，2002）

消毒剂	杀灭微生物最低活性氯浓（mg/L）			
	肠道细菌	肠道病毒	阿米巴包囊	芽孢
HClO	0.02	0.002~0.4	10	10
ClO^-	2.00	20	10^3	$>10^3$
NH_2Cl	5.00	10^2	20	4×10^2
Cl_2（pH7.0）	0.04	0.8	20	20
Cl_2（pH8.0）	0.10	20.2	50	50

注：水温 5℃，接触 10min。

有关次氯酸分子（HClO）和次氯酸根离子（ClO^-）的区别在很早以前就被研究人员所认识，Fair（1948）、Morris（1966）在不同的 pH 和 2~6℃ 的条件下，进行杀灭大肠埃希氏菌的试验，得出了 HClO 和 ClO^- 的消毒效果关系曲线，并发现在该条件下，ClO^- 的杀菌效力仅为 HClO 的 1/80，说明 HClO 在消毒液中起主要杀菌作用，如图 6-5-4 所示。

Fukuzaki S(2007)通过对荧光假单胞菌的灭活试验，研究了不同 pH 的次氯酸钠配制溶液的杀菌效力，得出杀菌效力（用作用时间为 T 的细菌数 N 比细菌初始数 N_0 的对数值表示）与以溶液有效氯含量计的 CT 值关系曲线（图6-5-5）和杀菌效力与以溶液中 HClO 分子浓度计的 CT 值关系曲线（图6-5-6）。从图中可以看出，pH 在5.7时的杀灭效果最好，而 pH 在9.3时几乎没有效果，并且杀灭效果只取决于以 HClO 分子浓度计的 CT 值，证实了杀菌效果取决于 HClO 而不是 ClO^-。

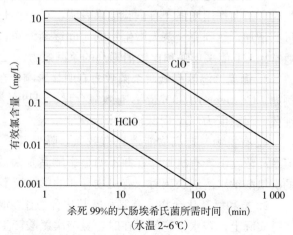

图 6-5-4　HClO 与 ClO^- 杀菌能力的比较

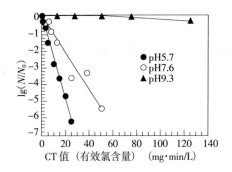

图 6-5-5　NaClO 溶液在不同 pH 时对
荧光假单胞菌的灭活

（试验条件：40℃，有效氯含量 2.5mg/L）

（引自：Fukazaki S，2007）

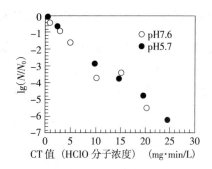

图 6-5-6　NaClO 溶液在不同 HClO 分子浓度
时对荧光假单胞菌的灭活

（引自：同图 6-5-5）

高橋千晴（2006）的试验结果（表 6-5-8）进一步说明了次氯酸和次氯酸钠在低有效氯含量低时的明显区别。

表 6-5-8　次氯酸和次氯酸钠杀菌效果试验结果比较

（引自：高橋千晴，2006）

试验菌	消毒剂（mg/L）	细菌数（1/mL）					
		开始时	10s 后	30s 后	60s 后	5min 后	10min 后
枯草芽孢杆菌的芽孢	次氯酸 50	2.8×10^7	1.8×10^7	1.6×10^7	1.9×10^7	8.9×10^5	1.9×10^3
	次氯酸钠 50	2.8×10^7	3.1×10^7	1.6×10^7	1.5×10^7	2.0×10^7	2.4×10^7
	次氯酸钠 80	2.8×10^7	1.6×10^7	1.9×10^7	2.1×10^7	1.4×10^7	6.7×10^6
枯草芽孢杆菌	次氯酸 50	3.2×10^7	2.1×10^6	2.1×10^6	1.7×10^6	5.5×10^5	1.1×10^3
	次氯酸钠 50	3.2×10^7	2.4×10^6	2.0×10^6	2.6×10^6	1.8×10^6	2.1×10^6
	次氯酸钠 80	3.2×10^7	2.6×10^6	2.2×10^6	2.2×10^6	1.5×10^6	5.5×10^5
大肠埃希氏菌	次氯酸 50	1.0×10^8	<10	<10	<10	<10	<10
	次氯酸钠 50	1.0×10^8	<10	<10	<10	<10	<10
	次氯酸钠 80	1.0×10^8	<10	<10	<10	<10	<10
铜绿假单胞菌	次氯酸 50	1.5×10^8	<10	<10	<10	<10	<10
	次氯酸钠 50	1.5×10^8	<10	<10	<10	<10	<10
	次氯酸钠 80	1.5×10^8	<10	<10	<10	<10	<10
金黄色葡萄球菌	次氯酸 50	5.8×10^7	<10	<10	<10	<10	<10
	次氯酸钠 50	5.8×10^7	<10	<10	<10	<10	<10
	次氯酸钠 80	5.8×10^7	<10	<10	<10	<10	<10
酵母菌	次氯酸 50	2.4×10^6	1.8×10^2	<10	<10	<10	<10
	次氯酸钠 50	2.4×10^6	3.2×10^6	<10	<10	<10	<10
	次氯酸钠 80	2.4×10^6	1.5×10^5	<10	<10	<10	<10
枝孢菌	次氯酸 50	2.6×10^5	4.7×10^5	8.4×10^3	1.1×10^2	<10	<10
	次氯酸钠 50	2.6×10^5	1.7×10^6	4.1×10^5	4.3×10^4	<10	<10
	次氯酸钠 80	2.6×10^5	1.2×10^6	6.5×10^4	3.3×10^3	<10	<10

注：作用温度 20℃。

四、次氯酸杀菌水制备技术与设备

次氯酸杀菌水中的游离氯主要以次氯酸分子的形式存在，可理解为由次氯酸盐的酸化获得。制备方法可分为电解法和 pH 调整法。电解法通常分为有隔膜电解法和无隔膜电解法，也可分为一室型、二室型和三室型，按照制备工艺和生成杀菌水特性的不同又分为强酸性、弱酸性和微酸性。

（一）次氯酸杀菌水

次氯酸杀菌水一般指酸化的次氯酸钠水溶液，具有杀菌的广谱速效性、绿色安全性、不留残毒、不产生耐药菌株等优点，已经得到了普遍共识。

前面已经提到，在次氯酸钠水溶液中游离氯（Cl_2、$HClO$、ClO^-）以次氯酸分子存在的比率与溶液的 pH 密切相关，而 pH 取决于溶液的有效氯含量（如有效氯含量为 100mg/L 时，pH 为 8.6，次氯酸存在比率 6%），如果想获得高比率次氯酸存在的杀菌水，只有通过酸化的方法（无论电解法还是 pH 调整法），经酸化的次氯酸钠水溶液中游离氯以各种形式存在的比率取决于 pH，如图 6-5-7 所示。

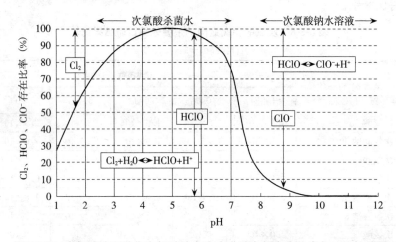

图 6-5-7　次氯酸钠和酸化次氯酸钠水溶液中游离氯存在比率与 pH 的关系

图中可以看出，经酸化的次氯酸钠水溶液中，可能同时存在的分子或离子有氯（Cl_2）、次氯酸（$HClO$）和次氯酸根（ClO^-），其反应见式（6-5-19）和式（6-5-20）。其中次氯酸存在的比率与 pH 密切相关。pH 在 5 左右时，次氯酸的比率最高；pH 超过 5 以上时，次氯酸比率开始下降，并且 pH 呈碱性时，次氯酸比率下降迅速，此时溶液中的游离氯以次氯酸根的形式存在；而当 pH 小于 5 时，开始有氯气产生，并且氯气随溶液酸性增加而增多。

$$ClO^- + H^+ \longleftrightarrow HClO \tag{6-5-19}$$
$$HClO + H^+ \longleftrightarrow Cl_2 + H_2O \tag{6-5-20}$$

（二）电解法制备强酸性杀菌水

1. 电解原理　强酸性杀菌水，是用 0.2% 以下的氯化钠水溶液，在有隔膜电解槽内电解生成。采用有隔膜的二室型电解槽电解食盐水时（图 6-5-8 和图 6-5-9），阳极附近水和氯离子通过电解生成氧、氢离子（H^+）和氯（Cl_2），氯与水反应生成次氯酸

（HClO）和盐酸（HCl），呈强酸性，有效氯含量为 $20\sim60\text{mg/L}$，pH 在 2.7 以下，称为强酸性电解水，也有称为氧化电位水的。而在阴极水（H_2O）中发生的电解反应生成氢（H_2）和氢氧离子（OH^-），称为强碱性电解水（pH11.0～11.5），性质与氢氧化钠稀释液相同。

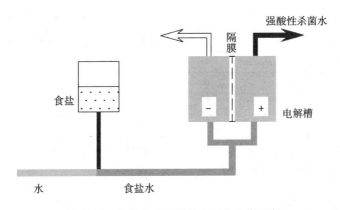

图 6-5-8　电解生成强酸性杀菌水工作示意

还有一种电解系统是三室型电解装置，如图 6-5-10 所示，阳极与阴极之间放入两片隔膜，将电解槽分成 3 个小间，在中央的小间里加入高浓度的食盐水，在两侧的小间内加自来水，使用这种方法也能取得 pH 和有效氯含量与强酸性电解水相似的电解水，电解水的 pH 可变化，通常为 pH2.3～3.0，有效氯含量 20～80mg/L。用这种方法生成的酸性电解水，其特征是残留食盐浓度低，并且有效氯含量为 80～100mg/L。三室型电解装置采用铂金钛电极作为背面电极。

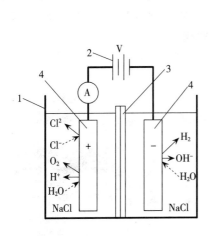

图 6-5-9　强酸性杀菌水生成原理
1. 电解槽　2. 电源　3. 隔膜　4. 电极

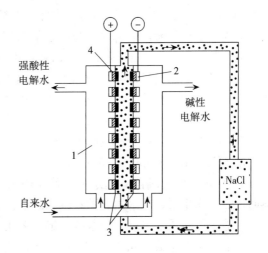

图 6-5-10　三室型电解装置工作示意
1. 电解槽　2. 背面电极　3. 隔膜　4. 绝缘体

2. 对微生物的杀灭作用　强酸性电解水具有很强的杀菌效力，有效氯含量为 40mg/L 的强酸性电解水的杀菌能力要强于有效氯含量为 1 000mg/L 的次氯酸钠溶液，从表 6-5-9 可以看出。

表 6-5-9　强酸性杀菌水对病原微生物的杀灭效果比较

(引自：强電解水企業協會，2002)

细菌与病毒	作用时间	
	强酸性电解水	次氯酸钠
金黄色葡萄球菌（*Staphylococcus aureus*）	<5s	<5s
耐甲氧西林金黄色葡萄球菌（MRSA）	<5s	<5s
铜绿假单胞菌（*Pseudomonas aeruginosa*）	<5s	<5s
大肠埃希氏菌（*Escherichia coli*）	<5s	<5s
沙门氏菌属菌种（*Salmonella* sp.）	<5s	<5s
其他营养型病原菌	<5s	<5s
蜡状芽孢杆菌（*Bacillus cereus*）	<5min	<5min
结核分枝杆菌（*Mycobacterium tuberculosis*）	<2.5min	<30min
其他分枝杆菌	1~2.5min	2.5~30min
白色假丝酵母（*Candida albicans*）	<15s	<15s
红色毛癣菌（*Trichophyton rubrum*）	<1min	<5min
其他真菌	5~60s	5s~5min
肠病毒	<5s	<5s
疱疹病毒	<5s	<5s
流感病毒	<5s	<5s

注：病毒或细菌数为 $10^5 \sim 10^6$，在 0.1mL 的强酸性电解水（有效氯含量 40mg/L）或次氯酸钠溶液（有效氯含量 1 000mg/L）中灭活所需的时间。

3. 电解设备　图 6-5-11 所示为日本株式会社エナジック制造的 TYH-5000 型电解水生成器，可连续生成强酸性电解水，处理水量 1.5L/min，有效氯含量 60mg/L±10mg/L，氧化还原电位≥1 100mV，pH 为 2.3~2.7，耗电 0.2kW。

又如，日本三浦电子的 OX-01 型电解水生成器，可生成 10~60mg/L 有效氯含量的强酸性电解水。生产能力为强酸性电解水约 1.0~1.5L/min，强碱性电解水 1.0~1.5L/min。强酸性电解水 pH<2.7，强碱性电解水 pH>11.3。耗电 0.35~0.6kW。图 6-5-12 为 OX-01 型电解水生成器应用示例。使用电解水生成器时，需要送水泵、软水器、贮水箱和配电盘等配套装置。盐水电解质和经软化的水按一定比例注入电解水生成器，电解生成的强酸性电解水和强碱性电解水再经送水泵分别送入强碱性电解水贮水箱和强酸性电解水贮水箱。

图 6-5-11　TYH-5000 型电解水生成器

强酸性电解水目前在医院中应用得较多，由于电解水生成器生成的杀菌水量较小、耗电量较大和对金属有较强的腐蚀性，在果蔬采后处理和鲜切果蔬生产中应用还存在有一定的局限性。

（三）电解法制备弱酸性杀菌水

制备弱酸性杀菌水所用电解方式与电解强酸性杀菌水相似，用 0.2% 以下的氯化钠水溶液，在有隔膜的二室型电解槽电解，从阴极得到的水溶液加入到阳极一侧得到的水溶液进行调和（图 6-5-13），获得的电解水即呈弱酸性，有效氯含量为 10～60mg/L，pH 为 2.7～5.0。

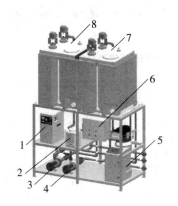

图 6-5-12　OX-01 型电解水生成器应用示例
1.OX-01 型电解水生成器　2.盐水箱
3.强酸性电解水送水泵　4.强碱性电解
水送水泵　5.软水器　6.配电盘
7.强碱性电解水贮水箱
8.强酸性电解水贮水箱

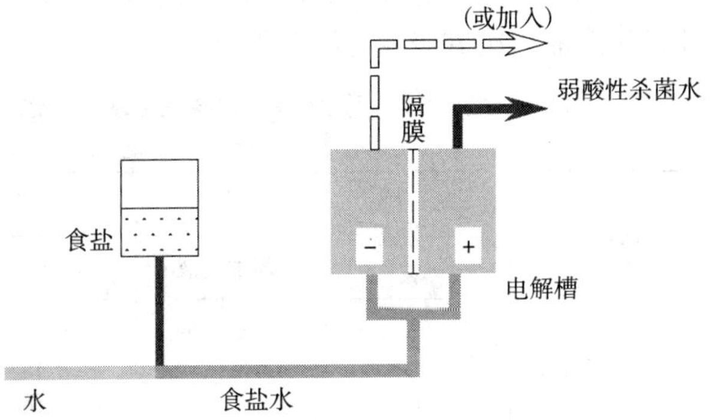

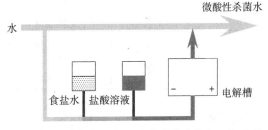

图 6-5-13　电解生成弱酸性杀菌水工作示意

这种电解水中有较大比率的次氯酸存在，但同时也会有少量的氯（Cl_2）产生。

（四）电解法制备微酸性杀菌水

1. 电解原理　如果在一室型无隔膜电解槽中电解食盐水时加入盐酸，例如采用 3% 以下的盐酸和含有 5% 以下氯化钠的水溶液，使电解产物次氯酸钠酸化，或者说让盐酸参与电解反应，则可生成高比率次氯酸存在的电解反应产物，称为微酸性电解水或次氯酸杀菌水（图 6-5-14），有效氯含量为 50～80mg/L，pH 为 5.0～6.5。

图 6-5-14　电解食盐水生成微酸性杀菌水工作示意

还有一种电解制备次氯酸的方法是在一室型无隔膜电解槽中电解盐酸（图 6-5-15），阳极反应生成氢（H_2）和氯（Cl_2），生成的氯又与水反应生成次氯酸（HClO）和盐酸（HCl），呈微酸性（pH 为 5～6.5），有效氯含量为 10～30mg/L。

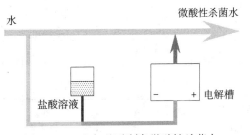

图 6-5-15　电解盐酸制备微酸性杀菌水

另外，新近还研制开发出利用有隔膜二室型电解槽电解食盐水在阳极产生的强酸性电解水与阴极产生的碱性电解水混合生成微酸性电解水的装置，pH5.5～6.5，有效氯含量 20～200mg/L。

2. 杀菌效力 微酸性次氯酸杀菌水的有效氯含量超过 50mg/L 时，就对枯草芽孢杆菌具有杀灭效果，表 6-5-10 是微酸性次氯酸电解水与其他杀菌水对各类菌的杀灭效果比较。将培养的大肠埃希氏菌、黑曲霉、金黄色葡萄球菌、耐甲氧西林金黄色葡萄球菌（MRSA）、沙门氏菌、铜绿假单胞菌、枯草芽孢杆菌等各类菌放入不同的杀菌液中，测试 3 个作用时间后菌的存活数。从表中可以看出，1min 的作用时间下，次氯酸杀菌水对除枯草芽孢杆菌外的所有试验菌都可灭活，作用 3min 后可将枯草芽孢杆菌全部灭活，而苯扎氯铵溶液和次氯酸钠溶液则不行。

表 6-5-10　微酸性次氯酸杀菌水和其他杀菌水对各类菌的杀灭效果比较

（引自：機能水研究振興財団，2007）

试验菌	杀菌液	1mL 存活的菌数				
		添加菌液	1min 后	3min 后	5min 后	对照组
大肠埃希氏菌	A	4.3×10^6	<10	<10	<10	4.0×10^6
	B	4.3×10^6	<10	<10	<10	4.1×10^6
	C	4.3×10^6	<10	<10	<10	4.0×10^6
金黄色葡萄球菌	A	4.5×10^6	<10	<10	<10	4.7×10^6
	B	4.5×10^6	<10	<10	<10	4.6×10^6
	C	4.5×10^6	<10	<10	<10	4.6×10^6
耐甲氧西林金黄色葡萄球菌	A	3.4×10^6	<10	<10	<10	3.6×10^6
	B	3.4×10^6	<10	<10	<10	3.4×10^6
	C	3.4×10^6	<10	<10	<10	3.5×10^6
沙门氏菌属菌种	A	3.4×10^6	<10	<10	<10	3.0×10^6
	B	3.4×10^6	<10	<10	<10	3.7×10^6
	C	3.4×10^6	<10	<10	<10	3.3×10^6
铜绿假单胞菌	A	1.6×10^6	<10	<10	<10	1.7×10^6
	B	1.6×10^6	<10	<10	<10	1.8×10^6
	C	1.6×10^6	<10	<10	<10	1.8×10^6
链球菌属菌种	A	1.9×10^6	<10	<10	<10	1.9×10^6
	B	1.9×10^6	<10	<10	<10	1.8×10^6
	C	1.9×10^6	<10	<10	<10	1.9×10^6
枯草芽孢杆菌（芽孢）	A	4.6×10^6	3.7×10^5	<10	<10	4.5×10^6
	B	4.6×10^6	4.2×10^6	4.3×10^6	4.2×10^6	4.1×10^6
	C	4.6×10^6	4.4×10^6	4.5×10^6	4.5×10^6	4.6×10^6
假丝酵母属菌种	A	2.3×10^6	<10	<10	<10	2.4×10^6
	B	2.3×10^6	2.5×10^3	<10	<10	2.0×10^6
	C	2.3×10^6	<10	<10	<10	2.2×10^6
黑曲霉	A	2.0×10^5	<10	<10	<10	2.0×10^5
	B	2.0×10^5	2.6×10^2	30	<10	2.0×10^5
	C	2.0×10^5	2.0×10^5	50	<10	2.0×10^5

注：（1）A 为日本 OSG 株式会社 NDX-250KMW 微酸性次氯酸水生成器制备，有效氯含量 57mg/kg，pH5.2（23℃）；B 为苯扎氯铵溶液，有效氯含量 0.05％（500mg/kg）；C 为次氯酸钠溶液，有效氯含量 200mg/kg。

（2）试验是将菌液加入到杀菌水中进行的。

微酸性次氯酸杀菌水对果蔬等食品原料杀菌的有效性可见表 6-5-11。用有效氯含量 200mg/kg 的次氯酸钠溶液和微酸性次氯酸水处理白菜、生菜、萝卜苗、分割鸡肉等食品原料，测试未经处理原料和杀菌水处理后原料的细菌数，结果表明，微酸性次氯酸水的有效氯含量为次氯酸钠溶液的 1/3 时就可达到同等杀菌效果。

表 6-5-11　经次氯酸钠溶液和微酸性次氯酸水处理后的细菌数

（引自：機能水研究振興財团，2007）

试验目次	处理情况	白菜	生菜	萝卜苗	分割鸡肉
1	未处理	1.0×10^5	2.9×10^6	1.3×10^7	1.5×10^5
	微酸性次氯酸水①	5.2×10^3	1.0×10^5	3.4×10^6	2.6×10^4
	次氯酸钠溶液（200mg/kg）	5.5×10^3	3.1×10^4	1.5×10^6	2.3×10^4
2	未处理	3.4×10^4	2.6×10^5	8.3×10^7	5.0×10^4
	微酸性次氯酸水②	7.5×10^3	5.1×10^3	8.4×10^5	1.1×10^4
	次氯酸钠溶液（200mg/kg）	3.8×10^3	1.1×10^4	9.0×10^6	5.1×10^3

①pH6.3，有效氯含量 70mg/kg；

②pH6.1，有效氯含量 79mg/kg。

电解法制备次氯酸杀菌水存在耗电相对高、电极结垢需要经常处理和维护、实现连续性制备困难等问题。

（五）pH 调整法制备次氯酸杀菌水

pH 调整法利用盐酸、醋酸、柠檬酸或碳酸（二氧化碳与水反应生成）等酸溶液与次氯酸钠溶液混合反应生成次氯酸杀菌水，生成的次氯酸杀菌水也称为酸化次氯酸钠溶液，美、日等国将该技术用于果蔬采后处理和鲜切产品加工生产中已经有相当长的历史。pH 调整法杀菌水制备设备可以连续自动生成次氯酸杀菌水，能够克服人工配制方式存在的人力投入多、设备占用空间大、生产成本高、不能即时配制、储存使用不方便和安全性差等诸多缺点。

1. 制备原理　如图 6-5-16 所示，pH 调整法制备杀菌水，是将次氯酸钠稀释水溶液与酸稀释溶液（盐酸或冰醋酸等）按比例注入水中进行混合生成杀菌水。其混合反应为：

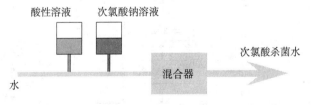

图 6-5-16　pH 调整法制备次氯酸杀菌水工作示意

$$NaClO + HCl + H_2O \longrightarrow HClO + NaCl + H_2O \qquad (6-5-21)$$

与电解法制备次氯酸杀菌水不同，pH 调整法制备杀菌水，可通过调整酸溶液的注入量和次氯酸钠溶液的注入量来调节杀菌水的 pH 和有效氯含量。由于 pH<5 时会有氯气产生，使用时一般控制在 pH>6.0。

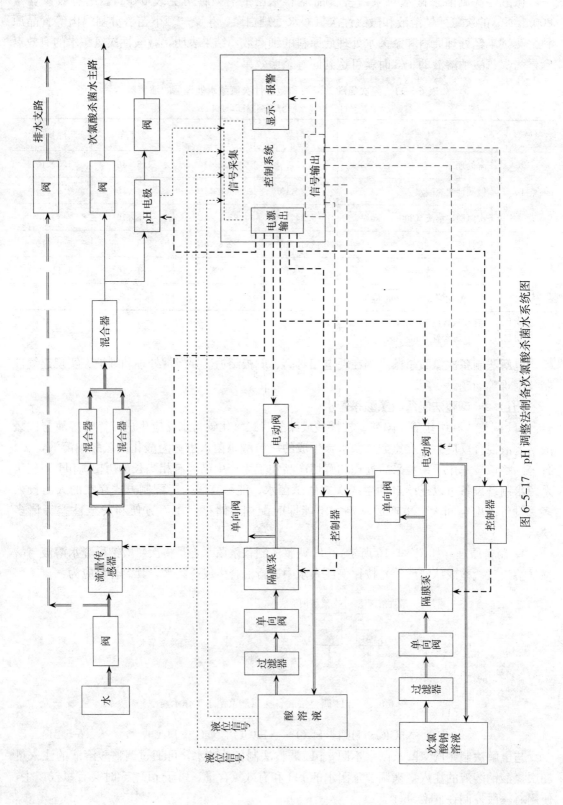

图 6-5-17 pH 调整法制备次氯酸杀菌水系统图

通过 pH 调整法制备次氯酸杀菌水，有效氯含量范围宽，理论上可实现＞20mg/L 的一切有效氯含量杀菌水，在果蔬采后加工中使用的有效氯含量范围通常为50～200mg/L。

一般认为，pH 调整法制备的次氯酸杀菌水不如电解法的纯，但这主要取决于原料的品质（电解法同样存在原料品质问题），只要次氯酸钠、盐酸（或醋酸、柠檬酸等）原料符合食品卫生要求，生成的次氯酸消毒杀菌水即可得到保证。

2. 制备设备　如图 6-5-17 所示，为一种 pH 调整法制备次氯酸杀菌水的设备系统图，该设备系统可以根据杀菌水有效氯含量和 pH 的设定，自动调控，按比例将次氯酸钠溶液和酸溶液注入混合器中进行混合，并且通过输出杀菌水流量和 pH 的监测进行反馈控制，使输出杀菌水的有效氯含量和 pH 得以稳定。

pH 调整法制备杀菌水的设备，可以大量生成杀菌水，以满足生产过程中对产品杀菌、设备杀菌、场地杀菌以及操作人员清洗消毒等的需要。

例如，图 6-5-18 和图 6-5-19 分别为日本细田贸易株式会社制造的低浓度次亚供给装置和株式会社ユニフィードエンジニアリング制造的 UFD-80 型 pH 次亚水供给装置。

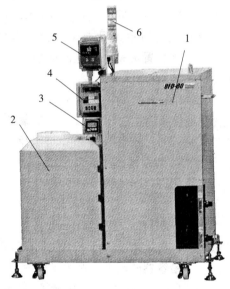

图 6-5-18　日本细田低浓度次亚供给装置
1. 次氯酸钠注入装置　2. 活性水制造装置
3.pH 调整装置　4. 氯气吸收器

图 6-5-19　UFD-80 型 pH 次亚水供给装置
1. 稀释混合装置　2. 药液箱　3. 流量计
4.pH 计　5. 有效氯含量计　6. 报警

日本细田的低浓度次亚供给装置可生成 50～200mg/L 有效氯含量的次氯酸杀菌水，建议在 pH5.8 以上使用，在 50mg/L 有效氯含量时的最大水处理量为 120L/min。该装置为达到最佳效果，通常需要活性水制造装置和氯气吸收器与其配套使用。

UFD-80 型 pH 次亚水供给装置可生成 20～200mg/L 有效氯含量的次氯酸杀菌水，最大流量 80L/min，pH 调整范围为 5.8～8.0，KCl 封装 pH 电极可进行在线检测。具有流量、pH 和有效氯含量显示和报警等功能。

我国新近研制的 CLA-60 型多档自调控次氯酸消毒水制备机，如图 6-5-20 所示，可以在使用现场连续制备生成次氯酸杀菌水，根据杀菌水用途对设备进行设定后，只需改变旋钮的位置，就可方便地变换 3 种有效氯含量（如 50、100 和 200mg/L）杀菌水输出，并且在输

图 6-5-20　CLA-60 型多档自调控次氯酸消毒水制备机

入水流量发生变化时，也可自调控维持输出的杀菌水的有效氯含量不变，杀菌水的 pH 始终维持在6.0～7.0 之间，制备的杀菌水具有很高的稳定性。

图 6-5-21 所示为日本株式会社エコノス·ジャパン制造的 TC4-30 型碳酸次氯酸水制备装置，该装置不是采用盐酸等酸溶液进行 pH 调整，而是通过加入液态的二氧化碳，使次氯酸钠溶液酸化。

二氧化碳在常温常压下为气体，0℃时的密度为 1.975g/L；常温和 7 092.752kPa 下液化成无色液体，密度为 1.1g/cm³。二氧化碳能溶于水，虽为非极性分子，但在水中可以以水合二氧化碳的形式存在，部分与水反应生成碳酸，促进二氧化碳溶解，在 100kPa 气压和 25℃时的溶解度为 1.45g/L。

二氧化碳与次氯酸钠的反应如下式：

$$NaClO + CO_2 + H_2O \longrightarrow NaHCO_3 + HClO \qquad (6-5-22)$$

该设备制造能力为 30L/min，耗电 0.4kW，生成的次氯酸杀菌水有效氯含量最大为 200mg/L。由于该设备采用的是钢瓶装的液态二氧化碳直接注入设备的方式，不会出现添加药液时装错容器的现象，避免了药液添加错误的风险。

图 6-5-22 所示为常用的次氯酸制备设备的工作示意图。方式一投资少，但受到供入自来水水压变化的影响，如果次氯酸制备设备不具有自调控功能，有效氯含量和 pH 均会有一定程度的变化，甚至当供入自来水水压变化过大时不能正常工作。为弥补这一不足，往往需要按方式二或方式三组成的系统工作，在次氯酸制备设备外部再增加泵和储罐等设备，因而需要加大投资和增加设备维护管理工作。方式二和方式三工作下，可确保生成的消毒杀菌水的有效氯含量和 pH 稳定，方式三通过增加稀释装置可提高杀菌水的生成能力，制备更为大量的杀菌消毒水以满足生产需要。

3. 杀菌效力及应用效果　用次氯酸钠水溶液和经过酸化的次氯酸钠水溶液在有效氯含量较低的情况下对大肠埃希氏菌进行杀灭试验，试验用菌株为大肠埃希氏菌 8099，中和剂用 5g/L 硫代硫酸钠的 PBS，稀释液为胰蛋白胨生理盐水溶液（pH：7.0±0.2），干扰剂为 0.3％牛血清白蛋白有机干扰物质，培养基为 TSA。试验方法依据卫生部《消毒技术规范》，试验温度为（20±1）℃。试验测试结果见表 6-5-12。

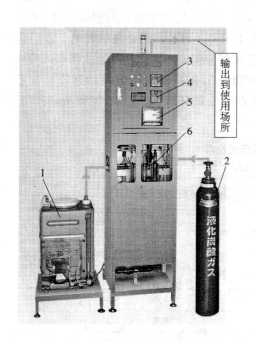

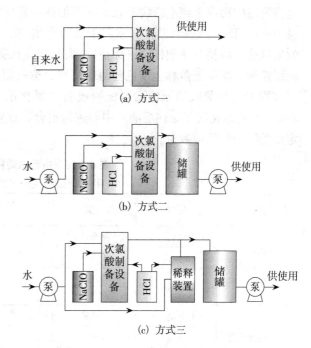

图 6-5-21　TC4-30 型次氯酸水制造装置

1. 次氯酸钠供给装置　2. 液态二氧化碳
3. 浓度计　4. pH 计　5. 记录仪
6. 浓度传感器

图 6-5-22　常用次氯酸制备设备工作示意图

表 6-5-12　次氯酸钠水溶液与酸化次氯酸钠水溶液对大肠埃希氏菌的杀灭效果

| 名　称 | 作用时间(min) | 不同有效氯含量的杀灭效果 | | | | | | | |
| | | 110、140、170、200mg/L | | 80mg/L | | | 50mg/L | | |
		存活大肠埃希氏菌数(CFU/mL)	杀灭率(%)	存活大肠埃希氏菌数(CFU/mL)	杀灭率(%)	杀灭对数值[lg(CFU/mL)]	存活大肠埃希氏菌数(CFU/mL)	杀灭率(%)	杀灭对数值[lg(CFU/mL)]
次氯酸钠水溶液	3	0	100	8 080	99.980 8	3.7	12 800	99.969 6	3.5
	6	0	100	2 760	99.993 4	4.2	11 360	99.973 0	3.6
	10	0	100	280	99.999 3	5.2	11 120	99.973 6	3.6
酸化次氯酸钠水溶液(pH6.5)	3	0	100	240	99.999 4	5.2	290	99.999 3	5.2
	6	0	100	30	99.999 9	6.1	40	99.999 9	6.0
	10	0	100	0	100	7.6	0	100	7.6

注：阳性对照平均菌数42 100 000CFU/mL。

从这项试验的结果可以看出，酸化次氯酸钠水溶液对大肠埃希氏菌的杀灭效果明显优于次氯酸钠水溶液。

日本食品分析中心对株式会社エム・アイ・シー提供的由次氯酸钠和盐酸稀释混合后制备的杀菌水进行了病毒灭活试验和杀菌效果试验，结果见表 6-5-13 和表 6-5-14。病毒灭活试验是将流感病毒或单纯疱疹病毒悬浊液添加到检测样溶液（经酸化的次氯酸钠溶液，有效氯含量 200mg/L）中进行混合，在室温下发生作用，在1min 和5min 后测定病毒的感染滴度。杀菌效果试验是将枯草芽孢杆菌（芽孢）、大肠埃希氏菌（O157：H7）、铜绿假单胞菌、沙门氏菌属菌种、耐甲氧西林金黄色葡萄球菌和金黄色葡萄球菌分别加入到配制好的杀菌水试验样本（用 12％次氯酸钠原液稀释配制成有效氯含量 200mg/L 的次氯酸钠溶液和有效氯含量 80mg/L 的酸化次氯酸钠溶液）中，进行混合，放置在20℃的环境中，过1、3 和5min 后测定试验液中的活菌数量。

表 6-5-13　病毒感染量测定结果

（引自：株式会社エム・アイ・シー，2005）

试验病毒	测定	对象	50％组织培养感染量 $[\lg(TCID_{50}/mL)]$
流感病毒 （甲型 H1N1 亚型）	开始时	对照样	6.5
	1min 后	检测样	<1.5
	5min 后	检测样 对照样	<1.5 7.0
单纯疱疹病毒 （ATCC VR-1493）	开始时	对照样	5.0
	1min 后	检测样	<1.5
	5min 后	检测样 对照样	<1.5 5.0

注：保存温度为室温。

表 6-5-14　杀菌水样品的细菌数测定结果

（引自：株式会社エム・アイ・シー，2004）

试验菌	杀菌水试验样本	细菌数[1]　（1/mL）			
		开始时[2]	1min	3min	5min
枯草芽孢杆菌（芽孢） （*Bacillus subtilis* subsp. *subtilis* NBRC 3134）	次氯酸钠溶液 200mg/L	2.8×10^6	2.6×10^6	2.5×10^6	2.3×10^6
	酸化次氯酸钠溶液 80mg/L	2.8×10^6	2.4×10^6	2.4×10^5	8.7×10^2
	对照样（净化水）	2.8×10^6	—	—	2.6×10^6
大肠埃希氏菌 O157：H7 （*Escherichia coli* ATCC 43895）	次氯酸钠溶液 200mg/L	1.8×10^6	<10[3]	<10	<10
	酸化次氯酸钠溶液 80mg/L	1.8×10^6	<10	<10	<10
	对照样（净化水）	1.8×10^6	—	—	1.6×10^6
铜绿假单胞菌 （*Pseudomonas aeruginosa* NBRC 13275）	次氯酸钠溶液 200mg/L	4.4×10^6	<10	<10	<10
	酸化次氯酸钠溶液 80mg/L	4.4×10^6	<10	<10	<10
	对照样（净化水）	4.4×10^6	—	—	2.9×10^6
沙门氏菌属菌种 （*Salmonella enteritidis* NBRC 3313）	次氯酸钠溶液 200mg/L	2.9×10^6	<10	<10	<10
	酸化次氯酸钠溶液 80mg/L	2.9×10^6	<10	<10	<10
	对照样（净化水）	2.9×10^6	—	—	2.5×10^6
金黄色葡萄球菌 （*Staphylococcus aureus* subsp. *aureus* IFO 12732）	次氯酸钠溶液 200mg/L	3.9×10^6	<10	<10	<10
	酸化次氯酸钠溶液 80mg/L	3.9×10^6	<10	<10	<10
	对照样（净化水）	3.9×106	—	—	5.1×10^6

（续）

试验菌	杀菌水试验样本	细菌数[1]（1/mL）			
		开始时[2]	1min	3min	5min
耐甲氧西林金黄色葡萄球菌（*Staphylococcus aureus* IID 1677）	次氯酸钠溶液 200mg/L	$5.2×10^6$	<10	<10	<10
	酸化次氯酸钠溶液 80mg/L	$5.2×10^6$	<10	<10	<10
	对照样（净化水）	$5.2×10^6$	—	—	$5.4×10^6$

①作用温度20℃；
②菌液加入后立刻进行测定作为开始时的细菌数；
③<10 表示未检出。

扩展青霉是苹果中最常见的病原菌，会引起新摘苹果和贮藏保鲜苹果腐坏造成损失。扩展青霉产生棒曲霉素，被感染的苹果常出现褐腐病或其他腐烂特征，棒曲霉素对实验室动物有致癌、致畸和诱导突变的作用，因此需要加以控制将其杀灭，防止霉变扩散到未受感染的苹果。扩展青霉产生的棒曲霉素取决于苹果的种类和苹果的成熟度。Salomao B C M（2008）等用自来水、次氯酸钠溶液、酸化次氯酸钠溶液和过氧乙酸对接种扩展青霉CCT 4680 的苹果进行了清洗杀菌试验。酸化自来水和酸化次氯酸钠溶液均用 0.25N 磷酸进行pH 调整。试验的苹果有红蛇果、嘎拉、麦金塔、富士、帝国和金冠 6 个品种。所有清洗杀菌水的温度均为 25℃，苹果放入清洗杀菌水中手工缓慢搅拌清洗，作用时间为 30s，试验结果见表 6-5-15。

表 6-5-15　6 种苹果清洗杀菌处理后扩展青霉孢子的存活数

（引自：Salomao B C M，2008）

苹果种类	处 理	消毒剂浓度（mg/L）[1]	处理后孢子数 $[lg (g^{-1})]$[2]	减少的对数值
红蛇果	未处理	0	5.06±0.17A	
	自来水	0	4.62±0.17B	0.45
	自来水，pH6.5	0	4.96±0.09A	0.10
	次氯酸钠，pH8.8	50	4.14±0.35C	0.92
	次氯酸钠，pH9.3	100	3.51±0.14D	1.55
	次氯酸钠，pH9.7	200	3.51±0.08D	1.55
	酸化次氯酸钠，pH6.5	50	2.05±0.34E	3.01
	酸化次氯酸钠，pH6.5	100	1.54±0.22F	3.54
	酸化次氯酸钠，pH6.5	200	1.0±0.85G	4.06
	过氧乙酸	50	3.86±0.28CD	1.20
	过氧乙酸	80	3.70±0.30D	1.36
嘎拉	未处理	0	5.06±0.18A	
	自来水	0	4.78±0.38AC	0.28
	自来水，pH6.5	0	4.94±0.19A	0.12
	次氯酸钠，pH8.8	50	3.86±0.16BD	1.20
	次氯酸钠，pH9.3	100	3.67±0.18BD	1.39
	次氯酸钠，pH9.7	200	3.74±0.38BD	1.32
	酸化次氯酸钠，pH6.5	50	3.20±0.48D	1.86

（续）

苹果种类	处 理	消毒剂浓度 （mg/L）[1]	处理后孢子数 [lg（g^{-1}）][2]	减少的对数值
嘎拉	酸化次氯酸钠，pH6.5	100	1.40±0.91E	3.66
	酸化次氯酸钠，pH6.5	200	1.30±0.85E	3.76
	过氧乙酸	50	4.12±0.36B	0.94
	过氧乙酸	80	3.94±0.13BC	1.12
麦金塔	未处理	0	5.70±0.40A	
	自来水	0	4.36±0.42B	1.34
	自来水，pH6.5	0	5.33±0.55AB	0.37
	次氯酸钠，pH8.8	50	4.34±0.37AB	1.36
	次氯酸钠，pH9.3	100	4.06±1.03B	1.64
	次氯酸钠，pH9.7	200	3.29±0.59BC	2.41
	酸化次氯酸钠，pH6.5	50	2.19±0.79C	3.50
	酸化次氯酸钠，pH6.5	100	1.48±1.13D	4.22
	酸化次氯酸钠，pH6.5	200	<1±0.00E	>5.70
	过氧乙酸	50	4.34±0.50AB	1.36
	过氧乙酸	80	3.91±0.08B	1.79
富士	未处理	0	5.08±0.26A	
	自来水	0	4.30±0.23AB	0.78
	自来水，pH6.5	0	4.74±0.25A	0.34
	次氯酸钠，pH8.8	50	4.07±0.68B	1.01
	次氯酸钠，pH9.3	100	3.60±0.39B	1.48
	次氯酸钠，pH9.7	200	3.56±0.20B	1.47
	酸化次氯酸钠，pH6.5	50	2.62±0.34C	2.46
	酸化次氯酸钠，pH6.5	100	2.48±0.77CD	2.60
	酸化次氯酸钠，pH6.5	200	1.62±0.36D	3.46
	过氧乙酸	50	3.78±0.19B	1.30
	过氧乙酸	80	3.77±0.14B	1.31
帝国	未处理	0	5.33±0.33A	
	自来水	0	5.10±0.62A	0.23
	自来水，pH6.5	0	5.02±0.18A	0.30
	次氯酸钠，pH8.8	50	3.60±0.17B	1.72
	次氯酸钠，pH9.3	100	3.56±0.13B	1.76
	次氯酸钠，pH9.7	200	3.56±0.22B	1.77
	酸化次氯酸钠，pH6.5	50	2.45±0.70C	2.88
	酸化次氯酸钠，pH6.5	100	1.43±0.92D	3.90
	酸化次氯酸钠，pH6.5	200	<1±0.92E	>5.33
	过氧乙酸	50	4.42±0.40AB	0.91
	过氧乙酸	80	3.40±0.30B	1.93
金冠	未处理	0	5.19±0.39A	
	自来水	0	4.67±0.38AB	0.52
	自来水，pH6.5	0	4.98±0.15A	0.21
	次氯酸钠，pH8.8	50	3.56±0.23BC	1.64
	次氯酸钠，pH9.3	100	3.57±0.13BC	1.62
	次氯酸钠，pH9.7	200	3.42±0.56C	1.77
	酸化次氯酸钠，pH6.5	50	2.49±0.68D	2.71
	酸化次氯酸钠，pH6.5	100	2.27±1.39E	2.92
	酸化次氯酸钠，pH6.5	200	<1±0.00F	>5.19
	过氧乙酸	50	4.34±0.61ABC	0.85
	过氧乙酸	80	3.55±0.42BC	1.64

①原文献中单位为 ppm；

②在这一栏中，字母不同的平均值具有显著性差异（$P \leqslant 0.05$），在未处理与水处理、每种杀菌水与水处理、未处理和其他消毒处理之间进行比较。

从试验结果看到，pH6.5 的酸化次氯酸钠溶液在 50mg/L 有效氯含量时对扩展青霉的杀灭效果优于 200mg/L 有效氯含量的次氯酸钠溶液，并且也优于过氧乙酸的杀菌效果。美国食品药品监督管理局推荐的用于水果消毒的清洗水中，采用次氯酸钠消毒时有效氯含量不超过 200mg/L，采用过氧乙酸消毒时的浓度不超过 80mg/L。未经酸化的次氯酸钠溶液和过氧乙酸在最大允许浓度下，试验的 6 个品种中有 5 个品种的扩展青霉的减少仅为 1～2 对数值，而经酸化的次氯酸钠溶液可以有效减少苹果上的扩展青霉的数量，在 100mg/L 有效氯含量时即可达到 3～4 对数值的杀灭。

五、氯系消毒剂的正确使用

1. 水源 因为有些影响人健康的致病菌不容易被氯系消毒剂杀灭，用氯系消毒剂制备清洗杀菌水的水源应采用饮用水，不要直接用河水或池塘水，更不应使用受污染的水源，否则有传播疾病的风险。采用非饮用水水源时，应对水质进行评估，应达到饮用水水质标准。

2. 温度 温度对氯的杀菌作用有些许影响，随着杀菌水温度的增加，杀菌效力有所增加。但是，当水温增加时，挥发到空气中的氯气也会增多。水温过低或 pH 不合适，均会影响清洗杀菌的效果。另外，用于预冷的清洗杀菌水很难达到最佳的控制微生物的要求。

3. 有机物 当氧气存在时，氯与土壤或果蔬中所含的有机物会发生化学反应，当杀菌水中有大量的有机物聚集时，会减少杀菌水中的有效氯含量，使杀菌消毒的效果下降，因此杀菌水需要经常更换。或者，将水中的残留物过滤掉，并且补充新的杀菌水，使杀菌水的有效氯含量和 pH 维持在适当的水平。另外，较脏的果蔬产品需要在杀菌消毒之前进行预清洗，这样可以延长杀菌消毒水的使用时间。

4. 浓度和暴露时间 杀菌效果取决于杀菌水的有效氯含量和果蔬与杀菌水直接接触的时间（即暴露时间），为达到杀菌的预期目标，不同种类或不同环境条件下生长的果蔬产品需要的有效氯含量或暴露时间不尽相同。

通常，用有效氯含量为 25mg/L 的次氯酸杀菌水清洗果蔬 2min，然后用清水漂洗，可以控制果蔬病害的发生；用 pH6.5、有效氯含量为 50～75mg/L 的次氯酸杀菌水浸泡果蔬 3～5min，然后用清水漂洗，能有效减少果蔬上细菌、酵母菌和霉菌的数量，可以满足控制大多数病原微生物的需要。

但是，微生物对氯的敏感性不同，细菌最为敏感，许多真菌孢子很不敏感，有些孢子型动物寄生虫，如单细胞寄生虫隐孢子虫对氯系消毒剂有抵抗作用。有些对氯系消毒剂敏感的病原菌，如沙门氏菌属菌种和大肠埃希氏菌等在果蔬表面消毒剂难以达到的地方仍会残存。对于大多数蔬菜，用氯系消毒剂清洗杀菌时，清洗水中的有效氯含量应维持在 70～150mg/L。清洗杀菌水的有效氯含量超过 200mg/L 时，会对绿叶菜类蔬菜产生伤害，并且有难闻的气味产生。

国外有些生产实践中，杀菌水需要在一个工作日内循环使用，为了维持氯的杀菌效力，也有采用超过 300mg/L 总有效氯的情况，通常果蔬与杀菌水接触暴露的时间为 10～15min。需要注意的是，有些果蔬在高浓度杀菌水作用下会使表面褪色或出现凹坑。例如，杀菌水有效氯含量为 250mg/L 时，柿子椒不受影响，而胡萝卜的橘黄色会减退，芹菜和芦笋表面会出现浅褐色斑点。

表 6-5-16 是氯消毒剂在用作生鲜果蔬采后消毒时常采用的有效氯含量。氯消毒剂在生鲜果蔬的生产到市场各环节应用事例参见附表 6-6。

表 6-5-16　氯消毒剂用于果蔬清洗消毒的有效氯含量

（引自：Suslow T，1997）

产　品	处理方式	有效氯含量[1]（mg/L）
蔬菜		
朝鲜蓟	连续输送带上方喷淋	100～150
芦笋	连续输送带上方喷淋	100～150
	水预冷	125～150
柿子椒	连续输送带上方喷淋	150～200
	倾倒槽	300～400
青花菜	连续输送带上方喷淋	100～150
抱子甘蓝	连续输送带上方喷淋	100～150
结球甘蓝（切碎的)[2]	连续输送带上方喷淋	100～150
胡萝卜	连续输送带上方喷淋	100～150
	水槽顺流	150～200
花椰菜	连续输送带上方喷淋	100～150
芹菜	水预冷	100
	连续输送带上方喷淋	100～150
玉米	连续输送带上方喷淋	75～100
黄瓜	连续输送带上方喷淋	100～150
蒜（剥皮的）	连续输送带上方喷淋	75～150
绿叶菜，切碎的叶子	连续输送带上方喷淋	100～150
奶油生菜	连续输送带上方喷淋	100～150
整个生菜，切碎生菜[2]	连续输送带上方喷淋	100～150
	水预冷	100～150
油麦菜	连续输送带上方喷淋	100～150
瓜（各种类）	连续输送带上方喷淋	100～150
	倾倒槽	100～150
蘑菇[3]	连续输送带上方喷淋	100～150
葱	连续输送带上方喷淋	100～150
豌豆，豆荚型	连续输送带上方喷淋	50～100
辣椒	连续输送带上方喷淋	300～400
马铃薯，褐色或红色	水槽顺流	200～300
	倾倒槽（预洗过的）	30～100
	连续输送带上方喷淋	100～200
马铃薯，白色	倾倒槽（为了漂白）	500～600
南瓜	连续输送带上方喷淋	100～200

（续）

产　品	处理方式	有效氯含量[①]（mg/L）
水萝卜	连续输送带上方喷淋	100~150
	倾倒槽	25~50
菠菜	连续输送带上方喷淋	75~150
甜薯	倾倒槽（预洗过的）	100~150
长南瓜（各种类）	连续输送带上方喷淋	75~100
番茄	水槽顺流	200~350
	倾倒槽	200~350
芜菁	倾倒槽	100~200
番薯	倾倒槽	100~200
水果		
苹果		100~150
樱桃		75~100
葡萄柚		100~150
猕猴桃		75~100
柠檬		40~75
橙		100~200
普通桃，油桃，李子（Plums）		75~150
梨		200~300
洋李（Prunes）		100~150

　　①表中给出的是综合范围，数据来自产品说明和加州目前记录的技术信息，这些浓度是反映生产实践的指导原则，通常在核准的产品说明上注明用法、使用量和偏差范围等信息，要制定给定浓度范围各种类蔬菜的敏感性；
　　②残留水必须用离心甩干机或其他后续处理中的去水过程去除；
　　③不是常用方式，使用时后续要用抗氧化剂防止褐变，例如，用抗坏血酸或异抗坏血酸与柠檬酸联合作为抗氧化剂。

　　5. 提高性能　氯杀菌是直接接触的方式。如果果蔬上有小凹坑等，就会形成水膜，阻碍氯与目标微生物的直接接触。在杀菌水中添加表面活性剂，可以减小水的表面张力，从而提高氯的杀菌效果，例如聚山梨酯80、山梨坦脂和氯增效剂等。

　　6. 监测　应经常监测杀菌水的有效氯含量和 pH，可以用仪器测量，也可以采用试纸的方法。监测次数最好根据生产经验来确定。通常情况下，处理的原料增加时，监测次数也应增加。

　　图 6-5-23 所示为有效氯含量计的一种，包括测试仪器、样品池和与仪器配套的专用药剂。测量时，将 1 小包药剂（粉末状）倒入样品池，并按要求加纯净水溶解均匀，然后放入仪器的槽中进行校零。校零后，将样品池中的药剂倒掉，清洗干净，加入待测样品，再放入仪器槽中，显示的数据即为样品有效氯含量。该类测试仪器每次测量时需要消耗药剂，采用的是比色原理。如图 6-5-24 所示，光源发出的平行光束，一路直接进入光电转换元件转换成电信号输出，另一路通过样品池和

图 6-5-23　有效氯含量计
1. 测试仪器　2. 样品池　3. 药剂

光过滤元件后，再进入到光电转换元件转换成电信号输出，测试信号与参照光信号比较处理以后进行记录和显示。这类有效氯含量计，分为低浓度（0.00～5.00mg/L）、高浓度（10～300mg/L）和超高浓度（0.00％～4.00％）范围几种。

pH 检测可用 pH 计进行，图 6-5-25 所示为玻璃电极式 pH/ORP 计，该仪器不仅可以检测 pH，也可检测 ORP 值（氧化还原电位），pH 的测量范围 0.00～14.00，ORP 值的测量范围为－1 900～1 900mV。

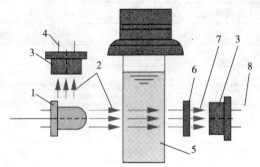

图 6-5-24　有效氯含量计工作原理示意
1. 光源　2. 平行光束　3. 光电转换元件　4. 参照光信号输出
5. 样品池　6. 光过滤元件　7. 透过光　8. 测试信号输出

图 6-5-25　pH 计

氧化还原电位，英文缩写 ORP，它用来反映水溶液中所有物质表现出来的宏观氧化—还原性。氧化还原电位越高，氧化性越强；电位越低，氧化性越弱。电位为正表示溶液显示出一定的氧化性，为负则说明溶液显示出还原性。氧化还原电位的检测相对容易，并且可实现在线检测。有些自动化生产系统通过监测杀菌水的 ORP 值来进行生产控制，此时，需要通过实验室试验和现场试验，找出氯系消毒剂杀菌水的氧化还原电位与微生物杀灭效果之间的关系，确定系统控制的设定值范围。例如，预冷系统通常采用的 ORP 值设定范围为 600～650mV。

7. 漂洗　用氯系消毒剂对果蔬进行清洗杀菌作业时，应注意果蔬表面的氯残留情况，果蔬应漂洗后才可食用。

表 6-5-17 是经过酸化次氯酸钠溶液和次氯酸钠溶液杀菌后的生菜和菠菜，在漂洗水中测得的氯残留情况。

表 6-5-17　漂洗水氯残留量测试结果

蔬菜	样本	杀菌时间(min)	漂洗水次	游离氯残留量(mg/L)				总氯残留量(mg/L)			
				消毒液1	消毒液2	消毒液3	消毒液4	消毒液1	消毒液2	消毒液3	消毒液4
生菜	对照样			0				0			
	试验样	1	1	2.5	15.6	12.7	21.9	4.3	16.7	14.1	22.7
			2	0.7	1.3	2.1	2.8	0.9	1.4	2.9	3.5
		3	1	3.5	17.4	21.2	19.4	5.2	19.4	21.9	19.8
			2	1.4	2.8	1.8	3.7	1.8	3.2	3.5	5.3

（续）

蔬菜	样本	杀菌时间(min)	漂洗水次	游离氯残留量(mg/L)				总氯残留量(mg/L)			
				消毒液1	消毒液2	消毒液3	消毒液4	消毒液1	消毒液2	消毒液3	消毒液4
菠菜	对照样			0				0			
	试验样	1	1	1.9	3.8	3.3	7.7	5.4	8.2	7.2	12.4
			2	0.9	1.1	1.4	1.8	1.1	1.1	2.3	2.5
		3	1	1.7	3.0	7.7	15.5	1.9	5.1	9.5	15.8
			2	0.4	0.5	1.0	1.6	0.4	0.6	1.0	1.9

注：（1）消毒液1：酸化次氯酸钠溶液，有效氯含量50mg/L，pH5.5；

（2）消毒液2：酸化次氯酸钠溶液，有效氯含量100mg/L，pH5.5；

（3）消毒液3：次氯酸钠溶液，有效氯含量100mg/L，pH10.7；

（4）消毒液4：次氯酸钠溶液，有效氯含量200mg/L，pH11.1。

（5）100g蔬菜用1L消毒液；漂洗时100g蔬菜用1L蒸馏水。

漂洗水中的氯残留量间接反映出经杀菌后蔬菜中携带的氯残留量，从试验结果可以看出，消毒液有效氯含量越大、作用时间越长，蔬菜携带的氯残留量越大。另外，从第二次漂洗水的数据可以看到，经过一次漂洗以后，蔬菜携带的氯残留量明显下降，这也说明经过消毒后的蔬菜进行漂洗很重要，短时间的漂洗即可有效去除残留。

美国等国家对氯系消毒剂用于果蔬产品的清洗杀菌时，要求经杀菌水清洗后的果蔬必须经过漂洗，并且通过监测最后一道漂洗水中的氯残留量来控制产品的质量。例如，美国加州注册有机农业主协会［California Certified Organic Farmers（CCOF）］规章允许末端水的氯残留量为4mg/L。

8. 废水排放 采用氯系消毒剂进行清洗杀菌时，应做好废水排放的预案。应了解当地的相关规定，综合考虑排放量和排放浓度对排放地环境的影响，也需要兼顾对空气质量管理的影响。

9. 氯气逸出和工人安全 采用氯系消毒剂清洗杀菌时，可能会有氯气逸出扩散到空气中，如果空气中的氯浓度过高，会对操作人员产生危害，引起身体不适和眼睛疼痛。通常，消毒间应单独隔开和采取通风措施，适时监测空气中的氯浓度。如果从外面进入到消毒间时，发现氯的气味难以忍受，说明空气中的氯浓度达到了安全限值。我国国家职业卫生标准《GBZ 2.1—2007 工作场所有害因素职业接触限值 化学有害因素》中规定，氯的"最高允许浓度"（指工作地点在一个工作日内任何时间均不应超过的有毒化学物质的浓度）为1mg/m³。美国政府工业卫生学家会议（ACGIH）公布的"关于化学物质和物理因素的阈限值和/或生物接触限值"中规定的氯的"时间加权平均浓度"和"短时间接触限值"分别为1.5mg/m³ 和2.9mg/m³。

使用氯系消毒剂时存在发生"气体逸出"的风险，这里所说的"气体逸出"是指大量有毒气体快速充满工作场所。氯气逸出通常是由于使用操作氯消毒剂或设备不当引起的。氯气产生和逸出与温度、pH 和使用剂量有关，例如，氯消毒剂在过酸的条件下就会有氯气产生，其反应式如下：

$$HClO + HCl \longrightarrow Cl_2（气体）+ H_2O \qquad (6\text{-}5\text{-}23)$$

另外，大量的氯消毒剂如果加到了很脏的水体中就会与水中含胺有机物的分子发生反应生成氯胺，如下反应式：

$$HClO＋有机胺\longrightarrow 氯胺＋H_2O \tag{6-5-24}$$

氯胺比氯气更不稳定，容易挥发，并且在 pH 减小时容易"气体逸出"。

第六节　二氧化氯系消毒剂及其技术装备

早在 1811 年，Humphrey Davy 用氯酸钾与盐酸反应，首次合成并收集了二氧化氯气体。1834 年，Watt 和 Burgess 在纸浆漂白发明专利中提到用二氧化氯作为漂白剂。之后，二氧化氯开始用于造纸和纺织等工业的漂白脱色处理。到 1850 年，欧洲开始用于消除水的臭味。但由于二氧化氯制备技术复杂，价格昂贵，并且性质极不稳定，易引起自爆，因而应用受到限制。直到 20 世纪 40 年代，人们对二氧化氯的作用和制取有了较全面的认识和掌握，二氧化氯作为漂白剂被广泛用于造纸工业，并且作为消毒剂开始用于处理城市饮用水和用于食品加工中的消毒杀菌。

近几十年来，在寻找无毒无害、无残留、不污染环境的新消毒剂的过程中，国外逐渐重视二氧化氯的作用以及稳定二氧化氯的制备方法，以替代氯消毒避免因其引起的危害。目前，二氧化氯已经被国际上公认为是一种广谱、高效、速效、安全、低毒的消毒剂。美国、西欧、加拿大、日本等发达国家的有关组织如美国环境保护局、美国食品药品管理局、美国农业部均批准和推荐二氧化氯用于食品、食品加工、制药、医院、公共环境等的消毒、防霉和食品的防腐保鲜等。世界卫生组织（WHO）和联合国粮农组织（FAO）也已将二氧化氯列为 A1 级安全高效消毒剂。

为控制饮水中"三致物质"（致癌、致畸、致突变）的产生，欧美发达国家广泛应用二氧化氯替代氯气进行饮用水的消毒。近年来，我国也开始重视二氧化氯技术的推广和应用，先后颁布了相关国家标准和行业标准，例如，《GB/T20783—2006 稳定性二氧化氯溶液》、《GB/T20621—2006 化学法复合二氧化氯发生器》、《HJ/T272—2006 环境保护产品技术要求化学法二氧化氯消毒剂发生器》等，在《GB2760—2011 食品添加剂使用标准》中提到，稳定态二氧化氯可作为防腐剂用于表面处理新鲜水果和蔬菜。

消毒杀菌用二氧化氯的产品形式主要有二氧化氯水溶液、二氧化氯粉剂和二氧化氯发生器三种。由于二氧化氯及其原料的强氧化性和在气态条件下的不稳定性，在生产、贮存、运输和使用中存在一些安全隐患，因此使用前有必要对其全面了解，并采取相应的防范措施。

一、二氧化氯及其杀菌作用机理

1. 二氧化氯的性质　二氧化氯的分子式为 ClO_2，在常温下为黄绿色气体，在更低温度下为液态，熔点 -59.5℃，沸点 $9.9\sim11$℃（101kPa），气体密度 3.09g/L（11℃），液体密度 1.642kg/L（0℃）。

二氧化氯在水中的溶解度较高，特别是在冷水中，在水中不会水解。二氧化氯在水中的溶解度大约是氯的 $5\sim10$ 倍。二氧化氯的溶解度与温度有关，表 6-6-1 为不同温度与气体分压力下的溶解度。

表 6-6-1 二氧化氯在水中的溶解度

温度（℃）	气体分压力（kPa）	溶解度（g/L）
20	10.00	8.3
20	4.00	2.9
25	4.60	3.01
25	2.95	1.82
25	1.79	1.13
25	1.12	0.69
40	7.49	2.63
40	4.67	1.60
40	2.51	0.83
40	1.32	0.47
60	14.25	2.65
60	7.16	1.18
60	2.84	0.58
60	1.60	0.26

二氧化氯有类似氯气和硝酸的特殊刺激臭味，对温度、压力和光均较敏感。二氧化氯氧化性很强，遇有机物或还原性物质会发生剧烈反应，甚至爆炸。

表 6-6-2 列出了二氧化氯与其他氧化类消毒剂的氧化能力比较（通常用有效氯来表示），如果以氯气的氧化能力为 100%，那么二氧化氯的理论氧化能力是氯气的 2.63 倍，次氯酸钠的 2.0 倍，过氧化氢的 1.3 倍。

表 6-6-2 二氧化氯与常用氧化类消毒剂氧化能力比较

消毒剂	有效氯（%）
Cl_2	100
漂白粉	35~37
$Ca(ClO)_2$	99.2
工业次氯酸钙（漂粉精）	70~74
$NaClO$	95.2
工业漂白剂	12~15
家用漂白剂	3~5
ClO_2	263
氯胺	137.9
二氯胺	165.0
三氯胺	176.7
H_2O_2	209
$NaClO_2$	157
$KMnO_4$	111

二氧化氯最好在 4℃液态下贮存，在这个状态下相当稳定。二氧化氯不能存放过久，因为它能缓慢分解成氯和氧。

二氧化氯很少以气体状态存放，因为在压力状态下会发生爆炸，并且当空气中二氧化氯的浓度超过 10％时，存在爆炸的危险。若有铁锈油脂，以及较多的有机粒子存在时，即使在安全浓度（8％～12％）下，也会自发地分解。

二氧化氯在水溶液中保持稳定，安全贮存的二氧化氯水溶液浓度可达约 1％，但在此状态下要避光和避热。

二氧化氯很少运输，因为易发生爆炸和不稳定，通常在现场制备和使用。

2. 杀菌作用机理　二氧化氯的杀菌作用机理与氯系消毒剂不同，其杀菌作用的主要成分是 ClO_2，而不是 $HClO$。关于二氧化氯的杀菌作用机理目前尚存在争议。一般认为，由于二氧化氯分子中存在着 2 个未成对的活泼自由电子，具有很强的氧化性，对细胞壁有较强的吸附穿透能力。对细胞产生的作用，有抑制细胞合成蛋白质的过程；能与微生物蛋白质半光氨酸的 SH（巯基）发生反应，使以 SH 基为活性点的酶钝化；改变细菌的细胞壁/膜的通透性而导致细胞内物质漏出；强氧化作用使细胞质凝聚等观点。总之，二氧化氯杀菌是复杂的过程，可能是多种因素共同作用的结果。二氧化氯杀菌持续时间长，温度升高，杀菌能力增强，不仅能杀死细菌，而且有杀孢子和杀病毒的作用。

另外，由于细菌是原核细胞生物，绝大多数酶系统分布于细胞膜表面，易受攻击，而动植物是真核细胞生物，酶系统深入到细胞内部，不易受到攻击，因此二氧化氯能有效杀灭细菌，但对动植物肌体不产生毒效。

二、二氧化氯杀菌效果

二氧化氯具有高效广谱的杀菌消毒效果，即使在悬浮物存在下，也能以较小剂量杀灭大肠埃希氏菌等细菌，对脊髓灰质炎病毒Ⅰ型、噬菌体 f_2、大肠埃希氏菌噬菌体、柯萨奇病毒 B_3、埃克病毒 11 型、腺病毒 7 型、单纯性疱疹病毒Ⅰ型、腮腺炎病毒、噬菌体 $\phi X174$、仙台病毒等都具有良好的灭活效果。

图 6-6-1 是废水处理试验时二氧化氯和氯对无硝化二次出水中大肠菌群和大肠埃希氏菌噬菌体杀灭效果的比较。可以看出较高浓度二氧化氯在接触时间短时对大肠菌群的杀灭效果远优于氯，但接触时间长时差异不大。而对大肠埃希氏菌噬菌体，二氧化氯的杀灭效果非常显著。在进行废水处理时，为在一定的作用时间下大肠菌群数量被杀灭到满足标准限值要求，需要的二氧化氯剂量远小于氯（需要的二氧化氯与氯的质量比约为 1∶20）。

与氯系消毒剂不同，二氧化氯在较宽的 pH 范围内都具有良好的杀菌效力，对有机物的氧化降解不会生成有机氯代物。其腐蚀性也较臭氧小。但是，如果水中有碘化物存在时会形成碘酸盐。

1. 抑制果蔬腐坏菌及人致病菌的效果　二氧化氯对抑制果蔬腐坏菌及人类致病菌均有很好的效果，可以杀灭各种细菌繁殖体、芽孢、真菌、病毒甚至原虫等。不同微生物对二氧化氯的抵抗力也不同。

近年来欧美等国将二氧化氯用于果蔬杀菌和保鲜，并开展了大量的试验应用研究，美国研究人员还对二氧化氯气体直接作用于青椒的杀菌效果进行了探索，结果显示可使接种在青椒表面上的大肠埃希氏菌 O157∶H7 型 5lg 减少。由于二氧化氯不仅具有杀菌能力，同时还具有漂白、防腐、保鲜、除臭和脱色等多方面功能,因此在果蔬加工处理中的应用受到越来越多的关注。

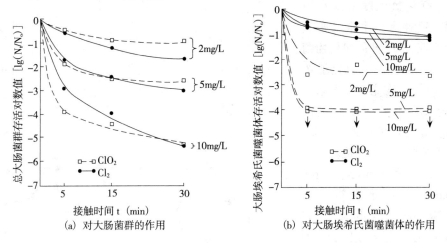

图 6-6-1　废水处理试验时二氧化氯和氯对大肠菌群和大肠埃希氏菌噬菌体杀灭效果比较

(引自:Roberts P V *et al*.,1980)

Roberts R G(1994)等对二氧化氯杀灭水果腐坏菌的效果进行了试验研究。试验用病原菌有牛眼果腐病菌明孢盘菌属菌种、梨形毛霉、扩展青霉和灰葡萄孢菌,分别自黄香蕉苹果、安琪西洋梨、蛇果和白樱桃等水果中分离出,将每种病原菌的孢子悬浊液分别滴入含二氧化氯浓度为1、3 和5mg/L 三种杀菌水的试管中,试验得出不同接触时间的杀灭效果,结果见表 6-6-3。

表 6-6-3　不同浓度二氧化氯杀菌水和接触时间下杀灭 4 种真菌孢子的百分率

(引自:Roberts R G and Reymond R T,1994)

真菌种类	ClO₂ 浓度 (mg/L)	各暴露时间后杀灭孢子的百分率(%)				
		0.5min	1.0min	2.0min	3.0min	4.0min
明孢盘菌属菌种 (*Cryptosporiopsis perennans*,同物异名 *Neofabraea perennans*)	1	100.0NS	100.0NS	100.0NS	100.0NS	100.0NS
	3	100.0	100.0	100.0	100.0	100.0
	5	100.0	100.0	100.0	100.0	100.0
梨形毛霉 (*Mucor piriformis*)	1	85.4b	92.9b	99.9NS	99.9NS	100.0NS
	3	100.0a	100.0a	100.0	100.0	100.0
	5	100.0a	100.0a	100.0	100.0	100.0
扩展青霉 (*Penicillium expansum*)	1	41.7c	76.6c	99.3b	99.6b	99.8b
	3	99.2b	99.9b	100.0a	100.0a	100.0a
	5	100.0a	100.0a	100.0a	100.0a	100.0a
灰葡萄孢菌 (*Botrytis cinerea*)	1	34.8c	48.6b	93.5c	98.1b	98.5b
	3	93.9b	99.2a	99.7b	99.9a	99.9a
	5	98.5a	99.5a	100.0a	100.0a	100.0a

注:数据为两次试验结果的平均值,每次试验进行 3 个重复。同一菌种栏中的数据跟随相同字母表示无显著差异($P > F = 0.0001$),NS 表示不显著。

可以看出，4种病原菌均对1mg/L二氧化氯浓度杀菌水敏感，敏感程度顺序为牛眼果腐病菌、梨形毛霉、扩展青霉和灰葡萄孢菌。在全部试验的二氧化氯浓度和接触时间下均能对牛眼果腐病菌完全杀灭，100%杀灭率的浓度为1mg/L，接触时间为0.5min；100%杀灭梨形毛霉的浓度和接触时间为1mg/L和4min，或3mg/L和0.5min；杀灭扩展青霉的为3mg/L和2min，或5mg/L和0.5min；杀灭灰葡萄孢菌的为5mg/L和2min。

为评估二氧化氯在商品化生产中的作用，Roberts R G（1994）等利用二氧化氯发生器系统安装在包装加工站的苹果分级生产线上进行了试验。苹果分级前的浸没倾倒水槽有38 000L水量的水循环使用，每周更换一次。在每天8h工作时间内对循环水采样4次，间隔时间2h，检测水中的二氧化氯浓度和丝状真菌（霉菌）的数量，结果如图6-6-2所示。

从测试结果看出，第一天，二氧化氯浓度在接近5.0mg/L和低于3mg/L之间变化，杯碟法检测中没有检出有繁殖能力的真菌孢子。第二天早上，初始二氧化氯的浓度是2.0mg/L，检测到大约20CFU/mL的丝状真菌，人工调整增加二氧化氯，到10：00时浓度过高，接近6.0mg/L，之后一天中检测到的丝状真菌数为0mg/L。调高二氧化氯浓度时导致气体逸出，使得一些工人感到呼吸不适，甚至在3.0mg/L二氧化氯浓度时，如果环境无通风也会使工人

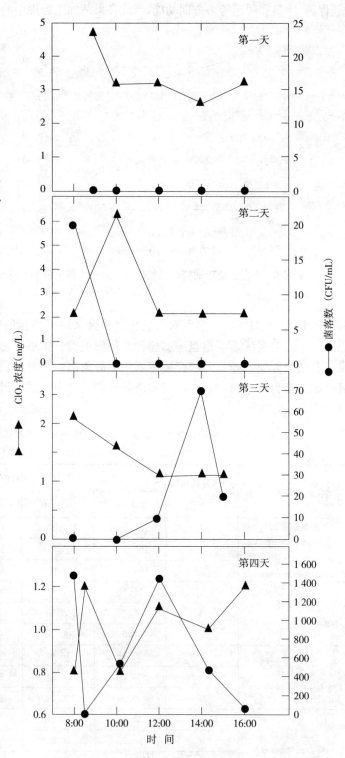

图 6-6-2　在 4d 一周期内商品化生产的浸没倾倒槽中的二氧化氯浓度对丝状真菌（霉菌）数的影响

（引自：Roberts R G and Reymond S T，1994）

不适。第三天,初始二氧化氯浓度再次到2.0mg/L,之后人为将浓度调到残留量约1.0mg/L。随着二氧化氯浓度下降,丝状真菌数增加到大约70CFU/mL,之后又下降到20CFU/mL。第四天,二氧化氯浓度维持在0.8～1.2mg/L,丝状真菌数在0～1 500CFU/mL之间。在4d试验中,当二氧化氯浓度维持在2.0mg/L或更低时,能检测出有繁殖能力的丝状真菌;当二氧化氯浓度为3.0mg/L或更高时,未检测出有繁殖能力的丝状真菌。二氧化氯浓度在2.0mg/L或更低时的丝状真菌数量发生变化,可能由于低浓度下杀死真菌孢子需要更长的作用时间,也可能由于进入到水中的真菌数量也在发生变化,因为在分级前的浸没倾倒槽中,每批次倒入苹果的腐坏数量和进入的真菌繁殖体数量会有所变化。

Wu V C H(2007)等进行了二氧化氯杀菌水(用固体二氧化氯制备获得)控制蓝莓感染食源性病菌,以及蓝莓上自然存在的酵母菌和霉菌的试验研究,结果见表6-6-4。

表 6-6-4　二氧化氯处理后各类菌减少的对数值

(引自:Wu V C H and Kim B, 2007)

种　类[①]	处理时间	减少量 [lg(CFU/g)][②]				
		1mg/L[③]	3mg/L	5mg/L	10mg/L	15mg/L
单核细胞增生性李斯特菌(Listeria monocytogenes)	10s	A[④]0.03 a[⑤]	C 0.04 a	D 0.08 a	D 0.04 a	F 0.07 a
	1min	A 0.00 a	C 0.00 a	D 0.00 a	D 0.12 a	F 0.17 a
	5min	A 0.07 c	C 0.05 c	D 0.31 c	C 0.87 b	E 1.39 a
	10min	A 0.19 d	C 0.03 d	C 1.00 c	B 2.38 b	D 3.16 a
	20min	A 0.17 c	C 0.58 c	B 1.61 b	B 2.66 a	CD 3.46 a
	30min	A 0.02 e	B 1.30 d	A 2.24 c	A 3.46 b	B C3.95 a
	1h	A 0.16 e	B 1.44 d	A 2.31 c	A 3.28 b	A B4.25 a
	2h	A 0.19 e	A 2.07 d	A 2.57 c	A 3.57 b	A 4.88 a
铜绿假单胞菌(Pseudomonas aeruginosa)	10s	A 0.02 a	B 0.06 a	C 0.11 a	D 0.24 a	D 0.15 a
	1min	A 0.03 a	B 0.06 a	C 0.13 a	D 0.25 a	D 0.08 a
	5min	A 0.05 c	B 0.18 c	BC 0.31 c	C 0.99 b	C 2.16 a
	10min	A 0.24 b	B 0.12 b	AC 1.50 a	B 2.20 a	C 2.36 a
	20min	A 0.06 d	A 1.34 c	ABC 1.81 bc	A 2.96 ab	B 3.54 a
	30min	A 0.17 d	A 1.31 c	AB 2.09 bc	A 2.98 ab	AB 3.85 a
	1h	A 0.22 c	A 1.52 c	ABC 1.80 b	A 3.03 a	AB 3.81 a
	2h	A 0.41 d	A 1.39 cd	A 2.36 bc	A 3.01 b	A 4.48 a
鼠伤寒沙门氏菌(Salmonella typhimurium)	10s	B 0.00 a	AB 0.10 a	C 0.00 a	E 0.00 a	D 0.12 a
	1min	B 0.00 a	B 0.00 a	C 0.00 a	E 0.00 a	D 0.23 a
	5min	AB 0.24 b	AB 0.43 b	C 0.27 b	DE 0.60 b	CD 1.16 a
	10min	AB 0.21 b	AB 0.66 ab	BC 0.57 ab	CD 1.55 ab	BC 2.03 a
	20min	B 0.09 c	A 1.57 bc	A 1.93 ab	AB 2.86 ab	A 3.32 a
	30min	AB 0.25 c	AB 1.52 bc	A 1.80 ab	A 3.21 a	AB 3.13 a
	1h	AB 0.29 c	AB 1.41 bc	AB 1.47 bc	A 3.11 a	AB 2.43 ab
	2h	A 0.42 c	AB 1.02 bc	AB 1.58 ab	BC 1.86 a	ABC 2.28 a

（续）

种 类①	处理时间	减少量 [lg(CFU/g)]②				
		1mg/L③	3mg/L	5mg/L	10mg/L	15mg/L
金黄色葡萄球菌 （*Staphylococcus aureus*）	10s	B 0.03 a	C 0.10 a	C 0.27 a	D 0.19 a	D 0.21 a
	1min	AB 0.15 c	C 0.18 c	C 0.50 bc	CD 1.01 a	D 0.98 ab
	5min	AB 0.06 c	BC 0.39 bc	BC 1.06 ab	BC 1.85 a	CD 1.47 a
	10min	B 0.01 b	AB 1.53 ab	AB 2.55 a	B 2.20 a	BC 2.71 a
	20min	B 0.02 d	AB 1.66 cd	AB 2.36 bc	A 3.46 ab	AB 4.24 a
	30min	AB 0.09 d	A 1.92 c	AB 2.70 bc	A 3.92 ab	A 4.56 a
	1h	A 0.26 d	A 1.73 c	A 3.07 b	A 3.82 ab	AB 4.37 a
	2h	AB 0.19 d	A 2.06 c	A 3.11 b	A 3.87 ab	AB 4.33 a
小肠结肠炎耶尔森氏菌 （*Yersinia enterocolitica*）	10s	A 0.33 a	C 0.09 b	F 0.10 a	CD 0.40 a	CD 0.36 a
	1min	A 0.12 a	C 0.11 a	F 0.06 a	D 0.15 a	D 0.18 a
	5min	A 0.16 b	C 0.11 b	F 0.21 b	D 0.22 b	BC 0.86 a
	10min	A 0.27 b	C 0.51 b	E 0.82 ab	C 0.86 ab	B 1.35 a
	20min	A 0.17 c	C 0.64 bc	D 1.38 b	B 2.38 a	A 3.25 a
	30min	A 0.19 c	C 0.62 c	C 1.97 b	A 3.17 a	A 3.33 a
	1h	A 0.30 d	B 1.75 c	B 2.91 b	A 3.63 a	A 3.69 a
	2h	A 0.12 c	A 2.88 b	A 3.49 ab	A 3.70 a	A 3.54 a
酵母菌和霉菌 （Yeasts and molds）	10s	A 0.26 a	A 0.27 a	C 0.20 a	D 0.41 a	D 0.57 a
	1min	A 0.25 b	A 0.25 b	BC 0.67 b	D 0.54 b	C 1.82 a
	5min	A 0.33 b	A 0.46 b	AB 0.85 b	CD 0.87 b	C 2.07 a
	10min	A 0.26 d	A 0.52 cd	AB 0.85 bc	BCD 1.13 b	C 1.79 a
	20min	A 0.16 c	A 0.57 c	AB 1.14 b	ABC 1.70 a	C 1.89 a
	30min	A 0.34 b	A 0.43 b	AB 1.20 ab	ABC 1.92 a	BC 2.21 a
	1h	A 0.40 d	A 0.52 cd	AB 1.17 c	AB 1.95 b	AB 2.82 a
	2h	A 0.29 c	A 0.81 c	A 1.43 b	A 2.42 a	A 2.86 a

①蓝莓上初始接种的细菌数约为 5lg(CFU/g)，每个处理的单元体积是 0.15mL。酵母菌和霉菌的初始自然水平约为 4lg(CFU/g)。

②相同微生物中，与未用 ClO_2 处理的接种菌的蓝莓进行比较的减少对数值，lg(CFU/g)。

③ClO_2 的浓度。

④相同微生物中，同一列中带有不同字母（A～F）的平均值，指某一 ClO_2 浓度下在不同处理时间时有显著差。

⑤相同微生物中，同一行中带有不同字母（a～e）的平均值，指某一处理时间时在不同 ClO_2 浓度下有显著差。

用 5 种病原菌接种在蓝莓表面，研究二氧化氯在不同浓度和各接触时间下的抑制效果。与其他病原菌相比，二氧化氯对单核细胞增生性李斯特菌的作用最为有效，减少 4.88lg(CFU/g)；二氧化氯浓度 15mg/L 时接触 5min，使铜绿假单胞菌减少 2.16lg(CFU/g)；对鼠伤寒沙门氏菌而言，多数浓度情况下，相对短时间的接触比长时间的接触抑菌效果更好；二氧化氯浓度 15mg/L 时接触 30min，对金黄色葡萄球菌最高减少 4.56lg(CFU/g)；二氧化氯浓度 5mg/L 时接触 2h，对小肠结肠炎耶尔森氏菌减少 3.49lg(CFU/g)。二氧化氯浓度 15mg/L 时接触 1h，对自然酵母菌和霉菌减少 2.82lg(CFU/g)。二氧化氯浓度会随时间下降，尤其在有蓝莓的情况下二氧化氯浓度下降更为明显，如图 6-6-3 所示。

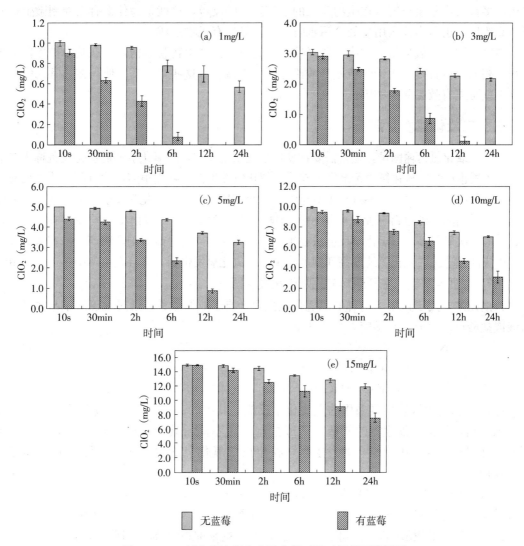

图 6-6-3　二氧化氯浓度在有无蓝莓时随时间的下降情况

（引自：Wu V C H and Kim B，2007）

2. 二氧化氯对生物膜的影响　在果蔬加工以及食品加工中使用的设施设备上很容易形成生物膜（也称为生物薄膜），生物膜是由许多微生物细胞黏附在一起形成的膜，厚度小于 1mm，通常介于 $100\sim200\mu m$ 之间。生物膜在果蔬加工生产中是有害物，一旦形成就会诱导更多的微生物包括病原微生物大量聚集，使它们能够在有氧或无氧的条件下存活和繁殖，并且在低湿、温度为 $0\sim45℃$ 和 pH $4\sim10$ 的条件下依然存活和繁殖，因此会造成许多经济问题和食品安全问题，并且有报道认为 60% 的微生物传染病的爆发与生物膜问题有关。

生物膜在几秒钟内就可以形成，并且几分钟后就变成为不可逆转的难以去除的状态，它是一种黏稠的物质，通常在水管中、设备的表面、排水系统、排水沟中可以找到，甚至有时在农产品的表面也能发现，99％以上的生物膜存在于湿润的表面而不是水体中。生物膜对建筑材料和金属材料均有腐蚀作用，会减少设备和设施的使用寿命。

氯在作用于生物膜表面时，不加选择地与其反应，被大量消耗掉却对杀灭微生物起不到作用。多数反应是氯与覆盖在生物膜上的多糖发生的反应，这就是为什么有效控制微生物需要较高浓度，也是为什么用氯处理污水时有大量氯代有机物形成。

与氯不同，二氧化氯的反应是选择性的，它可以穿透生物膜结构，并在其中扩散攻击微生物，靶向反应直接作用于含硫氨基酸或蛋白质二硫键。这些靶向反应使得在非常低的药剂浓度下就可以有效去除生物膜。

三、二氧化氯发生器

由于二氧化氯运输困难，通常需要在使用现场制备，制备二氧化氯的商业化设备称为二氧化氯发生器也称为二氧化氯消毒剂发生器。二氧化氯发生器的种类很多，除有利用化学反应法制备二氧化氯的发生器外，还有利用电化学法以及 UV 反应法的。化学反应法的商业化二氧化氯发生器采用的主要原料有亚氯酸钠和氯酸钠，与其发生氧化或酸化反应的原料有氯气、盐酸、硫酸、次氯酸等。由于化学反应法在生成二氧化氯的同时可能有副产物产生，在果蔬加工生产中应注意选用二氧化氯纯度高和副产物少的二氧化氯发生器，并且在生产中要正确使用。

（一）以亚氯酸钠为主要原料的二氧化氯发生器

长期以来，用于饮用水消毒的二氧化氯主要产自于亚氯酸钠，通过亚氯酸钠与氯气、次氯酸或盐酸反应生成，其反应方程式如下：

$$2NaClO_2 + Cl_2（气体）== 2ClO_2（气体）+ 2NaCl \tag{6-6-1}$$

$$2NaClO_2 + HClO == 2ClO_2（气体）+ NaCl + NaOH \tag{6-6-2}$$

$$5NaClO_2 + 4HCl == 4ClO_2（气体）+ 5NaCl + 2H_2O \tag{6-6-3}$$

通常，二氧化氯发生器采用的主要化学反应是其中的一种，有些发生器虽然采用相同的喂入原料，但由于发生器的构造不同或控制方法不同，其中发生的化学反应也有所不同，有些以次氯酸为中间媒介的发生器，在生成二氧化氯的过程中可能隐含着上述三种化学反应。

1. 酸-亚氯酸盐系统　二氧化氯可以在直接酸化发生器中通过亚氯酸钠溶液的酸化生成，采用的酸化原料通常为盐酸。发生器中的主要反应见（6-6-3）式。该反应式是一个自氧化还原反应，亚氯酸钠既是氧化剂又是还原剂，盐酸是酸化剂。因此，理论上有 20％的亚氯酸钠被还原成 NaCl，如果以亚氯酸钠转化为二氧化氯为有效转化来计，其最高有效转化率只有 80％。

图 6-6-4 是典型的盐酸与亚氯酸钠反应法生成二氧化氯发生器的系统简图。

盐酸与亚氯酸盐反应的发生器具有工艺简单、不需要加温、设备容易操作与维护的特点，并且产物中的二氧化氯纯度较高，是小型二氧化氯发生器常用的反应原理，如德国的 Prominent 公司和 ALLDOS 公司、美国的 F&P 公司都有相应的产品，我国生产的二氧化氯发生器也有以该工艺为基础的。

该工艺的不足之处是反应过程中可能有 ClO_3^- 产生，如以下反应式：

$$5NaClO_2 + 4HCl \longrightarrow 4ClO_2（水溶液）+ ClO_3^- \tag{6-6-4}$$

这种发生器的反应速度较慢，为达到更高的转化率，常需要喂入过量的盐酸，因而反应

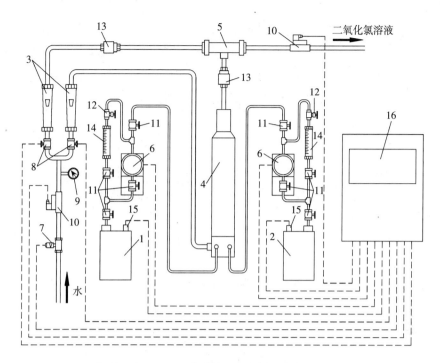

图 6-6-4　典型 $NaClO_2$ 和 HCl 反应法生成二氧化氯发生器的系统简图
1. HCl 储罐　2. $NaClO_2$ 储罐　3. 流量计　4. 反应器　5. 混合器　6. 计量泵　7. 电磁阀
8. 流量控制阀　9. 压力表　10. 流量开关　11. 球阀　12. 针阀　13. 止回阀
14. 流量标定柱　15. 液位传感器　16. 控制柜

产物的 pH 偏低，因此在使用过程中的药液计量喂入校准很重要。

德国的 Prominent 公司推出的 Bello Zon® 二氧化氯发生器有两个系列（CDV 和 CDK），CDV 系列使用的药剂原料为稀盐酸（9％）和亚氯酸钠（7.5％），ClO_2 产量 20～2 000g/h；CDK 系列使用的药剂原料为浓盐酸（30％～33％）和亚氯酸钠（24.5％），二氧化氯产量 170～7 500g/h。

2. 氯水-亚氯酸盐溶液生成法　氯气与亚氯酸盐溶液反应系统通常被认为是传统的系统，主要反应如式（6-6-1）所示。

而在氯水-亚氯酸盐溶液二氧化氯发生器（图 6-6-5）中，首先氯气与水反应生成次氯酸和盐酸，这些酸再与亚氯酸盐反应生成二氧化氯，其反应如式（6-6-2），反应过程如下：

$$Cl_2 + H_2O \longrightarrow [HClO/HCl] \qquad (6\text{-}6\text{-}5)$$
$$[HClO/HCl] + NaClO_2 \longrightarrow ClO_2（气体）+ H/ClO^- + NaOH + ClO_3^- \qquad (6\text{-}6\text{-}6)$$

这个反应系统中，如果氯气喂入不足，会导致有大量未反应的亚氯酸盐；过量氯气喂入会导致形成氯酸盐离子，它是二氧化氯的氧化产物，目前还难以控制。由于反应产物的 pH（2.8～3.5）低，排放水有较强的腐蚀性。这种发生器系统还需要带有液体化学泵或增压注水泵的氯气引射器。反应速度相对较慢，产量达 450kg/d，转化率高但产出率约为 80％～92％。

3. 循环氯水-亚氯酸盐系统　利用循环氯水与亚氯酸盐反应的二氧化氯发生器如图 6-6-6 所示。在这种氯水设计中，氯气被注入连续循环的水回路中，由于氯分子溶解在水中，并且

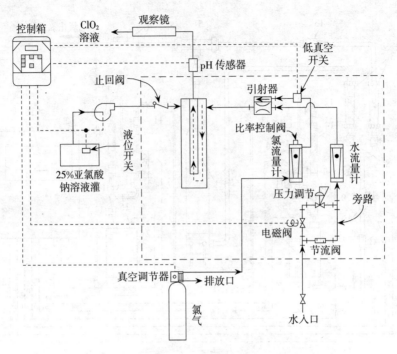

图 6-6-5　典型的氯水-亚氯酸盐溶液二氧化氯发生器
(引自：US EPA，1999)

使溶液维持在低 pH 水平，此时的氯水处于饱和或过饱和状态，以大量次氯酸分子的形式存在。该系统是将氯水注入发生器中，而不需将过量的氯气注入发生器，主要反应式如下：

$$2NaClO_2 + 2HClO = 2ClO_2 + Cl_2 + 2NaOH \qquad (6-6-7)$$

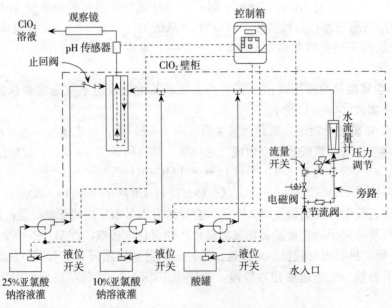

图 6-6-6　利用循环氯气与亚氯酸盐反应的二氧化氯发生器
(引自：同图 6-6-5)

该系统需要配料罐存放氯水，还需要注射泵将氯水注入反应器，酸性氯水对泵有很强的腐蚀性。低 pH 条件下的反应，使二氧化氯的转化率高，在设计产量下可高于 95%。发生器排出液中的氯如果在储料罐中存放时间过长，就会与二氧化氯反应生成氯酸盐。

该系统反应中由于有次氯酸形成，次氯酸与亚氯酸钠反应生成氢氧化钠，而氢氧化钠的生成，会导致混合物的 pH 过高，使二氧化氯的转化速度放慢，因此为达到较高的转化率，需要有过量的氯气加入和参与反应。

如果氯水溶液的 pH 非常低，亚氯酸会被直接氧化成二氧化氯，如下列反应式：

$$2HClO_2 + HClO \Longrightarrow HCl + H_2O + 2ClO_2 \qquad (6-6-8)$$

pH 低的情况下，溶解在水中的氯气也较多，因此，会发生式（6-6-1）所示的反应。

4. 氯气-亚氯酸盐系统 在氯气-亚氯酸盐溶液系统中，氯气和 25% 的亚氯酸钠溶液通过喷射器注入反应器，亚氯酸钠溶液可以被汽化，并且在真空条件下同气态氯分子发生反应。主要反应如下：

$$Cl_2（气体）+ NaClO_2（水溶液）\longrightarrow ClO_2（水溶液）\qquad (6-6-9)$$

反应式中氯气作为还原剂参与反应，使亚氯酸钠的有效转化率理论上可达到 100%，在产物中，二氧化氯纯度可达到 95% 以上。这个过程利用纯的反应物，比氯溶液反应更快，生产率更容易按比例提高，并且有些在用的系统达到 27 000kg/d。反应产物为 ClO_2 水溶液，pH 中性，产量 2~54 000kg/d。原料注入采用喷射器，不需要泵，流动水是稀释用水。排放水的 pH 中性，无多余 Cl_2，转化率 95%~99%。这种方法尤其适用于二氧化氯产量需求高的大型水处理厂。

美国 CDG environmental 公司利用氯气与固体亚氯酸钠反应生成二氧化氯的方式开发了 Gas：Solid™ 系列二氧化氯发生器，工作系统示意和系统外观如图 6-6-7 所示，其反应式为：

$$Cl_2（气体）+ 2NaClO_2（固体）\longrightarrow 2ClO_2（气体）+ 2NaCl \qquad (6-6-10)$$

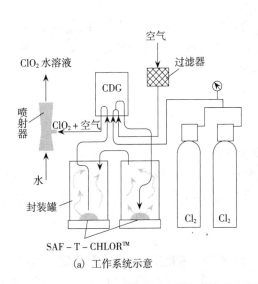
（a）工作系统示意

（b）设备外观

图 6-6-7 美国 CDG 公司的二氧化氯发生器

亚氯酸钠原料采用热稳定性固体亚氯酸钠 SAF-T-CHLOR™ 产品，该产品具有良好的热稳定性，局部加热超过 1 000℃，可耐受 10min 不发生变化，而常规亚氯酸钠局部加热超过 200℃的耐受时间仅为 10s。CDG 公司在提供 Gas：Solid™ 系列二氧化氯发生器产品时，已经将亚氯酸钠封装，使用过程不直接与人员接触，消除了安全隐患。Gas：Solid™ 系列二氧化氯发生器根据规格不同，日产二氧化氯 3.6～180kg，生成的二氧化氯纯度＞99％，无亚氯酸盐、氯酸盐、过氯酸盐离子或分子氯。生成的二氧化氯气体再利用喷射器注入到水中，得到二氧化氯水溶液。这套设备占地面积小，可根据用户需要组合安装方式，并且不需要贮存液体化学原料。

5. 酸-次氯酸钠-亚氯酸钠系统　在不能使用氯气的场合，还可以用酸—次氯酸钠-亚氯酸钠的方法生成二氧化氯。首先，次氯酸钠与盐酸或其他酸结合生成次氯酸，然后加入亚氯酸盐参与反应生成二氧化氯。反应式如下：

$$2NaClO_2 + NaClO + HCl = 2ClO_2 + 2NaCl + NaOH \qquad (6\text{-}6\text{-}11)$$

或者采用三相反应的方法生成 ClO_2，如下列反应式：

$$2NaClO_2 + NaClO + 2HCl = 2ClO_2 + 3NaCl + H_2O \qquad (6\text{-}6\text{-}12)$$

例如，美国 AquaPulse Systems 有限公司生产的 APS -3T、APS -3V 和 APS -3X 型二氧化氯发生器均采用的是三相反应的原理。图 6-6-8 为设备的外观。

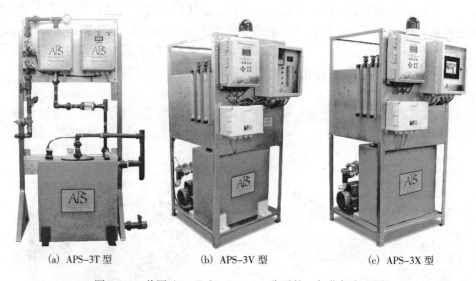

(a) APS–3T 型　　　　　(b) APS–3V 型　　　　　(c) APS–3X 型

图 6-6-8　美国 AquaPulse Systems 公司的二氧化氯发生器

(二) 以氯酸钠为主要原料的二氧化氯发生器

利用氯酸钠生成二氧化氯，传统的化学反应方法是用氯酸钠与盐酸为主要原料反应生成二氧化氯和氯气的混合溶液，以该工艺生成二氧化氯的发生器通常也称为化学法复合二氧化氯发生器。由于有氯气同时产生，制备的杀菌水依然存在有毒副产品和致癌物产生的问题，在使用要求较高的场合不建议采用。

氯酸钠法的新工艺是利用过氧化氢、硫酸溶液与氯酸钠反应生成二氧化氯，反应原理如下：

$$2NaClO_3 + H_2O_2 + H_2SO_4 = 2ClO_2 + Na_2SO_4 + O_2 + 2H_2O \qquad (6\text{-}6\text{-}13)$$

该工艺生成的 ClO_2 纯度高，副产品少，氯酸钠转化率可达 90％以上，运行成本较低。利用该工艺生成 ClO_2 的发生器产量范围为 50g/h～40kg/h。

该工艺方法为三相反应法，发生器设备比较复杂。为使现场使用的发生器设备简化，美国

Eka Chemicals 公司推出了氯酸钠和过氧化氢稳定溶液产品 Purate®（$NaClO_3 + 1/2H_2O_2$）以及利用该产品为原料的 SVP-Pure 二氧化氯发生器。

SVP-Pure 二氧化氯发生器分 BD 型、AD 型和 MSA 型 3 种。

BD 型为经济型发生器，为小型二氧化氯应用场合设计，利用电磁式计量泵、基于 PLC 的监控联动装置和仪表显示，操作人员可现场调节生产量。该型发生器使用硫酸浓度为 78%，产量为 0.5～15kg/h 纯二氧化氯，转化率为 95%。

AD 型为高级型发生器，采用电磁式或机械式计量泵注入 Purate® 和硫酸，利用 PLC 控制和触摸屏操作。该型发生器使用硫酸浓度为 78%，产量为 1～100kg/h 纯二氧化氯，转化率为 95%。

MSA 型为可调浓度型发生器，该型产品是在 AD 型基础上增加了硫酸稀释和冷却系统，可以使用的硫酸浓度达 98%，产量为 1～200kg/h 纯二氧化氯，转化率为 95%。

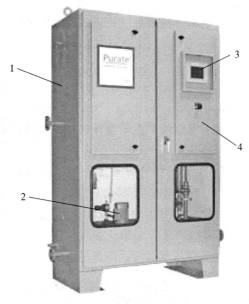

图 6-6-9　SVP-Pure 二氧化氯发生器
1. 外壳　2. 计量泵　3. 触摸屏　4. PLC

图 6-6-9 为 AD 型的产品外观，图 6-6-10 为 AD 型和 MSA 型发生器的工作示意图。

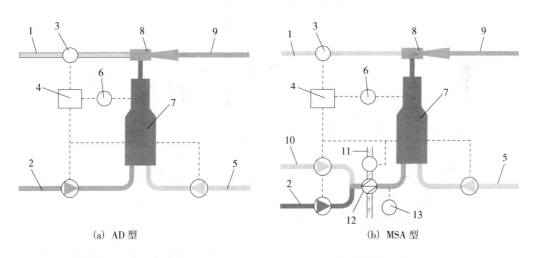

(a) AD 型　　　　(b) MSA 型

图 6-6-10　Eka Chemicals 公司的 SVP-Pure 二氧化氯发生器工作示意图
1. 水　2. 硫酸　3. 流量计　4. 控制器　5. Purate®　6. 阀　7. 反应器　8. 引射器
9. ClO_2 溶液　10. 稀释用水　11. 冷却水　12. 酸冷却器　13. 温度计

（三）电化学法二氧化氯发生器

电化学法也称为电解法，较早的生产工艺是以氯化钠为原料，采用隔膜技术制取，在电解槽的阳极室加入饱和食盐水，阴极室加入自来水，当电压电流达到额定值时，在阳极室产生由二氧化氯、氯、臭氧和过氧化氢组成的消毒产物。该电解食盐水方法难以获得高浓度的

ClO_2。

新的电解技术是以亚氯酸钠为原料电解获得二氧化氯的方法，电化学反应式如下：

$$NaClO_2（水溶液）\longrightarrow ClO_2（水溶液）+e^- \tag{6-6-14}$$

阳极：
$$ClO_2^- - e \longrightarrow ClO_2 \tag{6-6-15}$$

阴极：
$$H_2O + e \longrightarrow OH^- + 1/2H_2 \tag{6-6-16}$$

电解槽：
$$NaClO_2 + H_2O \longrightarrow ClO_2 + 1/2H_2 + NaOH \tag{6-6-17}$$

电解亚氯酸钠在阳极释放二氧化氯，除了无需添加辅助化学药剂外，二氧化氯的理论转化率可达 100%。

（四）紫外线分解法二氧化氯发生器

JTS SAFGEN UV-OX 二氧化氯发生器是美国 JTS Enterprises 有限公司的专利产品，图 6-6-11 是该产品的外观和工作系统示意图。与化学反应方法或电解法不同的是，JTS SAFGEN UV-OX 二氧化氯发生器利用紫外光能将亚氯酸钠分解生成二氧化氯，并生产出稀释的二氧化氯水溶液。设备的反应方程式如下：

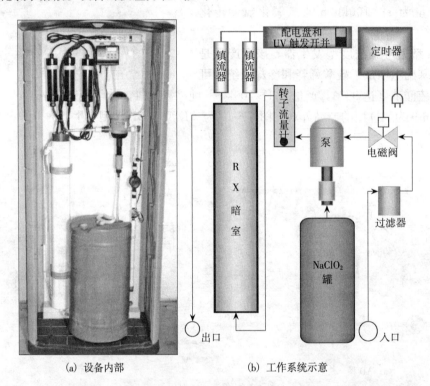

(a) 设备内部　　　　(b) 工作系统示意

图 6-6-11　美国 JTS Enterprises 公司的 JTS SAFGEN UV-OX 二氧化氯发生器

$$NaClO_2 \xrightarrow{\text{紫外光}} ClO_2 + Na^+ \tag{6-6-18}$$

该发生器对使用原料的要求较为严格，设计采用的原料为 25% 的活性亚氯酸钠，要求原料的规格应符合 $NaClO_2$ 的质量百分率为 24.25%～25.75%，$NaClO_3$ 的质量百分率不超过 0.7%，$NaCl$ 的质量百分率不超过 3.0%，总碱度（以 $NaOH$ 计，酸滴定至 pH4）的质量百分率不超过 0.5%，H_2O_2 的质量百分率不超过 0.01%，H_2O 的质量百分率为 70%～75%。

设备的生产量较低，二氧化氯的生成量为 0.03kg/h，水溶液生产量为 230L/h（浓度 130mg/L），设备消耗功率 520W。该设备的特点是使用原料单一，药剂用量可调节，不与水发生化学反应，生成过程不受 pH 影响，生成的二氧化氯浓度在安全浓度范围。该设备在现场安装、使用和操作均容易，并且维护方便，较适合于用量不大的场合。

值得注意的是，获美国食品及药物管理局（FDA）批准的可作为次直接食品添加剂使用的二氧化氯的生成方法中包括用氯气或次氯酸钠和盐酸混合物处理亚氯酸钠溶液、用过氧化氢和硫酸处理氯酸钠溶液和电解法处理亚氯酸钠溶液，紫外线分解法未在其列。

四、稳定性二氧化氯溶液

稳定性二氧化氯溶液是运用稳定化技术将二氧化氯气体（纯度＞98％）稳定在无机稳定剂水溶液中，并且通过活化技术又能将二氧化氯重新释放出来的水溶液。我国对稳定性 ClO_2 溶液制定了国家标准（GB/T 20783—2006），其 pH 在 8.2～9.2 之间，产品按照用途分为Ⅰ类和Ⅱ类，Ⅰ类用于生活饮用水及医疗卫生、公共环境、食品加工、畜牧及水产养殖、种植业等领域，Ⅱ类用于工业用水、废水和污水处理。

稳定性二氧化氯溶液的主要制备原料为氯酸钠，根据所用还原剂的不同，其制备方法可分为两种。一种是以甲醇为还原剂，在浓度为 26％～33％的硫酸介质中进行反应，甲醇连续滴加，生成的二氧化氯气体用 1％～3％的 NaOH 溶液（或 5％～8％的 Na_2CO_3 溶液）与 0.5％～1.5％的 H_2O_2 溶液进行稳定和吸收。另一种是以盐酸为还原剂，亚氯酸钠为纯化剂。将氯酸钠配制成 25％～40％的水溶液，并与盐酸在负压条件下向二氧化氯反应器中加料，将发生器中生成的二氧化氯和氯气的混合气体在负压条件下通过浓度为 20％～40％的 $NaClO_2$ 水溶液进行纯化。将纯化的二氧化氯气体用浓度为 1％～3％的 NaOH 溶液（或浓度为 5％～8％的 Na_2CO_3 溶液）与浓度为 0.5％～1.5％的 H_2O_2 混合溶液进行吸收。

稳定性二氧化氯溶液在使用时需进行活化，活化剂主要有即效活化剂和缓释活化剂两种。即效活化剂可使二氧化氯在很短的时间内全部释放出来，这些活化剂主要是盐酸和硫酸等强酸，其活化效率高，但腐蚀性也很强。缓释活化剂主要指柠檬酸、草酸和苯酚等弱酸，能使二氧化氯缓慢释放，该类活化剂的活化效率低，由于活化不完全，溶液中有亚氯酸盐残留。另外，活化剂用量和活化时间都会影响活化效率。

五、固体二氧化氯制备杀菌液

所谓固体二氧化氯制备杀菌液，实际上仍然利用的是亚氯酸盐与酸反应的原理进行制备的方法。通常将制备二氧化氯的固体亚氯酸盐和固体酸原料按比例计量后分装在两个袋中（也有用石蜡溶化后被覆在亚氯酸钠的表面来阻止其与固体酸接触的方法将固体亚氯酸盐和固体酸原料混合在一起包装的，这种消毒剂由于石蜡的存在会影响二氧化氯产生速度并在水中有石蜡存在），称为 A 剂和 B 剂。A 剂主要成分是亚氯酸钠和碳酸钠，其状态呈白色的粉末，其中亚氯酸钠含量＞80％，碳酸钠是稳定剂；B 剂为固体酸，可以是柠檬酸、酒石酸和草酸等，是生成二氧化氯时的活化剂。使用时 A 剂和 B 剂同时与水进行混合，亚氯酸盐在酸的作用下释放出具有活性功能的二氧化氯。

采用固体亚氯酸盐和固体酸为原料制备二氧化氯杀菌水时，溶液中同时存在着 ClO_2、ClO_2^- 和 Cl_2，二氧化氯含量与制备时的活化水量和活化作用时间有关。通常情况下活化水量越少，释出的游离二氧化氯越多，但活化水量要能够溶解反应物。相同条件下，活化作用时间不同，二氧化氯释出量也不同，随活化时间延长，释出二氧化氯量增多，通常达到 $3\sim$ 4h 时，二氧化氯释出量达到峰值。该方法制备杀菌水时会有少量 Cl_2 产生，其含量与活化作用时间有关，作用时间越长，Cl_2 的产生量越少。

采用不同剂型的固体二氧化氯消毒剂配制杀菌水时，药剂用量及二氧化氯释出量可能有所不同，在使用时需要注意。

六、酸化亚氯酸钠溶液

1. 酸化亚氯酸钠溶液生成方法 酸化亚氯酸钠溶液，英文名称 Acidified Sodium Chlorite solutions（缩写 ASC），是清澈的浅黄色液体，为亚氯酸钠与亚氯酸的混合溶液，是将食品级的酸（如柠檬酸、磷酸、盐酸、苹果酸或硫酸氢钠等）添加到亚氯酸钠溶液中配制生成，获美国食品及药物管理局（FDA）批准可作为次直接食品添加剂使用（21CFR 173.325）。由于在一定条件下酸化亚氯酸钠溶液会生成少量的二氧化氯，所以经常会与二氧化氯混淆［ClO_2 也获 FDA 批准可作为次直接食品添加剂使用（21CFR 173.300）］。事实上，真正的酸化亚氯酸钠溶液中的二氧化氯量需要控制在最小，用食品级的酸将亚氯酸钠的 pH 降低到 $2.5\sim3.2$ 即可获得。

亚氯酸根离子（ClO_2^-）在水溶液中是稳定的，在酸性条件下形成亚稳态的亚氯酸（$HClO_2$），亚氯酸进一步分解为二氧化氯，二氧化氯又进一步降解为亚氯酸根离子（ClO_2^-），最后形成氯离子（Cl^-）。反应过程中反应的程度及各类生成物存在的比例主要取决于溶液的 pH（图 6-6-12），而温度和水的碱性也会产生不同程度的影响。当 pH 在 $2.3\sim3.2$ 的范围时，生成 $5\%\sim35\%$ 的亚氯酸，亚氯酸根离子占到 $65\%\sim95\%$。上述反应过程如下：

$$NaClO_2 + H^+ \longleftrightarrow HClO_2 \tag{6-6-19}$$

亚氯酸及其降解产物的浓度取决于 pH、温度以及反应液的浓度。不同使用场合需要的亚氯酸浓度不同，通常亚氯酸钠溶液的浓度为 $50\sim1\,200$ mg/L，配制时酸的用量要能够使溶液的 pH 维持在 $2.3\sim2.9$ 之间。当酸化亚氯酸钠溶液的浓度为 $1\,200$ mg/L 和 pH2.3 时，其浓度达到最高值。pH2.3 时有 31% 的亚氯酸根转化为亚氯酸，而 pH2.9 和 pH3.2 时，分别有 10% 和 6% 的亚氯酸根转化为亚氯酸。不同 pH 和不同酸化亚氯酸钠溶液浓度下获得的亚氯酸的浓度见表 6-6-5。

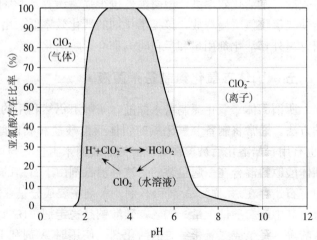

图 6-6-12 亚氯酸存在比率与 pH 的关系

表 6-6-5　不同浓度和 pH 的酸化亚氯酸钠溶液中亚氯酸的浓度值

（引自：Rao M V，2007）　　　　　　　　　　　　　　　　　　　　单位：mg/L

pH	亚氯酸钠的浓度			
	50mg/L	150mg/L	500mg/L	1 200mg/L
2.3	16	—	157	376
2.8	6	19	—	—
2.9	5	—	51	123
3.2	3	8		

　　各种酸对亚氯酸钠的作用有所不同，获得的酸化亚氯酸钠溶液的 pH 也不相同。将不同浓度的柠檬酸、磷酸和硫酸氢钠添加到 1 000mg/L 的亚氯酸钠溶液中，得到的酸化亚氯酸钠溶液的 pH 如图 6-6-13 所示。

　　欧美等国已将酸化亚氯酸钠溶液广泛用于饮用水净化消毒和食品加工业中，食品加工业中主要用于畜禽产品的清洗消毒和果蔬产品的清洗消毒，用于鲜食果蔬的清洗杀菌和腌渍蔬菜预洗加工中均获得了很好的效果。

　　由于亚氯酸不能长期保存，会快速生成 ClO_2，所以酸化亚氯

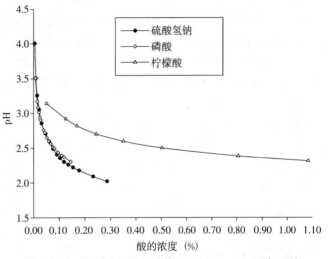

图 6-6-13　不同浓度几种酸作用于 1 000mg/L 亚氯酸钠溶液时，酸化亚氯酸钠溶液的 pH
（引自：Rao M V，2007）

酸钠溶液需要在使用时进行配制。美国环保署批准酸化亚氯酸钠溶液可用于包括水果和蔬菜在内的一些食品的喷淋和浸泡消毒，使用浓度为 500～1 200mg/L。该浓度下对病原微生物和腐败微生物的杀灭效果要强于氯，并且不会有致癌物质的产生。配制时，添加的弱酸浓度为 0.2%～1.2%，中强酸（如磷酸）浓度约为 0.04%～0.1%，强酸（如硫酸）浓度低于 50μg/mL。

　　2. 酸化亚氯酸钠溶液的杀菌作用及应用效果　酸化亚氯酸钠（ASC）溶液具有广谱抗菌的作用，可有效抑制多种微生物的生长繁殖。酸化亚氯酸钠的抗菌作用来自于酸化过程的氯-氧分解产物与有机物之间的氧化反应，酸与亚氯酸钠混合时有亚稳态的亚氯酸生成，亚氯酸是系列强氧化物（如氯酸盐、亚氯酸盐和 ClO_2）的前驱物，可以杀死细菌、真菌、病毒和藻类。当溶液中的亚氯酸被消耗，会有更多的亚氯酸钠被酸化以维持化学平衡。特别是，氯-氧分解产物氧化氨基酸的氢硫键（S—H）和酶的二硫键（S—S），并且最终破坏细胞的功能。在 ASC 溶液中，起抗菌作用的氯-氧分解产物主要是亚氯酸，亚氯酸在氧化细胞结构的同时，还直接破坏细胞膜。另外，ASC 溶液的杀菌作用还与 ClO_2 的存在有关。

　　ASC 溶液被广泛用于畜禽加工、海鲜产品加工和果蔬产品加工生产中，由于不与有机

物反应生成氯代有机物，更被青睐用于控制畜禽和海鲜产品中的微生物。在果蔬产品生产中既可用于果蔬清洗杀菌，也可在预冷水中使用。

有研究结果表明，浓度为1 200mg/L 的 ASC 溶液作用于接种细菌后的鲜切果蔬 1min，可以大大减少沙门氏菌、大肠埃希氏菌 O157：H7 和单核细胞增生性李斯特菌的数量。特别是，ASC 溶液处理可以去除胡萝卜、草莓、番茄、黄瓜、生菜和苹果上的＞99.9％（3lg 减少）的这些病原菌。但是，ASC 溶液的杀菌作用受到菌种和产品的影响，一般情况下，这 3 种病原菌中沙门氏菌比大肠埃希氏菌 O157：H7 和单核细胞增生性李斯特菌更易被杀灭，单核细胞增生性李斯特菌更具有抗性。ASC 溶液处理罗马甜瓜的效果较差，去除率为51.9％～99.7％，可能由于细菌进入到内部，不能与消毒剂接触。总之，在 1～10min 的作用时间范围和 23～54℃ 的温度下，ASC 溶液的杀菌作用不受时间和温度的影响。

Gonzalez R J（2004）等进行了酸化亚氯酸钠与其他消毒剂处理鲜切胡萝卜的比较研究。他们用酸化亚氯酸钠溶液（1 000mg/L，Alcido 公司的 SANOVA® 产品）、柠檬酸基消毒剂（1％，Microcide 公司的 PRO-SAN® 产品）、过氧乙酸（80mg/L，Ecolab 公司的 Tsunami® 100 产品）、次氯酸钠（有效氯 200mg/L，pH6.5）等消毒剂，在自来水和重复清洗水两种条件下试验，重复清洗水由一定量自来水中大量浸泡清洗切碎胡萝卜获得，其化学需氧量（COD）接近事先调查的商业化鲜切生产中反复清洗用水水平3 500mg/L。样品质量与清洗杀菌水体积的比例为 1kg：20L，接种大肠埃希氏菌 O157：H7 型菌种后的切碎胡萝卜在各试验清洗杀菌水中浸泡 2min，沥水 30s 并用离心甩干机甩干。

甩干后的样品用氧透过率为 29.3pmol/(s·m²·Pa) 的聚丙烯塑料袋包装，在 5℃ 贮藏 14d，试验结果如图 6-6-14～图 6-6-17 所示。

从图 6-6-14 看出，未清洗的切碎胡萝卜大肠埃希氏菌数为 5.25lg(CFU/g)；仅用自来水清洗的减少 0.79lg(CFU/g)；柠檬酸清洗的与自来水相近，减少 0.84lg(CFU/g)；次氯酸钠清洗的杀灭作用明显，但菌数在重复清洗水条件下开始并没减少。还可以看出，1 000 mg/L 酸化亚氯酸钠溶液无论在自来水还是在重复清洗水的条件下均能完全杀灭大肠埃希氏菌。另外消毒甩干后的样品通过 24h 的增菌培养试验，结果如图 6-6-15 所示，只有1 000 mg/L 酸化亚氯酸钠溶液能够完全杀灭大肠埃希氏菌。

图 6-6-16 是各种消毒剂对切碎胡萝卜上总好氧菌的杀灭效果，可以看出其他消毒剂对好氧菌的减少量在 0.8～1.5lg(CFU/g) 的范围，而1 000mg/L 酸化亚氯酸钠溶液在两种水条件下对好氧菌的杀灭效果均至少减少 3.27lg(CFU/g)。

图 6-6-17 是各种消毒剂对切碎胡萝卜上霉菌和酵母菌的杀灭效果。在 COD 水平高的条件下，酸化亚氯酸钠溶液对霉菌和酵母菌减少 0.7lg(CFU/g)，略高于次氯酸钠，次氯酸钠减少 0.61lg(CFU/g)。

这项研究还证实了，处理过鲜切产品的水中存在有机物，会降低各类消毒剂的杀菌作用，而酸化亚氯酸钠溶液在有机物存在的情况下仍能起到很好的杀菌作用。

Gonzalez R J 等人在这项研究中还进行了清洗水中微生物残留的测试，结果如图 6-6-18 和图 6-6-19 所示。可以看到，无论是否使用重复清洗水，所有消毒剂清洗水中均无菌检出，相比之下，未加消毒剂的清洗水中有 2.5lg(CFU/g) 大肠埃希氏菌和 4.5～5.3lg(CFU/g) 总好氧菌残留，这也说明用消毒剂清洗果蔬可以防止产品携带微生物之间的交叉感染。

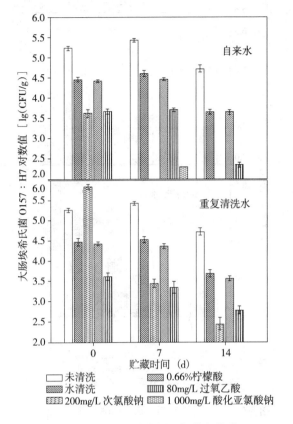

图 6-6-14　各种消毒剂对胡萝卜接种
大肠埃希氏菌的杀灭效果
（引自：Gonzalez R J *et al*.，2004）

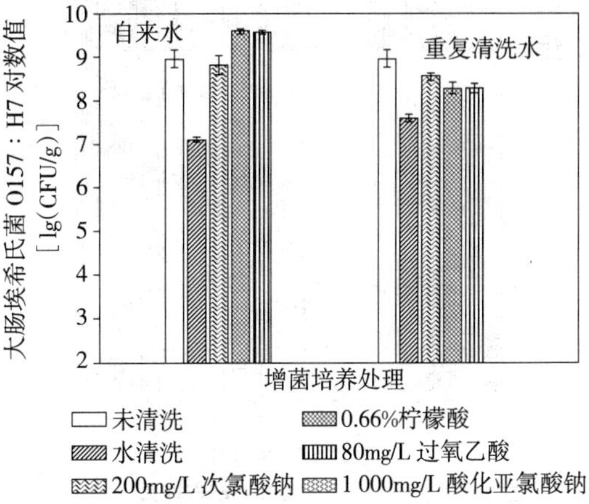

图 6-6-15　消毒后胡萝卜增菌培养
24h 的大肠埃希氏菌数
（引自：同图 6-6-14）

Ruiz-Cruz S（2006）等人认为，用浓度为 500～1 200mg/L 的 ASC 溶液处理鲜切果蔬时，会对果蔬组织造成伤害。他们用切碎的胡萝卜进行试验，优化 ASC 溶液浓度参数。切碎胡萝卜样品分别浸入浓度为 100、250 和 500mg/L 的 ASC 溶液 1min 与 200mg/L 的经盐酸调整到 pH6.5 的氯消毒剂杀菌水和水 2min 对比，样品质量与清洗杀菌水体积的比例为 1kg：10L，处理后的样品离心去水后用聚丙烯袋包装，然后在 5℃下存放 21d，期间每隔 7d 对质量评分和检测各项微生物指标，结果如图 6-6-20～图 6-6-24 所示。

质量评分内容包括观察外观、包装内气体成分（O_2 和 CO_2）、产品硬度、组织液渗出和 pH。

图 6-6-20 为组织电解液和 pH 的变化情况。组织电解液是通过测量浸泡过样品一段时间后水的电导率（EC 值）来指示产品质量，图中可以看出，用 100～250mg/L 的 ASC 溶液和 200mg/L 氯水处理，贮藏期间电解液渗出维持在较低水平，而 500mg/L 的 ASC 溶液处理的电解液渗出水平较高，可能是由于组织受损伤引起的。未清洗的样品显示出非常高的电解液渗出水平，显然开始是由于组织液的残留，而后期的明显升高可能是微生物繁殖对组织破坏造成的。pH 的变化情况可以看出，所有经过处理样品的 pH 随时间降低缓慢，从初始的 5.9～6.1 到最低时的 5.4～5.6，而未清洗样品的 pH 在贮藏后的 7d 左右开始迅速下降，21d 时下降到 4.4。

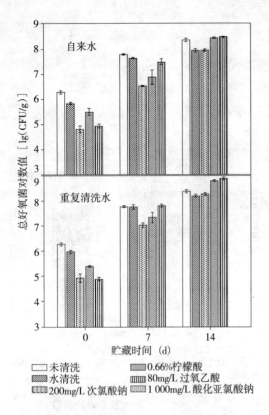

图 6-6-16　各种消毒剂对总好氧菌的杀灭效果
（引自：同图 6-6-14）

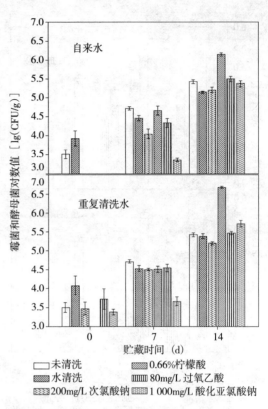

图 6-6-17　各种消毒剂对霉菌和酵母菌的杀灭效果
（引自：同图 6-6-14）

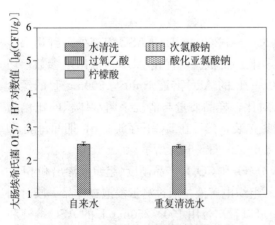

图 6-6-18　清洗水中大肠埃希氏菌残留
（引自：同图 6-6-14）

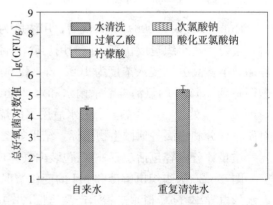

图 6-6-19　清洗水中总好氧菌残留
（引自：同图 6-6-14）

　　图 6-6-21 为硬度和榨出汁的变化情况。开始时所有处理过样品的硬度均相近，0～7d 硬度略微增加，随后保持平稳，但 500mg/L 的 ASC 溶液处理的硬度比其他低。未处理样品从第七天开始明显下降。贮藏期间，水清洗样品的硬度值增加得最高，可能由于表面脱水和组织木质化造成。榨出汁用来衡量果蔬的新鲜度，以每 100g 鲜重榨出细胞液的质量计量。初

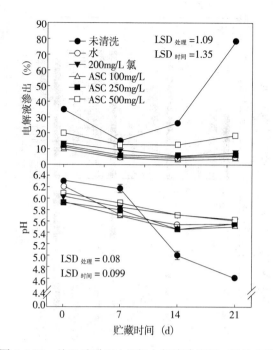

图 6-6-20 处理后到 21d 组织电解液渗出和 pH 的变化
（引自：Ruiz-Cruz S *et al*.，2006）

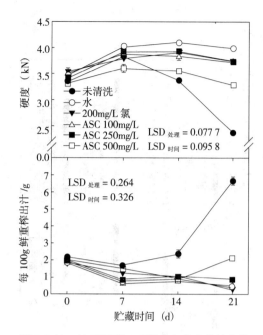

图 6-6-21 处理后到 21d 硬度和榨出汁的变化
（引自：同图 6-6-20）

始榨出汁的变化范围是 1.8～2.2，所有样品无明显差异，0～7d 均有所下降，之后未清洗样品快速升高，显示出细胞遭破坏，与观察到的变质情况一致。

综合所有质量指标进行评分，得分情况如图 6-6-22 所示，得分1～9 分别表示极端厌恶、非常不喜欢、中等不喜欢、略不喜欢、介于喜欢和不喜欢之间、略喜欢、中等喜欢、非常喜欢和极端喜欢。可以看出，经贮藏后，100mg/L 的 ASC 溶液处理的得分最高。

图 6-6-23 和图 6-6-24 为微生物的检测结果，包括总好氧菌、总大肠菌群、酵母菌与霉菌数和乳酸菌

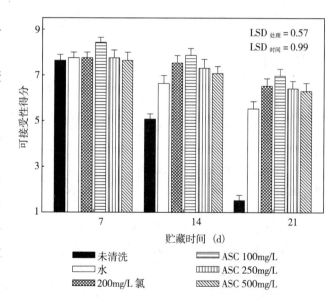

图 6-6-22 处理后到 21d 的总体质量得分
（引自：同图 6-6-20）

数量。与未清洗和水清洗比较，所有浓度的 ASC 溶液对这些菌的减少为1.2～2.0lg(CFU/g)，贮藏期间，未清洗样品的乳酸菌存在峰值增加，这与 pH 下降趋势一致。所有消毒液处理样品与未清洗和水洗比较，开始时微生物均有明显减少，而从随后贮藏期间的变化情况看，100mg/L ASC 溶液处理的对各类微生物的控制状况也显示出为最好。

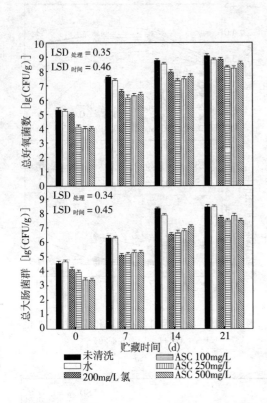

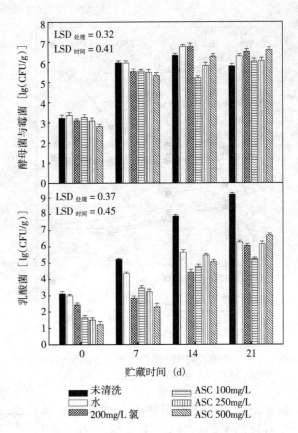

图 6-6-23　处理后到 21d 的大肠菌群和
好氧菌数量的变化
（引自：同图 6-6-20）

图 6-6-24　处理后到 21d 的乳酸菌和
酵母菌数量的变化
（引自：同图 6-6-20）

Ruiz-Cruz S 等人得出结论，在进行鲜切胡萝卜消毒处理时，酸化亚氯酸钠的最佳浓度是 100mg/L。

3. 酸化亚氯酸钠杀菌的残留　酸化亚氯酸钠溶液与食品表面微生物及其他有机物作用时，亚氯酸（$HClO_2$）被消耗，化学平衡被打破，会生成更多的亚氯酸，通过以 HClO、Cl_2O_2 和 Cl_2O_4 的形式短暂停留后降解为亚氯酸盐。未形成亚氯酸的亚氯酸盐以离子形式残留在溶液中，或与水反应生成氯酸盐。因此，酸化亚氯酸钠溶液消毒系统中的主要残留物是 ClO_2、亚氯酸盐和氯酸盐，其中 ClO_2 极微量（＜3mg/L）。部分氯酸盐会转化为氯化物，氯酸盐还会逐渐减少。

有研究结果（Rao M V，2007）表明，不同处理条件下，亚氯酸盐和氯酸盐的残留情况有所不同。例如，ASC 溶液在用于清洗消毒完整的苹果、橙子、草莓、胡萝卜和黄瓜时，用浓度 2 400mg/L、pH 2.5 的溶液喷淋 10s，然后沥水 30s 再用大量自来水漂洗，测得的每个果上的亚氯酸盐和氯酸盐残留均小于 0.1mg。而如果用浓度 1 200mg/L、pH 2.5 的溶液喷淋果蔬 5s 或 10s 后晾干或浸在少量水中漂洗，测得的亚氯酸盐残留为 803μg 和氯酸盐残留为 495μg。

用浓度 1 200mg/L、pH 2.5 的溶液喷淋薯条、罗马甜瓜切块、洋葱块或小块胡萝卜 5s

或 30s，然后沥水 30s 晾干，测得的每 100g 果蔬的亚氯酸盐残留≤17.58mg 和氯酸盐残留 ≤0.64mg；沥水 30s 再经两次水漂洗，测得的每 100g 果蔬的亚氯酸盐残留≤7.12mg 和氯酸盐残留＜0.1mg；沥水 30s 和两次水漂洗，然后放 6h 后测得的每 100g 果蔬的亚氯酸盐和氯酸盐残留＜0.1mg。在处理胡萝卜、生菜、洋葱块、薯条、罗马甜瓜切块、橙子或草莓时，用浓度 1 200mg/L、pH 2.5 的溶液喷淋，经沥水和晾干 24h，测得的每 100g 果蔬的亚氯酸盐残留为 0.01～1.49mg，氯酸盐残留＜0.01mg；经水洗和晾干 24h，测得的每 100g 果蔬的亚氯酸盐和氯酸盐残留＜0.01mg；用浓度 1 200mg、pH 2.5 的溶液浸蘸，沥水和晾干 24h，测得的每 100g 果蔬的亚氯酸盐残留为 0.01～16.82mg 和氯酸盐残留＜0.01mg；水洗和晾干 24h，测得的每 100g 果蔬的亚氯酸盐和氯酸盐残留＜0.01mg，但生菜的亚氯酸盐残留为 0.23mg。

在酸化亚氯酸钠溶液中，二氧化氯的量一般小于 3mg/L，通常溶解在水中。但是，二氧化氯非常容易挥发，当消毒液喷淋在果蔬上时，雾粒尺寸会减小，二氧化氯也会呈气体逸出。浸在消毒液中处理果蔬当果蔬离开溶液时，二氧化氯同样会随着果蔬表面液体的蒸发而逸出。

七、使用二氧化氯注意事项

二氧化氯目前在国际上被公认为是可以替代氯消毒的最好的消毒剂，许多国家先后制定了使用范围的法律规定，尤其在饮用水消毒和农产品加工过程中的消毒以及作为食品添加剂使用的相关规定（表 6-6-6），在世界卫生组织和联合国粮农组织的微生物风险评估系列——会议报告《新鲜叶菜和香料菜中的微生物危害（Microbiological hazards in fresh leafy vegetables and herbs)》中，也列举了二氧化氯作为消毒剂用于叶菜和香料菜消毒的剂量和效果（附表 6-7）。二氧化氯对果蔬消毒与饮用水消毒或环境设备消毒不同，二氧化氯的需要量远不及饮用水处理时的需要量，特别是中小型的加工企业，消毒杀菌水的情况也更为复杂。另外，进入市场的二氧化氯发生器的性能和质量参差不齐，二氧化氯的检测和监控都更为困难。继而，使用中会存在许多问题，有些问题会涉及人员安全或食品安全。因此，全面了解二氧化氯性质、二氧化氯发生器的制备原理及性能、使用过程的环境条件以及杀菌消毒水在使用过程中的变化情况等等，都有助于使用好二氧化氯消毒技术。

表 6-6-6　国家与组织对二氧化氯使用范围的法律规定

时间	国家及组织	批准机构	使用范围
1985	美国	FDA	食品加工设备消毒
1987	德国		饮用水消毒
1987	美国	EPA	食品加工厂、啤酒厂、饭店的环境消毒，医院、实验室器械表面的杀菌和防霉
1987	澳大利亚	卫生部	食品添加剂，食品漂白剂
1987	中国	卫生部	食品工业、医疗、制药、畜牧、水产养殖、公共环境等领域的消毒和灭菌
1988	日本	食品卫生部	饮用水消毒
1989	美国	EPA	蓄存水消毒，动物居住场所如家禽、猪、狗圈等的消毒除臭
1992	WHO		饮用水消毒
1995	美国	FDA	家禽处理用水

（续）

时间	国家及组织	批准机构	使用范围
1996	美国		ClO_2 气体用于食品接触表面（如果汁储罐）和产品表面的净化处理
1996	中国	卫生部	水产品和果蔬防腐保鲜的食品添加剂
1998	美国	FDA	ClO_2 水溶液用于食品工业清洗产品（<3mg/L）
2001	美国	EPA	ClO_2 气体作为炭疽热爆发时的应急消毒措施
2002	美国	FDA	食品加工设备、管道、器具，特别是在牛奶加工厂
2005	中国	卫生部	饮用水消毒

1. 氯酸盐副产物　氯酸盐是二氧化氯发生器工作过程中最不期望得到的副产物，为使反应转化率提高和减少 NaOH 生成量，通常需要过量加入氯气，在反应过程中氯气与亚氯酸盐离子的比例过高、低 pH 氯水溶液中存在高浓度的游离氯、稀释的亚氯酸盐溶液保持在低 pH 水平、反应混合物处于高酸性（pH<3）等条件下，均会导致生成氯酸盐。氯酸盐的产生可能由于反应过程中有中间产物 $\{Cl_2O_2\}$（注：$\{\ \}$ 表示中间产物）或 $\{Cl^- \text{-}ClO_2\}$ 的生成，亚氯酸盐离子与中间产物直接反应生成氯酸盐而不是 ClO_2。此外，过量的次氯酸会直接氧化亚氯酸盐离子生成氯酸盐离子。反应式如下：

$$Cl_2 + ClO_2^- =\!=\!= \{Cl\text{-}ClO_2\} + Cl^- \tag{6-6-20}$$

$$\{Cl_2O_2\} + H_2O =\!=\!= ClO_3^- + Cl^- + 2H^+ \tag{6-6-21}$$

$$\{Cl_2O_2\} + HClO =\!=\!= ClO_3^- + 2Cl^- + H^+ \tag{6-6-22}$$

$$\{Cl_2O_2\} + 3HClO + H_2O =\!=\!= 2ClO_3^- + 5H^+ + 3Cl^- \tag{6-6-23}$$

生成氯酸盐的总反应式也可描述如下：

$$ClO_2^- + HClO =\!=\!= ClO_3^- + Cl^- + H^+ \tag{6-6-24}$$

$$ClO_2^- + Cl_2 + H_2O =\!=\!= ClO_3^- + 2Cl^- + 2H^+ \tag{6-6-25}$$

另外，二氧化氯作为消毒剂，在使用过程中如果遇光或遇热的作用，会歧化反应产生一定量的 ClO_2^- 和 ClO_3^-，同时，二氧化氯与水中的部分无机物和有机物反应也会生成 ClO_2^-，ClO_2^- 的形成和 ClO_2 的消耗几乎是平行的，残余 ClO_2^- 的浓度始终是二氧化氯的 70% 左右。

无机副产物 ClO_2^-、ClO_3^- 和 BrO_3^- 的毒性问题国内外学者已有大量的研究。研究表明，三卤甲烷和卤代醋酸具有致癌、致畸、致突变作用，而亚氯酸盐与氯酸盐会引起少儿神经系统效应和贫血。亚氯酸盐属于生成高铁血红蛋白的化合物。因此，世界卫生组织规定，在饮用水中亚氯酸盐的含量标准为<200μg/L，国际癌症研究所将亚氯酸盐归入易见的致癌物类中。由于二氧化氯及其相关无机副产物 ClO_2^-、ClO_3^- 和 BrO_3^- 在高剂量或者高浓度时具有潜在的毒性，美国国家环保局推荐在给水系统中残余 ClO_2^-、ClO_3^- 和 BrO_3^- 的总和不能超过 1.0mg/L。

由此可见，选用二氧化氯发生器时，应充分了解设备的性能和使用操作方法，使用过程中喂入原料的浓度、原料注入反应器的比例以及操作方法均可能影响到反应中间物以及最终反应物的性质，因此设备质量和调控能力很重要，设备的操作过程也很重要，另外应对反应物实行监控，以确保反应物中的副产物不会对食品安全造成影响。

2. 二氧化氯气体逸出　使用二氧化氯消毒剂时同样存在发生"气体逸出"的风险。溶解在水中的二氧化氯气体比氯气或氯胺更容易挥发，另外气态的二氧化氯与气态的氯气有同等的危险性和毒害性，因此了解二氧化氯气体的特性和逸出机制对于安全有效使用二氧化氯显得尤为重要。

首先，二氧化氯不能用于温度有可能升高的水系统。例如，刚采收的苹果倒入水箱，通常会使水箱中水的温度升高到27℃以上。前面介绍过，水温越高，二氧化氯的溶解度越低，随着水温的升高，二氧化氯气体会迅速从水溶液中释放出来。常压下，水温21℃时，可以安全维持的二氧化氯浓度为0.5～1.0mg/L，水温10℃时可以安全维持的二氧化氯浓度为3～5mg/L。为有效控制微生物，消毒剂需要在足够的浓度下使用，当水温＞27℃时，二氧化氯水溶液不能够维持足够的浓度，如果为了维持足够浓度，势必导致大量"气体逸出"，使有害气体释放到加工车间。

其次，二氧化氯水溶液的浓度过高，也会发生"气体逸出"，引起水溶液浓度过高的一种情况是水中的pH发生变化，例如，进行苹果除锈处理时将原本pH中性的水溶液快速酸化。

二氧化氯"气体逸出"的机制与氯气不同，虽然其稳定性不取决于pH，但是在酸性溶液中通过催化反应，二氧化氯可以再生，其反应式如下：

$$ClO_2 + 微生物 \longrightarrow 死微生物 + ClO_2^- \qquad (6\text{-}6\text{-}26)$$

$$ClO_2^- + H^+（酸过量）\longrightarrow ClO_2 \qquad (6\text{-}6\text{-}27)$$

二氧化氯在水中的杀菌反应过程会生成大量的亚氯酸盐离子，随着时间推移，水中残留的氯酸盐量会不断增多，一旦水被酸化，残留的亚氯酸盐离子就会与酸反应生成二氧化氯。通常情况下，如果水中的亚氯酸盐残留量高，并且pH迅速从7下降到2，那么二氧化氯浓度的提高量就会导致"气体逸出"。

为避免上述情况的发生，应在线监测杀菌水的pH和ORP值。在杀菌水中添加酸时，会有更多的二氧化氯生成，此时ORP值增加。随着杀菌反应过程的进行，二氧化氯浓度再次下降，此时可以再次加酸使ORP值回升。通过监测ORP值，少量间歇性地加酸，可以安全实现杀菌水从中性向酸性的转化。这样，使杀菌水达到了理想的pH，即使在低pH的条件下，二氧化氯也可以安全使用而不会发生"气体逸出"。其实，在低pH条件下应减少二氧化氯的喂入量。

另外，二氧化氯能与生物膜反应并将其去除，如果在已经有生物膜存在的水槽或水路系统中使用时，要完全去除生物膜需要较长的时间和较高的二氧化氯剂量，设定的二氧化氯喂入量，在开始一段时间表现出二氧化氯的浓度比较适宜，而当生物膜被二氧化氯完全去除之后，二氧化氯的浓度会突然升高，这也是导致"气体逸出"的又一机制。

第七节　臭　　氧

臭氧的分子式为O_3，是氧的同素异形体。自然界中臭氧主要存在于距离地球表面15～50km的臭氧层中（浓度最高区间20～40km），吸收97％～99％的太阳紫外线辐射，保护地球生物免受伤害。当臭氧存在于地球表面附近时，是形成城市光化学烟雾的成分之一，对植被和人类有伤害作用。

臭氧于 1840 年被发现，并且不久就被成功用于医药领域。1886 年开始试验用于污水杀菌及饮用水杀菌，随后在饮水处理和污水处理中被广泛使用。1906 年法国尼斯将臭氧用于安全饮水供应；1910 年德国首次将臭氧用于肉产品加工厂；1918 年臭氧在美国用于游泳池消毒；1936 年臭氧在法国用于处理贝产品；1942 年臭氧在美国用于蛋和乳酪的贮藏；1972 年臭氧在德国用于纯净水生产；1977 年臭氧在俄罗斯用于减少禽蛋的沙门氏菌；1982 年美国公告臭氧对于瓶装水一般认为安全（GRAS），1995 年再次重申其安全性；1997 年美国电力研究院（EPRI）召集的专家小组公开表示臭氧在食品加工中一般认为安全（GRAS）；2000 年 8 月 15 日申请列入美国食品及药物管理局（FDA）食品添加剂；2001 年美国食品及药物管理局（FDA）认可臭氧作为间接食品添加剂（Federal Register，Vol. 66，no. 123，Tuesday，June 26，2001. Rules and Regulations）；2001 年美国农业部食品安全与检查局（FSIS）确定臭氧用于畜禽肉类生产是可接受的。

随着臭氧技术装备的创新和发展，发达国家已将臭氧技术用于果蔬清洗消毒和果蔬贮藏。实际应用中，臭氧的产生、浓度控制和臭氧尾气的消除等环节均有较高的技术要求，操作管理也较为复杂，如有不慎出现气体泄漏会对人体造成极大伤害，因此有必要对臭氧技术全面了解和掌握。

一、臭氧的基本特性

臭氧是淡蓝色的气体，标准大气压下，密度 2.144g/L（0℃），熔点 $-192.5℃$，沸点 $-111.9℃$，略溶于水，在不同温度纯水中的溶解度可见表 6-7-1。

表 6-7-1　臭氧气体在水中的溶解度

（引自：Rice R G et al.，1981）

温度（℃）	溶解度（L/L）
0	0.640
11.8	0.500
15	0.456
19	0.381
27	0.270
40	0.112
55	0.031
60	0

在含有杂质的水中，臭氧迅速分解回复到氧气形态，但在纯水或气态下分解较慢。臭氧在水中的分解速率受到水的纯度的影响，如图 6-7-1 所示，20℃时，臭氧在蒸馏水或自来水中半衰期约为 20min，而在二次蒸馏水中经过 85min 只分解 10%。

臭氧气体和臭氧溶解在水中的半衰期与温度有关，见表 6-7-2。

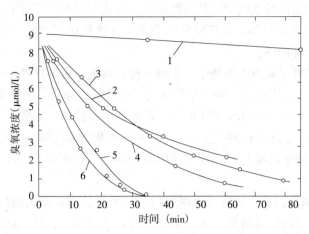

图 6-7-1 不同类型水中臭氧的分解（20℃）

1. 二次蒸馏水 2. 蒸馏水 3. 自来水 4. 低硬度地下水

5. 过滤后湖水（Zurich） 6. 过滤后湖水（Bodensee）

（引自：Rice R G and Netzer A，1984）

表 6-7-2 臭氧半衰期与温度的关系

气　态		溶解于水中（pH7）	
温度（℃）	半衰期	温度（℃）	半衰期（min）
−50	3个月	15	30
−35	18d	20	20
−25	8d	25	15
20	3d	30	12
120	1.5h	35	8
250	1.5s		

　　臭氧作为氧化剂比氯的效果强，反应速度快，能够瞬间产生极大的杀菌、消毒、漂白、脱臭等氧化作用，臭氧与氯等氧化剂的氧化还原电位（ORP）比较见表 6-7-3。

表 6-7-3 臭氧与其他氧化剂的氧化还原电位

种　类	ORP（V）
氟	3.06
羟自由基	2.80
初生态氧	2.42
臭氧	2.07
过氧化氢	1.77
氢过氧基	1.70
次氯酸	1.49
氯	1.39

二、臭氧杀灭病原菌的机理及作用

1. 臭氧杀灭细菌、病毒机理　臭氧对细菌的杀灭作用，主要由于臭氧与菌体接触后，能够快速扩散渗透到菌体的细胞壁，其强烈的氧化作用使菌体蛋白变性，破坏菌体酶系统，致使菌体正常的生理代谢失调，最终将菌体杀灭。臭氧量足够大时，还会穿透菌体的细胞壁，使细菌遭到毁灭性破坏。

与细菌不同，病毒是病原微生物中最小的一种，其结构简单只含有一种核酸（核糖核酸RNA，或脱氧核糖核酸 DNA），外壳是蛋白质，不具细胞结构。大多数病毒缺乏酶系统，不能单独进行新陈代谢，必须依赖宿主的酶系统才能生存繁殖，将宿主细胞的蛋白质转化成自身的蛋白质。臭氧通过扩散穿透蛋白质表层进入到核酸中心，导致病毒的核糖核酸（RNA）破坏。臭氧浓度较高时，其氧化作用能破坏衣壳，因此使 DNA 或 RNA 结构受到影响。

2. 臭氧对植物病原菌及有机物的控制作用　臭氧对植物病原菌的控制作用不仅限于对微生物的氧化杀灭，Sarig 等研究认为，臭氧在控制葡萄匍枝根霉（*Rhizopus stolonifer*）的同时还诱导葡萄中的白藜芦醇（resveratrol）和紫檀芪植物抗毒素（pterostilbene phytoalexins）生成，这些天然抗氧化剂可以使得葡萄能抵抗后继的感染。

臭氧可以氧化多数的有机化合物，特别是酚环或不饱和键化合物，能够减少果蔬清洗水中的农药残留和贮藏产品上的霉菌毒素。

另外，臭氧能够氧化分解果蔬贮藏过程中产生的乙烯、乙醇、乙醛等有害气体。臭氧的活性不受 pH 的影响，在制备杀菌水时无需调整 pH。并且由于臭氧的不稳定性，不会有残留物产生。

3. 臭氧对病原微生物的作用效果　臭氧对各种病原微生物的作用效果可参见表 6-7-4。

表 6-7-4　臭氧对各种病原微生物的作用效果

病原体	剂量与效果	参考文献
黑曲霉（*Aspergillus niger*）	1.5~2 mg/L，杀灭	
芽孢杆菌属菌种（*Bacillus* sp.）	0.2 mg/L，30s 内杀灭	Broadwater *et al.*，1973；Venosa，1972
炭疽芽孢杆菌（*Bacillus anthracis*），羊、牛、猪及人的致病菌，引起炭疽病	对臭氧敏感	
蜡状芽孢杆菌（*Bacillus cereus*）	水中 0.12 mg/L，5min 后杀灭 99%	Broadwater *et al.*，1973
蜡状芽孢杆菌（孢子）[*B. cereus*（spores）]	水中 2.3mg/L，5min 后杀灭 99%	Broadwater *et al.*，1973
枯草芽孢杆菌（*Bacillus subtilis*）	0.10 mg/L，33min 减少 90%	
f_2 噬菌体（Bacteriophage f_2）	水中 0.41mg/L，10s 后杀灭 99.99%	
灰葡萄孢菌（*Botrytis cinerea*）	3.8 mg/L，2 min	
假丝酵母属菌种（*Candida* sp.）	对臭氧敏感	Gurley，1985
密执安棒形杆菌（*Clavibacter michiganense*）	水中 1.1mg/L，5min 杀灭 99.99%	
枝孢菌（*Cladosporium*）	0.10 mg/L，12.1min 减少 90%	

（续）

病原体	剂量与效果	参考文献
肉毒梭菌孢子（*Clostridium botulinum* spores），肉毒梭菌毒素麻痹中枢神经系统，是在食物中繁殖的毒药	阈值 0.4～0.5 mg/L	
艰难梭菌（*Clostridium difficile*）	水中 0.6mg/L，2min 杀灭 99.999%（水中）	
梭菌属菌种（*Clostridium* sp.）	对臭氧敏感	Gurley，1985
柯萨奇病毒（Coxsackie virus）	0.1～0.8mg/L，少于 30 s 杀灭至 0 水平	Carmichael *et al.*，1982；Emerson *et al.*，1982；Schalekamp，1982
柯萨奇病毒 A9 型（Coxsackie virus A9）	水中 0.035mg/L，10s 杀灭 95%	Emerson *et al.*，1982
柯萨奇病毒 B5 型（Coxsackie virus B5）	淤泥排放中 0.4mg/L，2.5min 杀灭 99.99%	
白喉病原体（Diphtheria pathogen）	1.5～2 mg/L 杀灭	
伤寒致病菌（Eberth Bacillus），引起伤寒症，典型的水体传播疾病	1.5～2 mg/L 杀灭	
埃可病毒 29 型（Echo virus 29）	该病毒对臭氧最为敏感，1mg/L 接触 1min 杀死 99.999%	Rilling and Viebahn，1987
肠病毒（Enteric virus）	废水中 4.1 mg/L，29min 杀灭 95%	
大肠埃希氏菌（粪中）（*Escherichia coli*）	空气中 0.2 mg/L，30 s 内杀灭	Fetner and Ingols，1956；Venosa，1972
大肠埃希氏菌（净水中）（*E. coli*）	0.25mg/L，1.6min 杀灭 99.99%	Broadwater *et al.*，1973
大肠埃希氏菌（废水中）（*E. coli*）	2.2mg/L，19 min 杀灭 99.9%	
脑心肌炎病毒（Encephalomyocarditis virus）	0.1～0.8mg/L，少于 30 s 杀灭至 0 水平	Burleson *et al.*，1975；Carmichael *et al.*，1982；Schalekamp，1982
结肠阿米巴包囊（End amoebic cysts）	臭氧敏感	Gurley，1985
肠道病毒（Enterovirus virus）	0.1～0.8mg/L，少于 30 s 杀灭至 0 水平	Carmichael *et al.*，1982；Schalekamp，1982；
尖孢镰刀菌番茄专化型（*Fusarium oxysporum* f. sp. *lycopersici*）	1.1 mg/L，10 min	
尖孢镰刀菌茄子专化型（*Fusarium oxysporum* f. sp. *melongenae*）	水中 1.1mg/L，20 min 杀灭 99.99 %	
小鼠脑脊髓炎病毒 GDVII 株（GDVII virus）	0.1～0.8mg/L，少于 30 s 杀灭至 0 水平	Burleson *et al.*，1975；Carmichael *et al.*，1982；Schalekamp，1982
甲型肝炎病毒（Hepatitis A virus）	磷酸盐缓冲液中 0.25mg/L，2s 减少 99.5%	

（续）

病原体	剂量与效果	参考文献
疱疹病毒（Herpes virus）	0.1～0.8mg/L，少于 30 s 杀灭至 0 水平	Carmichael *et al.*，1982；Bolton *et al.*，1982；Schalekamp，1982；
流行性感冒病毒（Influenza virus）	阈值 0.4～0.5 mg/L	Bolton *et al.*，1982
白喉棒杆菌（Klebs-Loffler bacillus）	1.5～2.0 mg/L 杀灭	
嗜肺军团菌（*Legionella pneumophila*）	蒸馏水中 0.32 mg/L，20 min 杀灭 99.99%	
梨形毛霉（*Mucor piriformis*）	3.8 mg/L，2 min	
禽结核分枝杆菌（*Mycobacterium avium*）	水中杀灭 99.9% 的 CT 值 0.17	
偶发分枝杆菌（*Mycobacterium foruitum*）	水中 0.25mg/L，1.6min 杀灭 90%	
青霉属菌种（*Penicillium* sp.）	对臭氧敏感	Gurley，1985
烟草疫霉（*Phytophthora parasitica*）	3.8 mg/L，2 min	
脊髓灰质炎病毒（Poliomyelitis virus）	0.3～0.4 mg/L，3～4 min 杀死 99.99%	Emerson *et al.*，1982
脊髓灰质炎病毒 1 型（Poliovirus type 1）	水中 0.1～2.0 mg/L，0.2～1.0s 杀灭 95%～99%；水中 0.25 mg/L，1.6 min 杀灭 99.5%	Katzenelson *et al.*，1979；Emerson *et al.*，1982；
变形菌属菌种（*Proteus* sp.）	非常敏感	Gurley，1985
假单胞菌属菌种（*Pseudomonas* sp.）	非常敏感	Gurley，1985；Burleson *et al.*，1975；
弹状病毒（Rhabdovirus）	0.1～0.8mg/L，少于 30 s 杀灭至 0 水平	Carmichael *et al.*，1982；Schalekamp，1982
沙门氏菌属菌种（*Salmonella* sp.）	非常敏感	Gurley，1985；
鼠伤寒沙门氏菌（*Salmonella typhimurium*）	水中 0.25 mg/L，1.67 min 杀灭 99.99%	
志贺氏菌属菌种（*Shigella* sp.）	非常敏感	Gurley，1985；Burleson *et al.*，1975；
表皮葡萄球菌（*Staphylococcus epidermidis*）	0.1 mg/L，1.7 min 减少 90%	
金黄色葡萄球菌（*Staphylococcus aureus*）	1.5～2.0 mg/L 杀灭	Burleson *et al.*，1975；Kowalski *et al.*，1998
链球菌属菌种（*Streptococcus* sp.）	0.2 mg/L，30s 内杀灭	Venosa，1972
大丽轮枝菌（*Verticillium dahliae*）	1.1 mg/L，20 min 杀灭 99.99%	
水疱性口炎病毒（Vesicular stomatitis virus）	0.1～0.8mg/L，少于 30 s 杀灭至 0 水平	Burleson *et al.*，1975；Carmichael *et al.*，1982；Bolton *et al.*，1982；Schalekamp，1982
霍乱弧菌（*Virbrio cholerae*）	非常敏感	Gurley，1985；Burleson *et al.*，1975

注：该表数据引自国外各臭氧技术公司网站，其中臭氧对部分微生物的作用效果可参见"参考文献"中的相关文献。

三、臭氧在果蔬保鲜处理和鲜切加工生产中的应用

（一）臭氧气体用于冷库杀菌和果蔬贮藏保鲜

国内外科研人员对臭氧在果蔬冷藏保鲜过程的应用均做了大量研究，臭氧对抑制各类腐坏菌具有很好的效果。

1. 消毒后柑橘在有无臭氧的冷库中的贮藏试验　臭氧有效杀死病原菌孢子的浓度大于 $0.1\mu L/L$，这一浓度也是工人长时间工作环境的暴露限值［美国职业安全与健康管理局（OSHA）规定的限值为 $0.1\mu L/L$］。可见，使用臭氧时需要对空气中的臭氧浓度进行监测，并且人员进入臭氧间时需要采取防护措施。

Di-Renzo G C（2005）等进行了臭氧气体和臭氧水处理柑橘的试验研究。处理前样品浸蘸接种了青霉属菌种（*P.digitatum*）的无性孢子悬浊液（$1\times10^4/mL$），并且在 20℃放置 24h。放入冷库贮藏前分 3 种方式进行预处理：不清洗（对照）、氯杀菌水（有效氯含量 50mg/L）清洗和臭氧水（浓度 0.6mg/L）清洗。预处理后放入有臭氧（浓度 $0.25\mu L/L$）和无臭氧的冷库（温度 5℃，相对湿度为 90%～95%）进行贮藏。发生腐坏情况以意大利青霉（*P.italicum*，PI）、指状青霉（*P.digitatum*，PD）或未经确认的混杂霉菌（M）引起的发病率进行评估。水果重量损失和感官评价在贮藏期间每隔 10d 进行一次记录。试验结果如图 6-7-2～图 6-7-6 所示。

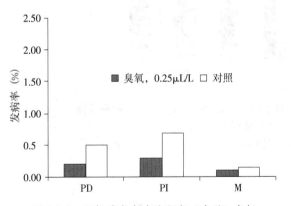

图 6-7-2　经氯消毒水清洗和有（或无）臭氧贮藏 8 周后的发病率（氯杀菌水有效氯 50mg/L，贮藏环境 5℃和相对湿度 90%～95%）

（引自：Di-Renzo G C *et al.*，2005）

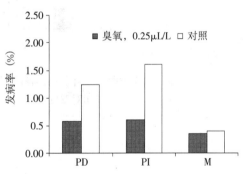

图 6-7-3　柑橘经臭氧水清洗在有（或无）臭氧环境贮藏8周后的发病率（臭氧水浓度0.6mg/L，贮藏环境5℃和相对湿度90%～95%）

（引自：同图 6-7-2）

Di-Renzo G C 等对试验结果分析认为，氯杀菌水清洗和臭氧贮藏对抑制青霉属菌有显著效果，臭氧还可以减少贮藏间病原菌孢子的数量，抑制病原菌在包装、墙面和屋顶处的生长繁殖。但是，臭氧水清洗与氯杀菌水清洗比较，前者可以降低衰老程度和减少重量损失。臭氧贮藏与无臭氧相比，前者可以减少重量损失约 10%，可能是由于臭氧的氧化作用降低了新陈代谢的活性。

2. 臭氧贮藏蓝莓试验　Barth M M（1995）等进行了臭氧贮藏无刺蓝莓的试验研究，无刺蓝莓是易于由真菌引起腐坏的水果。蓝莓放置在环境温度 2℃、相对湿度 90% 的冷库中

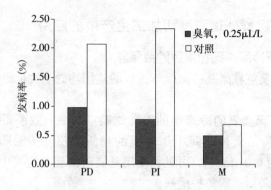

图 6-7-4　柑橘不清洗在有无臭氧环境贮藏 8 周后的发病率
（贮藏环境 5℃和相对湿度 90％～95％）

（引自：同图 6-7-2）

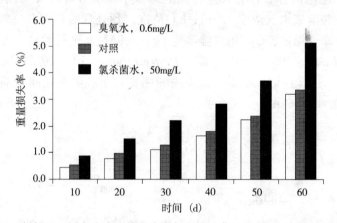

图 6-7-5　柑橘经不同方式清洗并在有臭氧环境贮藏 60d 的重量损失（贮藏环境
5℃和相对湿度 90％～95％，臭氧浓度 0.25μL/L）

（引自：同图 6-7-2）

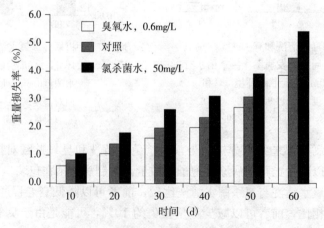

图 6-7-6　柑橘经不同方式清洗并在无臭氧环境贮藏 60d 的重量损失
（贮藏环境 5℃和相对湿度 90％～95％）

（引自：同图 6-7-2）

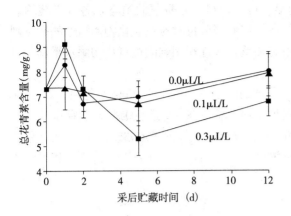

图 6-7-7 2℃贮藏 12d 蓝莓汁中花青素含量的变化
（引自：Barth M M, 1995）

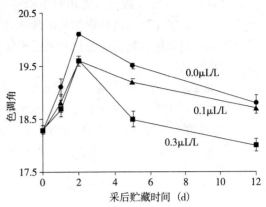

图 6-7-8 2℃贮藏 12d 完整蓝莓色调角的变化
（引自：同图 6-7-7）

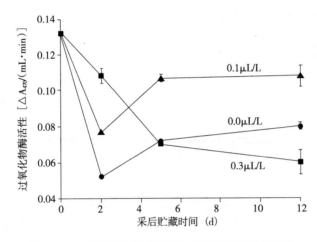

图 6-7-9 2℃贮藏 12d 蓝莓中过氧化物酶活性的变化
（引自：同图 6-7-7）

贮藏，3 个冷藏间的臭氧浓度分别为 0、0.1μL/L 和 0.3μL/L，由计算机控制，波动范围分别为环境温度±1.2℃、相对湿度±5% 和臭氧浓度±0.01μL/L。在 1、2、5、12d 测定蓝莓汁的花青素含量、完整蓝莓的色调角和过氧化物酶活性，结果如图 6-7-7～图 6-7-9 所示。Barth M M 等分析结果认为，0.1μL/L 和 0.3μL/L 的连续臭氧贮藏蓝莓对于控制真菌引起的腐坏非常有效，在 2℃贮藏 12d 观察不到伤害和品质的下降。从图 6-7-7 中看到，0.3μL/L 浓度臭氧处理时，蓝莓的花青素含量随时间变化较大，可以观察到臭氧处理后不久花青素含量有明显增加。从色调角数据看，0.3μL/L 浓度臭氧处理对蓝莓颜色影响明显，比其他处理的颜色偏红。过氧化物酶是植物体内普遍存在的、活性较高的一种酶，它与呼吸作用、光合作用及生长素的氧化等都有密切关系，在植物生长发育过程和采后贮藏过程中，它的活性都在发生变化。过氧化物酶与作物褪色有关，并且通过直接或间接机制促进花青素的氧化衰败。在臭氧贮藏果蔬时，过氧化物酶活性增加与真菌引起的果蔬腐坏有关，也与臭氧的伤害作用有关。从图 6-7-9 试验结果看，蓝莓在所有条件下贮藏都表现出过氧化物酶活性下降，并且 0.3μL/L 浓度臭氧处理时下降更明显。可见，尽管在臭氧胁迫下，各种果蔬均表现出组织中过氧化物酶活性增加且出现伤害征兆，但贮藏蓝莓时对过氧化物酶活性的影响则完全不同，过氧化物酶活性变化与质量损失没有关系，或许观测到的过氧化物酶水平低不足以影响果实的质量。

3. 臭氧对果蔬伤害试验 针对臭氧对果蔬伤害的问题，Skog L J（2001）等用 0.04μL/L 浓度臭氧在 3℃ 和 10℃ 进行了青花菜和无籽黄瓜贮存试验，在 4℃ 进行了蘑菇贮存试验，用 0.4μl/L 浓度臭氧在 0℃ 和 20℃ 进行了苹果和梨贮存试验，测试观察青花菜、黄瓜和蘑菇的外观色泽等品质，测试苹果和梨贮藏间的乙烯浓度变化，结果见表 6-7-5～表 6-7-7 和如图 6-7-10 所示。

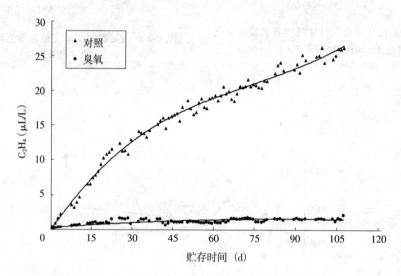

图 6-7-10　用 0.4μL/L 臭氧和不用臭氧贮存苹果和梨冷藏间的乙烯水平
（引自：Skog L J and Chu C L，2001）

表 6-7-5　1.5～2μL/L 浓度乙烯存在下用 0.04μL/L 浓度臭氧贮存青花菜的结果
（引自：Skog L J and Chu C L，2001）

处理方式	Hunter "L" 色	色调角	色度	开花	变黄	底部褐变
3℃贮存 21d						
初始	33.77c	−56.03c	8.58b	NA	NA	NA
对照	39.16a	−70.53a	11.40a	2.6a	3.0a	1.4b
臭氧	34.76b	−65.91b	8.36b	2.1b	1.8b	3.6a
10℃贮存 7d						
初始	32.22c	−63.26c	6.81c	NA	NA	NA
对照	43.80a	−89.81a	15.00a	1a	6.1a	2.0a
臭氧	41.80b	−86.01b	13.55b	1a	2.4b	2.3a

注：a～c 表示根据 HSD 检验法区分同一贮存期的同一列数据。跟随相同字母的数据表示无显著差异（$P \leqslant 0.05$）。NA 表示由于初始样品无瑕疵未作评定。

表 6-7-6 1.5～2μL/L 浓度乙烯存在下用 0.04μL/L 浓度臭氧 3℃ 贮存黄瓜 17d 的结果

(引自：同表 6-7-5)

处理方式	Hunter "L" 色	色调角	色度	硬度（N）	变干	外观	平板计数 lg(CFU/g)
初始	25.23b	−38.86a	8.86a	34a	NA	NA	NA
对照	28.44a	−53.59b	8.71a	22b	0.9b	2.2b	8.5a
臭氧	28.13a	−52.94b	8.66a	36a	2.7a	3.5a	7.4b

注：a～c 表示根据 HSD 检验法区分同一列数据，跟随相同字母的数据表示无显著差异（$P \leqslant 0.05$）。NA 表示由于初始样品无瑕疵未作评定。

表 6-7-7 用 0.04μL/L 浓度臭氧在 4℃ 贮存蘑菇 14d 的结果

(引自：同表 6-7-5)

处理方式	位置	斑点	表面褐变	Hunter "L" 色	色调角	色度	褐变指数
初始		NA	NA	88.11a	83.07a	12.02a	NC
对照	顶层	2.4a	2.8a	75.10ab	80.21ab	14.20b	1.46b
	底层	2.7a	2.6a	73.64ab	79.64ab	14.19b	1.76b
臭氧	顶层	1.7a	2.6a	70.65b	76.78b	14.80b	2.82a
	底层	2.5a	1.7a	72.13b	80.21ab	12.74a	0.97c

注：a～c 表示根据 HSD 检验法区分同一列数据，跟随相同字母的数据表示无显著差异（$P \leqslant 0.05$）。NA 表示由于初始样品无瑕疵未作评定。NC 表示未根据初试读数计算指数。

从表 6-7-5 看出，在有 1.5～2μL/L 浓度乙烯存在的 3℃ 冷库中贮存青花菜，无论冷库中是否有臭氧存在，Hunter "L" 色和色调角数据显示颜色均由绿变黄，而有臭氧的样品颜色变化明显较小，视觉观察的开花和变黄状况也明显比没有臭氧的要好。有臭氧处理的青花菜底部切面褐变较严重，但这种情况可以通过切除进行修整。在有 1.5～2μL/L 浓度乙烯存在的 10℃ 冷库中贮存青花菜，无论冷库中是否有臭氧存在，青花菜均比初始时变黄严重，但没有臭氧处理的更为严重。

从表 6-7-6 看出，贮存黄瓜时，尽管肉眼观察外观颜色变化不明显，但 Hunter "L" 色和色调角数据显示，无论冷库中是否有臭氧存在，黄瓜颜色均变黄。有臭氧处理的黄瓜硬度明显高于对照组，与初始值接近。在 3℃ 贮藏时存在冷害腐坏现象，出现冷害、腐坏数量以及微生物状况有臭氧处理时均比无臭氧处理的情况要好。臭氧处理的黄瓜比无臭氧处理的呈现出较为严重的脱水变干现象。当黄瓜在 10℃ 贮存时，无冷害现象，也不存在臭氧对外观品质的影响。

进行蘑菇试验时，蘑菇放在托盘中，分成上下两层，每层 5～7 个。表 6-7-7 中臭氧处理蘑菇在 4℃ 贮存 14d 后，Hunter "L" 色数值比初始值低，顶层的色调角数据也明显低于初始数据，这些均预示出臭氧对植物具有毒性。臭氧处理蘑菇顶层的褐变指数也明显高于对照组，但底层的数据处于较低的水平。臭氧处理蘑菇底层的色度与初始数据相当。肉眼观察，臭氧处理顶层蘑菇比对照组的斑点少，但由于取值变化范围大，不具有统计学的意义。与对照样品相比，臭氧处理不影响斑点和表面褐变率。从底层蘑菇的褐变指数低和斑点没得到控制看，说明臭氧不能穿透蘑菇到达底层。

从图 6-7-10 看，臭氧处理能明显减少苹果和梨贮藏间的乙烯水平，贮存的前 20d 浓度小于 $1.0\mu L/L$，之后贮存期间浓度 $2.0\mu L/L$。有或无臭氧处理的苹果和梨品质没有差别，63d 和 107d 冷藏后，有或无臭氧处理的苹果内部乙烯浓度没有差异，0℃贮存 107d 后的有或无臭氧处理苹果再在 20℃放 1 周后的硬度、总可溶固形物、可滴定酸和黑皮指数均没有明显差别。0℃贮存 107d 后的梨再在 20℃放 3d，其硬度和总可溶固形物均无差异。总之，试验浓度下臭氧对苹果和梨均无伤害征兆。

Skog LJ 等分析认为，臭氧可以明显减少产乙烯果蔬释放出的乙烯量，冷库中使用臭氧后，可以同时存放乙烯敏感类果蔬（如青花菜等）。由于不改变内部乙烯浓度，不会影响苹果和梨的品质，但可以提高乙烯敏感类果蔬的质量。所有试验的 3 种蔬菜臭氧处理后均表现出了不利的影响，尽管其中两种的影响较小，总体质量比对照组也有所改善，但臭氧敏感类果蔬的植物危害毒性仍需要引起注意。

4. 臭氧环境与负离子环境暴露的比较试验　空气负离子又称为负氧离子，是指获得 1 个或 1 个以上的电子带负电荷的氧气离子。空气的主要成分是氮、氧、二氧化碳和水蒸气，氮占 78％，氧占 21％，二氧化碳占 0.03％。氮对电子无亲和力，只有氧和二氧化碳对电子有亲和力，但氧含量是二氧化碳含量的 700 倍。因此，空气中生成的负离子绝大多数是空气负氧离子，它是空气中的氧分子结合了自由电子而形成的。自然界的放电（闪电）现象、光电效应、喷泉、瀑布等都能使周围空气电离，形成负氧离子。工程中，利用空气负离子发生器可以生成空气负离子。

Fan L（2002）等进行了多种病原微生物在臭氧环境、臭氧＋负离子环境和负离子环境暴露的试验，研究各环境对抑制病原菌的效果。

Fan L 等用荧光假单胞菌（*Pseudomonas fluorescens*）、胡萝卜软腐病欧文氏菌（*Erwinia carotovora* pv. *carotovora*）和大肠埃希氏菌（*Escherichia coli.*，K12，ATCC 10798）稀释悬浊液（$A_{600nm}=0.04$，稀释比例 1∶1 000），分别接种到马铃薯葡萄糖琼脂（PDA）或营养肉汁琼脂（NA）培养皿中，去掉培养皿盖子，放置于常规（对照）、臭氧、臭氧＋负离子和负离子（NAI）的环境中暴露，环境温度 10℃，相对湿度 92％～96％，臭氧浓度（100±5）nL/L，空气负离子浓度 10^6 NAI/mL。各类菌存活率的测试结果如图 6-7-11～图 6-7-13 所示。

Fan L 等分析认为，尽管微生物对臭氧的敏感程度有固有的规律性，但其他因素变化也影响其存活。感染病菌到暴露臭氧之间的间隔时间影响微生物存活，这种现象的原因还不清楚，可能由于微生物细胞渗出多糖后会对其起到保护作用。

臭氧和负离子对微生物的作用还受到培养基的影响，培养基的成分和 pH 可能是影响杀死微生物细胞的主要原因。Fan L 等通过接种于 pH5.6 和 pH6.8 的 PDA 培养基暴露臭氧的另一试验证实，pH 越低，存活率下降得越快。这些试验说明了微生物寄宿的

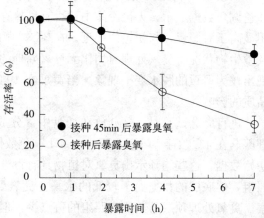

图 6-7-11　胡萝卜软腐欧文氏菌暴露臭氧的存活率
（引自：Fan L *et al.*，2002）

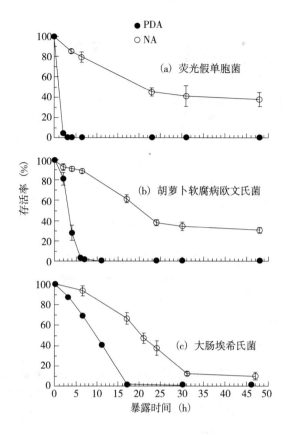

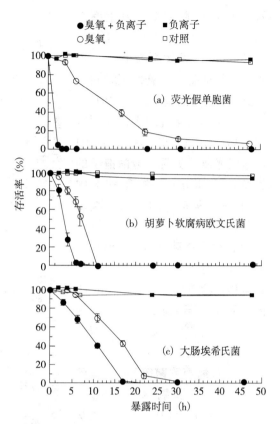

图 6-7-12　接种于不同培养基的各类菌暴露臭氧＋负离子环境的存活率
〔臭氧浓度（100±5）nL/L，负离子浓度 10⁶NAI/mL〕
（引自：同图 6-7-11）

图 6-7-13　接种于 PDA 培养基的各类菌暴露不同环境的存活率
〔臭氧浓度（100±5）nL/L，负离子浓度 10⁶NAI/mL〕
（引自：同图 6-7-11）

本底物和受感染时间均会影响臭氧的功效。

Fan L 等的试验还证实臭氧和负离子的联合作用对各类菌的杀灭均有更强的效果。

（二）臭氧水用于果蔬清洗杀菌

臭氧水作为替代含氯消毒剂的一种选择，可以用来对果蔬清洗杀菌和对设备器具消毒。臭氧在水中的溶解度较低，20℃时为 29.9mg/L，实践中很难达到 10mg/L，而多数系统生成的臭氧水浓度不超过 5mg/L。臭氧水的浓度高于 1mg/L 时，就会向空气中释放臭氧。

1. 臭氧水清洗接种病原菌果蔬和自然带菌果蔬　Smilanick J L（1999）等研究认为，尽管臭氧能够快速杀死清洗水中的致柑橘酸腐病菌白地霉的变种（*Geotrichum candidum var. citri-aurantii*）、指状青霉（*Penicillium digitatum*）、意大利青霉（*Penicillium italicum*）、葡枝根霉（*Rhizopus stolonifer*）、灰葡萄孢菌（*Botrytis cinerea*）、扩展青霉（*Penicillium expansum*）、美澳型核果链核盘菌（*Monilinia fructicola*）等病原菌，但对果蔬伤口上感染这些病原菌的作用有限，甚至用更高浓度和作用更长时间，其效果甚微。他们的研究试验表明，接种了指状青霉孢子的橙、柠檬和葡萄柚，20℃时用清水或 12mg/L 浓度臭氧水处理 5min，绿霉病的发生率均为 100%；接种了白地霉变种孢子的橙和葡萄柚，用清水处理 5min 的酸腐病发生率为 54%，而用 12mg/L 浓度臭氧水处理 5min 的发病率为 78%。用柠檬进行试验，臭氧处理时间增加到 20min，得到的结果类似。

对于臭氧水处理水果控制其表面病原菌的效果，Smilanick J L 等用感染了灰葡萄孢菌孢子的葡萄浸入 10mg/L 的臭氧水中 1~4min，灰霉病的发病率减少 50%，不比 200mg/L 有效氯含量次氯酸盐杀菌水处理 1min 的效果好。对于控制鲜果上自然携带微生物的效果，他们用 4mg/L 的臭氧水浸泡草莓 2min，结果为好氧嗜温菌数减少 92.3%，酵母菌和霉菌数减少 91.0%。

2. 灰葡萄孢菌等3种果蔬致腐菌孢子在臭氧水中暴露试验 Spotts R A(1992)等利用灰葡萄孢菌、梨形毛霉和扩展青霉3种致腐菌孢子进行了臭氧水暴露试验，结果如图6-7-14所示。并且认为，杀灭真菌孢子需要的臭氧浓度要远高于用于控制细菌、病毒和贾第虫（*Giardia*）繁殖的水平。0.99mg/L 浓度下暴露5min，对灰葡萄孢菌孢子的萌发抑制率为95%；相比之下，杀灭99%大肠埃希氏菌的暴露浓度和时间为 0.06mg/L、0.33min。

3. 臭氧水与次氯酸钠杀菌水处理安久梨的比较试验 Spotts R A（1992）等还在包装车间中进行了臭氧与次氯酸钠的对比试验，用次氯酸钠和臭氧杀菌水处理安久梨，结果见表 6-7-8。从表中可以看出，在 20℃存放 14d 后最容易发生梨形毛霉和青霉属

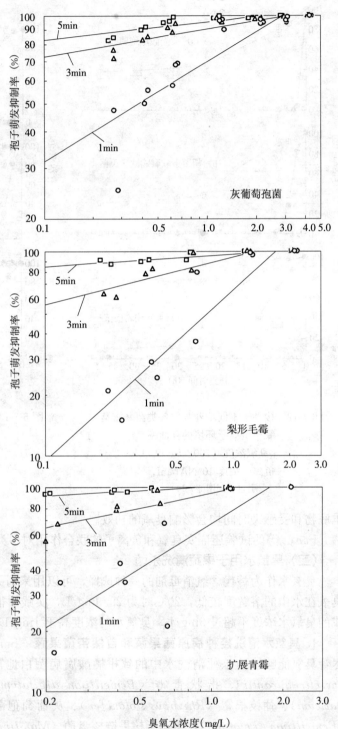

图 6-7-14　不同浓度臭氧水暴露对 3 种真菌孢子萌发的抑制率

（引自：Spotts R A and Cervantes L A，1992）

菌引起的腐坏，次氯酸钠处理后青霉属菌引起的腐坏和总腐坏率要明显低于臭氧处理。
$-1℃$下冷藏 5 个月最容易发生交链孢霉属和青霉属菌引起的腐坏，两种处理方式在这种温度下贮藏没有明显差别。Spotts 等还指出，用 pH9、有效氯含量 50mg/L 的次氯酸钠杀菌水处理安久梨 5min，可使灰葡萄孢菌、梨形毛霉和扩展青霉等致腐菌的孢子几乎全部致死，如果采用臭氧处理 5min 达到同样的效果，需要的浓度分别为 1.9、1.4 和 0.8mg/L，这些浓度明显高于在包装车间进行试验所用的 0.31mg/L 浓度。当提高臭氧浓度进行试验时，发现有臭氧逸出，认为包装车间清洗水安全使用的最高臭氧浓度还需要进一步试验确定。

表 6-7-8　臭氧水和次氯酸钠水处理后在贮藏条件下的腐坏

（引自：Spotts R A and Cervantes L A，1992）

病原菌	不同贮藏温度下的腐坏率[1]（%）			
	20℃[2]		−1℃[3]	
	次氯酸钠[4]	臭氧[5]	次氯酸钠	臭氧
交链孢霉属某些种（*Alternaria* spp.）	0.3	0.7	7.1	6.3
葡萄孢属某些种（*Botrytis* spp.）	0.4	0.3	3.1	3.0
梨形毛霉（*Mucor piriformis*）[6]	10.0	9.5	3.9	2.0
青霉属某些种（*Penicillium* spp.）	7.8*	20.8	5.1	11.0
腐皮明孢盘菌（*Pezicula malicorticis*，同物异名 *Neofabraea malicorticis*）	0.0	0.0	1.6	0.8
总腐坏	18.5**	31.3	20.8	23.3

①根据 $P=0.05$ 和 0.01 下非配对样品 t 检验下得出的次氯酸钠与臭氧之间的有显著差异的分别用 * 和 * * 标出。每个值根据 6 箱安久梨得出，每箱安久梨约 20kg。

②7d 和 14d 后测定。

③每月测定，持续 5 个月。

④次氯酸钠，在硅酸钠悬浊液中，总有效氯（54±16）mg/L，pH11.6，5℃。

⑤臭氧，在硅酸钠悬浊液中，臭氧浓度（0.31±0.09）mg/L，pH11.2，5℃。

⑥含匍枝根霉感染的果，20℃。

4. 臭氧水与次氯酸钠杀菌水处理鲜切生菜的比较试验　Wei K（2007）等用臭氧水和次氯酸钠杀菌水进行了鲜切生菜（3.5cm×3.5cm）的清洗杀菌对比试验，生菜在贮藏期的褐变情况和微生物的杀灭效果如图 6-7-15～图 6-7-18 所示。Wei K 等通过试验分析认为，用臭氧处理的生菜，随着臭氧浓度增大和贮存时间增长，褐变情况也越趋严重，褐变情况受处理时间的影响甚微。贮存时间在一周之内的褐变率少于 2.5%。当臭氧浓度提高到 10mg/L 时，贮存时间 2 周和 3 周的褐变率达 5% 和 9%。

相比之下，氯处理生菜引起的褐变较少。有效氯含量增大对于褐变随贮存时间增加的作用不明显。有效氯含量为 200mg/L 和 300mg/L 时处理的生菜，贮存 21d 后的褐变率为 4% 和 3%。改变氯处理的 pH、接触时间和温度，褐变情况无明显差异。

从图 6-7-17 和图 6-7-18 可以看出，臭氧浓度增加，对自然菌的杀灭效果也增加，对臭氧抗耐性的递减顺序为嗜温菌、耐冷菌和真菌。生菜经 10mg/L 臭氧水处理 5min 后，嗜温菌、耐冷菌、酵母菌和霉菌分别减少 0.73、1.1、1.2lg(CFU/g)。相比之下，有效氯含量 200mg/L 的次氯酸钠杀菌水处理结果分别为减少 2.1、1.8、2.5lg(CFU/g)。可见，臭氧水处理对于杀灭生菜上的自然菌不如次氯酸钠杀菌水有效。

臭氧用于叶菜处理的浓度和效果还可参见附表 6-8。

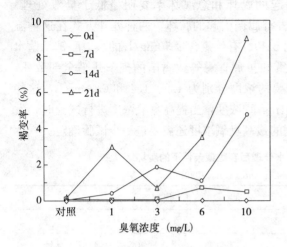

图 6-7-15　臭氧处理生菜不同贮藏期的褐变率
（4℃，pH7，5min）

（引自：Wei K *et al.*，2007）

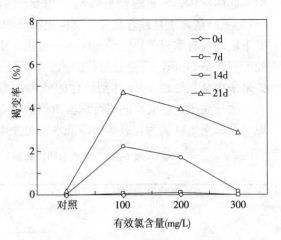

图 6-7-16　次氯酸钠溶液处理生菜不同贮藏期
的褐变率（4℃，pH7，5min）

（引自：同图 6-7-15）

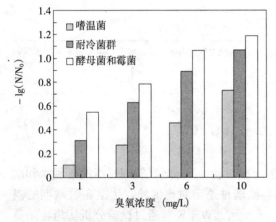

图 6-7-17　臭氧对生菜上自然菌的杀灭效果
（22℃，pH7，5min）

（引自：同图 6-7-15）

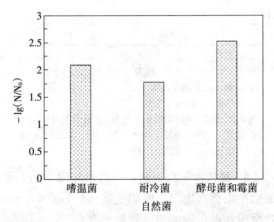

图 6-7-18　氯对生菜上自然菌的杀灭效果（有效氯
200mg/L，22℃，pH7，5min）

（引自：同图 6-7-15）

（三）臭氧用于处理果蔬清洗水

1. 臭氧杀灭果蔬清洗水中微生物的效果及其作用　Smilanick J L（1999）等认为，用臭氧处理反复使用的清洗果蔬用水时，如图 6-7-19 所示，水中臭氧浓度为 1.5mg/L 时接触 2min，即可杀死 95％～100％的白地霉变种、指状青霉、意大利青霉、葡枝根霉、灰葡萄孢菌、扩展青霉、美澳型核果链核盘菌等真菌，接触 3min 时可达到完全杀灭。这些病原菌的孢子在水中快速死亡的同时，水中的果蔬、泥沙和其他残留物会使臭氧水的浓度降低，甚至降低到无效的程度。

臭氧水消毒的最大优势是臭氧在水中能快速分解成氧气，不会存在残留，也不会像使用次氯酸盐消毒时增加盐的含量。用臭氧水清洗果蔬的排放水水质会有所改善，因为臭氧具有促絮凝和沉淀的作用，水中的农药残留、有机化合物和悬浮固形物的状况均会得到改善。

Smilanick J L 等用 44.8g、20.3g 和 83.3g 的采后杀真菌剂抑霉唑（imazalil）、噻苯咪唑（thiabendazole）和邻苯基苯酚钠（sodium ortho-phenyl phenate）分别加入 2 000L 的水中，水的温度 18.4℃、pH6.1，加入臭氧之前测得的浓度分别为 17.5、6.4、8.6μg/mL，混合后 1h 加入臭氧，然后过 0.5、1、2、4、8h 采样检测其浓度，结果为 30min 后 3 种杀真菌剂均为 95％以上被分解。另外用清洗草莓的水试验，用 4mg/L 臭氧在 2 000L 容量的水系统中运行 2h，测得的水中好氧嗜温菌、悬浮固形物、BOD 和 COD 的减少量分别为 99.2％、43％、33％和 43％。

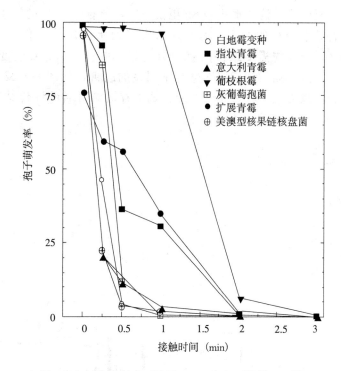

图 6-7-19　在臭氧水（浓度 1.5μg/mL，温度 16.5℃，pH6.4）中暴露后各种采后果蔬病原真菌孢子的萌发率

（引自：Smilanick J L *et al.*，1999）

2. 臭氧处理果蔬清洗水的应用示例　利用臭氧对循环使用的果蔬清洗水进行处理能够得到很好的效果。Strickland W（2010）等报道，美国田纳西州纳什维尔的农产品公司，自 1981 年开始为即食市场生产生鲜沙拉，生产原料多数来自美国加州，其他来自加拿大和墨西哥。原料采收后在 3d 之内运输到纳什维尔，然后利用 1～2d 的时间进行加工和包装，装袋后的产品在高湿和 1～4℃的环境下贮藏，从采收到到达消费者手中历经时间有可能长达 11d，公司担保产品的保质期为包装后 12d。产品生产采用了如图 6-7-20 所示的工艺流程。

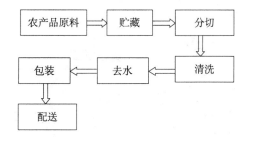

图 6-7-20　生产沙拉工艺流程

利用槽中流动水清洗和传送产品，并且清洗水在闭合回路循环使用。仅利用次氯酸钠进行处理时，清洗水很快被污染，有机物残渣聚集，每隔 2～3h 需要更换一次水。2000 年安装了臭氧设备，对 760L/min 的槽中流动水进行处理，采用图 6-7-21 所示技术方案。

用臭氧以后，清洗水每隔 8h 更换一次，节省约 60% 的用水量，同时用水量减少后也大大节省了水冷却的费用，而且还节省了换水占用的工作时间。其次，次氯酸钠用量减少25%，由原先需要维持的有效氯含量 100～125mg/L 改变为用臭氧后的 75～100mg/L。另外，沙拉品质和货架期也有了明显的改善，如图 6-7-22 所示为次氯酸钠处理、臭氧处理和次氯酸钠—臭氧联合处理方式下存放 25d 后的评价结果。图 6-7-23 所示为 Strickland农产品公司展示的沙拉产品。

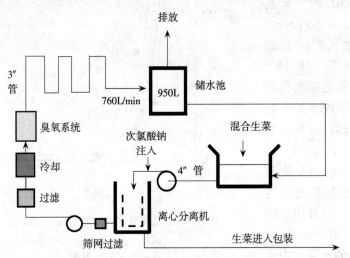

图 6-7-21　沙拉生产水处理的配置

（引自：Strickland W，2010）

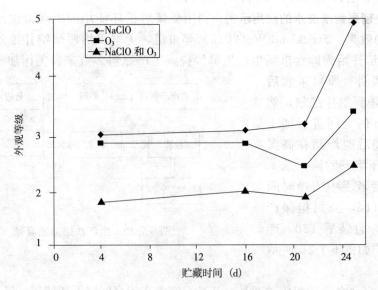

图 6-7-22　不同处理方式下沙拉外观评价

（外观等级：1，绝对购买　2，很可能购买　3，或许购买　4，很可能不购买　5，绝对不购买）

（引自：同图 6-7-21）

图 6-7-23　Strickland 农产品公司展示的沙拉产品

（引自：同图 6-7-21）

四、臭氧制备技术与设备

臭氧是一种不稳定的气体，不能贮存运输，必须在使用现场制备。根据产生臭氧的原理不同，主要有电晕放电法、紫外线辐射法和电解法等，其中电晕放电法是工程中最广泛采用的方法。臭氧制备设备也称为臭氧发生器。

（一）电晕放电法臭氧发生器

1. 电晕放电原理　电晕放电法是模仿自然界雷电产生臭氧的方法。"电晕"指极不均匀电场中的气体发生电离产生电子崩的放电现象。自然界中雷电的高电压作用使氧气或其他含氧气体中的氧或氧同位素转变为臭氧，工程中通过人为制造出交变高压电场在含氧气体中产生电晕，电晕中的高能自由电子将 O_2 分子电离为氧原子，再经过碰撞聚合成 O_3 分子，其反应式如下：

$$e^{-1}+O_2 \longrightarrow 2O+e^{-1} \tag{6-7-1}$$

$$O+O_2+M \longrightarrow O_3+M \tag{6-7-2}$$

式中 M 是气体中任何其他气体分子，与此同时，原子氧和电子也同臭氧反应生成氧，反应式如下：

$$O+O_3 \longrightarrow 2O_2 \tag{6-7-3}$$

$$e^{-1}+O_3 \longrightarrow O_2+O+e^{-1} \tag{6-7-4}$$

2. 典型电晕放电元件　典型的电晕放电元件如图 6-7-24 所示，由电极、介电体和充满气体的间隙组成。电源高压作用于电极时，含氧气体流过放电间隙，电晕放电过程产生臭氧，是电晕消耗电能的直接结果，同时输入到电晕的大部分电能需要以热的形式散失。电学上，电晕元件对电源表现为电容式负载。

用于电晕放电的电源通常有 3 种：工频电源（50～60Hz），频率固定，电压可调；中频电源（400～600Hz），频率固定，电压可调；高频电源（>1 000Hz，一般 3 000～20 000

Hz），电压固定，频率可调。

工频电源是通过装在高压升压变压器前的可变变压器来控制，由于需要很大的高压变压器，效率低、耗电多。采用搪瓷或陶瓷片作放电介电体的，用于生产小型臭氧发生器；采用玻璃管作放电介电体的，用于生产中、大型臭氧发生器。

中频电源是国际上比较流行的一种臭氧专用电源，具有效率高、耗电少的特点。一般采用非玻璃或玻璃作放电介电体，用于生产中、大型臭氧发生器。

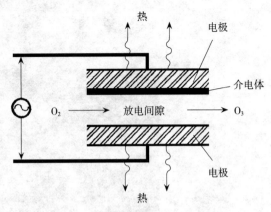

图 6-7-24　典型电晕放电元件结构图

高频电源具有效率高、耗电少、产生臭氧的产量与浓度高等特点。

3. 产生臭氧的原料　产生臭氧的主要原料为氧气，一般可采用洁净空气、氧气以及含有氧和其他惰性气体的混合气体。气源中的含氧量、气源流量、气源的露点及气源中的杂质含量等因素都直接影响臭氧的产量及臭氧的浓度。

4. 臭氧发生器产品

（1）空气源臭氧发生器。图 6-7-25 为美国 Ozone Solutions 公司的 MZ-200 型和 OMZ-20000 型空气源臭氧发生器，最大产气量分别为 200mg/h 和 20 000mg/h。这类臭氧发生器以周围环境空气为供气源，主要适用于空间的除臭。

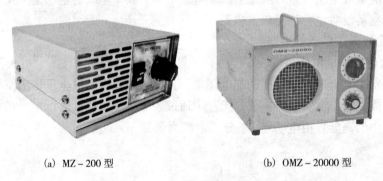

(a)　MZ-200 型　　　　　　　　　　(b)　OMZ-20000 型

图 6-7-25　美国 Ozone Solutions 公司的空气源臭氧发生器

（2）氧气源臭氧发生器。图 6-7-26 为美国 Ozone Solutions 公司的 TG 系列氧气源臭氧发生器，有 10、20 和 40 型产品，产气量取决于氧气的供应量，例如 TG-40 型臭氧发生器，当氧气供量为 4、6、10 和 20L/min 时，臭氧产气量分别为 20、30、40 和 60g/h。这类臭氧发生器需要 90%～95% 的氧气作为气源，生成的臭氧浓度和产气量还与工作压力有关，如图 6-7-27 和图 6-7-28 分别为 TG-40 型臭氧发生器在不同工作压力和氧气供量下的臭氧质量百分比浓度和臭氧产生量。

5. 臭氧发生器工作系统及应用

（1）工作系统的组成。图 6-7-29 所示为美国 Ozone Solutions 公司的专门用于冷库的臭氧发生器系统。该系统主要由氧气浓缩器（也称氧气集中器）、臭氧发生器和臭氧监测仪等组成。

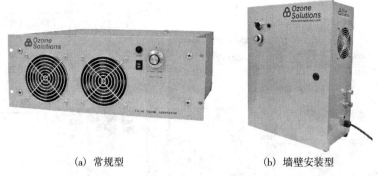

（a）常规型　　　　　　　　　　　　（b）墙壁安装型

图 6-7-26　美国 Ozone Solutions 公司的 TG 系列氧气源臭氧发生器

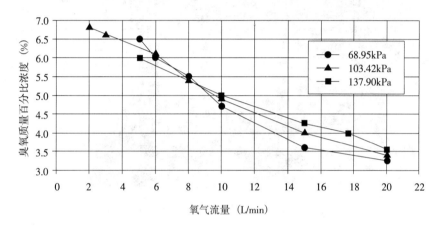

图 6-7-27　TG -40 型臭氧发生器在不同工作压力下臭氧浓度与氧气供量的关系

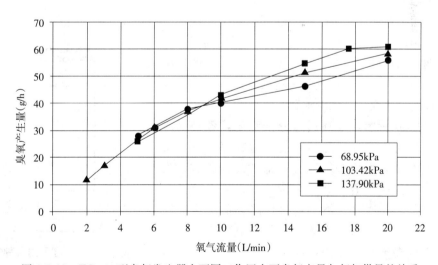

图 6-7-28　TG -40 型臭氧发生器在不同工作压力下臭氧产量与氧气供量的关系

氧气浓缩器利用了变压吸附（PSA）技术。变压吸附技术是 20 世纪 60 年代开始发展起来的一项新的气体吸附分离技术，该技术利用多微孔结晶体（也称分子筛）对各种气体吸附力随温度或压力变化而不同的特点从空气中分离出所需气体。任何一种吸附体对于同一被吸

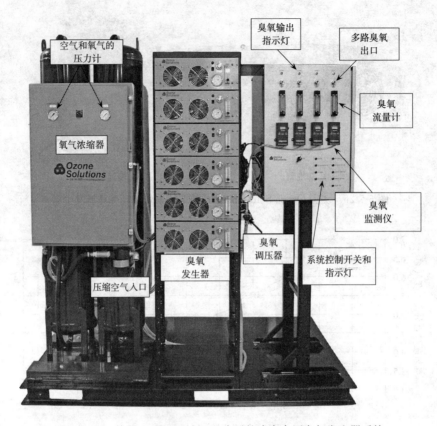

图 6-7-29　美国 Ozone Solutions 公司的冷库专用臭氧发生器系统

附气体（吸附质）来说，在吸附平衡时，温度越低，压力越高，吸附量越大；反之，温度越高，压力越低，吸附量越小。因此，气体的吸附分离通常采用变温吸附或变压吸附两种循环过程。如果温度不变，在加压的情况下吸附，用减压（抽真空）或常压解吸，该方法称为变压吸附，即通过改变压力来吸附和解吸。

　　如图 6-7-30 所示，空气通过分子筛时，各种气体会按照分子筛对气体分子的相对吸引力顺序进行分层吸附。氧气浓缩器由两个填满分子筛的罐体组成，当经压缩后的高压空气通过第一个罐体时，氮气分子会被吸附，氧气和氩气等气体会通过该罐体的分子筛被送到储存罐中。当第一个罐体被吸附的氮气完全充满时，压缩空气被转换到第二个罐体继续进行氮气吸附，此时第一个罐体进入减压状态使吸附的氮气向大气中

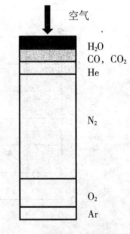

图 6-7-30　分子筛对各种气体吸附力分层示意

排放，并使其中的分子筛获得再生准备下一个循环。两个罐体交替工作吸附氮气，使氧气连续不断地生成以供臭氧发生器使用。

　　Ozone Solutions 公司的臭氧监测仪包括臭氧传感器和显示仪两部分（图 6-7-31），可以

对环境空气中的臭氧进行监测,臭氧浓度测量范围为 $0.03\sim10\mu L/L$,测量精度$10\%\sim15\%$。

(2)臭氧系统在冷库中的应用。利用臭氧发生器制备臭氧气体用于果蔬产品冷库贮藏保鲜时,需要根据冷库的容积量选择臭氧发生器的大小,同时还需要考虑冷库中所需保持的臭氧浓度,使用中还需要用臭氧浓度监测仪对冷库中的臭氧浓度进行监测。

臭氧气体向冷库中输送时,采用多孔分布的管道,如图 6-7-32 所示,臭氧气体从多孔管的小孔向冷库释放,可以使臭氧在空间分布均匀。臭氧传感器可以放置在出气口的远端,容积较大的冷库也可以放置多个传感器。

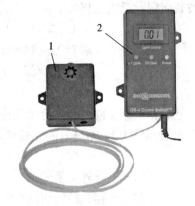

图 6-7-31 臭氧监测仪
1. 臭氧传感器 2. 显示仪

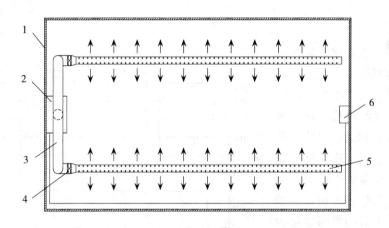

图 6-7-32 臭氧通过多孔管道向冷库输送
1. 库体 2. 臭氧发生器 3. 输气管 4. 风机 5. 多孔管 6. 传感器

利用臭氧贮存果蔬时还应注意臭氧半衰期对臭氧浓度的影响。空气中臭氧的半衰期与温度和湿度有关,温度越高、湿度越大,臭氧衰减越快。例如,臭氧浓度由 $5\sim10\mu L/L$ 衰减到 $2.5\sim5\mu L/L$,当温度为20℃、相对湿度为35%时,平均需要35min;当温度为10℃、相对湿度为35%时,平均需要50min;而当温度为20℃、相对湿度为90%时,平均需要30min。

(二)紫外线辐射法臭氧发生器

1. 工作原理 紫外线辐射法(也称光化学法)生成臭氧是模仿自然界中大气层上空紫外线促使氧分子分解并聚合成臭氧的方法,即用人工方法产生出的一定波长的紫外线,促使氧分子分解并聚合产生臭氧,如图 6-7-33 所示。

任何处于基态的氧分子$[O_2\ (^3\textstyle\sum_g^-)]$一经吸收光便离解为两个氧原子,其能态依所吸收的光

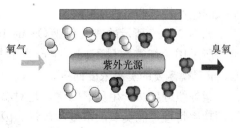

图 6-7-33 紫外光辐射生成臭氧示意

的波长而定，反应过程如下：

$$O_2\ (^3\textstyle\sum_g^-)\ +h_v \longrightarrow O\ (^1D)\ +O\ (^3P)，\lambda<175nm \tag{6-7-5}$$

$$O_2\ (^3\textstyle\sum_g^-)\ +h_v \longrightarrow O_2\ (^3\textstyle\sum_u^-)，175nm<\lambda<200nm \tag{6-7-6}$$

$$O_2\ (^3\textstyle\sum_u^-)\ \longrightarrow 2O\ (^3P) \tag{6-7-7}$$

$$O_2\ (^3\textstyle\sum_g^-)\ +h_v \longrightarrow 2O\ (^3P)，200nm<\lambda<242nm \tag{6-7-8}$$

然后，氧原子同一个氧分子反应生成臭氧，氧原子无论处于哪一能态［三联的 $O(^3P)$，或单个的 $O(^1D)$］，对臭氧的生成量均无影响，其反应式如下：

$$O_2+O+M \longrightarrow O_3+M \tag{6-7-9}$$

式中　h_v——紫外光量子；

　　　M——存在的任何惰性物体，如反应器器壁、氮分子或二氧化碳分子等。

然而，臭氧在一定波长的光量子作用下又会离解成氧，如下列顺序进行的反应：

$$O_3+h_v \longrightarrow O_2+O\ (^1D)，200nm<\lambda<308nm \tag{6-7-10}$$

$$O\ (^1D)\ +O_3 \longrightarrow O_2\ (^3\textstyle\sum_g^-)\ +O_2{}^*\ (^3\textstyle\sum_g^-) \tag{6-7-11}$$

$$O_2{}^*\ (^3\textstyle\sum_g^-)\ \longrightarrow 2O\ (^3P) \tag{6-7-12}$$

$$O\ (^3P)\ +O_3 \longrightarrow 2O_2 \tag{6-7-13}$$

2. 紫外线发生器光源与产品

工程实践中要制作一种光源，其波长短到足以使氧产生臭氧，同时又无光解臭氧的更长波长的光产生，是很难做到的。因此，臭氧发生过程中臭氧生成和臭氧光解同时存在，而臭氧生成量和臭氧光解量之间需达到平衡。工程中用作臭氧发生器的光源通常为低压汞灯，典型低压汞灯的光谱特性如图 6-7-34 所示。在臭氧形成的波谱区域内只产生两道光谱线，一道在 185nm 附近，它被氧

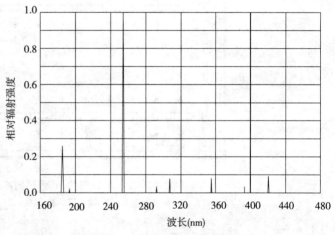

图 6-7-34　典型低压汞灯的光谱特性

吸收并导致臭氧产生；一道在 254nm 处，它被臭氧吸收并使之光解。就辐射强度而言，254nm 占 35%，185nm 占 6%～9%（视采用天然石英玻璃还是合成石英玻璃而不同）。实际条件下紫外光辐射法，每千瓦小时紫外光可获得的臭氧量约为 130g，而考虑到 185nm 波长范围的效率等因素，每千瓦小时可获得的臭氧量很小，即使反应器采用很好的反射材料，臭氧的生产量都非常有限。

如图 6-7-35 所示的澳大利亚 Ozone Industries 公司的 3000 系列 UV 臭氧发生器，不同型号所采用的灯管数量不同，生产臭氧量为 0.3～4g/h，适用消毒除异味的空间为 50～150m³，视需要的臭氧浓度而定。

紫外线辐射法产生臭氧的优点是对温度、湿度不敏感，具有很好的重复性，可以通过光源的功率特性控制臭氧的浓度和产量。因而，紫外光辐射法臭氧发生器通常用于臭氧量需求小而又要求方便调节的场合。

图 6-7-35　Ozone Industries 公司的 3000 系列 UV 臭氧发生器

（三）电解法臭氧发生器

电解法臭氧发生器利用了电化学途径产生臭氧，电化学臭氧技术可分为化学电解技术和聚合物电解质膜（PEM）臭氧技术两种。

1. 化学电解技术　化学电解技术产生臭氧源于水电解生成氧气的原理。如图 6-7-36 所示，水在直流电的作用下，阳极周围发生氧化反应，放出电子，生成氧气；阴极周围发生还原反应，获取电子，生成氢气。气体生成量与通过电解槽的电（荷）量成正比，而电量与电流成正比。

研究发现，某些含有水化荧光阴离子电介质的水中，在接近室温下可以高电流效率将水氧化成臭氧。为了在阳极产生臭氧，需要有电催化剂，如图6-7-37（a）所示。理论上加在电极上的电压超过2.3V 以上时可产生游离氧，游离氧非常活跃，能够与氧气反应生成臭氧。在臭氧生成的反应中，可以用水作为电解液引导直接扩散，也可以采用 H_2SO_4 等专用电解液。

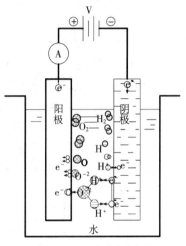

图 6-7-36　水电解原理

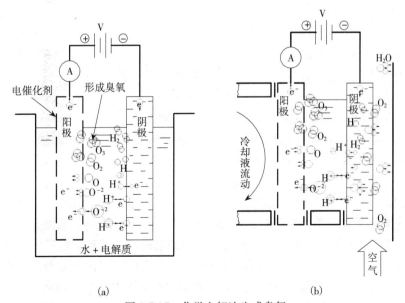

(a)　　　　　　　　　　　(b)

图 6-7-37　化学电解法生成臭氧

早期的研究发现，只有在温度极低（$-20 \sim -60^\circ\text{C}$）的电解液中（或阳极表面）才能检测到能够生成臭氧的电流效率，这种温度下运行的冷却工艺较为昂贵，并且电解过程中不能采用氧的还原反应作为阴极工艺，在阴极释放出的是氢气。

而目前的电解臭氧工艺如图 6-7-37(b) 所示，以半电池反应组成，在阳极处的反应为：

$$3H_2O \longrightarrow O_3 + 6H^+ + 6e^- \qquad (V^0 = +1.51V) \qquad (6\text{-}7\text{-}14)$$

$$2H_2O \longrightarrow O_2 + 4H^+ + 4e^- \qquad (V^0 = 1.23V) \qquad (6\text{-}7\text{-}15)$$

在阴极处通入空气中含有大量的氧，发生的反应是：

$$O_2 + 4H^+ + 4e^- \longrightarrow 2H_2O \qquad (V^0 = 1.23V) \qquad (6\text{-}7\text{-}16)$$

而不是：

$$2H^+ + 2e^- \longrightarrow H_2 \qquad (V^0 = 0.0V) \qquad (6\text{-}7\text{-}17)$$

半电池反应克服了由于较低温度下运行时空气中氧还原动力差而只能产生氢气的缺陷，总的电解过程也变成为 O_2（空气）$\rightarrow O_3$，并且送入反应器的空气无需进行预处理，不需要干燥，也不需要压缩。

为了提高产生臭氧的功效和最大限度地减少在阳极表面的腐蚀性反应，电解法生成臭氧的工艺技术研究和创新主要针的是对电解液和阳极材料的选择。生成臭氧的浓度取决于电解池中起作用的电流密度，高浓度臭氧发生器生成臭氧的浓度可达 10% 以上。目前化学电解技术生成臭氧还局限于小装置，主要应用于需要高浓度臭氧的场合，特别适用于纯净水生产。与电晕放电法生成臭氧相比，电解法臭氧装置的投资虽然较少，但运行费用却高出许多。

2. 聚合物电解质膜臭氧技术　聚合物电解质膜（PEM，Polymer Electrolyte Membrane）臭氧技术的工作原理示意如图 6-7-38 所示，阳极和阴极被专用的固体膜隔开，这种固体膜也称作固体电解质（膜）或质子（阳离子）交换膜，代替水电解质，起到在电极之间传输氢离子/质子（与水分子一起被传输，比例约 1:5）的作用。同时，固体电解质（膜）还起到电解产物间的物理分隔作用。低压直流电源连接于阳极和阴极，在阳极产生氧气（O_2）和臭氧（O_3），在阴极产生氢气（H_2）。

与化学电解法类似，生成臭氧时不希望有氢气产生，需要将阴极产生的氢气处理掉，因而开发了一种尽可能少地生成氢气的电解池，这种电解池配备有"空气阴极"，如图 6-7-38(b) 所示。空气中的氧气可作为电化学电解池在阴极的一种反应物，使得在阴极的反应产物是水而不是氢气。

聚合物电解质膜（PEM）也是应用于燃料电池和锂离子电池中的新材料。它是一种半透性膜，所谓半透性表现为可以传导质子而不能使氧气或氢气等气体渗透。PEM 膜可以由纯聚合物制成，也可由其他材料嵌入聚合物基质中复合制成，可分为纯固态聚合物电解质、凝胶型聚合物电解质、多孔状聚合物电解质和无机物粉末复合型聚合物电解质等类型。应用最普遍和已经商业化的 PEM 膜产品之一是杜邦公司的纳菲膜（Nafion®），Nafion® 是将带有磺酸基的全氟乙烯基醚单体与四氟乙烯进行共聚，得到的全氟磺酸树脂。

用 PEM 膜取代液体电解液，需要有与其适应的电极，电极对于电解生成臭氧的功效起到决定性的作用。德国 INNOVATEC//Gerätetechnik GmbH 公司生产的臭氧发生器采用 microsphere™ 电极作为阳极。microsphere™ 电极的结构如图 6-7-39 所示，包括精细基层、粗糙基层、活性电催化剂层和电极背面。精细基层和粗糙基层均由近似球形的颗粒组成，形

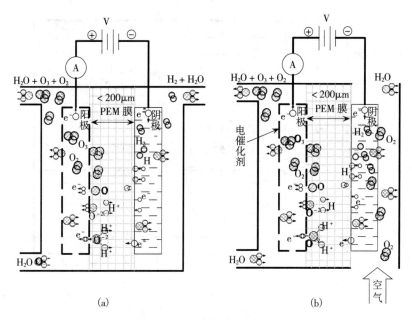

图 6-7-38　PEM 膜技术电解臭氧

成多孔结构，可以确保像传导电流一样能够充分输送电解产物。电极材料需要有高标准的化学稳定性。电极制作时的公差也要求严格，使得在整个表面与 PEM 膜接触良好，并且电流分布均匀。电极的另一特性是能够阻止溶解物在膜中或在电极表面积聚。microsphere™ 电极设计成渐变的孔隙率，既可使电极供水充分，又使其毛细作用微弱。在 microsphere™ 电极的一侧有一层专用的电催化剂，为产生氧气和臭氧提供适当的过电压。这种电极在略高于室温的最佳温度下运行，可以产生质量百分比浓度为 $10\%\sim15\%$ 的臭氧。

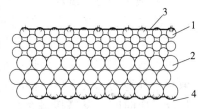

图 6-7-39　PEM 膜结构
1. 精细基层　2. 粗糙基层
3. 活性电催化剂层　4. 电极背面

　　德国 INNOVATEC 公司 PEM 膜臭氧发生器的阳极由 microsphere™ 电极组成，阴极由空气去极化电极（空气电极）组成，两者可通过多孔渗水性和疏水性加以区分。在阳极供给水，在阴极通入空气，阴极的疏水性使电极不会被弄湿而保持供氧畅通，透过膜的水在阴极蒸发掉，而需要的蒸发热使电解池冷却。

　　目前，PEM 技术臭氧发生器主要用于制药业、电子与半导体生产以及医疗技术领域。

（四）臭氧水制备设备

　　1. 臭氧与水的混合溶解　臭氧水制备过程是臭氧气体与水两相物质间的传质过程，当空气-臭氧混合气体与水接触时，臭氧被吸收到水中，直至在水中达到饱和。液相臭氧浓度增加到溶解极限时，液相中的臭氧与气相中的臭氧浓度达到一种平衡状态。当气相臭氧的浓度增加时，液相臭氧的溶解极限浓度也会增加，液相中的臭氧与增加的气相臭氧浓度又达到一新的平衡状态。另外，臭氧在水中的溶解度还与水温有关。不同气相臭氧质量百分比浓度下，臭氧在水中的溶解度与温度的关系如图 6-7-40 所示。

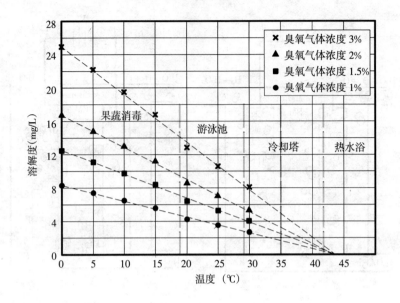

图 6-7-40　臭氧在水中的溶解度

2. 扩散法制备臭氧水　工程中最常用的水臭氧化方法有扩散法和文丘里射流法。利用扩散法的典型臭氧接触系统如图 6-7-41 所示，主要由接触池、扩散元件和余气排放等部分组成，扩散元件一般采用多孔陶瓷管、不锈钢多孔板或塑料扩散头等。臭氧气体在压力作用下通过扩散元件的小孔向水中释放，在水中形成微小的气泡，气液交换总有效面积取决于气泡的总表面积。扩散元件设置在接触池的底部，可以使水和臭氧气保持充分的接触反应时间。臭氧接触系统的结构形式、接触池的深度、扩散元件的结构、气泡的大小、水流速以及臭氧气体的注入压力和流量等均会影响臭氧接触系统的臭氧水产量和系统工作效率。

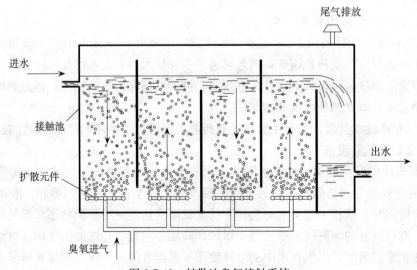

图 6-7-41　扩散法臭氧接触系统

3. 文丘里射流法制备臭氧水　文丘里射流法采用文丘里喷射器将臭氧注入管道水中，使其与水得到充分混合。文丘里喷射器结构如图 6-7-42 所示，当具有一定压力的水从入口进入喷射器时，由于内腔管径收缩，水流速升高，导致压力下降且出现真空，使得臭氧从吸入口被吸入且带进水流中。当吸入的臭氧在水中扩散并且随着水流流向出口时，流速逐渐下降，压力逐渐上升，但出口处的压力仍低于入口处的压力。只要入水口与出口之间存在足够的压差，喷射器腔内形成真空从吸入口吸入流体的过程就会不断持续。

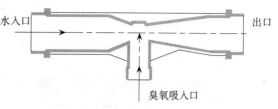

图 6-7-42　文丘里喷射器结构示意

采用文丘里射流法的臭氧水制备系统具有装置结构紧凑、无需运动部件和注入动力、以及产量高等优点。图 6-7-43 是典型的采用文丘里喷射器的臭氧水制备系统。

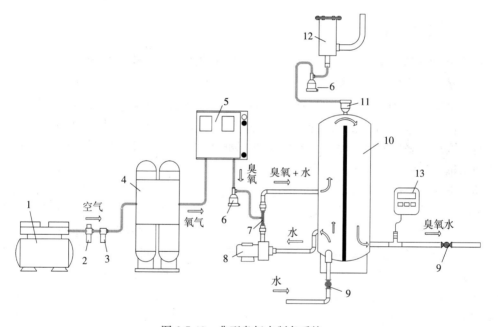

图 6-7-43　典型臭氧水制备系统

1. 空气压缩机　2. 调压器　3. 过滤器　4. 氧气浓缩器　5. 臭氧发生器　6. 捕水器　7. 文丘里喷射器
8. 水泵　9. 节流阀　10. 接触罐　11. 排气阀　12. 臭氧破坏装置　13. 溶解臭氧监测仪

4. 臭氧尾气排放　从图 6-7-41 和图 6-7-43 中可以看到，臭氧水制备系统除了包括臭氧发生和臭氧与水接触混合两主要部分外，还需要对臭氧尾气进行处理和排放。臭氧尾气量较少浓度较低时，可以通过风机直接向大气中排放；如果臭氧尾气量较大或浓度较高时，也可以采用臭氧破坏装置，将臭氧分解破坏后再向环境中排放。

可用来清除或分解臭氧尾气的方法有稀释后排放、淋洗和（或）化学捕获、热分解以及载体吸附反应等等。图 6-7-44 所示的 Ozone Solutions 公司 ODS 系列臭氧破坏装置，采用热接触反应法去除臭氧尾气，不同系列和型号的产品适用于处理的臭氧尾气量和臭氧尾气浓度不同，出气口排放气体臭氧浓度的标准也有所不同（0.01、0.05、0.1 μL/L）。

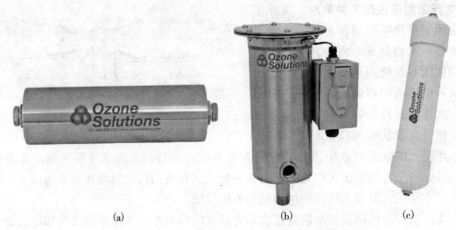

(a)   (b)   (c)

图 6-7-44　Ozone Solutions 公司的 ODS 系列臭氧破坏装置

五、臭氧的安全使用

1. 臭氧对人体健康的影响　在臭氧浓度超限值环境中暴露会伤害肺功能和刺激呼吸系统，臭氧暴露与早期死亡、哮喘、支气管炎、心脏病以及其他心肺问题有关，长期暴露还存在呼吸系统疾病致死的风险。美国环保署（EPA）科学家认为，对易感人群有害的臭氧水平是 40nmol/mol。欧盟各国确定的臭氧有害浓度是 $120\mu g/m^3$（大约 60nmol/mol）。2008年 5 月美国环保署（EPA）将臭氧有害浓度标准从 80nmol/mol 降低到 75nmol/mol。世界卫生组织推荐的标准是 51nmol/mol。

使用臭氧的工作环境需要通风并进行实时臭氧浓度检测。美国职业安全与健康国立研究所（NIOSH）公布的直接危害生命健康的臭氧浓度限值（IDLH）是 $5.0\mu L/L$，建议的暴露限值为 $0.1\mu L/L$。美国政府工业卫生工作者会议（ACGIH）推荐和美国职业安全与健康管理局（OSHA）核准的一天 8h/一周 40h 工作环境臭氧长时间暴露限值（TLV-LTEL）是 $0.1\mu L/L$，短时间暴露限值（TLV-STEL）是 $0.3\mu L/L$ 浓度下 15min。

我国《GB 18066—2000 居住区大气中臭氧卫生标准》和《GB/T 18202—2000 室内空气中臭氧卫生标准》中规定的一小时平均最高允许浓度为 $0.1mg/m^3$。《GBZ 2.1—2007 工作场所有害因素职业接触限值化学有害因素》中规定，工作地点、在一个工作日内、任何时间臭氧不应超过的浓度（MAC）为 $0.3mg/m^3$。

2. 水温的影响　用臭氧水清洗果蔬时应注意水温的变化，臭氧在水中的溶解度会随水温升高而下降，例如臭氧水兼用于对果蔬冷却时，就有可能发生气体逸出现象，使空气中的臭氧浓度升高。

3. 臭氧对果蔬的伤害　臭氧的杀菌效力毋庸置疑，但果蔬种类、微生物种类、微生物数量以及臭氧的操作使用方法都会对杀菌效果产生一定影响。由于臭氧的强氧化性，暴露浓度和暴露时间不合适时，均会对果蔬造成伤害，并且果蔬的茎、花萼和叶子比果实更易受臭氧的伤害。还有研究结果表明，较低浓度（5~10mg/L）的臭氧水对有些蔬菜也会产生生理性伤害，如叶表面纹理破坏和褐变等。因此，在用臭氧水对果蔬清洗杀菌或臭氧气体用于果蔬冷藏保鲜时，需要注意浓度和作用时间对果蔬的影响，并且需要对果蔬暴露的浓度进行监测。

4. 臭氧水排放 与氯消毒剂等相比，排放的臭氧水不会增加水中的盐分，由于臭氧的存在，多数农药成分能够得到分解，BOD 和 COD 值会被降低，有机物的絮凝作用和生物降解能力得以提高，并且能沉淀铁、锰等，去除颜色和臭味。

5. 臭氧降解农药的作用 臭氧对果蔬残留农药的去除作用已经被国内外多项研究结果证实，臭氧水或臭氧气体与果蔬接触时，均会与果蔬上的残留农药反应，利用臭氧水对果蔬清洗消毒的同时还能兼顾起到去除残留农药的作用也是人们所期待的效果。

值得注意的是，果蔬生长过程中使用的农药种类不一，臭氧对农药的作用结果不仅与农药种类有关，还与臭氧浓度和作用时间有关，臭氧对不同种类果蔬上残留农药的去除效果也不相同。在倡导利用臭氧去除果蔬产品残留农药时，应在充分了解农药种类、掌握臭氧使用方法以及了解反应产物的基础上进行。

臭氧与农药的反应产物也是值得关注的问题，臭氧对有些农药的作用会起负面影响。赵晓宁（2005）等利用臭氧进行了降解水中农药的试验研究，同时检测了相应的副产物，结果表明，臭氧对敌敌畏、乐果、对硫磷和甲胺磷的降解率分别为 97.6%、45.2%、40.2% 和 34.3%，乐果氧化副产物为氧乐果，对硫磷 [O,O-二乙基-O-(4-硝基苯基)硫代磷酸酯] 经氧化的副产物为 O,O-二乙基 O-(4-硝基苯基)磷酸酯，两副产物的毒性均比原农药高，并且认为，经过臭氧对乐果和对硫磷降解后，其副产物的毒性没有降低，反而增强。

6. 臭氧的腐蚀性 臭氧的腐蚀性较强，对橡胶、某些塑料、铜、铝、铁、锌和低碳钢等均有腐蚀性，当浓度大于 $1\mu L/L$ 时还会对不锈钢有腐蚀性。

在果蔬加工生产中使用臭氧时应充分了解其特性并严格控制用量。

第八节　过氧化氢、过氧乙酸和有机酸

一、过氧化氢

过氧化氢俗称双氧水，分子式为 H_2O_2，为无色透明液体，无毒，对皮肤有一定的侵蚀作用，产生灼烧感和针刺般疼痛。过氧化氢是一种强氧化剂，当遇重金属、碱等杂质时，则发生剧烈分解，并放出大量的热，与可燃物接触可产生氧化自燃。

过氧化氢具有强氧化性，可有效抑制细菌繁殖。由于过氧化氢能够被植物中普遍存在的一种过氧化氢酶迅速分解成水和氧，不产生残留，所以受到研究人员的推崇，近年来致力于研究该药剂用于果蔬杀菌。

过氧化氢的缺点是对有些植物产生毒性，如生菜和浆果等。研究显示，用过氧化氢处理生菜和蘑菇等产品会导致发生褐变。

过氧化氢的浓度低于 1%～2% 时对用于生食果蔬减少致病性菌数量的效果不大，而浓度高于 4%～5% 时会影响果蔬的品质。常温下，过氧化氢的杀菌效果与 100～200mg/L 氯的效果相当，而在 50～60℃ 时的杀菌效果更好，并且能保持较好的产品质量。

二、过氧乙酸

过氧乙酸是杀菌能力较强的高效消毒剂，过氧乙酸溶液通常由过氧化氢和乙酸混合反应生成，其分子式为 $C_2H_4O_3$。过氧乙酸为强氧化剂，有很强的氧化性，遇有机物放出新生态氧而起氧化作用，为高效、速效、低毒、广谱杀菌剂，对各种微生物包括病毒、细菌、真菌及芽孢均有杀灭作用。

过氧乙酸溶液容易挥发、分解，其分解产物是醋酸、水和氧，因此用过氧乙酸消毒液浸泡物品，不会留下任何有害物质。用过氧乙酸气体熏蒸消毒后，通风半小时，空气中的过氧乙酸就几乎全部分解、消散了，人们进入消毒后的房间不会受到伤害。因此，过氧乙酸可广泛应用于各种器具、空气、环境消毒和预防消毒。

过氧乙酸具有一定的毒性和很强的腐蚀性，对皮肤和眼睛有强烈的刺激性，对皮肤可造成严重灼伤，液体接触到眼睛可导致不可逆损伤甚至失明，吞咽可致命，吸进其蒸气，会刺激呼吸道并引起损害。过氧乙酸还对金属有腐蚀性，不能用于对金属器械的消毒，操作时应戴橡胶手套。

在《GB 19104—2008 过氧乙酸溶液》中将过氧乙酸溶液产品分为Ⅰ型、Ⅱ型和Ⅲ型，Ⅰ型和Ⅱ型可作为消毒剂使用。

美国联邦法规规定用于果蔬清洗杀菌的过氧乙酸允许浓度为 80mg/L，而研究表明 80mg/L 浓度的过氧乙酸对鲜切果蔬杀菌不能达很好的杀菌效果。用 80mg/L 浓度的过氧乙酸清洗鲜切旱芹和结球甘蓝，细菌数量减少 $1.5 \sim 1.7 \lg (CFU/g)$。

例如，Tsunami® 100 是有效成分为 20% 的过氧乙酸消毒剂产品。图 6-8-1 为 Tsunami® 100 处理经过刷洗的胡萝卜、控制其采后黑根腐病腐坏的效果。胡萝卜经过机械刷洗以后，暴露于 1mL/L 的 Tsunami® 100 中 30s，然后用水漂洗（图中表示为 "1＋水"）；或者用几种浓度药剂进行处理。处理后的胡萝卜装入商用聚乙烯袋，在 0.5℃ 的冷库中贮藏 30d，然后在货架上（20℃）放置 8d。图中可以看到，短时暴露于 1mL/L 并经水漂洗时，不会引起组织伤害，但对于控制黑根腐病腐坏几乎不起作用。当药剂浓度达到 5mL/L 时，腐坏征兆几乎可以完全控制，但是引起 100% 的组织损伤并且变色。

Wang H（2006）等研究人员用过氧乙酸、酸性电解水和次氯酸杀菌水进行了网纹甜瓜

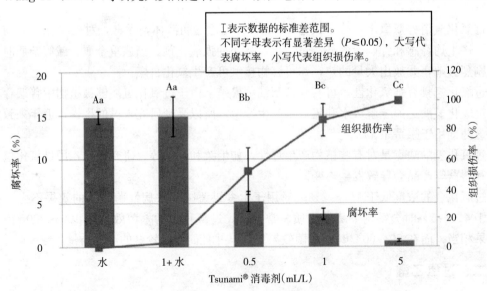

图 6-8-1 过氧乙酸处理对于控制胡萝卜采后黑根腐病腐坏的效果

（引自：Eshel D *et al.*，2009）

和鲜切苹果的大肠埃希氏菌 O157：H7 型灭活的比较试验。过氧乙酸用 Tsunami® 100 配制，浓度 80mg/L。酸性电解水用日本产 ROX-20TA 设备制备，有效氯含量 68～70mg/L，pH2.7，ORP 值为 1150mV。次氯酸杀菌水用次氯酸钠溶液和盐酸制备而成，有效氯含量 88mg/L，pH6.5。用大肠埃希氏菌 O157：H7 型制备的接种菌液大约为 10^8CFU/mL。苹

果和网纹甜瓜经 UV 消毒 20min 杀灭自然微生物后，再用消过毒的刀切成 Φ15.5×35mm 圆柱状块，苹果去皮，网纹甜瓜带皮。250g 苹果块在 2.5L 接种菌液中浸渍 15min，250g 网纹甜瓜用 $20\mu L$ 接种菌液涂覆外皮。所有样品在空气中干燥 1h 后，用每份 60g 的样品分别淹浸在 600mL 的消过毒的去离子水、酸性电解水、过氧乙酸溶液和次氯酸杀菌水等处理溶液中，用 240r/m 搅拌器搅动 15min。试验在室温下进行。测试样品在 0.5、1、2、3、5、8 和 15min 时取出后立即用 D/E 中和肉汤冲洗 5s，对样品上的消毒液残留进行中和。然后对样品进行菌残留测试，结果如图 6-8-2 和图 6-8-3 所示。

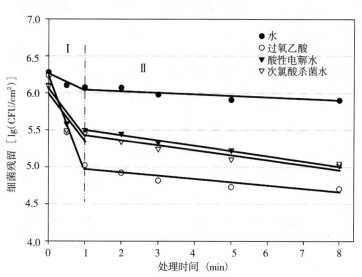

图 6-8-2　各消毒剂在不同作用时间下对苹果接种大肠埃希氏菌 O157：H7 的杀灭效果
（引自：Wang H et al.，2006）

从消毒剂处理苹果的试验结果看，过氧乙酸、酸性电解水和次氯酸杀菌水对细菌的杀灭效果均优于水，其中过氧乙酸处理的效果最好。第一阶段（1min 之内），过氧乙酸处理的杀菌效果明显优于另外两种消毒剂，第二阶段（1min 后）三种消毒剂的杀菌速度均减缓，但过氧乙酸的杀菌效果仍占优势。

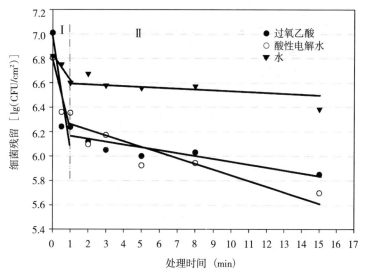

图 6-8-3　各消毒剂在不同作用时间下对网纹甜瓜表面接种大肠埃希氏菌 O157：H7 型的杀灭效果
（引自：同图 6-8-2）

用消毒剂杀灭网纹甜瓜外皮表面接种的细菌时，过氧乙酸、酸性电解水对细菌的杀灭效果远优于水，第一阶段（1min 之内），过氧乙酸处理的杀菌效果明显优于酸性电解水，而在

3min 时两种消毒剂的效果没有明显差异，到 15min 时过氧乙酸和酸性电解水对细菌的减少分别为 1.15lg(CFU/cm²) 和 1.10lg(CFU/cm²)。

Wang H 等分析认为，消毒剂处理接种大肠埃希氏菌的两种水果时都显示出相同的模型（包括水清洗），开始阶段杀菌速度快，之后速度放慢，两阶段的区分时间大约在 1min 左右。从表面形态学上解释这种现象也是合理的，在机械搅动的作用下，杀菌的初始阶段消毒剂很容易到达浅表区，快速去除和灭活松散附着的微生物，而鲜切苹果表面多孔易渗、网纹甜瓜外皮表面粗糙，为微生物提供了庇护场所，大对数浅表附着微生物被去除和灭活后，剩余微生物的去除和灭活就显得困难，因而后阶段杀菌速度变缓。这项试验同时也阐释了合理确定处理时间的重要性，以避免低效作业。

三、有机酸

有机酸是指一些具有酸性的有机化合物。最常见的有机酸是羧酸，其酸性源于羧基（-COOH）。食品工业常用的有机酸主要有柠檬酸、乳酸和醋酸（乙酸）等。有机酸可全面改变环境的酸碱度，由于环境 pH 的降低，具有阻止病原微生物繁殖的作用。

有研究表明，用 2％的醋酸或 40％的醋溶液清洗欧芹 15min，小肠结肠炎耶尔森氏菌的数量可减少 7lg(CFU/g)；用 1％的醋酸与蔬菜沙拉混合，粪大肠菌和象大肠菌群的菌落总数可分别减少 1.0lg(CFU/g) 和 2.0lg(CFU/g)；用苹果醋（5％）、柠檬汁（13％）、白醋（35％）拌生菜，好氧菌菌落总数可分别减少 1.2、1.8、2.3lg(CFU/g)，而对感官质量不会产生影响；在 5min 内 1.0％的柠檬酸可使生菜上的嗜温菌数量减少 1.5lg(CFU/g)；鲜切生菜在 0.5％的柠檬酸或 0.5％乳酸溶液中浸渍 2min，对微生物数量的减少与 100mg/L 的有效氯相当。用 2.0％的乳酸处理碎胡萝卜、混合生菜和剁碎的青椒等蔬菜，嗜冷菌自然菌群数量减少 1.0lg(CFU/g)；生菜中加入 5％的醋酸，可使大肠埃希氏菌 O157：H7 型减少 3lg(CFU/g)，但呈现难以接受的过酸口味；用 5％的醋酸处理欧芹，索氏志贺氏菌数量可减少 6lg(CFU/g)，但口味过酸，并且颜色会发生改变。

显然，有机酸的抗菌性取决于酸的种类，作用时间需要 5～15min 才能达到较好的杀菌效果，在食品工业中通常不作为消毒剂使用。在鲜切果蔬中使用时需要考虑酸性对风味产生的不良影响，作为消毒剂使用时还需注意废水中的 COD 和 BOD 值都较高。

第七章

去 水

　　果蔬清洗后表面会附着大量的水,以包装方式出售的果蔬需要将表面水去除,即去水。与脱水不同,去水过程需要保持果蔬自然原貌,并且不能使果蔬内部水分流失。为保证果蔬原有品质不发生变化,生鲜果蔬去水,通常采用物理的方法。将清洗后的果蔬放置在格栅架上,依靠水的自重滴落和水的自然蒸发,将果蔬表面水去除,即自然沥干。自然沥干需要将果蔬分散放置,并且需要保持放置果蔬的环境通风、干燥。虽然所有果蔬都可以自然沥干,但需要时间长,生产效率低,仅适合处理生产量少、要求不高的产品。利用机械设备去水有多种方式,根据工作原理不同,可分为振动沥水、离心甩干、强力风干、热风风干、气刀除水、滚刷去水,等等。

第一节　振动沥水

　　振动沥水是利用机械振动的方法将果蔬表面水去除,通常伴随输送同时进行,可适用于多种类果蔬。

　　在机械设备中,振动筛、振动输送机和振动给料机统称为振动机,它们都是通过槽体的振动来输送物料,只要振动机适当选择振幅、频率、振动方向和安装倾角,便可以设计成实现不同功能的设备。

　　实现振动沥水功能的振动机设备,通常兼有振动筛和振动输送的功能。果蔬采后商品化处理加工中,振动机还可用于果蔬物料的清选,即用来去除小尺寸杂草、泥土、叶梗及动物粪便等混入果蔬中的杂物。

一、物料沥水、输送方式

　　物料在振动机设备槽体中的运动方式有滑行运动和抛掷运动。滑行运动时物料始终保持与槽底接触,在槽体的每一振动周期中物料沿槽底向前滑动一微小距离,槽体以一定频率连续振动的情况下便可将物料连续地从槽体中输送出去。抛掷运动时,物料时而被槽体向上方抛起作抛物线运动,时而又落回槽底,物料每次被抛起后都向前前进一微小距离,从而实现物料的连续输送。

　　用于果蔬振动沥水的振动机,通常采用物料做抛掷运动的方式,槽体底板为具有孔眼的筛面,在振动输送果蔬的同时,附着于果蔬表面的水在重力的作用下即可从果蔬上脱落,通过筛孔流出。

二、振动筛种类及工作原理

　　常用振动筛根据结构与运动原理的不同,可分为圆运动振动筛、直线振动筛、双曲柄惯性筛和共振筛等。圆运动振动筛又称为单轴振动筛，可分为纯振动筛和自定中心振动筛两种。直线振动筛又称为双轴振动筛，果蔬振动沥水设备多为直线振动筛。

1. 圆运动振动筛 图 7-1-1 和图 7-1-2 分别为纯振动筛和自定中心振动筛的工作原理图。纯振动筛的轴承中心与皮带轮中心为同一直线，振动筛工作时，皮带轮随筛箱一起振动，会引起传送带的反复伸缩，使其很易损坏，因此纯振动筛的振幅不宜大于 3mm。自定中心振动筛的皮带轮中心位于轴承中心与偏心块重心之间，并且皮带轮的中心线位于偏心块和振动机体合成的质心上，即保持式（7-1-1）的关系，这样皮带轮的中心在空间的位置几乎保持不变。由于自定中心振动筛能避免皮带轮的振动，因而可增加筛箱的振幅，生产中应用较广泛。

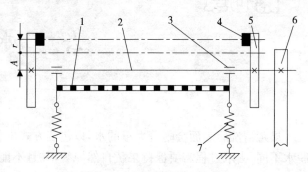

图 7-1-1 纯振动筛工作原理图
1. 筛箱 2. 主轴 3. 轴承 4. 偏心块
5. 圆盘 6. 皮带轮 7. 弹簧

$$MA = mr \qquad (7\text{-}1\text{-}1)$$

式中 M——振动机体的质量；

A——筛箱的振幅；

m——偏心块的质量；

r——偏心块质心至回转中心线之间的距离。

2. 直线振动筛 图 7-1-3 为直线振动筛的工作原理图。直线振动筛筛箱的振动是由双轴振动器实现的。双轴振动

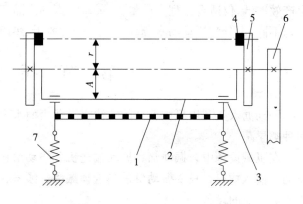

图 7-1-2 自定中心振动筛工作原理图
1. 筛箱 2. 主轴 3. 轴承 4. 偏心块
5. 圆盘 6. 皮带轮 7. 弹簧

器有两根主轴，两轴上都装有偏心重量，两轴之间由速比为 1 的齿轮副传动，同步反向回转，使两轴的偏心重量产生的惯性力在两轴心连线方向互相抵消，而在与其垂直方向的合力使筛箱沿直线方向振动。由于振动方向与水平方向有一角度，因而筛箱一般安装成水平或略微倾斜。

直线振动筛可以采用偏心轴或偏心块结构的激振器，也可以采用振动电机。如图 7-1-4 所示，为筒式激振器的结构图；图 7-1-5 为美国 Key Technology 公司的 Iso-Drive 偏心块激振器；图 7-1-6 为振动电机。

振动电机是在转子轴两端各安装一组可调偏心块，利用轴及偏心块旋转产生的离心力得到激振力。振动电机是强阻型振动，有稳定的振幅，振动频率可通过调整转速的办法调整，调整范围宽。激振力的方向可根据振动电机的安装方向进行改变，激振力的振幅可通过调整偏心块的夹角进行调整。总之，采用振动电机设计振动筛，方便灵活。

3. 双曲柄惯性筛 双曲柄惯性筛采用的是铰链四杆机构中的不等双曲柄机构，工作原理如图 7-1-7 所示。当主动曲柄 AB 转过 180°时，从动曲柄 CD 转过 φ_1 角度，AB 再转过

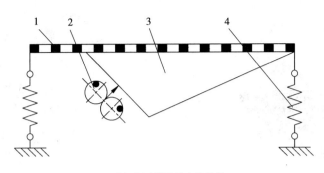

(a) 振动器为偏心轴结构

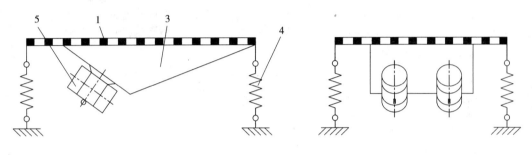

(b) 振动电机结构（主视图）　　　　　　(c) 振动电机结构（左视图）

图 7-1-3　直线振动筛工作原理图
1. 筛网　2. 振动器　3. 筛箱　4. 弹簧　5. 振动电机

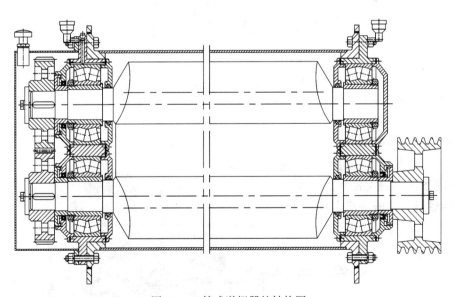

图 7-1-4　筒式激振器的结构图

180°时，CD 转过 φ_2 角。由于 $\varphi_1 > \varphi_2$，当主动曲柄做等速转动时，从动曲柄做变速运动。惯性筛就是利用这一特点做变速往复运动。

图 7-1-5　美国 Key Technology 公司
的 Iso-Drive 偏心块激振器

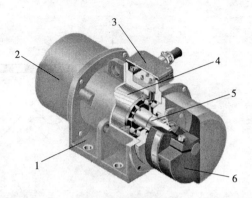

图 7-1-6　振动电机
1. 机座　2. 外壳　3. 接线盒
4. 转子　5. 轴　6. 偏心块

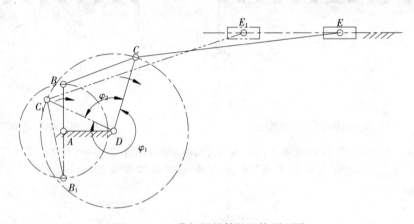

图 7-1-7　双曲柄惯性筛的机构原理图

三、振动沥水设备

1. 弹簧支撑振动沥水机　弹簧支撑振动沥水机是果蔬振动沥水设备常见结构类型。振动电机安装于筛箱的底部（图 7-1-8）或上部（图 7-1-9）作为振源，筛箱由 4 个橡胶弹簧支撑于机架上，在振动电机的带动下做直线振动。

图 7-1-9 是果蔬加工生产线中利用振动沥水机进行蔬菜沥水。

2. 弹性臂支撑振动沥水机　美国 Key Technology 公司的振动机设备采用的是弹性臂支撑结构，如图 7-1-10 所示，Iso-Drive 偏心块振动器或振动电机作为激振器。

弹性臂材料如图 7-1-11 所示，长 250mm、宽 75mm、厚 13mm，为等应力廓形设计，即中心部位材料较少，使施

图 7-1-8　弹簧支撑振动沥水机

图 7-1-9　振动沥水设备用于鲜切菜清洗生产线上

加的应力沿弹性臂长度方向相等。这种外形
设计可以消除两端紧固处的应力集中。

在振动机设备上安装，弹性臂之间间
隔 300mm，与垂直方向呈 37.5°角，用螺栓
连接于筛箱和机箱之间。当激振器作用于
机箱时，振动力使弹性臂以大约每秒钟 15
次的频率前后弧线运动，继而传递给筛箱
使其振动。

这种弹性臂支撑的振动机设备可以使
振动能量均匀地分布于筛箱，可实现低振
幅高频率振动，使得对果蔬品质的影响达

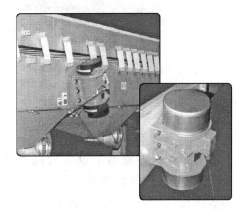

图 7-1-10　美国 Key Technology 公司的振动机设备

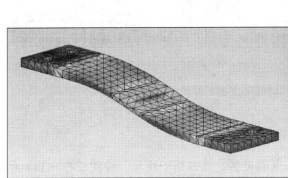

(a) 应力廓形弹性臂

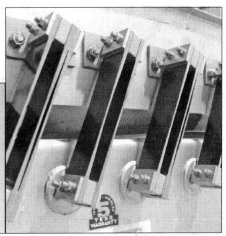

(b) 弹性臂安装于振动机设备

图 7-1-11　美国 Key Technology 公司的弹性臂支撑

到最小，并且可以减少对振动设备的维护。

图 7-1-12 是美国 Key Technology 公司振动沥水设备与长槽清洗机设备配套用于鲜切蔬菜的加工。

美国 Key Technology 公司的振动机设备不仅采用了先进的弹性臂支撑，而且将传感器与自动控制技术应用于振动机。如图 7-1-13 所示，无线传感器安装在弹性臂上，实时检测行程和速度，提供瞬间振动方程分析，并提供超出正常范围的报警。

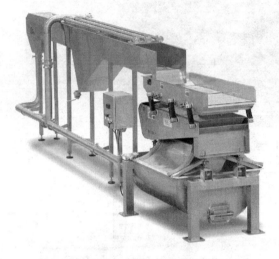 

图 7-1-12　美国 Key Technology 公司的长槽　　　　图 7-1-13　无线传感器安装于弹性臂上
　　　　　　清洗机和振动沥水机

3. 筛网　用于振动沥水设备的筛网的筛孔形状有圆形、方形和长方形等（图 7-1-14），可根据处理产品的种类和要求进行选取，无论哪种形状和采用何种工艺制作的筛网，以及无论筛网采用的是何种制造工艺，选用时都需要注意表面的光滑和平整，以确保加工果蔬的卫生。

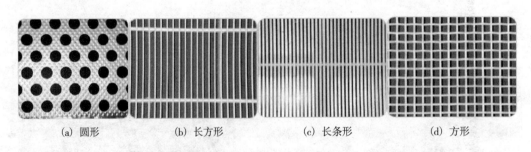

(a) 圆形　　　　(b) 长方形　　　　(c) 长条形　　　　(d) 方形

图 7-1-14　几种筛孔形状的筛网

四、振动输送机

振动输送机是利用振动来完成物料输送的设备，可以用于块状、粒状或粉状物料的输送。物料在振动输送机中运动的状态有滑行运动与抛掷运动。在果蔬处理加工中，振动输送机除可用于输送物料外，还可以完成冷却、干燥、去水和筛分除杂等工序。

如图 7-1-15 所示为振动输送机的一种结构形式，振动输送机的主要组成部分有进料装置、排料装置、输送槽体、驱动装置、主振弹簧和导向杆等。

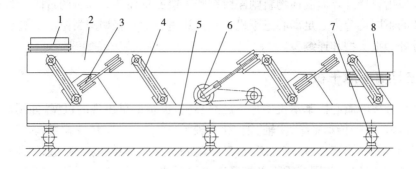

图 7-1-15　振动输送机的主要组成部分

1. 进料装置　2. 输送槽体　3. 主振弹簧　4. 导向杆
5. 平衡底架　6. 驱动装置　7. 隔振弹簧　8. 排料装置

驱动装置是振动输送机的动力来源及产生激振力的部件，使槽体和平衡底架产生振动。槽体和平衡底架是振动系统中两个振动质量，槽体用于输送物料，平衡底架用于平衡槽体的惯性力，以减小传给基础的动载荷。

主振弹簧和隔振弹簧是振动输送系统中的弹性元件。主振弹簧的作用是使振动输送机有适宜的近共振的工作点，使系统振动的动能和势能互相转化。隔振弹簧的作用是减小传给基础的动载荷。导向杆的作用是使槽体与平衡架沿垂直于导向杆中心线做相对振动。

进料装置和排料装置是用来控制振动输送机的进料与出料。

图 7-1-16 是果蔬加工生产线中利用振动输送机进行果蔬的输送。

图 7-1-16　振动输送机用于果蔬的沥水和输送

第二节　离心甩干

离心甩干利用了离心运动原理，即：做匀速圆周运动的物体，在合外力不足以提供所需的向心力时，将做逐渐远离圆心的运动。在高速旋转圆筒形容器中的物料会按照物料的密度分层，密度越大的物料离开圆心的距离越远，如果圆筒形容器开满小孔，物料中的液体就会通过小孔被甩出容器外，而固体物料则停留在圆筒壁面从而达到除水的目的。离心甩干机按照结构类型的不同可分为三足离心甩干机、浅槽式甩干机和轻型塑料筐甩干机等。按照作业的连续性可分为批次型和连续型。

一、三足离心甩干机

用于物料分离的离心机基本机型是三足离心机，也是最早出现的机型，如图7-2-1所示。三足离心机由电机、皮带传动系统、主轴、轴承座、轴承、底盘、支柱、缓冲弹簧、转筒、外壳、机盖、制动操纵杆、制动轮、出液口、机座等组成。三足离心机结构简单、易于制造、适用范围广，由于三足悬摆式结构，可以避免因载重不平衡而产生的振动，运行平稳和操作方便。

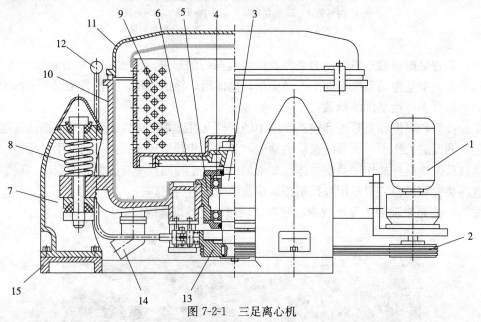

图 7-2-1　三足离心机

1. 电机　2. 皮带传动　3. 主轴　4. 轴承　5. 轴承座　6. 底盘　7. 支柱　8. 缓冲弹簧　9. 物料转筒
10. 外壳　11. 机盖　12. 制动操纵杆　13. 制动轮　14. 出液口　15. 机座

图 7-2-2　三足式果蔬离心甩干机

图 7-2-2 为三足式果蔬离心甩干机的外观图。

二、金属浅筐甩干机和轻捷型塑料筐离心甩干机

果蔬甩干机也可以设计成其他结构类型，如图 7-2-3 和图 7-2-4 所示，分别是金属浅篮甩干机和轻捷型塑料筐离心甩干机，这类设备可以根据果蔬物料种类和产品用途的需要，调节工作转速和甩干时间。金属浅篮甩干机盛装物料的篮筐在桶体上部，仅占整个桶体的1/4～1/3，桶体下方为传动系统和排水系统。轻捷型塑料筐离心甩干机由于为轻便型结构设计，占地面积小，与生产线配合使用灵活方便，尤其适用于与篮筐盛装清洗或篮筐盛接物料的蔬菜清洗机设备配套使用。

图 7-2-3　金属浅篮果蔬离心甩干机　　　图 7-2-4　美国 Key Technology 公司的
　　　　　　　　　　　　　　　　　　　　　　　　　果蔬离心甩干机

上述离心甩干机对果蔬处理都是批次进行的，每次处理量取决于物料篮筐的容量，处理时间需要根据处理的果蔬种类和具体要求进行设定和调整。

三、连续甩干机

图 7-2-5 为一种自动连续果蔬甩干机的工作示意图，图 7-2-6 为这种甩干机的外观图。

甩干机主要由外壳、转桶和螺旋体组成，转桶和螺旋体分别由两个电机传动，同方向旋转，转速分别可调，通过调节两者之间的转速差可以改变甩干时间和脱水率。输送带将物料输送到甩干机的上方，从上口落入甩干机中，由于离心力的作用和螺旋体的限制，物料在离心除水的同时向上爬升，最后从排出口排出。

四、转鼓式甩干机

图 7-2-7 是美国 Key Technology 公司的 980 系列自动蔬菜甩干机。这种甩干机的工作机部分为图 7-2-8 所示的转鼓，物料从转鼓的上部进入下部排出，转鼓中心轴与垂直方向保持一倾斜角度，可以根据不同处理量的要求，设计成 1 转鼓、2 转鼓和 4 转鼓等几种型式，如图 7-2-9 所示。这类甩干机工作方式灵活，在与生产线配套使用时，处理物料可以为连续流模式，独立使用时可以为分批次处理的模式。

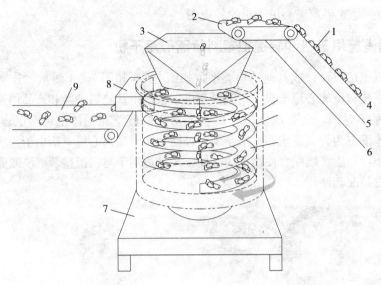

图 7-2-5 自动连续果蔬甩干机工作示意图

1. 物料 2. 上料传送带 3. 进料斗 4. 外壳 5. 转桶
6. 螺旋体 7. 机座 8. 出料口 9. 出料传送带

图 7-2-6 自动连续果蔬甩干机

图 7-2-7 美国 Key Technology 公司的自动蔬菜甩干机

图 7-2-8 美国 Key Technology 公司 980 系列自动蔬菜甩干机的转鼓

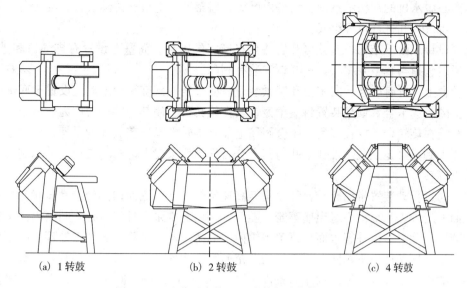

（a）1 转鼓　　　　　（b）2 转鼓　　　　　（c）4 转鼓

图 7-2-9　几种型式的 980 系列自动蔬菜甩干机

五、减压式离心脱水机

日本小野株式会社开发了一种减压离心脱水机（公开号 CN1589112A），图 7-2-10 为这

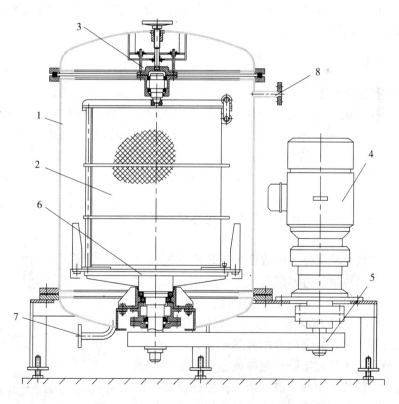

图 7-2-10　减压离心脱水机结构示意图

1. 圆筒　2. 盛菜笼　3. 滑动压盖装置　4. 电机　5. 传动装置　6. 旋转台　7. 排气口　8. 进气口

种减压离心脱水机的结构示意图。设备由圆筒、盛菜笼、电机、传动装置、旋转台、滑动压盖装置、排气口和进气口等组成。

圆筒设计成耐压结构，上盖可开启并具有良好的密封。筒壁上设置有排气口和进气口，排气口通过管道与真空泵相联，进气口安装有阀门。

旋转台上设置有凸起导向定位和锁紧装置，盛菜笼放到旋转台上后，设置于底部的槽与旋转台上的凸起卡合，锁紧装置将盛菜笼锁紧在旋转台上使其与旋转台成为一体。

盛菜笼在旋转台上放置好后，闭合圆筒上盖，旋转滑动压盖装置的手柄，使中心轴轴端下滑，压入到盛菜笼上盖的轴孔中并与其卡合，作为盛菜笼上部的轴支承，轴承副可使得盛菜笼自由旋转。

电机通过传动装置带动旋转台和盛菜笼高速旋转，此时圆筒内部处于常压状态，附着在蔬菜表面上的外表水被离心甩出盛菜笼。随后，利用真空泵在排气口处对圆筒内部实施抽真空进行减压，此时不仅外表水而且蔬菜组织内部的游离水也被除去。加工处理的蔬菜种类不同，设定的减压条件也不相同，对于鲜切蔬菜而言，为使其能较长时间保鲜，一般需要减去5%～7%的组织游离水，设定的压力条件可以为 0.4～1.3kPa。减压工序完成后，缓慢开启设置在进气口的阀门，使圆筒内部恢复到常压状态。

第三节　风　干

风干指利用气流强行通过果蔬表面使水蒸发的方法，根据通过气流状态的不同，通常可分为常温风干和热风风干。

一、风干原理

水蒸发是指温度低于水的沸点时，液态水或固态水变成气态水的过程。

根据质交换理论，空气与水直接接触时，在贴近水表面的地方或水滴周围，由于水分子做不规则运动的结果，形成一个温度等于水表面温度的饱和空气边界层，如图 7-3-1 所示，边界层内水蒸气分子的浓度和水蒸气分压力取决于边界层的饱和空气温度。水分子做不规则运动，一部分水分子从水面进入边界层，也有一部分水蒸气分子离开边界层回到水中。

如果边界层温度高于环境空气温度，边界层向环境空气传热；反之，环境空气向边界层传热。

如果边界层内水蒸气分子的浓度大于环境空气的水蒸气分子的浓度（也就是边界层的水蒸气分压力大于环境空气的水蒸气分压力），水蒸气分子就会从边界层向环境空气中转移，产生质交换，即"蒸发"。浓度差是产生质交换的推动力，质交换有两种基本方式：分子扩散和紊流扩散。分子扩散指静止流体或垂直于浓度梯度方向作层流运动的流体中的扩散，紊流扩散指流体中由于紊流脉动引起的物质传递。

图 7-3-1　水与空气湿交换原理示意

风干过程就是利用风机设备在果蔬周围制造出紊流环境，实际紊流过程包含了层流底层中的分子扩散和主流中的紊流扩散，水蒸气分子先以分子扩散的方式通过水表面的层流层，然后再以紊流扩散的方式与主流空气混合。

二、水蒸发速率

用来描述水蒸发快慢的参数是蒸发速率。蒸发速率指单位时间单位面积上蒸发的水量，单位是 $kg/(m^2 \cdot s)$。对于果蔬风干而言，由于果蔬形状不规则，表面积难于测量和计算，而对于同种类同品种同规格的果蔬，其表面积与质量的比值可以视为恒定，为比较表面水去除的快慢，蒸发速率也可以定义为单位时间单位质量果蔬蒸发的水量，单位是 $kg/(kg_{果蔬} \cdot s)$。

空气与水之间的湿交换取决于边界层与环境空气之间的水蒸气分子浓度或者说两者之间的水蒸气分压力差，湿交换量可以用下式表示：

$$dW = \beta(p_{qb} - p_q)dF \tag{7-3-1}$$

式中　dF——空气与水接触的微小表面，m^2；

　　　dW——空气与水在微小表面 dF 上接触时的湿交换量，kg/s；

　　　β——空气与水表面之间按水蒸气分压力差计算的湿交换系数，$kg/(N \cdot s)$；

　　　p_{qb}——边界层空气的水蒸气分压力，Pa；

　　　p_q——环境空气的水蒸气分压力，Pa。

水蒸气分压力差在较小的温度变化范围内可以用含湿量差代替，所以湿交换量也可写成：

$$dW = \sigma(d_b - d)dF \tag{7-3-2}$$

式中　σ——空气与水表面之间按含湿量差计算的湿交换系数，$kg/(m^2 \cdot s)$；

　　　d_b——边界层空气的含湿量，$kg/kg_{干空气}$；

　　　d——环境空气的含湿量，$kg/kg_{干空气}$。

因此，水蒸发速率可以表示为

$$w = \frac{dW}{dF} = \sigma(d_b - d) \tag{7-3-3}$$

式中　w——水蒸发速率，$kg/(m^2 \cdot s)$；

虽然 dF 表示水与空气接触的真实表面积，对于果蔬风干而言，经清洗后果蔬表面的带水或存水情况尤其复杂，水表面积很难确定。为使问题简化，可以假设清洗后水在果蔬表面均匀分布，用单位时间单位质量果蔬蒸发的水量表示的蒸发速率时，可以表示为

$$w_F = K\xi\sigma(d_b - d) \tag{7-3-4}$$

式中　w_F——单位时间单位质量果蔬蒸发的水量，$kg/(kg_{果蔬} \cdot s)$；

　　　ξ——果蔬的表面积质量比，$m^2/kg_{果蔬}$；

　　　K——果蔬表面积在空气中暴露的比率。

从式（7-3-4）可以看出，果蔬风干时，蒸发速率除与果蔬的表面积质量比、在空气中暴露的果蔬表面积大小有关外，主要取决于边界层空气含湿量与环境空气含湿量之间的差。对于特定的果蔬类型和特定的传输方式（如网带传输或辊轮传输等），果蔬的表面积质量比和在空气中暴露的果蔬表面积大小为固定值，蒸发速率则取决于边界层和环境空气的含湿量之差，也称作水蒸气饱和差。

在大气压力一定的情况下，空气的含湿量与空气温度和湿度有关，边界层空气含湿量也就是温度等于水温的饱和空气含湿量。在标准大气压101 325Pa 下，不同温度下饱和空气含湿量见表 7-3-1，不同空气状态下的含湿量，以及这些状态下空气与不同温度的饱和空气之间的水蒸气饱和差见表 7-3-2。

表 7-3-1　不同温度下饱和空气含湿量

温度（℃）	0	10	20	30	40
饱和空气含湿量(g/kg干空气)	3.78	7.63	14.7	27.2	48.8

表 7-3-2　不同空气状态下的含湿量及与不同温度饱和空气之间的水蒸气饱和差

空气温度（℃）	空气相对湿度（%）	空气含湿量（g/kg干空气）	水蒸气饱和差（g/kg干空气）				
			0℃	10℃	20℃	30℃	40℃
0	30	1.13	2.65	6.5	13.57	26.07	47.67
	50	1.88	1.9	5.75	12.82	25.32	46.92
	70	2.64	1.14	4.99	12.06	24.56	46.16
10	30	2.27	1.51	5.36	12.43	24.93	46.53
	50	3.79	−0.01	3.84	10.91	23.41	45.01
	70	5.32	−1.54	2.31	9.38	21.88	43.48
20	30	4.33	−0.55	3.3	10.37	22.87	44.47
	50	7.26	−3.48	0.37	7.44	19.94	41.54
	70	10.2	−6.42	−2.57	4.5	17	38.6
30	30	7.91	−4.13	−0.28	6.79	19.29	40.89
	50	13.3	−9.52	−5.67	1.4	13.9	35.5
	70	18.8	−15.02	−11.17	−4.1	8.4	30
40	30	13.9	−10.12	−6.27	0.8	13.3	34.9
	50	23.5	−19.72	−15.87	−8.8	3.7	25.3
	70	33.4	−29.62	−25.77	−18.7	−6.2	15.4

从表 7-3-2 可以看出，果蔬出水温度（即果蔬从清洗水中出来时的温度）和送风空气状态对蒸发速率的影响都不可忽视。可以分三种情况加以分析，即：果蔬出水温度大于送风温度、果蔬出水温度远小于送风温度和果蔬出水温度小于和接近送风温度。

果蔬出水温度高于送风空气温度时，水蒸气饱和差始终为正值，并且两者之间的差值越大越有利于水的蒸发。果蔬出水温度远小于送风温度时，水蒸气饱和差始终为负值，也就是说蒸发不可能发生。果蔬出水温度小于和接近送风温度时（参照表 7-3-2 中底色加深表示的数据），这种情况也是大多数风干去水设备实际工作时的状态，风机送入的空气与果蔬接触后，两者之间不仅存在湿交换，也存在热交换，送风温度会影响边界层温度，使边界层温度接近送风温度，此时风机送入空气的温度越高且越干燥，则越有利于水的蒸发。例如，送风空气相对湿度均为30%，温度为40℃时的蒸发速率是10℃时的6.5倍。

常温风干和热风风干都利用了上述的蒸发作用原理，从上述分析可以看出，果蔬清洗时的水温和风干设备的送风温度均直接影响蒸发速率，也就是影响风干过程，因此在设备设计和选用时需要注意。

三、风干设备

目前常见的常温和热风风干设备有多种结构类型，如图 7-3-2～图 7-3-5 所示，均是利用风机将常温空气或者加热后的空气送向果蔬。为使风干作业连续（或者批次）进行，用输送机输送果蔬通过出风口。送风方式有数台风机均布作用的方式，也有数个出风口到风道送风的方式。采用的风机可以是轴流风机，也可以是离心风机。

图 7-3-2 数台离心风机等风口尺寸送风

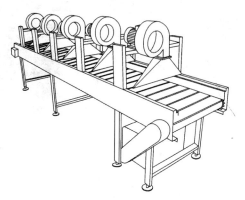

图 7-3-3 数台离心风机窄缝气流出风口送风

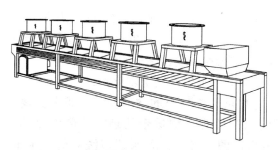

图 7-3-4 数台轴流风机出风口开敞式送风

图 7-3-5 数台轴流风机舱室封闭送风

热风风干设备也称为干燥机或烘干机。如图 7-3-6 所示，是西班牙 TALLERES JUVISA 公司制造的隧道式烘干机，该设备具有两种模式的干燥功能，用于果蔬清洗后的预干燥和果蔬打蜡后的烘干。该设备可以根据使用者的需要，以燃气或者柴油作为加热空气的热源，热空气通过隧道顶端分布的轴流风机送向隧道，使内部空气温度保持恒定和均匀。当水果清洗后进行预干燥时，输送机辊子转动，使果蔬上下翻转经过隧道，达到快速干燥的效果。当果蔬打蜡后进行烘干时，输送机辊子不转动，因为果蔬与辊子之间的转动摩擦会破坏水果表面的蜡层。该设备的空气流量为 15 300m³/h，去水量为 33L/min，果蔬在隧道中停留的时间为 3～4min，功率 8.8kW。

(a) 设备外观　　　　　(b) 番茄干燥型

(c) 设备内部

图 7-3-6　TALLERES JUVISA 公司的隧道式烘干机

第四节　气刀除水

一、气刀技术

气刀技术可追溯到 20 世纪 50～60 年代，最初用于印刷和纺织业，主要是利用压缩空气非接触式控制表面上液体的厚度，或者吹除材料表面的残存碎物。20 世纪 80 年代末，气刀技术开始广泛应用于清洁领域，在很大程度上减少了碳氟化合物清洗剂的使用。

目前，气刀技术在许多领域有应用，如制造业中用于生产线上吹除产品上的油、水等液体或固体碎屑，再生物质循环利用加工中将重量轻体积小的物体与其他组分分离，零部件经清洗工序后的干燥处理，带钢轧机的板材清理，输送带清理，零部件冷却，电镀或喷漆前的预处理，包装机械作业时包装袋口的打开，以及果蔬清洗后的去水干燥，等等。

二、气刀工作原理及类型

气刀工作原理基于了康达效应，即流体有离开本来的流动方向，改为随着凸出的物体表面流动的倾向，也称为附壁作用。压缩空气进入气刀后，如果以一面厚度仅为 0.05mm 的气流薄片高速吹出，最大可以引流 30～40 倍的周边环境空气，形成均匀的高强度气流层，也称为冲击气幕。

气刀产品从工作模式上分为标准型和改进型两类。如图 7-4-1 所示，为加拿大 Streamtek 公司的气刀产品外观。

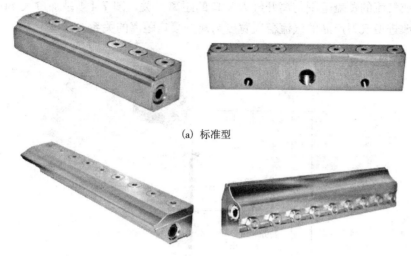

(a) 标准型

(b) 改进型

图 7-4-1　加拿大 Streamtek 公司的气刀产品

标准型气刀的工作过程示意如图 7-4-2 所示，压缩空气从进气口进入气刀高压腔后沿气刀长度方向的狭窄喷口射出，这股初级气流附在轮廓的表面偏转 90°角，周围空气在狭窄喷口射出气流的带动下向喷口汇集并且和射出气流一道形成高强度的气流层。对于标准气刀而言，形成气流层的气流量通常是气刀供气量的 30 倍。

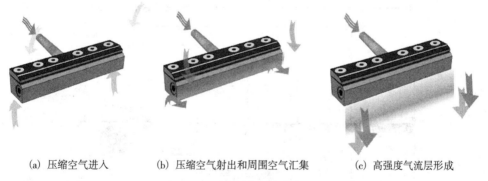

(a) 压缩空气进入　　　(b) 压缩空气射出和周围空气汇集　　　(c) 高强度气流层形成

图 7-4-2　标准气刀工作过程示意

改进型气刀在标准气刀结构的基础上做了较大的改进，如图 7-4-3 所示，气刀喷口处的外形轮廓进行了专门设计，初射气流不再转 90°角，减少了气流损失。改进型气刀形成气流层的气流量可以达到气刀供气量的 40 倍，而噪声比标准型低。

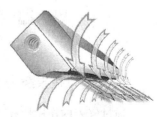

图 7-4-3　改进型气刀

三、气刀供气及气流覆盖范围

气刀通常采用压缩机供气，压缩机供气具有工作噪声小、供气压力充足和经济等特点。用于果蔬除水的气刀，供气压力 0.55MPa，喷口流速可达 55m/s 以上，气刀长度一般采用 400~500mm，耗气量 1.3~2.0m³/min。

气刀形成气流的覆盖范围与离开气刀喷口的距离有关，图 7-4-4 是加拿大 Streamtek 公司标准型和改进型气刀产品的气流覆盖宽度与离开喷口距离的关系。

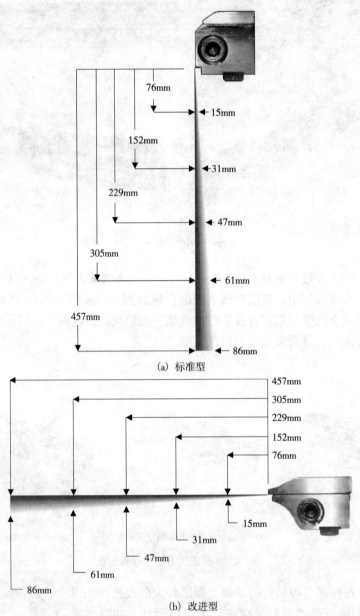

(a) 标准型

(b) 改进型

图 7-4-4　加拿大 Streamtek 公司标准型和改进型气刀的气流图

四、气刀在果蔬去水中的应用

通过气刀的作用形成高强度冲击气流，可应用于清洁、干燥、冷却等场合。气刀除水与通风干燥相比，具有噪音低、耗气量少等优点。

用于果蔬去水的气刀系统一般由压缩机、过滤器、调压阀、送气管和气刀等组成，图7-4-5 所示的是气刀系统以及气刀用于果蔬去水的示意图。果蔬在传送带的带动下通过气刀，气刀形成的空气幕对于果蔬清洗后去除多余表面水非常有效。

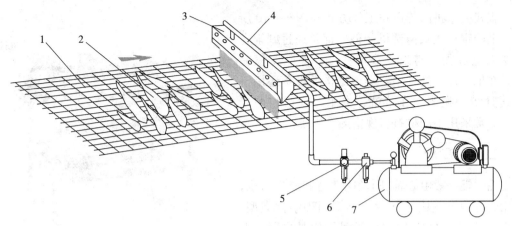

图 7-4-5　气刀系统及果蔬去水应用示意

1. 传送带　2. 果蔬　3. 气刀　4. 送气管　5. 调压阀　6. 过滤器　7. 压缩机

图 7-4-6 为美国 Key Technology 公司的果蔬气刀去水设备。

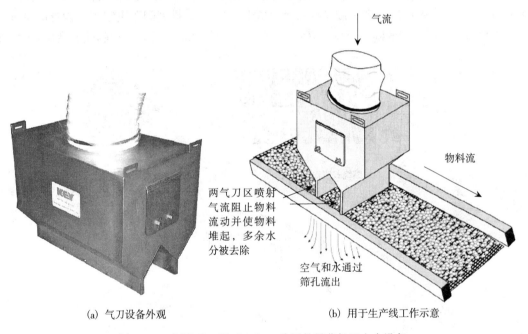

气流

物料流

两气刀区喷射
气流阻止物料
流动并使物料
堆起，多余水
分被去除

空气和水通过
筛孔流出

(a) 气刀设备外观　　　　　　(b) 用于生产线工作示意

图 7-4-6　美国 Key Technology 公司的果蔬气刀去水设备

第五节　滚刷去水

一、辊式去水机

滚刷去水指通过刷辊对果蔬的滚刷作用使其表面水去除。辊式去水机，如图 7-5-1 所示，由机架、去水刷辊、接水盘、动力和传动系统（图中未示出）等部件组成。传送辊即去水刷辊，有毛刷辊和胶乳橡胶辊等，当果蔬通过传送辊时，可将其上附着的多余水分沥除或吸干，起到去水的作用。

辊式去水机的传送和工作方式与图 5-1-10 所示的毛刷辊传送式清洗机相似，都是通过刷辊在传送果蔬过程中与果蔬表面接触、滚刷摩擦完成，在果蔬加工处理中，类似结构的设备还用于果蔬打蜡和抛光。在清洗、去水、打蜡和抛光时，通常采用不同材料与规格的毛刷辊。

二、毛刷辊

毛刷辊一般由心轴、刷丝附着体和刷丝组成，常用的有缠绕式刷辊和栽植刷辊两种结构类型。图7-5-2所示为缠绕式刷辊，这种刷辊是将刷丝卡在可以缠绕的金属条上，然后按照一定节距螺旋形缠绕在心轴上，节距不同，形成刷辊的密度则不

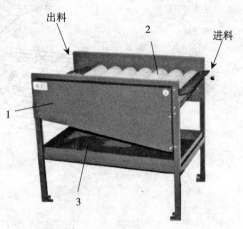

图 7-5-1 辊式去水机
1. 机架 2. 去水刷辊 3. 接水盘

同。图7-5-3所示为栽植毛刷辊，这种刷辊是直接将刷丝成束地栽植在辊筒上，在辊筒上的排列方式有平直排列、交错排列和螺旋排列几种，如图7-5-4所示，排列间距决定了毛刷辊的密度。

在果蔬加工中常用的刷丝材料有尼龙、聚乙烯、聚丙烯和鬃毛等，刷辊的硬度除与刷丝材料

(a) 缠绕式刷辊（主视）

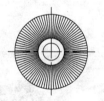

(b) 缠绕式刷辊（左视）

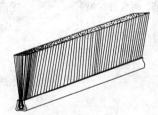

(c) 毛刷带

图 7-5-2 缠绕式刷辊结构

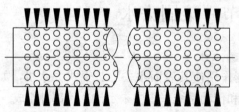

(a) 栽植毛刷辊

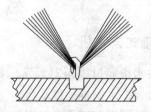

(b) 刷丝栽植方式

图 7-5-3 栽植毛刷辊结构

有关外,还取决于刷丝的截面形状和尺寸,不同材料的持水性也不相同。例如,美国 IBC 毛刷公司为果蔬加工提供的毛刷辊刷丝材料有三角形聚乙烯、X 形聚乙烯、椭圆形聚丙烯、三角形聚丙烯、圆形尼龙、马鬃/三角形聚乙烯混合、马鬃等多种类型。三角形聚乙烯刷辊非常柔软,并且也较耐用;X 形聚乙烯刷辊柔和,但略比三角形聚乙烯硬,且有极好的持水性;椭圆形聚丙烯刷辊耐磨性好,寿命长,保持湿挺性比其他材料好,有很好的刷除功能;三角形聚丙烯刷辊具有与椭圆形聚丙烯刷辊相同的品质,但略软,且持水性更好;尼龙刷辊刷除功能强,寿命最长,在合成树脂材料中弯曲恢复性能最好;马鬃/三角形聚乙烯混合刷辊中马鬃和三角形聚乙烯材料刷丝各占一半,有很好的吸收性,用于抛光、去水和打蜡效果良好。各种材料刷丝的性能见表7-5-1。

三、滚刷去水方案

利用刷辊进行果蔬去水时,美国 IBC 毛刷公司建议采用图7-5-5所示的刷辊组合方案,去水工序由"快干"刷辊、持水性好的 X 形聚乙烯刷辊和胶乳橡胶辊顺次完成。"快干"刷辊由氯丁橡胶环和聚乙烯辊刷环间隔排列安装组成。"快干"刷辊置于气刀的下方,在刷辊下设置一沥水杆,伸入到刷丝内,如图7-5-6所示,刷丝通过时将其上的水沥除,"快干"刷辊可除去果蔬表面80%的水。X 形聚乙烯刷辊利用其良好的

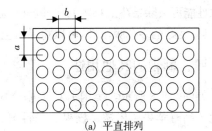

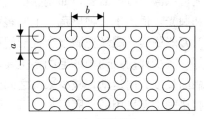

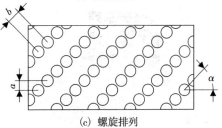

(a) 平直排列

(b) 交错排列

(c) 螺旋排列

图 7-5-4　栽植毛刷辊刷丝布置方式

图 7-5-6　沥水杆沥除刷辊水示意

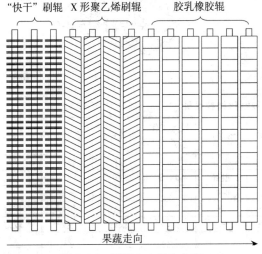

"快干"刷辊　X 形聚乙烯刷辊　　胶乳橡胶辊

果蔬走向

图 7-5-5　刷辊去水组合方案

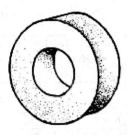

图 7-5-7　胶乳橡胶环

持水性能可去除果蔬上15％的水。胶乳橡胶辊由胶乳橡胶环(图7-5-7)组成,胶乳橡胶也被称为海绵,具有良好的多孔吸水性,可以将果蔬上的水完全吸除。

四、刷辊的其他用途

如图7-5-8所示,美国IBC毛刷公司的缠绕式刷辊还可用于果蔬的清洗和打蜡,适用的果蔬产品有苹果、柑橘、核果、马铃薯、胡萝卜、洋葱、根类蔬菜和番茄等,通过变换刷丝材料还可以满足特殊需要,如刷除桃毛和去除马铃薯皮等;栽植毛刷辊可用于果蔬的清洗、打蜡和抛光,适用于各种果蔬。毛刷辊可以修整成多种形状,如图7-5-9所示。标准形状毛刷辊为万能刷辊,刷丝充满整个柱形辊刷面,能够驱动果蔬旋转;波浪形毛刷辊可使果蔬旋转更好,减少移动;沟槽形毛刷辊主要用于纵向清洗机,与标准形刷相间布置,使果蔬旋转并沿刷的长度方向运动,减少果蔬之间的接触,通常适用于嫩弱的产品。各种果蔬清洗、去水和打蜡时推荐采用的毛刷辊类型可见附表7-1。

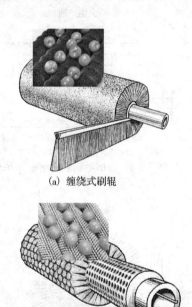

(a) 缠绕式刷辊

(b) 栽植毛刷辊

图 7-5-8　美国 IBC 毛刷辊用于果蔬清洗、打蜡等

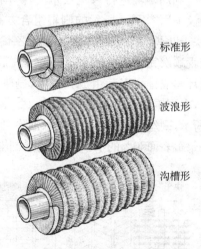

标准形

波浪形

沟槽形

图 7-5-9　毛刷辊的几种整形结构

表 7-5-1　各种刷丝材料性能

材料	直径范围(mm)	比重	弯曲恢复性	吸水率	耐磨性	最大工作温度（℃）	耐稀释碱	耐稀释酸	耐一般溶剂
尼龙 6-12	0.003～0.070	1.08	很好	3％	很好	93.3	好	较好	好
尼龙 6-6	0.006～0.060	1.14	很好	9％	很好	93.3	好	较好	好
尼龙 6	0.006～0.060	1.12	很好	10％	很好	93.3	好	较好	好
聚丙烯	0.008～0.108	0.90	一般	0.02％	好	79.4	很好	很好	较好
聚乙烯	0.015～0.060	0.92	好	0.02％	差	51.7	很好	很好	较好
聚酯	0.006～0.075	1.35	很好	0.03％	好	93.3	好	好	好
马鬃		1.36	好	高	差	149	差	差	略差

第八章

分 级

果蔬分级指根据一定的标准将果蔬划归为不同的等级类别,分级的标准可概括为两大类:大小和质量。

每种果蔬产品都具有特定的物理形状和密度,描述果蔬大小的物理量之间存在一定的关系,可以作为大小分级的参数有直径、长度和重量等。传统的分级方法是将果蔬按照一定的大小分成若干等级,例如苹果、柑橘可按照果径大小或质量轻重分级,豆荚、芦笋可按照长度分级,胡萝卜可按照直径和长度分级,等等。

果蔬质量分级包括外观质量和内部品质两方面,外观质量的差异特征表现为形状、色泽、表皮状况和表面损伤等。内部品质的差异则有糖度、酸度、组织伤和虫害等。随着人们对果蔬品质的追求,销售某些果蔬时在标签上会注明糖度、酸度等代表果蔬品质的实测数值。

依据不同的分级原则,可以设计制造出适用于不同果蔬产品的分级设备,按照设备工作原理进行分类,大体可以分为机械式尺寸分级、重量分级、光电分级、图像识别分级和内部品质探测分级等几大类。

第一节 机械式尺寸分级

机械式尺寸分级是最传统的果蔬分级方式,早期的做法是依据果蔬的外形制作成带有系列尺寸套孔的模板,手工将果蔬与模板上不同尺寸的模孔进行比较,以能否通过模孔作为级别的分界,将果蔬按照大小逐个进行分级。

早期的机械式尺寸分级机就是利用了模孔分界的原理,例如滚筒式尺寸分级机,主要用于柑橘的分级。随着各种类果蔬分级的需要和实现更高生产量,设计制造出更多类型的尺寸分级设备。

一、滚筒式尺寸分级机

如图 8-1-1 所示,滚筒分级机主要由机身、传动系统、滚筒和接果盘等组成。滚筒沿果蔬传送方向布置,根据分选级别数量的需要,可设置不同数量的滚筒,各滚筒上开设布列多个圆形孔洞,每个滚筒上的孔洞尺寸不同,沿果蔬传送的方向,孔洞尺寸由小到大变化。

工作时,各滚筒由传动系统驱动朝同一方向转动,果蔬在滚筒上方的进料侧进入,由滚筒带动沿滚筒转动的方向前进。每一滚筒带动果蔬行进时,比滚

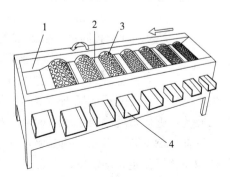

图 8-1-1 滚筒分级机示意图
1. 机身 2. 辅助输送轴 3. 滚筒 4. 接果盘

筒上开孔尺寸小的果蔬落入到滚筒的内侧，而大于开孔直径的果蔬则由滚筒带动继续前进。在滚筒的内侧设置有接果盘，接果盘有一倾角，落入接果盘的果蔬滚向出口，在出口处可以设置传送带由传送带传送走，或者在出口处设置盛果盘，落入盛果盘的果蔬由工人装箱。

二、螺旋滚筒式分级机

如图 8-1-2 所示，螺旋滚筒式分级机由机架、传动装置、分级滚筒和接果盘等组成。传动装置包括电机、链轮、传动轴和传动轮等，电机驱动链轮，链轮带动传动轴旋转，传动轴由固定在机架上的轴承座支承。传动轮与传动轴同轴安装，由传动轴带动。传动轮可以是两个或更多个，视分级滚筒的级数而定。传动轮上带有轮齿，与安装在分级滚筒外侧的齿圈啮合，可以带动分级滚筒旋转。在分级滚筒的另一侧设置有辅助轮，辅助轮与传动轮一道起到支撑分级滚筒的作用，同时

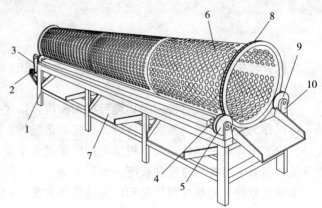

图 8-1-2　螺旋滚筒式分级机
1. 机架　2. 电机　3. 链传动　4. 传动轴
5. 传动轮　6. 分级滚筒　7. 接果盘
8. 齿圈　9. 限位轮　10. 轴承座

也可限定分级滚筒在设定的位置转动。分级滚筒根据果蔬分级级数分成若干段，各段之间分布的通孔大小不同，从入料端向出料端依次增大，并且滚筒的入料端高于出料端设置，果蔬从入料端进入分级滚筒后，随着滚筒旋转向出料端移动，小于滚筒孔径的果蔬穿过通孔落入到接果盘中，未落下的果蔬继续前进，直到未从通孔穿过的果蔬从出料口落入端部的接果盘。

滚筒式尺寸分级机和螺旋滚筒式分级机的滚筒，除圆孔结构外，还可以是筛网式结构。两种分级机都比较适用于近似圆形和不易受损伤的果蔬，如柑橘和马铃薯等的分级，螺旋滚筒式分级机更适用于进行大批量处理。

三、辊轴式尺寸分级机（分选机）

辊轴式分级机（分选机）有多种结构类型，其用途除进行果蔬分级外，还用于不合规格尺寸果蔬的剔除，以及杂物和泥土等的清除。

图 8-1-3 为一种辊轴间尺寸变动式的尺寸分级机。该分级机由动力及减速装置、链传动装置、升降轨道、辊轴、接果传送带系统和接果盘等组成。

分级部分是由辊轴组成的输送床体，辊轴是由多个轴向排列的锥鼓形托辊和心轴组成的结构，锥鼓形托辊间形成托果的空间。托辊设计可绕心轴旋转，在运行中由轴端的摩擦滚轮带动旋转，进而带动物料滚动，即可提高分级效率，也可减少物料损伤。

辊轴两端安装于链条的链板上，固定安装与活动安装相间，在链轮传动作用下，固定安装辊轴随链板行走，活动安装辊轴可沿链板上的长孔上下起伏，由专门设置的升降轨道限制其上升高度。

物料从进料槽进入到输送段后，小于托辊间空隙的物料落入接果盘中，其余物料则随着

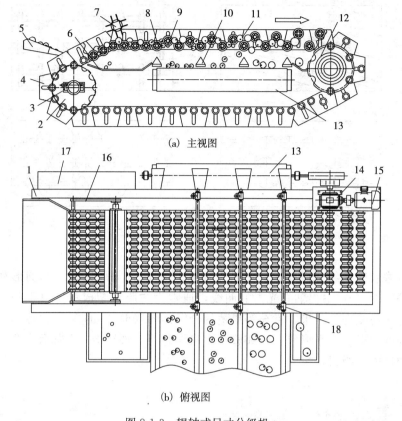

(a) 主视图

(b) 俯视图

图 8-1-3　辊轴式尺寸分级机

1. 机架　2. 从动链轮　3. 链轮调整装置　4. 链板　5. 进料槽　6. 接果盘
7. 整理辊　8. 固定辊轴　9. 活动辊轴　10. 分隔挡板　11. 果蔬
12. 主动链轮　13. 接果传送带　14. 减速传动装置　15. 电机
16. 整理辊传动装置　17. 链轮动力系统　18. 轨道调节装置

辊轴行进，通过整理辊时经整理整齐呈单层排列进入到分级阶段。在分级阶段，由于固定辊轴受到链板的限制，辊轴间距保持不变，活动辊轴在升降轨道的限定下逐级升高，固定辊轴与活动辊轴之间的空隙随活动辊轴的升高逐级增大。当辊轴间空隙增大到适合物料的大小时，物料则下落到接果传送带上，由传送带送出机外。

原料规格改变时，升降轨道的高度需根据物料分级尺寸标准调节，在每一级别保持相同高度。轨道高度调节装置由蜗轮、蜗杆、螺杆及连杆机构等组成，只要转动螺杆，通过连杆机构及蜗轮蜗杆传动将轨道高度调整到合适的位置。

当物料在可调整轨道高度的分级阶段不能下落时，则落入到后端的等外品接果盘中，此时活动辊轴升到最高，托辊间空隙达到最大，能使所有物料下落，分级过程结束。此后，进入返回阶段，在这个阶段活动辊轴回复到托辊间空隙最小的位置。

该类尺寸分级机的辊轴可以采用多种结构形式，适用于不同种类的果蔬，如图 8-1-4 所示。图 (a) 为光轴，外表面可以覆塑料或橡胶材料，适于许多果蔬的分级，如长形的马铃薯、黄瓜、青椒、胡萝卜等。由于光轴作辊轴不受孔位限制，可增加处理量，该类分级机也可用于樱桃番茄、橘子和荔枝等小型果蔬的分级，产量可达 1～3t/h。图 (b)

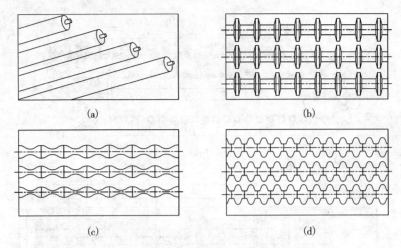

图 8-1-4　几种辊轴的结构

中的辊轴由橡胶辊缠绕光轴组成，形成的空隙比较适合圆形果蔬，如圆形马铃薯、球形洋葱和橙等。图（c）中辊轴有光滑的曲线，通常为树脂注塑成型，由于表面曲线过渡光滑，更适合容易受伤的苹果、番茄等果蔬的分级。图（d）中的 V 形辊轴形成了菱形的空隙，较适合椭圆形和扁平形果蔬，如蘑菇、扁洋葱等。如图 8-1-5 所示为两种不同外观结构的光辊轴尺寸分级机。

图 8-1-5　光辊轴尺寸分级机

　　图 8-1-6 是美国 Key Technology 公司辊式分选机的外观图。这类分选机与上述辊式分级机的传动方式和间隙形成方式不同。分选机的主要工作部件由多个辊轴组成，辊轴为金属心轴外套齿形橡胶辊，辊轴之间的距离可根据果蔬尺寸大小设定和调整，果蔬经过分选机时，在辊轴的带动下向前行进，不合要求的小尺寸果蔬、果蔬碎块、杂物和泥土等可以从辊隙中落下，符合尺寸要求的果蔬则被送到分选机端部。这类果蔬分选机主要用于果蔬的除杂和尺寸粗分选，适合的果蔬品种有番茄、胡萝卜和马铃薯等。

　　图 8-1-7 是 Key Technology 公司的长度尺寸分选机外观图。机器的分选部分是一系列成对排列的金属心轴外套橡胶辊的转动辊轴，每对为两个结构不相同的辊轴，一个是齿形橡胶辊，另一个是由浆叶轮和圆盘连锁形成的具有特定尺寸盛放口的辊轴。果蔬的长度和直径尺寸符合或小于盛放口尺寸时，会落入盛放口中，在两辊轴的转动作用下，从两辊轴之间下

图 8-1-6　Key Technology 公司的辊式分选机

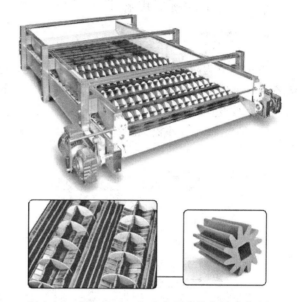

图 8-1-7　Key Technology 公司的长度尺寸分选机

落到辊轴的下方，而较长尺寸的果蔬被传送到机器的一端由下游设备排出。

　　该类分选机设备通常用于将批量果蔬物料流中超出长度尺寸的果蔬分选出，也可用于鲜切蔬菜的长度分级。

　　图 8-1-8 是 Key Technology 公司的精细尺寸分选机外观图。

图 8-1-8　Key Technology 公司的精细尺寸分选机

　　这种分选机设备的分选部分由若干个加工精度很高的不锈钢滚筒组成，采用了独特的无卡夹驱动方式，滚筒之间的间隙可以根据需要任意调节，最小可达 2mm。工作时，达到目标尺寸的果蔬从滚筒之间的间隙落下，较大尺寸的果蔬则在滚筒上方移动到出料一端。这种分选机设备特别适用于对损伤敏感的果蔬的精细尺寸分级，适用的果蔬很广泛。

　　图 8-1-9 是 Key Technology 公司的转动式尺寸分选机外观图。

　　机器的分选部分由一系列辊轴组

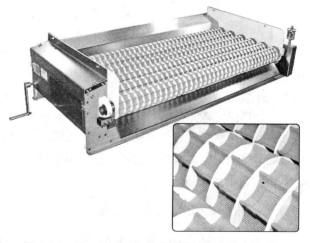

图 8-1-9　Key Technology 公司的转动式尺寸分选机

成，辊轴的心轴为不锈钢轴，外部是塑料圆盘和齿槽截面橡胶辊轴向间隔排列的结构，在辊轴上形成了规则的凹槽。果蔬通过辊轴时，小尺寸的果蔬进入凹槽，在辊轴转动的作用下落到辊轴的下方,其余果蔬则顺序流动到出口端。

这种分选机设备通常用来剔除尺寸短小、果实发育不良以及断开的果蔬残次品。

四、阶梯轴尺寸分级机

图 8-1-10 为阶梯轴尺寸分级机结构示意图。分级机主要由阶梯轴、螺旋轴、动力传动装置及接果传送带组成。阶梯轴和螺旋轴组成了分级装置,阶梯轴的直径沿果蔬运送方向由大到小分段设置,分段数量与果蔬分级数一致,不同直径阶梯轴段与螺旋轴之间形成了不同尺寸的间隙,间隙大小沿果蔬运送方向由小到大变化。

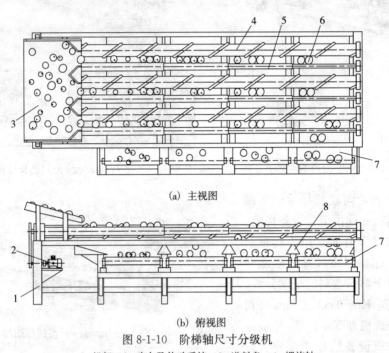

(a) 主视图

(b) 俯视图

图 8-1-10　阶梯轴尺寸分级机

1. 机架　2. 动力及传动系统　3. 进料盘　4. 螺旋轴
5. 阶梯轴　6. 物料　7. 接果传送带　8. 分隔挡板

果蔬从进料盘分道进入阶梯轴和螺旋轴之间,螺旋轴由动力传动装置驱动旋转,推动果蔬向前运动,阶梯轴无动力驱动,可在轴承座间自由转动。果蔬行进过程中,小于两轴间隙的果蔬逐级落入接果传送带被输送走,未落下的果蔬继续被螺旋轴推动前行直到最后级全部落下,最后级间隙需足够大,使得剩余果蔬能全部被传送带输送离开。

该类分级机可设计为多种机型用于不同种类的果蔬分级,大到菠萝等大型果蔬,小到樱桃番茄等小型果蔬均适用,另外不仅可用于近似球形的果蔬,也可用于茄子、胡萝卜等按果径大小分级的果蔬。

五、振动式长度尺寸分级机

振动式长度尺寸分级机专门为满足蔬菜按照长度尺寸分级需要而设计。

图 8-1-11 为 Jorgensen 制造的豆荚长度尺寸分级机的外观及内部结构。分级装置主要由振动托盘组成,振动托盘设置 6 级出口,每级出口宽度可根据需要进行调节。豆荚进入振动托盘后由振动托盘送进通过每级出口,出口尺寸由小到大设置,等外小尺寸豆荚及杂物首先

从最小级出口落下进入振动托盘下方的集料仓，其他尺寸豆荚依次通过相匹配的尺寸出口并被传送离开分级机。

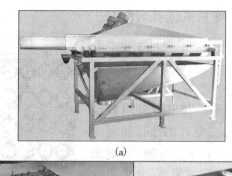
(a)

图 8-1-12 为 Jorgensen 制造的胡萝卜长度尺寸分级机。该分级机的振动托盘采用波纹板形成长槽，胡萝卜进入托盘后经振动传送顺长槽有序排列。振动托盘的前方设置有开口，胡萝卜通过开口时，长度小于开口的就会落入设置在下方的传送带中，其余胡萝卜继续被传送到出口端进入到与其相连的传送带中。该分级机设备设置了一种长度尺寸的开口，可将胡萝卜分为两级，通常用于将小尺寸不符合规格的胡萝卜筛选出去。

(b)　　　　　　　　(c)

图 8-1-11　豆荚长度尺寸分级机

图 8-1-12　胡萝卜长度尺寸分级机

图 8-1-13 为 Key Technology 公司的振动式除杂分选机外观图。该类分选机利用振动机的工作原理，使工作台面产生振动，工作台面可根据需要选择不同尺寸大小的筛孔，适用于豆荚类、浆果类及樱桃番茄等小尺寸的除杂和分级，可将泥沙、碎块以及不合格尺寸果蔬等剔除，多级串联使用时，通过调整筛孔尺寸，可实现小尺寸果蔬的分级。

图 8-1-13　Key Technology 公司的振动式分选机

六、叠片式圆孔分级机

叠片式圆孔分级机工作示意如图8-1-14所示,盛果槽由若干叠片组成,叠片数与分级挡数相同,叠片上有通孔,通孔孔径由各级别果径确定。叠片的孔径和截面宽度均由上到下逐片减小,重叠在一起形成梯形果槽,分道后的果逐个进入果槽中,和叠片一起向前行驶。叠片可以绕转轴转动,转轴轴线方向与行驶方向一致。叠片另一端逐片被阶梯轨道支撑,轨道级数每到一分级落果位减少一级,当盛果槽行驶到各级落果位时,由于轨道的缺失,最下层叠片会绕轴转动使果下落。如此,叠片从下到上逐片转动下垂,剩余叠片的最小孔径即所在级位能够通过的最大果径。随叠片逐个下垂,果的高度也会逐级下降,并且落果时还会被转动中的叠片托着,减小下落的高度。

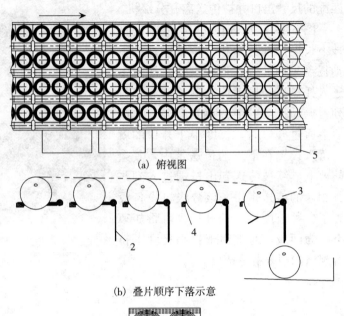

(a) 俯视图

(b) 叠片顺序下落示意

(c) 叠片重叠形成盛果槽

图 8-1-14 叠片式圆孔分级机工作示意
1. 盛果槽 2. 叠片 3. 转轴 4. 轨道 5. 接果盘

第二节 重量分级

相同类别和同品种果蔬有相对一致的质量密度,重量分级是依据果蔬质量与果蔬大小之间存在的关联性对果蔬进行大小分级的方法。

根据称重原理的不同,重量分级机可分为机械式重量分级和数字电子式重量分级。

重量分级机通常由果蔬传输、上果、称量、卸果和接果等机构或装置组成,这里所说的传输包含了上果、称量和接果等过程中果蔬的传送,这些传输通常分别与上果、称量和接果装置紧密结合。

一、重量分级传输方式

在重量分级设备中,果蔬的称量与果蔬的传输是同时进行的,换句话说,果蔬的称量需要在果蔬的传输过程中进行。不同的称量方式需要不同的传输方式与其配合。

根据称量原理的不同,果蔬传输的方式也往往不同,采用的传动机构以及布局方式也不尽相同。一般可分为下列几种情况。

1. 转盘式传输 转盘式传输是一种适用于运动衡量秤体进行分级的设备布局。称量装置的运动轨迹为圆，如图 8-2-1 所示，接果槽和集果盘沿圆周排列。称量装置沿圆周运动，通常是利用了绕中心轴旋转的转盘机构来实现的。

　　这种分级设备通常适用于小批量的果蔬分级，上果方式可以为手工上果，也可以为机械式输送上果。同时，需要人工在集果盘附近将落入的果蔬及时装箱。

　　机械式输送上果设备应具备传送、分道等功能，使果蔬排成一排，能够按照称量装置接果的频率逐个落入到果盘中。

2. 环线式传输　如图8-2-2所示，环线式传输也是一种适用于运动衡量秤体进行分级的设备布局。

　　与转盘式传输不同，环线式传输利用了输送机的传输方式。与转盘式传输相同的是，称量装置的运动轨迹保持在水平面内，这两种传输方式都只能按照单排布局。

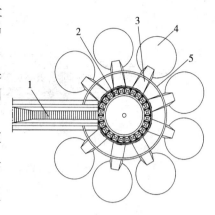

图 8-2-1　转盘式传输
1. 上果装置　2. 称量装置　3. 接果槽
4. 集果盘　5. 机架

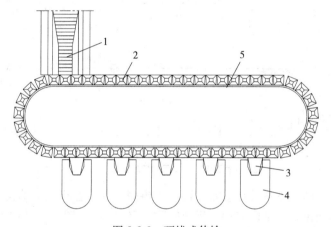

图 8-2-2　环线式传输
1. 上果装置　2. 称量装置　3. 接果槽　4. 集果盘　5. 机架

3. 直线式传输　直线式传输是称量装置按直线排列的设备布局方式，有单排、双排和多排几种，如图 8-2-3～图 8-2-5 所示。直线式传输不仅可用于运动衡量秤体的重量分级，也可用于固定衡量秤体。直线式传输称量装置的运动轨迹是在垂直平面内，这也是与前述两种传输方式的最大区别。直线式传输一般采用链式输送机的传动方式。

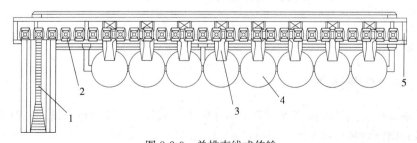

图 8-2-3　单排直线式传输
1. 上果装置　2. 称量装置　3. 接果槽　4. 集果盘　5. 机架

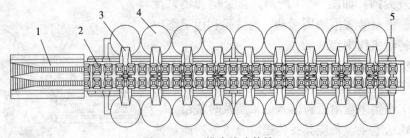

图 8-2-4 双排直线式传输
1. 上果装置 2. 称量装置 3. 接果槽 4. 集果盘 5. 机架

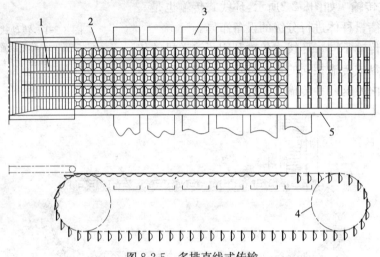

图 8-2-5 多排直线式传输
1. 上果装置 2. 输送果盘 3. 接果槽或输送带 4. 链传动 5. 机架

对于运动衡量秤体的重量分级设备，由于需要固定安装在机架上的轨道或导槽等配合称量装置共同完成不同重量级别的辨识，因此需要有足够的空间安置这些固定轨道。单排直线式传输时可以将轨道等布局在分级机设备的一侧，双排直线式传输可以将轨道布置在分级机设备的中间，而多排直线式传输则不适用于运动衡量秤体的重量分级。

多排直线式传输适用于固定衡量秤体的分级，其优势是可实现更大批量的果蔬分级生产，设备布局紧凑，如图 8-2-5 所示。

这种分级设备的上果和接果，通常需要由输送机设备自动完成。

上果装置需要将无规则行走的果蔬分道并有序排列，只有这样才能保证果蔬逐个进入到果盘，完成之后的分级。

接果的过程需要使果蔬落入输送带，并及时将落下的果蔬输送离开，避免与随时有可能落下的果蔬发生碰撞。

二、机械式称量装置

机械式重量分级机的称量装置通常运用杠杆作用原理对果蔬进行称量。一般可以分为运动衡量秤体和固定衡量秤体两类。设计的称量机构可以是各种各样，本书中仅介绍几种形式的称量装置。

1. 运动衡量秤体　运动衡量秤体指进入到分级阶段的果蔬都在称量装置的果盘中，称量装置在输送过程中完成称量，称量之后，称量装置表现出不同的位置特征，在固定于机架上的轨道或导槽等的配合下，完成不同重量级别的识别和卸果，即完成分级过程。

图8-2-6所示为一种运动衡量秤体的称量装置。果盘1、支臂2、配重轴7、配重10和触头9等组成了杠杆秤体，杠杆秤体以支轴17为支点。果蔬未放入果盘时，杠杆秤体处于一平衡位置。果蔬放入果盘后，杠杆绕支轴17转过一角度，到达新的平衡位置。不同重量的果蔬使杠杆秤体达到平衡的位置不同，也就是转过的角度不同，相应地触头9有一确定的位置。

在杠杆秤体行进的方向，依据不同果重下杠杆秤体触头9的位置设置几段轨道段（数量与分级数量对应），轨道固定在机架上。这几段轨道起始点的高度不同，按照从高到低排列，也就是说，承装最重级别的果可以首先进入轨道，没有达到这一级别的果则在轨道下方通过。每个轨道段内高度都是逐渐升高的，只要果重使杠杆称体的触头9达到了轨道起始点高度进入轨道，杠杆称体就会在轨道的作用下向果盘端倾翻，完成卸果。

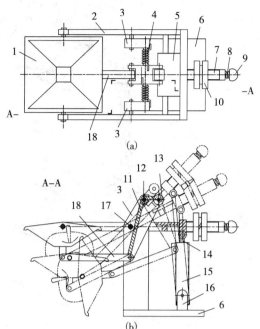

图 8-2-6　运动衡量秤体称量装置
(a) 俯视图　(b) A-A剖视图
1. 果盘　2. 支臂　3. 支座　4. 扭簧　5. 靠板　6. 底座
7. 配重轴　8. 配重轴　9. 触头　10. 配重　11. L形板
12. 扭簧轴　13. 辊轮　14. 活动杆　15. 减震器
16. 支座　17. 支轴　18. 平衡杆

该称量装置中，平衡杆18与果盘1和L形板11铰接，L形板11通过扭簧轴12铰接于支座3，扭簧轴12上有扭簧4作用于L形板11和支座3。当杠杆秤体旋转未碰到辊轮13时，由于扭簧4的作用，平衡杆18与果盘1、L形板11和支臂2组成近似的平行四边形机构，可使果盘在旋转过程保持水平。当杠杆秤体旋转碰到辊轮13时，则可推动L形板11绕轴12旋转使果盘倾翻。

装置中的15为阻尼减震器，可以保证杠杆秤体的倾翻和回位过程缓慢平稳进行。

图8-2-7为另一种运动衡量秤体称量装置的示意图。该装置由秤体臂、秤体支轴、配重辊、配重轴、果盘和果盘轴等组成。秤体臂可绕秤体支轴转动，配重轴和果盘轴与秤体臂固接，配重可绕配重轴自由转动，果盘可绕果盘轴转动一定角度，使装入果盘的果能随果盘做适当调整。

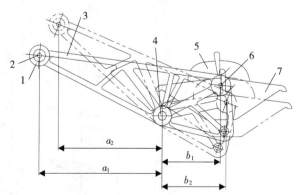

图 8-2-7　衡量秤体称量装置
1. 配重辊　2. 配重轴　3. 秤体臂　4. 秤体支轴
5. 待分级果　6. 果盘轴　7. 果盘

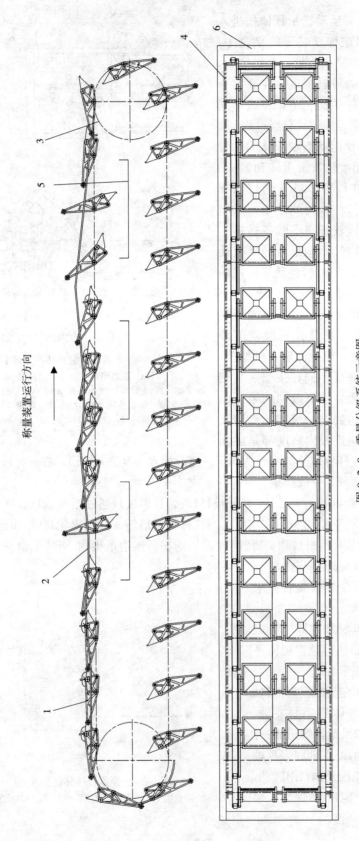

图 8-2-8　重量分级系统示意图

1.称量装置　2.固定轨道　3.链传动（链轮）　4.链传动（链条）　5.接果盘　6.机架

如图 8-2-7 所示，配重高度上升，则称量装置绕秤体支轴顺时针转动，配重端和果盘端力臂均会改变，配重端力臂减小，果盘端力臂增加，这就意味着由果重形成的力矩增加。对于每一果重，称量装置有一确定的转角位置与之平衡。果越重，使称量装置保持平衡的配重端力臂越长，即配重辊的位置越低。当称量装置达到平衡时，如果将配重辊升高，平衡则会被破坏，果盘就会倾翻。该分级系统正是基于这一杠杆的作用原理设计。

分级系统如图 8-2-8 所示，固定轨道依据分级的数量分为几个轨道段，每一级内均设置一轨道升高段，高度沿称量装置运行方向逐渐升高，并且后一级的最高点高于前一级的最高点。本级轨道最高点与前一级轨道最高点之间的高度差决定了本级果的重量区间。称量装置由链传动驱动，配重辊行走在轨道的上方。进入分级段后，在轨道的作用下，配重辊的高度逐渐升高，当果重超过这一分级段重量时，就会使称量装置失去平衡，倾翻卸果。

重量级别沿称量装置行走方向由重到轻排列，较重的果首先被分选出进入接果盘，较轻果则继续前行进入下一级别。

2. 固定衡量秤体　　固定衡量秤体指称量装置为固定安装，果蔬被输送逐个进入称量装置进行称重，符合当下称量装置设定级别的果蔬被卸掉，不符合当下级别的果蔬继续前行。

图 8-2-9 所示的是一种固定衡量秤体果蔬重量分级设备的称量装置。称量装置由秤体

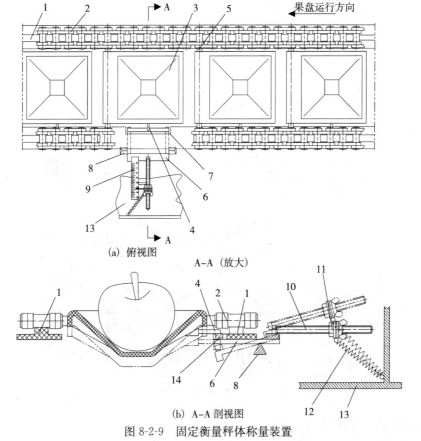

(a) 俯视图

A–A （放大）

(b) A–A 剖视图

图 8-2-9　固定衡量秤体称量装置

1. 链条托轨　2. 链条　3. 果盘　4. 测重轴　5. 果盘支轴　6. 秤体臂　7. 开口　8. 秤体支座
9. 标尺　10. 螺杆　11. 螺母　12. 弹簧　13. 机架　14. 秤体横杆

臂、秤体支座、标尺、螺杆、螺母、弹簧和秤体横杆等组成。秤体臂、秤体横杆和螺杆固接为一体，置于秤体支座的刀口上形成杠杆秤体。弹簧的一端与机架联接，另一端与螺母联接，螺母在螺杆上移动可调节弹簧作用于杠杆秤体的力的位置，通过调节作用力的位置来调节使杠杆秤体达到平衡时的称量果重。在称量位置，链条托轨开有长口，称量装置设置在长口下方。

链轮传动链条在链条托轨上运行，通过果盘支轴带动果盘行进。果盘进入长口后，固接在果盘上的测重轴落入秤体横杆上方。当果重超过杠杆秤体的平衡点时，就会将秤体横杆压下，在链条的带动下进入链条托轨的下方。在链条轨道的下方设置有测重轴托轨，如图 8-2-10 所示，测重轴托轨沿果盘运行方向逐渐下降，使果盘缓慢倾翻完成卸果。

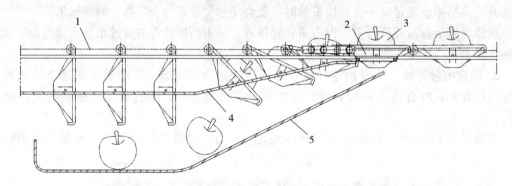

图 8-2-10　卸果过程示意图
1. 链条　2. 果盘　3. 果蔬　4. 测重轴托轨　5. 接果盘

图 8-2-11 为重量分级机设备用于苹果分级。为使苹果不受磕碰伤害，操作人员将苹果套网袋后再放入果盘中称重，由于网袋规格整齐且自身重量很轻，对分级精度的影响不大。这种方式仅适于人工上果作业。

图 8-2-11　重量分级机分级苹果

三、数字电子式称重分级

数字电子式重量分级机的称量装置采用的是固定衡量秤体，利用传感器进行称重，传感器采集的电参数传送到控制系统，经控制系统处理后输出信号到执行机构，使其完成果蔬的传输到位和卸果的过程。该类分级设备的称重功能通常可以与视觉识别分级和红外内部探测分级等联合应用，设计成多参数的综合分级设备。

1. 测重元件　数字电子式重量分级机的称量装置通常采用金属箔式应变计电阻传感器作为测重元件，该类传感器是对静态重量、准动态称重或力进行精密测量的理想传感器。

金属箔式应变计电阻传感器的工作原理基于应变材料的"应变效应"。金属箔应变材料在受到外力作用时产生机械变形，机械变形会导致其电阻值变化。

将金属箔应变材料作为传感器的工作电阻，按四臂惠斯通电桥结构进行连接，如图 8-2-12 所示，该方式连接的电路可以对温度进行补偿。在电桥的 A 点和 D 点之间作用直流或交流电压，当力作用到传感器的应变材料时，惠斯通电桥失去平衡，在 B 点和 C 点之间产生一个与外加称重成比例的电压输出，从而得到电子称量的电参数。

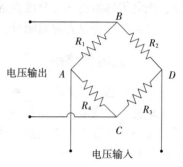

图 8-2-12　典型惠斯通电桥结构

称量用应变计传感器也称为称重传感器，该类传感器有按钮式、垫圈式和空心式等多种类型，如图 8-2-13 所示。

2. 电子称重分级　电子称重用于分级的示例，如图 8-2-14 所示。当链传动将果盘装置输送通过称重位置的称量座上方时，与传动链断开呈浮动状态，果盘装置和果的重量完全作用于称量座上，通过杠杆传力原理，将其重量作用于称重传感器，称重传感

(a) 按钮式　　(b) 垫圈式　　(c) 空心式

图 8-2-13　称重传感器

器将信号传送到计算机处理系统，将每一果盘中果的重量进行分析和记录。果盘装置离开称重位置后继续由链条输送，当到达自身所在重量级别位置时，控制系统发出信号操作翻转装置使果倾倒。

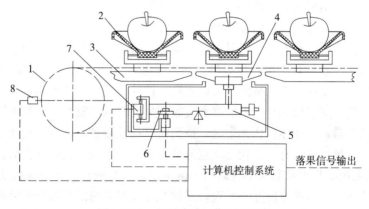

图 8-2-14　电子称重工作原理示意

1. 链传动　2. 果盘装置　3. 固定轨道　4. 称量座　5. 杠杆传力装置
6. 称重传感器　7. 平衡调整装置　8. 果盘位置识别编码传感器

电子称重与果蔬传送的方式多种多样，目前先进技术的利用，已使电子式称重装置和数

字信号处理的分级设备能够达到处理量每秒 20 个果，分级精度±1g，同时处理 10 道。

第三节　光电分级

光电分级是以光电传感器技术为基础的一类分级，利用光电传感器对果蔬进行测量分级。光电传感器技术在分级设备上的应用先于图像识别技术。在果蔬分级设备中的光电测量分级技术可分为双光源阻断分级、单光源计数分级和光幕测量分级等。

一、光电传感器

光电传感器是光电检测系统中实现光电转换的关键元件，是把光信号（红外、可见或紫外光辐射）转变成为电信号的器件。光电传感器一般由光源、光接收器和光学通路等组成，通过接收光强度变化来检测物体的有无。早期的光电传感器使用白炽灯作为光源，使用光电池作为接收器。

随着技术的进步，现在使用的光源多为 LED 光源，接收器为光敏二极管或光敏三极管。

LED 光源即发光二极管，是一种半导体元件，通电流时会发光。与白炽灯不同，LED 光源没有灯丝，抗震动冲击，能制作得很小，并且使用可靠、寿命长。LED 能发射人肉眼看不到的红外光，也能发射可见的绿光、黄光、红光、蓝光、蓝绿光或白光。

光敏二极管与半导体二极管在结构上类似，其管芯是一个具有光敏特征的 PN 结，具有单向导电性，因此工作时需加反向电压。无光照时，有很小的饱和反向漏电流，即暗电流，此时光敏二极管截止。当受到光照时，饱和反向漏电流大大增加，形成光电流，它随入射光强度的变化而变化。

光敏三极管和普通三极管相似，也有电流放大作用，只是它的集电极电流不只是受基极电路和电流控制，同时也受光辐射的控制。与光敏二极管相比，具有很大的光电流放大作用，即很高的灵敏度。

红外光 LED 是效率最高的光束，同时也是在光谱上与光敏三极管最匹配的光束，因此也最常用。对于需要用来区分颜色的传感器，需要用可见光源。

光电传感器就是通过光源射向被测物体，接收器接收光强并转换成电信号的传感器。光的发射和接收模式一般有对射式、反射板式、偏振反射式和直反式等，如图 8-3-1 所示。对射式指发生器和接收器相对安装，发射器发出的光直接对准接收器，当被测物体挡住光束时，传感器输出产生变化，指示被测物被检测到。这种模式对光能的利用率最高，并且能提供最高的过量增益。反射板式是指发射器和接收器集为一体，发射器发射光到反射板，反射板再反射光到接收器，当物体挡住光束时，被测物就被检测到了。反射板通常是由多个几何棱镜组成的矩阵，每个棱镜有 3 个相互垂直的平面和一个斜面，光束从斜面进入，经与进入面成 45°角的两面反射后再从斜面平行返回。偏振反射式是利用两个偏振镜头分别安装在发射器和接收器的前面，偏振方向互相垂直，发射光经发射器前的偏振镜头偏振后变成单方向振动如竖直方向的光波，此光波经反射板反射（去偏振）后，再通过接收器前的偏振镜头，变成水平方向的光波被接收器接收。偏振镜头可以解决传感器检测光亮物体的误动作问题。直反式是通过检测从被测物体反射回来的能量来判断是否有被测物的，这种方式的发射器和接收器组装在一起，在被测物的同一侧，当被测物出现时，把一部分光反射回传感器。

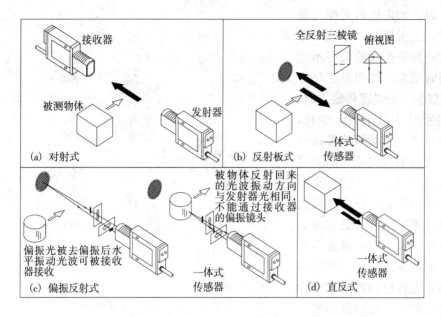

图 8-3-1　光发射和接收模式示意

光电传感器用于果蔬分级时常用来作为依据尺寸测量进行的分级，使用的是传感器的开关量输出，即导通和截止状态。

二、双光源阻断分级

双光源阻断分级原理如图 8-3-2 所示，沿果蔬传输方向分布若干组光电传感器，其中每两组组成一个分级单元，每分级单元的两传感器之间的距离由果蔬尺寸级别确定。果蔬通过

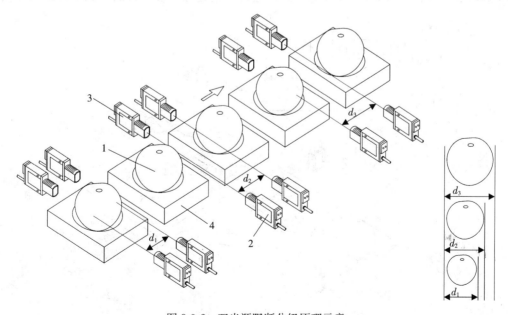

图 8-3-2　双光源阻断分级原理示意
1. 果蔬　2. 发射器　3. 接收器　4. 托盘

分级单元时，如果使两光源光路同时阻断，说明果蔬尺寸大于该级别尺寸；如果通过的果蔬不能使光路同时阻断，说明果蔬尺寸进入到该级别。沿果蔬传输方向，传感器间距尺寸由小到大变化，如 $d_1 < d_2 < d_3$，由此可将果蔬分为不同尺寸级别（尺寸 $< d_1$；尺寸 $d_1 \sim d_2$；尺寸 $d_2 \sim d_3$）。光电传感器水平布置时，由于果蔬的不规则性，光束高度与最大果径所在高度可能不一致，因此会产生误差，影响分级精度。较好的方法是将光电传感器在竖直方向布置，发生器和接收器分别置于果蔬的上方和下方，托盘或托辊

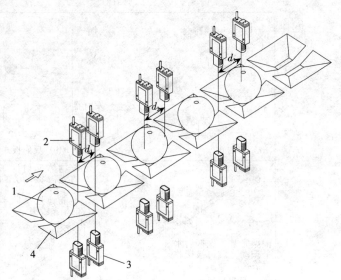

图 8-3-3　传感器竖向布置的双光源阻断分级
1. 果蔬　2. 发射器　3. 接收器　4. 托盘

设有光路通口，并且具有使果蔬向光路居中的结构设计，如图 8-3-3 所示。

三、单光源计数分级

单光源计数分级原理如图 8-3-4 所示，利用的是光电传感器的脉冲发光和接收特性。LED 光源的开关速度可达千赫兹，发射器不断以脉冲方式发射光，接收器将接收到的信号输出到计数器进行计数。当果蔬通过传感器时，光路被切断，被阻断的脉冲次数被记录下来，果蔬尺寸可由式（8-3-1）计算得出。再通过数据处理系统，将测量到的果蔬尺寸按分

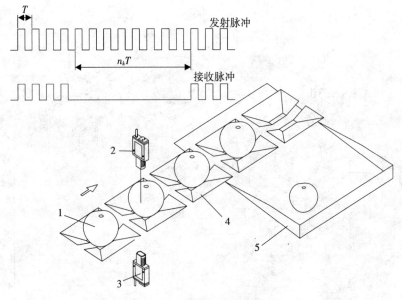

图 8-3-4　单光源计数分级
1. 果蔬　2. 发射器　3. 接收器　4. 托盘　5. 接果盘

组输出，使果蔬行驶到所在级别位置时被驱动下落。与双光源阻断分级类似，竖直方向布置传感器比水平方向布置更利于提高分级精度。

$$d_k = n_k T v \tag{8-3-1}$$

式中 d_k——被测果蔬的尺寸，mm；

n_k——被测果蔬通过传感器时遮断脉冲的次数；

T——光脉冲的周期，s；

v——果蔬行驶速度，mm/s。

四、光幕测量分级

光幕传感器是由多条光束组合而成的传感器，当被测物体进入到光束区域内，部分光束被遮挡，通过分析被遮挡光束的数量，可以测量出物体的外形尺寸（$d_i = n_i a$）。光幕传感器需要与微处理器和控制器配合使用。一组光幕传感器可用来测量物体的一维尺寸，两组光幕传感器可用来测量物体的二维尺寸，如果再与单光源的脉冲计数测量结合使用，还可检测到物体的三维尺寸。利用光幕测量尺寸分级时，光幕的分辨率决定分级的精度。如图 8-3-5 所示。

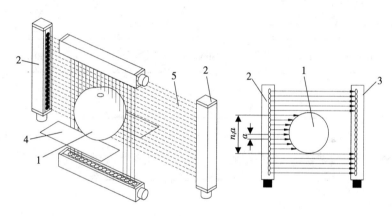

图 8-3-5 光幕测量分级
1. 果蔬 2. 发射器 3. 接收器 4. 托盘 5. 光幕

第四节 图像识别分级

图像识别分级也称作计算机视觉分级，是利用发光系统、CCD 图像传感器（也称 CCD 视觉传感器或 CCD 工业摄像机）和计算机处理与监视系统等组成的视觉系统，获取果蔬的一视或多视图像，通过图像的处理和识别，完成果蔬的形状、大小、色泽、表皮光洁状况、表面缺陷与损伤状况等果蔬外观指标的检测，并且可以对果蔬内部状况进行探测，经过与电脑中存储的参考数据进行比较，综合判断和确定果蔬的级别。图像识别分级的依据既可以是单项指标，也可以是多项指标综合的结果。

图像识别分级设备主要包括机械传输系统，由图像获取、图像处理和图像识别等内容组成的图像识别与机器视觉系统，以及计算机系统等几部分。

一、果蔬图像识别基础

果蔬等生物材料与工业材料不同，不仅具有独特的颜色、形状和尺寸特征，还具有特定的生物学组织结构，对光波具有不同的反射、散射和透射特性，这些特性对于具有特定外观及内部组织的果蔬而言往往是唯一的。

现代的机器视觉技术集成了多种类型的图像技术，不仅包括可见光区图像，还包括了近红外区、X射线和紫外线等，果蔬等生物产品在这些电磁波区域能够被反映出许多不同的特性。随着新光源和传感器技术的不断发展，最新的图像技术达到了百亿赫兹的成像，并且已经开始研究在生物产品领域中的应用。另外，核磁共振技术也已在生物产品中应用。

电磁波又称电磁辐射，是在空间传播着的交变电磁场。任何温度高于绝对零度的物体都会发射电磁波。电磁波谱如图8-4-1所示。按照波长的长短，从长波辐射开始，顺次为无线电波、微波、红外线、可见光、紫外线、X射线和γ射线。电磁波的波长越短，其能量也越大，对物体的穿透能力也越强。

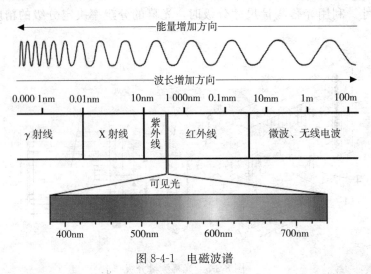

图 8-4-1　电磁波谱

在果蔬视觉分级中，识别和探测果蔬的内容不同，适宜采用的电磁波频段也不同。为探测果蔬内部品质，除可利用可见光外，还可用红外光、紫外光、激光和X射线等。

通常将400～700nm范围的电磁波称为可见光。可见光不仅能够用于识别果蔬的形状、尺寸、颜色和表面缺陷等，也可用于对果蔬内部进行探测。可见光照射果蔬时，由于果蔬组织的不同、内部品质的不同，光的透过特性也不相同。例如，成熟度不同、内部有病害和内部有虫体时，光的透过率都会有明显的差异。部分含有叶绿素的果蔬在反射光谱的670nm频段有一吸收作用。可见光检测就是利用了这一原理，通过对不同种类和不同品种果蔬的光透过性进行检测分析，得出参照基准，再通过在线检测果蔬的透光率与基准进行对照，判断果蔬的品质。

红外光通常分为两个区，近红外（0.7～2.5μm）和远红外（2.5～30μm）。与可见光区相比，多数果蔬在近红外光区有较高的反射率，并且在970nm、1170nm、1450nm和1950nm频段存在水分吸收区域。近红外光在果蔬分级中应用得越来越广泛，技术也越显成熟。例如，水果的糖度、酸度与近红外光谱特性之间具有显著的定量关系，根据水果对近红外吸收光谱的分布强度，可以实现水果糖度和酸度的快速无损检测。近红外光除用于探测果蔬的糖度和酸度外，也可以探测果蔬的内部伤害和腐坏等。而远红外对于生物组织有很强的穿透力，并对生物组织有加热的效力，这一区域也是烹饪时用到的区域。

紫外光可以分成 UV-A（315～400nm）、UV-B（280～315nm）和 UV-C（100～280nm）3 个频段。UV-C 对杀灭细菌、病毒和真菌有很好的效果，UV-B 是引起灼伤的波段，UV-A 也称为"黑光"，有吸引昆虫的作用。在 UV-A 频段光的照射下，如果果蔬产品中含有荧光物质，在可见光频段内能观测到荧光，这一特性可以用来探测果蔬的缺陷和腐坏状况。

激光具有较好的单色性，利用蔗糖只吸收特殊光线的性质，可以对果蔬的糖度进行逐个识别。

X 射线具有穿透能力，而物质密度的大小会影响 X 射线穿透量的多少，通过对穿透量的分析，就可探明物质内部的情况。X 射线分为软 X 射线和硬 X 射线，通常以 0.1nm 为界区分，软 X 射线波长较长，穿透力较弱，农产品密度低，用软 X 射线探测。应用软 X 射线可以检测如马铃薯、西瓜内部空洞及柑橘皱皮等因内部组织与密度变化引起的缺损现象。

二、机械传输系统

机械传输系统的主要功能是确保果蔬有序通过图像识别的摄像区，并且使果蔬的全部表面能够在摄像头下暴露，从而完整记录每一果蔬的图像信息。完成图像识别工序的任务后，接收果蔬所在级别信号，输送果蔬到达应在级别的位置，并通过驱动装置驱动执行机构使果蔬从托盘或托辊中落入接果轨道或接果盘中。

机械传输系统主要包括 4 部分：果蔬喂入和单元化部分、果蔬定向部分、果蔬成像部分、果蔬按类别接落部分等。

图 8-4-2 所示为一种图像识别分级生产线的机械传输系统，由带式输送排列、单分拨鼓、链式轴辊输送、电机及减速器、平皮带传动等设备组成。

果蔬喂入到带式排列机后，在皮带带动前行的同时，受到排列道的限制，排列道沿前行方向由宽变窄，使果蔬单列排队。果蔬到达单分拨鼓时，被拨鼓上旋转的拨爪逐个分开，进入到下一级链式轴辊输送机的辊轴中。带式输送排列机、单分拨鼓和链式轴辊输送机传输速度相互匹配。

链式轴辊输送机的辊轴两两一组接送果蔬，其中一根为驱动辊轴，一根为调整定向辊轴，两辊轴均联接在链式输送机的链条上被输送机带动。驱动辊通过轴承与轴联接，驱动辊的下部与位于下方的平皮带接触，可以在皮带的摩擦带动下绕轴转动，驱动辊的转动带动果蔬在其上旋转。调整定向辊轴上设置有曲线支承辊、支承盘、止动辊和弹簧，曲线支承辊的曲线根据输送果蔬的果形设计。果蔬落入曲线支承辊和支承盘之间，可以根据自身的大小和重量推动弹簧进行轴向和上下的调整，并且在驱动辊的作用下，通过调整使自身可以按照萼径的方向滚动。果蔬滚动通过照明及图像获取装置时，被获取多视图像。

图像识别处理系统将获取的图像分析处理并进行果蔬的分级归类，通过计算机控制系统下达输出指令给执行机构，执行机构是位于各级别落果位的电磁驱动装置，电磁驱动装置接收到动作信号后，当该级别的果盘到达时驱动其翻转使果落下。

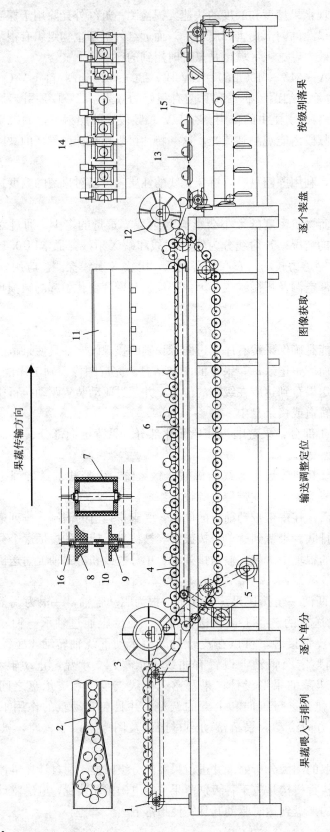

果蔬喂入与排列　　逐个单分　　输送调整定位　　图像获取　　逐个装盘　　按级别落果

图 8-4-2　图像识别分级生产线的机械传输系统

1.带式输送排列　2.排列道　3.单分拨数　4.链式轴辊输送　5.电机及减速器　6.平皮带传动　7.驱动辊　8.曲线支承辊
9.支承辊　10.正动辊　11.照明及图像获取装置　12.单分拨数　13.果盘　14.电磁驱动装置　15.接果盘　16.弹簧

三、图像的获取

图像获取用到的器件主要有照明光源、CCD图像传感器和数据采集卡等。

(一) 照明光源

1. 标准照明体与标准光源　照明光源对物体的颜色影响很大。不同光源的光谱能量分布不同,所具有的颜色也不同,照射下的物体表面呈现的颜色也随之变化。为了统一对颜色的认识,国际照明委员会(CIE)规定了4种标准照明体的色温标准。标准照明体A代表了绝对温度为2 856K的完全辐射体(黑体)发出的光;标准照明体B代表相关色温约为4 874K的直射阳光;标准照明体C代表相关色温大约为6 774K的平均昼光,光色近似阴天天空光;标准照明体D代表典型重组日光,与实际日光具有相近的相对光谱能量分布,优先推荐采用标准照明体D65,标准照明体D65代表相关色温大约为6 504K的日光。标准照明体A、B、C由标准光源A、B、C实现。标准光源A是色温为2 856K的钨丝白炽灯,标准光源B和C是在标准光源A前加滤光器实现。对于标准照明体D,目前CIE尚未推荐标准光源。

2. 光源的光谱能量分布与显色性　几种标准光源的相对光谱能量分布曲线如图8-4-3所示。光源的光谱能量分布决定了光源的显色性。显色性是光源对物体的显色能力,是通过与同色温的参考或基准光源(白炽灯或画光)下物体外观颜色的比较获得。光所发射的光谱能量分布决定光源的光色,但同样光色可由许多、少数甚至仅仅两个单色光波组合而成。光谱组成较广的光源更具有提供较佳显色品质的能力。当光源光谱中很少或缺乏物体在基准光源下所反射的主波时,会使颜色产生明显的色差。色差程度愈大,光源对该色的显色性愈差。显色指数是目前用于评价一般光源显色性的参数,以Ra表示,将白炽灯的显色指数定义为100,视为理想的基准光源。显色性高的光源对颜色的表现较好,显示的颜色接近自然原色。如果光源发出的光中所含的各色光的比例和自然光相近,则人眼看到的颜色就较为逼真。Ra值范围与显色的优良性见表8-4-1。

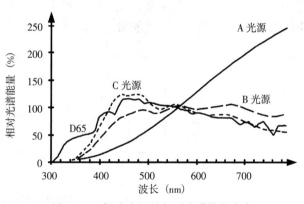

图 8-4-3　标准光源的相对光谱能量分布

表 8-4-1　**显色指数与显色的优良性**

指数 Ra	等级	显色性	一般应用
90~100	1A	优良	需要色彩精确对比的场所
80~89	1B		需要色彩正确判断的场所
60~79	2	普通	需要中等显色性的场所
40~59	3		对显色性的要求较低,色差较小的场所
20~39	4	较差	对显色性无具体要求的场所

3. 几种光源的比较　无论何种光源,在刺激人眼后都会产生光与色的感觉,它们分别属于光度学与色度学范畴。

照明光源的优劣对于获取果蔬图像尤为重要，光源的光谱特性应能满足果蔬特征抽取的需要，照明方案的选择应能最大限度地突出待识别果蔬的特征量，保证有足够的照度，能确保成像的质量。

白炽灯的理论显色指数为100，但实际应用的白炽灯种类很多，Ra值不完全一致，如卤钨灯为95～99。其他光源的显色指数，日光色荧光灯为80～94，白色荧光灯为75～85，暖白色荧光灯为80～90，氙气灯为90～94，高压汞灯22～51，高压钠灯为20～25，金属卤化物灯为60～65，钠铊铟灯为60～65，镝灯为80以上。图8-4-4为白炽灯、氙气灯和自然画光的光谱能量分布。

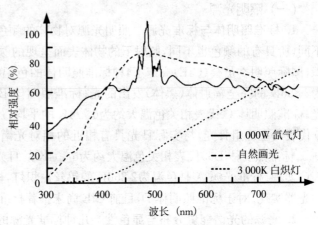

图 8-4-4　三种光源的相对强度分布

白色 LED 光源是一种新型光源，目前显色指数 Ra 是否适用于评价 LED 光源还有待研究，CIE 也不推荐采用显色指数来评价 LED。单色 LED 光源是一种波形陡峭且频带狭窄的光源，既不同于单频的激光，也不同于具有宽波段的白炽灯，典型能量分布如图8-4-5所示。白色 LED 光源是由单色光源组合而成，作为具有低耗能和长寿命性能的新型光源，有替代传统光源的趋势。图8-4-6和图8-4-7是两种白色 LED 光源的相对光谱能量分布，图8-4-8是 LED 光源与其他各种光源的寿命比较。

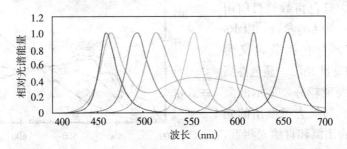

图 8-4-5　LED光源相对能量分布谱

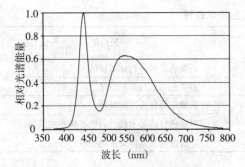

图 8-4-6　5 000K、5 700K和6 500K LED
　　　　白色光源的相对能量分布谱

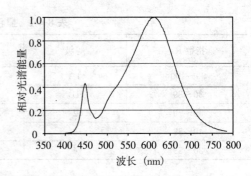

图 8-4-7　2 700K LED 白色光源
　　　　的相对能量分布谱

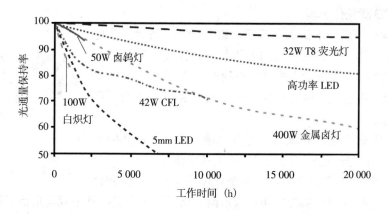

图 8-4-8 几种光源的使用寿命比较

4. 光源照明方法 光源在对果蔬进行照明时,有两种可采用的方法:间接法和直接法。

间接法是一种传统的方法,如图 8-4-9 所示,在一个圆顶光舱中有若干个光源,光不是直接照射到果蔬上,而是经过舱壁反射后照到果蔬上。这种照明系统便宜且紧凑,但是舱壁的反射不可避免,使成像效果会受到影响。另一种间接照明的方法是利用柔光屏放在光源的前面,使照射到果蔬表面的光线比较柔和,但同时也损失不少光的能量。间接法通常会在图像中产生光晕。

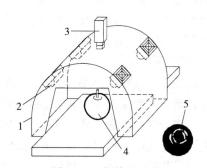

图 8-4-9 间接法照明
1. 光舱 2. 光源 3. CCD 4. 果蔬 5. 光晕

直接法采用的是直接照明装置(DL),这种照明装置是为了消除果蔬表面的光晕而设计制造的。照明装置包括一个带有反射镜的卤钨灯、两个吸热滤波片、一个偏振滤波片和一个风扇,如图 8-4-10 所示。在直接照明装置照射下获得的图像没有光晕和周围的反光。直接照明装置(DL)的关键技术是对卤钨灯前的偏振滤波片的保护,因为偏振滤波片会在 60℃时开始融化。直接照明装置中吸热滤波片和风扇均起到保护的作用。直接照明装置与间接照明相比,因为没有光晕和周围光反射,可以获得优质的图像,照明示意如图 8-4-11 所示。

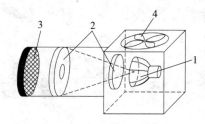

图 8-4-10 直接照明光源
1. 卤钨灯 2. 吸热滤波片 3. 偏振滤波片 4. 风扇

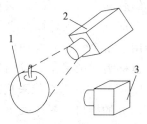

图 8-4-11 直接照明示意
1. 果蔬 2. 直接照明光源 3. 图像传感器

（二）CCD 图像传感器

CCD 图像传感器是电荷耦合器件，如图 8-4-12 所示，像传统相机的底片一样，是感应光线的电路装置，铺设在光学镜头的后方，当光线与影像从镜头透过，投射到 CCD 表面时，CCD 就会产生电流，将感应到的特征转换成能被计算机处理的一系列数据储存起来。

图 8-4-12　CCD 图像传感器

用于图像传感器的 CCD 又称摄像或像敏 CCD。它的功能是把二维图像光学信号转变成一维视频信号或数字信号。从结构上分为线阵 CCD 和面阵 CCD 两类，从受光方式分为正面光照和背面光照两种。线阵 CCD 有单沟道和双沟道两种信号读出方式，其中双沟道信号读出方式的信号转移效率高。面阵 CCD 的结构常见的有帧转移（FT）CCD、全帧转移（FFT）CCD、隔列内线转移（IIT）CCD、帧内线转移（FIT）CCD、累进扫描内线转移（PSIT）CCD 等。

数据储存记录方式包括数字空间、RGB 颜色空间和 YUV 色彩空间等。数字空间是指将连续图像进行空间域的采样和幅度值的量化，即将连续图像离散为数字图像。RGB 颜色空间是指将图像以红、绿和蓝三种颜色作为变量，对三种颜色的强度进行编码记录的方法。YUV 色彩空间是对图像的明亮度（即灰阶值）、色度和饱和度进行数字化记录。

（三）数据采集卡

数据采集卡（DAQ）也称数据采集器，是进行数据采集的硬件，它是计算机与外界的接口。在自动化控制系统中，需要应用各种类型传感器实现物理参数的测量，如压力、温度、流量、声音与图像等。数据采集卡从传感器和其他待测设备等的模拟或数字被测单元中自动采集非电量或电量信号，将采集到的数据送到上位机中进行分析和处理。数据采集卡的主要功能就是将输入的模拟信号数字化，使计算机能够解读这些信号，数据采集卡也可以实现模拟输入-输出和数字输入-输出，此外还有计数器和定时器的功能，以及将模拟、数字和计数器运算结合在一起实现多功能处理等。

利用无线数据采集卡，可以将工作现场的传感器输出信号进行采集和远程传输，尤其可以将复杂、恶劣现场环境下的物理量完整地进行采集且将采集到的数据传给远端的主控室。例如遥控、遥感、遥测系统中的数据采集、检测、报警和过程控制环节均可通过数据采集卡加以实现。

CCD 图像数据采集的最大特点是数据传输速率高和传输通道多。通用的 CCD 图像数据采集方法是在计算机中插入高速数据采集卡，采集卡与 CCD 相机间通过点对点物理层接口进行数据传输，高速数据采集卡接收到数据并通过 PCI 总线将数据写入计算机内存，然后利用采集卡的存储功能将数据通过 IDE 接口写入计算机硬盘。

专用于图像数据采集和传输的数据采集卡也称为图像采集卡或图像数据采集卡（图 8-4-13），是图像采集部分和图像处理部分的接口。图像采集过程是对图像采样、量化以后转换为数字图像并输入、存储到帧存储器的过程，由于图

图 8-4-13　图像数据采集卡

像信号的传输需要很高的传输速度，通用的传输接口不能满足要求，因此需要专用的图像采集卡来实现。

（四）图像获取布置方案

分级设备中，果蔬图像获取方案视果蔬种类和分级要求而定，反映出的果蔬信息要具有典型性和正确性，能够按照相关分级标准进行分级，并且要利于后续图像的处理和识别，利于图像特征的抽取和特征值的计算，同时也应便于机械装置配合完成，从而提高分级的精准程度。生产线中果蔬图像获取通常在行进中进行，选择 CCD 图像传感器数量和性能时应考虑即能满足需要也要经济适用。

图 8-4-14 所示为典型的复杂形状果蔬多视图像获取时 CCD 传感器的布局方式。以茄子为例，为最大面积获取表面信息，沿果蔬行驶方向设置两个图像获取工位，两工位之间设置果蔬翻转装置，在前一工位完成图像获取后，将果蔬翻转 180°，确保在两工位分别获取果蔬上下两部分的完整信息。在每个工位内设置 3 个 CCD 传感器，分别布置在果蔬行驶的前端、后端和侧端，传感器与水平面夹角 45°。每个茄子在两工位共被获取 6 帧图像，4 帧沿茄长反映外观，2 帧着重反映茄子顶端的全貌。

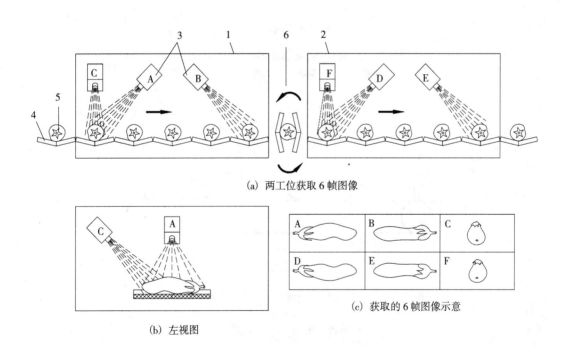

图 8-4-14　典型多视图像获取传感器布局
1.a 图像室　2.b 图像室　3.CCD 传感器　4. 托盘　5. 茄子　6. 果蔬翻转

对于苹果、梨、橙和番茄等圆形果蔬，也可采用图 8-4-15 所示的传感器布局方式，在第一工位同时获取顶部和四面的 5 帧图像，待果蔬翻转 180°后，再在第二工位获取原处于底部的图像。

对于豆荚等扁平果蔬可采用图 8-4-16 所示的光源与传感器布局方式。采用透射和放射两种光源，可以获取反射和透射图像。

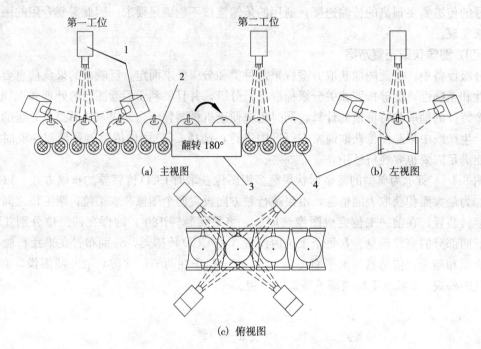

图 8-4-15　圆形果蔬用多视图像获取传感器布局
1.CCD 传感器　2. 果蔬　3. 果蔬翻转装置　4. 托辊

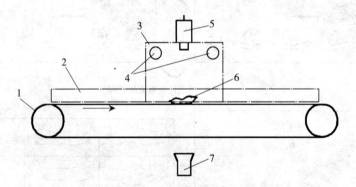

图 8-4-16　豆荚等扁平果蔬可采用的光源与传感器布局
1. 传送带　2. 分道　3. 图像获取位　4. 反射光源
5.CCD 传感器　6. 豆荚　7. 透射光源

四、图像的处理

图像的处理是指对获取的图像信息进行预处理，滤去干扰、噪声，作几何、色彩校正等。对于微弱和难辨识的信息还得增强，以提供满足一定要求的图像。为了从图像中找到需要识别的内容，还得对图像进行分割以便分辨。为使图像清晰，要对图像进行改善，即进行复原处理，把已经退化了的图像加以重建或恢复。由于图像信息量非常大，在存储及传送时，还要对图像信息进行压缩。

因此，图像处理包括图像编码、图像增强、图像压缩、图像复原、图像分割等。对图像处理环节来说，输入是图像，输出也是图像，也就是处理后的图像，如图 8-4-17 所示。

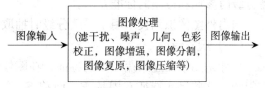

图 8-4-17　图像处理过程示意

图像处理主要解决两个问题，一是判断图像中有无需要的信息，二是确定这些信息是什么。例如果蔬分级需要的数据信息包括亮度和色度信息、形状信息、表面纹理信息、尺寸信息等，这些信息通常需要通过对图像进行分色和二值化等处理获得，如图 8-4-18 所示为甜橙处理前和处理后的图像。

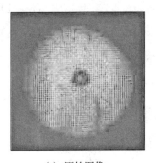

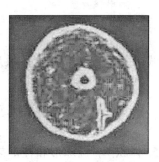

(a) 原始图像　　　　　　　(b) 分色图像　　　　　　　(c) 二值图像

图 8-4-18　甜橙处理前后的图像

(引自：Njoroge J B et al.，2002)

五、图像识别

图像识别是对上述处理后的图像进行分类和确定类别，在分割的基础上选择需要提取的特征，在特征抽取和对比的基础上对图像进行分类。在图像识别的基础上，再根据分类作结构句法分析，去描述和解释图像。对图像识别环节来说，输入的是图像，输出的是类别和图像的特征分析，如图 8-4-19 所示。

图像识别是果蔬分级的关键技术，需要对拟分级果蔬进行特征提取和分类。由于果蔬类别不同，选择和提取的图像特征不同；由于果蔬品种的差异，同一图像特征的参数值也存在差异。因而，首先需要以大量果蔬为样本，经图像识别和分析后，确定设备工作时各级别的

图 8-4-19　图像识别过程示意

参比模块，设定在计算机系统内。分级设备工作时，获取的图像再与参比模块中对各级别的描述进行比较，然后再将果蔬归为不同级别，发出不同级别的输出信号，驱动果蔬卸荷系统的执行元件。

用于果蔬分级的图像特征通常有形状、尺寸、颜色和表面缺陷等。形状和尺寸特征包括长度、宽度、直径、体积、面积、投影直径、花萼区域指数、曲率指数、粗细比、圆度和复杂度等，颜色和表面缺陷特征包括色调、饱和度、亮度、花萼颜色指数、表面瑕疵、花萼瑕疵、颜色均匀性、红色区面积、绿色区面积、损伤区面积等。不同果蔬需要提取的特征值不同，合理选择特征值既可准确分级果蔬，又可获得更好的经济效益。另外，特征提取还应注

意分级时参照和遵循的标准要求。

国内外图像识别技术用于果蔬分级时抽取的特征可归纳为以下几方面。

（一）尺寸特征

尺寸是用于描述果蔬大小的特征，在图像识别分级中是通过对图像进行分析测量和计算获得的，这些尺寸特征有周长 P、面积 S、体积 V、黑乌德（Heywood）直径 H、费雷德（Feret）直径平均值 D_{MF}、长度 L 和宽度 W 等。

1. 周长 P 和面积 S 周长 P 和面积 S 通过测算图像边界像素和边界内总像素数得到，见式（8-4-1）和式（8-4-2）。

$$P = nl_P \tag{8-4-1}$$

$$S = \sum n_{xy} A_S \tag{8-4-2}$$

式中 n——边界像素的数量；

$\sum n_{xy}$——边界内像素的总数；

l_P——单元像素的长度；

A_S——单元像素的面积。

2. 体积 V 椭球形和柱形果蔬的体积 V 均可通过对图像分割按式（8-4-3）求得，并如图 8-4-20 所示。

$$V = \sum_{k=1}^{m} \frac{\pi d_k{}^2}{4} l_K \tag{8-4-3}$$

式中 l_K——分割间距；

d_k——第 k 单元分割体的平均直径；

m——分割的单元数量。

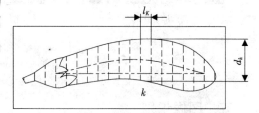

图 8-4-20 图像分割计算体积

3. 黑乌德直径 H 和费雷德直径平均值 D_{MF} 黑乌德（Heywood）直径和费雷德（Feret）直径平均值 D_{MF} 是用于测量不规则物体图像尺寸时用到的参数，最早先多用于微粒物体的研究，现广泛用于图像处理中对图形测量。

Heywood 直径定义为与图像面积相等的圆的直径，可用式（8-4-4）计算。

$$H = 2\sqrt{\frac{S}{\pi}} \tag{8-4-4}$$

式中 H——黑乌德直径；

S——图像面积。

Feret 直径在对不规则图像进行描述时，指任意两条与图像轮廓相切的平行线之间的距离（图 8-4-21），Feret 直径为定向直径，需要按照一定的角度对图像分割和测量。通常取其平均值，即 Feret 直径平均值 D_{MF}，计算见式（8-4-5）。

$$D_{MF} = \frac{\sum_{i=1}^{n} D_{Fi}}{n} \tag{8-4-5}$$

式中 D_{MF}——Feret 直径平均值；

D_{Fi}——第 i 个 Feret 直径；

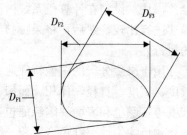

图 8-4-21 不规则图形的 Feret 直径

n——测量数。

4. 长度 L 和宽度 W 长度 L 定义为不规则图像轮廓上任意两点之间距离的最大值，宽度 W 是与长度方向垂直的轮廓上两点间距的最大值（图 8-4-22）。对于圆形图像，长度和宽度均等于直径；对于椭圆形图像，长度和宽度分别指椭圆的长径和短径。

5. 尺寸特征的应用 柑橘类圆形果蔬的果重与图像面积之间存在很好的线性关系，如图 8-4-23 所示，通过识别果蔬图像计算其面积，并且以面积大小确定等级范围，可以实现按照果重分级，见表 8-4-2。

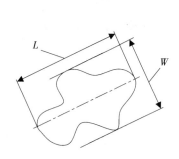

图 8-4-22 不规则图形的长度和宽度

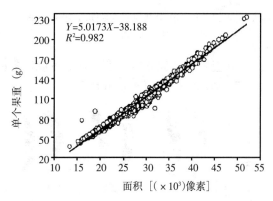

图 8-4-23 甜橙图像面积与果重的关系
（引自：Ahmad U *et al.*，2010）

表 8-4-2 甜橙重量分级依据的图像像素面积标准

（引自：Ahmad U *et al.*，2010）

等级	重量/g	图像面积像素
A	⩾151	⩾37 919
B	101～150	27 687～37 715
C	51～100	17 455～27 483
D	⩽50	⩽17 251

（二）形状特征

形状是反映果蔬外观质量的重要特征。果蔬形状会受到生长环境条件的影响，不适环境会造成果蔬畸形，而畸形果蔬会影响销售，在进行果蔬分级时需将其作为不合格产品检出，并且需要根据果蔬形状的适感程度进行等级划分。

1. 标准形状图样 任何果蔬都有特定的形状特征，通常可以制作出标准图样，以便分级时参照。例如，在美国 USDA 分级标准中，除用文字对果蔬级别进行描述外，还对多种果蔬的形状分级给出了样图，如图 8-4-24、图 8-4-25 和图 8-4-26 所示。图 8-4-24 是西瓜分级标准中给出的样图，西瓜分 3 个级别（US Fancy、US No.1 和 US No.2），图（a）是圆形瓜 US No.1 级别准许和不准许的形状，图（b）是长形瓜 US No.1、US No.2 级别准许的形状和 US No.2 级别不准许而需要剔除的形状。

图 8-4-25 是黄瓜分级标准中的图样，其中图（a）、图（b）和图（c）分别为 US Fancy、US No.1 和 US No.2 级别准许的最低限度形状。

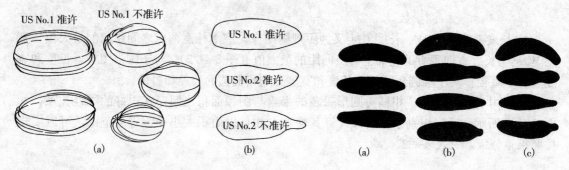

图 8-4-24　USDA 分级标准中西瓜分级外形图样
（引自：USDA，2006）

图 8-4-25　USDA 分级标准中黄瓜分级形状图样
（引自：USDA，1958）

　　而在温室黄瓜的分级标准中，对可能出现的黄瓜形状进行了归类划分，对各种形状黄瓜给出了级别对照，如图 8-4-26 所示。

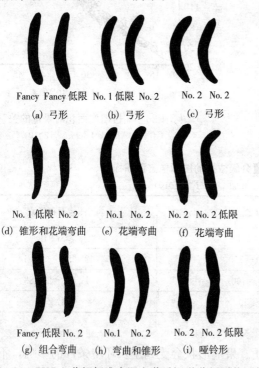

图 8-4-26　USDA 分级标准中温室黄瓜视觉分级形状图样
（引自：USDA，1985）

　　2. 形状特征参数　进行图像识别时，描述果蔬形状的特征参数有园度 R、变形度 B、复杂度 C、长径比 K 和粗细比 J 等，有些参数适用于球形果蔬，有些适用于椭球形，有些适用于柱形等。需要通过图像信息抽取出这些参数并为其赋值，建立合格产品指标范围或各等级指标范围，检测时通过与合格产品的特征值指标或各等级指标进行比较，将外形偏离正常的果蔬剔除，并按等级归类。这些参数的描述和计算见式（8-4-6）～式（8-4-10），示意如图 8-4-27 所示。

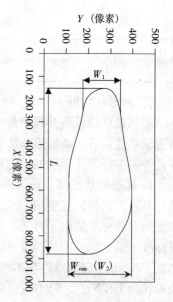

图 8-4-27　粗细比、长径比计算示意

$$R = \frac{2}{P}\sqrt{\frac{S}{\pi}} \qquad (8\text{-}4\text{-}6)$$

$$\dot{B} = \sum (p_i - m_p)^2 / nS \qquad (8\text{-}4\text{-}7)$$

$$C = \frac{P^2}{4\pi S} \qquad (8\text{-}4\text{-}8)$$

$$K = \frac{W}{L} \qquad (8\text{-}4\text{-}9)$$

$$J = \frac{W_{\min}}{W_{\max}} \qquad (8\text{-}4\text{-}10)$$

式中　S——图像面积；

　　　P——果蔬图像的周长；

　　　p_i——质心到第 i 条边界像素之间的距离；

　　　m_p——p_i 的平均值；

　　　n——边界像素的数量；

　　　L——果蔬图像的长度；

　　　W——果蔬图像的宽度；

　$W_{\min}$——与长度垂直的最小轮廓距离；

　$W_{\max}$——与长度垂直的最大轮廓距离。

3. 复杂形状特征提取　对于形状复杂的果蔬，也有采用细分剖析进行形状识别的，如茄子的弯曲形状可以分成 C 形、S 形和颈部弯曲形 3 种，经图像分割后，可以用曲度 β 进行识别。C 形茄子的曲度是以花托部质心和顶部质心为两端点、以茄子的质心为中心点所作的弧线得出，S 形茄子可以分成两个弧线部分分别计算曲度，颈部弯曲形的曲度由花托部质心和茄子质心为两端点所作弧线得出，如图 8-4-28 所示，曲度 β 计算见式（8-4-11）～式（8-4-13）。

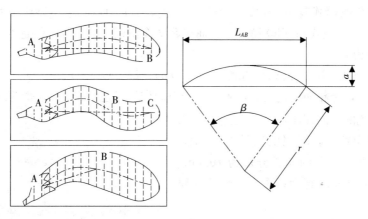

图 8-4-28　利用曲度对茄子图像识别

$$\beta = 2\arcsin\frac{L_{AB}}{2r} \qquad (8\text{-}4\text{-}11)$$

$$r^2 = (r-a)^2 + \left(\frac{L_{AB}}{2}\right)^2 \qquad (8\text{-}4\text{-}12)$$

$$\beta = 2\arcsin\frac{4aL_{AB}}{L_{AB}^2 + 4a^2} \qquad (8\text{-}4\text{-}13)$$

式中　L_{AB}——弧线的弦长；

　　　　r——弧线的曲率半径；

　　　　a——弦高。

图像尺寸和形状特征的提取方法是多种多样的，应视分析识别的果蔬特点而定，例如对于毛豆的尺寸和形状特征，也可以采用图 8-4-29 和图 8-4-30 所示的通过图像中心点 C 的长、宽尺寸以及中心位置来判别毛豆是否太细、太粗或是否异形等。

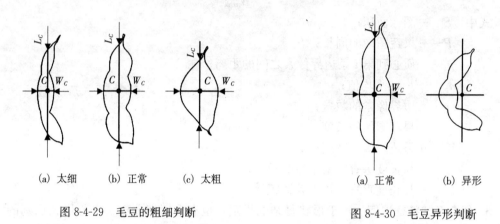

(a) 太细　　(b) 正常　　(c) 太粗

图 8-4-29　毛豆的粗细判断

(a) 正常　　(b) 异形

图 8-4-30　毛豆异形判断

（三）色泽特征

色泽能够反映出果蔬的颜色和质地，碰伤和腐烂等表面缺陷也可以通过色泽特征反映出来。

1. 数字图像的色彩模式　色彩模式是用数字表示图像的数学算法。在计算机视觉图像处理中，彩色图像模式有 RGB 模式、CMYK 模式、LAB 模式、HSV 模式、HSL 模式、YUV 模式、YcbCr 模式和 YIQ 模式等，而果蔬图像识别分级中常用的是 RGB 模式和 HSV（HSL、HSI）模式。

（1）RGB 模式。RGB 模式是指利用红（Red）、绿（Green）和蓝（Blue）三原色生成颜色的一种模式，是相加混色模式，采用三维空间进行描述，如图 8-4-31 所示。

使用三原色的不同配比，可以匹配出可见光中各种不同光色，国际照明委员会（CIE）规定红、绿和蓝三原色的波长分别为 700nm、546.1nm 和 435.8nm。颜色匹配可用颜色方程表示为：

$$C_{RGB} = R(R) + G(G) + B(B)$$
$$(8\text{-}4\text{-}14)$$

其中 C_{RGB} 表示配比色，(R)、(G) 和 (B) 代表产生混合色的红、绿、蓝三原色的单位量，R、G、B 分别为配色所需要的红、绿、

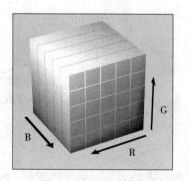

图 8-4-31　RGB 模式

蓝三原色单位量的份数。这个份数被称为颜色刺激值，而 C_{RGB} 的数值表示了相对亮度。当红、绿、蓝三原色单位量已定时，对某一色光而言，R、G、B 的各分量大小是唯一的。用 R、G、B 构成一个色度空间，C_{RGB} 是色度空间的一个点。

由于红、绿、蓝三原色单位量存在一定的比例关系（1.000 0：4.590 7：0.060 1），所有 C_{RGB} 的坐标不用 R、G 和 B 直接表示，而是用在总量中所占的比例表示，记为 r、g、b，称为色度坐标，见式（8-4-15）～式（8-4-17）。

$$r=\frac{R}{R+G+B} \tag{8-4-15}$$

$$g=\frac{G}{R+G+B} \tag{8-4-16}$$

$$b=\frac{B}{R+G+B} \tag{8-4-17}$$

任何一幅图像，均可分为红、绿、蓝 3 个通道，分别记录三原色含量的多少，以色度来表示，某通道的色度值高，则表明所含有的该基色多。图像色彩识别就是对图像提取 r、g、b 值，用 r、g、b 的数值表征色斑的颜色。

（2）HSV、HSL 和 HSI 模式。HSV 模式和 HSL 模式也称作色彩属性模式，是两种最普通的用圆柱坐标表示色彩的模式（图 8-4-32）。HSV 代表色调（Hue）、饱和度（Saturation）和明暗度（Value），HSL 代表色调（Hue）、饱和度（Saturation）和光亮度（Lightness）。计算机图像应用中的第三种色彩模式是 HSI［代表色调（Hue）、饱和度（Saturation）和光强度（Intensity）］。这 3 种模式常被混淆使用。

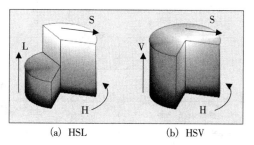

(a) HSL　　(b) HSV

图 8-4-32　色彩属性模式

三种模式中，围绕中心轴的角度为色调 H，即颜色的名称，如红、黄、蓝等，用 0°～360°或 0～100％表示；离开中心轴的距离为饱和度 S，指色彩的纯度，越高色彩越纯，取值为 0～100％；沿中心轴向上的距离为明暗度 V、光亮度 L 或光强度 I。

2. 色彩模式在图像识别中的应用　果蔬分级中，用色彩属性模式可以直观地表述果蔬的颜色特征。例如，Kondo N(2009)介绍的自动化水果分级系统中，将 HSI 的 256 水平值转换成 25 水平和 16 种水果颜色（红 1、2；黄 1、2、3；黄绿 1、2；绿；6 种损伤颜色；2 种背景色，白和黑）用来对水果进行分级，表 8-4-3 给出了某种梨分为 5 个级别的判别标准。

表 8-4-3　水果的等级标准

（引自：Kondo N，2009）

特征	级别				
	L1	L2	L3	L4	L5
颜色					
色调（整个）	135～175	>175	130～180	0～190	≥190

（续）

特征	级别				
	L1	L2	L3	L4	L5
颜色					
色调（顶部）	<135	<135	<130	任何	任何
色调（底部）	<175	<175	<180	<190	≥190
红色区（底部）	<58	<63	<68	<80	≥80
饱和度（整个）	<268	<270	<272	<280	≥280
形状					
圆度（顶和底）	<110	<115	<120	≥120	≥120
复杂度（顶和底）	<120	<130	<157	≥157	≥157
变形度（侧）	<130	<180	<320	≥320	≥320
损伤、病害					
严重损伤（顶）	<4	<20	<50	≥50	≥50
严重损伤（底）	<6	<30	<70	≥70	≥70
中度损伤（顶）	<12	<25	<100	≥100	≥100
中度损伤（底）	<15	<30	<130	≥130	≥130
轻度损伤（顶）	<15	<40	<110	≥110	≥110
轻度损伤（底）	<30	<60	<160	≥160	≥160

（四）光谱图像

1. 多光谱图像和高光谱图像获取　多光谱图像（Multispectral image）是在电磁波谱特定频率上捕获的图像数据，是相对于全色图像而言的，全色图像是按照落入每一像素的总辐射强度进行记录，而多光谱图像是将电磁波分成许多频段进行记录，在每一小频段得到一帧数字图像（常称为一景）。例如，在遥感卫星图像中常用的波谱频段为：蓝色 450～520nm，绿色 520～590nm，红色 620～680nm，近红外 750～900nm、1 550～1 750nm 和 2 080～2 350nm，热红外 10 400～12 500nm 等。利用这些频段划分记录图像，是为了能够很好地识别山脉、河流、湖海、森林、作物、各色建筑，以及能够进行作物生长状况、地质特性和火灾等等信息的识别和分析。

为获得多光谱图像，典型的方法是采用液晶可调谐滤波片（LCTF）、声光可调谐滤波片（AOTF）或 F-P 干涉滤波片等，这些电子滤波器件可以顺序获得若干个波长数据点（WDP）。电子滤波片设置在摄像机镜头的前面，其工作原理如图 8-4-33 所示。

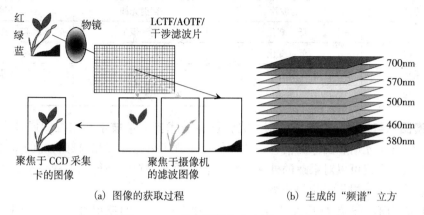

（a）图像的获取过程　　　　　　　　（b）生成的"频谱"立方

图 8-4-33　多光谱图像获取原理示意

　　由于多光谱图像的波长数据是顺序获得的，视域必须严格固定以确保摄像机像素与视域中物体之间的正确配准。

　　高光谱图像（Hyperspectral image）与多光谱图像不同，是利用带有衍射光栅或棱镜的成像分光计，捕获成百幅的连续波长数据点（WDP）。数据具有分光质量的特征。这项技术常被称为"推扫"高光谱成像，是为了适应快速变化的视域而开发应用的。高光谱图像获取原理示意如图 8-4-34 所示。

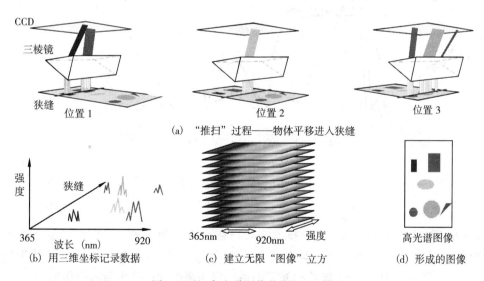

（a）"推扫"过程——物体平移进入狭缝

（b）用三维坐标记录数据　　　（c）建立无限"图像"立方　　　（d）形成的图像

图 8-4-34　高光谱图像获取原理示意

　　多光谱图像和高光谱图像是两种不同成像技术获得的图像数据，虽然均以三维坐标描述，但各自具有不同的特点。多光谱图像具有空间分辨率高的特点，而高光谱图像具有光谱分辨率高的特点。获取图像的性能还与选用的光学元件以及组成的成像系统有关。表 8-4-4 给出了多光谱和高光谱成像系统特点的比较。

表 8-4-4　多光谱和高光谱成像系统特点的比较

项目	多光谱成像	高光谱成像	
成像方式	滤波片	衍射光栅	棱镜
光谱带通	低（变化）	高～恒定	高（变化）
效率	低（变化）	变化（中到低）	高（恒定）
波长采集	顺序	同步	同步
像素采集	同步	顺序	顺序

2. 光谱图像与果蔬分级特征识别　光谱图像技术把光谱技术与二维图像技术融合在一起，数据中包含了光谱和图像的信息，这些信息包含了果蔬外部和内部状况的特征，抽取和利用这些信息，不仅可以对果蔬的外在形状、表面质地和缺陷进行识别和分级，也可以对果蔬的内部品质进行无损伤探测与分级。

图 8-4-35 为不同果蔬及其各部分对可见光和近红外光的反射波谱。从图中可以看到，果蔬对各波长光波的反射可以分成两类，一类在 700～1 400nm 频段有较高的反射率，这类果蔬有黄瓜、茄子、苹果、桃、梨、柿子、橙等；另一类的反射率较低，这类果蔬包括番茄、葡萄、草莓、青椒等。而多数叶子的反射率只有 50%。

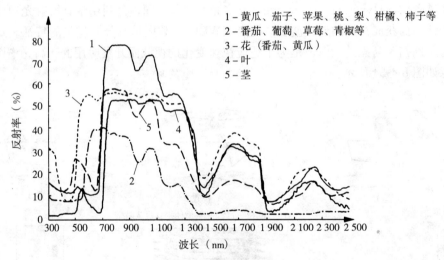

图 8-4-35　作物及各部分的反射光谱

(引自：Kondo N，2006)

Wei X (2011) 等利用光谱图像技术进行猕猴桃损伤的探测，得出在可见光和近红外区，损伤与正常果在感兴趣区域内具有不同的波谱值，如图 8-4-36 所示。并且认为近红外区的 708nm、729nm 和 770nm 波长的光谱图像可以用来区分损伤果与未损伤果。

又如，毛豆荚的正常部分与皱褶、压瘪、变色（褐变和变黑等）、损伤等缺陷部分对于各波段光的反射率不同，图 8-4-37 所示为正常部分与各种缺陷部分分光反射率差值的光谱图，可以看出，在 540nm 和 730nm 波段各种状况的反射率差值较大，因此可以抽取这两个波段的光反射图像用于正常与损伤部分的区分。图 8-4-38 为豆荚的图像和经二值化处理的图像，图 8-4-38（a）是豆荚的完整图像，图 8-4-38（b）是经二值化处理的有缺陷部分的图

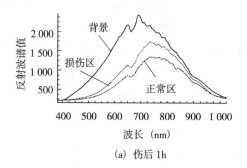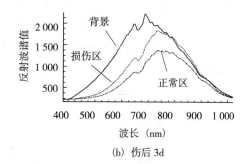

(a) 伤后 1h   (b) 伤后 3d

图 8-4-36 猕猴桃在正常区与损伤区的波谱图

(引自：Wei X *et al.*，2011)

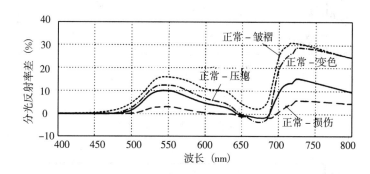

图 8-4-37 毛豆荚的分光光谱

(引自：秋田県和株式会社山本製作所，2008)

像，图 8-4-38（c）是经二值化处理的正常部分的图像。

通过分析计算图像的像素面积，确定等级指标，即可进行毛豆荚的分级。例如，分别计算出毛豆荚缺陷部分的像素面积和正常部分的像素面积，按照毛豆荚缺陷面积所占的比例，即可将毛豆荚分成优等（<1%）、良等（1%～8%）和不良等（>8%）。

叶昱程（2005）利用光谱图像技术，在可见光和近红外波段光谱研究得出了红富士苹果表面完好、碰伤、腐烂、果梗和花萼等 5 个部分的光谱反射特性曲线（图 8-4-39 和图 8-4-40），可以看出在 600～900nm 波长范围，完好部分与碰伤、腐烂、果梗和花萼部分的反射系数均有明显差异。为使碰伤和腐烂果从完好果中分出，并且不与果梗和花萼部分混淆，将 480nm±10nm、530nm±10nm、630nm±10nm 和 830nm±10nm 4 个波段采集的图像（B、G、R 和 I）进行叠加得到 RGB、RGI、GBI 和 RGBI 4 种多光谱图像，并且利用单色图像 R、G、B、I 和多光谱图像 RGB、RGI、GBI、RGBI 分别进行分级，结果对完好表面的识别

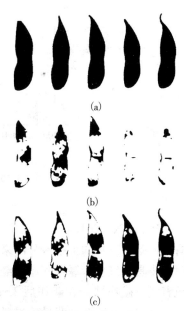

(a)

(b)

(c)

图 8-4-38 毛豆荚图像和经二值化处理后的图像

（引自：同图 8-4-37）

率分别为 75％、78.3％、55％、51.7％、95％、100％、96.7％和 98.3％，而对有缺陷表面的识别率分别为 75.8％、73.3％、53.3％、43.3％、97.5％、96.7％、91.7％和 95.8％。由此可见，多光谱图像的识别率要高于单色图像，而 RGI 多光谱图像对红富士苹果缺陷的识别表现最好。

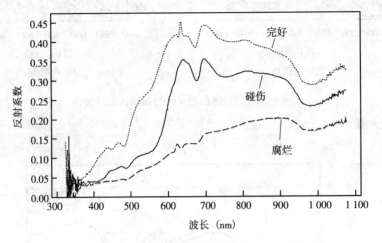

图 8-4-39　苹果完好、碰伤和腐烂表面的光谱反射特性
（引自：叶昱程，2005）

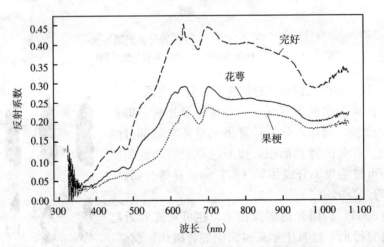

图 8-4-40　苹果完好、花萼和果梗的光谱反射特性
（引自：同图 8-4-39）

　　Wang N（2010）等为使刚发生碰撞的伤果能与完好果区分，并且能使碰伤果在同类具有不同颜色背景的果中区分出来，在可见光区（400～700nm）和近红外区（700～1 000nm）对表皮具有红色、绿色和微带红色的 3 种 McIntosh 苹果的反射光谱进行研究，得出 3 种颜色背景下碰伤部分在碰伤后 1h、12h、24h 和 3d 的光谱反射特性 ［图 8-4-41 中的图（a）、（b）和（c）］和 3 种背景色果碰伤后 1h 的正常部分与碰伤部分的光谱反射特性 ［图 8-4-41（d）］。不论苹果的背景颜色如何，均在 500nm、680nm 和 960nm 波长附近出现波谷，在 840nm 出现小波谷。500nm 和 680nm 波段出现的吸收波谷代表了苹果中的类胡萝卜素和叶

绿素的颜色特征，840nm 和 960nm 波段出现的吸收波谷分别代表了糖分和水分对光的吸收特征。另一方面，无论是刚发生的还是存放几天之后，碰伤部分组织对光的反射都比正常组织明显要低，而 3 种背景色下发生不久的碰伤在近红外区的反射率非常接近。通过数据分析，选择 750nm、820nm 和 960nm 3 个波段的图像合成为多光谱图像（图 8-4-42），用于具有不同背景色的 McIntosh 苹果的碰伤识别，能够达到非常好的效果。

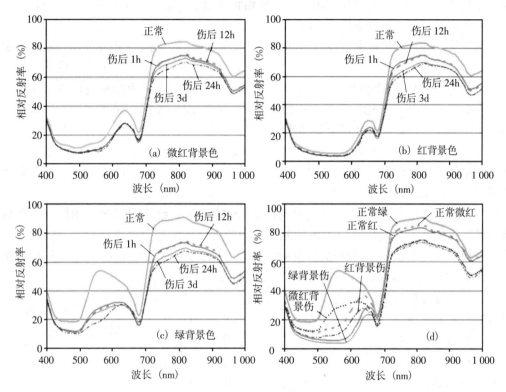

图 8-4-41　3 种颜色背景 McIntosh 苹果的正常部分和碰伤部分的反射光谱
(引自：Wang N and Elmasry G，2010)

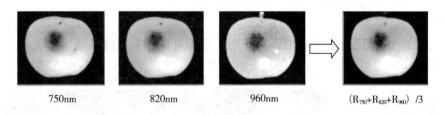

图 8-4-42　McIntosh 苹果的 3 个波段图像与合成图像
(引自：同图 8-4-41)

（五）X 射线图像

1. X 射线成像技术　X 射线又称伦琴射线或 X 光，是波长在 0.01～10nm 范围的电磁波。X 射线具有很高的穿透能力，能透过许多可见光不透明的物质，并且可以使一些固体材料发生可见的荧光。波长越短的 X 射线能量越大，波长长的 X 射线能量较低，通常分为硬 X 射线和软 X 射线。

X射线自身的特性包括能量和电流。能量指离开X射线管的X射线光子所具有的最大能量，用于食品检测的能量通常为20~100keV。电流与产生的X射线光子数量有关，多数X射线检测系统的电流限制在10mA以内。

现代的X射线成像技术有照相底片法、线扫描法和X射线荧光透视。

照相底片法应用最为广泛，因其具有高分辨率和高动态范围，不仅广泛用于医学领域，也在工业探测和食品探测中得以应用。由于照相底片的生产会产生大量有毒废弃物，并且照相底片生成需要时间，并不适用于实时监测。

线扫描法是随计算机数字图像技术的出现而发展起来的，基于了磷发光材料吸收电磁波而再次发射更长波段光的特性。磷发光材料用于X射线探测器时，吸收X射线并发射可见光，可见光可通过CCD传感器来感测。有些线扫描探测器不用磷而使用现代的半导体晶体材料，直接将X射线能转化为电流。在线扫描队列中，成千数百个探测器，或者是磷发光材料覆盖的光敏二极管，或者是半导体晶体材料，垂直于被探测物运动的方向排成一排。当样品以一定的速率通过这个队列时，发光二极管以样品速度同步的速率重复读取输出。因而图像被一排排地构建出来。由于图像的建立取决于样品运动通过探测器，这种方式非常适于高速探测，常用来进行行李的检查。

X射线荧光透视成像系统是以图像增强器为基础的X射线实时成像。图像增强器是X射线成像系统中除X射线源外最关键的元件。图像增强器由外壳、射线窗口、输入屏（包括输入转换屏和光电层，常用碘化铯晶体或三硫化二锑等对X射线敏感的光电材料制作）、聚焦电极和输出屏组成。输入转换屏吸收入射的X射线，将其能量转换为可见光发射，光电层将可见光发射能量转换为电子发射，通过加有25~30kV高压的聚焦电极加速电子并将其聚集到输出屏，再由输出屏将电子能量转换为光发射。图像增强器内实现的转换过程是：X射线—可见光—电子—可见光。图像增强器的结构示意如图8-4-43所示。

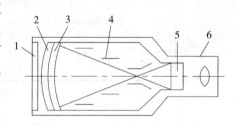

图8-4-43　图像增强器结构示意
1. 射线窗口　2. 输入转换屏　3. 光电层
4. 聚焦电极　5. 输出屏　6. 外壳

与线扫描检查系统不同，图像增强器产生的图像可以被直接捕获或投射到屏幕上，通常采用CCD传感器捕获图像，形成实时数字成像系统。

2. X射线成像在果蔬分级中的应用　X射线成像可以用来探测果蔬内部状况。例如，X射线成像可用于探测苹果的水心病和核腐病，并且可以探测苹果内的虫害情况，图8-4-44

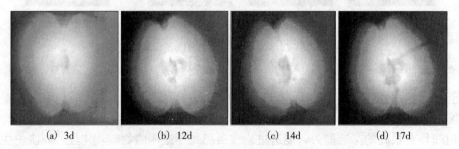

(a) 3d　　　(b) 12d　　　(c) 14d　　　(d) 17d

图8-4-44　苹果接种虫卵后不同时期的内部情况
(引自：Haff R P and Toyofuku N，2008)

所示为 X 射线成像的蠹蛾幼虫在果内成长活动过程，同时也说明了在感染虫卵早期被探测发现是比较困难的。

X 射线成像技术还可在农业生产中用来确定番茄的成熟度，检测桃子成熟期间的内部变化，检测梨核腐，检测桃子和油桃果实絮败，检测洋葱的空洞和腐败，检测菠萝的内部组织失调等，例如图 8-4-45 所示为健康菠萝与内部半透明物失调菠萝在 X 射线下的成像。

利用 X 射线成像技术进行农产品检测时也有一些不足之处。例如，果蔬一般具有曲线的外形，为使射线穿透成像所需的强度往往会使外周图像模糊，如图 8-4-46(a) 所示。又如，如果待测物盛装在容器中，容器对透过待测物的射线强度也会产生影响。图 8-4-47 为射线透过曲线形状物体和容器时透过强度的变化示意。

最新研究结果表明，在 X 射线源和待测物之间设置一衰减器，衰减器使通过自身的 X 射线强度根据待测物的形状调整和修正，经修正后的射线照射到物体时，成像效果可以得到改善，如图 8-4-46(b) 所示。

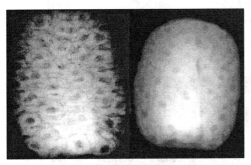

(a) 健康菠萝　　　　(b) 半透明物失调

图 8-4-45　菠萝的 X-射线成像

(引自：同图 8-4-44)

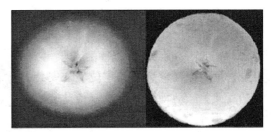

(a) 无衰减器　　　　(b) 有衰减器

图 8-4-46　有无衰减器时的成像

(引自：同图 8-4-44)

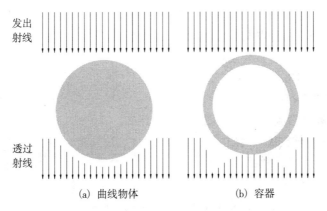

(a) 曲线物体　　　　　　(b) 容器

图 8-4-47　射线透过物体时强度变化示意

第五节　其他内部品质探测方法

果蔬的成熟度、糖度、酸度、果肉软硬度等内部品质状况也是用于果蔬分级归类的因素，果蔬的糖度、酸度和果肉软硬度表现了果蔬不同品种的风味，同时又可反映出同品种果蔬的成熟程度。除上节介绍的图像识别技术外，还有一些无损伤探测技术也可对果蔬内部品质进行探测，如机械波技术、超声波技术、磁共振技术、电子鼻技术及介电特性等。

一、机械波（声波）检测

声波是一种机械波，由物体振动产生，可以在气体、液体和固体中传播，波形、振幅和频率等均会由于传播介质的不同发生改变。人对声波频率的感知范围为 20～20 000 Hz。

机械波检测借助了人们通过敲击西瓜听声音判断成熟度的原理，利用机械装置向果蔬敲打，或者在一定高度使果蔬落到刚性表面，再用传感器检测在果蔬内部产生的机械波，通过检测和分析波的振动频率和传播速度等波形参数，判断出果蔬的品质，该方法可以用来检测果蔬的成熟程度或内部是否有空洞存在。波在果蔬内部传播的频率和速度与果蔬的成熟度有关，成熟度越高，振动频率越低或传播速度越慢。机械波检测在一定范围内还可以判断果肉的软硬程度，波在果蔬内部传播的速度与果肉的硬度具有一定的相关性。

机械波检测系统包括撞击装置、声波信号接收装置、信号处理和转换装置等。图 8-5-1 所示的西瓜分级生产线上的检测装置，包含有定位轮、电磁击锤、3 个振动传感器、托盘、机架、滑轨、活动架等。电磁击锤、振动传感器和定位轮均安装在活动架上，活动架可在机械传动装置的作用下上下移动和水平面的位置调整，当西瓜到达工位后，活动架动作使定位轮与西瓜接触确保电磁击锤、振动传感器与西瓜之间的位置关系。定位后，电磁击锤向西瓜发出机械振动波，设置在对面的 3 个传感器从不同位置接收振波信号，通过分析发射点与接收点的空间位置距离以及接收信号与发射信号的变化情况可以探测出西瓜的内部状况，确定成熟度和是否存在空洞。

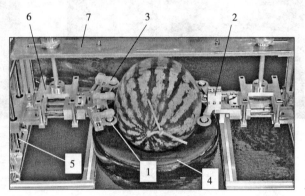

图 8-5-1　西瓜检测装置
1. 定位轮　2. 电磁击锤　3. 振动传感器
4. 托盘　5. 滑轨　6. 活动架　7. 机架

图 8-5-2 为下落式检测系统示意图。当果蔬被机械手夹持输送到检测位时，机械手将果蔬松开，果蔬下落到撞击面，撞击面与冲击力传感器相联，传感器接收到的信号再通过数据采集卡传送到计算机。

图 8-5-3 是 Ozer N（1998）等在研究下落冲击检测白兰瓜硬度和成熟度时得到的未成熟瓜的冲击信号，并且研究分析认为冲击幅度与时间周期的比值

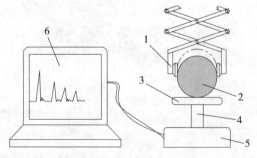

图 8-5-2　下落式检测系统示意
1. 机械手　2. 被检瓜果　3. 撞击面
4. 冲击力传感器　5. 数据采集卡　6. 计算机

$P_i / (T_{ei} - T_{si})$ 与瓜的硬度有很好的相关性。

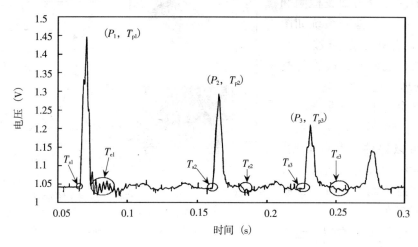

图 8-5-3 未成熟瓜的冲击信号

(引自：Ozer N，1998)

振动传感器有接触式和非接触式等多种类型。激光多普勒振动计是根据光的多普勒原理以非接触方式测量物体振动现象的仪器。氦氖激光照射到被测物振动面时，反射光与标准光在同一空间重叠干涉，此干涉产生光的脉动，经由光电转换和检波处理，便可检测被测物的振动频率和振动速度，可以实现微小振动的测量。

二、超声波检测

超声波是指频率超过人耳可以听到的最高阈值 20kHz 的声波或振动。

超声波技术在工业探伤和清洗等领域已有较长时间的应用历史。工业探伤是利用材料及其缺陷的声学性能差异对超声波传播的影响来检验材料内部缺陷的无损伤检验方法，超声波进入到材料或金属构件的内部时，行进中如果遇到缺陷，一部分声波会被反射，利用超声波发射和接收器，就能精确地显示内部缺陷的大小、性质和位置。利用超声波还可检测材质的性质和厚度等。工业检测常用的超声波频率范围一般为 0.5～5MHz。检验中最常用的超声波波形有纵波、横波、表面波和板波等。纵波可用来探测金属铸锭、坯料、中厚板、大型锻件和形状比较简单的制件中存在的夹杂物、裂缝、缩管、白点、分层等缺陷，横波多用来探测管材中的周向和轴向裂缝、划伤、焊缝中的气孔、夹渣、裂缝、未焊透等缺陷，表面波可探测形状简单的制件上的表面缺陷，板波可探测薄板中的缺陷。

超声波在物体中传播时，会发生透射、反射、折射、衍射、干涉、散射和频散等现象，而透射和反射是两种最重要的现象，可利用于无损伤检测。声波通过介质传播时，由于散射和能量被吸收，振幅会衰减，衰减程度取决于介质材料的特性。衰减系数通常定义为超声波强度（或振幅）随介质中传播距离的下降率。当超声波在介质中传播时，遇到界面或边界时会发生反射，反射量取决于形成界面的两种材料的机械性能差异，如弹性模量。波的传播速度、振幅和反射率是用于评估果蔬产品组织性能最重要的超声波参数，这些参数与果蔬的成熟度、硬度和其他相关的质量特性参数之间存在着一定的相关性。

超声波特性的检测，按照接收方式的不同可分为回波检测和穿透检测，超声波检测系统如图8-5-4所示，包括了超声波发生器、接收器、发射头、接收传感器及数据处理与监控系统等。

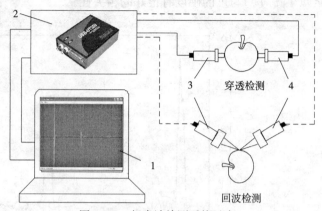

图 8-5-4　超声波检测系统示意
1. 数据处理与监控系统　2. 超声波发生/接收器
3. 超声波发射头　4. 超声波接收传感器

超声波检测用于农业产品开始于 20 世纪 80 年代，在动物活体检测中可以评估动物的脂肪、瘦肉和其他组织成分。而进行果蔬等园艺产品检测时，由于这些产品组织中存在大量的水分和空气空间，并且分布不均匀，超声波通过整个果蔬较为困难，因而超声波应用于果蔬产品检测的发展相对较慢。

早在 20 世纪 80 年代，国外研究人员开展了超声波检测果蔬的研究，Sarkar N（1983）等用 500~1 000kHz 超声波检测在马铃薯、网纹甜瓜和苹果等果蔬中的衰减系数，发现衰减系数非常高，原因是果蔬的天然多水性和使用了高频超声波；Sarkar N（1983）等还研究发现通过测量反射比可以评估甜橙的外皮质地，并且利用反向散射测试技术可以评估番茄的裂纹。Mizrach A（1989）等用 50~500kHz 超声波检测了鳄梨、马铃薯、黄瓜、胡萝卜、南瓜、甜瓜和苹果等果蔬的超声波特性，包括超声波传播速度、衰减系数和反射损失，通过这些测试可以确定果蔬的超声特性；Galili N（1993）等用 50kHz 超声波检测了鳄梨和甜瓜，发现声波衰减与颜色和评估成熟度的相关性很好，并显示出与硬度有关，因此可用来测定硬度、成熟度，并可用来确定货架期。

在随后的研究中研究人员发现，高频超声波作用于果蔬时，由于外皮和内部组织孔隙的存在，超声波发射的能量大部分被反射回来，而利用高能振幅和低频超声波能克服这些问题，但低频测试的分辨率较低且需要大的接收传感器。

随着超声波发射/接收装置等技术的不断创新和发展，到目前为止，超声波用于果蔬产品的检测已取得许多新进展。Mizrach A（1999）等采用 50kHz 超声波和回波检测（120°角和 5mm 间隙的测头布置）的方式，试验研究了鳄梨成熟期间超声波衰减与干重百分比的关系，并且提出利用超声波检测可以确定采前鳄梨干重百分比和准确采收时间。Mizrach A（2003）等还研究了苹果粉面性的超声波测量，并根据测量的粉面性进行苹果分级，利用的是 80kHz 超声波和回波检测（120°角和 2mm 间隙的测头布置）的方式，研究认为该方法可对金乔纳（Jonagold）苹果进行新鲜、成熟和过熟 3 个档次的分级，而考克斯（Cox）苹果则不行。Bechar A（2005）等还用 80kHz 超声波测量和局部破坏测量两种方法对金乔纳（Jonagold）苹果和考克斯（Cox）苹果的粉面性进行了比较研究，结论认为考克斯（Cox）苹果显示出很好的相关性。

Mizrach A（2007）用 50kHz 超声波测量温室番茄货架期间的质量变化，发现货架期间测量的衰减和硬度明显下降，衰减与硬度在软化结束之前存在线性关系，并且认为该方法可用于监测番茄在贮藏期间各阶段的硬度变化。

Kim K B（2009）等用超声波无损伤测量苹果的硬度，利用 100kHz 的超声波和穿透检测方式测量超声波的速度和衰减情况，超声波发射头和接收传感器专门制作成曲面形状与苹果表面直接接触。作为硬度参数，在常规试验机上用平行板压缩方法进行苹果的压缩试验，测得苹果的压力-变形曲线，并且用试验机测得弹性模量和破坏点。结果表明，苹果的弹性模量和破坏点随贮藏时间线性减小，超声波速度随贮藏时间下降但衰减增加，说明用超声波检测系统通过测量在苹果中的波速和衰减可以评估其成熟度和货架期。弹性模量与超声波速度和衰减的相关性系数分别为 0.884 和 −0.867，破坏点与超声波速度和衰减的相关性系数分别为 0.803 和 −0.798。因而认为超声波无损伤检测可用来测定苹果的硬度。

另外，Ignat T（2010）等还采用 50kHz 超声波和回波检测的方法进行了温室柿子椒生长期间成熟度的试验研究并作出了评估模型。

三、磁共振（MR）和磁共振图像（MRI）技术

磁共振（MR）和磁共振图像（MRI）技术是可用于果蔬无损伤探测的方法之一。磁共振也称为核磁共振。

磁共振现象是在固体微观量子理论和无线电微波电子学技术发展的基础上被发现的。具有角动量和磁矩的原子核在外磁场的作用下，磁矩受到磁场转矩作用，会绕磁场做进动运动，但由于阻尼的作用，这一进动运动会很快衰减，到磁矩与磁场平行时进动就停止。但如果在磁场的垂直方向再加一高频磁场，其作用产生的转矩使磁矩方向与原磁场方向离开而不能达到平行，则进动运动可以持续。如果高频磁场的角频率与磁矩进动的角频率相等，则高频磁场的作用最强，磁矩的进动角也最大。这一现象即为磁共振。简言之，磁共振是一些既有角动量又有磁矩的系统在外磁场中表现出的共振现象。

磁共振成像技术是随着电子计算机技术、电子电路技术和超导技术的发展而迅速发展起来的生物磁学核自旋成像技术，也称为核磁共振成像，这里的"核"通常指的是氢原子核。氢、碳、磷、氟和钠等原子核在电磁辐射作用下均有磁旋运动，而氢原子核能产生最强的磁共振信号。由于生物体中有大量水分存在，磁共振依赖于水中的氢原子。当物体置于磁场中，由于电磁波的作用，氢原子的旋转排列方向改变而产生共振，并且释放电磁波，不同组织产生的电磁波信号不同，经过信号数据的识别和处理，就可以得知构成这一组织的原子核位置和种类，并可据此绘制出物体内部构造的精确图像。

磁共振成像系统包括了磁体系统、普仪系统、计算机系统和图像显示系统等。磁体系统是磁共振发生和产生信号的主体，普仪系统是磁共振现象和磁共振信号感知的装置，计算机完成信号和数据的处理并且通过图像显示器显示出来。

果蔬中有大量的水分存在，因而能产生强信号。而且，水分在果蔬组织中的分布不均匀，核、籽等解剖学特征能很容易被分辨出来。与其他生物体不同的是，果蔬是静止不动的，进行长时间扫描也不会出现运动假象。因而可以用磁共振方法进行果蔬品质探测。

在磁共振图像中，果蔬组织中的游离水分越多，亮度越高。当果蔬内部组织中的游离水分增加或空洞面积存在时，通过磁共振成像技术就能够很容易地探测出来。并且磁共振成像可以探测出果蔬的碰伤、水心、核腐、冻伤和虫害等缺陷。例如，Joyce D C（1993）等利用磁共振图像探测出芒果的中果皮组织中由于热处理诱导的损伤，在这些损伤组织中包含了

充满空气的空腔。磁共振图像还可以用来探测甜橙中的种子萌芽、苹果内部组织的褐变、菠萝过熟呈现的半透明性等存在于果蔬内部的缺陷。

在农业生产中，还可以利用磁共振图像辨识果蔬成熟过程中色泽和组织的变化情况，确定是否有伤害存在以及伤害发生的时间，可以测量油脂与水分比例的变化情况，通过测定果蔬中不同部位的水分变化还可以进一步了解矿物质含量和糖分含量等成分的变化情况，也可以了解果蔬贮藏过程中与细胞壁退化关联的酶活性变化等。

图8-5-5是蛇果（Delicious）完整果的磁共振图像［图 8-5-5（a）、(b)］与切开后的可见光图像［图 8-5-5（c）］。其中，［图 8-5-5（a）］的分辨率 512×512 像素，40ms 回声延迟和 2mm 计算断层；［图 8-5-5（b）］分辨率 128×128 像素，40ms 回声延迟和 2mm 计算断层。

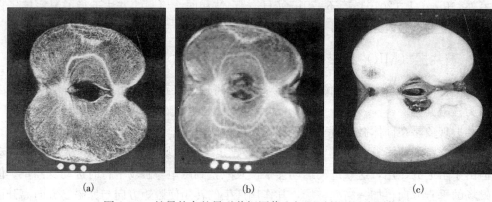

(a)　　　　　　　　　　(b)　　　　　　　　　　(c)

图 8-5-5　蛇果的完整果磁共振图像和切开后的可见光图像
(引自：Chen P *et al.*，1989)

Clark C（1993）研究获取了猕猴桃的磁共振图像，如图 8-5-6 所示，图像中能够反映出在不同点的水的弛豫特性。磁共振成像技术中，物质的大量原子核受射频场作用撤除后以非辐射的方式逐步恢复到平衡状态的过程称为弛豫。弛豫时间是弛豫过程的重要特征参数，几乎所有磁共振成像技术对物质的分析都要涉及这个参数，并由此获得相关信息。利用弛豫特性能够分析出自由水、结合水、处于自由水和结合水之间的水的性质和含量，也能够分析出物质的孔隙结构状况，还能够通过组成生物体细胞内液的变化诊断出病灶。弛豫特性与物质

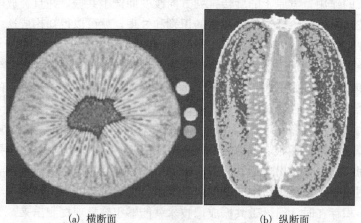

(a) 横断面　　　　　　　　　(b) 纵断面

图 8-5-6　猕猴桃的磁共振图像
(引自：Clark C，1993)

的黏性和细胞组成成分有关。

四、电子鼻技术

气味是通过生物的嗅觉感知的，是以各种挥发性有机物为其物质基础。包括人在内的生物体在新陈代谢过程中也能释放各种各样的挥发性有机物，这些挥发性有机物是生物代谢以及生物体表面微生物共同作用的结果。果蔬产品也不例外，果蔬香气能反映出特定种类和品种的独特风味，香气浓度的差异能反映出所处的成熟期，异味的出现预示着产品存在腐坏、药物残留以及污染等问题。

针对各种各样的挥发性有机物，有些人类嗅觉能感受到，有些则不能，而现代电子鼻技术突破了人类嗅觉的感知范围，可以通过气味识别，揭示生物体所携带的重要而丰富的生物化学信息。

（一）电子鼻的历史

关于气味的测量可以追溯到 20 世纪 20 年代，Zwaardemaker 和 Hogewind 测量了有气味溶液水样的电荷，虽然试验记录了不同有气味水样的电导率，但没有真正意义的测量仪器诞生。到 1962 年，Seiyama 等发现锌氧化物和锡氧化物等半导体氧化物的表面电导系数会受到周围气体化合物的影响。1964 年，Wilkens W 和 Hartman J 致力于真正实验仪器的研制，发现利用金属丝微电极与稀释电解液渗透棒表面接触能够测量气味，并且还发现利用不同电极和电解液组成的几个感知系统可以同时用来进行测量。1972 年 Taguchi N 申请获得了第一个二氧化锡（SnO_2）化学气体传感器专利，并且之后开发出著名的 Taguchi 气体传感器（TGS）商业化产品。

最早包含有数据处理和模式识别的气味探测出现在 1982 年 Persaud 等公布的研究中，之后 Gardner 等提出了"电子鼻"的概念，并且定义为需要包括两部分构成：具有不同选择性的电化学传感器阵列组成的传感装置和适当的模式识别系统。Persuad 和 Dodd 用 3 个二氧化锡气体传感器(TGS813、812、711)组成电子鼻，模拟哺乳动物嗅觉系统中的多个嗅感受器细胞，对戊基醋酸酯、乙醇、乙醚、戊酸、柠檬油、异茉莉酮等有机挥发气体进行了类别分析。

电子鼻技术探索的是如何模仿生物嗅觉机能，用化学传感器测量和分析气味，涉及材料、精密制造、多传感器融合、计算机、应用数学等多个技术领域，如今正是蓬勃发展的时期，得到众多商业集团的关注和重视，出现了许多不同类型的电子鼻，这些电子鼻适用于不同的应用领域。同时得到发展的还有人工神经网络（ANN）、主成分分析（PCA）和模糊识别等数据处理技术。如今通过电子鼻快速有效分析气味，实现工业过程监控、医学诊断和食品质量控制已经成为可能。

（二）电子鼻定义与电子鼻系统组成

电子鼻是利用气体传感器阵列响应方案来识别气味的电子检测系统，它可以连续、实时地监测特定位置的气味状况。1989 年北大西洋公约组织的关于化学传感器信息处理会议上对电子鼻作的定义为：电子鼻是由多个性能彼此重叠的气敏传感器和适当的模式分类方法组成的具有识别单一和复杂气味能力的装置。

由于单一气体传感器往往对被测环境中的多种气体敏感，很难有选择地测量出某种气体的成分和含量，而电子鼻利用了各个气敏元件对复杂成分气体都有响应却互不相同的特点，借助数据处理对多种气味进行识别，从而对气味进行分析和评定。

电子鼻系统包括传感器阵列、信号预处理、神经网络和计算机识别几个主要部分，从功能上形象地讲，气体传感器阵列相当于生物嗅觉系统中的大量感受器细胞，神经网络和计算机识别相当于生物的大脑，其他部分相当于嗅神经信号传递系统。

（三）电子鼻传感器类型

电子鼻传感器类型有 MOSFET、半导体金属氧化物传感器（MOS）、导电聚合物传感器、压电型传感器和光纤传感器等。

1. MOSFET MOSFET 是金属氧化物半导体场效应晶体管的英文缩写，一般结构包括三个部分：接触反应金属、绝缘体和半导体晶体管。工作原理为：气体化合物与接触反应金属发生反应，反应物通过金属膜扩散并在绝缘体上吸收，吸收会引起电压的变化，从而引起传感器电流-电压特性的改变。常用的接触反应金属有铂金、钯和铱等。这类传感器的优点是可与许多电子界面电路连接，可大量制作出无差异性产品。缺点包括：传感器上沉积其他物质时会造成传感器污染，使其灵敏度降低；高浓度硫、铅等物质存在时会发生中毒，硫、铅等物质被吸收后会阻碍进一步发生反应；暴露于异常高温时会发生迁移，导致活性表面积的损失。

2. 半导体金属氧化物传感器 半导体金属氧化物传感器（MOS）基于半导体金属氧化物的化学敏感性，作为气味测量的组成阵列要优于其他气体传感器。MOS 工作原理与 MOSFET 相似，由覆盖半导体材料的加热元件组成，典型的半导体材料有二氧化锡。感应材料与少量的钯、铂金等接触反应金属掺杂，通过变化烧结材料颗粒的大小来变化传感器的工作条件，改变半导体的电阻特性，从而影响传感器对不同物质的敏感性。

3. 导电聚合物传感器 导电聚合物传感器（CP）基于对薄层聚合物电阻的测量。按照与分析物分子之间的反应可逆与否，可分为可逆反应和不可逆反应。导电聚合物是可逆反应的气体感应类型，典型的聚合物由吡咯（pyrrole）、苯胺（aniline）或噻吩（thiophene）等单体构成。聚合物置于两电极之间，通过在两电极之间施加交变电压使聚合物电聚合化，改变交变电压频率，并应用一系列聚合物前体就可产生各种各样的活性材料，使不同的材料分别对不同的气体呈特定响应。当聚合物与特定的气体接触时，聚合物表面产生化学反应，聚合物链上的载流子开始移动，导电性发生改变，其导电率可以被测出，发出传感器响应信号。导电聚合物与金属氧化物传感器不同，对多种类有机气体敏感，但灵敏度的实际水平比 MOS 低一个数量级。另外，可制作的装置小，耗电少，并且可以在室温下工作。因为反应可逆，当气体移除后恢复迅速。

4. 压电型传感器 压电型传感器的特点是与有机化合物接触响应基于频率的变化，分为石英晶体微平衡式（QCM 或 QMB）和表面声波式（SAW）两种。压电传感器可以测量温度、质量变化、压力、力和加速度等参数，在电子鼻系统中用于测量质量变化。QCM 传感器是一个几毫米直径的谐振盘，当受振荡信号激励时，便以特征频率（10Hz～30MHz）谐振。谐振盘面敷有聚合物材料，每面有一个与导线相连的金属电极，气体分子被吸收到聚合物涂层表面时，就增加了盘的质量，因此降低了谐振频率，谐振频率的高低与所吸收的气体分子质量成反比。QCM 传感器对不同气体的响应和选择性可通过调整谐振盘聚合物涂层来改变，而减小石英晶体的尺寸和质量，并减小聚合物涂层的厚度，则可进一步缩短传感器的响应时间和恢复时间。SAW 传感器的原理与 QCM 相似，其主要区别为：SAW 传感器产生表面波，在其表面通过，而不穿过其体内；SAW 传感器的工作频率较高，是 QCM 的几十倍；SAW 传感器由于是平面元件，可以采用光刻技术制造，无需进行三维处理，制造成本低；SAW 传感器的信噪比较 QCM 低，因而灵敏度也较低。

5. 光纤传感器　光纤传感器对气体化合物的响应基于光谱色彩的变化。这种传感器的主体部分是玻璃纤维，在玻璃纤维的各面敷有很薄的化学活性材料涂层。化学活性材料涂层是固定在有机聚合物矩阵中的荧光染料，当与挥发有机物接触时，来自外部光源的单频或窄频带光脉冲沿光纤传播并激励活性材料，使其与挥发有机物相互作用反应。这种反应改变了染料的极性，从而改变了荧光发射光谱。只要对许多敷有不同染料混合物的光纤器件构成的传感器阵列产生的光谱变化进行检测分析，就可以确定对应的气体化合物成分。光纤传感器有很强的抗噪能力和极高的灵敏度，其灵敏度单位以十亿分率计，这是其他电子鼻传感器类型所远不及的。目前光纤传感器的主要缺点是设备控制系统较复杂，成本较高；荧光染料受白光化作用影响，使用寿命有限。

6. 各类型电子鼻传感器的比较　上述各类型电子鼻传感器采用的活性材料不同，传感类型和测量参数也有所差别，存在不同的优缺点。表 8-5-1 是各类型电子鼻传感器的比较。

表 8-5-1　各类型电子鼻传感器的比较

活性材料	传感类型	测量参数	优点	缺点
接触反应金属	MOSFET	极限电压变化	小，便宜	基础线漂移，需要控制环境
金属氧化物（MOS）	化学电阻	导电率	响应快，便宜	工作温度高，硫中毒，覆层有限
导电聚合物（CP）	化学电阻	导电率	普通环境下工作，便宜，覆层多样	对温度和湿度敏感
覆膜石英晶体	石英晶体微平衡（QCM 或 QMB）	压电	覆层多样，复现性好	信号弱，电路复杂
铌酸锂，聚合物，液晶，脂质层	表面声波（SAW）	压电	覆层多样，灵敏度高，响应时间好	表面电路复杂
荧光染料	光电	光谱	灵敏度高	系统复杂，成本高，寿命短

（四）Cyranose 320 电子鼻与气味检测

Cyranose 320 是 Cyrano Sciences 公司推出的一种便携式商业化电子鼻，它由 32 个导电聚合物传感器、抽气泵和阀件组成，抽气泵和阀件将感测气体抽吸到传感器阵列。电子鼻传感器结构如图 8-5-7 所示，由炭黑粉导体填充物和非导电性聚合物复合而成，

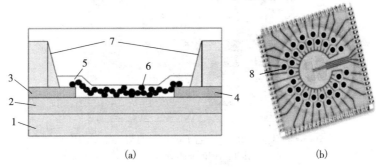

(a) (b)

图 8-5-7　Cyrano320 传感器结构示意

1. 潜活性层　2. 绝缘层　3. 电极 1　4. 电极 2

5. 聚合物　6. 导体填充物　7. 局限井　8. 导电聚合物复合

每个传感器对应一种聚合材料，使传感器阵列可以适用于多种类气体。

气味检测过程分为基础线阶段、采样阶段和恢复阶段。基础线阶段取参照气体样（内置）持续 30s，取样阶段通过鼻口吸入气味并使传感器暴露于待分析物 20s，然后在净化阶段将进入的气味痕迹清除（30~50s）。每个传感器的响应可以用暴露气味引起的最大阻抗变化与基础线的关系表示，用规范化和自动缩放技术对传感器数据分类。如图 8-5-8 所示，为电子鼻暴露于乙醇的实时响应和对阻抗的测量。图 8-5-9 为 Cyranose 320 电子鼻在测量葡萄的成熟度，测量时需将葡萄放入容器中或套塑料袋。

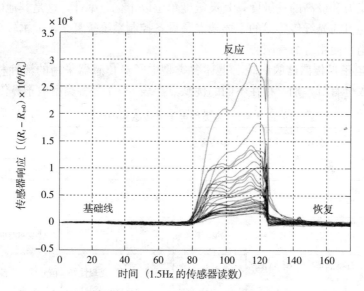

图 8-5-8　暴露于乙醇时 32 个传感器的实时响应

（引自：Loutfi A and Coradeschi S，2008）

图 8-5-9　Cyranose 320 电子鼻用于葡萄成熟度的检测

（引自：Athamneh A I，2006）

（五）电子鼻在农业生产中的应用

电子鼻除可用于气味鉴别、复杂环境下气体浓度鉴别、可燃气体鉴别、有机挥发物鉴别、有毒气体鉴别外，还可用于气体成分的定性和定量分析，进行食品、化妆品、香料和香精的质量评定。应用领域涉及有工业化产品质量和过程控制、安检筛查、军事、医学诊断和空间计划等。

在农产品生产和食品工业领域，电子鼻主要用于质量监测，包括腐坏的探测、新鲜程度的判定、过程监控、货架期调查、纯正性评判和成熟度鉴定等，涉及的产品有畜禽、鱼虾、谷物、果蔬、食用菌、葡萄酒、啤酒、白酒、咖啡、可乐、橙汁、奶酪、酸乳、奶、冰激凌、蜂蜜、糖、橄榄油等，表 8-5-2 列出了检测的不同产品与所用的不同电子鼻类型。

表 8-5-2　不同类型电子鼻用于不同产品

（引自：Athamneh A I，2006）

产品	应用	传感器类型	仪器系统/制造商
苹果	成熟度	CP	Cyranose 320，Cyrano Sciences，Pasadena，CA
苹果	成熟度	QMB	LibraNose，Technobiochip，Italy
大麦	霉菌毒素污染	MOSFET	VCM 422，S-SENCE，Linköping University，Linköping，Sweden
牛肉	微生物质量	CP	Cyranose 320，Cyrano Sciences，Pasadena，CA
面包	腐坏发霉	CP	BH114，Bloodhound，Sensors Ltd，Leeds，UK
鳕鱼卵	味道描述	—	FreshSense，IFL and Bodvaki-Maritech，Kópavogur，Iceland
咖啡	基于感官参数分级	MOS	Pico1，laboratory-made
Crescenza 干酪	货架期	MOS，MOSFET	model 3320，Applied Sensor Laboratory Emission Analyser；Applied Sensor Co.，Linkoping，Sweden
乳制品	—	—	—
蛋	新鲜度评价	MOS	Laboratory-made
瑞士干酪	熟化	QMB	Laboratory-made
鱼	新鲜度	MOS	Laboratory-made
水果和葡萄酒	判别水果类型	MOS	FOX 3000，Alpha MOS，France
富士苹果	成熟度	QMB	LibraNose，Technobiochip，Italy
高丽参	制备期间香味变化	MOS	FOX 3000，Alpha MOS，France
红辣椒面	辣椒素、二氢辣椒素和总辣椒碱水平	CP	e-NOSE 4000，EEV Inc.，Amsford，NJ
榛果	品种香味	CP	e-NOSE 4000，EEV Inc.，NJ，USA
蜂蜜	按地域和植物源的不同分类	MOS，MOSFET	model 3320 Applied Sensor Lab Emission Analyser；Applied Sensor Co.，Linkoping，Sweden
柑橘	成熟度	MOS	PEN2，WMA Airsense Analysentechnik GmbH，Schwerin，Germany
水果	成熟度	MOS	Laboratory-made
奶	腐坏	CP	model BH-114：Bloodhound Sensors Ltd.，Leeds，UK

（续）

产品	应用	传感器类型	仪器系统/制造商
奶	不同奶场样品分类	MOS	Laboratory-made
奶	腐臭	MOS	IME-CNR laboratory in Lecce
奶	微生物质量	CP	e-NOSE 4000, EEV Inc., Amsford, NJ
橄榄油	腐味缺陷	CP	AromaScan plc, Crewe, U. K.
橄榄油	区分油的类型	CP	Laboratory-made
橙/苹果	采后缺陷	TSMR	University of Rome Tor Vergata and Technobiochip
包装	存留溶剂气味	CO,MOS,QMB	Cyranose 320, Cyrano Sciences, Pasadena, CA; Fox 3000, Alpha MOS, France; HKR Sensorsystems, Munich, Germany
花生	败味探测	CP	A-32S, AromaScan Inc., Hollis, NH
花生	香味衰退	QMB	HKR Sensorsystems, Munich, Germany
果胶	随熟化释放气味变化	MOS	Laboratory-made
粉鲑鱼	腐坏探测	CP	Cyranose 320, Cyrano Sciences, Pasadena, CA
分红女士苹果	成熟度	MOS	Laboratory-made
禽肉	微生物质量	MOS	Fox 3000, Alpha MOS America, Inc, Hillsborough, NJ, USA
原料和熟制鳕鱼	贮藏期品质下降	CP	e-NOSE 4000, EEV Inc., Amsford, NJ
鲑鱼片	微生物质量	CP	Aromascan, AromaScan Inc., Hollis, NH
虾	在不同冷藏条件下检测质量变化	—	FreshSense, IFL and Bodvaki-Maritech, Kópavogur, Iceland
草莓冰激凌	脂肪含量辨别	IMCELL, MOS	MGD-1, Environics Oy, Kuopio, Finland
茶	在不同加工条件下制成茶的香味	MOS	Laboratory-made
番茄	不同质量水平	QMB	enQbe, University of Rome 'Tor Vergata', Italy
松露	老化	MOS	Pico1, laboratory-made
各种乳制品	根据产品类型分类	MOS	Fox 4000 Alpha MOS, France
葡萄酒	根据感官质量辨别	MOS	Laboratory-made
葡萄酒	根据感官质量辨别	TSMR	University of Rome Tor Vergata and Technobiochip
葡萄酒	败味探测	MOS	Fox 4000, Alpha MOS, France
葡萄酒	根据质量判别	MOS	Laboratory-made
葡萄酒	根据品种和来源辨别	MOS	Laboratory-made
黄鳍金枪鱼	微生物质量	CP	Aromascan, AromaScan Inc., Hollis, NH
酸奶	发酵过程控制	MOSFET, MOS	—

五、介电特性

介电特性是电介质在外电场作用下表现出的性质。电介质被定义为能够被电极化的介质，在特定的频带内，时变电场在电介质内给定方向产生的传导电流密度分矢量值远小于在此方向的位移电流密度的分矢量值。电介质分子中的电子均被原子核紧密束缚而没有导电性能，但在外电场作用下却显示一定的介电特性。电介质包括了气态、液态和固态等范围广泛的物质。由于果蔬产品在外电场作用下也能表现出介电特性，因而可作为果蔬物料特性进行研究。

（一）介电特性常用参数

研究介电特性时，通常会用到电容率（Permittivity）、介电常数（Dielectric Constant）、电导率（Conductivity）及介质损耗因子（Dielectric Loss Factor）等概念。

1. 电容率 电容率的定义由库仑定律给出，即介质中电量为 q_1 和 q_2 的两电荷距离 r_{12} 时的作用力 F_{12} 与介质的电容率 ε 有式（8-5-1）所示的关系。

$$F_{12} = \frac{q_1 q_2}{4\pi \varepsilon r_{12}^2} \tag{8-5-1}$$

对电介质而言，电容率度量的是电介质材料在电场中被极化的能力。真空电容率（也称电常数）ε_0 为 $8.854 \times 10^{-12} \mathrm{F/m}$。

2. 电导率 电导率 σ 是表示物质传输电流能力强弱的一种测量，是电流密度 J 与电场强度 E 的比值，即电阻率 ρ 的倒数，单位为西门子每米（S/m），见式（8-5-2）。

$$\sigma = \frac{J}{E} = \frac{1}{\rho} \tag{8-5-2}$$

3. 介电常数 电介质材料的介电常数 ε_r 定义为介质的电容率 ε 与真空电容率 ε_0 的比值，即 $\varepsilon = \varepsilon_0 \varepsilon_r$，$\varepsilon_r$ 是一个无量纲量，通常也称为相对电容率。按照这个定义，真空的介电常数为 1。并且，任何材料都比真空容易被极化，因此 ε_r 总是大于 1。材料的介电常数越低，说明其电容率越低，极化和保持电荷的能力越弱。

4. 介质损耗因子 介质损耗因子 ε'' 定义为一定电场频率下介质材料的电抗与其电阻的比值，它测量了介质对电场能量的消耗。介质损耗因子 ε'' 与作用电场的频率有关。

实际应用中，介电常数和介质损耗因子是描述材料介电特性最感兴趣的两个量，通常用复数物理量表示，即

$$\varepsilon^* = \varepsilon_0 \varepsilon_r = \varepsilon_0 (\varepsilon' - j\varepsilon'') = \varepsilon_0 |\varepsilon_r^*| e^{-j\delta} \tag{8-5-3}$$

式中 ε^*——复电容率；

ε_r^*——复相对电容率或复介电常数；

δ——电介质的损耗角。

通常将 $\tan\delta$ 定义为耗散因数，也作为描述介电特性的参数，由于 δ 角很小，$\tan\delta \approx \sin\delta$，有时也用 $\sin\delta$ 表示。介质损耗与电场的频率、温度及材料的极化机制等有关，对判断材料性质极为重要。

在正弦条件下，介质损耗因子 ε'' 与电导率 σ 有式（8-5-4）所示关系。

$$\sigma = \omega \varepsilon_0 \varepsilon'' = 2\pi f \varepsilon_0 \varepsilon'' \tag{8-5-4}$$

式中 ω——角频率；

f——频率。

（二）介电特性参数的频率响应

除少数损失极低的介质外，大多数材料的介电特性与作用电场的频率有关。当施加于电介质的电场是时间的函数时，电介质的介电常数与频率有关，电介质谱就是介电常数的频率响应。经典的数学方程是德拜弛豫（Debye relaxation）模型，见式（8-5-5）。

$$\varepsilon_r^* = \varepsilon_\infty + \frac{\varepsilon_s - \varepsilon_\infty}{1 + j\omega\tau} \tag{8-5-5}$$

式中　ε_∞——频率非常高时的介电常数，此时分子定向没有时间促成极化；

　　　ε_s——静电场作用下的介电常数，即频率为 0 时的介电常数；

　　　τ——弛豫时间。

当电介质开始受静电场作用时，要经过一段时间后，极化强度才能达到相应的数值，这个现象称为极化弛豫，所经过的这段时间称为弛豫时间。弛豫时间有时也表示电场去除后偶极子恢复到随机方位所需要的时间。将式（8-5-4）分成实部和虚部，可表示为式（8-5-6）和式（8-5-7），其频率响应曲线如图 8-5-10 所示。

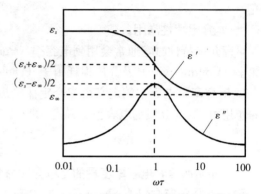

图 8-5-10　介电常数实部和虚部与频率的关系

$$\varepsilon' = \varepsilon_\infty + \frac{\varepsilon_s - \varepsilon_\infty}{1 + \omega^2\tau^2} \tag{8-5-6}$$

$$\varepsilon'' = \frac{(\varepsilon_s - \varepsilon_\infty)\omega\tau}{1 + \omega^2\tau^2} \tag{8-5-7}$$

HN 弛豫（Havriliak-Negami relaxation）模型是对德拜弛豫模型的经验修正，适用于广泛物质的介电特性测量，如具有不同几何外形的物体、不同物理结构和类型（晶体、聚合体、膜、生物组织等）的系统和在电场中具有不同极化机制（电子位移极化、离子位移极化、固有偶极子取向极化等）的物质等。HN 弛豫模型用式（8-5-8）表示。

$$\varepsilon_{HN}^*(j\omega) = \varepsilon'(\omega) - j\varepsilon''(\omega) = \varepsilon_\infty + \frac{\varepsilon_s - \varepsilon_\infty}{(1 + (j\omega)^\nu)^\beta} \tag{8-5-8}$$

式中　$\varepsilon_{HN}^*(j\omega)$——HN 复介电常数，实部为 $\varepsilon'(\omega)$，虚部为 $\varepsilon''(\omega)$；

　　　ν 和 β——经验幂指数，无明确的物理意义。

（三）介电特性在农产品中的应用

农产品电特性的研究有 100 多年的历史，最早的电特性研究是利用电阻快速测量谷物的含水量。将介电特性作为农产品特性研究开展最早和最多的也是谷物产品，关注点包括通过介电特性分析处于射频或微波电场中物料的变化，研究开发加热烹饪食物的技术和设备；通过介电特性与组织成分的关系，测量和分析含水率、新鲜度等品质因素。

果蔬介电特性的研究始于 20 世纪 70 年代，初期的主要研究不是针对新鲜果蔬产品，关注的是果蔬在加工过程中介电特性的变化。进入 80 年代后，对新鲜果蔬介电特性的研究开始于新鲜果蔬的局部取样测量，虽然获得的不是完整果蔬的数据，但可以作为无损伤探测果蔬品质的研究基础。农产品介电特性研究开展最多且持续时间最长的是 Nelson S O（1953、1965），研究的物料包括谷物、畜禽肉、蛋、昆虫、果蔬等，另外，还有乳酪、面粉、果汁等食品，研究获得了多种频段下的物料介电特性数据，如果从 20 世纪 50 年代开始研究农产品电特性算起，持续时间长达近 60 年。

20 世纪 90 年代后期，Kato K（1997）基于西瓜空洞程度与密度的相关性，利用介电特性测量完整西瓜与装置外壳之间的电容，示意图如图 8-5-11 所示，得出电容与完整西瓜体积的关系，通过在线快速测量电容和西瓜重量，换算得出西瓜的密度，由此进行西瓜基于密度的在线分级，识别西瓜的空洞程度。

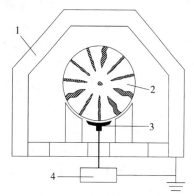

图 8-5-11　西瓜体积测量系统
1. 装置外壳（外部电极）　2. 西瓜
3. 导电橡胶吸盘（内部电极）　4. 电容测量仪

Sipahioglu O（2003）等基于微波加热处理的需要，测定了 15 种果蔬在 2 450MHz、5～130℃的介电特性，并建立了温度、灰分、水分含量与介电特性的关系方程。

Nelson S O 等的研究主要致力于物料介电特性的测定。针对果蔬物料，早期主要为局部取样测试，后期有局部取样与完整果蔬的对照测试。涉及内容除进行多种频段下果蔬介电特性测定外，还包括介电特性与果蔬硬度、水分含量、可溶固形物含量、成熟度以及温度等之间的关系进行测试研究，并探究介电特性用于无损伤检测的可行性。

郭文川（2002）等对番茄成熟度与电特性的关系进行了试验研究。认为在 4～150kHz 频率下番茄的介电常数与成熟度有明显的相关性，可用来判断番茄的成熟度并据此进行分级；一定频率下番茄的等效阻抗随成熟度提高而下降，可以利用低频段的等效阻抗差异来判断番茄的成熟度；在 4～20kHz 频段，介质损耗因子随频率变化较小，并且与番茄成熟度有相关性，可用来区分番茄的成熟度。

Guo W C（2011）等对中国杨凌采摘的富士苹果进行外表面、内部组织和果汁的测试研究发现，在 10～4 500MHz 频率范围，随频率增加介电常数降低，果汁的介电常数高于外表面和内部组织，外表面测量的介电常数最低。内部组织和果汁的介质损耗因子分别在 600MHz 和 900MHz 下降到最低，然后随频率缓慢增加。外表面测量的介质损耗因子变化趋势与它们不同，在 20MHz 出现高峰值，而随后降到 1 000MHz 出现最低值。果蔬成熟期间随苹果成熟度增加，由外表面、内部组织和果汁测得的介电特性和由果汁测得的电导率均未显示规律变化，介电特性数据与硬度、pH 和水分含量之间无显著相关性。可溶固形物和水分含量基本保持不变，硬度逐渐降低，pH 逐渐增加。可溶固形物与介电特性的相关性比较，外表面测量的（小于 0.2）远低于内部组织（最高 0.61）和果汁（最高 0.67）。结论认为，根据苹果的介电特性与质量指数之间的相关性，介质特性测量不足以用来判断果蔬的内部品质，尤其对于无损伤表面测量。

Nelson S O（2008）在总结农产品介电特性及其应用时，对果蔬产品也进行了阐述。由于生鲜果蔬快速无损伤质量探测的需要，测量了几种产品的介电特性（Nelson S O，1980、1983、1992），尽管这些研究获得了介电特性的基础数据，在单频测量下无法探测桃的成熟度和甜薯的心部状况。因此，开始对宽频带进行研究。在 200 MHz～20 GHz 频带范围，测量了几种果蔬的介电特性（Nelson S O，1994），测得不同成熟期桃子的介电特性，呈现出在特定频段不同成熟阶段的介电特性不同，200 MHz 下介电常数不同，10 GHz下介质损耗因子不同。由于不同成熟度桃子的介电常数在较低频段呈现出差异，显然值得在这一频段附近探究果蔬的介电特性。另外，由于材料介电特性对于射频和微波加热应用的重要性，测得了基于温度变化下的数据，如 10 MHz ～1.8 GHz 下 5～95℃ 的介电特性数据（Nelson S O，2006）。从测量的数据发现，在某特定频段（10～120 MHz），介电常数随温度的变化发生转变，不同果蔬发生转变的频率不同，高于这一频率温度对介电常数的关系系数为负，低于这一频率关系系数为正，如图 8-5-12 所示鳄梨的数据。这种转变关系在鳄梨、网纹甜瓜、胡萝卜、黄瓜和橙中表现明显，例如低频段鳄梨和橙组织的介电常数随温度规则增加，但增加到 65℃ 达到峰值，然后略微下降直到 95℃，而苹果、葡萄、香蕉和马铃薯在 65～75℃ 时出现随温度升高介电常数下降的情况。鳄梨和胡萝卜的转变频率约 100 MHz，橙组织、香蕉、网纹甜瓜的为 40MHz，黄

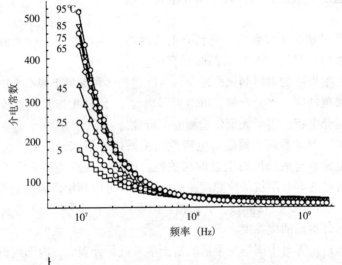

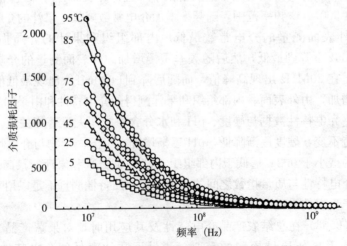

图 8-5-12　美国鳄梨在不同频率和温度的介电特性

（引自：Nelson S O，2008）

瓜、葡萄 10～20MHz，马铃薯 70 MHz。分析认为，低于这一转变频率时，离子传导占优势；高于这一频率时，出现偶极弛豫而对介电特性产生影响。各种材料的介质损耗因子在低频带均随温度升高而增加。并且在 10～300MHz 频段，介质损耗因子对数值与频率对数值线性相关，利用这种关系可以建立 5～65℃ 范围的回归方程，见式（8-5-9），其中各系数见表 8-5-3。利用这种关系，不仅可用于介电加热的实际应用中，而且为果蔬内在质量探测技术的应用提供了基础数据。图 8-5-13 是橙组织在 10～300MHz 频率和 5～65℃ 范围的介质损耗因子的三维对数坐标图。

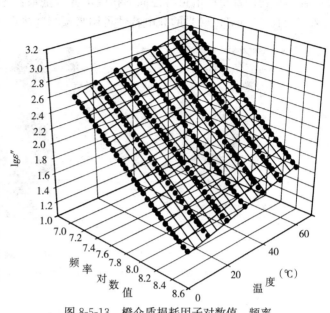

图 8-5-13 橙介质损耗因子对数值、频率对数值与温度之间的关系
（引自：Nelson S O，2005）

$$\lg\varepsilon'' = a_0 + a_1\lg f + a_2 T \tag{8-5-9}$$

表 8-5-3 生鲜果蔬 $\lg\varepsilon''$ 回归方程的统计相关性和在 0℃ 和特定频率 f_0 下的系数
（引自：Nelson S O，2005）

果蔬种类	a_0	a_1	a_2	相关系数 r^2	f_0（MHz）
苹果	8.518	−0.892	0.0059	0.996	23
鳄梨	9.196	−0.924	0.0055	0.996	90
香蕉	9.343	−0.940	0.0056	0.999	50
网纹甜瓜	9.232	−0.941	0.0063	0.999	80
胡萝卜	9.468	−0.928	0.0052	0.998	120
黄瓜	9.020	−0.944	0.0054	0.999	16
葡萄	9.224	−0.950	0.0067	0.998	23
橙	9.130	−0.931	0.0068	0.999	50
马铃薯	9.114	−0.922	0.0061	0.999	70

Nelson S O 还对新采收的白兰瓜（蜜露）和西瓜等进行了研究，通过测量可溶性固形物确定介电特性与甜度之间是否存在有用的相关性（Nelson S O，2006、2007、2008）。测量白兰瓜的数据显示，在 10～500 MHz，介质损耗因子对数值与频率对数值线性相关，可以断定是离子导电的影响。测量完整西瓜和内部组织样品（测量方式如图 8-5-14 所示）的数据显示，两者测得的介电特性完全不同（图 8-5-15），外部测量值要低于内部测量值。外表面测量有显著的介电弛豫，大概可以归结为是由于束缚水和复杂化合物的界面弛豫与麦克斯韦-瓦格纳效应的影响，以及与离子有关的现象。三种瓜的介电特性相似，介电常数和介

质损耗因子对内部组织的可溶性固形物或水分含量未表现出实质性的差异，因此没有证据显示 200MHz ～20GHz 频带的介电特性可用来预测这些瓜可食用组织的糖度。

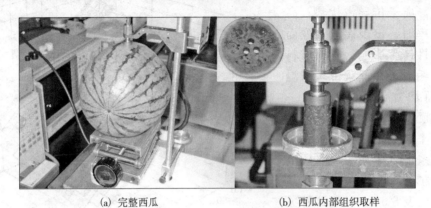

(a) 完整西瓜　　　　　　　　　　(b) 西瓜内部组织取样

图 8-5-14　西瓜介电特性测量

（引自：Nelson S O，2007）

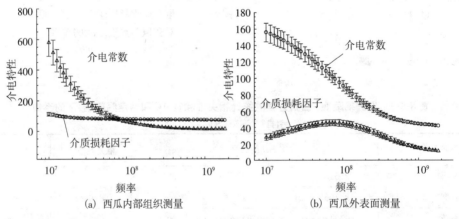

(a) 西瓜内部组织测量　　　　　　　　(b) 西瓜外表面测量

图 8-5-15　西瓜内部和外表面测量介电特性的比较

（引自：Nelson S O，2007）

（四）材料介电特性的测量方法

材料介电性能的测试方法有阻抗单元法、平行板法、同轴线终端开路法、传输线法、谐振腔法和自由空间法等。

1. 阻抗单元法　阻抗单元法用于测量平板材料的体积和表面阻抗。材料放置在两金属平板之间，一个为主电极，一个为外壳电极。用直流电压计测量一侧得到表面阻抗，测量两侧得到体积阻抗。典型测量采用高阻表进行。

2. 平行板法　平行板法利用薄片材料在两电极之间形成一电容器，待测电介质材料填充在电容器中（图 8-5-16），用 LCR（电感、电容、电阻）仪或阻抗分析仪测量介质材料的电容和耗散，并通过电容与介电常数、耗散与介质损耗因子之间的关系计算得出介电常数和介质损耗因子。测量时

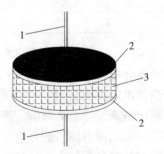

图 8-5-16　平行板法示意

1. 电极　2. 薄片材料　3. 待测材料

需要知道材料的物理尺寸。

3. 同轴线终端开路法 同轴线终端开路法采用终端开路的半刚性同轴传输线作为传感器,传感器探头是一个同轴传输线的断面。当探头与待测材料的固体平表面接触或浸入到液体中时,待测材料对开路端面处边缘场产生扰动,探头测得的反射信号的变化传输给分析仪,通过分析仪的分析计算即可获得复介电常数。典型的测试系统包括同轴传输线传感器、网络分析仪、外部计算机以及测试分析软件等。同轴线终端开路法示意如图 8-5-17 所示。

4. 传输线法 传输线法是将待测材料放入传输线中成为传输线的一部分,传输线可以是方形截面波导或同轴直导线,如图 8-5-18 所示。通过待测材料引起的传输线的特性变化测得复介电常数。同轴传输线测量覆盖频率宽,但制作圆形样品较困难;波导是适于一定波段的传导介质,但所需的矩形样品更容易制作。典型测量系统包括同轴直导线或波导、矢量网络分析仪、外部计算机和测试分析软件等。

5. 谐振腔法 谐振腔法也称为谐振腔微扰法。谐振腔是具有高品质因数、在一定频率下产生谐振的装置。待测材料样品置于谐振腔中会影响谐振腔的谐振频率和品质因数,通过这些参数变化的测量即可计算得出材料的复介电常数。典型的测试系统包括谐振腔、网络分析仪、外部计算机和分析软件等。谐振腔法示意如图8-5-19所示。

6. 自由空间法 自由空间法是利用天线将微波能聚焦在待测材料上或通过待测材料,并通过发射和接收的信号变化分析计算得出材料的介电特性。自由空间法是一种非接触式测量方法,并且可以在高温和恶劣环境下完成测量。典型测量系统包括测试平台(发射和接收天线、通道、NRL 拱等)、矢量网络分析仪、外部计算机和测试分析软件等。自由空间法示意如图 8-5-20 所示。

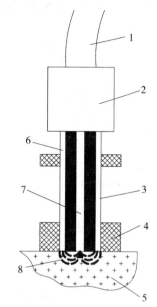

图 8-5-17 同轴线终端开路法示意
1. 外传输线 2. 接头 3. 同轴传输线
4. 端面固定环 5. 待测材料 6. 外导体
7. 内导体 8. 干扰

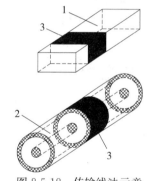

图 8-5-18 传输线法示意
1. 波导 2. 同轴直导线 3. 待测材料

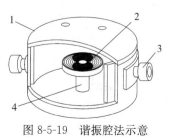

图 8-5-19 谐振腔法示意
1. 谐振腔 2. 待测材料 3. 连接器 4. 支柱

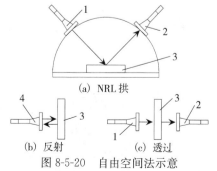

(a) NRL 拱

(b) 反射　　(c) 透过
图 8-5-20 自由空间法示意
1. 发射天线 2. 接收天线 3. 待测材料 4. 发射接收天线

以上几种测试方法的比较见表 8-5-4。

表 8-5-4　介电测量方法比较

方法	参数	典型频率	特　点
阻抗单元法	ρ_V 或 ρ_S	DC（直流）	ρ_V 和 ρ_S 分别为单位体积阻抗（$\Omega \cdot cm$）和单位面积阻抗（Ω）。需要扁平、圆盘形样品。适合薄片、膜或油脂类测量。便宜，分析简单
平行板法	ε_r^*	$< 30MHz$	需要扁平、圆盘形样品。适合薄片、膜的测量。采用专门装置可测量液体。便宜，分析简单
同轴线终端开路法	ε_r^*	$200MHz \sim 20GHz$	适于液体、半固体测量。固体测量需要有平的表面。可用于非破坏测量。有限的低损失分辨率
传输线法	ε_r^* 和 μ_r^*	$500MHz \sim 110GHz$	μ_r^* 为复相对磁导率。需要砖块形或圆柱形样品。固定简单。液体或气体需要容器。通常为破坏性测量。低损耗分辨率有限
谐振腔法	ε_r^* 或 μ_r^*	$500MHz \sim 110GHz$	需要精确的样品形状。通常为破坏性测量。非常精确。对低损耗角敏感。分析复杂
自由空间法	ε_r^* 和 μ_r^*	$2 \sim 110GHz$	需要两相对表面平行且平的样品。需要大样品（大于 3 倍穿过波宽）。为非接触测量，无需夹持装置。通常为非破坏性测量

第六节　全自动多功能分级

全自动多功能分级是指在一条完整的生产线中，积聚了基于尺寸、重量、外观和内部品质等多种参数的识别和判断后完成的果蔬分级。

目前最先进的果蔬分级生产线集成了 CCD 摄像与图像识别分析、X 射线图像采集与分析、近红外光谱透射分析以及机器手软抓取等各项新技术。

例如，图 8-6-1 和图 8-6-2 分别是日本石井工业株式会社的柑橘全自动外观及内部品质分级、包装生产线工作流程和分级区工作的示意图。

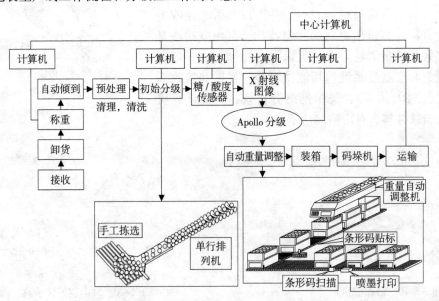

图 8-6-1　日本石井工业株式会社的柑橘全自动外观及内部品质分级、包装生产线工作流程

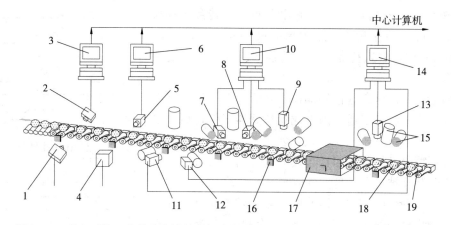

图 8-6-2 日本石井工业株式会社的柑橘全自动分级、包装生产线分级区工作示意图
1. 光发射器 2. 光接收器 3. 糖酸度数据处理 4. X 射线发生器 5. X 射线照相机
6. X 射线图像处理 7. A 部入端照相 8. A 部出端照相 9. A 部顶端照相 10. A 部图像处理
11. B 部入端照相 12. B 部出端照相 13. B 部顶端照相 14. B 部图像处理 15. DL 光源
16. 到位信号控制 17. 180°翻转装置 18. 柑橘 19. 传输辊

柑橘的接收、周转箱托盘卸货、称重以及倾倒全部由生产线设备完成，预处理主要是对柑橘进行清理和清洗，清洗后的柑橘由输送机传送，在输送机传送过程由人工进行初级拣选，经拣选后的柑橘由单行排列设备排列成行并输送到分级区。

柑橘进入分级区后，首先到达糖、酸度测量位，糖、酸度测量采用了近红外光谱透射分析技术。光发射器将近红外光投射到柑橘，光穿过柑橘后由光接收器接收采集光谱，采集的数据传输到计算机进行处理和分析。该项技术仅需要通过对被测样品完成一次近红外光谱的采集测量，就可以完成柑橘多项性能指标的测定。近红外光谱主要反映的是 C—H、O—H、N—H、S—H 等化学键的信息，测量时不需要对分析样品进行前处理，也不需消耗材料和破坏样品。技术的关键点是需要通过大量的工作，建立糖、酸度以及其他需测参数的定标数据模型。

糖、酸度测量后，柑橘进入 X 射线图像区。在 X 射线图像区主要是对柑橘的内部品质进行探测。X 射线发生器发出 X 射线，照相机采集 X 射线图像，采集的图像数据传输到计算机进行处理。

柑橘的外观分级采用了 CCD 摄像与图像识别分析技术。利用 6 个 CCD 摄像头，实时采集图像数据，4 个摄像头拍摄柑橘四方位侧面图像，2 个摄像头拍摄柑橘的顶面和底面图像，图像数据分两组输送到计算机进行处理。

经计算机处理后的糖、酸度、内部品质和外观质量等所有数据传送到中心计算机，在中心计算机处根据设定的各项分级指标对柑橘进行归类和发出后续的输送以及标签数据打印指令。

又如，图 8-6-3 至图 8-6-5 分别是日本石井工业株式会社的桃、梨和苹果机器手软抓取自动分选设备的工作流程、工作过程示意和周转箱规格图，该分选设备特别适合于易损伤果蔬的分级。

产品在第一个平台接收时，每个集装架上放 4 组周转箱（每组 10 个）。随后将每组周转箱提升到第二层平台，在第二层平台周转箱分离机将周转箱一个接着一个送到条形码读码器通道。获取产品生产者和周转箱信息后，周转箱被送到水果供给机器手，供给机器手通过气吸盘抓取水果送到中转台。分级机器手再从中转台抓取水果送入输送机上的托盘中，途中果的底部和侧面图像由 TV 照相机获取，放入托盘时，果的顶部图像被另一组照相机获取。

利用上述图像信息进行外部检查之后，下一步进行内部品质和糖度的测量，通过内部测量传感器工作台后，根据分级结果，水果被放入波纹板包装箱中。级别、规格和果品名称用喷墨打印机打印在包装箱的外面，然后进行封口。最后包装箱被送上货盘，待运输进入市场。

图 8-6-4 显示的是供给机器手和分级机器手的动作过程。

周转箱规格一般为 6×5 个、6×4 个和 5×3 个（图 8-6-5），由推杆推入到供给机器手的工作区。供给机器手由 1 个三自由度（DOF）笛卡尔坐标操纵杆和 6 个气吸盘组成，机器手下落，到达周转箱，抓起 6（或 5）个果，移送到中转台。有两个供给机器手独立工作，中转台上每次放入 12（或 10）个果。

分级机器手包括了 1 个三自由度（DOF）操纵杆（两个移动副和一个转动副）、12 个气吸盘、12 个彩色 TV 照相机和 28 个直接光源。机器手同时抓起 12（或 10）个果，将它们移送到输送机的托盘中。在操纵杆抓取果送入托盘的提升过程中，果的底部图像被 12 个照相机同时获取。果在被放入托盘之前的下降过程中，气吸盘转动 270°，果的 4 个侧面的图像被依次获取。照相机可以转动 90°，追随着分级机器手的运动。获取图像之后，机器手将果放入到输送机的托盘中。

图 8-6-3 机器手软抓取自动
分选工作流程

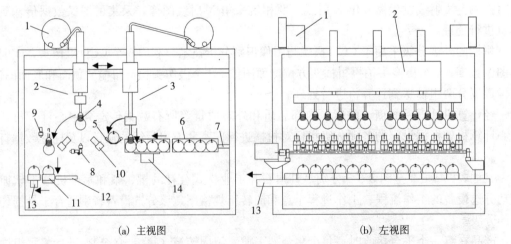

(a) 主视图　　　　　　　　　　(b) 左视图

图 8-6-4　机器手软抓取自动分选设备分级区工作过程示意

1. 真空泵　2. 分级机器手　3. 供给机器手　4. 气吸盘　5. 中转台　6. 周转箱　7. 周转箱推杆

8. 底部和侧面用照相机　9. 顶部用照相机　10. 光源　11. 托盘　12. 托盘推杆　13. 输送机　14. 升降台

(a) 桃 6×5 个，6×4 个

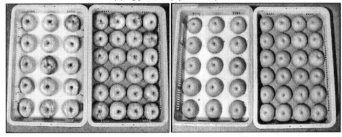

(b) 苹果 5×3 个，6×4 个　　　(c) 梨 5×3 个，6×4 个

图 8-6-5　周转箱规格

分级机器手的行程大约 1.2m，行驶速度 1m/s，移送 12 个果约需 2.7s，从初始位置下落约需 0.4s，释放果后返回约需 1s，间歇 0.15s，总的时间是 4.25s。

系统中采用的真空泵，功率为 1.4kW，转速为 3 800r/m，压力为 37.3kPa，排气量为 1.3m^3/min 的。两个供给机器手和一个分级机器手需要 4 个真空泵。一个真空泵用于 6 个气吸盘，抓取桃需要 30kPa 的吸力，抓取梨和苹果需要 45kPa 的吸力。水果在两次抓取后不会产生任何损伤。

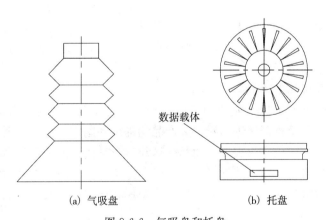

(a) 气吸盘　　　　　　　　　(b) 托盘

图 8-6-6　气吸盘和托盘

图 8-6-6 所示的是气吸盘和在输送机上传送的托盘。托盘上有数据载体，图像处理后，每个果的分级信息被传送到数据载体中。输送机的传送速度为 30m/min。

如图 8-6-7 所示，图像获取和处理系统采用了 VGA 型 TV 照相机和随机存取触发器。照相机的像素为 659（H）×321（V），视角为 50°×46°。3 个照相机的图像信息输入到一台计算机，每个分级机器手使用 4 台照相机。底部和侧面图像由计算机 A 到计算机 D 处理，顶部图像由计算机 E 处理。图像处理结果送入到计算机 J，进行水果级别的判定。

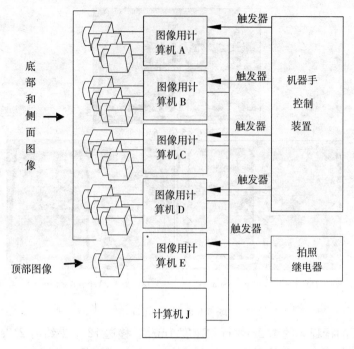

图 8-6-7　图像获取系统框图

第七节　分级标准和分级精度

一、分级标准

分级标准是指果蔬产品按照大小、形状、色泽、缺陷等进行级别划分时应遵循的要求。分级标准由产品接收方提出，通常是在特定销售区域内所遵循的规则。分级的要求可以是一项指标，也可以是多项指标。

在美国，果蔬分级标准由美国农业部（USDA）制定。

美国农业部掌管食品标准、成分和分析等相关的几个联邦事务，包括肉产品的身份标准、农产品分级标准和检查程序等。对许多产品均提出和制定有分级标准，虽然有些为非强制性标准，在市场贸易中仍广泛被加工商和配送商自愿采用，因为产品质量往往会影响到产品的价格，分级标准常用来作为质量控制的手段。消费者对食品的分级标准熟知，零售市场的采购员也会利用分级标准来采购食品。标准的使用者还包括学校、医院、餐馆、监狱和国防部门等。

美国农业部依据 1946 年的农业产品销售法（Agricultural Marketing Act）制定和发布了 300 多种食品的分级标准。分级标准无需在产品标签中注明，但一旦在产品标签中注明则产品必须遵循注出标准中的相关规定。

美国分级标准为农产品市场行为提供了描述产品质量和条件的一致性语言。新鲜果蔬分级标准分为鲜售蔬菜、鲜售水果、加工用蔬菜、加工用水果、坚果和特种作物 5 类。其中到目前为止制定的鲜售蔬菜分级标准 62 项，鲜售水果分级标准 31 项，加工用蔬菜分级标准 24 项、加工用水果分级标准 15 项。果蔬分级标准涉及的分级要素包括颜色、质地或一致性、缺陷、尺寸与形状、鲜嫩程度、成熟度、风味和各种化学特征。

　　例如，在苹果分级标准中，规定了 5 个等级：特优级（US Extra Fancy）、优级（US Fancy）、1 级（US No. 1）、实用级（US Utility）和混合级（Combination grades）。特优级苹果的质量要求最为严格，要求由一个品种组成（在包装上标明的除外），成熟但不能过熟，干净，外形规矩，无腐烂、内部褐变、内部损害、软灼伤、疤痕、冻伤、可见水芯和损伤表面。苹果也不能有磕碰引起的伤害、表面褐斑、平滑的网状褐斑、晒斑或喷洒药斑、枝叶摩擦伤、冰雹伤、干旱引起的污点和斑痕、病害、虫害或其他缺陷。苹果也不能有苦痘病或乔纳森斑点病引起的损伤，不能有光滑一致的、略粗糙的或粗糙的褐色缺陷，不能有梗端或萼端开裂缺陷，除富士品种苹果外产后的第二年 1 月 31 日后不能有不可见水心缺陷。任何情况下不可见水心不作为富士品种苹果的评价。而混合级被规定是特优和优级组合、优级和 1 级组合、1 级和实用级组合 3 种，并且不允许有其他组合。当苹果以组合级包装销售时，在任何批次中必须有 50％以上果满足高一级产品的要求。

　　对颜色的要求按品种划分，以红色面积的百分比提出定量要求，表 8-7-1 为美国苹果分级标准中对各品种苹果的颜色要求，表中未列品种则不作颜色要求。

表 8-7-1　美国苹果分级标准各级别颜色要求

（引自：USDA，2002）

仅下列品种要求满足颜色要求	特优级（％）	优级（％）	1 级（％）
蛇果（Red Delicious）	66	40	25
红罗马（Red Rome）	66	40	25
帝国（Empire）	66	40	25
艾达红（Idared）	66	40	25
醇露（Winesap）	66	40	25
红玉（Jonathan）	66	40	25
史戴曼（Stayman）	50	33	25
麦金塔（McIntosh）	50	33	25
考特兰（Cortland）	50	33	25
瑞光（Rome Beauty）	50	33	25
元帅（Delicious）	50	33	25
约克（York）	50	33	25

注：各级别颜色需满足或超过上列要求。

　　美国苹果分级标准还对允差作出了相应规定。允差包括了缺陷的允差和尺寸的允差。在对尺寸的要求中规定，当尺寸由容器中的个数标明时，一次抽样中的不"规矩一致"数不超过 10％（"规矩一致"指容器中的水果直径从最小到最大的变化不超过 12.7mm）；当尺寸由最大或最小直径标明时，任何批次抽样小于最小直径的不超过 5％，大于最大直径的不超过 10％。对于蛇果或金冠品种苹果，尺寸和重量级别结合使用，当用这种方式标明时，单个苹果的重量只要等于或大于所在档次的重量，无论果径是否小于最小直径，都认为满足最小尺寸要求。但任何批次抽样允许不满足最小直径或最小重量的苹果不超过 5％。另外，当蛇果或金冠品种苹果用直径/重量联合标明时，可以只根据表8-7-2进行标明。

表8-7-2　美国苹果分级标准中蛇果和金冠的尺寸分级要求

（引自：USDA，2002）

蛇果（Red Delicious）	金冠（Golden Delicious）
54.0mm 或 65g	63g
57.2mm 或 75g	70g
60.3mm 或 84g	82g
63.5mm 或 100g	95g
66.7mm 或 115g	109g
69.9mm 或 139g	134g

我国对果蔬分级的要求通常在产品标准中可见，在国家标准、行业标准和地方标准中都有可能涉及。例如，涉及苹果分级要求的标准有《NY/T268—1995 绿色食品　苹果》、《GB/T10651—2008 鲜苹果》和《NY/T1793—2009 苹果等级规格》等，其中《GB/T10651—2008 鲜苹果》对苹果等级要求的规定较为详细，如表8-7-3和表8-7-4分别为鲜苹果质量等级要求和苹果各主要品种和等级的色泽要求。

表8-7-3　鲜苹果质量等级要求

（引自：GB/T10651—2008）

项目	等级		
	优等品	一等品	二等品
果形	具有本品种应有的特征	允许果形有轻微缺点	果形有缺点，但仍保持本品基本特征，不得有畸形果
色泽	红色品种的果面着色比例的具体规定参照表8-7-4；其他品种应具有本品种成熟时应有的色泽		
果梗	果梗完整（不包括商品化处理造成的果梗缺省）	果梗完整（不包括商品化处理造成的果梗缺省）	允许果梗轻微损伤
果面缺陷	无缺陷	无缺陷	允许下列对果肉无重大伤害的果皮损伤不超过4项
（1）刺伤（包括破皮划伤）	无	无	无
（2）碰压伤	无	无	允许轻微碰压伤，总面积不超过 1.0cm²，其中最大处面积不得超过 0.3cm²，伤处不得变褐，对果肉无明显伤害
（3）磨伤（枝磨、叶磨）	无	无	允许不严重影响果实外观的磨伤，面积不超过 1.0cm²
（4）日灼	无	无	允许浅褐色或褐色，面积不超过 1.0cm²
（5）药害	无	无	允许果皮浅层伤害，总面积不超过 1.0cm²
（6）雹伤	无	无	允许果皮愈合良好的轻微雹伤，总面积不超过 1.0cm²

（续）

项目	等级		
	优等品	一等品	二等品
（7）裂果	无	无	无
（8）裂纹	无	允许梗洼或萼洼内有微小裂纹	允许有不超出梗洼或萼洼的微小裂纹
（9）病虫果	无	无	无
（10）虫伤	无	允许不超过 2 处 1.0cm² 的虫伤	允许干枯虫伤，总面积不超过 1.0cm²
（11）其他小疵点	无	允许不超过 5 个	允许不超过 10 个
果锈	各本品种果锈应符合下列限制规定		
（1）褐色片锈	无	不超出梗洼的轻微锈斑	轻微超出梗洼或萼洼之外的锈斑
（2）网状浅层锈斑	允许轻微而分离的平滑网状不明显锈痕，总面积不超过果面的 1/20	允许平滑网状薄层，总面积不超过果面的 1/10	允许轻度粗鲁的网状果锈，总面积不超过果面的 1/5
果径（最大横切面直径）（mm） 大型果	≥70		≥65
果径（最大横切面直径）（mm） 中小型果	≥60		≥55

表 8-7-4　苹果各主要品种的色泽要求

（引自：GB/T10651—2008）

品种	等级		
	优等品	一等品	二等品
富士系	红或条红 90%以上	红或条红 80%以上	红或条红 55%以上
嘎拉系	红 80%以上	红 70%以上	红 50%以上
藤牧 1 号	红 70%以上	红 60%以上	红 50%以上
元帅系	红 95%以上	红 85%以上	红 60%以上
华夏	红 80%以上	红 70%以上	红 55%以上
粉红女士	红 90%以上	红 80%以上	红 60%以上
乔纳金	红 80%以上	红 70%以上	红 50%以上
秦冠	红 90%以上	红 80%以上	红 55%以上
国光	红或条红 80%以上	红或条红 60%以上	红或条红 50%以上
华冠	红或条红 85%以上	红或条红 70%以上	红或条红 50%以上
红将军	红 85%以上	红 75%以上	红 50%以上
珊夏	红 75%以上	红 60%以上	红 50%以上
金冠系	金黄色	黄、绿黄色	黄、绿黄、黄绿色
王林	黄绿或绿黄	黄绿或绿黄	黄绿或绿黄

果蔬分级标准是为市场贸易服务的，是长期实践经验的总结，以科学技术的综合成果为基础，以促进获得最佳效益为目的。果蔬产品种类很多，在制定的分级标准中，所依据的分级要素不同，划分的等级数也不相同，甚至同种类果蔬因品种不同所划分的级别数量也有可能不同，另外所采用的判定规则也不相同。各国针对果蔬产品都制定有相应分级标准或分级要求，而实践中采纳哪个标准应由贸易双方根据需要协商确定。

分级标准也是指导果蔬分级技术发展和应用的总原则，虽然分级技术的进步也促进了分级标准的改进和完善，利用分级技术装备对果蔬分级时，需要参照相关的分级标准，而分级标准中的等级判定规则也往往是选用分级设备时判定其是否适用的依据。例如，表8-7-5列举了几个国家苹果分级标准中所依据的分级要素的比较，可以看出分级时采用的判别要素有明显的差异。

表 8-7-5 几个国家苹果分级标准中依据的分级要素

国家	分级要素	
	外　部	内　部
中国	颜色，形状，尺寸，刺伤，碰压伤，枝叶磨伤，日灼伤，药害，雹伤，裂果，裂纹，病虫害，虫伤，褐色片锈，网状锈斑	硬度，可溶性固形物（无级别区分）
美国	颜色，形状，尺寸，梗洼或萼洼褐色，网状锈斑，日灼伤，药灼伤，深褐色或黑色枝叶磨伤，雹伤，旱斑，表皮损伤，凹陷，疤痕，机械瘀伤，褐色斑，熏斑，蝇斑，红斑，乔纳森斑，虫害，药害，冻伤，表面烫伤，果梗	成熟度，硬度，内部伤害，内部褐变，苦痘病，水心，瘀伤
日本	颜色，形状，重量，疤痕，日灼伤，病害，虫害，斑点，果梗	成熟度，内部伤害，内部褐变
韩国	颜色，形状，重量，鲜度，疤痕，日灼伤，病虫害，斑点，药害，果梗	糖分，成熟度，内部伤害，内部褐变

又如，在美国的德州橙分级标准中，对各级别判定的允差给出了更为具体和详尽的规则，见附表8-1和附表8-2。从这里可以看到，有先进技术作保障，使农产品级别的判定会更加趋于科学化。

从美国的果蔬分级标准中还可以看到，随着视觉技术的广泛应用，在分级标准中运用图形表述的方式（图8-4-24、图8-4-25和图8-4-26），能够更好地为使用者提供准确信息，使标准更具可操作性。

二、分级精度

这里所说的分级精度是针对机器设备而言的，它是指设备作业时完成的分级结果与预期目标的偏离情况，反映了设备的精准程度。

以重量分级机为例，拟将果蔬按重量由轻到重分成5级，边界值设定为A_1、A_2、A_3、A_4，各级果重范围分别为$<A_1$、$A_1\sim A_2$、$A_2\sim A_3$、$A_3\sim A_4$ 和$>A_4$。

假设m_1为$A_1\sim A_2$重量区间的果（$A_1<m_1<A_2$），而作业的实际结果是落入到$A_2\sim A_3$重量区间，因而造成分级误差。

为衡量设备分级的精准程度，在设备作业区间，每隔一定重量间隔ΔA选定固定数量n个果蔬，对设备进行分级试验，分级结果符合图8-7-1所示规律。

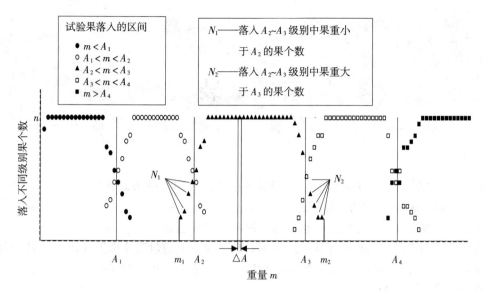

图 8-7-1 试验果落入不同级别果个数与重量级别的关系

假设，落入 $A_2 \sim A_3$ 级别中果重小于 A_2 的果数为 N_1，果重区间为 $m_1 \sim A_2$（即落入 $A_2 \sim A_3$ 级别果最小重量为 m_1），落入 $A_2 \sim A_3$ 级别中果重大于 A_3 的果数为 N_2，果重区间为 $A_3 \sim m_2$（即落入 $A_2 \sim A_3$ 级别果最大重量为 m_2），那么 $m_1 \sim A_2$ 和 $A_3 \sim m_2$ 区间果落入 $A_2 \sim A_3$ 级的比例（即错果率）可按式（8-7-1）计算，该级别重量的上限和下限最大误差可按式（8-7-2）和式（8-7-3）计算。

$$\beta_{23} = \frac{N_1 + N_2}{\dfrac{A_3 - A_2}{\Delta A} n + N_1 + N_2} \qquad (8\text{-}7\text{-}1)$$

$$\Delta A_1 = A_2 - m_1 \qquad (8\text{-}7\text{-}2)$$

$$\Delta A_2 = m_2 - A_3 \qquad (8\text{-}7\text{-}3)$$

式中 β_{23}——该级别的错果率；

ΔA_1——该级别重量下限的最大误差；

ΔA_2——该级别重量上限的最大误差。

分级机设备的每个级别都存在上限或（和）下限的错果率和最大误差，将所有错果率和最大误差经统计分析计算，可得到设备的分级精度。

第九章

包　装

　　包装是人类发展过程中伴随着生存和生活需要的产物。早在史前活动于地球上的人们，在打猎、捕鱼、采集食物的过程中有了剩余食物，就开始寻找保存的方法，他们用树叶、编织的篮子、动物的皮来保存食物，这些都是原始意义的包装。

　　直到人类历史进入到欧洲工业革命时期，现代意义上的包装才真正开始，人们发明了罐头、纸箱、塑料膜和铝箔，等等，才使得食物能够有效密封和长期存放，才使得食物越岭过海长途运输成为了可能。

　　对包装最基本的要求，就是确保产品以出厂时同样的状态到达消费者手中。包装的原始功能是为了防止热、湿、空气、运输过程中的撞击等各种因素对产品的侵袭。包装材料要具备抵抗内部和外部侵蚀的能力，其特性是能够有效阻隔气、水和味，其坚固程度要确保产品经过旅途到达消费者手中时仍然完好无损。

　　现代包装又有了新的功能，它能够起到传达信息的作用。包装上包含了技术信息，可以传递给消费者，帮助生产产品的企业创造产品形象。在包装的标签上需要告知消费者产品的容量、组分，推荐保存和使用的方法。随着消费者对食品安全性的需求越来越强烈，包装上的商标在保护厂商品牌的同时，也可以责成厂商在包装上准确陈述商品的来源、组分和生产条件等信息，这些信息同时也成为了产品追溯的依据。

　　果蔬包装的目的可以归纳为 3 点：

　　（1）包容产品。使产品盛装起来，便于拿放、搬运和运输，并且使市场销售时产品重量、数量和规格标准化。

　　（2）保护产品。使产品在运输、贮存和市场销售过程中免受机械损伤和不利环境条件的伤害。

　　（3）宣传产品。为消费者提供信息，如品种、重量、单位数量、质量等级、生产商名称、产地、营养成分、商标以及其他相关可追溯信息。

第一节　果蔬包装类型、特点及基本要求

　　针对包装的主要目的和需要解决的问题，果蔬包装可以分为面对消费者的上市零售包装、贮存与处理加工过程中的周转运输包装和托盘载重包装。按照所采用的包装材料、包装方式和适用产品类型的不同，果蔬包装又可以分为板条箱包装、塑料箱包装、纸箱包装、网带包装、塑料膜（袋）包装，等等。按照果蔬的盛装方式，还可将包装分为散装、托盒包装、单元格间包装和定位摆放包装。散装指产品通过手工或机器放入箱、筐等容器中，达到一定的容积量、重量或个数；托盒或单元隔间包装指产品放入有一定形状的托盒或单元隔间中，将产品与产品隔开，以减少碰撞；定位摆放包装指产品被逐个有序地摆放在盛装箱等容器中，

可以减少擦碰，且规整美观。果蔬保鲜包装方式有真空包装、气调包装和自发气调包装等。

一、零售果蔬包装

零售果蔬包装是指走进消费者家庭的一类包装。零售包装通常是以家庭消费者购买量为计量单位称量或计数完成的包装，根据产品的不同，小规格包装一般为 300g～1.5kg，较大规格的包装可达 3～5kg。常采用的材料和方式有塑料袋包装、塑膜包裹托盒的包装、热成型塑料盒包装等，对于洋葱、大蒜、马铃薯等产品常采用网带包装，柑橘、葡萄等也常用塑料网篮包装，礼品包装多采用纸盒、竹篮等。

包装的材料质地、颜色和外形对果蔬展示和吸引顾客能起到重要的作用。

1. 塑料袋、塑料膜　用塑料袋、塑料膜和托盒等将果蔬包裹起来的方式，能够起到果蔬与外界空气隔离，有部分抑制微生物生长繁殖、减缓果蔬新陈代谢速度的作用，可以保持水分。包装表面贴上标签，示出产地、价格、包装日期等信息，有助于顾客购买时参考，特别适合在超市销售选购，这种包装方式是我国目前采用的最为普遍的方式。

图 9-1-1 和图 9-1-2 为塑料袋包装、塑料膜包裹和托盒盛装后覆膜包装等方式。绿叶菜通常适合用塑料袋盛装，花椰菜、白菜、香蕉、瓜类等大体积果蔬适合用塑料膜包裹，浆

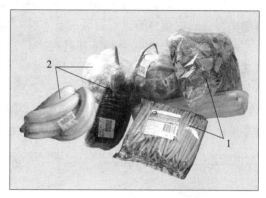

图 9-1-1　塑料袋和塑料膜包装
1. 塑料袋包装　2. 塑料膜包裹

果、水果和番茄等怕磕碰的果蔬可以用托盒盛装后再用塑料膜包裹。

图 9-1-2　托盒盛装后覆膜包装的各种蔬菜

2. 塑料盒 图 9-1-3 所示为热成型塑料盒包装。这种塑料盒常采用 PET（聚对苯二甲酸乙二酯）或 PVC（聚氯乙烯）材料热塑成型，能承受一定的压力，可以更好地保护果蔬产品免受外界的碰撞、挤压等机械伤害，也比较适合于采用机械化生产线完成包装。在塑料盒上打孔，还能使盒中的果蔬透气。塑料盒能起到很好的容纳果的作用，也有塑料盒盛装后再套塑料袋或用塑料膜进行封装的。

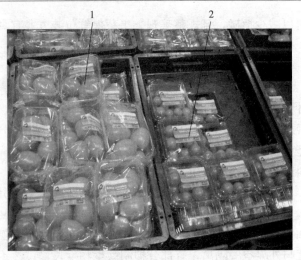

图 9-1-3　塑料盒包装
1. 塑料盒盛果塑料袋封装　2. 塑料盒包装

由于塑料盒的透明性好，并且可以成型为各种形状，具有塑料膜包装不具备的更多功能和作用。例如图 9-1-4 所示的塑料盒，成型为若干个果形大小的凹穴，能很好地支撑果，使果与果分隔开且保持不动；图 9-1-5 所示的塑料盒具有美观的形状，令人赏心悦目，能起到很好的促销作用。

(a) 4 穴　　　　　　　　　　　　(b) 6 穴

图 9-1-4　凹穴形塑料盒

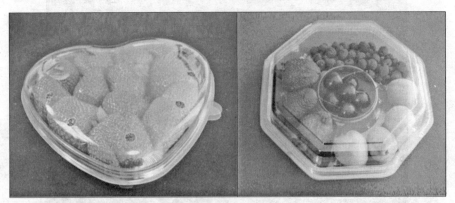

(a) 心形　　　　　　　　　　　　(b) 八角形

图 9-1-5　具有不同形状的塑料盒

3. 塑料网袋、网套包装 网袋或网套包装也是零售时常采用的一种包装方式。制作网袋或网套的材料有 PE（聚乙烯）、锦纶（聚酰胺）等，网袋孔眼的大小和织密程度也有不同的规格，网袋包装也可通过设备在生产线上完成。

由于网袋或网套具有弹性，能够适应不规则形状的果蔬表面，使果蔬缚紧不会在袋内自由移动，搬动和拿放时免受伤害，能起到保护产品的作用。

果蔬盛装在网袋中，还便于携带，另外在超市柜台销售时，不会因顾客挑选商品触碰到果蔬表面使产品造成污染。图 9-1-6 是几种用网袋包装零售的果蔬。

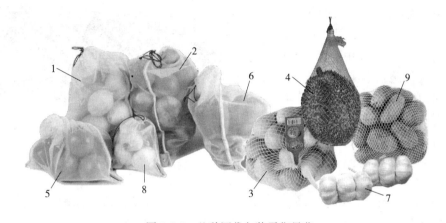

图 9-1-6 几种网袋包装零售果蔬

1. 柠檬 2. 苹果 3. 橙 4. 菠萝蜜 5. 番茄 6. 甜椒 7. 蒜 8. 新蒜 9. 马铃薯

4. 塑料网篮、网筐包装 由于塑料制品制作容易且价格便宜，用塑料网篮或网筐盛装果蔬也是近年来常采用的一类包装方式。网篮或网筐大小恰好适宜家庭购买的量，常作为市场销售包装和礼品包装。

塑料网篮或网筐能制作成各种结构形式，有很好的透气性，特别是带有提梁的网篮便于携带。如图 9-1-7 所示。

另外，塑料篮筐有很好的承载能力，可以在无外包装箱的情况下直接码放，如图 9-1-8 所示。

图 9-1-7 塑料网篮和网筐包装

图 9-1-8 码放的塑料篮筐

5. 礼品纸盒包装 中国是礼仪之邦，送礼文化是伴随着人类文明而产生的，做寿、探病、乔迁、同事朋友交往以及商务往来等都有送礼的习俗。礼品种类繁多，果蔬礼品是众多礼品中颇受欢迎的一种，尤其随着人们对高品质食品的需求，有机果蔬和特色果蔬等更受青睐。

礼品包装最常用的是纸盒包装。纸盒不但能起到保护产品的作用，而且在纸盒上能印刷出各色图案和产品的各项信息，可以使消费者对产品知情和赏心悦目。

图 9-1-9 礼品纸盒包装

纸盒还可以制作成不同结构形式和不同规格。例如，图 9-1-9 中的蔬菜礼盒，内装各类小包装果蔬，彩椒、茄子、黄瓜和番茄等呈现的红、橙、紫、黄、绿等色彩，带给消费者的是愉悦和食欲，纸盒上盖上设置的小窗能使其一览无余。图中盛装柑橘的礼盒，将上盖竖起即可作提梁使用，携带十分方便。

6. 天然材料包装 近年来，随着人们对大自然的崇尚和环保意识的增强，也常采用竹、藤、篾及秸秆等天然植物材料制作出美观结实的包装容器，用来盛装果蔬，尤其用来作为礼品盒包装。这些包装通常还可以在家中做容器使用。图 9-1-10 所示为竹制的果蔬礼品篮包装。

图 9-1-10 竹制果蔬礼品篮

二、周转运输包装

周转运输包装是指在田间采摘、加工处理、异地转运、贮存保藏和市场销售过程中需要的一类包装，以满足运输、加工周转和贮藏要求为主要目的。这类包装有塑料箱、纸板箱、板条箱、柳条筐（或竹条、藤条等）、编织袋或麻袋等。塑料箱和纸板箱的容量一般为5～20kg，板条箱、筐或袋甚至装得更多。

这类包装应注意以下几点：

（1）包装的体积大小和容量应便于单人搬运和码放。

（2）包装的尺寸适宜，便于装车和运输。

（3）包装材料能够生物降解，不对环境造成污染。

（4）打算多次反复使用的包装应易于清洁或清洗消毒。如果包装能方便拆拼，更利于减少空载运输时的体积量。

（5）包装应具有一定的承载能力，如承压能力和抗碰撞能力，并且还应经得起搬放和挪动。

（6）应根据果蔬种类和运输距离选择适宜的包装大小、包装材料和包装方式，易受伤果蔬和运输距离长时更应注意每一容器的盛装量，并应采取箱内分隔、固定和分层码放等措施，对于苹果、梨、芒果、木瓜等较易受伤的水果，通常也采用草纸或泡沫塑料网等进行逐个包裹保护。

（7）放入包装内的果蔬量应与箱或筐的容积相适宜，过量时会溢出，不仅影响码放和外观，还起不到保护果蔬的作用；量不足时会增加运输时果蔬间相互碰撞的机会，对于纸箱包装还会出现纸箱塌陷的现象。

（一）塑料箱（筐）

塑料箱也常称为塑料周转箱或塑料物流箱，塑料筐常称为塑料周转筐，是在田间采摘、加工处理、异地转运、贮存保藏和市场销售等各环节都可使用的一种包装容器。

塑料箱（筐）常用的原材料为低压高密度聚乙烯（HDPE）和聚丙烯（PP），材料质地坚硬，耐寒性能良好，化学稳定性很高，能耐酸碱及有机熔剂，无毒无味。有很突出的电气性能和良好的耐辐射性，有较高的耐热温度。塑料箱（筐）承载强度大，并能承受使用中遇到的各种外力，还能堆码一定高度。

塑料箱（筐）能较容易制造成统一的规格，设计上有较大的灵活性，可供选择的规格很多，颜色也丰富。为便于物流运输，可采用适应于塑料

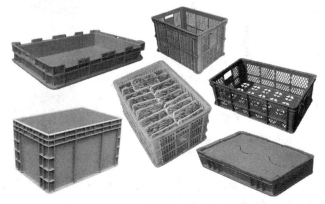

图 9-1-11　塑料周转箱和周转筐

托盘配套的标准尺寸 600mm×400mm 或 400mm×300mm。

塑料箱（筐）还可以设计制作成可折叠式样，在空箱的时候可以减少仓储体积，同时也节省空箱运输空间和物流费用。

塑料箱（筐）还有耐酸碱、抗霉变、抗潮湿、抗虫蛀的特性，易于清洗消毒，可循环反复使用，并且重量轻，易搬运和码放。

塑料筐与塑料箱相比，因为布满了透气、漏水的孔洞，在果蔬包装中更为常用。

图 9-1-11 所示为塑料周转箱和周转筐，图 9-1-12 是塑料筐包装果蔬在超市货台展示

销售。

（二）泡沫塑料箱

泡沫塑料箱也称作泡沫保温箱，通常以聚苯乙烯（EPS）树脂为基料，加入发泡剂等辅助材料，经加热发泡模塑成型。聚苯乙烯泡沫塑料重量轻，导热系数小，隔热性好，还有吸水率低、耐水、耐老化、耐低温、易加工和价廉质优等优点，并且容易回收和再利用，是良好的绿色包装材料。用聚苯乙烯泡沫塑料制作的保温箱可以用来在常温下运送预冷果蔬。

泡沫塑料箱耐平缓撞击，但不能抵御过大的冲击力，冲击力过大会使其破裂和压碎。另外这种塑料箱也不便于清洗和多次使用。

泡沫塑料箱如图 9-1-13 所示。

如果在泡沫塑料箱中再衬有铝箔或镀金属的聚酯、聚酰亚胺薄膜等热反射材料后，能起到反射阻隔和传导阻隔的双重隔热作用，使箱体具有更好的隔热性能。

为增加泡沫塑料箱的抗冲击破坏性能，也有制作成内层为泡沫塑料外层为硬纸板的，这种箱可以有效防止在运输途中损坏。

（三）瓦楞板箱

传统瓦楞板箱是指以纸质材料瓦楞纸板制成的瓦楞纸箱。

图 9-1-12　塑料筐包装果蔬在超市展售

(c) 泡沫塑料箱外套瓦楞纸箱

(a) 外观图　　　　(b) 衬铝箔泡沫塑料箱

图 9-1-13　泡沫塑料箱

但是，普通瓦楞纸箱也有一些缺点，如不能重复使用，受潮或水浸后容易变软和垮塌，有些甚至会发生霉变等。

作为果蔬运输包装的纸板箱，通常要在高湿环境下使用，一般要求有防潮和耐水的性能，随着对果蔬保鲜的追求，也希望包装箱附带有抑制微生物繁殖、能除去乙烯气体及防止果蔬失水等特性，因而各类新型的瓦楞板箱也就应运而生，如市场上出现的涂覆类瓦楞纸箱、钙塑箱以及塑料瓦楞板箱，等等。

1. 瓦楞纸箱　瓦楞纸板是由箱纸板和经过起楞的瓦楞原纸粘合而成，分单瓦楞纸板和双瓦楞纸板。瓦楞纸箱质轻、抗压、抗撕裂，具有缓冲和防震作用，并且有一定的抗冲击性。瓦楞纸板经模切和压痕后，易折形、钉合或粘合成纸箱。瓦楞纸箱还具有良好的装潢印刷适宜性，并且能够回收循环再利用，对环境无污染。因此，瓦楞纸箱一直是果蔬运输包装的首选方式，如图 9-1-14 所示。图 9-1-15 是瓦楞纸箱包装果蔬展示。

2. 涂覆类瓦楞纸箱 涂覆类瓦楞纸箱也常称为保鲜瓦楞纸箱，通过在瓦楞纸箱内表面涂布或复合其他材料，使瓦楞纸箱具有较高的阻气、防潮等性能，并能在一定程度上吸收内装果蔬释放的乙烯类气体，以达到使果蔬保鲜目的。这类瓦楞纸箱按照性能需求的侧重点不同，可以制作成防水型、隔热型、气体控制型和防腐作用型等多种用途类型。

图 9-1-14 瓦楞纸箱包装

图 9-1-15 纸板箱包装各品种番茄展销

（1）防水型瓦楞纸箱。防水型瓦楞纸箱，是通过防水处理制作的一类纸箱，如通过浸蜡、涂蜡、喷涂蜡乳液或树脂刮涂等工艺，使纸箱内外表面形成一层防水层，不会使水渗入纸板中，可在高湿环境和有水环境中使用。

（2）隔热型瓦楞纸箱。隔热型保鲜瓦楞纸箱，是在传统瓦楞纸箱内表面复合塑料薄膜或铝蒸镀膜，使其具有更好的隔热性。

（3）气体控制型保鲜瓦楞纸箱。气体控制型保鲜瓦楞纸箱，是在瓦楞纸箱内表面复合一层特殊功能的保鲜膜，或在造纸阶段混入能吸附乙烯气体的多孔质粉末，可有效控制瓦楞纸箱内的气体含量，防止水分蒸发，保持果蔬新鲜。

（4）防腐作用型。防腐作用型通常是在瓦楞纸板中渗入防腐剂或在瓦楞纸箱内表面涂布防腐剂，从而获得不同防腐保鲜作用的瓦楞纸箱，不同种类的果蔬可以根据需要选择不同的防腐剂渗入成分，从而达到不同的保鲜功能。

3. 钙塑箱　钙塑箱又称钙塑纸箱，与普通纸箱的区别是材质不同。钙塑箱是以高密度聚乙烯（HDPE）为主要原材料，碳酸钙为填充料，加入各种助剂，经压延热粘制成瓦楞板，然后再开槽压线印刷装订成箱。由于钙塑箱制作的后续工艺和外观与纸箱相同，因而非专业人员称其为钙塑纸箱。钙塑箱的最大优点是防潮不怕水，其次是韧性好不易折断，环保无污染可回收再利用。

4. 塑料瓦楞板箱　塑料瓦楞板箱是新近发展起来的一类新型的用于果蔬运输包装的包装箱，是随着中空板制作技术工艺的不断推新和中空板应用领域的扩大而诞生的。制作塑料瓦楞板箱常用的材料是 PP（聚丙烯）材质中空板，这种中空板承载强度大，抗折、拉伸、压缩和撕裂，耐高温和抗老化，并且色彩丰富和可印刷，做成包装箱既可用于周转又可用于成品出货包装，轻巧、耐用且可堆叠。塑料瓦楞板箱与瓦楞纸箱相比，成型精度更高，并且不怕水可清洗，还可多次使用，能制作出色彩鲜明、形制美观的产品。如图9-1-16所示为青岛天福乐塑胶有限公司生产的 PP 果蔬包装箱。

图 9-1-16　塑料瓦楞板箱

瓦楞板箱包装果蔬时常需用到衬垫、隔板、衬盘、网套等固定和保护果蔬的附件，如图9-1-17 所示。

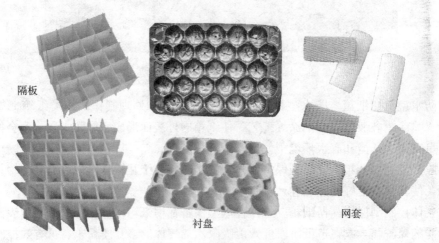

隔板

衬盘

网套

图 9-1-17　瓦楞板箱常用附件

（四）柳（或藤、竹等）条筐和木板箱

柳条、藤条、竹子和木板等天然材料制作的容器，仍然在许多地区用作果蔬包装使用，如图9-1-18所示。

用竹、柳、藤等天然植物材料编织成的筐，其优点是便宜，缺点是笨重，如装载过多，产品要承受很大压力，难以堆码。这类包装虽然便宜，但由于不易清洗消毒，如果反复使用，将成为微生物污染源之一。该种形式的大容量包装正逐渐被淘汰。

图 9-1-18 筐装果蔬

木板箱的机械强度高，相对其他天然材料制作的容器结实，可以制作成各种规格统一的形状，也利于码垛。但是，木板箱本身较重，操作和运输比较吃力。此种包装方式也日渐减少，只用于包装西瓜、柚子等体积较大、相对不易受损的产品。

（五）编织袋、麻袋

传统麻袋包装果蔬虽然越来越少见，但由塑料织成的编织袋或网袋也常作为大容量的果蔬包装，如图9-1-19所示。

编织袋或塑料网袋，一般由聚乙烯（PE）或聚丙烯（PP）树脂为主要原料，经挤出、拉伸成扁丝或圆丝，再经织造或编制和制袋而成，分为平织型和经编型。

这类编织袋有很好的拉伸性能，并具有一定的弹性，盛装量大，果蔬装袋扎紧后，结实牢固，也能进行码垛。这类包装通常用于包装马铃薯、大蒜、毛豆角等不怕磕碰的果蔬。

图 9-1-19 袋装果蔬

三、托盘载重包装

托盘也称货盘，是国内外运输中用于承载包装货物的主要物件，它是运输、搬运和存储过程中，将物品规整为货物单元时作为承载的平台装置。托盘是使静态货物转变为动态货物的媒介物，装在托盘上的货物，在任何时候都处于可以转运的准备状态中。

托盘作为物流运作过程中重要的装卸、储存和运输装置，与叉车配套使用，在现代物流中发挥着重要的作用。托盘可以实现物品包装的单元化、规范化和标准化，保护物品，方便流通，给现代物流业带来了可观的效益。

1. 托盘尺寸和材料　托盘尺寸与空运、海运或铁路运输集装箱、公路运输车、叉车、冷库设施和车间通道等构造和尺寸相关联，也与包装、搬运和运输的自动化、机械化作业有关。各国家在用的托盘种类繁多，有不同的规格尺寸，为使规格统一而最大限度地节约物流成本，国际上力求使其标准化，但统一全球联运托盘规格仍存在困难，在《ISO 6780 Flat pallets for intercontinental materials handling-Principal dimensions and tolerances》中列入了3种长方形和3种正方形平托盘规格并列成为全球通用国际标准，分别是1 200mm×800mm、1 200mm×1 000mm、1 219mm×1 016mm、1 067mm×1 067mm、1 100mm×1 100mm 和1 140mm×1 140mm。

目前，国际上最通用且倾向于统一的规格是1 200mm×1 000mm。在我国，《GB/T 2934—2007 联运通用平托盘　主要尺寸及公差》中推荐的托盘平面尺寸为1 200mm×1 000mm（优先）和1 100mm×1 100mm 两种规格。

最为常用的托盘有塑料平托盘和木制平托盘（图 9-1-20），而托盘制造企业也在开发托盘制造新材料，如用蜂窝纸、层压板、高密度合成板、木屑板和塑木板等制作托盘。

为适应托盘搬运车或叉车搬运，GB/T 2934 规定托盘搬运车用的托盘插孔高度最小值为 89mm（低托盘）、95mm（一般托盘）和 100mm（高托盘），叉车用的托盘插孔高度最小值为 60mm，插孔宽度最小值为 710mm。

图 9-1-20　塑料托盘和木质托盘

2. 托盘的正确使用　在《GB/T 16470—2008 托盘单元货载》中，规定了托盘单元货载的基本要求、堆码方式和要求、固定方法和防护加固附件等，这些规定也是果蔬包装单元货载时需要遵循和注意的事项。

托盘单元货载的尺寸及质量应与托盘尺寸及其承载能力相适应，托盘单元货载的尺寸与质量的计算应包括托盘、加固材料和附件及所码放的货物的外形尺寸与质量。每个托盘的载重质量应不超过2 000kg，应根据拟装货物质量选择合适强度的托盘，所载货物的重心高度不应超过托盘宽度的2/3。

应根据果蔬运输包装类型、托盘所载货物的质量和托盘的尺寸，合理确定码放方式。托盘承载表面积的利用率一般不低于80%。根据货物包装尺寸的不同，托盘一般可码放 20～100 个包装单元。

塑料周转箱和瓦楞板箱等长方体箱的堆码，根据箱体的尺寸和结构特征，可采用重叠堆码或交错堆码，单层布局如图 9-1-21 所示。

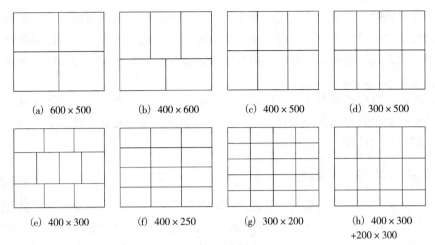

(a) 600×500　　(b) 400×600　　(c) 400×500　　(d) 300×500

(e) 400×300　　(f) 400×250　　(g) 300×200　　(h) 400×300
　　　　　　　　　　　　　　　　　　　　　　　　+200×300

图 9-1-21　周转箱、瓦楞板箱堆码单层布局（单位：mm）

柳条筐等圆柱体包装可单层码放或多层重叠堆码，根据其直径与托盘尺寸的关系，可采用方阵码放或错位码放的方式，如图 9-1-22 所示。

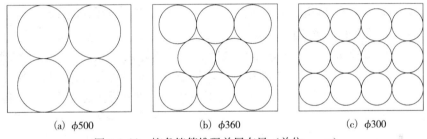

(a) φ500　　　　　(b) φ360　　　　　(c) φ300

图 9-1-22　柳条筐等堆码单层布局（单位：mm）

编织袋、麻袋等袋类包装堆码时一般平卧放置，根据盛装后的最大外形尺寸，可采用顺列堆码或交错堆码的方式，如图 9-1-23 所示，A、B 两图表示相邻两层的堆码方式。

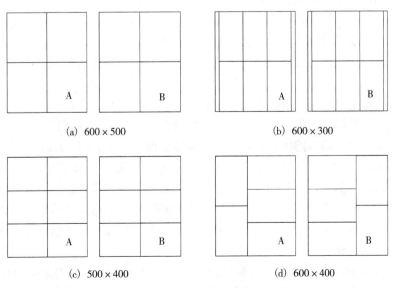

(a) 600×500　　　　　　　　　(b) 600×300

(c) 500×400　　　　　　　　　(d) 600×400

图 9-1-23　编织袋堆码相邻两层布局（单位：mm）

果蔬冷藏运输时，为有效控制货物温度，应考虑托盘内部气流通畅，并使冷藏车厢或冷藏集装箱内能建立起良好的空气循环。除采用有通气孔口的包装外，还可以采取包之间留有气流通道的堆码方式，为确保托盘单元的稳定性，需要用垫块或专用分隔件使其稳固，并且可采取外周边角加固的措施。

果蔬在托盘上堆码后需要固定，固定方法有捆扎和裹包。捆扎是指用捆扎带在水平和垂直方向沿托盘货载单元外周捆绑和扎紧。裹包是用塑料拉伸网在托盘货载单元外周围绕并缩紧，使包之间及包与托盘之间固定。

四、包装设计的考虑因素

实践中，生鲜果蔬从田间到餐桌存在着多种流通渠道和形式，各流通形式包含的环节不同，每一环节面临的操作流程不同，持续的时间也不同，因而对包装的要求也不相同。在选择包装形式、包装材料以及对于果蔬整个流通过程的包装设计时需要考虑以下几方面因素。

1. 市场与效益的考虑　包装形式和包装材料的选择，对于企业经营者而言，需要考虑的因素有果蔬自身价值、消费对象群的特点、包装附加成本、销售价格以及优良包装增加成本与劣等包装造成损失之间的效益差异等；而从社会效益的角度，需要考虑劣质包装造成的采后损失以及在城市中增加的废弃物垃圾，包装物的可回收与循环利用性，包装对保护产品的作用及不良包装带来的果蔬质量与食用安全的影响，等等。

2. 运输过程的机械伤害　运输环节的装卸、搬运和路途颠簸容易造成果蔬机械伤害，机械伤害由挤压、碰撞和摩擦等外力作用产生。运输包装采用的包装箱或包装筐等的承载强度，决定了能否保持包装完整不破损，也决定了包装内果蔬是否还需要承受来自包装外的压力作用；包装箱（筐）的尺寸和结构形式，决定了果蔬是否会承受内部压力载荷，以及承受载荷的大小；包装内果蔬的摆放形式和采取的措施，决定了果蔬是否会因相互碰撞、挤压和摩擦造成机械损伤。

运输距离越长，需要经历的装卸和搬运次数越多，越需要考虑采用高强度包装箱，并且需要在包装内使用衬垫、隔板、衬盘、网套等来固定和保护果蔬。

传统柳、竹、藤条等天然材料制作的包装筐，虽然取材廉价、价格便宜，但由于容积大、盛装多，产品承受的压力较大，更易造成挤压伤，也不利于装卸、搬运和堆码。如果能够进行优化设计，利用这些天然材料使包装制作出适宜的结构形式和尺寸，可以发挥更好的作用。

运输方式决定了包装箱的堆码方式以及是否需要托盘包装。无论运输路途远近，冷藏运输是使果蔬处于适宜环境的最佳方式，但同时也会使成本增加。冷藏运输时，需要考虑产品在冷热环境交替时出现的结露现象，包装箱上结露会使其受潮和降低强度。

3. 采后处理加工的方式　采后是否需要加工处理、需要哪些环节处理以及在哪里进行，也影响包装的选择。例如，进行水冷却和冰冷却的包装，需要考虑包装的耐水性；冰冷却运输的包装，需要考虑包装的隔热性和隔水性；从田间直接到处理加工环节，可以考虑采用塑料周转箱或木板周转箱，周转箱形式和尺寸的选择除考虑盛装果蔬的适宜性，还需兼顾考虑生产线设备操作的需要。

4. 冷藏车和冷库贮藏的考虑　包装袋或包装箱的透气性、包装内果蔬的摆放方式以及包装箱（筐）的堆码方式，会影响果蔬周围小环境与包装外大环境是否有畅通的空气交换，继而影响果蔬周围环境的温度、湿度、甚至气体成分，直接影响到果蔬的呼吸和采后生理变化。果蔬自身的呼吸作用会使温度升高，升高的温度又会促使果蔬呼吸加强，这种恶性循环会导致果蔬快速腐坏。

包装方式的选择会对运输过程和冷库贮藏时果蔬的保鲜产生重要影响。

对于呼吸率高的果蔬产品，包装需要有足够的通气口，使包装内空气与环境空气得到充分交换。对于容易失水的产品，需要考虑采用隔水性好的材料。

冷藏车运输和冷库贮藏时，还需要注意冷热环境的变化会使塑料袋内出现结露，一旦结露产生和积聚，会影响果蔬生理，甚至导致腐坏，因此需要对包装箱和包装袋的透气性给予更多的考虑。

第二节 真空包装、气调包装和自发气调包装

真空包装、气调包装和自发气调包装是一类为果蔬提供具有保鲜作用环境的包装技术与方法。

一、真空包装

真空包装是将物料装入包装袋后抽出包装袋内的空气，袋内空气达到预定的真空度后将袋口密封。真空包装的主要作用是除氧。众所周知，大多数微生物的生存离不开氧气，将果蔬内部及其周围的氧气抽掉，就会使得在果蔬上的微生物失去生存环境。

实践证明，当包装袋内的氧气浓度≤1％时，微生物的繁殖速度会急剧下降，当氧气浓度≤0.5％时，大多数微生物处于抑制状态而停止繁殖。但是，真空包装不能抑制厌氧菌的繁殖和由于酶反应引起的果蔬变质和变色。

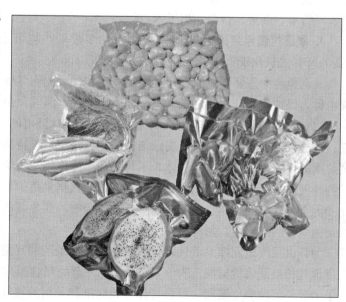

图 9-2-1 真空包装果蔬

真空包装通常是经分切或未分切果蔬经清洗消毒后采用的零售包装方式，图 9-2-1 所示为真空包装的胡萝卜、剥皮蒜瓣、分切后的火龙果等。

二、气调包装（MAP）

1. 气调包装的概念 气调包装可以定义为在能阻止气体进出的材料中通过充气或置换气体成分来改良气体环境的包装。气调包装也称为气体置换包装、改良气体包装或充气包

装，国际上称为 MAP（Modified Atmosphere Packing）。

果蔬气调包装是用对果蔬具有保鲜作用的气体置换包装盒或包装袋内的空气，或者通过减少包装内的氧气含量而增加二氧化碳气体含量，改变包围在果蔬周围的小环境，达到抑制微生物生长繁殖、减缓果蔬新陈代谢速度的目的，从而延长果蔬的保鲜期和货架期。

这里所说的"气调"概念不同于"气调贮藏"中用到的"气调"概念。气调贮藏在国际上称为 CAS（Controlled Atmosphere Storage），指由人工控制产品贮藏环境中气体成分和浓度以延长贮藏期的一种贮藏保鲜方法。气调贮藏通常指利用气调冷库进行的果蔬保鲜贮藏。

由人工控制产品保藏环境中气体成分和浓度的包装方法在国际上称为 CAP（Controlled Atmosphere Packaging），特指需要通过外部设备或内部化学反应来维持或控制包装内气体成分和浓度的方法。这种方法通常在海运中使用。为与气调包装的概念区分，可称为"控制气体包装"。

2. 气调包装的适用性 气调包装不仅适用于零售小包装，也适用于贮藏和运输过程的大包装，甚至在托盘载重单元包装中也可采用。完整果蔬、分切果蔬以及果蔬沙拉均适用，适用的果蔬种类有很多，如苹果、杏、鳄梨、桃、梨、菠萝、草莓、香蕉、樱桃、金橘、柑橘、葡萄、番石榴、猕猴桃、荔枝、芒果、木瓜、瓜类、蒜苗、生菜、朝鲜蓟、茄子、豆芽、甜菜、豆、芽菜、花椰菜、结球甘蓝、胡萝卜、芹菜、黄瓜、茴香、生姜、秋葵、洋葱、马铃薯、菠菜、番茄、甜玉米，等等。

3. 果蔬气调包装适宜的气体条件 大多数果蔬均可适用的混合气体比例为 5%氧气（O_2）、5%二氧化碳气体（CO_2）和 90%氮气（N_2）。

气调包装中需要调节的气体主要是氧气和二氧化碳气体，而用于果蔬保鲜的混合气体通常也称为保护气体，一般由二氧化碳气体、氧气、氮气及少量特种气体组成。

二氧化碳气体对于大多数致腐菌和霉菌有抑制繁殖的作用，是保护气体中的主要抑菌剂；氧气可以抑制大多数厌氧腐败细菌的生长繁殖，维持新鲜果蔬的需氧呼吸，起到保持果蔬鲜度的作用；氮气是惰性气体，不与果蔬产生作用，为填充气体，与二氧化碳、氧气及少量特种气体复合形成保护气体。这些气体需要根据果蔬的不同特性，按照一定的比例进行配比和混合，这样的气体水平能够通过减缓呼吸来减缓果蔬的生理成熟进程，能确保果蔬产品满足消费者的高质量、新鲜和方便食用的要求。

为最大限度地发挥果蔬气调包装的作用，在果蔬适宜温湿度环境协同作用下，可以最大限度地延长果蔬的货架期。表 9-2-1 为常见果蔬的最佳温湿度环境和气调环境。表 9-2-2 列出了为延长果蔬的货架期，混合气体包装时推荐采用的氧气、二氧化碳和氮气的浓度。

表 9-2-1 常见果蔬适宜温湿度环境与最佳气调环境

果蔬产品	温度（℃）	相对湿度（%）	氧气（%）	二氧化碳（%）	乙烯	
					释放	敏感性
香蕉	12～15	85～100	2～5	3～5	+	+
豆芽	0	90～98	5	15	+	
蘑菇	0～5	90～98	5	10		+
番茄（绿熟）	12～20	90～98	3～5	5～10	+	+

（续）

果蔬产品	温度（℃）	相对湿度（%）	氧气（%）	二氧化碳（%）	乙烯	
					释放	敏感性
番茄（成熟）	8～12	85～98	3～5	5～10	+	+
花椰菜、青花菜	0～5	90～95	2	5	+	++
黄瓜	8～12	90～95	3～5	0		++
圆生菜	0～5	95	2～5	0		++
彩椒	8～12	90～95	3～5	2	+	+
葡萄柚	10～15	85～90	3～10	5～10		
桃	0～5	90	1～2	5	+++	+
苹果	0～5	90	2～3	1～2	+++	+
梨	0～5	90～95	2～3	0～1	+++	+
李子	0～5	90～95	3	8		+
草莓	0～5	90～95	10	15～20		

表 9-2-2　混合气体充气包装推荐采用的浓度

（引自：Sandhya，2010）

果蔬产品	氧气（%）	二氧化碳（%）	氮气（%）
水果			
苹果	1～2	1～3	95～98
杏	2～3	2～3	94～96
鳄梨	2～5	3～10	85～95
香蕉	2～5	2～5	90～96
葡萄	2～5	1～3	92～97
葡萄柚	3～10	5～10	80～92
猕猴桃	1～2	3～5	93～96
柠檬	5～10	0～10	80～95
芒果	3～7	5～8	85～92
橙	5～10	0～5	85～95
番木瓜	2～5	5～8	87～93
桃	1～2	3～5	93～96
梨	2～3	0～1	96～98
菠萝	2～5	5～10	85～93
草莓	5～10	15～20	70～80
蔬菜			
朝鲜蓟	2～3	2～3	94～96
脆豆荚	2～3	5～10	87～93
青花菜	1～2	5～10	88～94
抱子甘蓝	1～2	5～7	91～94
结球甘蓝	2～3	3～6	91～95[①]

（续）

果蔬产品	氧气（%）	二氧化碳（%）	氮气（%）
胡萝卜	5	3～4	91～92[2]
花椰菜	2～5	2～5	90～96
红辣椒	3	5	92
甜玉米	2～4	10～20	76～88
黄瓜	3～5	0	95～97
叶生菜	1～3	0	97～99
蘑菇	3～21	5～15	65～92
菠菜	空气	10～20	—
番茄	3～5	0	95～97
洋葱	1～2	0	98～99

①原文献中为81～95；
②原文献中为91～95。

　　对于有些鲜切果蔬，为更好地抑制酶褐变和达到更好的感官质量，也有采用其他的气体比例，以及与添加柠檬酸、维生素C等结合的包装方法，例如用20%二氧化碳和80%氮气包装马铃薯切片，可有效提高其感官质量。

　　包装材料对气调包装的效果有重要影响，尤其是鲜切果蔬，表9-2-3列举了几种鲜切蔬菜可选用的包装材料供参考。

表9-2-3　鲜切蔬菜常用包装材料

（引自：Laurila E and Ahvenainen R，2002）

蔬　菜	包装材料和厚度
去皮马铃薯，整个的或切片的	低密度聚乙烯膜（LDPE），50μm； PA/PE复合膜70～100μm
搓碎的胡萝卜	聚丙烯拉伸膜（PP-O），40μm； 聚丙烯微孔膜（PP-O）、PE/EVA/PP-O复合膜，30～40μm
瑞典芜菁（Swede）切片	低密度聚乙烯膜（LDPE），50μm
搓碎的瑞典芜菁	PE/EVA/PP-O复合膜，40μm
甜菜根切片	低密度聚乙烯膜（LDPE），50μm； PA/PE复合膜70～100μm
搓碎的甜菜根	聚丙烯拉伸膜（PP-O），40μm； 聚丙烯微孔膜（PP-O）、PE/EVA/PP-O复合膜，30～40μm
切碎的白菜	聚丙烯拉伸膜（PP-O），40μm； PE/EVA/PP-O复合膜，30～40μm
切碎的结球甘蓝	聚丙烯拉伸膜（PP-O），40μm； PE/EVA/PP-O复合膜，30～40μm
切碎的洋葱	聚丙烯微孔膜（PP-O）40μm、PA/PE复合膜70～100μm
切碎的蒜苗	低密度聚乙烯膜（LDPE），50μm； 聚丙烯拉伸膜（PP-O），40μm； PA/PE复合膜70～100μm

4. 气调包装的优缺点 气调包装有很多优点,如可延长果蔬货架期,减少长时间存放造成的经济损失,减少配送损失和延长配送距离;可以不使用或少使用防腐剂、保鲜剂等,提供高质量产品;由于包装密封,不易受外界污染。气调包装也有一些缺点,如增加成本,需要控温环境,不同产品要求的气体成分比例不同,需要专用设备,人员需要培训,需要加强产品安全性管理,增加的包装体积会占据更多贮存或货台展示空间,包装破损时会造成经济损失等。

三、自发气调包装（EMAP）

1. 自发气调包装概念 自发气调包装在国际上称为 EMAP（Equilibrium Modified Atmosphere Packing），也称为平衡气调包装。

自发气调包装是有针对性地根据果蔬类型、包装量、包装材料的透气性、透气材料的使用面积以及贮藏温度等设计和选择包装方案,到达包装内的气体平衡浓度能维持果蔬生命活动所需要的最低能量的有氧呼吸,即包装内氧气的消耗速度等于渗入速度,而产生的二氧化碳速度等于渗出的速度。

2. 自发气调包装原理 生鲜果蔬产品与其他食品不同,呼吸作用尚未停止,仍持续进行。这一过程需要消耗氧气,产生二氧化碳、水蒸气和热量,同时碳水化合物及其他维持果蔬新鲜程度、风味及品质的物质遭到破坏。有些果蔬释放乙烯,乙烯会加速果蔬的成熟进程。不同果蔬释放乙烯的量和对乙烯的敏感性也并不相同。

前面已经提到,果蔬的呼吸速率及氧气转化成二氧化碳的快慢取决于氧气的浓度,氧气浓度越高,呼吸速率越高,氧气转化得越快。如果氧气浓度过低,果蔬呼吸停止,那么果蔬就会失去其产品价值。

如果将果蔬放置在完全密闭的容器中,容器中的氧气会随时间减少,而二氧化碳气体会增加,如图 9-2-2 所示。

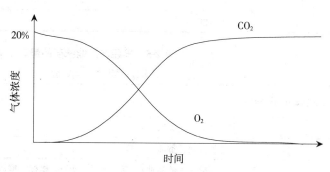

图 9-2-2 盛果蔬密封容器中的气体变化

当果蔬用塑料膜包裹或用塑料袋包装后,在果蔬周围会形成一局部小环境,这一环境与大气环境完全不同,由于果蔬的呼吸和生理作用,环境中的气体成分也会发生变化,变化后的环境又对果蔬呼吸和生理产生相应的影响。

塑料膜包装或包裹果蔬并不能使果蔬周边小环境与大气环境完全隔绝,即使密封再好,由于塑料膜对气体具有融合和释放的作用,果蔬周边小环境气体也会通过塑料膜与大气环境进行交换,交换的气体量和气体成分与选用的塑料膜材料种类、厚度、面积、环境温度以及塑料膜两侧各气体成分的分压差等有关。

对于呼吸快的果蔬,即使用最薄、透气性最好的塑料膜包装严密后,果蔬周围的氧气也会迅速耗尽,而通过塑料膜进入的氧气满足不了果蔬呼吸的需要。果蔬在缺氧条件下处于缺氧呼吸,在短时间内仍能维持生命活动,但长时间严重的缺氧呼吸,会破坏果蔬正常的新陈代谢,使其缺氧而衰亡。

有些果蔬对二氧化碳敏感，透气性不良时膜内二氧化碳浓度升高，高二氧化碳浓度环境会对果蔬造成伤害。表 9-2-4 和表 9-2-5 分别给出了一些果蔬能承受的最低氧气浓度和最高二氧化碳分压。

表 9-2-4 果蔬产品在典型贮藏条件下能承受的最低氧气浓度

（引自：Mir N and Beaudry R M，2004）

氧气（%）	果蔬产品
<0.5	切碎绿叶菜、红叶菜、长叶莴苣、菠菜、青花菜、蘑菇、梨切片
1.0	青花菜花蕾、切碎的奶油生菜、抱子甘蓝、黄瓜、脆生菜、洋葱、罗马甜瓜、杏、鳄梨、香蕉、甜樱桃、蔓越橘、葡萄、猕猴桃、荔枝、油桃、桃、李子、红毛丹、番荔枝、苹果切片
1.5	大多数苹果、大多数梨
2.0	切碎和分切的胡萝卜、朝鲜蓟、结球甘蓝、花椰菜、旱芹、青椒与尖辣椒、甜玉米、番茄、黑莓、榴莲、无花果、芒果、橄榄、木瓜、菠萝、石榴、树莓、草莓
2.5	切碎结球甘蓝、蓝莓
3.0	切方或切片罗马甜瓜、低渗透率的苹果和梨、葡萄柚、柿子、
4.0	蘑菇切片
5.0	豆角、柠檬、青柠檬、橙
10.0	芦笋
14.0	分切的橙

表 9-2-5 果蔬产品能承受的最高二氧化碳分压

（引自：Mir N and Beaudry R M，2004）

二氧化碳分压（kPa）	果蔬产品
2	生菜（脆头）、梨
3	朝鲜蓟、番茄
5	苹果（多数品种）、杏、葡萄、沙梨、橄榄、橙、桃（粘核）、马铃薯、青椒、花椰菜、黄瓜
7	香蕉、豆（豆角）、猕猴桃
8	木瓜
10	芦笋、抱子甘蓝、结球甘蓝、旱芹、甜玉米、葡萄柚、柠檬、青柠檬、芒果、油桃、桃（离核）、柿子、菠萝
15	青花菜、鳄梨、荔枝、李子、石榴、番荔枝
20	罗马甜瓜（香瓜）、红毛丹、榴莲、蘑菇
25	黑莓、蓝莓、无花果、树莓、草莓
30	南美番荔枝

3. 自发气调包装的优化设计 自发气调包装用于果蔬保鲜时应进行优化设计。低氧环境虽然对果蔬保鲜有利，但不同果蔬种类具有不同的生理特性，对氧气和二氧化碳气体体积分数的要求也不同，每种果蔬都有其理想的氧气和二氧化碳气体浓度范围。当氧气体积分数高于最佳值时，呼吸加快，对贮藏不利；当氧气体积分数低于最佳值时，会出现无氧呼吸，产生乙醇及其他无氧呼吸产物，促使果蔬品质变差。自发气调包装中，果蔬的呼吸作用消耗

氧气和产生二氧化碳，而包装材料的透气性会使空气中的氧气透过包装材料进入包装中，同时袋内积累的 CO_2 也会透过包装材料向外界扩散。最终，包装中的氧气和二氧化碳气体体积分数会达到一稳定平衡。稳定气体成分的比例可能因采用的包装材料、果蔬品种、甚至存放的环境条件等因素而不同，如图 9-2-3 所示为采用两种不同透气性膜包装两种不同果蔬时得到的袋内气体的变化趋势（实线为某种穿孔膜，虚线为某厚度聚乙烯膜）。

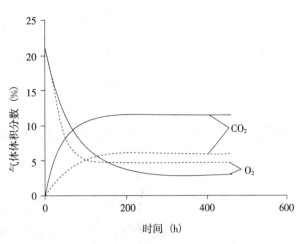

图 9-2-3 两种包装内 O_2 和 CO_2 体积浓度变化趋势

在图 9-2-4 和图 9-2-5 中，给出了各种果蔬贮藏时理想的氧气和二氧化碳气体分压范围（用方框表示），同时也给出了按照理论模型得出的自发气调包装能够达到的氧气和二氧化碳气体分压范围（深色三角部分，上下两条线分别代表微孔包装和聚乙烯膜包装）。从图中可以看出，有些果蔬通过自发气调包装是无法达到理想贮藏条件的，而实际商品化生产中的自发气调包装能达到的气体条件也与理想条件有差距，如图 9-2-4 中的黑色部分是商品包装生菜达到的氧气和二氧化碳气体分压范围，虽然达不到其理想贮藏条件，但也可以通过设定保守的货架期预期取得很好的商业运作效果。

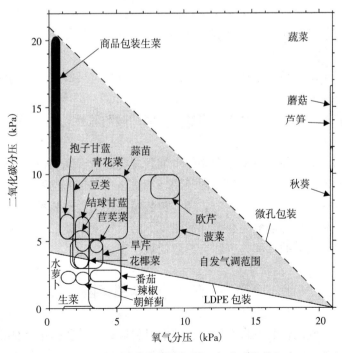

图 9-2-4 蔬菜贮藏推荐氧气和二氧化碳气体组合
（引自：Beaudry R M，1999）

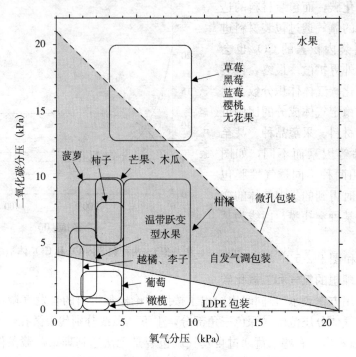

图 9-2-5　水果贮藏推荐氧气和二氧化碳气体组合
(引自：Beaudry R M，1999)

4. 采用自发气调包装需要注意的问题

采用自发气调包装时应注意以下几点：

(1) 自发气调包装并非对所有果蔬产品都有利，这是由于各种果蔬对气调环境的反应是有差异的。

(2) 需要考虑果蔬产品从生产到消费者的流通环节对包装的一些制约因素，并且还需要注意包装措施也是与时俱进的。

(3) 通过包装减少果蔬失水会影响市场销售时的耐贮藏性，增加湿度减少失水的同时，也会使果蔬更容易腐坏。

(4) 温度控制至关重要，对多数产品的影响程度要远高于气调包装。包装后应尽快使其处于贮藏或运输的适宜温度，为使包装内气调环境快速建立时的温度可略加提高。

(5) 温度控制需要考虑从产品到包装袋、包装箱以及托盘包装垛的热传递。

(6) 如果为产品设计的包装是在低环境温度下的低氧气或高二氧化碳水平，应避免使产品处于高于目标温度几度的环境，否则会导致低氧伤害。

第三节　包装材料

用于真空包装、气调包装或自发气调包装的材料应具有一些基本特性，这些特性既要符合由包装类型和包装作业方式（如人工方式还是机械方式）决定的机械性能要求，也要符合果蔬产品在运输和贮藏温度下的呼吸要求，还要满足为使产品在一定时间周期内处于最佳气调环境所需要的透气性即氧气透过率和二氧化碳气体透过率的要求。另外，选择包装材料还需要考虑以下因素：

(1) 包装类型，如柔性包装还是刚性包装，或者是柔性顶盖刚性托盒的包装，等等。

(2) 阻隔性能的需要，是否需要针对某种气体有专门的透气性要求。

(3) 对加工性能、强度、透明性和使用寿命等物理性能的要求。

(4) 是否完全密封，是否会因为产品呼吸使其结雾。

(5) 密封的可靠性。

(6) 水蒸气的透过性。

(7) 耐化学降解的性能。

(8) 无毒和无化学活性。

(9) 可印刷性。

(10) 作为商品化使用的经济性。

一、塑料包装常用合成树脂

可用于制作果蔬气调包装的材料有很多，最常用的塑料合成树脂有聚乙烯（PE）、聚丙烯（PP）、聚氯乙烯（PVC）和乙烯-醋酸乙烯共聚物（EVA）等，其中聚乙烯和聚丙烯是食品包装中最常用的两种树脂，不仅综合性能好，而且可回收和再生使用。随着工艺的创新和技术进步，不断涌现出更多性能优的用于气调包装膜的合成树脂。

各种合成树脂膜及复合材料的性能可参见表 9-3-1、表 9-3-2、表 9-3-3，以及附表 9-1 和附表 9-2。

表 9-3-1　各种塑料膜的性能比较

（引自：太田英明，1999）

名　称	符号	比重	防湿性	防水性	隔气性	耐油性	强度	耐热性	耐寒性	透明性	机械适应性	热封适应性	印刷适应性	香味保持性
聚乙烯（低密度）	LDPE	0.91	○	◎	×	△	△	×	○	○	△	◎	△	×
（中密度）	MDPE	～	○	◎	×	△	△	×	○	○	△	◎	△	×
（高密度）	HDPE	0.96	◎	◎	×	○	◎	△	○	×	△	◎	△	×
聚丙烯（未延伸）	CPP	0.91	◎	◎	×	△	○	×	◎	△	○	◎	△	×
（双向延伸）	OPP		◎	◎	×	○	◎	×	◎	◎	◎	×	△	×
聚苯乙烯	PS	1.05	△	◎	△	△	○	△	△	◎	◎	◎	×	×
聚氯乙烯（硬质）	PVC	1.4	○	◎	○	◎	○	△	○	◎	○	◎	△	○
（软质）	PVC		△	◎	△	△	△	×	○	◎	○	×	△	×
聚偏氯乙烯	PVDC	1.6～1.7	◎	◎	◎	◎	◎	○	◎	◎	◎	×	△	◎
玻璃纸（普通）	PT	1.4～1.5	×	×	×～○	◎	◎	◎	◎	◎	◎	○	○	○
（硝基型）			○	△	○	◎	◎	◎	◎	◎	◎	◎	○	○
（乙烯型）			○	△	○	◎	◎	◎	◎	◎	◎	◎	○	◎
（聚合型）			○	△	◎	◎	◎	◎	◎	◎	◎	◎	○	◎
醋酸纤维		1.3	△	◎	×	△	○	◎	○	◎	◎	○	×	×
聚酯	PET	1.4	○	◎	○	◎	◎	◎	◎	◎	◎	◎	○	◎

（续）

名　称	符号	比重	防湿性	防水型	隔气性	耐油性	强度	耐热性	耐寒性	透明性	机械适应性	热封性	印刷适应性	香味保持性
聚酰胺（未拉伸）	N	1.1~1.2	△	◎	○	◎	◎	◎	◎	◎	△	×	△	○
（双向拉伸）	ON	1.1~1.2	△	◎	○	◎	◎	◎	◎	◎	○	×	△	○
维尼纶	V	1.3	×	△	◎	◎	◎	◎	◎	◎	○	×	○	○
（双向拉伸）	OV	1.3	×	△	◎	◎	◎	◎	◎	◎	◎	×	○	○
乙烯-乙烯醇共聚物	EVAL		△	△	◎	◎	◎	◎	◎	◎	△	×	○	○
聚碳酸酯	PC	1.2	△	◎	△	◎	◎	◎	◎	◎	○	△	○	○
三菱	S		○	◎	×	○	◎	◎	◎	◎	◎	◎	◎	×
牛皮纸/聚乙烯复合			○	◎	×	○	◎	◎	◎	×	◎	◎	◎	×
铝箔/聚乙烯复合	Al		◎	◎	◎	◎	◎	◎	◎	×	○	◎	◎	◎

注：从优到劣排序为◎、○、△、×。

表 9-3-2　几种气调包装用塑料膜及材料的透气性（10℃）

品　种	气体透过率 [mL·μm/（m²·h·MPa）]		S
	O_2	CO_2	
聚丁二烯	$2.80×10^5$	$2.48×10^6$	8.8
低密度聚乙烯（LDPE）	$2.76×10^4$	$9.17×10^4$	3.3
陶瓷填充低密度聚乙烯（LDPE）	$4.99×10^4$	$2.21×10^5$	4.4
线性低密度聚乙烯（LLDPE）	$6.44×10^4$	$2.51×10^5$	3.9
高密度聚乙烯（HDPE）	$5.26×10^2$	$2.46×10^3$	4.6
聚丙烯（PP）	$1.33×10^4$	$3.79×10^4$	2.9
拉伸聚丙烯（OPP）	$8.52×10^3$	$2.63×10^4$	3.1
聚对苯二甲酸乙二醇酯（PET）	$4.51×10^2$	$1.53×10^3$	3.3
尼龙复合薄膜	$4.26×10^2$	$1.50×10^3$	3.5
乙烯-醋酸乙烯共聚物（EVA）	$4.16×10^4$	$2.47×10^5$	5.9
陶瓷填充聚苯乙烯	$2.91×10^4$	$1.58×10^5$	5.4
硅橡胶	$2.80×10^6$	$1.79×10^7$	6.4
穿孔膜	$6.12×10^{11}$	$4.74×10^{11}$	0.8
微孔膜	$9.55×10^9$	$9.55×10^9$	1.0

注：气体透过率为大致数据，不同企业不同规格产品会有较大差异。S为塑料膜对二氧化碳与氧气透过率的比值。

表 9-3-3 几种气调包装用塑料膜的透气性

品 种	气体透过率（25℃）[mL·μm/（m²·h·MPa）]		水蒸气透过率（38℃，相对湿度90%）[g/（m²·24h）]
	O_2	CO_2	
低密度聚乙烯（LDPE）	$4.07×10^4～1.36×10^5$	$8.04×10^4～8.04×10^5$	6～23
中密度聚乙烯（MDPE）	$2.72×10^4～8.67×10^4$	$8.04×10^4～4.05×10^5$	8～15
高密度聚乙烯（HDPE）	$5.43×10^3～4.18×10^4$	$4.07×10^4～1.04×10^5$	4～10
聚丙烯（PP）	$1.36×10^4～6.68×10^4$	$8.04×10^4～2.19×10^5$	4～11
聚氯乙烯（PVC）	$1.57×10^3～2.30×10^4$	$4.70×10^3～8.36×10^4$	30～40
软聚氯乙烯（PVC）	$8.04×10^2～7.83×10^4$	$8.04×10^3～5.74×10^5$	15～40
聚苯乙烯（PS）	$2.09×10^4～8.04×10^4$	$1.04×10^5～2.72×10^5$	100～150
聚氨酯	$8.36×10^3～1.57×10^4$	$7.31×10^4～2.61×10^5$	400～600
聚酰胺（尼龙）	$4.18×10^2$	$1.57×10^3～1.98×10^3$	84～3 100
微孔膜	$>1.57×10^5$	—	—

1. 低密度聚乙烯（LDPE） 低密度聚乙烯（LDPE）是高压下乙烯自由基聚合而获得的热塑性塑料，是树脂中的聚乙烯家族中最老的成员，密度为 0.91～0.93，不仅便宜，而且化学稳定性好，有适度的透气性，目前应用广泛。在 20℃时 30μm 厚膜氧气的透过率是 81.9mL/（m²·24h·kPa），60μm 厚膜氧气的透过率是 41.0mL/（m²·24h·kPa）。市场上常见的家庭用保鲜膜氧气的透过率是 150～200mL/（m²·24h·kPa），二氧化碳的透过率是 600～1 400mL/（m²·24h·kPa），水蒸气的透过率是 30～50g/（m²·24h）。由于水蒸气透过性低，有结露现象，可进行防结露处理。透明性与其他材料相比较差。

低密度聚乙烯膜可以在较低温度下进行热封，而且适用的温度范围宽。

2. 线性低密度聚乙烯（LLDPE） 线性低密度聚乙烯以乙烯为主要原料，以 1-丁烯或 1-己烯为共聚单体，在催化剂作用下进行气相流化床聚合而成。线性低密度聚乙烯也是包装行业使用最广泛的材料。这种材料柔软、有韧性，外观呈现一定的雾度。在相同的密度和厚度时，LLDPE 比 LDPE 具有更高的冲击强度、拉伸强度、耐刺破性和延展性。同 LDPE 一样，LLDPE 的水蒸气透过性差，而氧气和二氧化碳的透过性好，对许多香味和风味的阻隔性差。由于 LLDPE 具有非常高的刚性和减厚能力，因此作为用量较多的一次性包装最为便宜。

3. 高密度聚乙烯（HDPE） 高密度聚乙烯是一种由乙烯共聚生成的热塑性聚烯烃。高密度聚乙烯膜比低密度聚乙烯膜硬，有一定的柔韧性，透明性较差。水蒸气阻隔性更好，对其他气体的阻隔性也更强。但是，作为氧气和二氧化碳气体阻隔材料使用时，其透过性仍显过高。由于高密度聚乙烯膜外观呈现雾度，通常会添加白色素制作出不透明的白色膜。

4. 聚丙烯（PP）　聚丙烯是由丙烯聚合而制得的一种热塑性树脂，是一种半结晶性材料，比 PE 更坚硬并且有更高的熔点。在常规塑料中密度最低，为 $0.89\sim0.91g/cm^3$。聚丙烯的透明性比聚乙烯好，气体阻隔性与 HDPE 相当。聚丙烯还具有良好的抗化学性，并且熔点高，适用于有耐热要求的包装。

双向拉伸的聚丙烯膜（BOPP）弹性高，但透气性较聚乙烯差，水蒸气透过性与聚乙烯相近，也可作防结露处理，适用于叶菜类的包装。

5. 聚苯乙烯（PS）　聚苯乙烯是指由苯乙烯单体经自由基缩聚反应合成的聚合物。它是一种无色透明的热塑性塑料，具有高于 100℃ 的玻璃转化温度，因此经常被用来制作各种需要承受开水温度的一次性容器，以及一次性泡沫饭盒等。

聚苯乙烯有适度的透气性，也适于一些水果的包装。聚苯乙烯透明性好，有光泽，适于印刷精美图案。水蒸气透过性好，可防结露。可用于生菜等叶菜类和香菇等的包装，也广泛用于透明的热塑成型托盒。

6. 聚氯乙烯（PVC）　聚氯乙烯是由氯乙烯在引发剂作用下聚合而成的热塑性树脂，氯乙烯均聚物和氯乙烯共聚物统称为氯乙烯树脂，聚氯乙烯膜是 PVC 与添加剂混合、塑化后压延制成。聚氯乙烯膜的透明性好，透光性好，柔软且具有韧性，易于热封，有自贴附性，作为收缩膜用得较多。聚氯乙烯膜耐化学药剂，防水蒸气和香气成分扩散的效果好，常作为食品的包装，双向拉伸和非双向拉伸膜都适用，对于果蔬，用作缠绕包裹的较多。

7. 聚酯、聚对苯二甲酸乙二醇酯（PET）　聚酯是由多元醇和多元酸缩聚而得的聚合物总称，主要指聚对苯二甲酸乙二醇酯（PET），是一类性能优异、用途广泛的工程塑料，可制成聚酯纤维和聚酯薄膜。

PET 通常双向拉伸成型，有极好的透明性和机械性能，有优良的坚韧性、拉伸强度、抗冲击强度和耐磨性。PET 对气体（包括 O_2 和 CO_2）、水蒸气、香气和风味的阻隔性好。阻隔性可以通过 PVDC 涂层获得，涂层或共挤通常也提供良好的热封性。

PET 质量轻、不透气、耐酸碱，并有玻璃状透明性，近年在食品包装领域应用广泛。

8. 聚偏二氯乙烯（PVDC）　聚偏二氯乙烯（PVDC）是偏氯乙烯的均聚物，由于聚偏二氯乙烯的均聚物难以加热成型，没有多大实用价值，所以工业上所见聚偏二氯乙烯都是偏氯乙烯与其他单体的共聚物，这类单体有氯乙烯、醋酸乙烯、丙烯腈等。

PVDC 主要用做包装薄膜，水蒸气透过性和气体透过性与其他薄膜相比差得多，对氧气、香气和风味都能起到很好的阻隔效果。PVDC 薄膜有自粘性、热收缩性和热封性，有光泽和透明性，是食品气调包装良好的选择。

9. 乙烯-乙烯醇共聚物（EVOH）　EVOH 是乙烯和乙烯醇的共聚物，结合了乙烯聚合物的加工性和乙烯醇聚合物的阻隔性，不仅表现出极好的加工性能，而且也对气体（特别是 O_2）、香味和风味等呈现出优异的阻隔作用，常被用作对氧气阻隔性要求高的包装。但是这种树脂由于有氢键存在，对湿气敏感，高湿度环境会降低其阻隔能力。

由于同乙烯结合而具有热稳定性，含有 EVOH 阻隔层的多层容器是完全可以重复利用的。

10. 聚酰胺（尼龙）　聚酰胺薄膜是以尼龙树脂为原料添加加工助剂制得。聚酰胺薄膜的成本相对较高，通常用于特殊包装使用。尼龙具有优异的机械性能和热性能，热性能与PET相似。

尼龙对气味有很好的阻隔性，对氧气的阻隔适度，水蒸气透过性好，在潮湿环境中阻隔性下降，但对湿气敏感不如 EVOH。

由于尼龙的成本相对较高，通常与其他树脂制作成复合材料。

11. 聚氯三氟乙烯（PCTFE）　聚氯三氟乙烯是三氟氯乙烯的聚合物，具有优良的化学稳定性、绝缘性和耐候性，可在－196～125℃长期使用，机械强度和硬度优于聚四氟乙烯，制成薄膜则有较好透明性、较差透气性和良好的湿气阻隔性，但价格昂贵，常用作对湿气敏感物的包装。

聚氯三氟乙烯可热封，能热塑成型，可与纸、聚乙烯、铝箔或其他材料进行层压复合。

12. 聚乙烯醇（PVA/PVOH）　聚乙烯醇常用的生产方法是由醋酸乙烯聚合为聚醋酸乙烯，然后再进行醇解。聚乙烯醇薄膜具有优异的微生物分解性能，能被分解成二氧化碳和水，不污染环境。聚乙烯醇薄膜的种类有水溶性薄膜、难溶性薄膜和双向拉伸薄膜。其中，双向拉伸薄膜对二氧化碳、氧气和氮气等具有很好的阻隔性，尺寸稳定性、耐热性、耐寒性、透明性、光泽性等方面性能均佳，作为果蔬包装与其他薄膜相比有很大优势。另外，聚乙烯醇可以与其他薄膜复合制成二层、三层或更多层的复合薄膜，以适应不同包装的需要。

13. 乙烯醋酸乙烯酯（EVA）　乙烯醋酸乙烯酯是乙烯和醋酸乙烯酯共聚而制得的热塑性树脂。EVA 与 LDPE 相比，有更好的气体和水蒸气透过性。透明性、表面光泽性、热封性和粘和性均优异，化学稳定性良好，抗老化和耐臭氧，在低温下柔韧性也极佳。常与其他材料复合制成复合薄膜。

二、多层复合塑料膜

两种以上不同类型的树脂，或者树脂与纸、铝箔等材料，通过涂覆、层压、共挤或敷镀等方法结合在一起，获得更优的机械性能、气体透过性或其他性能，这些复合方式也往往可以使包装材料获得优良性能和最低成本。

1. 涂覆塑料　涂覆是用浸渍、喷涂或旋涂等方法在基片表面覆盖一层材料，即将一种薄层树脂涂覆到另一种塑料膜或者非塑料材料如纸、玻璃纸或金属箔等的表面。

通过涂覆，可以使不具有热封性的塑料获得热封性，可以使纸质材料获得耐湿性；可以改变材料的阻隔性和透过性，可以为直接接触的食品提供保护材料，等等。

2. 层压塑料　层压是两种以上树脂结合在一起的方式，层压塑料是指将多层浸有或涂有树脂胶液的基材叠合在一起经热压结合而成的整体塑料。层压方法可以使材料的性能多样化，可以改善性能和降低成本。

3. 共挤塑料　共挤是制取多组分复合材料的方法之一。高聚物共挤出工艺是一种使用数台挤出机分别供给不同的熔融料流，在一个复合机头内汇合共挤出得到多层复合制品的加工过程。它能够使多层具有不同特性的树脂在挤出过程中彼此复合在一起，使制品兼有几种不同材料的优良特性，在特性上互补，从而得到特殊要求的性能和外观，如氧和水蒸气的阻隔能力、热成型和热粘合能力，强度、刚度、硬度等机械性能。并且可以大幅度地降低制品成本。

4. 敷镀塑料 敷镀是使金属箔附着于塑料的方法。商业化包装塑料材料敷镀的金属通常是铝。镀铝膜是采用特殊工艺在塑料薄膜表面镀上一层极薄的金属铝而形成的一种复合软包装材料，其中最常用的加工方法是真空镀铝法，即在高真空状态下通过高温将金属铝融化蒸发，使铝的蒸汽沉淀堆积到塑料薄膜表面。它既有塑料薄膜的柔韧性，又具有金属的特性，可以提高对气体和香味的阻隔性。

三、功能性膜

为了尽量延长果蔬的货架期，使果蔬包装内的气调环境更趋于理想状态，包装领域的研发人员对新鲜果蔬的呼吸机理、生化过程等开展了大量卓有成效的工作，开发研制出一系列新型保鲜材料，具有特定的功能性，用于果蔬的包装，取得了良好的效果。

1. 穿孔膜 采用针刺等机械方法在塑料膜上穿孔获得，穿孔直径约为 $0.3\sim1mm$，孔数及布局视需要获得的透气性而定。

穿孔膜的气体透过量是气体通过穿孔的量与气体通过膜扩散量的总和。通常，流过穿孔的气体量比运动通过膜的气体量大得多。在 $25\mu m$ 厚的 LDPE 膜上的 $1mm$ 穿孔通过的气流量相当于同等厚度的 $0.5m^2$ 面积膜透过的气体量。穿孔包装适于高氧需求的产品。

2. 微穿孔膜 微穿孔膜是基于 CO_2/O_2 透过率比与产品最佳需要相协调的理念制造而获得，通常采用静电火花或激光等技术，在塑料膜上穿通一定数量的 $10\sim200\mu m$ 微孔，孔径和孔数根据不同果蔬产品的呼吸速率和最佳保鲜环境经优化而确定，从而使果蔬获得最佳的保鲜效果。

例如，Printpack Inc 公司推出的 P-Plus 包装技术即基于了这一理念，通过精确控制包装材料上的微孔数量来获得理想的气体透过性，通过调节气体透过性来调节氧气、二氧化碳和水蒸气的水平，减缓包装产品的呼吸率，延长产品的货架期，达到保鲜的效果。

这种微穿孔技术的优势是利用同一种树脂膜即可满足不同种类果蔬包装的需要。

3. 多微孔膜 多微孔型透气膜是近十多年迅速发展起来的一种环保型透气、隔水、隔菌的功能性材料，它是通过将惰性填料（如 $CaCO_3$）加入 PE 或 PP 载体中，经制膜、拉伸而制得。薄膜上形成的微孔一般在 $0.01\sim10\mu m$ 之间，这些肉眼看不见的微孔在膜上大量分布时，使膜有很强的透气性，但不能透过水等液体。

4. 硅窗膜 硅窗膜是采用聚乙烯膜和一定面积的硅橡胶膜用高频热合机热合而成，硅窗面积的大小及布局视果蔬种类及包装方法而定。通常，硅橡胶膜透过 CO_2 的能力高于 O_2，透气比与气体分压有关。

5. 乙烯吸附膜 无机物添加乙烯抑制膜是以抑制果蔬衰老为目的的功能性膜，能够吸附和分解乙烯。这类膜中添加了沸石等无机多孔质黏土矿物，大部分用作乙烯吸附膜或红外线阻隔膜。乙烯吸附原理是由于多孔质无机物表面的空洞能被乙烯填充，有水分存在时，洞中的水分子还可以与乙烯进行置换。然而，使用这种膜的保鲜效果的数据还很少，由于加入了无机多孔质材料，膜的透气性提高很多。

6. 防结露膜　包装膜内结露不仅影响果蔬的呼吸和保鲜效果，而且影响包装的透明性和可视性，在市场销售中带来不良的感官效果。

防结露膜是在膜的内表面用表面活性剂进行表面处理，防结露的使用效果通过肉眼就可以观察到，果蔬的外观会改善，保鲜期也会延长。

7. 抗菌膜　抗菌膜利用了银离子沸石具有抗菌作用的性质，在塑料原料中添加了这种材料，具有对食品不迁移的安全性。通过在不织布的表面涂膜，可以对水分进行调节，可以达到抑制微生物繁殖的效果。

第四节　气调包装的建立与风险

国内外学者已对气调包装的保鲜效果进行了大量研究，积累了许多有用的经验。为达到减少果蔬呼吸产物、延缓果蔬衰老、抑制腐坏微生物繁殖，从而延长货架期的目的，气调包装需要进行优化。气调包装的气体成分、浓度水平、贮藏温度、包装材料、包装方法等因素对不同果蔬产品感官质量、保鲜期和货架期等保鲜效果均产生影响。气调包装运用得当，可起到保鲜产品的作用，同时也存在一定风险。

一、常用气调包装、气体成分与货架期

气调包装运用的好坏取决于包装材料的选择、包装内建立的气体成分及体积百分比水平以及包装后产品的贮藏温度。许多果蔬产品通过气调包装，使所处的气体环境建立在一定的体积百分比水平，可以获得更长的货架期，从而达到更好的效益，见表 9-4-1。

表 9-4-1　特定环境下气调包装或气调贮藏对一些产品的效益

(引自：Jobling J，2000)

产品	温度（℃）	O_2（%）	CO_2（%）	贮藏寿命（d）（大气环境）	贮藏寿命（d）（MAP 或 CA）
苹果	0～2	1.5～2.5	1～5	120	180
鳄梨	5～13	2～5	3～10	42	84
香蕉	13～16	2～5	2～5	28	49
豆、豆角	4～8	2～3	4～7	7	14
青花菜	0～1	1～3	5～15	28	56
生菜	0～1	2～5	<1%	21	28
梨	−1～1	2～3	0～1	90	180
辣椒、青椒	7～12	2～5	2～5	21	28
草莓	−0.5～0	5～10	15～20	14	21

Exama A（1993）等推荐的果蔬最适气调环境见表 9-4-2。

塑料膜的性能如透气性和透湿性等也会对气调包装产生一定的影响，Mangaraj S（2009）等总结了一些树脂材料塑料膜用于果蔬包装获得的保鲜效果，见表 9-4-3。

表 9-4-2　推荐的最适果蔬气调环境

（引自：Exama A，1993）

产品	温度（℃）	O₂（%）		CO₂（%）	
		最适	最小	最适	最大
苹果	0～5	2～3	1	2	2
青花菜	0～5	1～2	1	5～10	10
孢子甘蓝	0～5	1～2	—	5～7	—
结球甘蓝	0～5	3～5	2	5～7	—
胡萝卜	0～5	5	—	3～4	5
花椰菜	0～5	2～5	2	2～5	5
旱芹	0～5	2～4	2	0	2
青椒	8～12	2～5	2	0	5
蒜苗	0～5	1～2	1	3～5	10
生菜	0～5	2～5	2	0	2
蘑菇	0～5	>4	1	10～15	15
草莓	0～5	10		15～20	—

表 9-4-3　不同种类果蔬产品在各气体成分 MAP 包装和贮藏温度下的贮藏期

（引自：Mangaraj S et al.，2009）

产品类型	塑料类型	气体成分		贮藏温度（℃）	贮藏期	参考文献
		O₂（%）	CO₂（%）			
苹果（Bravo de Esmolfe）	聚丙烯	5	3	2	6.5 个月	Rocha et al.，2004
苹果（Cox's Orange Pippin）	LDPE	3	3	4	5 周	Hewett，1984
苹果（Bramley's Seedling 和 Cox's Orange Pippin apples）	纸箱里衬 LDPE	7	5	15	4 周	Geeson et al.，1994
苹果（Fuji）	聚丙烯，PVC	5	4	10	7 个月	Guan et al.，2004
番石榴（Kumagai）	聚乙烯多层复合膜	1.5	4.5	10	3 周	Jacomino et al.，2001
番石榴（Kumagai）	LDPE	3	4.5	10	2 周	同上
番石榴（Kumagai）	PET	4	5	5	24d	Pereira et al.，2004
香蕉	LDPE	3	5	15	15d	Bhande，2007
秋熟无籽葡萄	聚丙烯	15	10	0	60d	Artes-Hernandez et al.，2006
葡萄（Autumn Royal）	定向聚丙烯	8	2.5	1	56d	Valero et al.，2006
荔枝（Mauritius）	BOPP	17	6	2	34d	Sivakumar et al.，2006
荔枝（Heiye）	聚乙烯	15	4	3	42d	Tian S P et al.，2005
荔枝	层压聚乙烯	15	5	1.5	4 周	Pesis E et al.，2002
荔枝（McLean's Red）	BOPP	16	6	2	18d	Sivakumar et al.，2008
人心果（Jantung）	LDPE	—	—	5，10，15	10℃4 周 15℃3 周 5℃冷害	Mohamed et al.，1996

（续）

产品类型	塑料类型	气体成分		贮藏温度（℃）	贮藏期	参考文献
		O₂（%）	CO₂（%）			
草莓（Camarosa）	PVC，LDPE，PP	6	8	2℃（4d），之后10℃（2d）和18℃（2d）	8d（模拟运输、配送和零售的条件）	Sanz C et al.，2000
草莓和树莓	LDPE，PVC	3	5	7	1周	Van-der-Steen C et al.，2001
甜樱桃（Sams）	LDPE	0.11，0.18，0.04，0.016，0.28，0.13	9.2，11.5，12.4，15.2，20.3，20.3	0，5，10，15，20，25	3周	Petracek P D et al.，2002
甜樱桃	LDPE	5	14	1.1	14d	Kupferman，1995
青花菜（Marathon）	LDPE	1.5	6	15	2周	Christie et al.，1995
青花菜花球	穿孔、微穿孔和未穿孔 PP 膜	3	5	1	28d	Serrano et al.，2006
青花菜	OPP，PVC，LDPE	5	7	10	1周	Jacobsson et al.，2004
青花菜（Acadi）	带气窗塑料容器（4L）	3	8	3	30d	Tano K et al.，2007
蘑菇（U3 Sylvan 381）	带气窗塑料容器（26L）	5	10	4	12d	Tano K et al.，2007
番茄（Trust）	带气窗塑料容器（26L）	5	5	13	35d	Tano K et al.，2007
番茄	LDPE	2.3～10.2	1.7～4.9	20	28d	Cameron et al.，1989
蘑菇	PVC，LDPE	6	6	12	1周	Kim K M et al.，2006
鲜切青椒（Wonder）	Saran 和 PD-961EZ	3	5	5，10	3周和2周	Gonzalez-Aguilar et al.，2004
青椒（Capsicum annuum L.）	PLA 基生物降解膜，LDPE	11.6±4	5.6±2	10	1周	Koide S and Shi J，2007

二、气调包装内气体浓度要求与膜的选择

由于果蔬的呼吸作用，气调包装内各气体成分的浓度会随时间发生变化，表现为吸收氧气和释放二氧化碳。氧气体积百分比随时间发生变化的关系式可表示如下：

$$\frac{dy_{O_2}^i}{dt} = \frac{AP_{O_2}p}{VL}\left(y_{O_2}^e - y_{O_2}^i\right) - \frac{WR_{O_2}}{V} \tag{9-4-1}$$

式中　$y_{O_2}^i$——气调包装内氧气的体积分数；

$y_{O_2}^e$——气调包装外氧气的体积分数；

P_{O_2}——包装膜的氧气透过率，$mL \cdot \mu m/(cm^2 \cdot h \cdot MPa)$；

p——大气压，MPa；

R_{O_2}——果蔬的氧消耗率（呼吸率），$mL/(kg \cdot h)$；

W——包装的果蔬重量，kg；

A——包装膜的面积，cm^2；

L——包装膜厚度，μm；

V——包装内部空间的容积，mL。

经过一段时间后，包装内的气体会到达稳定平衡状态，即 $y_{O_2}^i$ 保持恒定，此时存在如下关系：

$$\frac{AP_{O_2}p}{VL}(y_{O_2}^e - y_{O_2}^i) = \frac{WR_{O_2}}{V} \tag{9-4-2}$$

如果使达到平衡后的包装内氧气浓度为最佳值 $y_{O_2}^o$，即 $y_{O_2}^i = y_{O_2}^o$，通过式（9-4-2）可以计算出包装膜的最佳氧气透过率为

$$P_{O_2}^R = \frac{WR_{O_2}L}{Ap(y_{O_2}^e - y_{O_2}^o)} \tag{9-4-3}$$

同理可以计算出包装膜的最佳二氧化碳气体透过率为

$$P_{CO_2}^R = \frac{WR_{CO_2}L}{Ap(y_{CO_2}^e - y_{CO_2}^o)} \tag{9-4-4}$$

式中 R_{CO_2}——果蔬的二氧化碳释放速率（呼吸率），$mL/(kg \cdot h)$；

$y_{CO_2}^o$——气调包装内最佳二氧化碳气体的体积分数；

$y_{CO_2}^e$——气调包装外二氧化碳的体积分数。

而膜的 CO_2/O_2 气体选择性 S 由 P_{CO_2} 与 P_{O_2} 的比值得出，即

$$S = \frac{P_{CO_2}}{P_{O_2}} \tag{9-4-5}$$

式中 P_{CO_2}——包装膜的二氧化碳气体透过率，$mL \cdot \mu m/(cm^2 \cdot h \cdot MPa)$。

那么，膜的最佳 CO_2/O_2 气体选择性 S^R 应为

$$S^R = \frac{R_{CO_2}(y_{O_2}^e - y_{O_2}^o)}{R_{O_2}(y_{CO_2}^e - y_{CO_2}^o)} = Q_R \frac{y_{O_2}^e - y_{O_2}^o}{y_{CO_2}^e - y_{CO_2}^o} \tag{9-4-6}$$

$Q_R = \frac{R_{CO_2}}{R_{O_2}}$，为果蔬产品的呼吸商，即同一时间内释放二氧化碳与吸收氧气的体积之比。

作物释放二氧化碳速率与温度相关，其标准方程为

$$R_{CO_2} = R_{CO_2}^* e^{-E_{CO_2}^R/RT} \tag{9-4-7}$$

式中 $R_{CO_2}^*$——二氧化碳呼吸率指前因子，$mL/(kg \cdot h)$；

$E_{CO_2}^R$——二氧化碳呼吸活化能，J/mol；

T——温度，K；

R——气体常数，为 $8.314J/(K \cdot mol)$。

同理，膜的透气性也可用指数方程表示，如式（9-4-8）和式（9-4-9）。

$$P_{O_2} = P_{O_2}^P e^{-E_{O_2}^P/RT} \tag{9-4-8}$$

$$P_{CO_2} = P_{CO_2}^P e^{-E_{CO_2}^P/RT} \tag{9-4-9}$$

式中　$P_{O_2}^P$、$P_{CO_2}^P$——膜的氧气透过率指前因子和二氧化碳透过率指前因子；

　　　$E_{O_2}^P$、$E_{CO_2}^P$——氧气和二氧化碳的渗透活化能。

由上述分析可以看出，对于特定果蔬而言，膜的最佳气体选择性 S^R 或膜的氧气（或二氧化碳）透过率与设定的贮藏温度有关。理论上，最佳的包装膜应能够随温度变化调整氧气（或二氧化碳气体）的透过率。

Exama A（1993）等利用特定包装形式、果蔬适宜气调环境以及果蔬呼吸速率等计算得出包装膜应具有的最佳透气性和最佳气体选择性，见表 9-4-4。温度升高 10℃ 导致果蔬呼吸率的变化见表 9-4-5，而各种膜在相同温升时的透气性变化见表 9-4-6，表 9-4-6 还同时给出几种膜在 4℃ 时的透气性。其中透气性温度商按下式计算得出

$$Q_{10}^P = \left(\frac{P_2}{P_1}\right)^{10/(T_2-T_1)} \qquad (9\text{-}4\text{-}10)$$

式中　Q_{10}^P——温差 10℃ 时膜的透气性温度商；

　　　P_1、P_2——温度 T_1 和 T_2 时膜的气体透过率。

表 9-4-4　各种果蔬在尺寸为市场零售大小包装和 4℃ 时要求的透气性

（引自：Exama A，1993）

产品	$P_{O_2}^R$ [mL·μm/（cm²·h·MPa）]	$P_{CO_2}^R$ [mL·μm/（cm²·h·MPa）]	S^R
草莓	6.14×10	6.57×10	1.1
抱子甘蓝	3.48×10	2.10×10²	6.0
蘑菇	2.91×10	3.58×10	1.3
生菜	1.24×10	1.18×10²	9.5
花椰菜	1.01×10	2.56×10	2.5
青花菜	8.12	1.82×10	2.2
蒜苗	6.04	2.08×10	3.5
胡萝卜	4.24	1.56×10	3.7
苹果	4.14	2.61×10	6.3
旱芹	3.46	1.11×10	3.2
结球甘蓝	2.11	6.34	3.0
青椒	1.84	1.11×10	6.0

表 9-4-5　各种果蔬温度升高 10℃ 的呼吸商

（引自：Exama A，1993）

产品	温度（℃）	Q_{10}^R 空气	Q_{10}^R 3%O_2
草莓	0～10	3.01	2.78
树莓	0～10	2.88	2.51
苹果	0～10	2.78	—
蘑菇	0～10	2.77	—
花椰菜	0～10	2.44	2.14
抱子甘蓝	0～10	2.40	2.30
蒜苗	0～10	2.39	2.47
青花菜（萌芽）	0～10	2.39	1.86

（续）

产品	温度（℃）	Q_{10}^R	
		空气	3%O_2
结球甘蓝	0～10	2.33	2.24
旱芹	0～10	2.29	2.15
生菜	0～10	2.22	1.88
芦笋	0～10	2.22	1.77
青椒	8～18	2.12	1.39
马铃薯	4～14	1.91	1.77

表 9-4-6　各种膜 10℃温升（0～10℃）的透气性温度商和 4℃时的透气性

（引自：Exama A，1993）

塑料膜	Q_{10}^P		P_{O_2}	P_{CO_2}	$S=\dfrac{P_{CO_2}}{P_{O_2}}$
	O_2	CO_2	$[mL \cdot \mu m/(cm^2 \cdot h \cdot MPa)]$	$[mL \cdot \mu m/(cm^2 \cdot h \cdot MPa)]$	
赛纶塑料（Saran）	2.82	2.23	1.14×10^{-3}	1.16×10^{-2}	10.2
甲基橡胶	2.08	2.07			
丁基橡胶	2.01	1.91	9.02×10^{-1}	4.01	4.4
聚酰胺（尼龙）	1.97	1.88	2.05×10^{-2}	9.63×10^{-2}	4.7
低密度聚乙烯（0.922）	1.96	1.71	3.01	2.03×10	6.7
聚氯乙烯（PVC-VF）	1.91	1.67			
聚氯丁烯（氯丁橡胶）	1.91	1.74			
氯乙烯-醋酸乙烯酯共聚物	1.88	1.71	6.57	4.36×10	6.6
聚氯乙烯（PVC-AF）	1.88	1.61			
聚乙烯（辐照，10伦琴[①]）	1.86	1.75			
聚乙烯（PVC-RMF）	1.78	1.54	5.77	3.51×10	6.1
高密度聚乙烯（0.964）	1.73	1.60	3.84×10^{-2}	1.86×10^{-1}	4.8
盐酸橡胶（增塑，Pliofilm G）	1.73	1.75	3.76×10^{-1}	9.20×10^{-1}	2.4
天然橡胶	1.63	1.49	2.38×10	1.68×10^2	7.1
丁二烯-苯乙烯共聚物	1.61	1.45	1.84×10	1.63×10^2	8.9
聚丁二烯	1.59	1.40	2.10×10	1.94×10^2	9.2
聚对苯二甲酸乙二醇酯（PET）（聚酯膜）	1.52	1.50	3.61×10^{-2}	1.24×10^{-1}	3.4
醋酸纤维（防蚀层）	1.39	1.59	9.78×10^{-1}	7.87	8.0
乙基纤维塑料（增塑，Ethocel）	1.30	1.10	3.89×10	9.48×10	2.4
硅橡胶（Marcellin 膜）	1.14	1.00	2.76×10^2	1.79×10^3	6.5

①伦琴为非法定计量单位，1 伦琴＝2.58×10^{-4} 库仑/千克。

实践中，大多数膜并不能为气调包装提供最佳的 CO_2/O_2 透过选择性。通常，维持最佳氧气透过性的气调包装设计，能够满足低呼吸率或中等呼吸率的果蔬产品的气体条件要求，只有穿孔膜能够符合高呼吸率果蔬产品的要求。当气调包装暴露于适温以上时，由于呼吸作用增强，会消耗更多的氧气和聚集更大量的二氧化碳气体，而无法通过膜的透过性加以调节，会造成果蔬缺氧伤害。

Al-Ati（2003）等的研究认为，气调包装鲜切水果和有些蔬菜面临着技术壁垒，不能为其提供最佳的膜 CO_2/O_2 气体选择性。通过改变包装尺寸、产品重量和包装内的气体空间，只能使包装内 CO_2 或 O_2 一种气体达到最佳体积百分比水平，不可能使两种气体体积百分比都达到最佳水平。O_2 透气性足够好的商品膜，可以防止厌氧发酵，但不能提供理想的 CO_2 透气性。而将 CO_2 和 O_2 气体透过率调整为接近时〔如改进的乙烯-甲基丙烯酸离子型聚合膜，$P_{O_2}=1.42\times10^2 mL\cdot\mu m/(cm^2\cdot h\cdot MPa)$，$P_{CO_2}=1.20\times10^2 mL\cdot\mu m/(cm^2\cdot h\cdot MPa)$，$S=0.85$〕，则可以使气调包装最优化，另外通过改变包装尺寸、产品重量和包装内的气体空间，可以调控达到气体稳定平衡的时间，如图 9-4-1 所示。

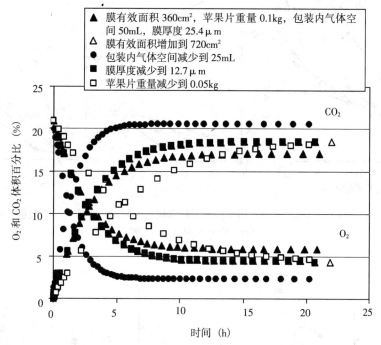

图 9-4-1 条件改变对乙烯-甲基丙烯酸离子型聚合膜包装内气体的影响

（引自：Al-Ati T and Hotchkiss J H，2003）

三、气调包装的影响因素

包装膜材料性能直接影响气调包装达到平衡气调时的氧气和二氧化碳气体体积百分比水平，因而影响果蔬的保鲜效果。此外，果蔬保鲜效果还会受到冷藏温度、果蔬品种、果蔬成熟度和包装质量等因素的影响。穿孔膜可以改变膜的透气性，继而改变达到平衡气调时的 O_2 和 CO_2 气体体积百分比水平，利用穿孔膜可以获得更好的果蔬保鲜效果。

Vanndy M（2007）等利用 $25\mu m$ 和 $50\mu m$ 两种厚度的 PP 和 LDPE 膜，以及 $25\mu m$ 厚的 HDPE 膜作为气调包装膜，在环境条件下进行了不同品种番茄保鲜效果的试验研究，并用敞开放置番茄作为对照，测试番茄的色泽变化、重量损失以及腐坏率，结果如图 9-4-2～图

9-4-6 所示。结果显示，所有气调包装的番茄均延缓成熟，几种膜之间差异不大，但较厚膜包装的易于腐坏。气调包装可以防止重量损失，其中 $25\mu m$ 厚的 LDPE 膜和 HDPE 膜的效果较好（图 9-4-2，单位包装量 1~1.5kg）。在进一步进行的 $25\mu m$ 厚 LDPE 膜和 HDPE 膜包装更大包（5kg）番茄的试验中，如图 9-4-3 所示，再次表明气调包装可以延缓果实成熟和减少重量损失，但 HDPE 膜包装的腐坏率要高于 LDPE 膜。Vanndy M 等认为，在大体积量包装时，由于 HDPE 膜的水蒸气透过性较差，包装内水汽聚集，为腐坏创造了有利条件，因而丧失了气调包装的优越性。Vanndy M 等还用 $25\mu m$ 厚的 LDPE 膜对 4 个品种（TLCV15、CLN1462A、T56 和 TMK1）的番茄进行了气调包装和敞开放置的对照试验，其中对于 TLCV15、T56 和 TMK1 品种果延缓成熟的效果更为显著，如图 9-4-4 所示。同样，气调包装可以减少重量损失，其中 CLN1462A 果的重量损失最少，如图 9-4-5 所示。腐坏率结果显示，除 TMK1 品种外，各品种的腐坏率均小于 10%，如图 9-4-6 所示。

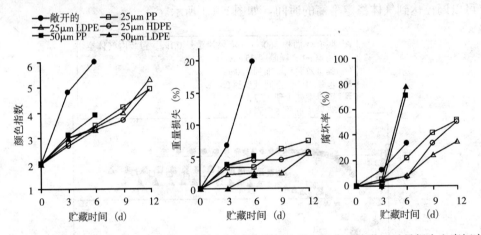

图 9-4-2　番茄（CLN1462A 品种）用不同膜进行气调包装时的色泽变化、重量损失和腐坏率
（引自：Vanndy M *et al*.，2007）

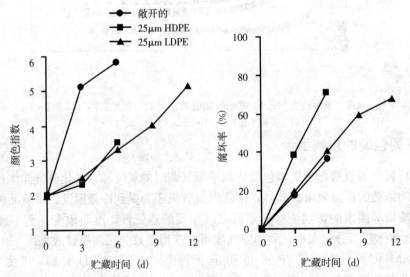

图9-4-3　$25\mu m$ HDPE 和 LDPE 膜包装番茄(CLN1462A 品种)的色泽变化和腐坏率
（引自：同图 9-4-2）

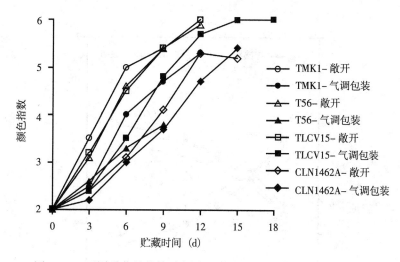

图 9-4-4　不同番茄品种敞开和用 25μm LDPE 膜包装时的颜色变化

（引自：同图 9-4-2）

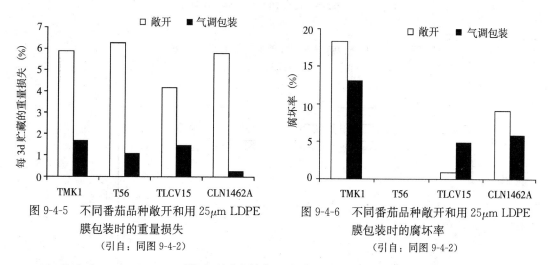

图 9-4-5　不同番茄品种敞开和用 25μm LDPE
膜包装时的重量损失
（引自：同图 9-4-2）

图 9-4-6　不同番茄品种敞开和用 25μm LDPE
膜包装时的腐坏率
（引自：同图 9-4-2）

　　Ait-Oubahou A（1999）利用不同成熟期（绿熟、转红和红熟）番茄进行了气调包装试验。将采摘的番茄进行挑拣、清洗、氯消毒和漂洗后，分成 6 种不同重量 [（140～640）g±5g]，用 44.4μm 厚度 LDPE 膜包装（800cm²），然后在（20±2）℃贮藏。同时，用有孔袋包装作为试验对照。当气调包装中的气体成分达到稳定平衡后，测量氧气和二氧化碳的气体分压，如图 9-4-7 所示，可以看到，二氧化碳和氧气分压分别在 1.7～4.9kPa 和 10.2～2.3kPa 范围，不同成熟期果实的变化不大，而重量影响较为明显。

　　从测量的颜色变化看，随重量增加可以延缓果实的成熟，而且最低重量包装与对照组相比延缓成熟的效果都很明显，这种相关性在转红期果实的颜色变化上最为突出，见表 9-4-7。显然，包装袋中的气体条件影响番茄红素的生成。图 9-4-8 显示，有孔袋包装的重量损失高于 17%，而同期气调包装的重量损失低于 2%。图 9-4-9 中看到，果肉硬度也与包装重量有关。图 9-4-10 显示，气调包装番茄的贮藏期可以超过 2 个月，其中包装重量为 0.44kg 的贮藏期最长，并且是否带花萼对贮藏期的影响也非常明显。

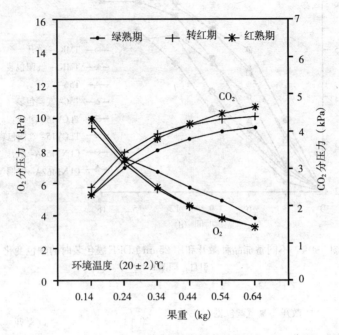

图 9-4-7 环境温度下不同成熟期番茄的 O_2 和 CO_2 分压
(引自：Ait-Oubahou A，1999)

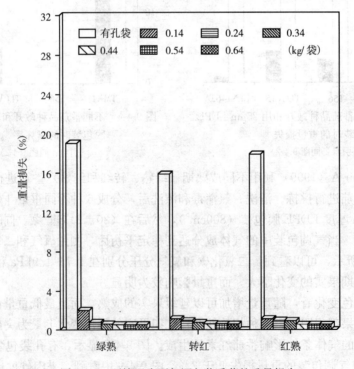

图 9-4-8 环境温度下气调包装番茄的重量损失
(引自：同图 9-4-7)

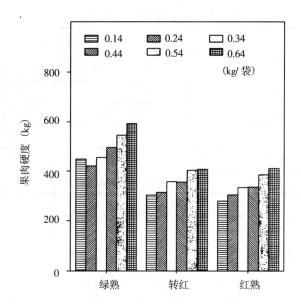

图 9-4-9　环境温度下气调包装番茄贮藏 4 周的果实硬度
(引自：同图 9-4-7)

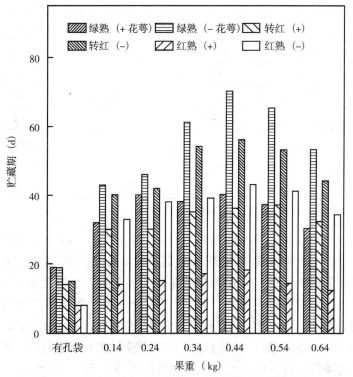

图 9-4-10　环境温度下带花萼和不带花萼番茄的贮藏期
(引自：同图 9-4-7)

表 9-4-7　贮藏期内番茄颜色[1]的变化

(引自：Ait-Oubahou A，1999)

果实成熟阶段	包装果重量（kg）	贮藏期（d）			
		7	14	21	28
绿熟	对照	21.5	25.79	29.53	—
	0.1	13.3	23.78	24.09	26.6
	0.2	−0.03	18.43	23.97	25.3
	0.3	−3.75	3.65	21.7	24.1
	0.4	−5.39	−1.42	12.8	18.0
	0.5	−7.18	−5.0	−3.7	17.01
	0.6	−8.6	−5.2	0.06	12.0
转红	对照	25.67	29.98	—	—
	0.1	20.3	24.1	26.8	27.21
	0.2	18.51	23.69	24.0	26.14
	0.3	13.10	21.3	23.73	25.41
	0.4	10.43	13.25	20.9	22.73
	0.5	−0.02	7.31	19.7	20.98
	0.6	−0.03	4.32	12.7	20.31
红熟	对照	29.32	35.62	—	—
	0.1	24.32	25.6	27.3	29.19
	0.2	23.9	24.8	26.13	26.69
	0.3	23.79	24.12	25.62	26.32
	0.4	23.63	24.06	25.0	25.17
	0.5	23.61	23.9	22.7	21.8
	0.6	23.59	22.48	22.14	21.67

[1]色度计（Minolta Chromameter 200CR-200）测量的三刺激色。

　　Kosson R（2005）等在 3 年时间内，利用 4 种 PE 穿孔膜（占总面积的0.000 1%、0.001%、0.01%和 0.1%）和无穿孔 PE 膜包装彩椒，进行了 8℃贮藏试验，在监测包装内气体体积百分比的同时，测试了表征彩椒质量的相关参数，如维生素 C 含量、重量损失、果实硬度、色泽等。如图 9-4-11 所示，无穿孔膜包装 1 周后达到平衡气调，包装内氧气体积百分比减少到 5%左右；0.000 1%穿孔膜与空气中氧气体积百分比（20.9%）相比略微减少，最低时到 18%；0.001%、0.01%和 0.1%穿孔膜在整个贮藏期间，氧气体积百分比没什么变化。二氧化碳体积百分比，无穿孔膜包装最高约为 5%，0.000 1%穿孔膜约 2.5%。此外，还进行了包装内水蒸气状况的观察。

　　Kosson R 等的研究认为，各种穿孔和无穿孔膜包装均可保护彩椒避免重量损失，8℃贮藏 28d 后的重量损失不超过 1%，只有未包装彩椒的重量损失超过 5%（图 9-4-12）。

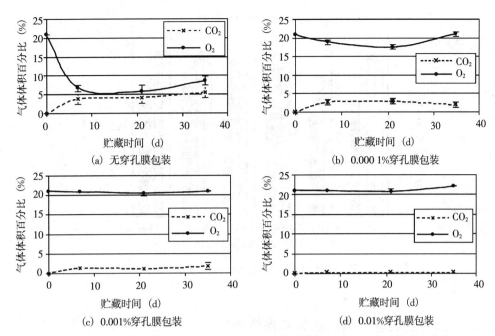

图 9-4-11　PE 膜包装彩椒 Roxy F1' 在 8℃贮藏时的氧气和二氧化碳体积百分比
（引自：Kosson R and Stępowska A，2005）

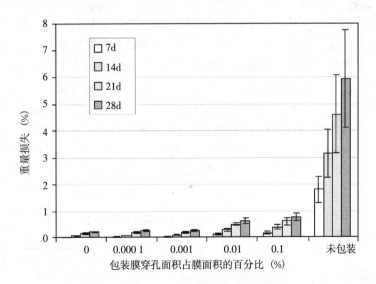

图 9-4-12　各种膜包装彩椒贮藏 28d 后的重量损失
（引自：同图 9-4-11）

通过测试彩椒经 28d、8℃贮藏后的维生素 C 含量、硬度和色泽等参数，综合 3 年的试验结果，得出市场可销售价值评估得分如图 9-4-13 所示。Kosson R 等认为，不同穿孔膜包装的彩椒，维生素 C 和硬度没有明显差异，经 28d 贮藏后可销售价值最高的是 0.1％穿孔膜包装，其次是无穿孔膜。除 0.1％穿孔膜包装外，无穿孔膜和其他穿孔膜包装内的相对湿度高，使得水蒸气聚集在膜内表面和彩椒表面。

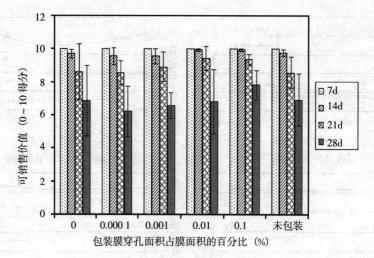

图 9-4-13　各种膜包装彩椒贮藏 28d 后的可销售价值（3 年平均）

（引自：同图 9-4-11）

四、气调包装膜材料与鲜切果蔬保鲜质量

经分切加工的胡萝卜是鲜切蔬菜中的大众化产品，由于贮藏时会快速腐坏，用做沙拉原料受到一定的限制。胡萝卜沙拉产品的腐坏现象是发黏、硬度丧失和产生异味，具有厌氧代谢的特征，呼吸速率高，容易因微生物繁殖引起腐坏。胡萝卜切丝或切碎时会穿过细胞，使大面积的内部组织暴露，并且一些亚细胞隔室也会遭到破坏，其应激反应导致呼吸速率增加和合成木质素。切丝或切碎还会导致皮膜的微生物污染，渗出的营养成分为微生物繁殖提供了充分的物质基础。另外，还会出现表面脱水和水分损失增加的现象。

冷藏和适宜的气调包装可以最大限度地减少加工对产品带来的不利影响和上面提到的产品的一些应激反应。Barry-Ryan C（2000）等利用几种不同性能的膜材料（表 9-4-8）进行了鲜切胡萝卜（1.5mm×1.5mm 切丝）的气调包装（30cm×20cm 包装袋）和不同温度（3℃和 8℃）下冷藏时的保鲜效果研究，试验分析了冷藏 10d 内包装内气体成分（O_2 和 CO_2 气体百分比）的变化、产品的感官得分情况、微生物的存在情况和品质变化情况。

表 9-4-8　包装分切胡萝卜用膜材料及性能

（引自：Barry-Ryan C *et al.*，2000）

膜材料	透过率[mL/(m^2·d·kPa)]		供货商	图中符号
	O_2	CO_2		
定向聚丙烯膜（OPP）	11.84	29.61	ICi，Dublin，Ireland	▲，△
Pebax 呼吸膜（OSM）	64.15	4 935[1]	ELF Atochem，France	■，□
聚醚共聚乙酰胺膜（PEBA）（DP，35μm）[2]	128.3	1 480	Dupont，France	◆，◇
微孔膜 P-plus 膜 1	246.7	286.2	Courtaulds Packaging	●，○
微孔膜 P-plus 膜 2	1 974	2 013	Bristol，England	*

①当与水结合时；

②带亲水性涂层。

从图 9-4-14 可以看出，大多数包装膜在冷藏 3～5d 时能达到平衡气调，二氧化碳体积百分比在 4%（OSM 膜）～30%（OPP 膜）的范围。OSM 膜具有亲水性和很高的 CO_2/O_2 气体选择性，会使氧气和二氧化碳气体体积百分比均低。微孔膜（P-plus 膜 1）包装达到平衡气调时，氧气和二氧化碳体积百分比相当，均约 10%。其余膜包装中 CO_2 水平取决于膜的透气性，透气性越好，CO_2 水平越低。CO_2 水平还受到冷藏温度的影响，在 3℃时的体积百分比要低于 8℃。OPP 膜和 DP 膜包装中的平衡 CO_2 体积百分比过高，会导致生理性腐坏。P-plus 膜 2 包装中的 O_2 水平过高，约 18%，不能体现气调包装的优越性。而其余膜中，除 P-plus 膜 1 包装外，多数膜的 O_2 水平<1%。过低的 O_2 水平会导致厌氧呼吸，产生异味，并且会促使人类病原菌繁殖和产生毒素。

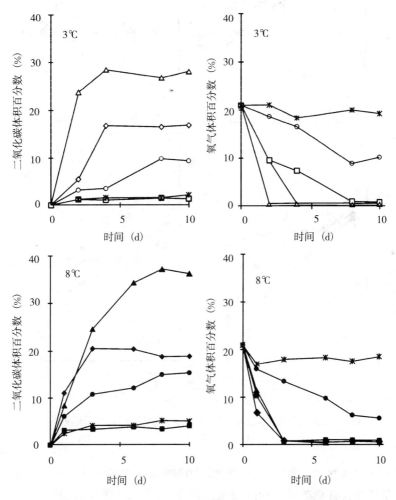

图 9-4-14　不同类型膜对气调包装切碎胡萝卜气体环境的影响

（引自：Barry-Ryan C *et al.*，2000）

膜的透气性不同，达到平衡气调时氧气和二氧化碳气体的体积百分比则不同，氧气和二氧化碳气体的体积百分比水平和冷藏温度直接影响鲜切胡萝卜的品质。用外观评价的方法进行打分，8℃时 10%O_2 和 10%CO_2 水平的包装（P-plus 膜 1）得分最高，3℃时<1%O_2 和

28%CO_2水平的包装（OPP 膜）得分最高，而<1%O_2 和 3%CO_2 水平的包装（OSM 膜）得分最低（图 9-4-15）。用气味评价打分，得分最高的是 P-plus 膜包装，P-plus 膜 O_2 和 CO_2 的透气性差异不大。气味评价得分最低的是 DP 膜包装，气体维持水平为<1%O_2 和 16%CO_2。气味评价得分中等的是 OSM 膜，气体维持水平为<1%O_2 和 3%CO_2。3℃冷藏时的外观评价和气味评价得分要高于 8℃冷藏。

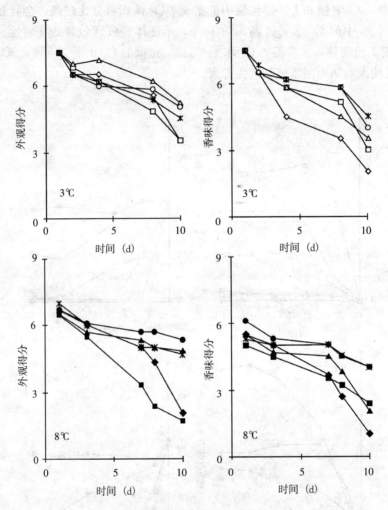

图 9-4-15　不同类型膜对气调包装切碎胡萝卜感官质量的影响

（引自：同图 9-4-14）

微生物检测（图 9-4-16）表明，8℃冷藏时的好氧菌总数明显高于 3℃冷藏。8℃冷藏时的初始微生物负荷为：好氧菌总数 6lg(CFU/g)、酵母菌和真菌 6lg(CFU/g)、乳酸菌 2.2～3.7lg(CFU/g)，而到贮藏末期所有种类微生物数量均上升到 8～9.7lg(CFU/g)。图中还可以看出，P-plus 膜 2 包装的微生物负荷（好氧菌、酵母菌和真菌）最高，显然由于包装中氧气浓度较高（18%），适于好氧菌的生长繁殖。P-plus 膜 1 包装（10%CO_2、10%O_2）和 DP 膜包装（16%CO_2、<1%O_2）的好氧菌负荷在冷藏 5d 后比之低 0.5lg(CFU/g)。OPP 膜包装（28%CO_2、<1%O_2）和 OSM 膜包装（3%CO_2、<1%O_2）的好氧菌负荷最低，显然

是由于二氧化碳的水平较高。酵母菌和真菌负荷最低的是 OPP 膜和 DP 膜，两者没有显著差异；略高 [高出 0.5lg(CFU/g)] 的是 OSM 膜和 P-plus 膜 1。乳酸菌负荷在冷藏期间稳定上升，与二氧化碳浓度上升趋势一致，但在所有包装中没有明显差别。

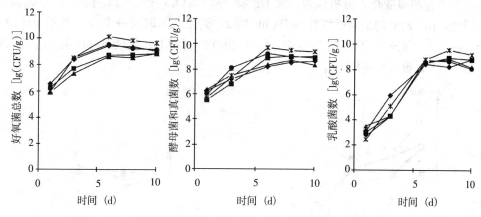

图 9-4-16　不同类型膜对气调包装切碎胡萝卜微生物的影响（8℃）

（引自：同图 9-4-14）

气调包装鲜切胡萝卜的硬度变化如图 9-4-17 所示，除 DP 膜外，所有包装的硬度值到第四天略有增加，到第六天为继续增加或趋于稳定。DP 膜在 3℃冷藏时到第四天就迅速下降，其他膜包装的胡萝卜硬度均到第八天开始下降。冷藏期间硬度增加，主要是由于脱水，一定程度上也有木质素产生的原因。冷藏期间硬度下降，可能是由于微生物生长繁殖和生物化学作用导致的细胞衰变的结果。硬度值最高的是 P-plus 膜包装，最低的是 DP 膜包装。而 OPP 膜包装受温度影响较大。

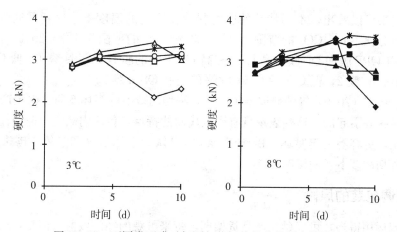

图 9-4-17　不同类型膜对气调包装切碎胡萝卜硬度的影响

（引自：同图 9-4-14）

榨出液测量采用的是施力压出的方法，一定质量（本试验 4g）样品放置于两滤纸之间，然后施以 10kg 力 10s，通过测量施力前后样品重量得出榨出液量。不同膜包装鲜切胡萝卜冷藏期间的测试结果如图 9-4-18 所示。冷藏 1d 时，每 100g 鲜重榨出液为 5～7g，然后随时间下降，直到第八天，多数包装趋于稳定。其中，OSM 膜榨出液水平较低，而 OPP 膜水平略高。榨出液是释放出的细胞液，推测冷藏期间榨出液下降是由于水分丧失，OSM 膜包装的榨出液水平低是由于膜的水蒸气透过率高［3 500g/（m² ·24h)］。

8℃冷藏时冷藏期间 pH 的变化如图 9-4-19 所示，DP 膜、OSM 膜和 OPP 膜包装的 pH 直到第八天才有明显变化。分析认为，除 DP 膜（<1%O₂）外，包装中 O₂ 水平越高，pH 越低。因此，pH 最低的是高透气性的 P-plus 膜 2，到第八天时两种 P-plus 膜的 pH 没有显著差异。在 3 个<1%O₂ 水平的包装中，OPP 膜（28%CO₂）包装的 pH 要高于 OSM 膜（3%CO₂）和 DP 膜（16%CO₂）。

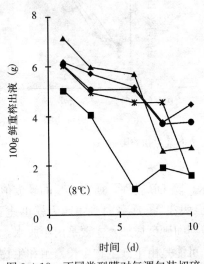

图 9-4-18　不同类型膜对气调包装切碎
胡萝卜榨出液的影响
（引自：同图 9-4-14）

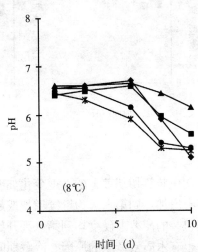

图 9-4-19　不同类型膜对气调包装切碎
胡萝卜 pH 的影响
（引自：同图 9-4-14）

从试验结果可以看出，不同特性的膜材料，在不同的温度下，达到平衡气调时 O₂ 和 CO₂ 的体积百分比不同，CO₂ 的范围为 3%～35%，O₂ 的范围为 1%～20%。高 CO₂ 和低 O₂ 水平的膜有 OPP 膜和 DP 膜，高 CO₂ 和高 O₂ 水平的膜有 P-plus 膜 1，低 CO₂ 和高 O₂ 水平的膜有 P-plus 膜 2，低 CO₂ 和低 O₂ 水平的膜有 OSM 膜。

Barry-Ryan C（2000）等的研究结果证实，鲜切胡萝卜的腐坏变质是由于产黏液、硬度丧失和生成异味等引起的，这些表现具有厌氧代谢的特点。包装内氧气快速消耗与二氧化碳浓度提高相比，更容易引起腐坏。Barry-Ryan C 等认为选用氧气和二氧化碳透气性相近的膜，更利于鲜切胡萝卜丝的保鲜。

五、气调包装的风险

气调包装运用得当，可以延长产品货架期，带来可观的经济效益。但是，气调包装也存在一定风险，必须引起注意。

如前所述，由于鲜活果蔬的存在，包装内的气调环境除与产品的呼吸速率、包装材料的 O₂ 和 CO₂ 透过率、包装材料的面积、果蔬的质量和包装内的初始气体体积百分比等因素有关外，还与贮藏的温度有关，并且贮藏温度对果蔬的呼吸起到了至关重要的作用。

实践中，果蔬产品包装后建立的冷链环境条件很难做到连续和一致，从包装车间到冷藏车、从冷藏车到冷藏库或货柜等的装卸和码放过程中，冷链往往处于断开状态。此时如果温度升高,包装内果蔬的呼吸会加快,造成缺氧,甚至氧气浓度下降到产品能够容忍的最低限,使产品处于缺氧呼吸,那么包装内会有乙醇等不良气体产生,使味道发生改变,造成产品滞销。

气调包装带来的效益与风险并存,特别是当低氧浓度包装带来高效益的同时,也带来了高风险。如图 9-4-20 所示,氧气浓度为维持有氧呼吸的最低浓度时,果蔬的寿命期最长,而这一浓度也是最具有果蔬腐坏风险性的浓度。在这一浓度下,由于环境温度的微小变化带来的产品呼吸速率的提高,会使氧气水平下降到有氧呼吸最低水平之下。同样道理,如果包装内二氧化碳浓度水平升高到果蔬能够容忍的最高限度,也会对其造成伤害。

因此,考虑到温度的影响,需要注意实施气调包装时的外在条件,通常可以采取以下措施使果蔬腐坏的风险降到最小:

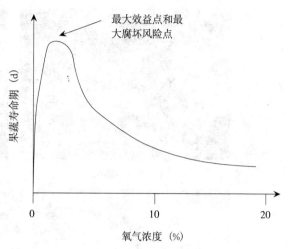

图 9-4-20　氧气浓度与果蔬寿命的关系
(来源：Jobling J，2001)

（1）包装时的氧气浓度略高于最佳浓度,此时需要牺牲货架期来降低因果蔬呼吸速率提高带来的风险;

（2）要确保冷链的完整性和可靠性,最大限度地缩小装卸时间和产品停留在较高温度环境的时间;

（3）如果产品必须在高于气调包装适宜的温度下存放,需要将包装打开,使产品能获得足够的氧气呼吸。

第五节　包装设备

用于果蔬包装的设备有塑膜包装机和网袋包装机等。塑膜包装机按照包装功能类型可分为简单包装、真空包装和复合气调保鲜包装 3 类,按照机器结构和工作方式可以分为覆膜包装机、室式包装机、外置式包装机、热成型盒式连续包装机和全自动连续充气包装机等。与包装机配套使用的设备有真空泵和复合气体制备装置等。

一、塑膜包装设备

（一）覆膜包装机

覆膜包装机也称为保鲜膜包装机,是用于果蔬包装的一种最简单的设备,该设备用于协助人工将塑膜包覆在果蔬或托盒外表面,设备主要起到帮助塑膜与包裹物帖和和熔断塑膜的作用。由于该设备体积小,价格低廉,使用灵活,已经在果蔬加工厂和各超市广泛使用。

如图 9-5-1 所示,为该类包装机包装莲雾示意。包装机由机身、切膜刀、面板、贴合热板和塑料膜夹持辊等几部分组成。当用膜直接包装果蔬时,可将果蔬置于面板上方,保鲜膜从塑料膜夹持辊拉出后包裹果蔬,利用面板将塑料膜展平与果蔬紧密贴合,果蔬包裹严密后利用切膜刀将膜切断。当用膜包装托盒盛装果蔬时,可将托盒置于贴合热板上方,保鲜膜从塑料膜夹持辊拉出后包裹果蔬，利用切膜刀将膜切断，手工使膜与托盒贴合严密后，在贴合热板上加热托盒底部使塑料膜接头封口。

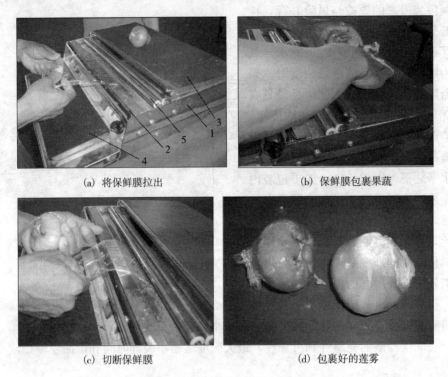

(a) 将保鲜膜拉出　　　　　　　　(b) 保鲜膜包裹果蔬

(c) 切断保鲜膜　　　　　　　　　(d) 包裹好的莲雾

图 9-5-1　利用覆膜包装机包装莲雾

1. 机身　2. 切膜刀　3. 面板　4. 贴合热板　5. 塑料膜夹持辊

该类包装机常规机型可使用的薄膜最大宽度一般为 400～500mm，设备功率 0.27～0.35kW。

该类设备的关键技术是能够有效调控保鲜膜贴合热板的温度和保鲜膜刀口温度，通常热板温度为 60～90℃，刀口温度为 120～150℃。

(二) 室式包装机

室式包装机有室式真空包装机和室式真空/充气两用包装机两类机型。

1. 室式真空包装机　室式真空包装机工作原理如图 9-5-2 所示，包装机主要由机身、真空泵、上盖、工作台、合盖机构、热封装置（包括热封固定架、热封活动架、热封气室和复位弹簧等）、气动装置（包括二位二通电磁阀、二位三通电磁阀和真空表等）和控制装置等组成。图 9-5-3 为包装机的气动原理图。包装机工作分为抽真空—热封—回气几个基本步骤。通过上盖传动装置将上盖与工作台压合并形成真空室，真空泵工作，真空室开始抽真空，同时也将放置于真空室内的盛装好果蔬的塑料袋中的空气抽出，真空室内达到额定真空度时真空泵停止工作。在真空室抽真空的同时，二位三通电磁阀处于 I 位，使热封气室与真空泵的气路接通，此时真空室与热封气室的压力相同，热封活动架保持原位不动。真空泵停止工作后，二位三通电磁阀动作处于 II 位，外界大气通过其上部进气孔进入热封气室，利用真空室与热封气室之间的压力差，热封气室充气膨胀，使热封活动架运动，压住袋口，同时热封加热开始工作，进行封口。封口结束后，二位二通电磁阀动作处于接通位置，使大气进入真空室，真空表指针回到零，热封活动架依靠复位弹簧复位，真空室开盖。

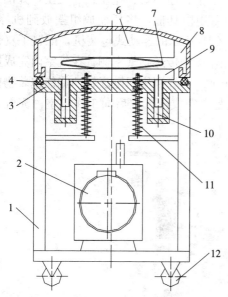

图 9-5-2　室式真空包装机工作原理示意图

1. 机身　2. 真空泵　3. 工作台　4. 密封圈　5. 上盖
6. 热封固定架　7. 塑料袋　8. 真空室　9. 热封活动架
10. 热封气室　11. 复位弹簧　12. 脚轮

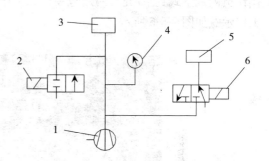

图 9-5-3　真空包装机气动原理图

1. 真空泵　2. 二位二通电磁阀　3. 真空室
4. 真空表　5. 热封气室　6. 二位三通电磁阀

室式真空包装机通常又分为单室和双室两种机型。图 9-5-4 中的（a）、（b）分别为单室真空包装机和双室真空包装机。

（a）单室

（b）双室

图 9-5-4　真空包装机

2. 室式真空/充气两用包装机　真空/充气两用包装机也称为复合气调保鲜包装机，汇集了微机程控技术、气动真空技术、光磁感应技术、气体自动供给混合技术和气体活化技术等，除具有普通包装机的封塑膜功能、真空包装机的抽真空功能外，还具有气体置换功能和精确配比混合气体与填充功能。

室式真空/充气两用包装机，是在真空包装机的基础上配置了复合气体制备设备和在气路上增加充气转换阀件作抽真空与充气管路转换，具备了充气功能，与室式真空包装机相同的是在工作气室中完成气体置换。常用的有单室、双室、连动式、托盒式等机型，如图9-5-5所示。图9-5-5(b)所示的托盒式包装机，使用专用模具框，将托盒成组摆放到机器上，在真空室形成真空后注入填充气体。图9-5-5(c)、(d)所示的连动式包装机，配置了皮带传动，皮带可以连续或间歇正、反转，使包装物从操作员侧传送到气室侧，在气室内完成抽真空、充气和封口后，再使包装物落到衔接的输送机上，或者利用间歇反转功能使包装物回到操作员侧。室式真空/充气两用包装机的工作方式是在完成抽真空后向工作气室内充气，其工作示意如图9-5-6所示。

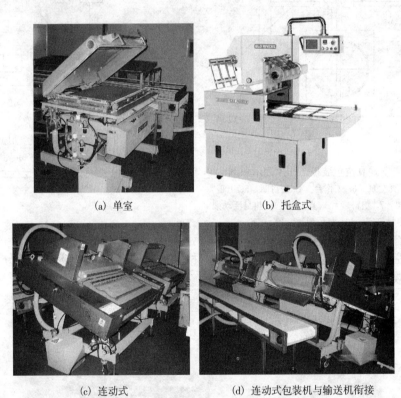

(a) 单室   (b) 托盒式

(c) 连动式   (d) 连动式包装机与输送机衔接

图 9-5-5 真空/充气两用包装机

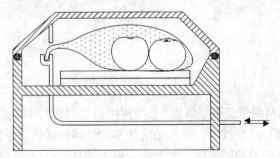

图 9-5-6 真空/充气两用包装机工作示意

（三）外置式包装机

外置式包装机也称为通气管包装机，与室式包装机不同，该类包装机无需配置气体工作室，通过气管与塑料包装袋相连就可以完成抽真空或气体置换工作，包装袋放置在机器外部，工作示意如图9-5-7所示，将盛装好果蔬的塑料袋套在可移动通气管外并放置在封口板内，通过可移动通气管抽出塑料袋内气体和向塑料袋内充气，抽真空或充气后从塑料袋内移出可移动通气管，封口板压合完成封口。

该类包装机通常不受包装物品尺寸的限制，只受封口尺寸限制。该类设备可以设计为真空包装机和真空/充气两用包装机，有单通气管和双通气管两种类型，适宜包装的果蔬品种多种多样，鲜切果蔬、生鲜完整果蔬及果盒等均适用。

图9-5-8为美国CVP systems公司的A-600型气调（真空）包装机。该型包装机有32型（1 080mm×965mm×1 788mm）和42型（1 080mm×1 219mm×2 032mm）两种规格。这种机型是一种万能机型，为内置柔性12包设置，每次可打一个包或两个包，可进行抽真空转换，作为真空包装和充气包装两用，抽真空时间可以根据需要进行调节。该机型还可以实现从完全垂直操作到完全水平操作的调节。

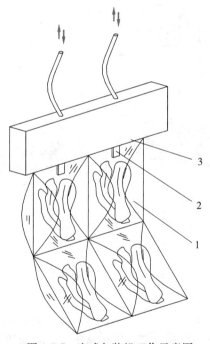

图9-5-7　室式包装机工作示意图
1. 塑料袋　2. 可移动通气管　3. 塑料袋封口板

图9-5-8　美国CVP systems公司的A-600型气调（真空）包装机

美国CVP systems公司的A-600型气调（真空）包装机的设计考虑了以下几方面：

（1）卫生学设计。采用了原位清洁系统，可以在不拆卸设备元件的情况下，使食品接触表面得以清洁和杀菌。

（2）运行再现性。采用PLC技术，可设置12种达到精确调控的真空包装和气调包装程序。抽真空时间可以调节，热封温度采用逻辑控制，能够确保在任何生产速度下达到完美密封。可以选择的包袋架能够去除塑膜皱纹，保证密封完好无泄漏发生。

（3）操作安全性。采用了反限制电路（anti tie-down circuitry），实现了符合人类环境工程学的双重电子指触开关启动，最大限度地限制了一手在工作区域一手触动设备工作的可能性，确保操作人员的人身安全。

（4）适应性。动作范围宽，允许机器垂直操作和水平操作。可选的前置落物架能够承重11kg，能自动接住封装好的包装袋。每一操作循环完成一袋包装或两袋包装，可达到每分钟10袋的生产量。该机型采用了模块设计，可以在设备上选择配置通用输送系统、侧置可调通气管、包袋延伸器和打码器等。

（四）热成型盒式连续包装机

热成型盒式连续包装机是塑料盒成型、覆膜、抽真空和充气等工序在一台设备上连续完成的设备，如图9-5-9所示。与室式包装机类似，在工作气室中完成气体置换，包装盒的道数可以是一道，也可以是多道，根据包装产品的种类和包装尺寸的大小，生产量可以达到每分钟4～20盒。

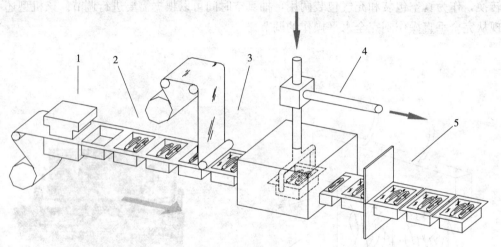

图9-5-9　热成型盒式连续包装机工作示意图
1.压盒　2.装盒　3.覆膜　4.气体置换　5.切断

（五）全自动连续充气包装机

全自动连续充气包装机可以将塑料袋拉膜成形、充气、密封等工序连续完成，该类设备没有封闭的工作气室，在塑料袋完成密封之前需要连续不断地向袋内充气，使被包装物周边的空气完全由复合气体替代，因此部分复合气体会浪费掉，需气量要大于室式包装机和热成型盒式连续包装机。该类设备包装量可达到每分钟120袋，适合大批量生产，设备可以组装形成水平包装线和竖直包装线，以适应全自动生产线上不同操作类型的需要，全自动连续充气包装机工作示意如图9-5-10所示。

二、包装机配套设备

（一）真空泵

真空泵是真空包装机工作不可或缺的动力，国内用于真空包装机的真空泵通常为旋片式真空泵（简称旋片泵）。

图9-5-11为旋片式真空泵的工作原理示意图，旋片泵主要由泵体（定子）、旋片、转子、弹

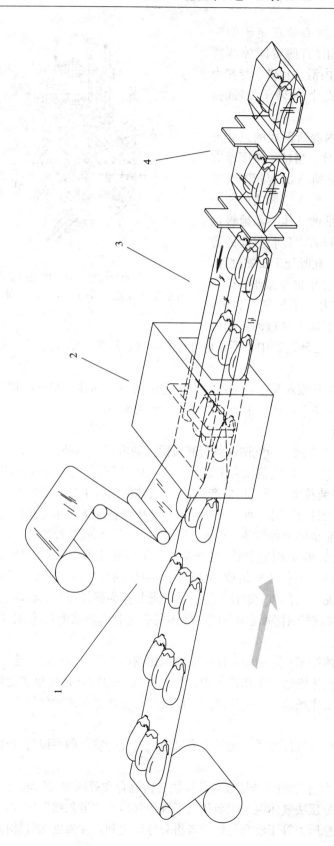

图 9-5-10 全自动连续充气包装机工作示意

1.包膜 2.制袋 3.充气 4.切断

簧、排气阀等部件组成。转子偏心装在定子的腔内，转子外圆与定子内表面相切，两者间隙非常小。转子槽内有两块可以在槽内滑动且借助弹簧力和离心力紧贴在定子内壁的旋片，当转子旋转时，始终贴紧定子内壁滑动。

两个旋片把转子和定子内腔所围成的月牙形空间分隔成 A、B、C 3 个部分，当转子按图示方向旋转时，与吸气口相通的空间 A 的容积不断增大，A 空间的压力不断降低，当 A 空间内的压力低于被抽容器内的压力，被抽的气体不断地被抽进吸气腔 A，此时处于吸气过程。B 腔空间的容积逐渐减小，压力不断增大，此时处于压缩过程。而与排气口相通的空间 C 的容积也在减小，C 空间的压力升高，当气体的压力大于排气压力时，被压缩的气体推开排气阀，不断地穿过油箱内的

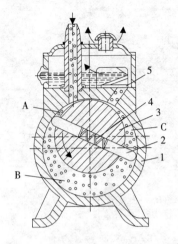

图9-5-11　旋片式真空泵工作原理示意图
1.泵体　2.旋片　3.转子　4.弹簧　5.排气阀

油层排至大气中。在泵的连续运转过程中，不断地进行着吸气、压缩、排气过程，从而达到连续抽真空的目的。

排气阀浸在油里以防止大气流入泵中，油通过泵体上的间隙、油孔及排气阀进入泵腔，使泵腔内所有运动的表面被油覆盖，形成了吸气腔与排气腔的密封。

（二）复合气体制备装置

1. 气调保鲜包装机的供气方式　为气调保鲜包装机供气的方式有两种。一种是供气企业根据用户要求预先将各种气体按一定比例混合配制后装入瓶中，以瓶装复合气体供应给用气企业，这种方式是国外气调包装技术广泛应用的产物，复合气体的制备工作已经成为一项独立的产业，体现出了专业化生产的特征；另一种方式就是为包装机设备配备气体比例混合装置。

气体比例混合装置的功能是将两种气体（CO_2、N_2 或 O_2、N_2）或 3 种气体（O_2、CO_2 和 N_2）按预定比例混合后向气调包装机供气，其产品通常按照受控主体的不同分为两种类型：一种是作为包装机的元件，与包装机组成一体，由包装机的程序控制完成气体混合工作；另一种是具有独立控制配气混合功能的比例混合器，通常作为配件与包装机联机使用。

2. 气体混合配制方法　根据工作原理的不同，气体混合配制的方法有静态配气法和动态配气法。

静态配气法是将各类气体按照一定的质量比例或体积比例送入贮气室进行混合，再通过管路将贮气混合室中的混合气体输送到工作设备中。静态配气法的特点是简单和使用可靠，缺点是占用容器和大面积的工作场地，不能实现连续配气和对生产过程连续供气，是一种间断性的配气和供气方式。

动态配气法是连续配气和供气的方式，无需大容量的贮气混合室，即可以将几种组分气体混合供用户使用。

3. 气体比例混合原理　气体比例混合原理有分压法气体混合和等压法气体混合。

（1）分压法气体混合。分压法气体混合主要依据了理想气体的"道尔顿"定律，即：在给定的容积下，混合气体的总压力等于混合气体中各组分分压之和，在温度和气体体积一定

的条件下，气体摩尔数只与压力有关，即

$$P = \sum_{i=1}^{N} P_i \tag{9-5-1}$$

$$P = \frac{nRT}{V} \tag{9-5-2}$$

$$P_i = \frac{n_i RT}{V} \tag{9-5-3}$$

$$C_i = \frac{n_i}{n} = \frac{P_i}{P} \tag{9-5-4}$$

$$P_i = C_i P \tag{9-5-5}$$

式中　　P——混合气体的总压力，Pa；

　　　　P_i——组分气体的分压力，Pa；

　　　　N——组分气体的数量；

　　　　n——混合气体的摩尔数，mol；

　　　　n_i——组分气体的摩尔数，mol；

　　　　R——气体状态常数，8.31J/(mol·K)；

　　　　V——气体体积，m³；

　　　　T——气体温度，K；

　　　　C_i——组分含量，%。

分压法气体比例混合系统的构成通常包括气源、减压阀、贮气混合室、真空泵、阀件及管路等，装置示意图如图 9-5-12 所示。

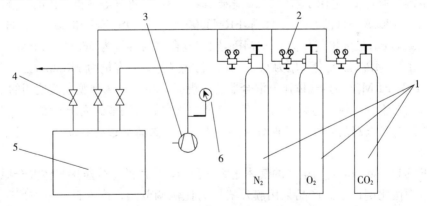

图 9-5-12　分压法气体比例混合系统示意图
1. 气源　2. 减压阀　3. 真空泵　4. 截止阀　5. 贮气混合室　6. 真空表

气源可以是钢瓶装的压缩气体，二氧化碳用食品级的，氮气用脱水精氮。钢瓶满装时压力达到 15MPa，通常为 10～12MPa。

首先需要将贮气混合室中的气体抽空，然后按照各组分气体的分压力依次送入需要混合的气体。例如氧气、二氧化碳气和氮气需要按照 5%、10% 和 85% 的比例混合，混合气体的总压力为 P，那么送入贮气混合室的各气体分压力分别为 5%P、10%P 和 85%P。

用分压法制备气体的不确定度与制备的组分含量有关，表 9-5-1 列出了分压法制备气体组分含量与定值不确定度的关系。

表 9-5-1　组分含量与不确定度的关系

组分含量（%）	0.01～0.1	0.1～5	5～50
不确定度（%）	10	5	2

（2）等压法气体混合。等压法气体比例混合系统的构成通常包括气源、电磁阀、控制装置、贮气混合室、真空泵、阀件及管路等，装置示意图如图 9-5-13 所示。

等压气体混合原理基于各气源压力相等、各气源管路有效面积相等，那么各气体进入贮气混合室的流速相等，继而气体进入贮气混合室的体积量取决于管路接通的时间。通过电磁阀控制各气路的接通时间就可以控制进入贮气混合室的气体量，根据各气体的体积比可以换算出各管路接通的时间比例。

气体比例混合器是实现两种或两种以上气体按比例混合的设备。国内外制造商提供的产品可以大致分为贮气式和连续供气式两类。

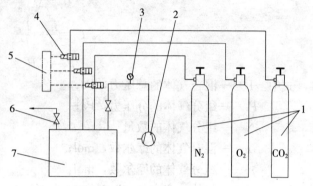

图 9-5-13　等压法气体比例混合系统示意图
1. 气源　2. 真空泵　3. 真空表　4. 电磁阀
5. 控制装置　6. 截止阀　7. 贮气室

美国 WESTERN 公司生产的气体比例混合器利用的是等压法气体混合原理，气体比例混合器自带贮气混合室，可用于氧气、二氧化碳、氮气、氩气、氦气等各类气体的混合，能用于包装机设备的有 1200SCFH、2000SCFH 和 FRM3600 型。1200SCFH 和 2000SCFH 型的最大进气压力 1.72MPa，最大出气压力 0.34MPa，贮气混合室的容量为 56.8L。FRM3600 型的最大进气压力 1.72MPa，最大出气压力 0.34MPa，贮气混合室的容量为 113.6L。

图 9-5-14 为 FRM3600 型气体比例混合器的外观图，图 9-5-15 为典型安装使用的示意图。

待混合的各组分气体在进入各自节流阀之前的压力需要调节到完全一致，多气路自动开关转化装置进行各气路的转换，使得每组分气体分别经过滤器过滤后按照各自的设定流量进入贮气混合室。

丹麦 PBI-Dansensor 公司生产的气体比例混合器，采用的是分压法气体混合原理，各组分气体的压力按比例设定。产品采用膜片式压力比例调节阀，待混合气体作用于膜片的两侧，使膜片两侧的气体压力形成一定的比例，然后再进入气体混合单元。膜片能够"吸收"因混合气体流量等外界条件变化引起的压力波动，保持两侧气体压力恒定于预先设定值，使得输出的混合气体比例能够达到比较高的精度。丹麦公司 MAP Mix 气体比例混合器结构示意如图 9-5-16 所示。

丹麦 PBI-Dansensor 公司生产的气体比例混合器分为机械式、电子式和大容量 3 类，如 MAP Mix 9000ME 系列、MAP Mix 8000EL 系列和 MAP Mix 7000Hc 系列。MAP Mix 9000ME 系和 MAP Mix 8000EL 系列的气体混合流量为 1.5～24m³/h，进气压力为 0.8～1.0MPa；MAP Mix 7000Hc 系列的气体流量为 48～200m³/h，气体输入压力为 1.2～2.0MPa，气体输出压力为 0.6～1.0MPa。

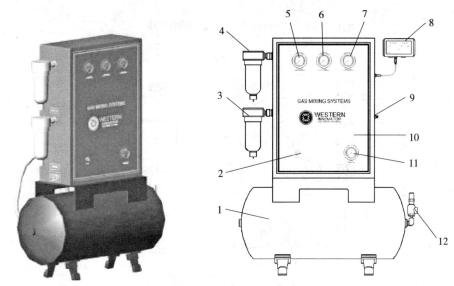

图 9-5-14 美国 WESTERN 公司的 FRM3600 型气体比例混合器

1. 贮气混合室 2. 光示开关 3. 大量气体入口微粒过滤器 4. 小量气体入口微粒过滤器 5. 小量
气体入端压力表 6. 大量气体入端压力表 7. 出端压力表 8. 可选远端报警器 9. 混合气体出口
10. 控制柜 11. 贮气混合室压力表 12. 减压阀

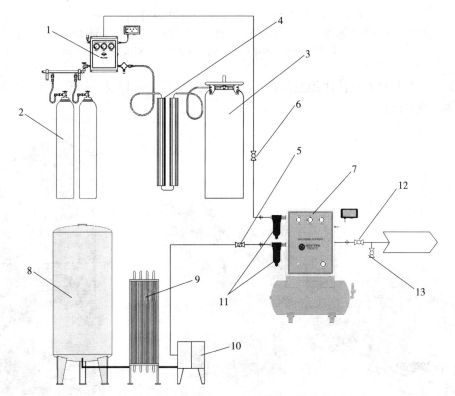

图 9-5-15 FRM3600 型气体比例混合器典型安装使用示意图

1. 多气路自动开关转换装置 2. 高压气瓶 3. 液态气瓶 4. 空温汽化器 5. 大量气体入口球阀
6. 小量气体入口球阀 7. 气体比例混合器 8. 低温贮气容器 9. 空温汽化器 10. 压力/温度
控制柜 11. 过滤器 12. 混合气体出口球阀 13. 备用球阀

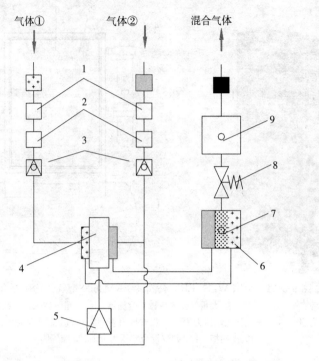

图 9-5-16　丹麦 PBI-Dansensor 公司的气体比例混合器

1. 过滤器　2. 压力开关/报警　3. 单向阀　4. 膜片式压力比例调节阀　5. 比例压力设定（厂内）

6. 混合单元　7. 混合设定（用户）　8. 流量设定　9. 真空压力调控（可选）

　　图 9-5-17 为机械式气体比例混合器的产品外观图，图 9-6-18 为 MAP Mix 7000Hc 型大容量气体比例混合器。

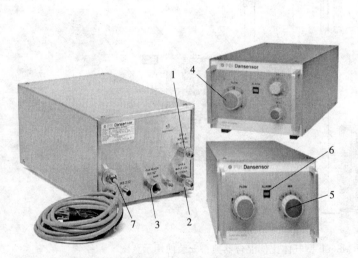

图 9-5-17　MAP Mix 机械式气体比例混合器

1. 气体①输入　2. 气体②输入　3. 混合气体输出

4. 流量设定　5. 混合设定　6. 报警　7. 电源

图 9-5-18　MAP Mix 7000Hc
气体比例混合器
（两种气体混合）

三、网袋包装机

网袋包装机是将果蔬装入管状网袋，再完成对网袋剪切、封口的设备。图 9-5-19 的（a）、（b）是两种类型的网袋包装机，图 9-5-19（a）所示的网袋包装机利用 U 形料斗将果蔬装入网袋，图 9-5-19（b）所示的网袋包装机利用带输送装置将果蔬送入网袋。

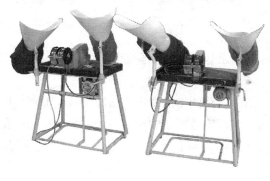 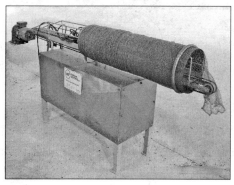

(a) U 形料斗装袋　　　　　　　　　　　　　　　　(b) 带输送装袋

图 9-5-19　网袋包装机

四、包装新技术

随着工业机器人技术在农产品采摘过程中的应用，最新的包装技术应运而生。利用机器手在果蔬采摘的同时完成包装是最新的机器手采摘包装设备，可以使果蔬采摘后完全避免与外界的接触，可以最大限度减少微生物的污染。

图 9-5-20 是日本石井工业株式会社的机器手包装设备。

(a) 机器手接近葡萄　　　　　　　　　　　　　　　(b) 包装袋张开

图 9-5-20　机器手包装设备

机器手接近葡萄串时，张开塑料袋口，从下向上行走，将葡萄套入带中，然后将袋口闭合。

第十章

其 他 设 备

第一节　物料连续输送设备

连续输送机械是一类搬运物料的设备，它沿一定路线输送特定类型的物料或货物，以形成连续物流。有些连续输送机也进行间歇输送。连续输送机械输送能力大，装载和卸载在输送过程不停顿情况下进行，输送作业不间断，输送距离可长可短，因受载均匀、速度稳定，工作过程设备功率变化不大。

输送机设备可以按照用途、输送对象、安装形式、结构形式、输送机理等进行分类。按用途可分为通用输送机和专用输送机；按输送对象可分为散料输送机、成件物品输送机以及人员输送机等；按安装形式可分为固定式、移动式和移置式 3 类；按结构形式分为有挠性牵引构件的和无挠性牵引构件的两类；按输送机理可分为机械式和流体式两类。

多台输送机按照生产工艺流程的要求，相互衔接起来，与其他生产设备相配合，便形成了物料输送与生产工艺紧密结合的生产线。有些输送机在输送过程中能够与生产工艺很好地结合，如水流输送果蔬时兼做浸泡和初洗。

输送机械是各行业工业化生产必不可少的设备，输送物料种类不同，设备的性能要求各异，结构形式多样化。输送机设备在果蔬加工生产中同样扮演着重要角色，是各工序衔接的纽带，使得整个生产过程有序，空间得以充分利用，是规模化生产中组成生产线不可缺少的设备。输送机输送的物料有整果、散料、盒（袋）包装产品、箱装包装产品、物料箱等等。图 10-1-1 所

图 10-1-1　苹果加工处理生产线包装段的物料输送
1. 空箱输送　2. 散果输送　3. 整箱果输送

示的是苹果加工处理生产线中扮演着不同角色的输送机，图 10-1-2 是几种散果输送的不同方式。

图 10-1-2　苹果加工处理生产线中几种散果输送方式
1. 水流输送　2. 辊子输送　3. 带式输送　4. 分道输送

一、水流输送槽

水流输送通常采用水流输送槽，输送苹果、梨、胡萝卜等比重小于 1.0 的果蔬原料，由于果蔬的品种、产地和成熟度等对果蔬比重有一定的影响，因此采用水流输送时要测定原料的比重。比重大于1.0 的果蔬不适宜采用水流输送，有些形状不规则果蔬也不适于水流输送。

水流输送槽的槽深一般为 150～200mm，直线槽的槽底斜度一般为 (0.8～1.5)：100，曲线槽的槽底斜度一般为 2.5：100 左右。输送时，按重量计的水流量一般是果蔬流量的5～10 倍，由于果蔬表面会带走水，因而需要不断补充新水。输送用水经沉淀、过滤处理后可循环使用。

如图 10-1-3 所示，水流输送常用于生产线的入料环节，箱装果蔬直接倒入水中，既可减少损伤也可提高生产作业效率。图 10-1-3(b) 所示的是苹果倾倒进入水中后，工人正在拣出套在苹果上的网袋。图 10-1-3(c) 所示的是苹果经水流输送进入到下道工序。

二、带式输送机

如图 10-1-4 所示，带式输送机主要由驱动装置、传动滚筒、改向滚筒、输送带、托辊和支承构件等组成，其特点为：输送距离长，输送能力大，输送路线可以呈水平或倾斜布置，或在水平方向或垂直方向弯曲布置，因而受地形条件限制较小。带式输送机结构简单，操作方便，易实现自动控制。

1. 输送带　输送带是带式输送机的牵引构件和承载构件，用来输送物料和传递动力。按结构可分为织物芯（棉帆布、尼龙帆布、聚酯帆布等）输送带、钢绳芯输送带、橡胶输送带和塑料输送带（PVC 输送带和 PU 输送带等）。按性能特征，输送带还可以分为通用型、耐热型、耐寒型、防腐型和阻燃型等多种。

(a) 在苹果采后处理生产线的入料端采用水流输送

(b) 工人拣出入水后苹果上的网套　　　　　(c) 苹果向下一工序输送

图 10-1-3　水流输送苹果

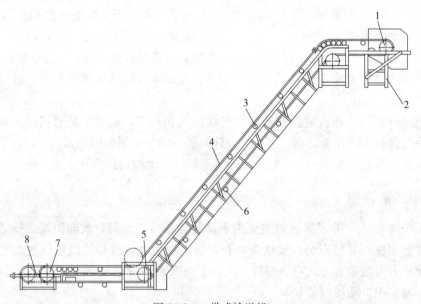

图 10-1-4　带式输送机
1. 传动滚筒　2. 机架　3. 上托辊　4. 输送带　5. 改向滚筒　6. 下托辊　7. 尾部滚筒　8. 张紧装置

2. 驱动装置　驱动装置是带式输送机的动力部分，主要由电机、减速器、传动滚筒等组成，按电机数量分为单电机驱动和多电机驱动，按传动滚筒数量分为单滚筒驱动、双滚筒驱动和多滚筒驱动，按电机与传动滚筒之间联接情况分为组合式驱动和电动滚筒驱动。组合式驱动指包括电机、减速器、联轴器等组成的驱动装置；电动滚筒驱动指电机、减速器和传动滚筒形成一体的驱动。

3. 果蔬输送机常用类型 用于输送果蔬原料的带式输送机分为水平输送（图 10-1-5）和倾斜输送（图 10-1-6），常用的带为橡胶带或塑料带。如果进行升角大于 10° 的倾斜输送，输送带上要增设经硫化处理过的隔板和侧挡板以托送果蔬原料。图 10-1-7 所示为脐橙分级包装生产线中，带式输送机用于分道输送经分级后的脐橙到各个装箱工位。

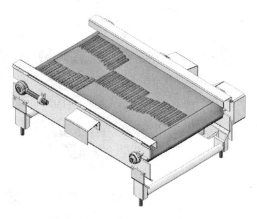

图 10-1-5 水平带式输送机

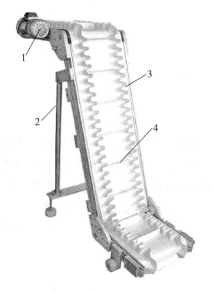

图 10-1-6 倾斜带式输送机
1. 驱动装置 2. 机架 3. 侧挡板 4. 隔板

图 10-1-7 带式输送机用于分道输送脐橙

有隔板和波状挡边的带式输送机能适应多种输送方式的需要，可实现垂直面内的变角度布置，因此除了水平输送和直线倾斜输送外，还可以布置成 L 形、倒 L 形、S 形等，其中 S 形的最大倾角可达 90°。如图 10-1-8 所示为输送机可实现的各种配置方式。

4. 输送量计算 带式输送机的输送量可按式（10-1-1）计算。

$$V_Q = 3\,600 v A k \qquad (10\text{-}1\text{-}1)$$

式中　V_Q——果蔬原料输送量，m^3/h；

　　　v——输送速度，m/s；

　　　A——物料流的横截面积，m^2；

　　　k——倾角系数。

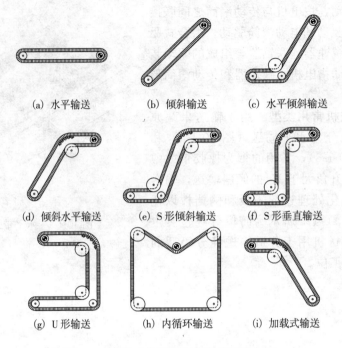

(a) 水平输送　　　　(b) 倾斜输送　　　　(c) 水平倾斜输送

(d) 倾斜水平输送　　(e) S形倾斜输送　　(f) S形垂直输送

(g) U形输送　　　　(h) 内循环输送　　　(i) 加载式输送

图 10-1-8　带式输送机可实现的配置方式

三、辊子输送机

辊子输送机是一种在两侧框架间排列若干辊子的连续输送机，可以分为无动力辊子输送机（也称为辊道）和有动力辊子输送机两大类。在无动力辊子输送机中，框架间排列的若干辊子或滚轮所组成的面既可做成水平，依靠人力推动物品而输送；也可做成向下有较小倾斜角，以使所输送的物品靠自身的重力在输送方向上的分力而自行输送。在有动力辊子输送机中，用驱动装置驱动安装在框架间排列的全部或部分辊子，依靠辊子和所输送物品的摩擦，完成输送功能。

1. 按布局方式分类　辊子输送机按布局方式可分为直线输送和曲线输送，如图 10-1-9 所示，直线输送和曲线输送均可作水平或微倾斜布置。

2. 按辊子形式分类　辊子输送机按辊子形式可分为圆柱形辊子、圆锥形辊子、短辊和边辊等，如图 10-1-10 所示。

圆柱形辊子输送机通用性

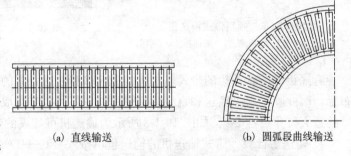

(a) 直线输送　　　　　　　(b) 圆弧段曲线输送

图 10-1-9　辊子输送机按布局方式分类结构简图

好，可以输送具有平面底部的各类物品以及有一定规则形状的物品，如图 10-1-11 所示为果蔬包装生产线中输送箱装水果。圆锥形辊子输送机用于辊子输送机线路圆弧段，多与圆柱形辊子输送机配套使用。

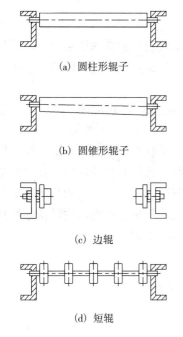

(a) 圆柱形辊子

(b) 圆锥形辊子

(c) 边辊

(d) 短辊

图 10-1-10 按辊子形状分类结构简图

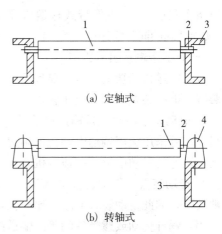

图 10-1-11 辊子输送机输送箱装水果

短辊和边辊输送机重量轻，运行阻力小。边辊输送机的辊子沿机架两侧布置，输送机中间部位可以布置其他设备，适于输送底部刚度大的物品。辊子无轮缘的边辊输送机要求物品宽度大于轮间宽度，必要时设置水平导向装置；有轮缘的边辊输送机具有导向作用，但对物品宽度尺寸有严格限制，多用于专用生产线中输送宽度尺寸一定的物品。短辊输送机结构轻便，可以作为辊子输送机的直线段和圆弧段，适用于输送板、箱或托盘等平底物品。

3. 按辊子支承形式分类 辊子输送机按辊子支承形式可分为定轴式和转轴式，如图 10-1-12 所示，定轴式的辊子绕定轴旋转，辊子转动部分自重轻，运行阻力小，辊子与机架整体组装性好，是通用的辊子支承形式；转轴式的辊子和轴一起旋转，转轴支承在两端固定的轴承座内，辊子便于安装、调整和拆卸，多用于重载和运转精度要求高的场合，相应的造价要高于定轴式的。

辊子输送机是依靠转动着的辊子与物品间的摩擦使物品向前移动。驱动辊子的方法有单独驱动和成组驱动。单独驱动指每个辊子上都配有一个独立的驱动装置，成组驱动指若干个辊子联成一组配有一个驱动装置。成组驱动更为常用，采用电机与减速器组合，再通过链条传动、齿轮传动或带传动来驱动辊子旋转。

(a) 定轴式

(b) 转轴式

图 10-1-12 按辊子支承方式分类结构简图
1. 辊子 2. 轴 3. 机架 4. 轴承座

四、斗式提升机

斗式提升机是用于垂直或大倾角输送粉状、颗粒状及小块状物料的连续输送设备，其优点是结构简单紧凑，占地面积小，提升高度较大，有密封性；其缺点是对过载敏感，料斗和牵引构件易磨损，输送物料种类受到限制。

用于输送果蔬原料的斗式提升机分为垂直式和倾斜式（升角＞60°）两种，是中小型企业多采用的一种输送方式。

斗式提升机的承载体是料斗，牵引体是平皮带或链条，料斗装在皮带或链条上。斗式提升机的驱动方式为皮带轮、滚筒或链轮驱动。驱动装置安装在斗式提升机的顶部，其目的是充分地把皮带的重量作为皮带的张紧力。由于牵引带的强度所限，斗式提升机的高度不能无限加大，只有一定的提升高度范围。斗式提升机原料入口一般均与果蔬原料清洗设备如搅拌式清洗机的出口相连；斗式提升机的卸料则依靠果蔬原料自身的重力完成。

斗式提升机输送量的计算公式为：

$$V_D = 3.6 v_D \frac{R_{dou}}{a} \varphi \qquad (10\text{-}1\text{-}2)$$

式中　　V_D ——果蔬原料的输送量，m^3/h；

v_D ——输送速度，m/s；

R_{dou} ——料斗容积，L；

a ——料斗间距，m；

φ ——充填系数，在输送仁果类水果时，$\varphi = 0.6 \sim 0.8$。

五、链条输送机

链条输送机是以闭合的、循环运行的链条作为牵引构件，以与链条联接的平形板、枢轴、箱槽、网带以及链条附件等作为承载构件的输送设备。链条输送机是通过驱动链轮与链条啮合使链条实现运行的，不像带式输送机那样会存在有弹性滑动，可以保证输送速度的正确和稳定，实现精确的同步输送。因此，在自动化生产过程中常利用这一点来控制生产流水线的节拍。

（一）链条输送机的组成

链条输送机的功能部件主要包括原动机、传动装置、链轮装置、链条承载组合装置、张紧装置、电控装置、轨道及压轨等。

1. 原动机　原动机是输送机的动力来源，一般为交流电机，可采用普通的交流异步电动机，也可采用交流调速电动机，调速电动机有小范围内有级调速的变极式调速电机，也有能无极调速的变频或滑差调速电机。

2. 传动装置　传动装置是原动机与链轮装置之间的联接部分。链条输送机的运行速度一般较低，因此传动装置的减速比较大，需采用多级减速，通常有带传动、链传动、齿轮传动、蜗轮蜗杆传动或履带传动等。输送链条的运行速度如需在一定范围内变动，虽然可通过电机调速来实现，但由于单纯电机调速会有输出转矩小的弊病，所以通常也采用传动装置中设置机械调速装置的方式。另外，链条输送机工作过程中要求有安全保护与紧急制动的功能，因此需要在传动装置的高速运行部分设置安全保护与制动装置。

3. 链轮装置　链轮装置通常分为传动链轮、拉紧链轮和改向链轮，包括链轮、轮毂、链轮轴、轴承、轴承座及紧固件等零部件。

4. 链条承载组合装置　链条承载组合装置是牵引链条与承载构件的总成，是直接实现输送功能的关键部件，结构形式的变化决定了链条输送机类型的多样性。虽然输送链条与传动链条在结构上可能很相似或完全一样，但功能不同，需要承载物品及在轨道上行走。承载构件种类繁多，结构千变万化，扩大和丰富了链条输送机的各种功能。图 10-1-13 所示是链条与板条组成的承载组合装置。

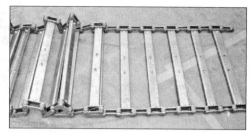

图 10-1-13　链条与板条组成的承载组合装置

5. 张紧装置　张紧装置的作用是保持输送链条在一定的张紧状态下运行，消除因链条松弛使链条输送机运行时出现的跳动、振动和异常噪声等现象，还可以作为因链条磨损而伸长的补偿，保持链条的预紧度。张紧装置有重锤张紧和弹簧张紧两种方法，通常安装于链条输送机线路中张力最小的部分。

6. 电控装置　电控装置对于单台链条输送机而言，主要功能是控制电机和传动装置，使链条按照要求运行。对于由输送机组成的自动生产线，电控装置的功能广泛得多，除控制输送机的行驶速度外，还需完成双（多）机驱动的同步、信号采集、信号传递、故障诊断等使链条输送自动生产线满足生产工艺要求的各种功能。

7. 轨道及压轨　轨道的作用是保证链条输送机的牵引链条按照设定线路运行，压轨通常设置在凹弧段支承轨道的上方，其作用是为防止行走滚轮转向时脱离轨道。

（二）链条输送机类型

链条输送机主要包括悬挂链条输送机、承托式链条输送机、刮板式链条输送机和链条提升机等几大类。

悬挂链条输送机是一种三维空间闭环连续输送系统，适用于车间内部和车间之间成件物品的自动化输送，输送机的整个机组架设在空中，输送的物品借助吊具与滑架在空间立体范围内运行。承托式链条输送机的整个机组设置在地面，输送物品放置在链条承载组合装置上，以操作者适宜的高度运行。刮板式链条输送机输送的物料为块状、粒状或粉末状，物料放置在槽内，通过输送链条携带的刮板刮送。链条提升机配置料斗、托盘或托架，主要用来在竖直方向提升物料，也可归为斗式提升机的一种类型。

在果蔬采后生产线中常用的类型有悬挂链条输送机和承托式链条输送机。

1. 悬挂链条输送机　悬挂链条输送机分为牵引式、推动式和拖动式 3 类。

（1）牵引式输送机。牵引式输送机的输送链被传动装置驱动后产生必要的张力并沿轨道移动，如图 10-1-14 所示，被输送物件挂在滑架上，同时，滑架也把链条与轨道相同的几何轨迹同轨道联结在一起，链条作为牵引构件带动滑架和货物移动完成输送作业。

牵引式输送机具有良好的空间性，能在水平面和垂直面内任意回转，根据工艺流程需要经过合理的布线设计，可以穿越几米乃至几十米的楼房，线路长度可达 2 000m。从而将各个单一的独立的专业化生产环节配套成线，将物品按预定的路线运往指定工位，达到组织生产的目的。该类输送机主要用于衔接工序繁多、生产节拍紧凑、工艺方法相对稳定的生产过程。该类输送机的缺点是较难实现装卸过程自动化，装卸工作必须在线路上进行，轻便的物

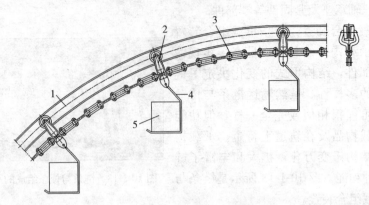

图 10-1-14　牵引式悬挂输送机结构
1. 架空轨道　2. 滑架　3. 牵引链　4. 吊具　5. 被输送物件

件可以由人工装卸，较重的物件设计专用的机械手或专用的装卸设备进行装卸。

（2）推动式输送机。推动式输送机，如图 10-1-15 所示，有相互平行且几何轨迹相同的上下两组轨道，带有承载吊具的自由滑车由承载轨道支撑，输送链通过滑架挂靠在牵引轨道上。输送链被传动装置驱动后，沿牵引轨道运行，并通过滑架推动自由滑车沿承载轨道运行。这种型式的输送机在借助道岔装置的情况下，可使自由滑车由一条承载轨道（主线）进入另一承载轨道或支线（辅线），从而可以实现被输送物品的分类运输。推动式输送机是在牵引式输送机基础上，为实现积放输送而发展起来的一种悬挂式输送机。积放式输送是一种机械化程度较高的输送系统，积放系统中的载货滑车可以根据需要在线路上的任何位置随时自动停止，并能按指令随时启动和投入运行，也就是说载货滑车可以进行"积存"和"释放"，自动停下来或转线把物品运送到所需的工作区间而不会发生物流的干扰或打乱物品的输送程序，能有效对生产过程出现的起伏波动起均衡作用。总之，输送机系统不但可以连续输送，而且具有自动认址、自动寄送、转线、停止、定位、分检、统计、积存、升降、装卸、推进和旋转等功能。

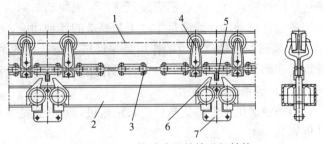

图 10-1-15　推动式悬挂输送机结构
1. 牵引轨道　2. 承载轨道　3. 输送链　4. 滑架
5. 推头　6. 推进挡块　7. 自由滑车

（3）拖动式输送机。拖动式输送机，如图 10-1-16 所示，链条输

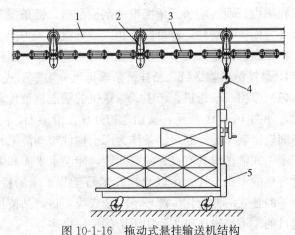

图 10-1-16　拖动式悬挂输送机结构
1. 架空轨道　2. 滑架　3. 牵引链　4. 吊具　5. 地面行车

送方式基本和牵引式相同，只是被牵引的是地面行车，由于失去了空中输送的优势，应用的相对较少。

在果蔬采后加工包装生产线中，悬挂链条输送机常用于输送包装箱等，如图 10-1-17 所示。

(a) 人工折成纸箱后放入输送机　　　　　　(b) 向包装线上输送

(c) 输送到包装工位

图 10-1-17　悬挂式输送机在脐橙包装生产线中用于输送纸箱

2. 承托式链条输送机　承托式链条输送机是一种地面输送机，它可以沿水平方向或倾斜方向输送物品，由于采用链条作为牵引元件，不仅强度大、效率高、工作可靠，而且可作长距离输送（如长度可达1 000m），并且输送能力大。

承托式链条输送机的牵引链条上可以附装各种各样结构的附件，用以满足输送不同物料的需要，以及实现各种连续的工艺过程。配上移行器后输送线路布置灵活，这一性能是其他类型输送机不可与之相比的。

承托式链条输送机也有一些弱点，如自重较大，结构复杂，有一定的噪声，链条会磨损伸长，需要润滑和进行维护等。但随着工农业生产的发展对链条输送机的旺盛需求，出现了许多能克服缺点、发挥优势的新产品。

正由于链条输送机具有的诸多优点，在果蔬采后加工生产线中往往为满足生产工艺要求和不同功能的需要，出现了多种结构形式的输送机设备。

（1）平板输送机。图 10-1-18 所示为平板输送机，也称为板条式承托输送机，该类输送机由输送链与台板构成链板装置，由于承载面平滑，适于输送各种容器盛装物品。

（2）鳞板输送机。图 10-1-19 所示为塑料鳞板输送机，鳞板输送机以鳞片搭接的方式构成底板和侧板，并通过与输送链条联接形成承载槽体，加入中隔板后可形成分割的输送槽。

该类输送机多用于鲜切果蔬的输送。

图 10-1-18 板链输送机

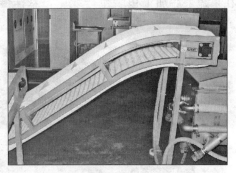

图 10-1-19 塑料鳞板输送机

（3）金属网链输送机。图 10-1-20 所示为金属网链输送机，该类输送机以金属网作为承托材料，与链条联接形成承载装置。该类输送机在果蔬采后加工中应用较广，如图 10-1-21 所示，可用于果蔬清洗过程中物料的输送，也可利用金属网的筛滤功能，在输送果蔬的同时去除泥沙（图 10-1-22）。

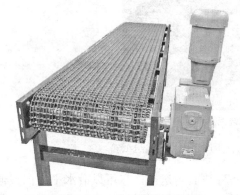

图 10-1-20 金属网链输送机

图 10-1-21 金属网链条输送机用于蔬菜清洗过程的输送

（4）辊轴式链条输送机。图 10-1-23 所示为辊轴式链条输送机，该类输送机通过辊筒和

图 10-1-22 金属网链条输送机用于毛豆输送及去除泥沙
1. 机架 2. 电机驱动装置 3. 电控箱 4. 链传动 5. 链条 6. 金属网 7. 侧挡板

心轴与链条联接，组成承载装置，用于圆形果蔬的输送，由于辊筒可以绕心轴转动，使果蔬在输送行走过程中翻转。该类输送机通常在生产线中供人工拣选时使用。

(a) 辊筒转动使果蔬翻转　　　(b) 辊轴与链条组成承载部件

图 10-1-23　辊轴式链条输送机

（5）轮轴链条输送机。图 10-1-24 所示的输送机，在长轴上设置有可以转动的滚轮，如图 10-1-25 所示，滚轮通常根据果蔬形状专门设计，滚轮、长轴和链条形成承载组合装置。该类输送机通常用于果蔬输送过程的分道和排列，轴向滚轮之间一般设置有隔板等分隔装置，使道与道之间彻底分开。

(a) 多道输送　　　　　　　(b) 双道输送

图 10-1-24　轮轴链条输送机用于果蔬的分道排列

（6）线网轴链输送机。图 10-1-26 所示为线网轴链输送机，与轮轴链条输送机相似，通过长轴与链条联接，不同的是用柔性线网通过托辊再与轴相联，形成承托网面。该类输送机

图 10-1-25　轮轴链条输送机的局部结构　　　　图 10-1-26　线网轴链输送机
　　　1. 链条　2. 长轴　3. 滚轮

通常用于结球甘蓝等大块叶菜清洗后的沥水和输送。

第二节 周转箱倾倒、清洗消毒设备

一、周转箱倾倒机

为减轻工人的劳动强度，将周转箱、盒等容器盛装的果蔬倾倒进入生产线入料口的工作可由机器设备完成，这类设备即周转箱倾倒机。周转箱倾倒机可以减少提升作业对工人造成的伤害，大批量生产时可提高工作效率，改善工作环境，促进清洁生产。在加工生产线上，倾倒机是果蔬产品从一个环节进入另一环节的有效手段，可设计制造成各式结构类型，通常需要根据生产线实际情况进行设计或选型。

国外有许多企业根据标准箱体尺寸设计制造了标准型的倾倒机产品。

图 10-2-1 所示为美国 Marchant Schmidtz 公司的载物倾倒机。该倾倒机利用液压缸的升起和倾斜，达到不同的提升和倾倒高度，可以根据装载货物的重量进行选型设计。该产品结构选用了不锈钢材料，经久耐用，使用安全。卸货高度为 910～3 000mm。

图 10-2-2 所示为美国 Key Technology 公司的周转箱倾倒装置，特别为该公司的传送系统设计。倾倒装置前端与周转箱输送机衔接，后端与料斗和散料输送设备相联，可以实现最佳匹配。

图 10-2-1　Marchant Schmidtz 公司载物箱倾倒机

图 10-2-2　Key Technology 公司周转箱倾倒装置

图 10-2-3 所示为加拿大 Weening Brothers Mfg 公司为客户专门设计的一种双箱倾倒机，该倾倒机一体两箱，其优点是一箱倾倒时，另一箱装换，可以大大增加周转次数。

图 10-2-4 所示的是在苹果清洗生产线上使用的整箱倾倒设备，该设备包括链传动输送装置和气缸驱动装置，链传动输送装置可与前级输送机衔接，使果箱运送到位，气缸驱动可使果箱台面沿一端转轴旋转抬起，使整箱滑落进入到水槽中。

图 10-2-3　Weening Brothers Mfg 双箱倾倒机

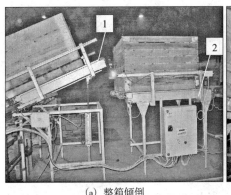

(a) 整箱倾倒   (b) 整箱进入水槽

图 10-2-4 整箱倾倒机

图 10-2-5 所示的是一种可以使周转箱在输送过程中翻转倾倒的设备。设备在输送机的一侧设置了上升轨道，行进中周转箱的一侧被抬高倾翻，使果蔬倒出。

(a) 工作中   (b) 部分结构

图 10-2-5 周转箱输送倾倒设备

西班牙 Talleres Juvisa 公司制造的在生产线上使用的周转箱倾倒设备如图 10-2-6 所示，设备由机架、辊轴台、上持架、电机驱动装置和气缸驱动装置等组成，如图 10-2-7 所示，倾倒设备与输送机衔接，输送机输送周转箱进入倾倒设备的辊轴台，上持架下落使周转箱夹持在辊轴台和上持架之间，在电机驱动下一同翻转，翻转到设定角度后，气缸驱动上持架带动周转箱上升，使果蔬逐渐从出料口倒出，工作示意如图 10-2-8 所示。

利用周转箱倾倒果蔬时，容易造成果蔬损伤，接收缓冲设备可以起到保护果蔬免受损伤的作用。图 10-2-9 所示为 Talleres Juvisa 公司生产的接收缓冲设备，利用橡胶吊帘、橡胶环圈以及橡胶辊，可有效吸收果蔬下落时的冲击，起到保护果蔬的作用。

图 10-2-6 Talleres juvisa 公司的
周转箱倾倒设备

图 10-2-7　Talleres Juvisa 周转箱倾倒设备组成
1. 机架　2. 辊轴台　3. 上持架　4. 电机驱动装置　5. 汽缸驱动装置

(a) 周转箱输送　　　　　　(b) 进入辊轴台　　　　　　(c) 上持架下落

(d) 台架倾翻　　　　　　(e) 翻转到位　　　　　　(f) 上持架提升

图 10-2-8　Talleres Juvisa 周转箱倾倒设备工作示意

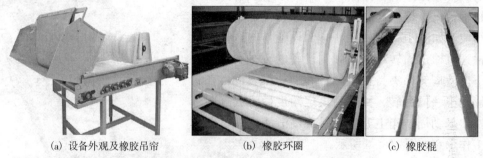

(a) 设备外观及橡胶吊帘　　　　(b) 橡胶环圈　　　　(c) 橡胶棍

图 10-2-9　Talleres Juvisa 的接收缓冲设备

二、周转箱清洗、消毒设备

为保证果蔬产品免遭多次污染和病原菌的交叉感染，需要对盛装果蔬的非一次性容器进行定期清洗和消毒。

图 10-2-10 是人手工清洗周转箱的一种方式,周转箱可以放入水槽中进行清洗。

周转箱清洗、消毒设备如图 10-2-11 所示,可自动完成各种塑料周转箱、托盘等的清洗和消毒作业。

周转箱清洗、消毒设备一般需适用于多种类型箱筐的清洗,如周转箱、周转筐、器具托盘、金属丝网筐等。设备除具有高效的清洗消毒功能外,还需要考虑防腐蚀性和操作、维护与清洁的方便性,此外还需要考虑设备工作时对周边环境的影响,避免飞溅和水流溢出等。

图 10-2-10 在水槽中清洗周转箱

(a) 周转箱清洗机

(b) 周转箱

图 10-2-11 周转箱清洗设备和周转箱

图 10-2-12 所示的周转箱(筐)清洗机采用的是多槽热水喷淋清洗的方式,由输送系统、喷淋系统、水箱、挡水帘、操作控制柜和箱式通道等组成。各水箱可以单独加热,喷淋水来自上下和左右方向,可确保箱(筐)内外周边都能清洗到。

西班牙 Talleres Juvisa 公司制造的周转箱清洗设备如图 10-2-13 所示,该设备安装喷头的管轴可以在一定角度范围摆动,使出水变换角度喷射,确保箱体的每个角落被彻底清洗干净,喷射清洗示意如图 10-2-14 所示。

图 10-2-12 周转箱(筐)清洗机
1. 输送系统 2. 挡水帘 3. 水箱 4. 操作控制柜
5. 箱式通道(喷淋系统设置于内部)

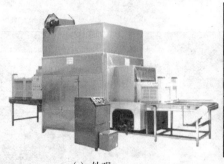

(a) 外观   (b) 内部喷射系统

图 10-2-13　Talleres Juvisa 公司的周转箱清洗设备

(a) 喷淋前   (b) 角度变化   (c) 喷射清洗中

图 10-2-14　Talleres Juvisa 周转箱清洗设备喷射清洗示意

第三节　果蔬去皮与分切设备

果蔬去皮和分切设备是进行鲜切果蔬加工生产时需用到的一类设备，设备性能的优良会直接影响鲜切果蔬的质量，从而影响保鲜和货架期等。

一、果蔬去皮机

果蔬去皮方式有转削、纵削、辊刷、摩擦等多种。

1. 转削去皮　转削去皮是传统的切削去皮方式，切削原理类似于机械加工中的车削，物料随主轴旋转，削刀随刀架沿轨道做进给运动。图 10-3-1 所示是伦敦科学博物馆珍藏的苹果削皮机，该机主要由机座、手柄、齿轮组、转轴、异型齿传动、刀架、尾架、导轨和削刀等组成。苹果插入转轴的一端，转动手柄，带动齿轮组传动，下部使苹果随转轴转动，上部通过异型齿轮组的联动，带动刀架和尾架沿轨道水平运动，使尾架顶杆压持苹果，且削刀始终贴紧苹果将皮削去。

图 10-3-2 是德国 KRONEN GmbH 公司生产的 AS4 型多功能苹果去皮机，除可进行苹果削皮外，利用多工位和多种刀具的组合，还可去核、分瓣、切片和切块等，如图 10-3-3 所示。该机适于直径 55～85mm 苹果的加工，小时处理量 600 个。

转削去皮利用的是刀具相对于物料的旋转运动，只需刀具接触旋转物料即可将皮去掉。日本 HIRANO 公司根据这一原理制作了多种削皮机，图 10-3-4 所示的去皮机利用人工辅助把持刀具，使削皮作业更为灵活，物料旋转方向可以为水平和垂直方向，如图 10-3-5 （a）

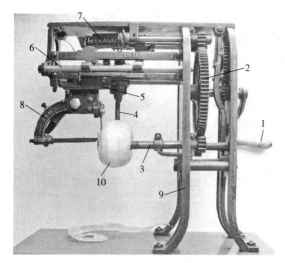

图 10-3-1　伦敦科学博物馆珍藏的苹果削皮机

1. 手柄　2. 齿轮组　3. 转轴　4. 削刀　5. 刀架　6. 导轨
7. 异型齿轮组　8. 尾架　9. 机座　10. 苹果

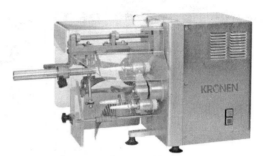

图 10-3-2　KRONEN GmbH 公司
多功能苹果去皮机

(a) 削皮

(b) 分瓣

(c) 切片

图 10-3-3　KRONEN GmbH 公司苹果去皮机的多种切削功能

(a) 人工辅助削皮机

(b) 南瓜专用削皮机

图 10-3-4　日本 HIRANO 公司的果蔬削皮机

和（b）所示，变换不同的刀具可适应不同厚度去皮的需要，不同形状的夹持叉轴，如图10-3-5（c）所示，可用于不同质地的果蔬物料，因而可用于苹果、梨、柿子、猕猴桃、橙子、柚子、木瓜；萝卜、芜菁、南瓜等多种类果蔬的去皮。

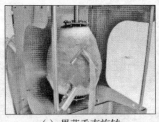

(a) 果蔬垂直旋转

(b) 果蔬水平旋转

(c) 夹持插轴

图 10-3-5　日本 HIRANO 公司的果蔬削皮机局部

图 10-3-6 是日本 DREMAX 公司的萝卜去皮机，萝卜从机器的一端送入，在转辊的驱动下旋转进给，切刀设置在中部，萝卜通过切刀进，萝卜一边旋转一边行进，削刀连续进行处理，皮呈带状被连续削下。

2. 纵削去皮　日本 DREMAX 公司还推出了 F3300 系列纵削式胡萝卜去皮机，如图10-3-7 所示，由进料筒、削皮器、落料

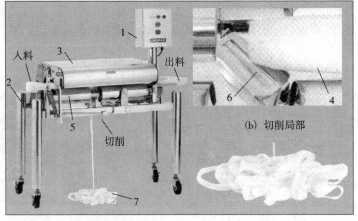

(a) 外观图　　　(b) 切削局部　　　(c) 带状皮

图 10-3-6　日本 DREMAX 公司的萝卜去皮机

1. 操作控制箱　2. 机架　3. 机身　4. 萝卜　5. 转辊　6. 削刀　7. 带状皮

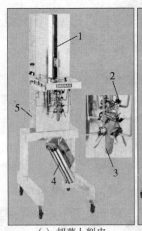

(a) 胡萝卜削皮

(b) 白萝卜削皮

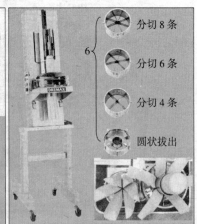

(c) 萝卜分切

图 10-3-7　日本 DREMAX 公司的纵削式萝卜去皮机

1. 进料筒　2. 削皮器　3. 萝卜　4. 落料架　5. 机架　6. 分切刀具

架和机架等组成。萝卜从进料筒插入，落到下方的削皮器组件中，削皮器组件由 12 把刀具组成，刀具为柔性自行调整结构，可根据萝卜的外形自动贴紧将皮削下，保持削皮后外表的光滑和鲜度。另外，采用分切刀具，可以将萝卜分切成 4 条、6 条、8 条和拔出圆形。

3. 毛刷去皮　毛刷去皮机如图 10-3-8 所示，由箱体、电机传动系统、操作控制系统、刷辊、给水系统等组成，工作原理类似于毛刷清洗机，不同的是刷辊的硬度较高。通过刷辊的转动，使置于其间的物料翻滚、摩擦，脱去表皮。毛刷去皮机主要用于马铃薯、胡萝卜、甜薯、姜等的脱皮。

4. 摩擦去皮　摩擦去皮机如图 10-3-9 所示，主要由开口上盖、料筒、拨料盘、筒壁、出料口、排水口和给水系统等组成。拨料盘在料桶底部，可以转动，拨料盘和筒壁结构均呈凸凹形状，为金刚砂粗糙表面。马铃薯、甜薯、胡萝卜等块根、块茎类物料从上盖开口放入后，拨料盘带动物料旋转翻动，使物料与物料、物料与拨料盘或筒壁之间充分摩擦，经 2~5min 即可轻松将其表皮磨去。摩擦去皮过程中需要间断给水，起

图 10-3-8　日本 DREMAX 公司的果蔬去皮机
1. 箱体　2. 电机传动系统　3. 操作控制系统
4. 刷辊　5. 给水系统　6. 出料口

到冷却物料的作用，同时将磨下的皮冲洗干净，污物随水流经排水口流出。

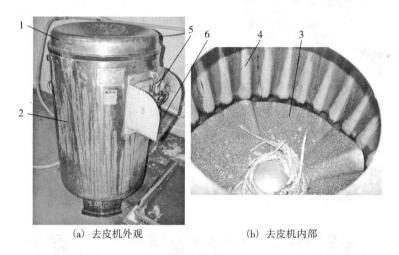

(a) 去皮机外观　　　　　　(b) 去皮机内部

图 10-3-9　根菜类摩擦去皮机
1. 上盖　2. 料筒　3. 拨料盘　4. 筒壁　5. 出料口　6. 排水口

二、果蔬分切机

果蔬分切机也称为切菜机，是将果蔬分切成丁、块、条、丝、片等形状的设备。由于果蔬形状、质地差异较大，有适用于不同果蔬的各种类型分切机，各分切机所采用的切割方式和工作原理各不相同。

1. 传统式切菜机　传统式切菜机，以图10-3-10所示的台湾天烨 TW-801A 型多功能切菜

机为例,主要由机身、物料喂送装置、刀盘和控制柜等组成,其切菜原理是物料一边进给的同时,一边通过刀片的旋转进行切割。TW-801A 型多功能切菜机为双头切菜机,一头切叶菜,一头切根茎类蔬菜。

叶菜的喂入由皮带输送进给完成,如图 10-3-11 (a) 所示,输送皮带的速度可以调节,从而可以控制蔬菜行走通过刀片的速度,在刀片旋转速度不变情况下,也可调节蔬菜切段的长短。

根茎类蔬菜从喂料口喂入,在自重下落和上部施压下,逐步进入刀盘内部,如图 10-3-12 所示。根茎类蔬菜分切出的形状和大小由刀盘结构和刀盘旋转速度决定。如图 10-3-13 所示,切片、切丝和切丁所用刀盘的结构不同,切片采用的是带刃片刀,切丝除需要片刀外,还需有径向排列的多个立刃。刀片旋转速度越快,切出的片越薄。切丝的粗细除受刀片速度影响外,还取决于立刃排列的疏密,立刃排列得密,刀片旋转速度越快,则切出的丝越细。

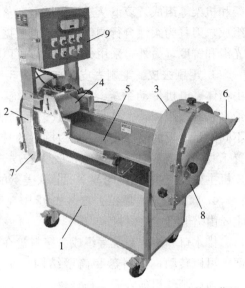

图10-3-10　台湾天烨 TW-801A 型多功能切菜机
1. 机身　2. 叶菜刀盘　3. 根茎菜刀盘　4. 上固定皮带　5. 下输送皮带　6. 根茎菜喂料口　7. 叶菜出料口　8. 根茎菜出料口　9. 控制柜

(a) 叶菜输送喂入

(b) 叶菜刀盘内部

(c) 叶菜碎切刀盘

图 10-3-11　TW-801A 型多功能切菜机切叶菜部分

　　该切菜机的切块功能通过增加丁盘完成，如图 10-3-13（c）所示，丁盘为固定刀盘，设置有网状排列的刃刀，正对入料口，根茎类果蔬从刃刀网压出成条状进入，再在旋转刀片的作用下，即可切割成块。

图 10-3-12　TW-801A 型切菜机
根茎菜刀盘内部

(a)　片盘——切片　　(b)　丝盘——切丝　　(c)　丁盘——切丁

图 10-3-13　根茎类蔬菜切削刀盘和完成品

2. 新式切菜机　日本 DREMAX 公司推出的系列切菜机设备能够体现出新的切割理念和方式，利用锋利的刀具及其与待切物料之间最为合理的运动关系，使切后的物料表面与传统方式相比有了很大改观，纤维更为均匀，如图 10-3-14 所示，不仅有利于保鲜，而且口感好。

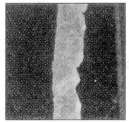

(a)　传统方式　　　　(b)　F-2100S 切后

图 10-3-14　切后物料纤维比较

　　DREMAX 公司的专利产品 F-V2/V3/V4/V6/V8 型纵切机，如图 10-3-15 所示，利用 2、3、4、6 或 8 个旋转的圆形刀片，如图 10-3-16 所示的方式布局，当果蔬从进料口送入自由落下时，即可纵向分切开。这种纵向分切机的作业效率是手工作业的 6 倍，处理能力每小时 300～500kg，可分切的果蔬有胡萝卜、黄瓜、茄子、马铃薯、芋头、柿子椒、番茄、柠檬、桃、橙子和蘑菇等。

　　DREMAX 公司的切块机，如图 10-3-17 所示，是在上述分切机的基础上，增加了横向切刀，横向切刀在纵向切刀的下方，上下排列成组，可做横向运动，经纵向分切的果蔬经过时，在横向切刀的作用下即可分切成块状。该切块机处理能力每小时 200～300kg，是手工作业的 15 倍。

　　图 10-3-18 所示为 DREMAX 生产的 F-2100S 型切片、切丝机和 F-2100D 型切碎机。这类切菜机的工作原理与传统切菜机不同，物料放入旋转盘中与旋转盘一起高速旋转，转速为 120r/min，如图 10-3-19 所示，产生的离心力使物料与刀箱贴近，因而物料不会受到额外的挤压作用。物料随旋转盘旋转通过刀箱时，在不同方式组合刀具的作用下，完成切片、切丝和切碎。

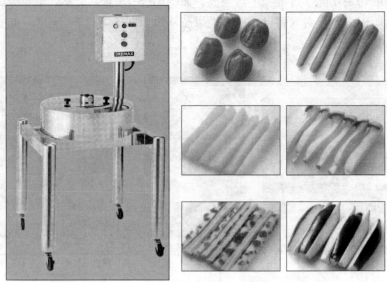

(a) 纵切机外观   (b) 分切完成的果蔬

图 10-3-15 日本公司的 F-V2/V3/V4/V6/V8 型纵切机

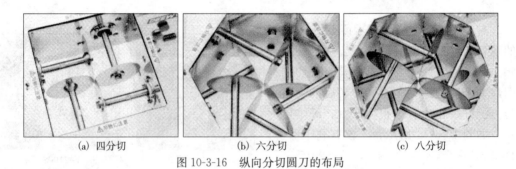

(a) 四分切   (b) 六分切   (c) 八分切

图 10-3-16 纵向分切圆刀的布局

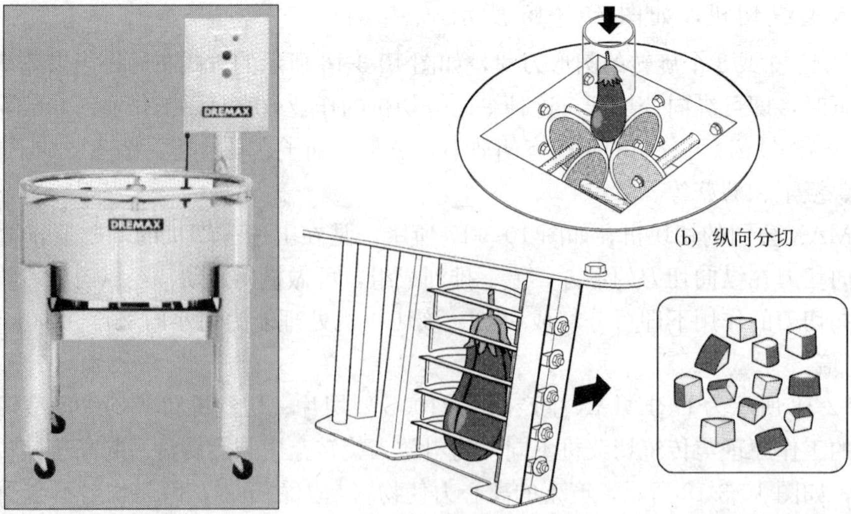

(a) 切块机外观   (c) 横向分切   (b) 纵向分切   (d) 茄子切块

图 10-3-17 日本 DRDMAX 公司的切块机

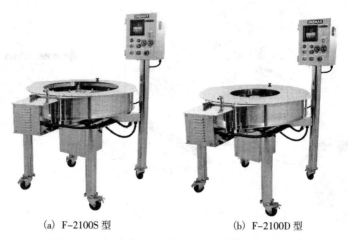

(a) F-2100S 型   (b) F-2100D 型

图 10-3-18 日本 DREMAX 公司系列切菜机外观

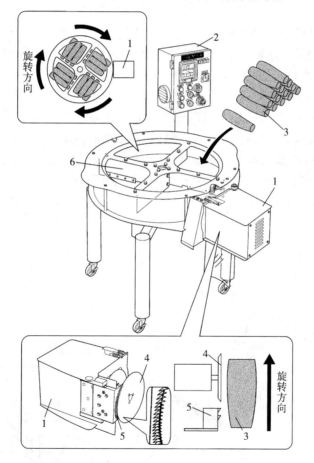

图 10-3-19 F-2100S 型切片（丝）机工作原理示意
1. 刀箱 2. 电源控制柜 3. 萝卜 4. 圆刀 5. 梳齿刀 6. 旋转盘

F-2100S 型切片、切丝机由旋转盘、刀箱和控制柜等组成。刀箱中可放置圆刀和梳齿刀，切片时只需圆刀的旋转作用即可完成，切丝时需要旋转圆刀和梳齿刀的共同作用，如图10-3-20所示。

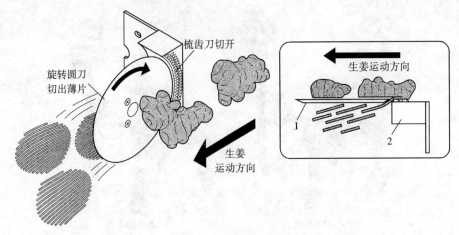

图 10-3-20　F-2100S 型切片（丝）机切割原理示意
1. 旋转圆刀　2. 梳齿刀

　　F-2100D 型切碎机完成切碎作业时，除需要上述提到的旋转圆刀和梳齿刀参与外，还增加了硬模刀（图 10-3-21）。如图 10-3-22 所示，物料由梳齿刀切开，旋转刀片切成薄片，再在硬模刀作用下将其切断，即切成粒状。

　　这种切割方式与传统方式相比，不会破坏食材的纤维，切后果蔬的表面光洁度好，并且有韧性、口感好，利于保鲜。由于不施加压力，果蔬内部的水分不容易流出，能保持原有风

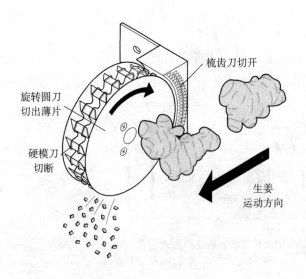

图 10-3-21　硬模刀

味。这种方法还实现了 3mm 以下的薄片和细丝的切割。F-2100S 型切片、切丝机的切制尺寸为 0.3～7.0mm，F-2100D 型切碎机的切制尺寸为 1.5～7.0mm（图 10-3-23）。

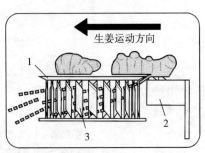

图 10-3-22　F-2100D 型切碎机切割原理示意
1. 旋转圆刀　2. 梳齿刀　3. 硬模刀

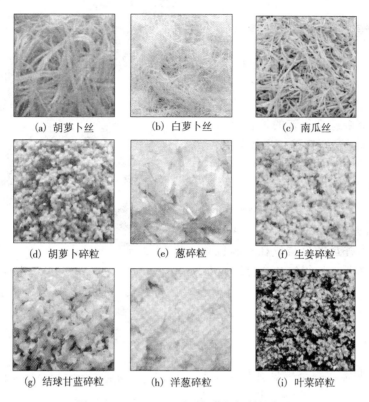

(a) 胡萝卜丝　　(b) 白萝卜丝　　(c) 南瓜丝

(d) 胡萝卜碎粒　　(e) 葱碎粒　　(f) 生姜碎粒

(g) 结球甘蓝碎粒　　(h) 洋葱碎粒　　(i) 叶菜碎粒

图 10-3-23　F-2100 系列切菜机切制的产品

第四节　果蔬定量包装称量设备

果蔬定量包装称量设备是指将果蔬分装成小包装时对其进行计量称重的一类设备，也称为定量包装秤。

一、传统定量包装秤

传统称量方式如图 10-4-1 所示，可采用电子秤和小台秤等，有些秤除可以称量重量外，还具有累计重量、计次和上下限报警等功能。这类秤用于果蔬定量包装称重时，需要逐包进行，对于单包重量限定在一定误差范围的称量包装，操作人员需凭经验取放多次方可完成，因而效率低。

传统定量包装秤是一边加料一边称量，在达到目标重量前持续补料，对于果蔬等不可分割的被称物，每追加一个都会引起重量有较大变化，因而会影响定量包装的准确度，存在较大误差。

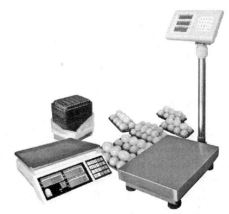

图 10-4-1　电子称、小台秤等用于
果蔬小包装计量称重

二、多传感头台秤

日本 ISHIDA 公司的多传感头台秤，如图 10-4-2 所示，可精确实现目标定量包装。例如，用传统台秤称量包装，很难做到使番茄等大个果蔬小包装的每包重量一致，而用多传感头台秤只需三步就可完成。首先，将番茄逐个放在台秤的每一秤盘内 [图 10-4-2 （b）]，台秤自动称量并进行组合运算，按照设定的果蔬个数和单包重量，自动选出相配的秤盘并给予提示，操作人员只需将被提示秤盘的果蔬放在一起包装即可。图 10-4-3 所示为每包 3 个合计 500g 的番茄包装组合示意。

此外，多传感头台秤还具有混合包装功能。如图 10-4-4 所示，为使包装果蔬更具吸引力，每包红色彩椒中需要搭配 1 个黄色彩椒，此时只需将一个秤盘设定为必选秤盘放黄色彩椒，再与其他秤盘中的红色彩椒进行重量选配，组合成设定的 450g 包装。

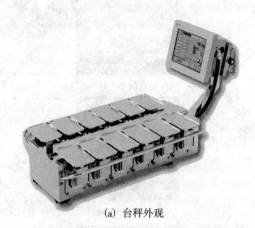

(a) 台秤外观

(b) 人工将果放入秤盘　(c) 每 3 个相配果放入托盒

图 10-4-2　日本 ISHIDA 公司的多传感头台秤

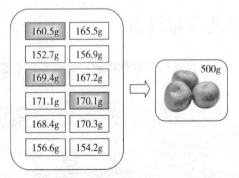

图 10-4-3　每包 3 个合计 500g 的
番茄包装组合示意

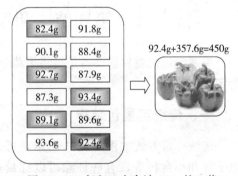

图 10-4-4　每包 5 个合计 450g 的 1 黄
4 红彩椒搭配包装组合示意

三、电子组合秤

为实现大规模自动化生产，在果蔬定量包装时也可采用电子组合秤。电子组合秤是由多个（一般 8～32 个）具有独立的进出料结构的称量单元组成。电脑利用排列组合原理将各称量单元的载荷量进行自动优选组合计算，得出最接近定量值的组合进行包装。

图 10-4-5 和图 10-4-6 所示，分别为日本 ISHIDA 公司的用于腌渍菜定量包装的 CCW-M-214W-S/08-WP-SH 型组合秤和 CCW-EZ-214 型生鲜果蔬定量包装专用组合秤。CCW-M-214W-S/08-WP-SH 型组合秤适合具有黏着性物品的称量，称量范围 20～1 000g，称量容积

1 500mL，称量精度 2～4g，称量能力 70 次/min。CCW-EZ-214 型组合秤称量范围 25～1 500g，称量容积4 500mL，称量精度 1～3g，称量能力 45 次/min。

图 10-4-5　ISHIDA 公司的 CCW-M-214W-
S/08-WP-SH 型组合秤

图 10-4-6　ISHIDA 公司的 CCW-EZ-
214 型组合秤

组合秤结构如图 10-4-7 所示，一般包括入料台、分料口、底卸式贮料器、称量器、落料斗、出料斗和机架等。

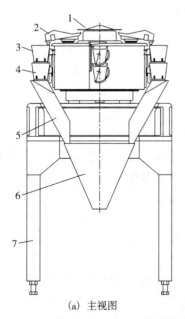

(a) 主视图　　　　　　　　(b) 俯视图

图 10-4-7　组合秤结构示意
1. 入料台　2. 分料口　3. 底卸式贮料器　4. 称量器　5. 落料斗　6. 出料斗　7. 机架

物料经提升机提升后落入入料台,再经分料口进入每个贮料器中,贮料器在驱动装置的驱动下打开,一次性将物料送入称量器中,这样既可以加快供料速度,又可以使称量斗的称重接近静态称重,提高其计量精度。生产线示意如图10-4-8所示。该生产线是由组合秤组成的用于生鲜果蔬定量包装的生产线。经组合秤称量组合选出的果蔬通过输送机送到包装机的入料口,利用包装机完成包装。

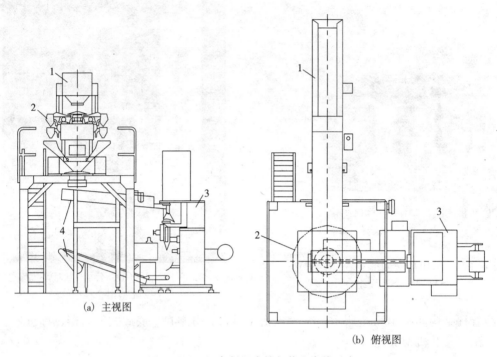

图 10-4-8　组合秤组成的包装生产线示意
1. 提升机　2. 组合秤　3. 包装机　4. 输送机

组合秤的工作原理如图10-4-9所示,计量工作分4步完成。第一步,贮料器打开,使果蔬落入到称量器中;第二步,称量器进行计量称重,每一称量器的重量信息输送到计算机控制系统;第三步,由计算机控制系统对各称量器重量进行组合和选择,为实现1 000g重量目标,选择第2、第6、第9和第13称量器中的果蔬进行组合,组合总重量为1 000.2g,离目标重量只有0.2g的误差,是这组重量数据中所有组合方式的最佳组合;第四步,驱动装置将被组合选中的称量器打开,果蔬落出。果蔬落出后,贮料器打开向称量器补入物料,再进行下一个称重循环,第2、第6、第9和第13称量器补充新物料后,经称量和计算机组合后,选择第1、第6、第8和第11称量器的重量组合。

日本ISHIDA公司组合秤的底卸式贮料器如图10-4-10所示,采用机械驱动方式,每个贮料器均搭载数字控制速度和转数的步进电机,驱动底板开闭,使果蔬等易受伤物料的高效下落作业成为可能。

日本ISHIDA公司还设计制作了用于长条形蔬菜定量包装的组合称量设备,如图10-4-11和图10-4-12所示为芦笋专用定量计量和捆扎成套设备,该设备由称重计量、整理捆扎和排出3部分组成。芦笋从称重计量设备的定尺加料口进入到称量器进行称重和组合计量,再从排出口输送到捆扎机,经整理和捆扎后由输送机排出。

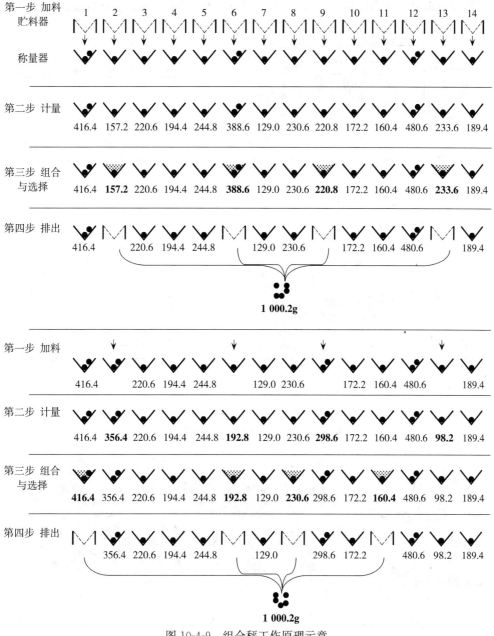

图 10-4-9　组合秤工作原理示意

贮料器和称量器为活动翼组成的长形下开口结构，其组合计量方式如图 10-4-13 所示，芦笋从加料口进入到称量器后进行称重计量，在称量器的下方是辅助贮料器，经称量器计量的物料落入辅助贮料器后，称量器对新落入的物料进行称重，计算机系统利用前后两次称量的数据，不仅能够对进入到辅助贮料器中的物料进行组合选择，还可以用选定辅料器上方称量

图 10-4-10　底卸式贮料器

器中物料进行组合，从而增加了可组合数，可提高组合选定重量的精准程度。

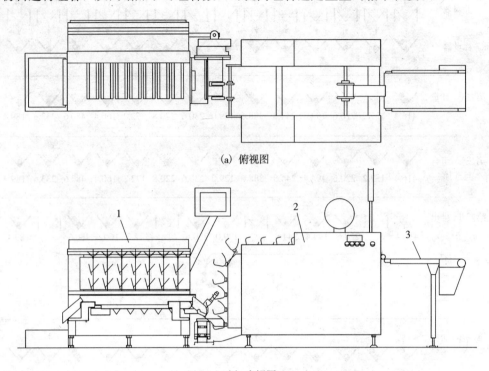

(a) 俯视图

(b) 主视图

图 10-4-11　ISHIDA 公司的芦笋专用定量计量和捆扎成套设备
1. 称重计量　2. 整理捆扎　3. 输送机排出

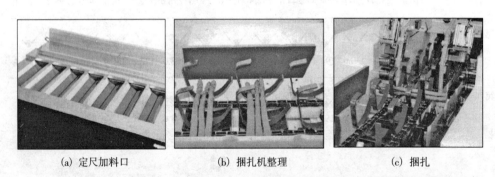

(a) 定尺加料口　　　　　　(b) 捆扎机整理　　　　　　(c) 捆扎

图 10-4-12　ISHIDA 公司的芦笋专用定量计量和捆扎成套设备局部

　　组合选出的芦笋进入到捆扎机后，捆扎机对其进行整理和捆扎[图10-4-12(b)和(c)]，可使芦笋尺寸(L_s)、捆扎带尺寸(L_b)和捆扎带的位置尺寸(L_1、L_2和L_3)与标准设定尺寸完全一致，如图10-4-14所示。

　　图 10-4-15 是由 ISHIDA 公司的 CCW-Z-106P 组合秤组成的樱桃番茄专用定量包装系统，该组合秤的称量范围为 4～500g 和 8～1000g，称量容积 800mL，称量精度 1～2g，称量能力 50 次/min。除组合秤外，定量包装系统还包括托盒填充机和供料输送机等，供料输送机提升物料进入组合秤，经组合秤组合选出的物料从出料口直接落入到填充机的托盒中（图 10-4-16），进行托盒填充包装，整个过程可完全实现自动化。

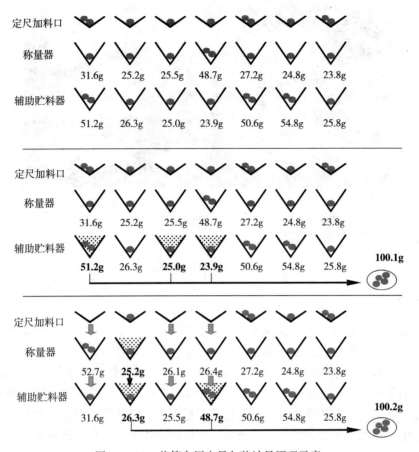

图 10-4-13　芦笋专用定量包装计量原理示意

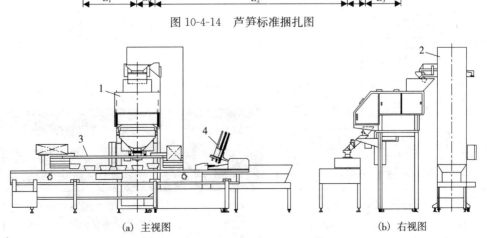

图 10-4-14　芦笋标准捆扎图

（a）主视图　　　　　　　　　　（b）右视图

图 10-4-15　ISHIDA 公司的樱桃番茄专用定量包装系统
1. 组合秤　2. 供料输送机　3. 托盒填充机　4. 托盒送入

(a) 樱桃番茄填充　　　　　　　　(b) 逐个托盒送入

图 10-4-16　ISHIDA 公司樱桃番茄定量包装系统局部

第五节　在线检查设备

一、重量检测机

重量检测指对包装好的产品检测其重量是否在规定误差范围，需要将轻量品和超重品从出厂产品中剔除，确保出厂产品合格。重量检测工作可由重量检测机完成。

重量检测机的工作原理如图 10-5-1 所示，从上游输送带传送过来的产品经由导入输送带整齐地等间距进入计量输送带。当产品经过位于计量输送带前端的光电传感器时，重量检测机开始计量该产品。在产品经过计量输送带的过程中，重量传感器计量部分完成对产品的计量作业并把计量数据传送到控制操作部分。在控制操作部分，显示计量数据，并且将显示的计量数据与预先设定好的基准值、上限值、下限值进行比较，进行正品、超重品和轻量品的辨别。当产品到达分离部分时，将非正品分离出来。具有打印功能的重量测量机还可以将计量作业的信息输出到打印机打印出来。图 10-5-2 和图 10-5-3 分别是日本 ISHIDA 公司 DACS 系列重量检测机显示的称量重量曲线图和打印出的数据。

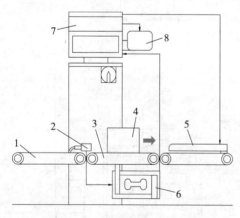

图 10-5-1　重量检测机工作原理

1. 导入输送带　2. 光电传感器　3. 计量输送带
4. 产品　5. 分离部分　6. 重量传感器计量部分
7. 控制操作部分　8. 统计打印机

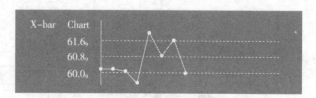

图 10-5-2　ISHIDA 公司 DACS 重量检测机
显示的称量重量曲线图

```
2405  0                    0
2205  0                    0
2005  0                    0
1805  0                    0
1605  0                    0
1405  0                    0
1205  XXXX*X5             13
1005  0                    0
 805  0                    0
 605  0                    0
 405  0                    0
 205  0                    0
   5  0                    0
   0  0                    0
X      ·       2

RANGE:                     9  g
MIN.  WT:               1352  g
MAX.  WT:               1361  g
STANDARD D:            2.565  g
MEAN WT:               1358  g
TOTAL WT:               17.7  kg
TOTAL  COUNT:             13  pc

TOTAL  ACCEPT:           13  pc
T1－T2  ACCEPT:         0.00  %
T1－T2  COUNT:            0  pc
EXT.1   COUNT:            0  pc
UNDER  COUNT:            0  pc
OVER   COUNT:            1  pc
PROPER COUNT:           13  pc

TOTAL ITEHS:        ACCEPT
REJECT MODE:         T1－T2
OVER WEIGHT ACCEPT:OFF
PRESET  TARE:            0  g
T2:                      5  g
T1:                      5  g
NOMINAL WT:             5  g
UPPER   WT: ＋           5  g
REFER.  WT:          1357  g
CODE:
NAME:
PRESET  NUMBER:         0

TOTAL  NUMBER:          0

   21－MAY－1997   15：44
TOTAL  END
   21－MAY－1997   15：42
TOTAL  START
－－－－－－－－－－－－－－－－－
TOTAL  DATA
```

图 10-5-3　ISHIDA 公司 DACS 重量
检测机打印数据样本

为排除地面振动对称量精准度的影响，ISHIDA 公司 DACS-WN 系列重量检测机增加了解除地面振动影响（AFV）功能，其工作原理示意如图 10-5-4 所示。DACS-WN 系列重量检测机除安装有重量传感器之外，还搭载了用于检测地面振动的 AFV 传感器，利用式（10-5-1）算法得出计量重量，就可以排除地面振动对重量传感器的影响。即使在地面强度不够或 2 楼等地面有振动的环境中也可实现高精度的计量，因而可适用于多种使用环境。

计量重量 ＝ 重量传感器输出 － AFV 输出

$$\times \text{AFV 系数} \qquad (10\text{-}5\text{-}1)$$

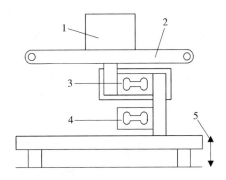

图 10-5-4　解除地面振动影响工作示意
1. 产品　2. 计量盘　3. 重量传感器
4. AFV 传感器　5. 安装地面振动

图 10-5-5 是 ISHIDA 公司 DACS-WN-020 型和 DACS-WN-180 型重量检测机，两机型的参数分别为：最大称重 2 000g 和 18 000g，分选范围 20～2 000g 和 180～18 000g，分选速度最大 210 次/min 和最大 84 次/min，分选精度±0.2g 和±2.0g。

(a) DACS-WN-020

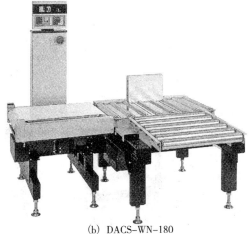

(b) DACS-WN-180

图 10-5-5　ISHIDA 公司 DACS-WN 系列重量检测机

二、金属检测机

金属检测机由一个发射信号线圈和两个接收信号线圈组成（图 10-5-6），通过发射信号线圈产生高频磁场，当金属经过这个高频磁场时会对磁场产生干扰（图 10-5-7），从而使接收信号线圈的电压产生变化，信号处理系统对这种电压的变化进行各种处理后判断出金属是否混入，从而将混入金属的产品识别出。

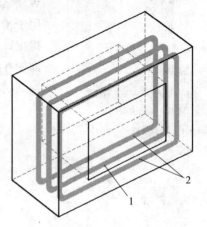

图 10-5-8 所示是 ISHIDA 公司的 ISD 系列金属检测机，系列产品对铁检出的灵敏度为 $\phi 0.4mm \sim \phi 1.0mm$，对不锈钢检出的灵敏度为 $\phi 0.7 \sim \phi 1.5mm$，最大可输送重量 $2 \sim 40kg$，输送速度 $32 \sim 24m/min$，检出金属时输送带停止运行且蜂鸣器发出警报。此外 ISHIDA 公司的产品还具有防水功能和容易清洁等优点。

图 10-5-6 金属检测机检测原理
1. 发射信号线圈 2. 接收信号线圈

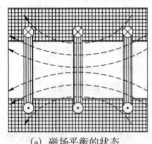
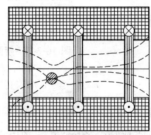
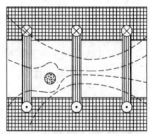

(a) 磁场平衡的状态　　　(b) 铁金属经过时的磁场　　　(c) 非铁金属经过时的磁场

图 10-5-7 物料通过磁场时对磁场产生的干扰

(a) ISD-3008 型　　　(b) ISD-8035 型

图 10-5-8 ISHIDA 公司的金属检测机

三、X射线异物检测机

X射线异物检测机的工作原理如图10-5-9和图10-5-10所示，利用X射线管发射X射线，照射到经过输送带上部被测物，穿过被测物后被线传感器接收，通过图像分析技术分析接收的信号，自动判断出异物的混入或有缺陷产品。

图10-5-11是日本ISHIDA公司的IX系列X射线检测机，除可以检测金属、石子、橡胶、塑料、骨头和外壳等异物外，还可以对产品的裂缝、缺陷及通过体积密度分析进行重量推算等检测，检测对象可以是原料、包装品和箱装品等。为保证操作者的安全，该系列机型设计时规定X射线泄漏量低于 $1\mu Sv/h$。并且，稍微开启装置的门，或者防护铅帘没有安装好时，X射线都无法照射。一旦手伸进出入口，一定时间内传感器会探知，并且停止X射线的照射。为保证食品的安全，对检测物产生的射线量远低于 $0.1Gy$。

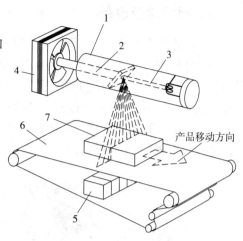

图10-5-9 X射线检测机检测原理

1.X射线管 2.阳极 3.阴极 4.冷却风扇
5.线传感器 6.输送带 7.被测物

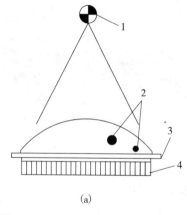

(a)

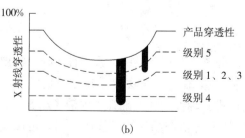

(b)

图10-5-10 根据穿透性级别判断异物示意

1.X射线管 2.异物 3.传送装置 4.线传感器

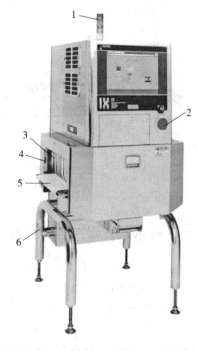

图10-5-11 ISHIDA公司的X射线检测机

1.报警灯 2.紧急停止按钮 3.防护帘
4.滞留传感器 5.传送带 6.支架

四、尺寸检查设备

尺寸检查设备主要用于甜橙等圆形果蔬尺寸的控制。图 10-5-12 所示为 Talleres Juvisa 公司的尺寸检查机，设备由上料区和检查区组成，检查区的单道槽与上料区相接，并且设置了两个可以起落的卡块和用于检查尺寸的标尺。放下单道槽前端的卡块，然后让果蔬从上料区进入检查区的单道槽中，待进入一定数量后，再放下另一卡块。此时，通过标尺读取两卡块之间的距离，得出一定数量果蔬果径尺寸的总和，并由此可得出被检查果蔬的平均果径，以此来判断果蔬尺寸的合格与否。

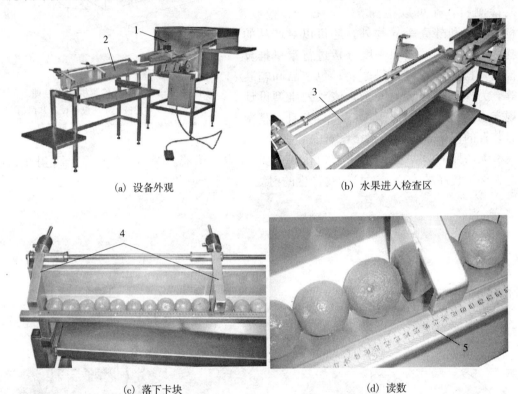

(a) 设备外观　　　　　　　　　　　(b) 水果进入检查区

(c) 落下卡块　　　　　　　　　　　(d) 读数

图 10-5-12　Talleres Juvisa 公司的尺寸检查机
1. 上料机　2. 检查区　3. 单道槽　4. 卡块　5. 标尺

五、检出不合格产品的分离

将检出的不合格产品分离出后得到合格产品。分离不合格产品的方式多种多样，需要根据产品特性进行选择，如图 10-5-13 所示，有臂式、气推式、气吹式、升降挡板式、叶片式、升降皮带式、空气压力式、滑板式、上翻挡板式、翻板式和上翻升降皮带式，等等。

臂式分离方式是利用 1～2 根活动臂的摆动，使不合格产品从输送线中拨出，可以实现 2～3 个方向的分离，是最普遍使用的一种分离方式。

气推式是利用空气压力推出在滚轮上移动的被测物品，可使被测物在两个方向分离，适用于比较重的被测物。

气吹式是利用1～2个气嘴吹出检出的不合格产品，可实现产品在2～3个方向分离，适用于比较轻的被测物品。

升降挡板式利用可上下活动的挡板双方向分离被测物，适用于较轻的被测物品。

叶片式是利用可活动的叶片，在3个方向分离出在滚轮上移动的被测物品。

升降皮带式是利用可上下活动的输送带，分离出检出的不合格产品。

空气压力式是利用空气的压力推出在输送带上传动的被测物，可实现两方向分离。

滑板式是在滚轮上装有可移动的板，利用移动板方向的变化分离出被测物，可实现多方向分离。适用于容易颠倒、容易变形的产品。

上翻挡板式是利用活动挡板向上翻起，使不合格产品下落，可实现两方向分离出被测物品。适用于散装品。

翻板式是利用可活动翻板的上下摆动，使物品从翻板中滑落，双方向分离出被测物品，适用于散装干物料。

上翻升降皮带式是利用两段输送带同时反方向上下活动，分离出被测物，适用于薄形物品的高速分离。

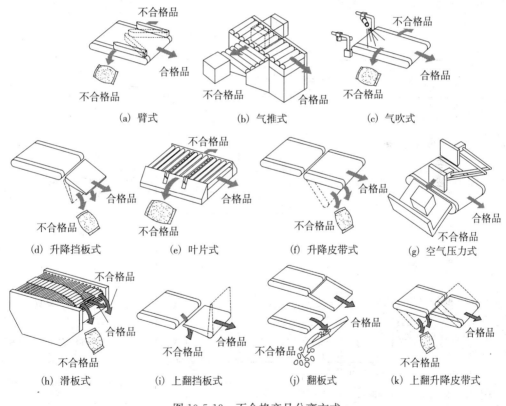

图 10-5-13 不合格产品分离方式

附表

附表 2-1 果蔬贮藏推荐温、湿度和贮藏寿命

（引自：Camelo A F L，2004；Kader A A，1992）

果蔬产品	贮藏温度（℃）	相对湿度（%）	贮藏寿命（d）	结冻温度（℃）	产乙烯量[①]	对乙烯敏感程度[②]	采收质量判断
苋菜（Amaranth）	0～2	95～100	10～14				
苹果（Apple）	−1～4	90～95	30～180				
杏（Apricot）	−0.5～0	90～95	7～21				
朝鲜蓟（Artichoke）	0	95～100	14～21	−1.2	VL	L	尺寸、苞芽鲜嫩
亚洲梨（Asian pear）	1	90～95	150～180				
芦笋（Asparagus）	0～2.5	90～100	14～21	−0.6	VL	M	顶尖苞芽闭合，尺寸
番荔枝（Atemoya）	13	85～90	28～42				
鳄梨（Avocado）	3～13	85～90	14～56				
山木瓜（巴巴果）（Babaco）	7	85～90	7～21				
香蕉-大蕉（Banana-Plantain）	13～15	90～95	7～28				
西印度樱桃（Barbados cherry）	0	85～90	49～56				
罗勒（Basil）	7～12.5	85～95	7～14	−0.5	VL	M	新鲜，叶嫩
干豆［Bean（dry）］	4～10	40～50	180～300				
菜豆，脆豆角或青豆角（Bean，snap or green）	7.5	90～95	10～14	−0.7	L	M	荚脆，子粒小
甜菜（成捆的）［Beet（bunched）］	0	90～100	10～14	−0.4	VL	L	根部结实，叶子新鲜
甜菜（去茎叶）［Beet（topped）］	0	98～100	120～180	−0.9	VL	L	结实，具有根特征颜色
比利时菊苣（玉兰菜）（Belgian endive）	0～3	95～98	14～28		VL	L	包芽结实，芽苞未开
黑莓（Blackberry）	−0.5～0	90～95	2～3				
黑肉柿（Black sapote）	13～15	85～90	14～21				
蓝莓（Blueberries）	−0.5～0	90～95	14				
油菜（Bok choy）	0	95～100	21				
面包果（Breadfruit）	13～15	85～90	14～42				
蚕豆（Broadbeans）	0～2	90～98	7～14				
青花菜（Broccoli）	0	95～100	14～21	—	VL	H	脆，结实，花球紧密

（续）

果蔬产品	贮藏温度（℃）	相对湿度（%）	贮藏寿命（d）	结冻温度（℃）	产乙烯量[1]	对乙烯敏感程度[2]	采收质量判断
抱子甘蓝（Brussels sprouts）	0	90～100	21～35	−0.8	VL	H	苞结实，亮绿
结球甘蓝（Cabbage）	0	95～100	90～180	−0.9	VL	H	菜球结实，叶子新鲜
食用仙人掌（Cactus leaves）	2～4	90～95	14～21				
金星果（Caimito）	3	90	21				
加拉蒙地亚橘（四季橘）（Calamondin）	9～10	90	14				
杨桃（Carambola）	9～10	85～90	21～28				
胡萝卜（成捆的）[Carrot (bunched)]	0	95～100	14				
胡萝卜（去茎叶）[Carrot (topped)]	0	98～100	210～270				
去茎叶胡萝卜（Carrot, topped）[3]	0	95～100	28～180	−1.4	VL	H	嫩、脆、甜
木薯（Cassava）	0～5	85～96	30～60				
腰果（Cashew apple）	0～2	85～90	35				
花椰菜（Cauliflower）	0	90～98	20～30	−0.8	VL	H	紧密，乳白色
旱芹（Celery）	0	98～100	30～90				
旱芹（Celery）[3]	0	90～95	14～28	−0.5	VL	M	
块根芹（Celeriac）	0	97～99	180～240	−0.9	VL	L	结实，无缺陷
莙荙菜（牛皮菜）（Chard）	0	95～100	10～14	−0.1	VL	H	新鲜，叶嫩
佛手瓜（Chayote）	7	85～90	28～42				脆，嫩
番荔枝（Cherimoya）	13	90～95	14～28				
樱桃（Cherries）	−1～0.5	90～95	14～21				
菊苣（Chicory）	0	95～100	14～21				
白菜（Chinese cabbage）	0	95～100	60～90	−0.9	VL	H	头部结实，叶子新鲜
细香葱（Chives）	0	95～100	14～21				
椰子（Coconut）	0～1.5	80～85	30～60				
散叶甘蓝和羽衣甘蓝（Collards and kale）	0	90～95	10～14	−0.8	VL	M	新鲜，叶嫩
蔓越莓（Cranberries）	2～4	90～95	60～120				
黄瓜（Cucumber）	10～13	90～95	10～14	−0.5	L	H	脆，绿，结实

（续）

果蔬产品	贮藏温度（℃）	相对湿度（%）	贮藏寿命（d）	结冻温度（℃）	产乙烯量[①]	对乙烯敏感程度[②]	采收质量判断
醋栗（Currants）	−0.5～0	90～95	7～28				
番荔枝（Custard apple）	5～7	85～90	28～42				
日本萝卜（大根）(Daikon)	0～1	95～100	120				
枣（Dates）	−18～0	75	180～360				
榴莲（Durian）	4～6	85～90	42～56				
茄子（Eggplant）	8～12	90～95	7～14	−0.8	M	L	籽小，有光泽，结实
菊苣（Endive, Escarole）	0	95～100	14～21	−0.1	VL	M	鲜脆，叶嫩
小茴香（Fennel）	0～2	90～95	14～21				
费约果（Feijoa）	5～10	90	14～21				
无花果（Fig）	−0.5～0	85～90	7～10				
蒜（Garlic）	0	65～70	180～210	−0.8	VL	L	外皮和颈部愈合好
姜（Ginger）	13	65	180				
葡萄（Grape）	−0.5～0	90～95	14～56				
葡萄柚（Grapefruit）	10～15	85～90	42～56				
葱（Green onions）	0	95～100	21～28				
葱（Onions, green）[③]	0	95～100	7～10	−0.9	VL	M	尺寸，新芽亮绿
刺果番荔枝(Guanabana)	13	85～90	7～14				
番石榴（Guava）	5～10	90	14～21				
食用香草（Herbs, culinary）	0	95～100	10～14	−0.2	VL	H	鲜脆、叶嫩
山葵（Horseradish）	−1～0	98～100	300～360				
酸浆果（Husk tomato）	13～15	85～90	21				
嘉宝果（Jaboticaba）	13～15	90～95	2～3				
菠萝蜜（Jackfruit）	13	85～90	14～42				
菊芋（洋姜）(Jerusalem artichoke)	−0.5～0	90～95	120～150				
豆薯（Jicama）	13～18	65～70	30～60				
羽衣甘蓝（Kale）	0	95～100	10～14				
刺角瓜（Kiwano）	10～15	90	180				
猕猴桃（Kiwifruit）	−0.5～0	90～95	90～150				
苤蓝（Kohlrabi）	0	98～100	60～90				

（续）

果蔬产品	贮藏温度（℃）	相对湿度（％）	贮藏寿命（d）	结冻温度（℃）	产乙烯量[1]	对乙烯敏感程度[2]	采收质量判断
苤蓝（Kohlrabi）	0	95～100	25～30	−1.0	VL	L	结实，色绿，尺寸
金橘（Kumquat）	4	90～95	14～28				
蒜苗（Leek）	0	95～100	60～90	−0.7	VL	M	尺寸，结实，色绿
柠檬（Lemon）	10～13	85～90	30～180				
结球生菜，油麦菜（Lettuce，head，romaine）	0～2	95～100	14～21	−0.2	VL	H	结实，脆，叶嫩
利马豆（Lima bean）	3～5	95	5～7				
青柠檬（Lime）	9～10	85～90	42～56				
龙眼（Longan）	1～2	90～95	21～35				
枇杷（Loquat）	0	90	21				
荔枝（Lychee）	1～2	90～95	21～35				
芋（Malanga）	7	70～80	90				
曼密果（Mamey）	13～18	85～95	14～42				
宽皮柑橘（Mandarin）	4～7	90～95	14～28				
芒果（Mango）	13	90～95	14～21				
山竹（Mangosteen）	13	85～90	14～28				
网纹甜瓜（半熟）[Cantaloupe（half slip）]	2～5	95	15				
网纹甜瓜（完熟）[Cantaloupe（full slip）]	0～2	95	5～14				
网纹甜瓜（Melon，cantaloupe）	2.5	90～95	10～21	−1.2	H	M	茎滑脱，颜色，糖度
白兰瓜（蜜露）（Melon，honeydew）	7.5	85～90	21～28	−1.0	M	H	蜡滑，皮白，分量重
瓜（其他）[Melon（Others）]	7～10	90～95	12～21				
蘑菇（Mushrooms）	0～1.5	90～95	7～17	−0.9	VL	M	新鲜，色正，结实
油桃（Nectarine）	−0.5～0	90～95	14～28				
秋葵（Okra）	7～10	90～95	7～14	−1.8	L	M	小，亮绿
洋葱（干）[Onions（dry）]	0	65～70	30～240	−0.8	VL	L	球茎结实，颈部紧实
鲜橄榄（Olives，fresh）	5～10	85～90	28～42				
橙（Orange）	0～9	85～90	56～84				
番木瓜（Papaya）	7～13	85～90	7～21				
欧芹（Parsley）	0	95～100	30～60	−1.1	VL	H	鲜脆，叶嫩
欧萝卜（欧防风）（Parsnip）	0	95～100	120～180	−0.9	VL	H	尺寸，根结实

（续）

果蔬产品	贮藏温度（℃）	相对湿度（%）	贮藏寿命（d）	结冻温度（℃）	产乙烯量[1]	对乙烯敏感程度[2]	采收质量判断
西番莲（Passionfruit）	7～10	85～90	21～35				
桃（Peach）	−0.5～0	90～95	14～28				
梨（Pear）	−1.5～0.5	90～95	60～210				
豌豆（Peas）	0	90～98	7～14	−0.6	VL	M	籽嫩，荚绿
黄瓜（Cucumber）	5～10	95	28				
青椒［Pepper（bell）］	7～13	90～95	14～21				
青椒（Pepper，bell）	7.5	90～95	12～18	−0.7	L	L	结实，外观光亮
辣椒（Pepper，chilli）	7.5	90～95	14～21	−0.7	L	L	结实，外观光亮
柿子（Persimmon）	−1	90	90～120				
菠萝（Pineapple）	7～13	85～90	14～28				
火龙果（Pitaya）	6～8	85～95	14～21				
李子（Plum）	−0.5～0	90～95	14～35				
石榴（Pomegranate）	5	90～95	60～90				
马铃薯（早熟）［Potato（early）］	7～16	90～95	10～14	−0.8	VL	L	尺寸，块茎无缺陷
马铃薯（晚熟）［Potato（late）］	4.5～13	90～95	150～300				
晚熟马铃薯（Potato，late）[3]	7.5	90～95	56～175	−0.8	VL	M	尺寸，块茎无缺陷
种用马铃薯（Potatoes for seed）	5	90～95	84～175	−0.8	VL	M	结实，成熟
仙人掌果（Prickly pear）	2～4	90～95	21				
南瓜（Pumpkins）	10～15	50～75	60～160	−0.8	M	L	壳硬，颜色，重量
榅桲（Quince）	−0.5～0	90	60～90				
红菊苣（Radichio）	0～1	95～100	14～21				
水萝卜（Radish）	0	95～100	21～28	−0.7	L	L	结实，脆，叶绿
红毛丹（Rambutan）	10～12	90～95	7～21				
树莓（Raspberries）	−0.5～0	90～95	2～3				
菜用大黄（Rhubarb）	0	95～100	14～28	−0.9	VL	L	茎脆，色红
芜菁甘蓝（Rutabaga）	0	98～100	120～180	−1.1	VL	L	根结实且光滑
婆罗门参（Salsify）	0	95～100	60～120				
人心果（Sapodilla）	15～20	85～90	14～21				
无核小蜜橘（Satsumas）	2.8～3.9	85～90	56～84				
鸦葱（Scorzonera）	0	95～98	180				

（续）

果蔬产品	贮藏温度（℃）	相对湿度（%）	贮藏寿命（d）	结冻温度（℃）	产乙烯量①	对乙烯敏感程度②	采收质量判断
荷兰豆（雪豆）（Snowpeas）	0～1	90～95	7～14				
菠菜（Spinach）	0	95～100	10～14	−0.3	VL	H	鲜脆，叶嫩
芽苗菜（Sprouts）	0	95～100	7				
草莓（Strawberry）	0～0.5	90～95	5～7				
甜玉米（Sweet corn）	0～1.5	95～98	5～8	−0.6	VL	L	玉米粒嫩甜
甜薯（Sweet potato）	13～15	85～90	120～210	−1.3	VL	L	结实，根无缺陷
瑞士莙荙菜（Swiss chard）	0	95～100	10～14				
夏南瓜（Summer squash）	5～10	95	7～14	−0.5	L	M	结实，有光泽，尺寸适当
冬南瓜（Winter squash）	12.5	70～75	84～150	−0.8	L	M	壳硬，茎干蔫
甜酸角（罗望子）（Tamarind）	7	90～95	21～28				
芋（Taro）	7～10	85～90	120～150				
酸樱桃（Tart cherries）	0	90～95	3～7				
番茄（绿熟）［Tomato（MG）］	12.5～15	90～95	14～28		L	H	结实，胶状果肉，颜色
番茄，成熟（Tomatoes, ripening）	12.5	90～95	7～14	−0.5	M	H	结实，颜色均匀
番茄（红的）［Tomato（red）］	8～10	90～95	8～10				
树番茄（Tree tomato）	3～4	85～90	21～28				
芜菁（圆萝卜）（Turnip roots）	0	90～95	60～120	−0.5	VL	L	根结实、分量重
芜菁叶（Turnip greens）	0	95～100	10～14	−1.0	VL	H	鲜脆，叶嫩
西洋菜（Watercress）	0	95～100	14～21				
西洋菜（Watercress）	0	95～100	4～7	−0.3	VL	H	鲜脆，叶嫩
西瓜（Watermelon）	10～15	85～90	14～21	−0.4	L	H	脆，果肉颜色，分量重
香肉果（White sapote）	19～21	85～90	14～21				
山药（薯蓣）（Yam）	16	70～80	60～210				
蛋黄果（Yellow sapote）	13～15	85～90	21				

①产乙烯量，VL＝非常低［0.1μL/(kg·h)］；L＝低［0.1～1.0μL/(kg·h)］；M＝中等［1～10μL/(kg·h)］；H＝高［10～100μL/(kg·h)］；VH＝非常高［＞100μL/(kg·h)］；

②对 C_2H_4 伤害敏感程度，H＝高；M＝中等；L＝低；N＝无伤害；

③个别蔬菜给出两组数据，是由于两参考文献中贮藏期数据差异大，在此保留，供参考。

附表 2-2　果蔬 7d 短期贮藏时根据适宜温湿度相容性分组[①]

（引自：Thompson J F and Kader A A，2004）

组 1A 蔬菜，0～2℃，相对湿度 90%～98%

苜蓿芽（Alfalfa sprouts）	苋菜（Amaranth）[②]	茴芹（Anise）[②]	朝鲜蓟（Artichoke）
豆类，蚕豆、利马豆（Beans：fava，lima）	芦笋（Asparagus）[②]	甜菜（Beet）	芝麻菜（Arugula）[②]
比利时菊苣（玉兰菜）（Belgian endive）[②]	青花菜（Broccoli）[②]	胡萝卜（Carrot）[②]	豆芽（Brean sprouts）
佛塔花椰菜（Broccoflower）	结球甘蓝（Cabbage）[②]	块根芹（Celeriac）	油菜（Bok choy）[②]
抱子甘蓝（Brussels sprouts）[②]	花椰菜（Cauliflower）[②]	旱芹（Celery）[②]	散叶甘蓝（Collard）[②]
莙荙菜（牛皮菜）（Chard）[②]	鲜切蔬菜（Cut vegetables）	宽叶菊苣（Escarole）[②]	日本萝卜（Daikon）[②]
甜玉米、玉米笋（Corn：sweet，baby）	中国萝卜（Chinese turnip）	蒜（Garlic）	小茴香（Fennel）[②]
菊苣（Endive[②]- chicory）	白菜（Chinese cabbage）[②]	芥蓝（Kailan）	葱（Green onion）[②]
香草（非罗勒）[Herbs（not basil）]	山葵（Horseradish）	蒜苗（Leek）[②]	生菜（Lettuce）[②]
芥菜（Mustard greens）[②]	羽衣甘蓝（Kale）[②]	蘑菇（Mushroom）	红菊苣（Radicchio）
荷兰豆（雪豆）（Snow pea）[②]	菊芋（Jerusalem artichoke）	薄荷（Mint）[②]	鸦葱（Scorzonera）
瑞士莙荙菜（Swiss chard）[②]	芜菁甘蓝（Rutabaga）	水萝卜（Radish）	菜用大黄（Rhubarb）
婆罗门参（Salsify）	甜豌豆（Sweet pea）[②]	水芹（Parsley）[②]	苤蓝（Kohlrabi）
芜菁（圆萝卜）（Turnip）	荸荠（Waterchestnut）	欧防风（Parsnip）[②]	红葱头（Shallot）[②]
芜菁叶（Turnip greens）[②]	西洋菜（Watercress）[②]	菠菜（Spinach）[②]	

组 1B 水果和瓜类，0～2℃，相对湿度 85%～95%

苹果（Apple）[③]	杏（Apricot）[③]	成熟鳄梨（Avocado，ripe）[③]	西印度樱桃（Barbados cherry）
金星果（Caimito）	椰子（Coconut）	网纹甜瓜（Cantaloupe）[③]	波森莓（Boysenberry）
醋栗（Currant）	枣（Date）	露莓（Dewberry）	鲜切水果（Fresh-cut fruits）[③]
鹅莓（Gooseberry）	葡萄（Grape）	猕猴桃（Kiwifruit）[②][③]	龙眼（Longan）
樱桃（Cherry）	蓝莓（Blueberry）	腰果（Cashew apple）	梨（亚洲和欧洲）（Pear，Asian & European）
无花果（Fig）	桃（Peach）	石榴（Pomegranate）	熟李杏（Plumcot，ripe）[③]
荔枝（Lychee）	黑莓（Blackberry）	接骨木莓（Elderberry）	罗甘莓（Loganberry）
枇杷（Loquat）	油桃（Nectarine）	柿子（Persimmon）[②]	熟李子（Plum，ripe）[③]
洋李（Prune）[②]	榅桲（Quince）[②]	树莓（Raspberry）	草莓（Strawberry）

组 2 蔬菜，7～10℃，相对湿度 85%～95%

菜豆：脆豆角，青豆角，白豆角（Beans：snap，green，wax）	罗勒（Basil）[②]	佛手瓜（Chayote）[②]
豇豆（南方豆）[Cowpea（southern pea）]	南瓜（Calabaza）	茄子（Eggplant）[②]
仙人掌叶[Cactus leaves（nopales）][②]	黄瓜（Cucumber）[②]	芋（Malanga）[②]
刺角瓜[Kiwano（horned melon）]	长豇豆（Long bean）	四棱豆（Winged bean）
青椒，辣椒（Pepper：bell，chili）	秋葵（Okra）[②]	酸浆果（Tomatillo）
夏南瓜，软壳南瓜（Squash：summer，soft rind）[②]		

组 2 水果和瓜类，7～10℃，相对湿度 85%～95%

未熟鳄梨（Avocado，unripe）[③]	山木瓜（Babaco）	杨桃（Carambola）	榴莲（Durian，ripe）[③]
加拉蒙地亚橘（四季橘）（Calamondin）	费约果（Feijoa）	菠萝（Pineapple）	蔓越莓（Cranberry）
仙人掌果（Cactus pear，tuna）	番石榴（Guava）[③]	西番莲（Granadilla）[③]	葡萄柚（Grapefruit）[②]
番荔枝（Custard apple）[③]	金橘（Kumquat）	柠檬（Lemon）[②]	酸橙（Limequat）
甜瓜（Juan canary melon）[③]	橙（Orange）	青柠檬（Lime）[②]	人参果（Pepino）
宽皮柑橘（Mandarin）	橄榄（Olive）	西番莲（Passion fruit）	番荔枝（Sugar apple）
熟芒果（Mango，ripe）[③]	柚子（Pummelo）	瓯柑（Tangerine）	蜜柑柚（Tangelo）
甜酸角（罗望子）（Tamarind）	树番茄（Tamarillo）	丑橘（Ugli fruit）	

组 3 蔬菜，13～18℃，相对湿度 85%～95%

苦瓜（Bitter Melon）	番薯（Boniato）[②]	干洋葱（Dry onion）	木薯（Cassava）	姜（Ginger）　豆薯（Jicama）
芋[Taro（dasheen）]	南瓜（Pumpkin）	甜薯（Sweet potato）[②]	马铃薯（Potato）	山药（Yam）[②]
成熟、部分成熟、绿熟番茄（Tomato：ripe，partially ripe & mature green）		冬南瓜，硬壳南瓜（Squash：winter，hard rind）[②]		

组 3 水果和瓜类，13～18℃，相对湿度 85%～95%

卡萨巴甜瓜（Casaba melon）	番荔枝（Atemoya）[③]	香蕉（Banana）[③]	面包果（Breadfruit）[③]
克伦肖甜瓜（Crenshaw melon）	番荔枝（Cherimoya）[③]	蛋黄果（Canistel）[③]	嘉宝果（Jaboticaba）
白兰瓜（蜜露）（Honeydew melon）[③]	山竹（Mangosteen）[③]	菠萝蜜（Jackfruit）[③]	曼密果（Mamey）[③]
波斯瓜（Persian melon）[③]	红毛丹（Rambutan）	番木瓜（Papaya）[③]	大蕉（Plantain）[③]
人心果（Sapodilla）[③]	刺果番荔枝（Soursop）[③]	桃榄（Sapote）[③]	西瓜（Watermelon）

① 贮存区域内的乙烯浓度应控制在 1μL/L 以下；
② 乙烯伤害敏感；
③ 释放乙烯。

附表 2-3　水果和蔬菜贮藏的相容性

(引自：Lockhart C L et al.，1985)

□ 相容

0　需要高湿的果蔬用塑料膜包装则相容

1　由于所需温度不同，不能获得最佳贮藏质量。低温敏感产品短时间在最低允许温度下存放是可以的

2　贮藏中会引起串味。其中之一产品质量用透气聚乙烯膜包装时可减轻风味变化

3　长期贮藏不相容，产品质量会因相互影响而变坏

苹果 (Apples)
杏 (Apricots)
芦笋 (Asparagus)
青豆角 (Beans，Green)
利马豆 (Beans，Lima)
成捆甜菜 (Beets，Bunched)
去茎叶甜菜 (Beets，Topped)
黑莓 (Blackberries)
青花菜 (Broccoli)
抱子甘蓝 (Brussels Sprouts)
结球甘蓝 (Cabbage)
胡萝卜 (Carrots)
花椰菜 (Cauliflower)
旱芹 (Celery)
甜樱桃 (Cherries，Sweet)
酸樱桃 (Cherries，Sour)
甜玉米 (Corn，Sweet)
蔓越莓 (Cranberries)
黄瓜 (Cucumbers)
茄子 (Eggplant)
菊苣 (Endive (escarole))
蒜，干的 (Garlic，Dry)
葡萄 (Grapes)
山葵 (Horseradish)
菜蓝 (Kohlrabi)
青蒜苗 (Leeks，Green)
生菜 (Lettuce)
网纹甜瓜 (Melon，Cantaloupe)
白兰瓜 (Melon，Honeydew)
西瓜 (Melon，Watermelon)
蘑菇 (Mushrooms)
葱 (Onions，Green)
干洋葱 (Onions，dry)
欧萝卜 (Parsnips)
桃 (Peaches)
巴梨 (Pears，Bartlett)
冬梨 (Pears，Winter)
青豌豆 (Peas，Green)
甜椒 (Peppers，Sweet)
早熟李子 (Plums，Early)
晚熟李子 (Plums，Late)
早熟马铃薯 (Potatoes，Early)
晚熟马铃薯 (Potatoes，Late)
南瓜 (Pumpkins)
春水萝卜 (Radish，Spring)
晚熟水萝卜 (Radish，Late)
树莓 (Raspberries)
菜用大黄 (Rhubarb)
芜菁甘蓝 (Rutabage (turnip))
婆罗门参 (Salsify)
菠菜 (Spinach)
夏南瓜 (Squash，Summer)
冬南瓜 (Squash，Winter)
甜薯 (Sweet Potatoes)
成熟番茄 (Tomatoes，Ripe)
绿熟番茄 (Tomatoes，Mature Green)

附表 2-4 联合国粮农组织培训材料之一：初级生产中潜在危害的鉴别

过程步骤	现 状	关联危害
1. 生产种植地	通常选择在距离包装厂近的地方，以便运输。生产者事先不会对种植场地进行评估，也不会对污染风险进行评估。不保存生产地块的记录。	潜在微生物危害；排泄物污染，有机废弃物和潜在环境危害；潜在的排泄物对土壤和水的污染；潜在的田间污染，来自肥料堆放或污染地表水域的滴落、浸出和溢流。
	缺乏合理的作物轮作制度，易于持续发生病虫害，生产会到限制。	生产系统不可持续。
2. 农业投入物　种子	繁育由生产者选择植物繁殖材料在农场进行。无可利用用的、经鉴定和商品化的种子。生态型种子被认可，但品种变化不被认可。植物繁殖材料的筛选和消理缺乏标准化。	种子质量低下导致病害易于发生。污染来自低质量的基质。化学污染来自不正确的抗真菌处理。植物繁殖材料污染来自作业人员不良的卫生习惯。
土壤	栽种之前没有对土壤的物理和化学条件作评估分析。	无法对土壤肥力进行估计。过多或不必要地施肥，土壤营养水平高，易于出现病害问题。
水	缺乏对控制病虫害、控制杂草和机械设备清洁等用水水质进行评估。农业用水和人生活用水通常为同一水源。缺乏对水源污染的风险评估。	微生物污染潜在危害来自用水、肥和人类粪便，化学污染危害自田间周边作物的化学药剂施用。浅层水源存在偶发性微生物和化学污染危害的风险。
化学药剂/土壤即施用	缺乏施用于产品的频次和剂量的记录档案。农户对化学药剂施用的作用原理和特性仅凭浅显的认识。施用作业由作业工人完成并缺乏恰当的保护措施。空容器的丢弃缺少适用程序。缺乏药剂存放记录。	环境污染危害（水源、土壤）。作业工人和家庭成员健康存在高化学残留风险。
有机肥	有机肥通常没有广泛在农场普及。有机材料通常通过商业渠道购置。	使用未完全腐熟有机肥存在微生物污染的可能性。运输和存放方式不正确存在交叉污染的可能性。
3. 田间作业　整地	通常整地意味着为栽培每种作物准备出场地，实施少耕法。	
栽种	合理的栽种间距和防护系统可以减少土流失发生的可能性。一年中栽种不同的作物。	潜在果实污染来自其他作物用于控制病害的农药，病害同题越容易发生，越需要使用不同的农药。

（续）

过程步骤	现　状	关联危害
技术支持系统	栽种技术支持体系是有用的。农民可能由于缺乏技术支持，不能依据环境和生产场地地形地貌情况加以合理利用。	缺乏技术支持体系，使修剪和采收复杂化，更容易发生病虫害，需要更多杀虫剂。
作物修剪	修剪工具通常不消毒，在作物间混用。修剪的枝杈不作处置困难。	潜在作物间交叉污染来自未经消毒的工具。修剪的带有疫情的枝杈或未经消毒情权修剪下来未处理可能需要更多的化学药剂，控制系统收效甚微。
施肥程序	施肥通常在未进行土壤分析的情况下进行，仅根据生产者之间流传的配方进行。未进行养分需求量评估。仅偶尔在生产者得到提供肥料施用量和施用频次的持续技术支持。不保留肥料使用记录（类型、用量、施用方法、作业人员姓名）。缺少根据作物生长条件采取的更有效施用方法的培训。	由于过量施肥导致土壤的物理化学特性发生改变。化学药剂残留。不正确的施用剂量，施用时机（作物的生长阶段）或混合施用，导致营养过剩或缺乏，使作物更容易发生病虫害，需要使用更多的农药。
灌溉程序	通常使用滴灌，不进行基于生长状况的需水量评估。灌溉量视下雨量而定。	对土壤的化学条件可能产生影响，存在微生物污染的风险。为控制病虫害，会使用更大量的化学药剂。
杂草控制	临近作物的杂草由手工拔除，垄间杂草由工具去除。除草剂已很少使用。	
病虫害控制	不同地块也会出现不同的问题。主要是茶尾孢菌（Cercospora sp.）和棉铃虫（Heliothis）。使用不同的商业产品控制病虫害问题，缺乏对病虫害管理程序的综合评估。农户对化学药剂的作用原理和作用特性仅有肤浅的认识。	环境污染危害（土壤和水源）。作业工人和家庭成员健康存在高风险。最终产品存在高化学残留风险。
产品采收	包装和采收器的清洁无规定程序。对于采收容器无清洁保存的地面。通常无采收记录保存。作业人员通常不戴手套。篮筐放在无防护措施的地面，并放置几小时。	微生物、化学和物理污染危害。作业人员健康危害。无有关其他保护措施的规定程序。
运送到集中地	运送距离一般较短。对运送车辆清洁无规定程序。篷布或其他用措施很少使用。	微生物、化学和物理污染危害。
4. 设备、工具和机器	用于控制病虫害、采收和修剪等的机械设备的清洁、维护或准校准无规定程序。	微生物和化学污染危害。
5. 辅助设施	通常在田间无可利用的集中场所。集中在遮阴但开放的地方，通常家庭与作业人员使用一个盥洗室。卫生设施的条件多样化。	微生物和物理污染危害。
6. 人员卫生	作业人员健康检查，行为和个人卫生无规定程序。	微生物污染危害。

附表 2-5　联合国粮农组织培训材料之二：初级生产中的危害预防与控制措施

过程步骤	重要的	控制与预防措施		监控支持文件	必需的支持
		其次的	建议的		
1. 生产种地	鉴别可能污染源：周边作物使用化学药剂、堆肥料存放等造成的水源附近可能存在粪便污染和区域工业污染，等等。对于可能严重影响水、土壤和作物的已鉴别危害要实施纠正行动计划。掌握生产种植地点的历史情况。	禁止动物接近水源。果园中应清除出垃圾桶放置地，建立收集程序。对生产场地的卫生状况要常检查（为清扫、排水沟等），放置禁止投放垃圾牌。	获得作物栽种环境及其他当地条件的可靠信息（绘制土地图，水土流失、技术支持）。绘图显示作物和周边生产系统，示出可能施肥地块和可能存在化学污染地块。	有显示水源的生产区域图。危害以及影响种植的历史记录。对鉴别的危害进行纠正的行动计划。	作物生产的区域图和场地调查。
2. 农业投入物　　种子	如果使用化学药剂对种子培养基质和植物繁殖材料进行消毒，要记录遵循的技术建议，消毒场所、日期和剂量，所用的药剂。	从健康植物上选择植物繁殖材料，对培养基质进行处理，选择适宜的种子培育场所，合理使用杀真菌剂控制病害问题。		要有培养基质消毒和植物繁殖材料消毒所用产品的记录。	为生产者提供机构和私人的技术支持，实施鉴别抵抗病害的生态型和种子鉴定程序。
土壤		有机肥生产和存放要远离蓄水池、排水区域和作物种植区域。	采用耕作技术，防止水土流失（沿坡栽种作物周围配种树和灌木）。尽量少用除草剂。	作物的现场核查和杂草控制方法记录。	
水	如果附近农场用水以前用作其他灌溉系统或人生活用水（洗衣服、污水残留、个人卫生等），需要检查、核实其是否适于农业灌溉（不是排放水，未经处理的水）。	定期复查水源可能存在的污染风险，并加强持续性的检测，至少每年一次用水进行微生物检测，确保农业用水满足质量要求（总菌落数，粪大肠菌群和大肠杆菌）。使用化学药剂时，要检查水的特性，特别是pH。	禁止动物接近水源。	水源检查/水质分析记录。	提供低成本的水质检测。

（续）

过程步骤	控制与预防措施			监控支持文件	必需的支持
	重要的	其次的	建议的		
有机肥		临近采收时，要减少有机肥的使用。不要使用新鲜和未经处理的肥料，使用前必须腐熟90～120 d（需要检查肥料是否完全腐熟）。堆肥和肥料必须远离水源和作物、封盖存放，以免在雨季浸出。沿边缘设置屏障，以免刮风导致交叉污染。施肥必须融入土壤。		有机肥施用、日期、来源、剂量、所用的堆肥程序记录。	
农用化学药剂	选择产品：仅使用合法注册的杀虫剂，遵照每种杀虫剂的说明使用。尽可能使用低毒类产品。化学药剂必须在繁殖时使用，当经济损失达到极限时使用。施用建议要由有资质的技术顾问给出或生产者要出具相应的能力证明。不能使用不允许上市销售的产品。 必备人员操作时的安全装备：手套、护目镜、围裙、靴子。装备必须清洁和正确存放。清洗时要采取防范措施，以免污染水源。	剂量计算应该考虑要施用的类型和作物的生长状况。出口企业的技术人员要了解当地的产品出口市场是否存在限制。 存放和配药：农场内要提供场所来存放化学药剂（即便是临时存放），要通风良好、有人工光源、外部有标牌，并仅允许责任人员进入。内部必须整洁、明亮和有序。化学药剂应放在非吸收性货架上，根据用途归类存放，如肥料、除草剂、杀虫剂、杀真菌剂、水剂、粉剂或颗粒状药剂。肥料如果存放在同一地点，必须与杀虫剂分开。		施用记录：日期、产品名称、拟控制的病虫害问题、施用时间、施用责任人、施用标准（损害限值）。后援技术人员建议文件。 现场核实存放条件和产品存放记录。	支持研究特定产品，以控制作物的危急病虫害问题。

（续）

过程步骤	控制与预防措施			监控支持文件	必需的支持
	重要的	其次的	建议的		
		产品要有清晰的标签。要保存存放产品和过期产品记录。 配药区：保留一处适合于配药的地方，必须有可使用的清洁用水，还需有急救箱。地面需要防水，照明良好，有便于操作产品和防止外溢的平台等。 必备人员操作时使用的安全装备：手套、护眼罩、围裙和靴子。装备必须清洁和正确存放。清洗时要采取防范措施，以免污染水源。 天平和其他测量设备应保持状况良好并仅用于配药。			
农用化学药剂	作物区一旦施用了化学药剂，要间隔一段时间后再进入。 有资质的实验室必须对化学残留进行检测，至少需要在高峰采收季节对采收的果实进行检测。	化学药剂必须由成年人施用，并需要对其进行培训。 要对药剂施用设备进行维护和定期校准，保证使用时状况良好。 施用人员要按照使用手册使用要求，接受防护装备（手套、防护面具、护眼罩等）使用方法的培训。 一定不能用嘴清洁喷嘴。 喷施作业在环境条件适宜的情况下进行。 施药后必须清洁设备和衣物，清洗水排放要远离房屋、贮藏室和包装区。施药后人员要多次清洗或淋浴。 空容器不能再使用和多次清洗。空容器要分开放，并日送到专门的回收站点。		设备的维护保养和校准记录。化肥和农药的施用记录。现场核查。残留量分析。残留核查。施药后生产人员和施药人员进入施药现场的记录。	提供低成本的残留分析。

（续）

过程步骤	控制与预防措施			监控支持文件	必需的支持
	重要的	其次的	建议的		
3. 田间作业					
整地			整地采用少耕法，以保持土壤水分充足。作物之间畦作方式要改变，以促进作物轮作。	现场核查。作物轮作和土壤管理记录。	
栽种			对于特定的土壤，环境条件和防护系统，种植间距应维持在推荐值。在斜坡上种植以避免水土流失。	现场核查。	
技术支持系统			利用后援系统的地形和环境的咨询。要用商业渠道提供林木材，不要使用本地木材。	现场核查。	
作物修整		要使用推荐的和适宜消毒的消毒产品对工具进行消毒。应保留日期、地块、工人、地块，消毒剂使用和剂量的记录。在这一环节，要遵循清洁和清洁方法，以免污染。	完成一个地块作物的处理后，要对剪工具消毒。要对剪工具状况进行检查，以免损伤枝权。实施剪掉枝权的处置程序，特别是在修剪病虫害枝后。	记录修剪活动和使用的消毒产品、剂量、日期等。	
施肥		避免污染地下水，特别是含有硝酸盐时。使用无毒产品。使用注册登记产品。磷及微量营养元素应施用在有机物丰富的产品。需要被土壤充分吸收。肥料变更要根据土壤分析的结果进行，至少在栽种前 60d，土壤吸收的适宜性要参照说明书。		土壤分析。施肥程序和施肥施用与变更的记录。	

（续）

过程步骤	控制与预防措施			监控支持文件	必需的支持
	重要的	其次的	建议的		
病虫害和杂草控制		必要时才使用化学控制方法，并且在正确技术指导下进行。应采取综合作物管理（ICM）和综合病虫害治理（IPM）措施，结合生物防控和栽培措施，减少人、产品和环境污染的风险。要连续监控病虫害。		病虫害控制措施记录。	支持病虫害技术和综合管理控制体系的研究。
采收	篮筐应该编号，以便于追溯。	篮筐和采收容器实行清洁程序。采收容器应状况良好，并仅供采收果蔬使用。	果蔬需集中在遮阳处，离开地面并需防尘。检查采收时是否需戴手套。	采收记录。辨识标签。篮筐清洁记录。现场核查。	
运送到集中地		实施运输车辆检查程序。检查清洁性和异味。	确认采收的果蔬不要在阳光照射下运输，并要保护其不受生土的污染。	记录：车辆类型、卫生状况、纠正措施。现场核查。	
4. 设备、工具和机器		对所有用于采收、修剪和施药的设备和设备更新的清洁程序。程序包括对设备的检查。		清洁程序记录。	
5. 辅助设施		根据作业人员数量和田地面积，备有卫生洗室。配备洗手液、洗手盆、洗手纸，正确洗手方法的照明，封闭良好的门。化学药剂存放间的标识和不易被溢水污染的适宜地面。化学药剂存放和提到过的相关要求。		现场核查。	
6. 人员卫生		使用卫生设施后必须以正确的方法洗手，施用化学药剂后需淋浴，采收时应需剪短指甲。在生产区有良好的习惯可以避免污染（不要吐痰和打喷嚏）。		培训计划。	

（续）

过程步骤	控制与预防措施			监控支持文件	必需的支持
	重要的	其次的	建议的		
7. 培训		田间人员必须接受以下培训：杀虫剂的操作、性能、特点、改换、施用、清洁和校准程序等。食品卫生记录和档案。建立记录和档案。发行 IPM 和 ICM 相关刊物，减少农用化学药剂不当使用对产品和环境造成的影响。		培训计划。完成过程记录。	为生产者、技术人员和产品链上的相关人员提供培训。
8. 召回记录		生产者必须有采收记录。出口产品退回时，找出不合格的原因，有助于采取纠正措施。实施不适于消费的不可交易产品销毁程序，用适当的坑埋处理。		采收记录。产品召回记录。现场核查。	

附表 2-6　联合国粮农组织培训材料之三：包装厂潜在危害的鉴别

过程步骤		现　　状	关联危害
1. 设施		工厂设计不允许有额外产品供应，并且没有允许连续和正确物流的空间。	有来自人员、篮筐、污染产品等的潜在微生物污染。
		开放式包装厂，缺少与其他操作分开的接收和发货区。设施不充分，装卸困难（没有供车辆装卸的货台）。	存在潜在微生物和物理污染。
		物流过程交叉，未根据操作顺序设计。	存在潜在微生物和物理污染。
		手工挑选和分级程序需要充足的照明，通常需要改进。	存在潜在微生物污染。
		工厂地面粗糙，不利于清洁和消毒。	存在潜在微生物和物理污染。
		多数工厂有带液体废弃物堆放区清洁区分。通常，果蔬暂放时未加遮盖。	存在潜在微生物污染。
		通常不备有防虫设施，如防虫网、有防护罩的灯等。	没有可被注意到的微生物或物理污染风险存在的相关信息提示。
		缺乏醒目的标识。	
2. 投入物	水	不进行清洗消毒的产品不要与水接触。存在的污染风险可能来自清洁设施用水或人员用水。	存在潜在微生物污染。
3. 操作	运输/路旁收集/出口商/口岸	车辆的性能和状况不同。产品暴露在易于使产品腐坏的环境条件下，如温度高、乙烯浓度高和有尘土。	在港口离开冷链进行检查。
		如果车辆不清洁或用于运送肥料或其他化学药剂，存在物理和化学污染。	存在潜在微生物污染。
	接收	缺少接收货台。进货果蔬的记录有时缺少可追溯性。进货量大、接收区面积小、有时没有遮盖（未防阳光照射）。	追溯果蔬来源难。提供给消费者的关于生产条件的信息不充分。
	挑拣	有时没有足够空间放置丢弃果蔬。	存在潜在微生物污染。

（续）

过程步骤	现　　状	关联危害
分级	手工分级。工作台和地面定期清洁。对田间包装清洁处理和秤等缺乏控制。	存在潜在微生物污染。
去水	各包装厂所用的风干去水系统不同，过程未标准化（温度、相对湿度或时间）。无设施、设备等的清洁记录档案。	存在潜在微生物污染。
包装	出口用纸板箱包装。国内市场用需要清洁的塑料包装。	
4. 人员卫生与健康	生病人员无记录档案。工厂内部没有示出卫生检查信息供遵守。要强制剪短指甲、禁用指甲护剂。	存在潜在微生物污染。
5. 清洁和消毒程序	工厂没有清洁设备、工具和机器的记录。缺少场外卫生清洁记录。缺少避免积水的排水设施。	存在潜在微生物污染。
6. 产品处置和可追溯性	不合格果通常要返回到生产者。缺少存放这些不合格品的隔离区。可追溯性信息不足。	可追溯性信息不足。

附表2-7 联合国粮农组织培训材料之四：包装厂的危害预防与控制措施

过程步骤	控制与预防措施			监控支持文件	必需的支持
	重要的	其次的	推荐的		
1. 设施	重新设计包装厂的产品物流。可以伴随新建车间扩大生产空间进行。确保包装车间封闭，以防虫、尘等。采用适宜外相关的建筑材料。	利用适宜的材料改善地面、工作台和其他表面状况，以便更有效清洁和消毒。	禁止动物进入包装厂。	包装厂规划。	对包装厂管理人员的培训制度上的支持。
	在包装车间，制定虫害控制程序（防虫网、粘虫板、防护灯、清洁包装厂外相关区域等）	实施设施清洁程序和标准操作程序（SOPs）进行清洁和消毒。	应对所有厂内和场外可能存在的污染源进行辨识和登记。	显示粘虫板位置的图纸。现场核查。	服务公司内部的培训工作。
		有宽阔的利于货盘、纸箱和容器输送的空间。		现场核查。	
2. 投入物 水		检查人员用水和清洁作业用水水质。		证明水源的市政/路边水供水文件。	
3. 操作 运输/路边收集/出口商/口岸		装货前检查车辆状况、清洁性和气味。如果是冷藏车，检查温度和相对湿度。如果是空调车，确保车身状况，确保产品不被伤害和污染。		车辆状况记录。	培训运输人员。
		实施车辆清洁程序。车辆应只用于运输生鲜果蔬产品和包装容器。	车载货物应有遮阳。	现场核查。	培训运输人员。
接收		重新设计接收区，确保收货时果蔬在遮阴区域、地面平整、干净无裂缝。	禁止动物进入接收区，建立参观人员管理系统。	现场核查。	培训运输人员。
		果蔬接收区不可用于放置其他产品、肥料和杀虫剂等。		现场核查。	培训运输人员。
挑拣	实行可追溯记录系统。	盛果箱要离开地面、放在托盘上。		现场核查。	培训管理和行政管理人员。
		重新设计工艺流程，有时需要重新设计工厂。		现场核查。	
分级		改善光照，强调个人卫生（指甲、手等）。实施果蔬处理程序：不让生病人员接触果蔬，要洗手、不要打喷嚏或咳嗽，等等。		记录和现场核查。	

（续）

过程步骤	控制与预防措施			监控支持文件	必需的支持
	重要的	其次的	推荐的		
去水：必须将潮湿的果蔬弄干，以防病害。不仅需要预防安全问题，还需要注意。高温预防质量问题，可以减少微生物污染的可能性。		检查去水用设施和工具的卫生条件。实施正确的清洁程序。		记录和现场核查。	研究最优干燥和海报设备。
		核实适宜的风干去水时间，温度和相对湿度。		记录。	
包装		包装码放区应有结实和平整的地面，要有适宜的屋面保护。		现场核查。	
		装果蔬的包装箱必须干净和状况良好。包装箱必须在封闭和防护的区域内置于托盘上存放。状况不良的果箱应丢弃。		现场核查。	
		包装好待运输的果箱要贴有显示品种、重量、批次和采收日期等的标签。		原始证据和记录。	
临时性存放		检查贮藏间温度和湿度。实施贮藏间清洁程序。		维护和清洁记录。	
4. 个人卫生和健康	实施人员清洁程序，包括人员行为。禁止使用指甲护理剂，指甲要清洁干净，剪短。要清洗手，不对果蔬打喷嚏或咳嗽。	实施人员培训程序，培训一般的卫生知识。		人员和培训计划的记录。	对于提示招贴和海报给与上的支持。
		在对果蔬处理作业人员进行培训时准备一些辅助用具。工厂要对其他区域易腐垃圾存放区分，包装厂内要有足够的垃圾桶。		现场核查。	
5. 清洁和消毒程序		对设施、工具设备和机器实行清洁和消毒程序。		现场核查。	
		依据标准检测清洁用水质。		记录/标准操作程序（SOPs）。证明水源的市政/路边供水文件。	低成本水质检测。
6. 产品处置和可追溯性	实行可追溯程序。			记录。	
	记录对不符合要求产品采取的纠正措施。			记录。	

附表 4-1　不同温度下果蔬的呼吸速率和乙烯产生量

（引自：Gross K C *et al*.，2004）

产　品	果蔬呼吸速率 $[mg/(kg \cdot h)]$						C_2H_4 产生量 $[\mu L/(kg \cdot h)]$
	0℃	5℃	10℃	15℃	20℃	25℃	
秋苹果（Apple，fall）	3	6	9	15	20	—	变化很大
夏苹果（Apple，summer）	5	8	17	25	31	—	变化很大
杏（Apricot）	6	—	16	—	40	—	<0.1（0℃）
思帝果（熟）Arazá（Ripe）	—	—	601	—	1283	—	
朝鲜蓟（Artichoke）	30	43	71	110	193	—	<0.1
亚洲梨（Asian Pear）	5				25		变化很大
芦笋（Asparagus）①	60	105	215	235	270	—	2.6（20℃）
番荔枝（Atemoya）			119	168	250		200（20℃）
鳄梨（Avocado）	—	35	105	—	190	—	>100（熟，20℃）
香蕉（熟）[Banana（ripe）]			80	140②	280		5.0（15℃）
罗勒（Basil）	36		71	—	167	—	非常低⑥
脆豆角（Beans，Snap）	20	34	58	92	130	—	<0.05（5℃）
长豇豆（Beans，long）	40	46	92	202	220	—	<0.05（5℃）
甜菜（Beets）	5	11	18	31	60	—	<0.1（0℃）
黑莓（Blackberry）	19	36	62	75	115	—	0.1～2.0
蓝莓（Blueberry）	6	11	29	48	70	101	0.5～10.0
油菜（Bok Choy）	6	11	20	39	56	—	<0.2
面包果（Breadfruit）	—	—		329	—	480	1.2
青花菜（Broccoli）	21	34	81	170	300	—	<0.1（20℃）
抱子甘蓝（Brussels Sprouts）	40	70	147	200	276	—	<0.25（7.5℃）
结球甘蓝（Cabbage）	5	11	18	28	42	62	<0.1（20℃）
杨桃（Carambola）	—	15	22	27	65	—	<3.0（20℃）
胡萝卜（去茎叶）[Carrot（topped）]	15	20	31	40	25	—	<0.1（20℃）
木薯（Cassava）	—	—	—	—		40	1.7（25℃）
花椰菜（Cauliflower）	17	21	34	46	79	92	<1.0（20℃）
块根芹（Celeriac）	7	13	23	35	45	—	<0.1（20℃）
旱芹（Celery）	15	20	31	40	71	—	<0.1（20℃）
番荔枝（Cherimoya）	—	—	119	182	300	—	200（20℃）
甜樱桃（Cherry，Sweet）	8	22	28	46	65	—	<0.1（0℃）
细叶芹（Chervil）	12	—	80	—	170	—	非常低
菊苣（Chicory）	3	6	13	21	37	—	<0.1（0℃）
白菜（Chinese Cabbage）	10	12	18	26	39	—	<0.1（20℃）
韭菜（Chinese Chive）	54	—	99	—	432	—	非常低

（续）

产　品	果蔬呼吸速率 [mg/(kg·h)]						C₂H₄产生量 [μL/(kg·h)]
	0℃	5℃	10℃	15℃	20℃	25℃	
细香葱（Chive）	22	—	110	—	540	—	非常低
椰子（Coconut）	—	—	—	—	—	50	非常低
芫荽（香菜）（Coriander）	22	30	—	—	—	—	非常低
蔓越莓（Cranberry）	4	5	8	—	16	—	0.6（5℃）
黄瓜（Cucumber）	—	—	26	29	31	37	0.6（20℃）
黑醋栗（Currant，Black）	16	28	42	96	142	—	—
莳萝（Dill）	22	—	103	324	—	—	<0.1（20℃）
火龙果（Dragon Fruit）	—	—	—	—	105	—	<0.1
榴莲（Durian）	—	—	—	—	265③	—	40（熟）
美洲茄子（Eggplant，American）	—	—	—	69④	—	—	0.4（12.5℃）
日本茄子（Eggplant，Japanese）	—	—	—	131④	—	—	0.4（12.5℃）
白茄子（Eggplant，White Egg）	—	—	—	113④	—	—	0.4（12.5℃）
菊苣/宽叶菊苣（Endive/Escarole）	45	52	73	100	133	200	非常低
小茴香（Fennel）	19⑤	—	—	—	32	—	4.3（20℃）
无花果（Fig）	6	13	21	—	50	—	0.6（0℃）
蒜（Garlic，Bulbs）	8	16	24	22	20	—	非常低
剥皮鲜蒜（Garlic，Fresh Peeled）	24	35	85	—	—	—	非常低
姜（Ginger）	—	—	—	6②	—	—	非常低
人参（Ginseng）	6	—	15	33	—	95	非常低
鹅莓（Gooseberry）	7	12	23	52	81	—	—
美洲葡萄（Grape，American）	3	5	8	16	33	39	<0.1（20℃）
圆叶葡萄（Grape，Muscadine）	10⑤	13	—	—	51	—	<0.1（20℃）
鲜食葡萄（Grape，Table）	3	7	13	—	27	—	<0.1（20℃）
葡萄柚（Grapefruit）	—	—	—	<10	—	—	<0.1（20℃）
番石榴（Guava）	—	—	34	—	74	—	10（20℃）
白兰瓜（蜜露）（Honey Dew Melon）	—	8	14	24	30	33	非常低
山葵（Horseradish）	8	14	25	32	40	—	<1.0
菊芋（洋姜）（Jerusalem Artichoke）	10	12	19	50	—	—	—
豆薯（Jicama）	6	11	14	—	6	—	非常低
猕猴桃（熟）[Kiwifruit（ripe）]	3	6	12	—	19	—	75
苤蓝（Kohlrabi）	10	16	31	46	—	—	<0.1（20℃）
蒜苗（Leek）	15	25	60	96	110	115	<1.0
柠檬（Lemon）	—	—	11	19	24	—	<0.1（20℃）
结球生菜（Lettuce，Head）	12	17	31	39	56	82	非常低

（续）

产品	果蔬呼吸速率 [mg/(kg·h)]						C_2H_4 产生量 [μL/ (kg·h)]
	0℃	5℃	10℃	15℃	20℃	25℃	
叶用莴苣（Lettuce，Leaf）	23	30	39	63	101	147	非常低
青柠檬（Lime）	—	—	<10	—	—	—	<0.1 (20℃)
荔枝（Litchi）	—	13	24	—	60	102	非常低
龙眼（Longan）	—	7	21	—	42	—	非常低
龙宫果（Longkong）	—	—	45⑦	—	—	—	4.0
枇杷（Loquat）	11⑧	12	31	—	80	—	非常低
丝瓜（Luffa）	14	27	36	63	79	—	<0.1 (20℃)
曼密果（Mamey Apple）	—	—	—	—	—	35	400.0 (27℃)
宽皮柑橘（瓯柑）[Mandarin (Tangerine)]	—	6	8	16	25	—	<0.1 (20℃)
芒果（Mango）	—	16	35	58	113	—	1.5 (20℃)
山竹（Mangosteen）	—	—	—	—	—	21	0.03
墨角兰（Marjoram）	28	—	68	—	—	—	非常低
薄荷（Mint）	20	—	76	—	252	—	非常低
蘑菇（Mushroom）	35	70	97	—	264	—	<0.1 (20℃)
油桃（熟）[Nectarine (ripe)]	5	—	20	—	87	—	5.0 (0℃)
网纹甜瓜（Netted Melon）	6	10	15	37	55	67	55.0
食用仙人掌（Nopalitos）	—	18	40	56	74	—	非常低
秋葵（Okra）	21④	40	91	146	261	345	0.5
橄榄（Olive）	—	15	28	—	60	—	<0.5 (20℃)
洋葱（Onion）	3	5	7	7	8	—	<0.1 (20℃)
橙（Orange）	4	6	8	18	28	—	<0.1 (20℃)
牛至（Oregano）	22	—	101	—	176	—	非常低
番木瓜（熟）[Papaya (ripe)]	—	5	—	19	80	—	8.0
欧芹（Parsley）	30	60	114	150	199	274	非常低
欧萝卜（欧防风）（Parsnip）	12	13	22	37	—	—	<0.1 (20℃)
西番莲（Passion Fruit）	—	44	59	141	262	—	280.0 (20℃)
不食荚豌豆（Pea，Garden）	38	64	86	175	271	313	<0.1 (20℃)
食荚豌豆（Pea，Edible Pod）	39	64	89	176	273	—	<0.1 (20℃)
桃（熟）[Peach (ripe)]	5	—	20	—	87	—	5.0 (0℃)
青椒（Pepper）	—	7	12	27	34	—	<0.2 (20℃)
柿子（Persimmon）	6	—	—	—	22	—	<0.5 (20℃)
菠萝（Pineapple）	—	2	6	13	24	—	<1.0 (20℃)
李子（熟）[Plum (ripe)]	3	—	10	—	20	—	<5.0 (0℃)
石榴（Pomegranate）	—	6	12	—	24	—	<0.1 (10℃)

（续）

产　品	果蔬呼吸速率 [mg/(kg·h)]						C_2H_4 产生量 [μL/(kg·h)]
	0℃	5℃	10℃	15℃	20℃	25℃	
马铃薯（愈伤的）[Potato (cured)]	—	12	16	17	22	—	<0.1（20℃）
仙人掌果（Prickly Pear）	—	—	—	—	32	—	0.2（20℃）
红菊苣（Radicchio）	8	13⑨	23⑩	—	—	45	0.3（6℃）
去茎叶水萝卜（Radish，Topped）	16	20	34	74	130	172	非常低
带茎叶成捆水萝卜（Radish，Bunched with tops）	6	10	16	32	51	75	非常低
红毛丹（熟）[Rambutan (mature)]	—	—	—	—	—	70	非常低
树莓（Raspberry）	17⑤	23	35	42	125	—	≤12.0（20℃）
菜用大黄（Rhubarb）	11	15	25	40	49	—	—
芜菁甘蓝（Rutabaga）	5	10	14	26	37	—	<0.1（20℃）
鼠尾草（Sage）	36	—	103	—	157	—	非常低
芝麻菜（Salad Greens，Rocket Salad）	42	113	—	—	—	—	非常低
羊生菜（Salad Greens，Lamb's Lettuce）	12	67⑩	81	—	139	—	非常低
婆罗门参（Salsify）	25	43	49	—	193	—	非常低
人心果（Sapodilla）	—	—	—	—	16	—	3.7（20℃）
桃榄（Sapote）	—	—	—	—	—	—	>100（20℃）
带荚南方豆（Southern Pea，Whole Pods）	24⑤	25	—	—	148	—	—
去荚南方豆（Southern Pea，Shelled Peas）	29⑤	—	—	—	126	—	—
菠菜（Spinach）	21	45	110	179	230	—	非常低
绿豆芽 [Sprouts (mung bean)]	23	42	96	—	—	—	<0.1（10℃）
夏南瓜（Squash，Summer）	25	32	67	153	164	—	<0.1（20℃）
冬南瓜（Squash，Winter）	—	—	99④	—	—	—	非常低
金星果（Star Apple）	—	—	—	—	38	—	0.1（20℃）
草莓（Strawberry）	16	—	75	—	150	—	<0.1（20℃）
甜玉米（Sweet Corn）	41	63	105	159	261	359	非常低
瑞士莙荙菜（Swiss Chard）	19⑤	—	—	—	29	—	0.14（20℃）
树番茄（Tamarillo）	—	—	—	—	27	—	<0.1
龙蒿（Tarragon）	40	—	99	—	234	—	非常低
百里香（Thyme）	38	—	82	—	203	—	非常低
酸浆果（绿熟）[Tomatillo (mature green)]	—	13	16	—	32	—	10.0（20℃）
番茄（Tomato）	—	—	15	22	35	43	10.0（20℃）
松露（Truffles）	28	35	45	—	—	—	非常低
芜菁（圆萝卜）（Turnip）	8	10	16	23	25	—	非常低
荸荠（Waterchestnut）	10	25	42	79	114	—	—
蕹菜（Water Convolvulus）	—	—	—	—	100	—	<2.0
西洋菜（Watercress）	22	50	110	175	322	377	<1.0（20℃）
西瓜（Watermelon）	—	4	8	—	21	—	<1.0（20℃）
莲雾（Wax Apple）	—	—	5	—	10	—	非常少

①采收后1d；②在13℃；③在22℃；④在12.5℃；⑤在2℃；⑥非常低指<0.05μL/（kg·h）；⑦在9℃；⑧在1℃；⑨在6℃；⑩在7.5℃。

附表 4-2　果蔬在不同温度下的呼吸热[①]

（引自：ASHRAE，2010）

呼吸热（mW/kg）

果蔬种类	0℃	5℃	10℃	15℃	20℃	25℃
苹果（Apples）						
黄魁（Yellow，transparent）	20.4	35.9	—	106.2	166.8	—
红元帅（蛇果）（Delicious）	10.2	15.0	—	—	—	—
金冠（Golden Delicious）	10.7	16.0	—	—	—	—
乔纳森（Jonathan）	11.6	17.5	—	—	—	—
麦金塔（McIntosh）	10.7	16.0	—	—	—	—
早熟品种（Early cultivars）	9.7~18.4	15.5~31.5	41.2~60.6	53.6~92.1	58.2~121.2	—
晚熟品种（Late cultivars）	5.3~10.7	13.6~20.9	20.4~31.0	27.6~58.2	43.6~72.7	—
多品种平均（Average of many cultivars）	6.8~12.1	15.0~21.3		40.3~91.7	50.0~103.8	—
杏（Apricots）	15.5~17.0	18.9~26.7	33.0~55.8	63.0~101.8	87.3~155.2	—
朝鲜蓟（Artichokes，globe）	67.4~133.4	94.6~178.0	16.2~291.5	22.9~430.2	40.4~692.0	—
芦笋（Asparagus）	81.0~237.6	162.0~404.5	318.1~904.0	472.3~971.4	809.4~1484.0	—
鳄梨（Avocados）	*②	*②	—	183.3~465.6	218.7~1029.1	—
香蕉（Bananas）						
青的（Green）	*②	*②	+②	59.7~130.9	87.3~155.2	—
成熟的（Ripening）	*②	*②	+②	37.3~164.9	97.0~242.5	—
豆类						
利马豆，未去壳（Lima，unshelled）	31.0~89.2	58.2~106.7	—	296.8~369.5	393.8~531.5	—
利马豆，去壳（Lima，shelled）	52.4~103.8	86.3~180.9	—	—	627.0~801.1	—
脆豆角（Snap）	*②	101.4~103.8	162.0~172.6	252.2~276.4	350.6~386.0	—
红甜菜根（Beets，red，roots）	16.0~21.3	27.2~28.1	34.9~40.3	50.0~68.9	—	—
浆果（Berries）						
黑莓（Blackberries）	46.6~67.9	84.9~135.8	155.2~281.3	208.5~431.6	388.0~581.9	—
蓝莓（Blueberries）	6.8~31.0	27.2~36.4	—	101.4~183.3	153.7~259.0	—
蔓越莓（Cranberries）	*②	12.1~13.6	—	—	32.5~53.8	—
鹅莓（Gooseberries）	20.4~25.7	36.4~40.3	—	64.5~95.5	—	—
树莓（Raspberries）	52.4~74.2	91.7~114.4	82.4~164.9	243.9~300.7	339.5~727.4	—
草莓（Strawberries）	36.4~52.4	48.5~98.4	145.5~281.3	210.5~273.5	303.1~581.0	501.4~625.6

（续）

果蔬种类	呼吸热（mW/kg）					
	0℃	5℃	10℃	15℃	20℃	25℃
青花菜，抽薹（Broccoli, sprouting）	55.3~63.5	102.3~474.8	—	515.0~1 008.2	824.9~1 011.1	1 155.2~1 661.0
抱子甘蓝（Brussels sprouts）	45.6~71.3	95.5~144.0	187.2~250.7	283.2~316.7	267.2~564.0	—
结球甘蓝（Cabbage）						
美国宾州（Penn State）③	11.6	28.1~30.1	—	66.4~94.1	106.7~121.2	—
白的，冬季（White, winter）	14.5~24.2	21.8~41.2	36.4~53.3	58.2~80.0	—	—
白的，春季（White, spring）	28.1~40.3	52.4~63.5	86.3~98.4	159.1~167.7	164.9~169.7	—
紫甘蓝，早熟（Red, early）	22.8~29.1	46.1~50.9	70.3~824.2	109.1~126.1	—	—
皱叶甘蓝（Savoy）	46.1~63.0	75.2~87.3	155.2~181.9	259.5~293.4	388.0~436.5	—
胡萝卜，根（Carrots, roots）						
元首，美国德州（Imperator, Texas）	45.6	58.2	93.1	117.4	209.0	—
英国主要品种（Main crop, United Kingdom）	10.2~20.4	17.5~35.9	29.1~46.1	86.8~196.4（18℃）	—	—
加拿大魁北克（Nantes, Canada）④	9.2	19.9	—	64.0~83.9	—	—
花椰菜（Cauliflower）						
美国德州（Texas）	52.9	60.6	100.4	136.8	238.1	—
英国（United Kingdom）	22.8~71.3	58.2~81.0	121.2~144.5	199.8~243.0	—	—
旱芹（Celery）						
纽约，白的（New York, white）	21.3	32.5	—	110.6	191.6	—
英国品种（United Kingdom）	15.0~21.3	27.2~37.8	58.2~81.0	115.9~124.1（18℃）	—	—
犹他州，加拿大（Utah, Canadae）⑤	15.0	26.7	—	88.3	—	—
樱桃（Cherries）						
酸的（Sour）	17.5~39.3	37.8~39.3	—	81.0~148.4	115.9~148.4	157.6~210.5
甜的（Sweet）	12.1~16.0	28.1~41.7	—	74.2~133.4	83.4~94.6	—
带壳甜玉米，德州（Corn, sweet with husk, Texas）	126.1	230.4	332.2	483.0	855.5	1 207.5
黄瓜，加州（Cucumbers, California）	*②	*②	68.4~85.8（13℃）	71.3~98.4	92.1~142.6	—

（续）

果蔬种类	呼吸热（mW/kg）					
	0℃	5℃	10℃	15℃	20℃	25℃
无花果（Figs, Mission）	—	23.5~39.3	65.5~68.4	145.5~187.7	168.8~281.8	252.2~281.8
蒜（Garlic）	8.7~32.5	17.5~28.6	27.2~28.6	32.5~81.0	29.6~53.8	—
葡萄 Grapes						
Labrusca, Concord	8.2	16.0	—	47.0	97.0	114.4
酒用，元首（Vinifera, Emperor）	3.9~6.8	9.2~17.5	2.42	29.6~34.9	—	74.2~89.2
Thompson 无籽（Thompson seedless）	5.8	14.1	22.8	—	—	—
Ohanez	3.9	9.7	21.3	—	—	—
葡萄柚（Grapefruit）						
加州（California Marsh）	*②	*②	*②	34.9	52.4	64.5
佛州（Florida）	*②	*②	*②	37.8	47.0	56.7
山葵（Horseradish）	24.2	32.0	78.1	97.0	132.4	—
猕猴桃（Kiwifruit）	8.3	19.6	38.9	—	51.9~57.3	—
苤蓝（Kohlrabi）	29.6	48.5	93.1	145.5	—	—
蒜苗（Leeks）	28.1~48.5	58.2~86.3	159.1~202.2	245.4~346.7	—	—
柠檬（Lemons, California, Eureka）	*②	*②	*②	47.0	67.4	77.1
生菜（Lettuce）						
结球生菜，加州（Head, California）	27.2~50.0	39.8~59.2	81.0~118.8	114.4~121.2	178.0	2.4 (27℃)
结球生菜，德州（Head, Texas）	31.0	39.3	64.5	106.7	168.8	
叶用莴苣，德州（Leaf, Texas）	68.4	86.8	116.9	186.7	297.8	434.5
油麦菜，德州（Romaine, Texas）	—	61.6	105.2	131.4	203.2	321.5
青柠檬，波斯（Limes, Persian）	*②	*②	7.8~17.0	17.5~31.0	20.4~55.3	44.6~134.8
芒果（Mangoes）	*②	*②	—	133.4	222.6~449.1	356.0
瓜（Melons）						
网纹甜瓜（Cantaloupes）	*②	25.7~29.6	46.1	99.9~114.4	132.4~191.6	184.8~211.9
白兰瓜（蜜露）（Honeydew）	—	*②	23.8	34.9~47.0	59.2~70.8	78.1~102.3
西瓜（Watermelon）	*②	*②	22.3	—	51.4~74.2	—

（续）

果蔬种类	呼吸热（mW/kg）					
	0℃	5℃	10℃	15℃	20℃	25℃
薄荷（Mint）⑫	23.8~44.5	89.0	225.6~270.1	311.6~403.6	492.7~673.7	762.7~940.8
蘑菇（Mushrooms）	83.4~129.5	210.5	—	—	782.2~938.9	—
坚果（非特定种类）[Nuts (kind not specified)]	2.4	4.8	9.7	9.7	14.5	—
秋葵（Okra, Clemson）	*②	—	259.0	432.6	774.5	1 024（29℃）
橄榄（Olives, Manzanillo）	*②	*②	—	64.5~115.9	114.4~145.5	121.2~180.9
洋葱（Onions）						
干的，秋季调味品（Dry, Autumn Spice）⑥	6.8~9.2	10.7~19.9	—	14.7~28.1	—	—
干的，白洋葱（Dry, White Bermuda）	8.7	10.2	21.3	33.0	50.0	83.4（27℃）
葱，新泽西（Green, New Jersey）	31.0~65.9	51.4~202.2	107.2~174.6	195.9~288.6	231.6~460.8	290.0~622.2
橙（Oranges）						
佛州（Florida）	9.2	18.9	36.4	62.1	89.2	105.2（27℃）
加州脐橙（California, w.navel）	*②	18.9	40.3	67.4	81.0	107.7
加州夏橙（California, Valencia）	*②	13.6	34.9	37.8	52.4	62.1
番木瓜（Papayas）	*②	*②	33.5	44.6~64.5	—	115.9~291.0
欧芹（Parsley）⑫	98.0~136.5	195.9~252.3	388.8~486.7	427.4~661.9	581.7~756.8	914.1~1 012.0
欧萝卜（欧防风）（Parsnips）						
英国（United Kingdom）	34.4~46.1	26.2~51.9	60.6~78.1	95.5~127.1	—	—
加拿大（Canada, Hollow Crown）⑦	10.7~24.2	18.4~45.6	—	64.0~137.2	—	—
桃（Peaches）						
水蜜桃（Elberta）	11.2	19.4	46.6	101.8	181.9	266.7（27℃）
个别品种（Several cultivars）	12.1~18.9	18.9~27.2	—	98.4~125.6	175.6~303.6	241.5~361.3
花生（Peanuts）						
愈伤的（Cured）⑧	0.05（1.7℃）					0.5（30℃）
未愈伤的，美国弗吉尼亚（Not cured, Virginia Bunch）⑨						42.0（30℃）
Dixie Spanish						24.5（30℃）

（续）

呼吸热（mW/kg）

果蔬种类	0℃	5℃	10℃	15℃	20℃	25℃
梨（Pears）						
巴梨（Bartlett）	9.2~20.4	15.0~29.6	—	44.6~178.0	89.2~207.6	—
晚熟梨（Late ripening）	7.8~10.7	17.5~41.2	23.3~55.8	82.4~126.1	97.0~218.2	—
早熟梨（Early ripening）	7.8~14.5	21.8~46.1	21.9~63.0	101.8~160.0	116.4~266.7	—
豌豆（Peas）						
豌豆荚（Green-in-pod）	90.2~138.7	163.4~226.5	—	530.1~600.4	728.4~1 072.2	1 018.4~1 118.3
剥壳的（shelled）	140.2~224.1	234.7~288.7	—	—	1 035~1 630	—
甜椒（Peppers, sweet）	*②	*②	42.7	67.9	130.0	—
柿子（Persimmons）		17.5		34.9~41.7	59.2~71.3	86.3~118.8
菠萝（Pineapple）						
绿熟的（Mature green）	*②	*②	165	38.3	71.8	105.2（27℃）
成熟的（Ripening）	*②	*②	22.3	53.8	118.3	185.7
李子（Plums, Wickson）	5.8~8.7	11.6~26.7	26.7~33.9	35.4~36.9	53.3~77.1	82.9~210.5
马铃薯（Potatoes）						
加州白，玫瑰（California white, rose）						
未熟的（immature）	*②	34.9	41.7~62.1	41.7~91.7	53.8~133.7	
成熟的（mature）	*②	17.5~20.4	19.7~29.6	19.7~34.9	19.7~47.0	
非常熟（very mature）	*②	15.0~20.4	20.4	20.4~29.6	27.2~35.4	
加拿大新不伦瑞克（Katahdin, Canada）⑩	*②	11.6~12.6		23.3~30.1		
美国青纳贝克（Kennebec）	*②	10.7~12.6		12.6~26.7		
水萝卜（Radishes）						
带叶的（With tops）	43.2~51.4	56.7~62.1	91.7~109.1	207.6~230.8	368.1~404.5	469.4~571.8
去叶的（Topped）	16.0~17.5	22.8~24.2	44.6~97.0	82.4~97.0	141.6~145.5	199.8~225.5
菜用大黄，去叶（Rhubarb, topped）	24.2~39.3	32.5~53.8		91.7~134.8	118.8~168.8	
芜菁甘蓝，加拿大（Rutabaga, Laurentian, Canada）⑪	5.8~8.2	14.1~15.1		31.5~46.6		
菠菜（Spinach）						
德州（Texas）		136.3	328.3	530.5	682.3	

（续）

果蔬种类	呼吸热（mW/kg）					
	0℃	5℃	10℃	15℃	20℃	25℃
英国，夏季（United Kingdom, summer）	34.4~63.5	81.0~95.5	173.6~222.6		549.0~641.6 (18℃)	
英国，冬季（United Kingdom, winter）	51.9~75.2	86.8~186.7	202.2~306.5		578.1~722.6 (18℃)	
南瓜（Squash）						
夏季,黄的,直颈的（Summer,yellow,straight-neck）	†②	†②	103.8~109.1	222.6~269.6	252.2~288.6	219.7~362.3
冬季,白胡桃（Winter butternut）	*②	*②	—	—	—	
甜薯（Sweet Potatoes）						
愈伤的（Cured, Puerto Rico）	*②	*②	†②	47.5~65.5		
愈伤的（Cured, Yellow Jersey）	*②	*②	†②	65.5~68.4		
未愈伤的（Noncured）	*②	*②	*②	84.9		160.5~217.3
番茄（Tomatoes）						
德州,绿熟的（Texas, mature green）	*②	*②	*②	60.6	102.8	126.6 (27℃)
德州,成熟的（Texas, ripening）	*②	*②	*②	79.1	120.3	143.1 (27℃)
加州,绿熟的（California, mature green）	*②	*②	*②	71.3~103.8	71.3~103.8	88.7~142.6
芜菁,根（Turnip, roots）	25.7	28.1~29.6		63.5~71.3	71.3~74.2	
西洋菜（Watercress）⑫	44.5	133.6	270.1~359.1	403.6~581.7	896.3~1 032.8	1 032.9~1 300.0

①除表格中已给出的实际温度情况外，表格首栏的温度指呼吸热测定时的温度，误差1℃；

②符号*表示冷害温度，符号†表示一些品种短期暴露不受冷害的临界温度；

③30~60d 和 60~120d 贮藏的呼吸热，除0℃以外贮藏时间越长，呼吸越强，0℃时相同；

④30~60d 和 120~180d 贮藏的呼吸热，只有在15℃贮藏时呼吸热增强；

⑤30~60d 的呼吸热；

⑥30~60d 和 120~180d 贮藏的呼吸热，当休眠停止时在所有温度呼吸随时间增强

⑦30~60d 和 120~180d 贮藏的呼吸热，在所有温度呼吸随时间增强，包括在30℃；

⑧去壳生豆的呼吸热，未愈伤，含水35%~40%，愈伤时间可忽略不计，包括在30℃时；

⑨新挖出花生豆的呼吸热，60h后的呼吸热可忽略不计，包括在30℃时；

⑩去壳生豆的呼吸热，含水约7%，未愈伤，5℃贮藏的呼吸热，愈伤期间壳中花生干燥到含水约5%~6%，烘干的进一步到含水2%；

⑪30~60d 和 120~180d 贮藏的呼吸热，5℃时呼吸随时间减弱，15℃时由于花生开始出芽呼吸随时间增强；

⑪30~60d 和 120~180d 贮藏的呼吸热，呼吸随时间增强，特别是15℃开始出芽时；

⑫采收后1d的呼吸热。

附表 4-3　各种果蔬的比热容

（引自：ASHRAE, 2010）

果蔬产品	水分含量(%)	冰点以上的比热容 [kJ/(kg·℃)]	果蔬产品	水分含量(%)	冰点以上的比热容 [kJ/(kg·℃)]
蔬菜			羽衣甘蓝 (Kale)	84.46	3.82
朝鲜蓟 (Artichokes, globe)	84.94	3.90	苤蓝 (Kohlrabi)	91.00	4.02
菊芋 (Jerusalem Artichokes)	78.01	3.63	蒜苗 (Leeks)	83.00	3.77
芦笋 (Asparagus)	92.40	4.03	生菜 (Lettuce, iceberg)	95.89	4.09
脆豆角 (Beans, snap)	90.27	3.99	蘑菇 (Mushrooms)	91.81	3.99
利马豆 (Beans, lima)	70.24	3.52	秋葵 (Okra)	89.58	3.97
甜菜 (Beets)	87.58	3.91	洋葱 (Onions)	89.68	3.95
青花菜 (Broccoli)	90.69	4.01	欧芹 (Parsley)	87.71	3.93
抱子甘蓝 (Brussels sprouts)	86.00	3.90	欧防风 (Parsnips)	79.53	3.74
结球甘蓝 (Cabbage)	92.15	4.02	青豌豆 (Peas, green)	78.86	3.75
胡萝卜 (Carrots)	87.79	3.92	甜椒，青椒 (Peppers, sweet, green)	92.19	4.01
花椰菜 (Cauliflower)	91.91	4.02	马铃薯 (Potatoes, main crop)	78.96	3.67
块根芹 (Celeriac)	88.00	3.90	甜薯 (Potatoes, sweet)	72.84	3.48
旱芹 (Celery)	94.64	4.07	南瓜 (Pumpkins)	91.60	3.97
散叶甘蓝 (Collards)	90.55	4.01	水萝卜 (Radishes)	94.84	4.08
甜玉米 (Corn, sweet, yellow)	75.96	3.62	菜用大黄 (Rhubarb)	93.61	4.05
黄瓜 (Cucumbers)	96.01	4.09	芜菁甘蓝 (Rutabaga)	89.66	3.96
茄子 (Eggplant)	92.03	4.02	婆罗门参 [Salsify (vegetable oyster)]	77.00	3.65
菊苣 (Endive)	93.79	4.07	菠菜 (Spinach)	91.58	4.02
蒜 (Garlic)	58.58	3.17	夏南瓜 (Squash, summer)	94.20	4.07
姜 (Ginger, root)	81.67	3.75	冬南瓜 (Squash, winter)	87.78	3.89
山葵 (Horseradish)	78.66	3.70	绿熟番茄 (Tomatoes, mature green)	93.00	4.02

（续）

果蔬产品	水分含量 (%)	冰点以上的比热容 [kJ/（kg·℃）]	果蔬产品	水分含量 (%)	冰点以上的比热容 [kJ/（kg·℃）]
成熟番茄 (Tomatoes, ripe)	93.76	4.08	葡萄，欧洲品种 (Grapes, European type)	80.56	3.70
芜菁 (Turnip)	91.87	4.00	柠檬 (Lemons)	87.40	3.94
芜菁叶 (Turnip, greens)	91.07	4.01	青柠檬 (Limes)	88.26	3.93
西洋菜 (Watercress)	95.11	4.08	芒果 (Mangos)	81.71	3.74
山药 (Yams)	69.60	3.47	卡萨巴甜瓜 (Melons, casaba)	92.00	3.99
水果			白兰瓜（蜜露）(Melons, honeydew)	89.66	3.92
苹果 (Apples)	83.93	3.81	西瓜 (Melons, watermelon)	91.51	3.97
杏 (Apricots)	86.35	3.87	油桃 (Nectarines)	86.28	3.86
鳄梨 (Avocados)	74.27	3.67	橄榄 (Olives)	79.99	3.76
香蕉 (Bananas)	74.26	3.56	橙 (Oranges)	82.30	3.81
黑莓 (Blackberries)	85.64	3.91	桃 (Peaches)	87.66	3.91
蓝莓 (Blueberries)	84.61	3.83	梨 (Pears)	83.81	3.80
网纹甜瓜 (Cantaloupes)	89.78	3.93	柿子 (Persimmons)	64.40	3.26
酸樱桃 (Cherries, sour)	86.13	3.85	菠萝 (Pineapples)	86.50	3.85
甜樱桃 (Cherries, sweet)	80.76	3.73	李子 (Plums)	85.20	3.83
蔓越莓 (Cranberries)	86.54	3.91	石榴 (Pomegranates)	80.97	3.70
欧洲黑醋栗 (Currants, European black)	81.96	3.71	榅桲 (Quinces)	83.80	3.79
红白醋栗 (Currants, red and white)	83.95	3.85	树莓 (Raspberries)	86.57	3.96
枣 (Dates, cured)	22.50	2.31	草莓 (Strawberries)	91.57	4.00
无花果 (Figs, fresh)	79.11	3.70	瓯柑 (Tangerines)	87.60	3.90
鹅莓 (Gooseberries)	87.87	3.95			
葡萄柚 (Grapefruit)	90.89	3.96			
葡萄，美国品种 (Grapes, American)	81.30	3.71			

附表 6-1 从原料蔬菜中分离出的细菌病原体

(引自：Beuchat L R, 1998)

蔬菜	国家或地区	病原体	普遍性	参考文献
紫花苜蓿 (Alfalfa)	美国	气单胞菌属 (Aeromonas)		Callister and Agger, 1989
朝鲜蓟 (Artichoke)	西班牙	沙门氏菌属 (Salmonella)	3/25 (12.0%)	Garcia-Villanova et al., 1987b
芦笋 (Asparagus)	美国	气单胞菌属 (Aeromonas)		Berrang et al
	马来西亚	单核细胞增生性李斯特菌 (L. monocytogenes)	6/7 (85%)	Arumugaswamy et al., 1994
豆芽 (Bean sprouts)	马来西亚	沙门氏菌属 (Salmonella)	2/10 (20%)	Arumugaswamy et al., 1994
	瑞典	沙门氏菌属 (Salmonella)		Andersson and Jong, 1989
	泰国	沙门氏菌属 (Salmonella)	30/344 (8.7%)	Jerngklinchan and Saitanu, 1993
甜菜叶 (Beet leaves)	西班牙	沙门氏菌属 (Salmonella)	4/52 (7.7%)	Garcia-Villanova et al., 1987b
	加拿大	单核细胞增生性李斯特菌 (L. monocytogenes)	2/15 (13.3%)	Odumeru et al., 1997
青花菜 (Broccoli)	美国	气单胞菌属 (Aeromonas)		Berrang et al., 1989
	美国	气单胞菌属 (Aeromonas)	5/16 (31.3%)	Callister and Agger, 1989
	加拿大	单核细胞增生性李斯特菌 (L. monocytogenes)	2/92 (2.2%)	Schlech et al., 1983
	加拿大	单核细胞增生性李斯特菌 (L. monocytogenes)	1/15 (6.7%)	Odumeru et al., 1997
	墨西哥	大肠埃希氏菌 O157：H7 型 (E. coli O157：H7)	1/4 (25.0%)	Zepeda-Lopez et al., 1995
	秘鲁	霍乱弧菌 (V. cholerae)		Swerdlow et al., 1992
结球甘蓝 (Cabbage)	沙特阿拉伯	单核细胞增生性李斯特菌 (L. monocytogenes)		Salamah, 1993
	沙特阿拉伯	小肠结肠炎耶尔森氏菌 (Y. enterocolitica)		Salamah, 1993
	西班牙	沙门氏菌属 (Salmonella)	7/41 (17.1%)	Garcia-Villanova Ruiz et al., 1987b
	美国	肉毒梭菌 (C. botulinum)	1/337 (0.3%)	Lilly et al., 1996
	美国	单核细胞增生性李斯特菌 (L. monocytogenes)	1/92 (1.1%)	Heisick et al., 1989
	黎巴嫩	葡萄球菌 (Staphylococcus)	(14.3%)	Abdelnoor et al., 1983
胡萝卜 (Carrot)	沙特阿拉伯	单核细胞增生性李斯特菌 (L. monocytogenes)		Salamah, 1993
	沙特阿拉伯	小肠结肠炎耶尔森氏菌 (Y. enterocolitica)		Salamah, 1993

（续）

蔬菜	国家或地区	病原体	普遍性	参考文献
花椰菜 (Cauliflower)	荷兰	沙门氏菌属 (Salmonella)	1/13 (7.7%)	Tamminga et al., 1978
	西班牙	沙门氏菌属 (Salmonella)	1/23 (4.5%)	Garcia-Villonova et al., 1987b
旱芹 (Celery)	美国	气单胞菌属 (Aeromonas)		Berrang et al., 1989
	墨西哥	大肠埃希氏菌 O157：H7 型 (E. coli O157：H7)	6/34 (17.6%)	Zepeda-Lopez et al., 1995
	西班牙	沙门氏菌属 (Salmonella)	2/26 (7.7%)	Garcia-Villanova et al., 1987b
辣椒 (Chili)	苏里南	沙门氏菌属 (Salmonella)	5/16 (31.3%)	Tamminga et al., 1978
香菜 (Cilantro)	墨西哥	大肠埃希氏菌 O157：H7 型 (E. coli O157：H7)	8/41 (19.5%)	Zepeda-Lopez et al., 1995
香菜 (Coriander)	墨西哥	大肠埃希氏菌 O157：H7 型 (E. coli O157：H7)	2/10 (20.0%)	Zepeda-Lopez et al., 1995
西洋菜芽 (Cress sprouts)	美国	蜡状芽孢杆菌 (B. cereus)		Portnoy et al., 1976
黄瓜 (Cucumber)	马来西亚	单核细胞增生性李斯特菌 (L. monocytogenes)	4/5 (80%)	Arumugaswamy et al., 1994
	巴基斯坦	单核细胞增生性李斯特菌 (L. monocytogenes)	1/15 (6.7%)	Vahidy, 1992
	沙特阿拉伯	单核细胞增生性李斯特菌 (L. monocytogenes)		Salamah, 1993
	沙特阿拉伯	小肠结肠炎耶尔森氏菌 (Y. enterocolitica)		Salamah, 1993
	美国	单核细胞增生性李斯特菌 (L. monocytogenes)		Heisick et al., 1989
茄子 (Egg plant)	荷兰	沙门氏菌属 (Salmonella)	2/13 (1.5%)	Tamminga et al., 1978
菊苣 (Endive)	荷兰	沙门氏菌属 (Salmonella)	2/26 (7.7%)	Tamminga et al., 1978
茴香 (Fennel)	意大利	沙门氏菌属 (Salmonella)	4/89 (71.9%)	Ercolani, 1976
葱 (Green onion)	加拿大	弯曲杆菌属 (Campylobacter)	1/40 (2.5%)	Park and Sanders, 1992
叶类蔬菜 (Leafy vegetables)	马来西亚	沙门氏菌属 (Salmonella)	1/24 (4%)	Arumugaswamy et al., 1995
	马来西亚	单核细胞增生性李斯特菌 (L. monocytogenes)	5/22 (22.7%)	Arumugaswamy et al., 1994
蒜苗 (Leeks)	西班牙	单核细胞增生性李斯特菌 (L. monocytogenes)	1/5 (20%)	de Simon et al., 1992
生菜 (Lettuce)	意大利	沙门氏菌属 (Salmonella)	82/120 (68%)	Ercolani, 1976
	加拿大	弯曲杆菌属 (Campylobacter)	2/67 (3.1%)	Park and Sanders, 1992
	加拿大	单核细胞增生性李斯特菌 (L. monocytogenes)	3/15 (20%)	Odumeru et al., 1997

（续）

蔬菜	国家或地区	病原体	普遍性	参考文献
生菜 (Lettuce)	黎巴嫩	葡萄球菌属 (Staphylococcus)	(14.3%)	Abdelnoor et al., 1983
	荷兰	沙门氏菌属 (Salmonella)	2/28 (7.1%)	Tamminga et al., 1978
	沙特阿拉伯	单核细胞增生性李斯特菌 (L. monocytogenes)		Salamah, 1993
	沙特阿拉伯	小肠结肠炎耶尔森氏菌 (Y. enterocolitica)		Salamah, 1993
	西班牙	沙门氏菌属 (Salmonella)		Garcia-Villanova et al., 1987b
	美国	气单胞菌属 (Aeromonas)		Callister and Agger, 1989
绿豆芽 (Mungbean sprouts)	美国	沙门氏菌属 (Salmonella)		O'Mahony et al., 1990
蘑菇 (Mushrooms)	美国	空肠弯曲杆菌 (C. jejuni)	3/200 (1.5%)	Doyle and Schoeni, 1986
芥菜芽 (Mustard cress)	英国	沙门氏菌属 (Salmonella)		Joce et al., 1990
	美国	蜡状芽孢杆菌 (B. cereus)		Portnoy et al., 1976
芥菜芽 (Mustard sprouts)	加拿大	弯曲杆菌属 (Campylobacter)	1/42 (2.4%)	Park and Sanders, 1992
	埃及	志贺氏菌属 (Shigella)	1/250 (0.4%)	Satchell et al., 1990
欧芹 (Parsley)	黎巴嫩	葡萄球菌属 (Staphylococcus)	(7.7%)	Abdelnoor et al., 1983
	西班牙	沙门氏菌属 (Salmonella)	1/23 (4.3%)	Garcia-Villanova et al., 1987b
	加拿大	单核细胞增生性李斯特菌 (L. monocytogenes)	1/15 (6.7%)	Odumeru et al., 1997
	瑞典	沙门氏菌属 (Salmonella)		Andersson et al., 1989
青椒 (Pepper)	美国	肉毒梭菌 (C. botulinum)	1/201 (0.5%)	Lilly et al., 1996
	美国	气单胞菌属 (Aeromonas)		Callister and Agger, 1989
	沙特阿拉伯	单核细胞增生性李斯特菌 (L. monocytogenes)		Salamah, 1993
	沙特阿拉伯	小肠结肠炎耶尔森氏菌 (Y. enterocolitica)		Salamah, 1993
马铃薯 (Potatoes)	西班牙	单核细胞增生性李斯特菌 (L. monocytogenes)	2/12 (16.7%)	de Simon et al., 1992
	美国	单核细胞增生性李斯特菌 (L. monocytogenes)	19/70 (27.1%)	Heisick et al., 1989
	美国	单核细胞增生性李斯特菌 (L. monocytogenes)	28/132 (21.1%)	Heisick et al., 1989
	加拿大	弯曲杆菌属 (Campylobacter)	1/63 (1.6%)	Park and Sanders, 1992

（续）

蔬菜	国家或地区	病原体	普遍性	参考文献
预包装沙拉 (Prepacked salads)	北爱尔兰	单核细胞增生性性李斯特菌 (L. monocytogenes)	3/21 (14.3%)	Harvey and Gilmour, 1993
	英国	单核细胞增生性性李斯特菌 (L. monocytogenes)	4/60 (13.3%)	Sizmur and Walker, 1988
	英国	单核细胞增生性性李斯特菌 (L. monocytogenes)		Velani and Roberts, 1991
	黎巴嫩	葡萄球菌属 (Staphylococcus)	(6.3%)	Abdelnoor et al., 1983
	沙特阿拉伯	单核细胞增生性性李斯特菌 (L. monocytogenes)		Salamah, 1993
	沙特阿拉伯	小肠结肠炎耶尔森氏菌 (Y. enterocolitica)		Salamah, 1993
水萝卜 (Radish)	美国	单核细胞增生性性李斯特菌 (L. monocytogenes)	25/68 (36.8%)	Heisick et al., 1989
	加拿大	弯曲杆菌属 (Campylobacter)	2/74 (2.7%)	Park and Sanders, 1992
	美国	单核细胞增生性性李斯特菌 (L. monocytogenes)	19/132 (14.4%)	Heisick et al., 1989
叶菜沙拉 (Salad greens)	埃及	沙门氏菌属 (Salmonella)	1/250 (0.4%)	Satchell et al., 1990
	英国	金黄色葡萄球菌 (S. aureus)	13/256 (5.1%)	Houang et al., 1991
	加拿大	单核细胞增生性性李斯特菌 (L. monocytogenes)	6/15 (40%)	Odumeru et al., 1997
	埃及	志贺氏菌属 (Shigella)	3/250 (1.2%)	Satchell et al., 1990
	埃及	金黄色葡萄球菌 (S. aureus)	3/36 (8.3%)	Satchell et al., 1990
	西班牙	气单胞菌属 (Aeromonas)	2/33 (6.1%)	Garcia-Gimeno et al., 1996a
	西班牙	单核细胞增生性性李斯特菌 (L. monocytogenes)	21/70 (30%)	Garcia-Gimeno et al., 1996b
蔬菜沙拉 (Salad vegetables)	美国	葡萄球菌属 (Staphylococcus)		Harris et al., 1975
	德国	单核细胞增生性性李斯特菌 (L. monocytogenes)	6/263 (2.3%)	Breer and Baumgartner, 1992
	北爱尔兰	单核细胞增生性性李斯特菌 (L. monocytogenes)	4/16 (25%)	Harvey and Gilmour, 1993
	美国	肉毒梭菌 (C. botulinum)	2/82 (2.4%)	Lilly et al., 1996
	英国	小肠结肠炎耶尔森氏菌 (Y. enterocolitica)		Brocklehurst et al., 1987
芽苗菜 (Seed sprouts)	加拿大	葡萄球菌属 (Staphylococcus)	13/54 (24%)	Prokopowich and Blank, 1991
黄豆芽 (Soybean sprouts)	美国	蜡状芽孢杆菌 (B. cereus)		Portnoy et al., 1976
菠菜 (Spinach)	加拿大	弯曲杆菌属 (Campylobacter)		Park and Sanders, 1992
	西班牙	沙门氏菌属 (Salmonella)	2/60 (3.3%)	Garcia-Villanova et al., 1987b
	美国	气单胞菌属 (Aeromonas)	2/38 (5.2%)	Callister and Agger, 1989

（续）

蔬菜	国家或地区	病原体	普遍性	参考文献
发芽种子 (Sprouting seeds)	美国	蜡状芽孢杆菌 (B. cereus)	56/98 (57%)	Harmon et al., 1987
番茄 (Tomato)	巴基斯坦	单核细胞增生性李斯特菌 (L. monocytogenes)	2/15 (13.3%)	Vahidy, 1992
	埃及	沙门氏菌属 (Salmonella)	2/250 (0.8%)	Satchell et al., 1990
	法国	小肠结肠炎耶尔森氏菌 (Y. enterocolitica)	4/58 (7%)	Catteau et al., 1985
	法国	小肠结肠炎耶尔森氏菌 (Y. enterocolitica)	15/30 (50%)	Darbas et al., 1985
	伊拉克	沙门氏菌属 (Salmonella)	3/43 (7%)	Al-Hindawi and Rished, 1979
蔬菜 (Vegetables)	意大利	单核细胞增生性李斯特菌 (L. monocytogenes)	7/102 (6.9%)	Gola et al., 1990
	意大利	小肠结肠炎耶尔森氏菌 (Y. enterocolitica)	1/102 (1.0%)	Gola et al., 1990
	西班牙	单核细胞增生性李斯特菌 (L. monocytogenes)	8/103 (7.8%)	de Simon et al., 1992
	西班牙	沙门氏菌属 (Salmonella)	46/849 (5.4%)	Garcia-Villanova et al., 1987a
	中国台湾	单核细胞增生性李斯特菌 (L. monocytogenes)	6/49 (12.2%)	Wong et al., 1990
	英国	单核细胞增生性李斯特菌 (L. monocytogenes)	4/64 (6.2%)	MacGowan et al., 1994
	美国	沙门氏菌属 (Salmonella)	4/50 (8.0%)	Rude et al., 1984

附表 6-2　新鲜果蔬微生物危害等级排序结果摘要

(引自：FAO, Microbiological hazards in fresh fruits and vegetables, 2008)

产品	危害性	排序理由
1级		
绿叶蔬菜 菠菜 (Spinach)，结球甘蓝 (Cabbage)，未加工西洋菜 (Raw watercress)，生菜和各种沙拉叶菜 (Lettuce and salad leaves (all varieties))，鲜调味香料菜 (香菜、罗勒、欧芹、苣荬菜) (fresh herbs (cilantro, basil, parsley, chicory))	肠出血性大肠埃希氏菌 (Enterohaemorrhagic Escherichia coli) 肠道沙门氏菌 (Salmonella enterica) 弯曲杆菌 (Campylobacter) 志贺氏菌属某些种 (Shigella spp.) 甲型肝炎病毒 (Hepatitis A virus) 诺如病毒 (Noroviruses) 人环孢子虫 (Cyclospora cayetanensis) 隐孢子虫 (Cryptosporidium) 假结核耶尔森氏菌 (Yersinia pseudotuberculosis) 单核细胞增生李斯特菌 (Listeria monocytogenes)	病例： 1) 世界范围内至少 3 个地区报导的多起爆发事件—包括疾病和死亡； 2) 生产量大，范围广并有消费增长趋势，特别是预分切产品； 3) 因为营养和方便的原因，在非传统种植国家生产扩大； 4) 加工和配送系统多样化，对许多国家而言为新事物； 5) 存在扩大的可能性，特别是鲜切产品生产，在个体经营和农贸市场均存在； 6) 生产和配送复杂—为使农场污染和采后交叉污染控制到最小程度，存在多个控制点—需要采取的措施步骤多； 7) 国际贸易易范围广。
2级		
浆果 (Berries)	人环孢子虫 (Cyclospora cayetanensis) 小隐孢子虫 (Cryptosporidium parvum) 诺如病毒 (Noroviruses) 甲型肝炎病毒 (Hepatitis A virus)	1) 在几个地区爆发； 2) 有些种类浆果生产扩大； 3) 生产多样化，包括采集野生浆果； 4) 扩大范围有限； 5) 人是病原体的主要来源—人工广泛接触产品（仍存在病毒的问题）。 6) 国际贸易局限于冷冻浆果。
葱 (Green onions)	甲型肝炎病毒 (Hepatitis A virus) 志贺氏菌属某些种 (Shigella spp.) 诺如病毒 (Noroviruses)	1) 只在一两个国家有爆发报导； 2) 产量小但在增长，消费广泛； 3) 不同国家的生产系统相似，尽管规模不同； 4) 病原体可以存在叶腔中，有扩大的可能性； 5) 采收作业是关键点； 6) 国际贸易。
瓜类 (Melons)	肠道沙门氏菌 (Salmonella enterica) 次重要选项： 出血性大肠埃希氏菌 (Enterohaemorrhagic Escherichia coli) 诺如病毒 (Norovirus)	1) 在世界的几个地区爆发； 2) 生产分布广，适于周年生产； 3) 世界范围生产技术相似，但离土栽培的方式不同； 4) 利于病原体生长繁殖； 5) 灌溉水，包装冷却用水可能是污染源； 6) 广泛的国际贸易。

（续）

产品	危害性	排序理由
芽苗菜（Sprouted seeds）	肠道沙门氏菌（Salmonella enteric） 出血性大肠埃希氏菌（+产肠毒素大肠埃希氏菌）（Enterohaemorrhagic Escherichia coli（+enterotoxigenic E. coli）） 蜡状芽孢杆菌（Bacillus cereus）	1）世界范围内有一些地区爆发； 2）地区间有差异，生产单元小； 3）取决于芽菜种类； 4）病原体繁殖机会充分； 5）发芽前进行预防性控制，如种子预处理、灌溉水控制、水和种子的检测等； 6）种子贸易普遍，芽苗菜由于货架期短因而贸易有限。
番茄（Tomatoes）	肠道沙门氏菌（Salmonella enterica） 甲型肝炎病毒（Hepatitis A virus）	1）有许多爆发但仅在美国有报导（爆发事例包括大量患病者和3例死亡）； 2）生产规模大、范围广，但不是所有都鲜食消费； 3）生产形式不同—田间和温室，配送链有长有短，采后处理从简单到复杂具有多样性，特别对于预切番茄生产，在有些地区增加，如北美； 4）初级生产中缺少污染源信息，采后污染可能与冷却水有关； 5）贸易范围广。
3级		
胡萝卜（Carrots）	假结核耶尔森氏菌（Yersinia pseudotuberculosis） 志贺氏菌属某些种（Shigella spp.） 产肠毒素大肠埃希氏菌（Enterotoxigenic E. coli）（鲜切胡萝卜） 杯状病毒（Caliciviruses）（鲜切胡萝卜） 甲型肝炎病毒（Hepatitis A virus） 寄生虫（Parasites）	1）有几个国家爆发； 2）生产信息少，但方便即食原料食品市场增长； 3）认知有限； 4）在鲜切胡萝卜中，表面积增加，最初感染性强，但结果是不会长期存活； 5）取决于病原体，预制胡萝卜的处理可能存在问题，预制胡萝卜的控制耶尔森氏菌的信息选项、需要更多更好的控制耶尔森氏菌的信息； 6）相关信息少，尽管在即食产品中的产值增加，可能因规模相对小。

（续）

产品	危害性	排序理由
黄瓜 (Cucumber)	沙门氏菌 (Salmonella) 大肠埃希氏菌 (E. coli) 弯曲杆菌 (Campylobacter)	1) 这组有一两个孤立的爆发事件，有些是近期发生的； 2) 全球性产量较小，但在世界的特定地区是非常重要的产品； 3) 产品多样性——如种子和坚果，原料消费增加； 4) 许多产品为病原体传播提供了很好的条件； 5) 控制方法取决于产品，但许多产品实施控制的可行性差； 6) 随市场国际化，从少数生产区生产的产品的贸易国际化。
大杏仁 (Almonds)	沙门氏菌 (Salmonella)	
玉米笋 (Baby corn)	志贺氏菌 (Shigella)	
芝麻 (Sesame seeds)	沙门氏菌 (Salmonella) 芽孢杆菌 (Bacillus)	
洋葱和大蒜 (Onions and garlic)	大肠埃希氏菌 (E. coli) 沙门氏菌 (Salmonella)	
芒果 (Mango)	沙门氏菌 (Salmonella)	
宝爪果 (Paw paw)	沙门氏菌 (Salmonella)	
旱芹 (Celery)	诺如病毒 (Norovirus) 甲型肝炎病毒 (Hepatitis A virus)	
麦麦 (Maimai)	沙门氏菌 (Salmonella)	

注：由于以上列举的新鲜产品的危害性直接与疾病爆发有关联，因此最应引起关注。除此之外，在（还）没有与疾病爆发联系起来的产品中也可能存在有其他的危害性。

附表 6-3　园艺产品杀灭和预防真菌病原体的热处理

（引自：Lurie S et al.，2004）

真菌	常用名称	作物	热处理方法	温度/时间	参考文献
互隔交链孢霉（Alternaria alternata）	黑斑病（Black spot）	胡萝卜	热蒸汽处理①	90℃②/3s	Afek et al.，1999
	黑霉病（Black mold）	芒果	热水刷洗	60~70℃/15~20s	Prusky et al.，1999
		青椒	热水处理	50℃/3min	Fallik et al.，1996b
灰葡萄孢菌（Botrytis cinerea）	灰霉病（Grey mold）	苹果	热空气处理加 CaCl₂	38℃/4d 和 CaCl₂ 浸蘸	Klein et al.，1997
		青椒	热水处理	50℃/3min	Fallik et al.，1996b
		草莓	热水处理	45℃/15min	Garcia et al.，1996
		番茄	热空气处理	50℃/2min	Barkai-Golan et al.，1993
			热空气处理	38℃/2d	Fallik et al.，1993
可可球二孢（Botryodiplodia theobromae）	茎腐和表面腐坏（Stem and surface rots）	番木瓜	热水处理③	49℃/20min 42℃/30min 然后 49℃/20min	Nishijima et al.，1992
奇异长喙壳（Chalara paradoxa）	冠腐病（Crown rot）	香蕉	热水处理	45℃/20min 或 50℃/10min	Reyes et al.，1998
胶孢炭疽菌（Colletotrichum gloeosporioides）	炭疽病（Anthracnose）		湿热空气处理（水蒸气处理）	46~48℃/24 s ~8min	Coates et al.，1993
		芒果	热空气处理	46~48℃/90~115min④	McGuire，1991
			热空气处理	51.5℃/125min	Miller et al.，1991
柑橘葡萄座腔菌 [Diplodia natalensis（同物异名 Botryosphaeria rhodina）]	蒂腐病（Stem end rot）	芒果	热水处理	51.5℃/125min	Miller et al.，1991
			热空气处理	46~48℃/90~115min	McGuire，1991
球腔菌属某些种（Mycospharella spp.）	茎腐和表面腐坏（Stem and surface rots）	番木瓜	热水处理③	49℃/20min 42℃/30min 然后 49℃/20min	Nishijima et al.，1992
指状青霉（Penicillium digitatum）	绿霉病（Green mold）	葡萄柚	热空气处理	46℃/6h	Shellie，1998
			热水刷洗	59~62℃/15s	Porat et al.，2000
		柠檬	热空气处理	36℃/3d	Kim et al.，1991
			热水处理加 Na₂CO₃	45℃/150s+2% Na₂CO₃	Smilanick et al.，1997
		橙	热水处理	53℃/3min	Schirra et al.，1997
			热水处理加 Na₂CO₃	41~43℃/1~2min+6% Na₂CO₃	Smilanick et al.，1997

（续）

真菌	常用名称	作物	热处理方法	温度/时间	参考文献
扩展青霉 (*Penicillium expansum*)	青霉病 (Blue mold)	苹果	热空气处理加 CaCl$_2$	38℃/4d＋4% CaCl$_2$	Sams *et al.*，1993
			热空气处理	38℃/4d	Fallik *et al.*，1996c
意大利青霉 (*Penicillium italicum*)	青霉病 (Blue mold)	仙人掌果	热空气处理或热水处理	38℃/24h 或 55℃/5min	Schirra *et al.*，1996
青霉属某些种 (*Penicillium* spp.)		柠檬	热水处理加抑霉唑 (imazalil)	50℃/3min＋imazalil	Schirra *et al.*，1997
匍枝根霉 (*Rhizopus stolonifer*)		番茄	热水处理	50℃/2min	Barkai-Golan *et al.*，1993

①引用文章中为热水刷洗，作者根据原文改为热蒸汽处理；
②引用文章中为100℃，作者根据原文改为90℃；
③引用文章中为热空气处理，作者根据原文做修改；
④作者根据原文补充。

附表 6-4 采后虫害防控热处理应用试验示例

（引自：Lurie S et al.，2004）

昆虫（Fruit flies）	拉丁文名称	果蔬	热处理方式	温度/时间	参考文献
加勒比海果蝇（Caribbean fruit fly）	Anastrepha suspensa	葡萄柚	热空气处理		Sharp & Gould，1994
		芒果	热空气处理	51.5℃/125min	Miller et al.，1991
		橙	热空气处理		Sharp & McGuire，1996
地中海果蝇（Mediterranean fruit fly）	Ceratitis capitata	鳄梨	热空气处理	40℃/24h	Jang，1996
		芒果	湿热空气处理	47℃/15min	Heather et al.，1997
		番木瓜	热空气处理	果肉 47.2℃/3.5h	Armstrong et al.，1995
		鳄梨	热空气处理	40℃/24h	Jang，1996
瓜果蝇（Melon fruit fly）	Dacus cucurbitae	黄瓜	热空气处理后热水处理	32.5℃/24h 然后 45~46℃/50~60min	Chan & Linse，1989
	Bactrocera cucurbitae	番木瓜	热空气处理	果肉 47.2℃/3.5h	Armstrong et al.，1995
		夏南瓜（Zucchini）	湿热空气处理	45℃/30min[1]	Jacobi et al.，1996
墨西哥果蝇（Mexican fruit fly）	Anastrepha ludens	葡萄柚	热空气处理加气调	44℃/2h，1%O_2	Shellie et al.，1997
	Bactrocera cucumis	夏南瓜（Zucchini）	湿热空气处理	45℃/30min	Jacobi et al.，1996
东方果蝇（Oriental fruit fly）	Dacus dorsalis	黄瓜	热空气处理后热水处理	32.5℃/24h 然后 45~46℃/50~60min	Chan & Linse，1989
	Bactrocera dorsalis	番木瓜	热空气处理	果肉 47.2℃/3.5h	Armstrong et al.，1995
木瓜果蝇（Papaya fruit fly）	Bactrocera papayae	芒果	湿热空气处理	47℃/15min	Heather et al.，1997
		鳄梨	热水处理加杀菌剂（Benomyl）	46℃/3min 然后 1℃/7d	Jessup，1994
昆士兰果蝇（Queensland fruit fly）	Bactrocera tryoni	荔枝	湿热空气处理	45℃/30min	Jacobi et al.，1993
		芒果	湿热空气处理	46.5℃/10min	Heather et al.，1997
			热水处理然后湿热空气处理	53℃/15min 然后 47℃/15min	Jacobi & Giles，1997

（续）

昆虫	拉丁文名称	果蔬	热处理方式	温度/时间	参考文献
其他昆虫					
苹果蠹蛾（Codling moth）	Cydia pomonella	苹果	热空气处理或湿热空气处理	44℃/120min 然后 0℃/28d	Neven et al., 1996
		樱桃	热空气处理加气调	47℃/44min, 1%O₂, 15%CO₂	Neven & Mitcham,1996; Neven & Drake, 2000
		梨	热空气处理或湿热空气处理	44℃/120min 然后 0℃/28d	Neven et al., 1996
		柠檬	热空气处理加气调	30℃/30h, 0.3%O₂	Chervin et al., 1997
玫瑰短喙象（Fuller's rose beetle）	Asynonychus godmani	柠檬	热水处理	52℃/8min	Sonderstrom et al., 1993
卷叶虫（Leafroller）	Cnephasia jactatana Ctenopseustis obliquana	苹果	热空气处理加气调	40℃/10h, 0.4%O₂ 或 45℃/5h, 0.4%O₂	Whiting et al., 1999
			湿热空气处理加气调	40℃/6h, 2% O₂, 5% CO₂, 相对湿度 95%②	Whiting et al., 1997
浅褐苹果蛾（Light brown apple moth）	Epiphyas postvittana	猕猴桃	热空气处理加气调	40℃/6h, 2%O₂, 5%CO₂	Hoy & Whiting, 1998
		苹果	热空气处理加气调	40℃/17~20h, 1.2%O₂, 1%CO₂	Lay-Yee et al., 1997
		猕猴桃	热水处理加乙醇（Ethanol）	45℃/13min, 50%乙醇	Dentener et al., 2000
		梨	热空气处理加气调	40℃/6h, 2%O₂, 5%CO₂	Hoy & Whiting, 1998
		梨	热空气处理加气调	30℃/30h, 0.3%O₂	Chervin et al., 1997
长尾粉蚧（Longtailed mealybug）	Pseudococcus longispinus	柿子	热水处理	48℃/26min 或 50℃/22min	Lester et al., 1995
			热空气处理加气调	48℃/3.9h 或 50℃/3.8h①	Dentener et al.,1996,1997
新西兰花牧草虫（New Zealand flower thrips）	Thrips obscuratus	杏 油桃 普通桃	热空气处理	48℃/3min 然后 50℃/2min	McLaren et al., 1997
暗色粉蚧（Obscure mealybug）	Pseudococcus affinis	苹果	热空气处理加气调	40℃/10h, 0.4%O₂ 或 45℃/5h, 0.4%O₂	Whiting & Hoy, 1997
东方果蛾（Oriental fruit moth）	Grapholita molesta	梨	热空气处理加气调	30℃/30h, 0.3%O₂	Chervin et al., 1997
二斑叶螨（Two spotted spider mite）	Tetranychus urticae	苹果	热水处理加乙醇	45℃/13min, 50%乙醇	Dentener et al., 1998
		猕猴桃	热空气处理加气调	40℃/7h, 0.4%O₂, 20%CO₂②	Lay-Yee & Whiting,1996
桑白蚧（White peach scale）	Pseudaulacaspis pentagona	柿子	热水处理	44℃/211min 或 47℃/67min②	Lester et al., 1997
		番木瓜	湿热空气处理	47.2℃/4h	Follet & Gabbard, 1999

①作者根据原文补充；
②作者根据原文做修改。

附表 6-5　园艺作物生理调节的热处理

（引自：Lurie S et al.，2004）

1. 冷害

作物	外观与现象	热处理方式	温度/时间	参考文献
苹果	灼伤	热空气处理	38℃/4d 或 42℃/2d	Lurie et al.，1990
鳄梨	表皮褐变内部褐变	热空气处理①	38℃/3～10h	Woolf et al.，1995 Florissen et al.，1996
	蚀斑	水浴加热水处理①	38℃/60min 然后 50℃/10min①	Woolf et al.，1997b
仙人掌果	外皮蚀斑、褐斑	热空气处理或热水处理	38℃/24h 或 55℃/5min	Schirra et al.，1996
		热空气处理	34～36℃/48～72h	Ben-Yehoshua et al.，1987 Gonzalez-Aguilare et al.，1998
柑橘	外皮蚀斑	热水处理	50～54℃/3 min 53℃/2～3 min	Schirra & D'hallewin，1997 Rodov et al.，1995
		热水刷洗	59～62℃/15～30s	Porat et al.，1999
芒果	蚀斑	热空气处理	38℃/2d	McCollum et al.，1993
			39℃/4～24h	Jacobi et al.，1995
柿子	形成凝胶	热空气处理	47℃/90～120 min；50℃/30～45 min；52℃/20～30 min	Lay-Yee et al.，1997a
		热空气处理	34～50℃/0.5～10h	Woolf et al.，1997a
青椒	蚀斑	热空气处理	40℃/20h	Mencarelli et al.，1993
黄瓜	蚀斑	热水处理	42℃/30min	McCollum et al.，1995
番茄	蚀斑	热空气处理	38℃/2～3d	Lurie & Klein，1991
		热水处理	48℃/2min 42℃/60min	Lurie et al.，1997 McDonald et al.，1998，1999
夏南瓜	蚀斑	热水处理	42℃/30min	Wang，1994

（续）

2. 改善采后质量

果蔬产品	品质参数	热处理方式	温度/时间	参考文献
苹果	增加硬度	热空气处理	38℃/4d; 42℃/2d	Klein & Lurie, 1992
芦笋	抑制弯曲	热水处理	47.5℃/2～5min	Paull & Chen, 1999
青花菜	减少变黄	热空气处理	50℃/2min 45℃/10min; 47℃/7.5min	Forney, 1995 Tian *et al.*, 1996, 1997
散叶甘蓝	减少变黄	热空气处理	45℃/30min	Wang, 1998
葱	抑制伸长	热水处理	55℃/2min	Hong *et al.*, 2000
番石榴	减少变软和变黄	热空气处理	46℃/35min	McGuire, 1997
羽衣甘蓝	减少变黄	热空气处理	40℃/60min	Wang, 1998
马铃薯	抑制发芽	热水处理	57.5℃/20～30min②	Rangann *et al.*, 1998

①作者根据原文做修改；
②作者根据原文补充。

附表 6-6 氯消毒剂在生鲜果蔬从生产到市场中的应用

（引自：Suslow T, http://extension.psu.edu）

应用场合	应用方式	有效氯含量（μg/mL）	微生物控制主要目标或作用	使用情况
种子处理	浸泡，用热水浸泡	200~2 000	种子携带病原体（病菌、细菌、真菌）	普遍
剪枝/插条	喷施，浸施	20~40	细菌，真菌孢子	有限的
修剪器具	浸蘸，喷施	25~100	细菌，真菌孢子，病毒	普遍
嫁接器具	浸蘸，喷施	25~100	细菌，真菌孢子，病毒	普遍
自动化繁育	马铃薯种块切割刀片	50~100	细菌	有限的
穴盘生产	灌溉底水	1.0~2.5	细菌，腐霉属，疫霉属，刺盘孢属菌种	有限的
靴子浸蘸（通道）	常规消毒	25~50	土壤携带真菌	不再普遍
营养液栽培	灌溉，滴灌，营养液栽培	0.5~1.5	细菌，腐霉属，疫霉属，刺盘孢属菌种	有限的
滴灌管线维护	注入净化	50~150 酸化的	去除和预防生物膜	普遍
池塘管理	蓄水处理	无参考	消除微生物	有限的
水井处理	净化处理	200~500	消除大肠菌群	普遍
喷灌水箱处理	常规消毒	50~150	去除和预防生物膜	有限的
田间设备（圆盘犁，刀片，履带）	常规消毒	50~100 高压喷射	土壤携带病原体	有限的
采收盛具	常规消毒	50~150	细菌，真菌孢子	普遍
柄部喷施	芹菜，生菜	150~200	预防细菌性腐烂和酶促褐变	不再普遍
头部喷施	花椰菜	50~100 带塑料包裹	预防小花褐变，真菌和酶促褐变（减少细菌，导致的采后损失）	普遍
浸泡槽	清洗水消毒	50~400	细菌，真菌孢子	普遍
倾倒槽和浮选槽	番茄，青椒，柑橘，苹果，梨	50~400	细菌，真菌孢子，减少表面微生物	普遍
流槽	番茄，甜薯	150~200 带加热	细菌，真菌	不普遍
清洗用喷杆	清洗水消毒	75~150	细菌，减少表面微生物	普遍
手套、靴子加工蔬菜（通道）	分级和包装人员的常规消毒	25~75	消除微生物	多数用碘基溶液替代
注水	冰源消毒	25~50	消除大肠菌群，病毒	有限的
水预冷	冷却水消毒	50~300	减少大肠菌群，减少表面微生物	普遍
钙压力浸注	CaCl$_2$ 处理水的消毒	10~50	细菌，真菌	不普遍
摩擦去皮器	清洗水消毒	50~200	细菌，减少表面微生物	普遍
最少量加工蔬菜	清洗和冷却水消毒	50~200	细菌，减少表面微生物	普遍
包装线消毒	传送带，衬垫，翻转器，输送槽等	氯泡沫或氯消毒水喷射（变化）	预防生物膜，减少接触表面上的一般微生物	有限的
喷雾管线和喷嘴	水消毒，配送中心，零售展示	5~10	预防生物膜，消除大肠菌群	普遍
零售整理和清洗	清洗水消毒	25~50	细菌，减少表面微生物	不普遍

附表 6-7　氯及二氧化氯消毒剂用于叶菜与香料菜抵御微生物危害风险的现有数据
（引自：FAO, Microbiological hazards in fresh leafy vegetables and herbs, 2008）

消毒剂（浓度及作用时间）	产品种类	处理方式	减少效果 [lg(CFU/g)]	参考资料	说明
NaClO（200μg/mL，10min）	生菜叶	浸渍	好氧菌，霉菌和酵母菌：2.5~3（水洗：0.8~0.9）总菌群：<2（水洗：0.8）	Nascimento et al.，2003	NaClO 消毒是生产中最普遍使用的一种方式，操作时有健康和安全的危险性，有机物存在时消毒效力很快丧失。
NaClO（100μg/mL，2min，5min）	生菜叶	浸渍	大肠埃希氏菌：2.6~2.9（水洗：0.8）单核细胞增生性李斯特菌：1.5~1.7（水洗：0.7）	Akbas and Olmez，2007	
NaClO（20μg/mL，30s）	生菜叶	淹没	单核细胞增生性李斯特菌：1~1.2	Li et al.，2002	
NaClO（300μg/mL，600μg/mL，3min）	分开的生菜和菠菜	鼓动	大肠埃希氏菌 O157：H7 型：0.5	Niemira，2007	
NaClO（150μg/mL，10min）	分开的生菜	浸泡	好氧菌：2	Koseki et al.，2001	
NaClO（50~200μg/mL，30s）	分开的生菜切片番茄	鼓动	好氧菌：0~1.3，霉菌和酵母菌：0~0.9好氧菌：0，霉菌和酵母菌：<0.1	Simmons，Ryu and Beuchat，2006	
NaClO（25~200μg/mL，10min，4℃）	分开的生菜	搅动	单核细胞增生性李斯特菌：0.2~1.3	Zhang and Farber，1996	
NaClO（25~200μg/mL，10min，22℃）			单核细胞增生性李斯特菌：0.6~1.7		
NaClO（200μg/mL，10min）	分开的生菜	浸没	大肠埃希氏菌 O157：H7 型：1.2，沙门氏菌：1.2，金黄色葡萄球菌：1.4，好氧菌：0.9	Kondo，Murata and Isshiki，2006	
NaClO（200μg/mL，1min，50℃）			大肠埃希氏菌 O157：H7 型：1.2，沙门氏菌：1.5，金黄色葡萄球菌：1.5，好氧菌：1.5		
NaClO（100μg/mL，300μg/mL，10min）	分开的生菜	搅动	小肠结肠炎耶尔森氏菌：2.36~3.15	Escudero et al.，1999	
NaClO（100μg/mL）＋表面活性剂（0.1%）（10min）			小肠结肠炎耶尔森氏菌：1.03~2.73		
NaClO（100μg/mL）＋乳酸（0.5%）（10min）			小肠结肠炎耶尔森氏菌：>6		

（续）

消毒剂（浓度及作用时间）	产品种类	处理方式	减少效果 [lg(CFU/g)]	参考资料	说明
NaClO（75μg/mL，5min）	分开的生菜	淹没	好氧菌：2	Lu et al., 2007	
NaClO（200μg/mL，5min）	分开的生菜	淹没	好氧菌：1.2~4	Koseki and Isobe, 2006	
NaClO（200μg/mL，1min）	分开的生菜	鼓动	大肠埃希氏菌 O157：H7 型：0.86~0.88（水洗：0.58~0.59），沙门氏菌：0.96~1.04（水洗：0.53~0.67）	Koseki et al., 2003	NaClO 消毒是生产中最普遍使用的一种方式，操作时有健康和安全的危险性，有机物存在时消毒效力很快丧失。
NaClO（20μg/mL，1min，50℃）	分开的生菜	鼓动	大肠埃希氏菌 O157：H7 型：1.1（水洗：0.9）		
NaClO（20μg/mL，1min，20℃）	分开的生菜	鼓动	大肠埃希氏菌 O157：H7 型：1.0（水洗：0.7）	Li et al., 2001	
NaClO（100μg/mL，10min）	结球甘蓝	浸渍	大肠埃希氏菌：1.41（水洗：0.65）	Seymour et al., 2002	
	生菜		大肠埃希氏菌：0.72（水洗：0.38）		
	欧芹		大肠埃希氏菌：1.56（水洗：0.85）		
氯（10μg/mL，5min）	切碎的生菜	鼓动	无害李斯特菌（L. innocua）：1~1.5	Francis and O'Beirne, 2002	
NaClO（100μg/mL，1min）	切碎的生菜	清洗	单核细胞增生性李斯特菌：0.7（水洗：0.5）	Hellstrom et al., 2006	
NaClO（100μg/mL，5min）	分开的白菜	混合	大肠埃希氏菌 O157：H7 型：2.0~2.7	Inatsu et al., 2005a	
NaClO（100μg/mL）＋柠檬酸（0.1%）（5min）	分开的白菜	混合	大肠埃希氏菌 O157：H7 型：1.7~2.2（水洗：0.7~1.0）		
NaClO（100~1600μg/mL，5min）	成捆欧芹	淹没	沙门氏菌：1.7~3.0	Lapidot, Romling and Yaron, 2006	
NaClO（5~150μg/mL，5min）	成捆欧芹	鼓动	志贺氏菌：1.2~6	Wu et al., 2000	
ClO2 水溶液（20μg/mL，10min）	生菜叶	搅动	大肠埃希氏菌 O157：H7 型：2.3（水洗：1.3），沙门氏菌：2.2（水洗：1.5）	Huang et al., 2006	不稳定，需现场制备，同其他氯化合物一样浓度高会爆炸，没有在所有国家合法化。
ClO2 水溶液（20μg/mL，10min）＋超声波（170Hz）	生菜叶	搅动	大肠埃希氏菌 O157：H7 型：2，沙门氏菌：3.2		

（续）

消毒剂（浓度及作用时间）	产品种类	处理方式	减少效果 [lg(CFU/g)]	参考资料	说明
CIO₂水溶液（2～5μg/mL，10min，4℃）	分开的生菜	搅动	单核细胞增生性李斯特菌：0.4～1.1	Zhang and Farber, 1996	不稳定，需现场制备，同其他氯化合物一样浓度高会爆炸，没有在所有国家合法化。
CIO₂水溶液（2～5μg/mL，10min，22℃）	分开的生菜	搅动	单核细胞增生性李斯特菌：0.4～0.8		
CIO₂水溶液（0.3mg/L①，10min）	青椒片	摇动	单核细胞增生性李斯特菌：1.87lg（CFU/5g）（表面无伤）；单核细胞增生性李斯特菌：0.54lg（CFU/5g）（表面有伤）	Han et al., 2001	
CIO₂水溶液（3mg/L①，10min）	青椒片	摇动	单核细胞增生性李斯特菌：3.67lg（CFU/5g）（表面无伤）；单核细胞增生性李斯特菌：0.44lg（CFU/5g）（表面有伤）		
气态 CIO₂（4.7mg/L，30min）	生菜叶		大肠埃希氏菌 O157：H7型：3.4，沙门氏菌：4.3	Lee, Costello and Kang, 2004	
气态CIO₂（6.7mg/L，1h）	生菜叶		大肠埃希氏菌 O157：H7型：4.4，沙门氏菌：5.2		
气态CIO₂（8.7mg/L，3h）	生菜叶		大肠埃希氏菌 O157：H7型：4.4，沙门氏菌：5.4		
气态 CIO₂（4.1mg/L，30.8min）	分开的结球甘蓝		大肠埃希氏菌 O157：H7型：3.13，单核细胞增生性李斯特菌：3.60，沙门氏菌：4.42	Sy et al., 2005	方法仅用于试验，操作有危险性和安全性。
气态CIO₂（1.74mg/L，最长30.8min）	分开的生菜		大肠埃希氏菌 O157：H7型：1.57，单核细胞增生性李斯特菌：1.53，沙门氏菌：1.58		
气态CIO₂（1.29mg/L，最长30.8min）	分开的生菜		好氧菌：0.84（嗜冷菌计数：0.88），酵母菌：0.64	Gomez-Lopez et al., 2008	商品化批量生产中如何确保叶子能充分接触需要探究。
气态CIO₂（0.5mg/L，2min）	切碎的结球甘蓝		好氧菌：0.25（嗜冷菌计数：0.27），酵母菌：0.46		
气态 CIO₂（0.5mg/L，10min）	分开的生菜		大肠埃希氏菌 O157：H7型：0.5lg（CFU/5cm²）①，沙门氏菌：0.7lg（CFU/5cm²）①	Mahmoud and Linton, 2008	
气态 CIO₂（5.0mg/L，2min）	分开的生菜		大肠埃希氏菌 O157：H7型：1.6lg（CFU/5cm²）①，沙门氏菌：1.9lg（CFU/5cm²）①		
气态CIO₂（5.0mg/L，10min）	分开的生菜		大肠埃希氏菌 O157：H7型：3.0lg（CFU/5cm²）①，沙门氏菌：1.5lg（CFU/5cm²）①		

（续）

消毒剂（浓度及作用时间）	产品种类	处理方式	减少效果 [lg(CFU/g)]	参考资料	说明
气态 ClO₂（5.0mg/L，最长10min）	分开的生菜		大肠埃希氏菌 O157：H7 型：3.91lg（CFU/5cm²）[①]，沙门氏菌：2.81lg（CFU/5cm²）[①]	Mahmoud and Linton，2008	方法仅用于试验，操作有健康和安全的危险性，商品化批量生产中如何确保叶子能充分接触需要探究。
气态 ClO₂（3.0mg/L，10min）			大肠埃希氏菌 O157：H7 型：3.3lg（CFU/5cm²）[①]，沙门氏菌：2.5lg（CFU/5cm²）[①]		
气态 ClO₂（0.3mg/L，30min）	青椒片		大肠埃希氏菌 O157：H7 型：3.05lg（CFU/5g）（表面无伤），1.88lg（CFU/5g）（表面有伤）	Han et al.，2001	
气态 ClO₂（3mg/L，10min）			大肠埃希氏菌 O157：H7 型：7.39lg（CFU/5g）（表面无伤），3.60lg（CFU/5g）（表面有伤）		
气态 ClO₂（0.6mg/L，30min）			大肠埃希氏菌 O157：H7 型：>6lg（CFU/5g）（表面无伤），3.36lg（CFU/5g）（表面有伤）		
NaClO₂（0.5 g/L）+柠檬酸（1g/L）（15 min）	分开的白菜	混合	大肠埃希氏菌 O157：H7 型：2.2～2.9（水洗：0.7～1.4）	Inatsu et al.，2005a	有效成分 ClO₂，有些国家不允许作为生鲜产品消毒剂使用。
NaClO₂（0.5 g/L）+柠檬酸（10g/L）			大肠埃希氏菌 O157：H7 型：3.7～3.8（水洗：0.4～0.5）		
NaClO₂（0.5 g/L）+柠檬酸（1g/L）+加热（50℃）			大肠埃希氏菌 O157：H7 型：3.7～3.9（水洗：1.3～1.5）		
NaClO₂（0.5 g/L）+柠檬酸（1g/L）+超声波		鼓动	大肠埃希氏菌 O157：H7 型：2.8（水洗：1.1～1.3）		
NaClO₂（0.5 g/L）+柠檬酸（1g/L）（15 min）	分开的白菜		大肠埃希氏菌 O157：H7 型：2.0（水洗：<1.0），单核细胞增生性李斯特菌：2.2（水洗：<1.0），金黄色葡萄球菌：2.4（水洗：<1.0），沙门氏菌：2.0（水洗：<1.0），好氧菌：2.0（水洗：0.6）	Inatsu et al.，2005b	

①作者根据表中列出的参考文献对原文做过修改。

附表6-8　用于叶菜与香料菜抵御微生物危害风险的其他干预方式

（引自：FAO, Microbiological hazards in fresh leafy vegetables and herbs, 2008）

方法	浓度与时间	产品种类	处理	对照	减少效果 [lg(CFU/g)]				参考文献
					大肠杆菌O157∶H7型	单核细胞增生性李斯特菌	好氧菌	霉菌和酵母菌	
臭氧水	5mg/L（10min）	分开的生菜	浸泡	未经处理的			1.5		Koseki et al.，2001
强酸性电解水（pH2.6）	有效氯含量 30mg/L（10min）						2.0		
强酸性电解水	有效氯含量 30~35mg/L（60s）	有机子生菜（Organic baby lettuce），红色和绿色油麦菜、红色和绿色枫叶菜（Oak leaf）、卷叶莴苣（Lollo rosa）	鼓动	未经处理的	2.4（水1.0）	2.0（水1.0）	2.3（水1.0）		
	有效氯含量 30~35mg/L（90s）	红色和绿色莴苣蔬菜、日本莴苣菜（Mizuna），芝麻菜、苣荬（Frisee），红菊苣			2.5（水1.0）	2.5（水1.0）	2.5（水1.0）		
臭氧水	10mg/L（1min）	分开的生菜	摇动	未经处理的	1.21（水0.88）				Singh et al.，2002
臭氧水	1.3mmol/L（3min）	分开的生菜	搅动	未经处理的			1.2（中温菌），1.8（嗜冷菌）		Kim, Yousef and Chism,1999
臭氧水	5mg/L（5min）	分开的生菜	淹没	未经处理的	1.09	无效果			Yuk et al.，2006
醋酸	1%（1min）				0.17	0.59			
柠檬酸					0.84	1.03			
乳酸					1.07	0.93			
臭氧＋柠檬酸	臭氧 3mg/L＋1%柠檬酸（1min）				2.31（水0.57）	1.80（水0.53）			

（续）

方法	浓度与时间	产品种类	处理	对照	减少效果 [lg(CFU/g)]				参考文献
					大肠杆菌 O157∶H7 型	单核细胞增生性李斯特菌	好氧菌	霉菌和酵母菌	
强酸性电解水 (pH2.5)	有效氯含量 45 mg/L (1min)	生菜叶	摇动	未经处理的	4.16(水1.38) lg(CFU/片)①	3.94(水1.56) lg(CFU/片)①			Park et al., 2001
	有效氯含量 45 mg/L (3min)				4.17(水1.76) lg(CFU/片)①	4.40(水1.75) lg(CFU/片)①			
Nisin（乳酸链球菌素）	50 mg/L (1min)	分开的结球甘蓝	鼓动	未经处理的		2.77			Bari et al., 2005
Nisin + 0.02mol/L EDTA（乙二胺四乙酸）						2.94			
Nisin+0.02%植酸						4.35			
乳酸片球菌素 (Pediocin)	100AU/mL					1.94			
乳酸片球菌素 + 0.02mol/L EDTA						2.44			
乳酸片球菌素 + 0.02%植酸						2.50（水 0.86）			
Nisin（乳酸链球菌素）	50 mg/L	分开的青花菜				2.55			
Nisin + 0.02mol/L EDTA（乙二胺四乙酸）						2.47			
Nisin+0.02%植酸						4.18			
乳酸片球菌素 (Pediocin)	100AU/mL					1.11			
乳酸片球菌素 + 0.02mol/L EDTA						1.90			
乳酸片球菌素 + 0.02%植酸						1.70（水 0.48）			

（续）

方法	浓度与时间	产品种类	处理	对照	大肠杆菌 O157:H7型	单核细胞增生性李斯特菌	好氧菌	霉菌和酵母菌	参考文献
Nisin Z	200AU/mL(2min)	分开的生菜	清洗	未经处理的		3.2~3.5lg (CFU/cm^2)	2.4lg (CFU/cm^2)		Allende et al.,2007
抗菌凝固素 (Coagulin)	400AU/mL					3.2~3.5lg (CFU/cm^2)	2.4lg (CFU/cm^2)		
Nisin Z＋抗菌凝固素	200AU/mL					3.2~3.5lg (CFU/cm^2) ［水 0.6lg (CFU/cm^2)]②	2.4lg (CFU/cm^2) ［水 1.9lg (CFU/cm^2)]②		
柠檬酸	1g/L (15min)	分开的白菜	混合	未经处理的	1.0～1.4 (水 0.9)				Inatsu et al., 2005a
伽马射线	1.0kGy	分开的生菜	照射	未经处理的			2.35		Zhang, Lu and Wang, 2006
伽马射线	1.5kGy	分开的生菜	照射	未经处理的			3.1		
伽马射线	1.05kGy	成捆的香菜	照射	未经处理的	＞6.6 (水 1)		2.41 (水 0.46)	1.91 (水 0.55)	Foley et al., 2004
超声波					与其他消毒方式结合，减少效果提高 2.5，如氯消毒剂、醋酸、热处理，据观察对一些病原菌有效。				Seymour et al., 2002; Ajiouni et al., 2006; Delaquis et al.1999
紫外线 (UV)		生菜			减少量取决于 H_2O_2 浓度、温度和处理时间，最佳条件下，内部表面减少 4.12±0.45，减少量适用于生菜上的沙门氏菌。表面减少 2.84±0.34，减少量适用于生菜上的沙门氏菌。				Hadjok, Mittal and Warriner, 2008

①单位由作者根据原文文献修改，每片生菜重 52~62g，水为去离子水；
②作者根据表中列出的参考文献原文做过修改。

附表 7-1 果蔬清洗、去水和打蜡推荐用毛刷辊（IBC 公司推荐）

果蔬产品	用途	刷辊类型	刷丝材料	密度	说明
苹果	清洗刷	栽植刷辊、缠绕式刷辊，波纹形修整可改善翻滚提高效力	0.015X 形聚乙烯、0.016 三角形聚乙烯	24 排, 32 圈/304.8mm	最软、摩擦最小，适于嫩果
			0.018 三角形聚乙烯	24 排, 30 圈/304.8mm	柔软，耐用性好
			0.018X 形聚乙烯	24 排, 30 圈/304.8mm	比 X 形聚乙烯略硬，耐用性好
			0.020 三角形聚乙烯	24 排, 30 圈/304.8mm	洗刷作用更强，耐用性好
			0.022X 形聚乙烯	24 排, 30 圈/304.8mm	洗刷作用更强、耐用性好
	去水刷	栽植刷辊、缠绕式刷辊，波纹形修整可改善翻滚采用沥水杆	0.015X 形聚乙烯、	24 排, 32 圈/304.8mm	最软、持水性好
			0.018X 形聚乙烯、	24 排, 30 圈/304.8mm	比 0.015 X 形聚乙烯略硬且寿命长
			0.022X 形聚乙烯	24 排, 30 圈/304.8mm	比 0.018 X 形聚乙烯略硬，需要在低转速下运行；与 0.018 X 形聚乙烯同隔用增加翻滚 0.018 X 形聚乙烯的转速比 0.022 X 形聚乙烯刷快
	打蜡刷	栽植刷辊、缠绕式刷辊，波纹形修整可改善翻滚提高效力	打蜡专用合成丝	24 排, 30 圈/304.8mm	直径小、圆形、专用打蜡合成刷丝、抗多数化学剂、不会腐蚀或折断
			50/50 马鬃和三角形聚乙烯混合	24 排, 30 圈/304.8mm	马鬃吸收性好，聚乙烯携带和布刷性能好，两者结合可使打蜡表面光滑
葡萄柚	清洗刷	栽植刷辊、缠绕式刷辊，波纹形修整可改善翻滚提高效力	0.018 三角形聚乙烯	24 排, 32 圈/304.8mm	清洗柔和，耐用性好
			0.022X 形聚乙烯	24 排, 32 圈/304.8mm	比 0.018 三角形聚乙烯的洗刷作用强，寿命长
			0.015 三角形聚丙烯	20 排, 24 圈/304.8mm	洗刷作用更强
	去水刷	栽植刷辊、缠绕式刷辊，波纹形修整可改善翻滚采用沥水杆	0.022X 形聚乙烯	24 排, 27 圈/304.8mm	去水效果好、寿命长
	打蜡刷	栽植刷辊、缠绕式刷辊，波纹形修整可改善翻滚提高效力	打蜡专用合成丝	24 排, 30 圈/304.8mm	直径小、圆形、专用打蜡合成刷丝、抗多数化学剂、不会腐蚀或折断
			50/50 马鬃和三角形聚乙烯混合	24 排, 30 圈/304.8mm	马鬃吸收性好，聚乙烯携带和布刷性能好，两者结合可使打蜡表面光滑

（续）

果蔬产品	用途	刷辊类型	刷丝材料	密度	说明
柠檬和青柠檬	清洗刷	栽植刷辊、缠绕式刷辊、波纹形修整可改善翻滚提高效力	0.018 三角形聚乙烯	24 排、30 圈/304.8mm	清洗柔和、耐用性好
			0.018X 形聚乙烯	24 排、30 圈/304.8mm	比 0.018 三角形聚乙烯硬、耐用性好
	去水刷	栽植刷辊、缠绕式刷辊、采用沥水杆	0.018X 形聚乙烯	24 排、27 圈/304.8mm	去水效果好、比 0.022 X 形聚乙烯略软
			0.022X 形聚乙烯	24 排、27 圈/304.8mm	去水效果好、寿命长
	打蜡刷	栽植刷辊、缠绕式刷辊、波纹形修整可改善翻滚提高效力	打蜡专用合成丝	24 排、30 圈/304.8mm	直径小、圆形、专用打蜡合成刷丝、抗多数化学剂、不会腐蚀或折断
			50/50 马鬃和三角形聚乙烯混合	24 排、30 圈/304.8mm	马鬃吸收性好、聚乙烯携带和布蜡性能好、两者结合可使打蜡表面光滑
瓜	清洗刷	栽植刷辊、缠绕式刷辊	0.022X 形聚乙烯	26 排、32 圈/304.8mm	柔软、清洗彻底
			0.010～0.018 聚丙烯	24 排、32 圈/304.8mm	干洗、无水、无蜡
			0.010～0.018 尼龙	24 排、32 圈/304.8mm	干洗、无水、无蜡
	顶用刷	缠绕式刷辊	0.018 三角形聚乙烯	12 圈/304.8mm	打蜡效果好
美国加州、德州橙	清洗刷	栽植刷辊、缠绕式刷辊、波纹形修整可改善翻滚提高效力	0.018 或 0.020 三角形聚乙烯	24 排、32 圈/304.8mm	清洗柔和、耐用性好
			0.022X 形聚乙烯	24 排、30 圈/304.8mm	常用于美国德州橙
	去水刷	栽植刷辊、缠绕式刷辊、采用沥水杆	0.022X 形聚乙烯、	24 排、27 圈/304.8mm	去水效果好、寿命长
	打蜡刷	栽植刷辊、缠绕式刷辊、波纹形修整可改善翻滚提高效力	打蜡专用合成丝	24 排、32 圈/304.8mm	直径小、圆形、专用打蜡合成刷丝、抗多数化学剂、不会腐蚀或折断
			50/50 马鬃和三角形聚乙烯混合	24 排、32 圈/304.8mm	马鬃吸收性好、聚乙烯携带和布蜡性能好、两者结合可使打蜡表面光滑

（续）

果蔬产品	用途	刷辊类型	刷丝材料	密度	说明
美国佛州橙和脐橙	清洗刷	栽植刷辊、缠绕式刷辊、波纹形修整可改善翻滚退滚混高效力	0.018三角形聚乙烯	24排、32圈/304.8mm	清洗柔和、耐用性好
			0.022X形聚乙烯	24排、32圈/304.8mm	刷洗作用比0.018三角形聚乙烯强
			0.015三角形聚丙烯	24排、32圈/304.8mm	刷洗作用比0.022X形聚乙烯强
	去水刷	栽植刷辊、采用沥水杆	0.022X形聚乙烯	24排、27圈/304.8mm	去水效果好、寿命长
	打蜡刷	栽植刷辊、缠绕式刷辊、波纹形修整可改善翻滚退滚混高效力	打蜡专用合成丝	24排、32圈/304.8mm	直径小、圆形、专用打蜡合成刷丝、抗多数化学剂、不会腐蚀或折断、两者结合
			50/50马鬃和三角形聚乙烯混合	24排、32圈/304.8mm	马鬃吸收性好、聚乙烯携带和布蜡性能好、两者结合可使打蜡表面光滑
处理过的柑橘	清洗刷	缠绕式刷辊、不规则修整	0.018聚丙烯	27圈/304.8mm	具有刷洗作用
			0.022聚丙烯	27圈/304.8mm	刷洗作用比0.018聚丙烯强
			0.030聚丙烯	27圈/304.8mm	刷洗作用最强、打破表皮的油脂细胞
普通桃、油桃和梨、猕猴桃	清洗刷	栽植刷辊、缠绕式刷辊	0.016三角形聚乙烯	24排、32圈/304.8mm	清洗柔和、适于嫩果
			0.018三角形聚乙烯	24排、32圈/304.8mm	比0.016三角形聚乙烯略硬
	去水刷	栽植刷辊、采用沥水杆	0.015X形聚乙烯	24排、32圈/304.8mm	去水柔和、适于柔嫩水果
			0.018X形聚乙烯	24排、32圈/304.8mm	比0.015X形聚乙烯硬、寿命长
	打蜡刷	栽植刷辊、缠绕式刷辊、波纹形修整可改善翻滚退滚混高效力	打蜡专用合成丝	24排、32圈/304.8mm	直径小、圆形、专用打蜡合成刷丝、抗多数化学剂、不会腐蚀或折断、两者结合
			50/50马鬃和三角形聚乙烯混合	24排、32圈/304.8mm	马鬃吸收性好、聚乙烯携带和布蜡性能好、两者结合可使打蜡表面光滑
番茄	清洗刷	栽植刷辊、缠绕式刷辊	0.016三角形聚乙烯	24排、30圈/304.8mm	清洗柔和
			0.020三角形聚乙烯	24排、30圈/304.8mm	清洗柔和
	去水刷	栽植刷辊、采用沥水杆	0.022X形聚乙烯	27圈/304.8mm	刷洗作用比0.020三角形聚乙烯略强
	打蜡刷	栽植刷辊、缠绕式刷辊、波纹形修整可改善翻滚退滚混高效力	打蜡专用合成丝	24排、32圈/304.8mm	直径小、圆形、专用打蜡合成刷丝、抗多数化学剂、不会腐蚀或折断、两者结合
			50/50马鬃和三角形聚乙烯混合	24排、32圈/304.8mm	马鬃吸收性好、聚乙烯携带和布蜡性能好、两者结合可使打蜡表面光滑

果蔬产品	用途	刷辊类型	刷丝材料	密度	说明
胡萝卜	清洗刷	栽植刷刷辊、缠绕式刷辊	0.014～0.025 尼龙 6-12	24 排、32 圈/304.8mm	尼龙寿命长、效果最好
			0.014～0.025 聚丙烯	24 排、32 圈/304.8mm	比尼龙硬、便宜、寿命较短
			0.018～0.022 三角形聚丙烯	26 排、32 圈/304.8mm	比尼龙硬、便宜、寿命较短
黄瓜	清洗刷	栽植刷刷辊、缠绕式刷辊、建议波浪形修整以减少破裂	0.018 三角形形聚乙烯	24 排、30 圈/304.8mm	清洗柔和、寿命长
			0.022 X 形聚乙烯	24 排、30 圈/304.8mm	寿命长、刷洗作用更强
	去水刷	栽植刷刷辊、缠绕式刷辊、采用沥水杆	0.015 X 形聚乙烯	24 排、30 圈/304.8mm	去水柔和
			0.018 X 形聚乙烯	24 排、30 圈/304.8mm	寿命长、去水效果很好
			0.022 X 形聚乙烯	24 排、27 圈/304.8mm	寿命长、去水作用更强
	打蜡刷	栽植刷刷辊、缠绕式刷辊、波纹形修整可改善翻滚提高效力	打蜡专用合成丝	24 排、32 圈/304.8mm	直径小、圆形、专用打蜡合成刷丝，抗多数化学剂，不会腐蚀或折断
			50/50 马鬃和三角形聚乙烯混合	24 排、32 圈/304.8mm	马鬃吸收性好、聚乙烯携带和布蜡性能好，两者结合可使打蜡表面光滑
洋葱	清洗刷	栽植刷刷辊、缠绕式刷辊、波纹形修整可改善翻滚提高效力	0.018 三角形聚乙烯	24 排、30 圈/304.8mm	柔和、寿命长
			0.010 聚丙烯	24 排、27 圈/304.8mm	去除多条表皮和细根的效果很好
			0.014 聚丙烯	24 排、27 圈/304.8mm	刷洗作用比 0.010 聚丙烯强
			0.015 三角形聚丙烯	24 排、30 圈/304.8mm	刷洗作用比 0.014 聚丙烯略强
			0.022 X 形聚乙烯	24 排、27 圈/304.8mm	去除多余表皮和细根的效果好、碎块不会嵌入刷中
马铃薯	清洗刷	缠绕式刷辊	0.010 聚丙烯	24 圈/304.8mm	清洁效果好
			0.014 聚丙烯	24 圈/304.8mm	刷洗作用比 0.010 聚丙烯强
			0.014 尼龙	24 圈/304.8mm	清洁效果好、寿命最长
	去水刷	缠绕式刷刷辊、采用沥水杆	0.022X 形聚乙烯	27 圈/304.8mm	清洁效果好、比尼龙或聚丙烯柔和
	用于热干和抛光	缠绕刷刷辊、缠绕式刷辊	0.022X 形聚乙烯	27 圈/304.8mm	去水作用柔和、寿命长
			0.008 尼龙 6-6	24 排、30 圈/304.8mm	耐热性好、寿命长

附表 8-1　美国德州橙分级标准中的允差判定规则——装货点[1]

（引自：USDA，2003）

（A）1~20个抽样

接收数（最大允许）[④]

要素	级别	AL[2]	每样本50个抽样数[3]																			
			1	2	3	4	5	6	7	8	9	10	11	12	13	14	15	16	17	18	19	20
腐坏	US 优级 / US 1级 / US 2级 / US 混合级	1	0	1	1[⑤]	1	2	2[⑤]	2	3	3	3	3[⑤]	3	4	4	4[⑤]	4[⑤]	5	5	5	5
	US 3级	2	0	1	2	2[⑤]	2	3[⑤]	3	4	4	4[⑤]	5	5	5[⑤]	6	6	6[⑤]	6	7	7	7
包括腐坏、坏在内的非常严重的损伤	US 优级 / US 1级 / US 2级 / US 混合级	6	4	6	9	11	14	16	18	20	22	24	26	28	30	33	35	37	39	41	43	45
包括腐坏、坏和非常严重损伤在内的总缺陷	US 优级 / US 1级 / US 2级 / US 3级	8	7	12	17	22	27	32	36	41	45	50	54	59	63	68	72	76	81	85	90	94
	US 混合级（US 2级允许的）	29	26	48	70	91	112	134	155	176	197	218	239	260	281	301	322	343	364	384	405	425
尺寸偏离		10	7	12	17	22	27	32	36	41	45	50	54	59	63	68	72	76	81	85	90	94
颜色偏离	US 1级 / US 1级明亮 / US 2级 / US 混合级	10	7	12	17	22	27	32	36	41	45	50	54	59	63	68	72	76	81	85	90	94

接收数（最小要求）[④]

	AL	1	2	3	4	5	6	7	8	9	10	11	12	13	14	15	16	17	18	19	20
US 1级青铜色	1	3	8	12	18	23	29	34	40	45	51	56	62	68	74	79	85	91	97	102	108
US 1级褐色																					

(B) 21～40个抽样

每样本50个的抽样数③

接收数（最大允许）④

要素	级别	AL②	21	22	23	24	25	26	27	28	29	30	31	32	33	34	35	36	37	38	39	40
腐坏	US优级 US1级 US2级 混合级	1	5⑤	6	6	6	6	6⑤	6	7	7	7	7	7⑤	7	8	8	8	8⑤	8	9	9
	US3级	2	8	8	8⑤	8	9	9	9⑤	9	10	10	10⑤	11	11	11⑤	11	12	12	12⑤	12	13
包括腐坏在内的非常严重的损伤	US优级 US1级 US2级 混合级	6	47	49	51	53	54	56	58	60	62	64	66	68	70	72	74	76	78	80	81	83
包括腐坏和非常严重损伤在内的总缺陷	US优级 US1级 US2级 US3级	8	98	103	107	111	116	120	124	129	133	137	141	146	150	154	159	163	167	171	176	180
	混合级（US2级允许的）	29	446	467	487	508	529	549	570	590	611	631	652	672	693	713	734	754	775	795	816	836
尺寸偏离		10	98	103	107	111	116	120	124	129	133	137	141	146	150	154	159	163	167	171	176	180
颜色偏离	US1级青铜色 US1级明亮 US2级 混合级	10	98	103	107	111	116	120	124	129	133	137	141	146	150	154	159	163	167	171	176	180

接收数（最小要求）④

	级别	AL②	21	22	23	24	25	26	27	28	29	30	31	32	33	34	35	36	37	38	39	40
	US1级青铜色 US1级褐色	1	114	119	125	131	137	143	149	155	161	166	172	178	184	190	196	202	208	214	220	226

①装货点：指产地的出货地点，或装运码头或海外出货码头，或美洲大陆外准备进入美国的发货港口；

②AL：在独立样本（50个样）中的绝对允许限；

③样本量：50个；

④接收数：有缺陷或尺寸偏离的果数的最大或最小允许值；

⑤对该接收数的首选抽样数。

附表 8-2　美国德州橙分级标准中的允差判定规则——运输途中或目的地

(引自：USDA, 2003)

要素	级别	AL①	每样本 50 个的抽样数②																			
			1	2	3	4	5	6	7	8	9	10	11	12	13	14	15	16	17	18	19	20
			接收数（最大允许）																			
腐坏	所有	4	3	4	6	7	9	10	11	13	14	15	16	18	19	20	21	23	24	25	26	27
除腐坏外的非常严重的损伤	US 优级	6	4	6	9	11	14	16	18	20	22	24	26	28	30	33	35	37	39	41	43	45
	US 1 级																					
	US 2 级																					
	US 混合级	8	7	12	17	22	27	32	36	41	45	50	54	59	63	68	72	76	81	85	90	94
除腐坏外包括非常严重损伤在内的总缺陷	US 优级																					
	US 1 级																					
	US 2 级																					
	US 3 级																					
	US 组合（US 2 级允许的）	29	26	48	70	91	112	134	155	176	197	218	239	260	281	301	322	343	364	384	405	425
尺寸偏离	US 1 级	10	7	12	17	22	27	32	36	41	45	50	54	59	63	68	72	76	81	85	90	94
颜色偏离	US 1 级明亮	10	7	12	17	22	27	32	36	41	45	50	54	59	63	68	72	76	81	85	90	94
	US 2 级																					
	US 混合级																					
			接收数（最小要求）③																			
颜色偏离	US 1 级青铜色	1	3	8	12	18	23	29	34	40	45	51	56	62	68	74	79	85	91	97	102	108
	US 1 级褐色																					

①AL：在独立样本（50 个样）中的绝对对允许限；

②样本量：50 个；

③接收数：有缺陷或尺寸偏离的果数的最大或最小允许值。

附表 9-1　常用包装膜及其特性

（引自：Mangaraj S et al., 2009）

特性	聚乙烯膜			聚丙烯		聚氯乙烯 (PVC)	聚酯 (PET)		聚偏二氯乙烯 (PVDC)		乙烯-乙烯醇 (EVOH)		聚酰胺	
	LDPE	LLDPE	HDPE	PP	BOPP		非定向	定向	普通用途	高阻隔	32mol% 乙烯	44mol% 乙烯	尼龙 6	尼龙 11
玻璃态转变温度 T_g（℃）	-120	-120	-120	-10	-10	$75\sim105$	$73\sim80$	$73\sim80$	$-15\sim+2$	$-15\sim+2$	69	55	60	—
融化温度 T_m（℃）	$105\sim115$	$122\sim124$	$128\sim138$	$160\sim175$	$160\sim175$	212	$245\sim265$	$245\sim265$	$160\sim172$	$160\sim172$	181	164	$210\sim220$	$180\sim190$
热变形温度 T_h（在 455kPa）（℃）	$40\sim44$		$62\sim91$	$107\sim121$		$57\sim82$	$38\sim129$	—	—	—	—	—	—	—
密度（g/cm³）	$0.915\sim0.940$	$0.915\sim0.935$	$0.94\sim0.97$	$0.89\sim0.91$	$0.89\sim0.91$	$1.35\sim1.41$	$1.29\sim1.40$	1.40	$1.60\sim1.71$	1.73	1.19	1.14	$1.13\sim1.16$	$1.03\sim1.05$
拉伸模量（GPa）	$0.2\sim0.5$		$0.6\sim1.1$	$1.1\sim1.5$	$1.7\sim2.4$	<4.1	$2.8\sim4.1$	—	$0.3\sim0.7$	$0.9\sim1.1$	2.6	2.1	$0.69\sim1.7$	1.3
拉伸强度 F_T（MPa）	$8\sim31$	$20\sim45$	$17\sim45$	$31\sim43$	$120\sim240$	$10\sim55$	$48\sim72$	$220\sim270$	$48\sim100$	$83\sim148$	77	59	$41\sim165$	$55\sim65$
伸长率（%）	$100\sim965$	$350\sim850$	$10\sim1200$	$500\sim650$	$30\sim150$	$14\sim450$	$30\sim3000$	$70\sim110$	$40\sim100$	$50\sim100$	230	380	300	$300\sim400$
水蒸气透过率（在 37.8℃和 90%相对湿度）[g·μm/(m²·24h)]	$375\sim500$		125	$100\sim300$	$100\sim125$	$750\sim15700$	$390\sim510$	440	79	20	1535	724	$3900\sim4300$	$1000\sim2000$
25℃氧气透过率 P_{O_2}[mL·μm/(m²·h·MPa)]	$65788\sim86356$	$28779\sim82240$	$16442\sim30012$	$20558\sim38648$	$15208\sim23844$	$1520\sim98692$	$493\sim987$	444	$128\sim178$	12.8	3.21	12.33	$197\sim419$	5142

（续）

特性	聚乙烯膜			聚丙烯		聚氯乙烯 (PVC)	聚酯 (PET)		聚偏二氯乙烯 (PVDC)		乙烯-乙烯醇 (EVOH)		聚酰胺	
	LDPE	LLDPE	HDPE	PP	BOPP		非定向	定向	普通用途	高阻隔	32mol% 乙烯	44mol% 乙烯	尼龙 6	尼龙 11
25℃二氧化碳透过率 P_{CO_2} [mL·μm/(m²·h·MPa)]	411 172~ 539 719	149 075~ 426 005	98 485~ 179 768	115 529~ 217 202	82 586~ 129 475	9 267~ 602 023	2 517~ 5 033	2 181	612~ 849	48.85	99.68	370.1	829~ 1 767	20 567
二氧化碳与氧气透过率之比 P_{CO_2}/P_{O_2}	6.25	5.18	5.99	5.62	5.43	6.10	5.10	4.91	4.76	3.81	31.0	30.0	4.21	4.0
氧气指前因子 $P^B_{O_2}$ [mL·μm·(m²·h·MPa)]	4.1× 10¹²	4.3× 10¹³	1.60× 10⁹	7.2× 10¹⁰	7.9× 10¹⁰	6.5× 10¹²	4.1× 10⁷	4.7× 10⁸	4.1× 10¹³	4.6× 10¹⁴	—	4.8× 10¹⁴	3.4× 10¹⁰	3.1× 10⁷
二氧化碳指前因子 $P^P_{CO_2}$ [mL·μm/(m²·h·MPa)]	5.9× 10¹¹	6.9× 10¹²	8.8× 10⁸	8.7× 10⁹	9.3× 10⁹	3.4× 10⁹	9.2× 10⁷	9.6× 10⁸	5.6× 10¹¹	6.3× 10¹²	—	6.1× 10¹⁴	4.3× 10¹⁰	3.9× 10⁷
氧气渗透活化能 $E^P_{O_2}$ (kJ/mol)	35.1	37.4	43.1	39.5	38.3	40.5	56.80	60.4	66.50	73.2	—	—	43.50	47.60
二氧化碳渗透活化能 $E^P_{CO_2}$ (kJ/mol)	30.3	31.6	34.3	32.7	33.9	30.5	40.4	42.8	51.50	56.7	—	—	40.50	42.40
氧气的 10℃温升透过系数 $Q^{P_{O_2}}_{10}$	1.96	1.84	1.73	1.81	1.77	1.78	1.52	1.50	2.82	2.87	—	—	1.97	—
二氧化碳的 10℃温升透过系数 $Q^{P_{CO_2}}_{10}$	1.71	1.65	1.60	1.62	1.58	1.54	1.50	1.47	2.23	2.26	—	—	1.88	—

附表 9-2　常用包装膜及其特点

（引自：同附表 9-1）

膜的类型	产品特点/食品相容性		消费者与市场问题		环境问题		成本
	优点	缺点	优点	缺点	优点	缺点	
LDPE	柔韧、有弹性和强度，阻湿性好；抗化学制剂；可热封且容易密封；较透明主要作塑料膜用；CO_2 和 O_2 透过率高，可层压和复合薄膜	—	重量轻	轻微雾度或半透明	可回收	容易以半刚性形式回收，但鉴别和分类较困难	成本低
LLDPE	柔韧、有弹性和强度；较高的抗冲击强度，抗撕裂、抗环境应力开裂；耐刺破，阻湿性好，耐油脂且无油脂活性，低温性能好	不适用于热暴露场合	重量轻	外观轻微雾状	可回收	容易以半刚性形式回收，但鉴别和分类较困难	成本低
HDPE	柔韧、有强度和硬度；软化点高于 LDPE 且阻隔性高；耐化学制剂和潮湿性；易加工和易成型	透明度差	重量轻	轻微雾度或半透明	可回收	容易以半刚性形式回收，但鉴别和分类较困难	成本低
双向拉伸聚丙烯（BOPP）	强度、密度和透明性高于聚乙烯；中度气体阻隔性和高水汽阻隔性（气体阻隔和水汽阻隔性高于聚乙烯）；耐化学制剂性能好；耐油脂性优；可适于热封	—	重量轻；与 LDPE 相比透明度高，强度高和耐刚性好	—	可回收	容易以半刚性形式回收，但鉴别和分类较困难	成本低
聚酯（PET/PEN）	透明性和机械性能优；对气体和湿气阻隔性好/适度，特别对于特殊气味和味道；耐热、耐光降解，溶剂和酸	—	重量轻；清澈/玻璃状透明；耐破损	—	可回收	容易以半刚性形式回收，但鉴别和分类较困难	便宜但是塑料中成本较高的
聚氯乙烯（PVC）	坚固和透明；阻气性好和阻水汽性；耐化学制剂、矿物/物油/油脂性；主要用作包装膜	—	高透明	—	可回收	含氯；需要与其他废弃物分开	便宜

（续）

膜的类型	产品特点/食品相容性		消费者与市场问题		环境问题		成本
	优点	缺点	优点	缺点	优点	缺点	
聚偏二氯乙烯 (PVDC)	高气体和水蒸气阻隔性；可热封；也用作加热膜、加压杀菌膜、低温贮藏膜等	高气体阻隔	保持产品质量	—	可回收	含氯；需要与其他弃物分开	便宜但是塑料中成本较高的
聚苯乙烯	延展强度高且透明性优；用作产品的"呼吸膜"	湿气和气体阻隔性差	透明性好	—	可回收	需要与其他废弃物分开	便宜
聚酰胺 (尼龙6)	坚固；氧阻隔性适度；气味阻隔性好；耐化学性好；机械特性和热特性与PET相似；高温性能优	水蒸气气阻隔性差	—	—	可回收	需要与其他废弃物分开	相对较贵但用作薄膜较便宜
乙烯-乙烯醇 (EVOH)	阻气性好、特别是对氧、气味和味道；常作为氧气阻隔材料	湿气阻隔性和湿气敏感性高	对氧敏感产品能保持产品质量	—	可回收	需要与其他废弃物分开	用作薄膜时便宜
乙烯醋酸乙烯酯 (EVA)	透明性优；热封性非常好；粘合性非常好	气体阻隔性差；水汽阻隔性差	透明；主要在多层膜中用	—	可回收	需要与其他废弃物分开	便宜
聚乳酸 (PLA)	可生物降解、可水解		适于作生鲜产品气调气膜	—	可回收	需要与其他废弃物分开	比较贵
碾压复合膜共挤复合膜	可根据需要生产出不同性能的产品		设计和性能有灵活性	—	常允许减少原料	需要层分离	比较贵但效果好

主 要 参 考 文 献

[1] 北京市农业局 . DB 11/T 506—2007 蔬菜初加工生产技术规程 [S] . [出版者不详]，2007.

[2] 陈策实，尹光琳 . 从葡萄糖一步发酵生产维生素 C 的前体 2-酮基-L-古龙酸研究进展 [J] . 生物工程进展，2000，20 (5)：51-56.

[3] 陈春田，李东力，刘希真，鲍立峰，刘政晖 . 二氧化氯对细菌杀灭作用机理的实验观察 [J] . 中国消毒学杂志，2002，19 (3)：137-141.

[4] 陈国青 . 二氧化氯灭活水中病毒 [J] . 解放军预防医学杂志，1994，12 (6)：499-502.

[5] 陈敏，王颖 . 上海市食品中李斯特氏菌污染情况调查 [J] . 上海预防医学杂志，2001，13 (3)：112-113.

[6] 陈鑫辉 . 热带果树资源的引种及园林应用探讨 [J] . 亚热带植物科学，2011，40 (2)：64-67.

[7] 邓云，吴颖，李云飞 . 果蔬在贮运过程中的生物力学特性及质地检测 [J] . 农业工程学报，2005，21 (4)：1-6.

[8] 邓明林，蒋琳，刘宗丽，陈虹，杜安云 . 江油市初级食品中致泻性大肠杆菌污染调查 [J] . 现代预防医学，2004，31 (1)：109-110.

[9] 第 29 届奥运会组委会 . DB 11/Z 522—2008 奥运会食品安全即食即用果蔬企业生产卫生规范 [S] . [出版者不详，奥运会结束时已废止]，2008.

[10] 电力行业电厂化学标准化技术委员会 . DL/T 809—2002 水质-浊度的测定 [S] . 北京：中国标准出版社，2002.

[11] 窦彦霞，彭雄，余佳敏，高超，肖崇刚，周常勇 . 中国烟草根黑腐病菌根串珠霉菌群及 rDNA-ITS 序列分析 [J] . 菌物学报，2012，31 (4)：531-539.

[12] 樊金祥，李现军，付耀华，胡秀杰，韩建英，任魏，樊文信 . 安阳市郊区粪便处理对降低蔬菜污染及肠道传染病发病的调查研究 [J] . 河南预防医学杂志，1994，5 (6)：329-331.

[13] 樊全君，张正尧，张淑英，王燕，张国胜，丁红 . 周口市李斯特氏污染状况调查分析 [J] . 实用预防医学，2001，8 (4)：301.

[14] 关文强，陈丽，李喜宏，胡云峰 . 红富士苹果自发气调保鲜技术研究 [J] . 农业工程学报，2004，20 (5)：218-221.

[15] 国家环境保护总局 . GB 13200—1991 水质浊度的测定 [S] . 北京：中国标准出版社，1991.

[16] 国家环境保护总局 . HJ/T 272—2006 环境保护产品技术要求 化学法二氧化氯消毒剂发生器 [S] . 北京：中国标准出版社，2006.

[17] 郭时印，谭兴和，李清明，王峰 . 热处理技术在果蔬贮藏中的应用 [J] . 河南科技大学学报（农学版），2004，24 (2)：54-58.

[18] 郭文川，朱新华，周闯鹏，张晓军 . 西红柿成熟度与电特性关系的无损检测研究 [J] . 农业现代化研究，2002，23 (6)：458-460.

[19] 郝志明，石红，周婉君 . 次氯酸钠消毒剂在水产加工厂中的应用研究 [J] . 现代食品科技，2009，25 (3)：286-288.

[20] 黑龙江省农业委员会 . DB23/T 1228—2008 净菜（瓜类蔬菜）通用技术条件 [S] . [出版者不详]，2008.

[21] 黑龙江省农业委员会 . DB23/T 1227—2008 净菜（茄果类蔬菜）通用技术条件 [S] . [出版者不详]，

2008.

[22] 侯凤伶，申志新，张淑红，王英豪，关文英．河北省食品中李斯特菌污染状况调查［J］．中国卫生检验杂志，2005，15（11）：1362-1363.

[23] 侯田莹，赵园园，郑淑芳．次氯酸钠在蔬菜加工中循环利用的杀菌效果评价［J］．食品科学，2010，31（13）：27-30.

[24] 华明．动水中射流特性研究［D］．南京：河海大学，2001.

[25] 孔祥佳，郑俊峰，林河通，林艺芬，陈艺晖．热处理对果蔬贮藏品质和采后生理的影响及应用［J］．包装与食品机械，2011，29（3）：34-39.

[26] 堀田国元．酸性电解水的基础、应用及发展动向［J］．郭永明，译．中国护理管理，2008，8（4）：7-10.

[27] 雷晓凌，李学恭，佘志刚，蔡小玲，钟敏，杨志娟．1株海洋真菌 ZH2.1 的鉴定及生物学特性初步研究［J］．微生物学杂志，2011，31（3）：53-56.

[28] 李光晨，范双喜，主编．园艺植物栽培学［M］．北京：中国农业大学出版社，2001.

[29] 李家政．果蔬自发气调包装原理与应用［J］．包装工程，2011，32（15）：33-38.

[30] 链传动专业委员会等编．链条输送机［M］．北京：机械工业出版社，1997.

[31] 刘南．一种固体二氧化氯杀灭微生物效果的研究［D］．重庆：第三军医大学，2005.

[32] 刘秀峰，陈伟．福州市 2001-2002 年腹泻病人及各类食品中 O157：H7 大肠杆菌污染调查［J］．疾病监测，2003，18（11）：421-422.

[33] 鲁国东，黎常窗，潘崇忠，张学博．中国甘蔗病害名录［J］．甘蔗，1997，4（4）：19-23.

[34] 吕锋洲．电解水是好水（2）［M］．台北：元氣斋出版，2003.

[35] 伦照荣，卢力心，陈晓光，李娟．环孢子虫（Cyclospora）：一种新的人体肠道致病原虫［J］．中国寄生虫学与寄生虫病杂志，1997，15（6）：414-417.

[36] Ryu K Y，罗文富，杨艳丽，陈海如，郭华春，王毅．云南省马铃薯银腐病（*Helminthosporium solani*）的研究［J］．中国马铃薯，2001，15（4）：196-199.

[37] 马运明，王华然，王福玉，李迎凯，尹静．臭氧灭活水中 f_2 噬菌体的效果研究［J］．环境与健康杂志，2009，26（12）：1107-1108.

[38] 潘绍嶂．生物学中拉丁学名的构成规则［J］．山东农业大学学报，1991，22（2）：167-173.

[39] 彭永琴，李克锋，曹薇．利用浑浊度推算含沙量方法的限制性与适用性研究［J］．四川环境，2009，28（1）：20-23.

[40] 全国电工术语标准化技术委员会．GB/T 2900.60—2002 电工术语 电磁学［S］．北京：中国标准出版社，2002.

[41] 全国包装标准化技术委员会．GB/T 16470—2008 托盘单元货载［S］．北京：中国标准出版社，2008.

[42] 全国统计方法应用标准化技术委员会．GB/T 2828.1—2003 计数抽样检验程序 第1部分：按接收质量限（AQL）检索的逐批检验抽样计划［S］．北京：中国标准出版社，2003.

[43] 全国物流标准化技术委员会．GB/T 2934—2007 联运通用平托盘 主要尺寸及公差［S］．北京：中国标准出版社，2008.

[44] 全国颜色标准化技术委员会．GB/T 3977—2008 颜色的表示方法［S］．北京：中国标准出版社，2008.

[45] 沈芄，宁培勇，丁津华，徐文体，邱立军，刘军．关于杀灭对数值取值方法的商榷［J］．中国消毒学杂志，2005，22（2）：132.

[46] 孙荣芳，陶清晨，孙成群，王炜红，黄君礼，王丽，任南琪，马放．液氯和二氧化氯对病毒灭活作用对比实验研究［J］．环境与健康杂志，1995，12（1）：7-9.

[47] 孙锡娟，卢善玲，周根娣，何七勇．施肥方式对蔬菜大肠杆菌污染的影响［J］．上海农业学报，1996，12（2）：68-72.

[48] 王莉．FJZ-500 型水果重量分级机的研制［J］．北京农业工程大学学报，1995，15（4）：31-34.

[49] 王莉. FJZ-500 型水果重量分级机称量误差理论分析 [J]. 农业机械学报，1997，28（1）：89-93.

[50] 王莉. 蔬菜清洗机不同清洗模式的节水比较 [J]. 农业工程学报，2008，24（9）：103-107.

[51] 王莉. 淹没水射流清洗机清洗蔬菜的作用原理与运动分析 [J]. 农业工程学报，2007，23（6）：130-135.

[52] 王莉，陈勤超. 淹没水射流方式清洗樱桃番茄的试验研究 [J]. 农业工程学报，2007，23（9）：86-90.

[53] 王莉，丁小明. 淹没水射流方式清洗蔬菜的探索研究 [J]. 农业工程学报，2007，23（12）：124-130.

[54] 王茂起，冉陆，王竹天，李志刚，姚景惠，付萍，杨宝兰，徐进，李迎惠. 2001 年中国食源性致病菌及其耐药性主动监测研究 [J]. 卫生研究，2004，33（1）：49-54.

[55] 王婧，苑会林，马沛岚，李军. 聚乙烯醇薄膜的生产及应用现状与展望 [J]. 塑料，2005，34（2）：12-17.

[56] 王卫芳，胡佳，张永瑜，李新芳，陈茂坤，方剑锋. 广东口岸首次截获美国苹果牛眼果腐病 [J]. 植物检疫，2010，24（1）：35-37.

[57] 王卫芳，章柱，余辛，张永瑜，李新芳，黄益燕. 2010 年广东口岸从进境美国水果中截获多种检疫性真菌有害生物 [J]. 植物检疫，2011，25（3）：34.

[58] 王鹰主编. 连续输送机械设计手册 [M]. 北京：中国铁道出版社，2001.

[59] 王政逸，李德葆. 尖孢镰刀菌的遗传多态性 [J]. 植物病理学报，2000，30（3）：193-199.

[60] 卫生部. 次氯酸钠类消毒剂卫生质量技术规范 [S]. 卫监督发〔2009〕265 号，2007.

[61] 吴文平. 中国鞘孢属及其相关类群：鞘孢属新种和新记录种 [J]. 菌物系统，2004，23（3）：313-323.

[62] 武法文，史益强，徐志红. 多元混合气体在硅橡胶膜中的渗透传质研究 [J]. 广州化工，2009，37（7）：82-85.

[63] 向梅梅. 菠萝真菌病害研究现状 [J]. 仲恺农业技术学院学报，1994，7（2）：69-75.

[64] 肖淑敏，李国清，周荣琼，李韦华. 牛源环孢子虫的发现与分子鉴定 [J]. 中国预防兽医学报，2006，28（4）：380-383.

[65] 熊鳌魁，詹德新，全贵均，汤忠谷. 近水面淹没喷嘴射流流场特性的实验研究 [J]. 水动力学研究与进展，1995，10（4）：429-433.

[66] 徐海松. 颜色技术原理及在印染中的应用（四）第四篇：CIE 标准照明体与颜色表述方法 [J]. 印染，2005，21：35-39.

[67] 徐新华，赵伟荣. 水与废水的臭氧处理 [M]. 北京：化学工业出版社，2003.

[68] 徐燕，陈越英，谈智，王玲，周品众，冷红英，孙俊. 三种消毒剂对大肠杆 f_2 噬菌体灭活效果的实验研究 [J]. 中国消毒学杂志，2006，23（4）：285-288.

[69] 许盈松，黄振杰. 台湾集集堰沉沙池泥沙浓度与浊度率定关系研究 [J]. 泥沙研究，2009，（3）：37-44.

[70] 许玉芬，王亚楠. 一起埃希大肠杆菌食物中毒调查 [J]. 浙江预防医学，2006，18（2）：31.

[71] 薛广波. 现代消毒学 [M]. 北京：人民军医出版社，2002.

[72] 颜金良，颜勇卿，王立. 二氧化氯消毒饮用水中毒副产物污染的初步研究 [J]. 中国预防医学杂志，2006，7（6）：513-515.

[73] 晏磊，张伯旭，常炳国. CCD 图像传感器及其数字相机技术——信息记录材料在成像领域技术进展（四）[J]. 信息记录材料，2002，3（1）：45-49.

[74] 叶昱翟. 基于多光谱图像的水果外观品质检测方法研究 [D]. 浙江大学，2005.

[75] 于建华，朱世银，刘玲. 一起福氏志贺氏菌 3b 引起的食物中毒 [J]. 解放军预防医学杂志，2000，18（1）：70.

[76] 余沐洋，张萌，高凌峰，何建波. 白藜芦醇与紫檀芪抗氧化活性差异的电化学研究 [J]. 食品科学，

2012，33（5）：78-82.

[77] 詹豪强．电解法合成二氧化氯研究进展述评［J］．广西化工，1996，25（4）：41-16.

[78] 张慧芝，庄旭冬，蔡春英．汕头市区食品中李斯特氏菌污染状况分析［J］．中国食品卫生杂志，2004，16（5）：451-452.

[79] 张敏，张雷杰，张杰，孙治强，张百良．生鲜食品导热系数影响因素的试验与分析［J］．河南农业大学学报，2007，41（6）：680-683.

[80] 张向慧，范振良．影响次氯酸钠溶液蔬菜杀菌效果的主要因素［J］．开封大学学报，2007，21（3）：84-86.

[81] 张晓煜，吴清平，张菊梅，吴慧清，阙绍辉．二氧化氯对大肠杆菌作用机理的研究［J］．中国消毒学杂志，2007，24（1）：16-20.

[82] 张裕君，罗加凤，刘鹏，刘跃庭，廖芳．智利苹果中牛眼果腐病菌的分离鉴定研究［J］．植物检疫，2012，26（2）：47-49.

[83] 赵进沛，李永丹，徐书显，张凤云，张田，张永红．微包衣一元二氧化氯粉剂的实验研究［J］．华北国防医药，2002，14（6）：381-384.

[84] 赵晓宁，林少彬，路凯．臭氧降解水中农药的试验研究［J］．现代科学仪器，2005，4：62-63.

[85] 周怀瑜，赵群力，丛华，李瑛，何深一，古钦民．济南市蔬菜污染土源性线虫卵情况的调查［J］．中国预防医学杂志，2002，3（2）：144.

[86] 中国电力企业联合会．GB/T 12151—2005 锅炉用水和冷却水分析方法 浊度的测定（福马肼浊度）［S］．北京：中国标准出版社，2005.

[87] 中国石油和化学工业协会．GB 5138—2006 工业用液氯［S］．北京：中国标准出版社，2006.

[88] 中国石油和化学工业协会．GB/T 10666—2008 次氯酸钙（漂粉精）［S］．北京：中国标准出版社，2008.

[89] 中国石油和化学工业协会．GB/T 19106—2003 次氯酸钠溶液［S］．北京：中国标准出版社，2003.

[90] 中国石油和化学工业协会．GB/T 20621—2006 化学法复合二氧化氯发生器［S］．北京：中国标准出版社，2006.

[91] 中国石油和化学工业协会．GB/T 20783—2006 稳定性二氧化氯溶液［S］．北京：中国标准出版社，2006.

[92] 中国石油和化学工业协会．HG/T 2496—2006 漂白粉［S］．北京：中国标准出版社，2006.

[93] 中国石油和化学工业协会．HG/T 3250—2010 工业亚氯酸钠［S］．北京：化学工业出版社，2006.

[94] 中华人民共和国化学工业部．GB/T 15893.1—1995 工业循环冷却水中浊度的测定 散射光法［S］．北京：中国标准出版社，1995.

[95] 中华人民共和国建设部．GB 12176—1990 次氯酸钠发生器［S］．北京：中国标准出版社，1990.

[96] 中华人民共和国科学技术部．GB/T 14926.26—2001 实验动物 小鼠脑脊髓炎病毒检测方法［S］．北京：中国标准出版社，2001.

[97] 中华人民共和国农业部．NY/T 268—1995 绿色食品苹果［S］．北京：中国标准出版社，1995.

[98] 中华人民共和国农业部．NY/T 716—2003 柑橘采摘技术规范［S］．北京：中国标准出版社，2003.

[99] 中华人民共和国农业部．GB/T 961—2006 宽皮柑橘［S］．北京：中国农业出版社，2006.

[100] 中华人民共和国农业部．NY/T 1086—2006 苹果采摘技术规范［S］．北京：中国农业出版社，2006.

[101] 中华人民共和国农业部．NY/T 1529—2007 鲜切蔬菜加工技术规范［S］．北京：中国农业出版社，2007.

[102] 中华人民共和国农业部．NY/T 1793—2009 苹果等级规格［S］．北京：中国农业出版社，2009.

[103] 中华人民共和国商业部．GB/T 10651—2008 鲜苹果［S］．北京：中国标准出版社，2008.

[104] 中华人民共和国卫生部．GB 4789.2—2010 食品安全国家标准食品微生物学检验菌落总数测定［S］．北京：中国标准出版社，2010.

[105] 中华人民共和国卫生部. GB 4789. 3—2010 食品安全国家标准食品微生物学检验大肠菌群计数［S］. 北京：中国标准出版社，2010.

[106] 中华人民共和国卫生部. GB 18066—2000 居住区大气中臭氧卫生标准［S］. 北京：中国标准出版社，2000.

[107] 中华人民共和国卫生部. GB 26366—2010 二氧化氯消毒剂卫生标准［S］. 北京：中国标准出版社，2010.

[108] 中华人民共和国卫生部. GBZ 2.1—2007 工作场所有害因素职业接触限值 化学有害因素［S］. 北京：中国标准出版社，2007.

[109] 中国农业科学院蔬菜研究所. 中国蔬菜栽培学［M］. 北京：中国农业出版社，1987.

[110] 中国农业科学院郑州果树研究所. 中国果树栽培学［M］. 北京：中国农业出版社，1987.

[111] 周德庆. 微生物学词典［M］. 天津科学技术出版社，2005.

[112] 周恩浦，等编. 矿山机械（选矿机械部分）［M］. 北京：冶金工业出版社，1979.

[113] 庄雪影，梁宝汉，李秉滔. 广东山榄科植物分类的初步研究［J］. 华南农业大学学报，1986，7（2）55-65.

[114] Abbaszadeh R，Rajabipour A，Delshad M，Mahjub M J，Ahmadi H. Prediction of watermelon consumer acceptability based on vibration response spectrum［J］. World Academy of Science，Engineering and Technology，2011，54：669-672.

[115] Abbott J A. Quality measurement of fruits and vegetables［J］. Postharvest Biology and Technology，1999，15（3）：207-225.

[116] Abbott J A，Harker F R. Texture［M］// Gross K C，Wang C Y，Saltveit M E（ed）. USDA Agriculture Handbook Number 66：The Commercial Storage of Fruits，Vegetables，and Florist and Nursery. Beltsville，MD：United States Department of Agriculture，Agricultural Research Service，2004.

[117] Abbott J A，Lu R F，Upchurch B L，Stroshine R L. Technologies for nondestructive quality evaluation of fruits and vegetables［M］// Horticultural Reviews Vol 20，John Wiley & Sons Inc，2010.

[118] Abdelnoor A M，Batshoun R，Roumani B M. The bacterial flora of fruits and vegetables in Lebanon and the effect of washing on the bacterial content［J］. Zentralblatt fur Bakteriologie，Mikrobiologie und Hygiene. Serie B，Umwelthygiene，1983，177（3-4）：342-349.

[119] Afek U，Orenstein J，Nuriel E. Steam treatment to prevent carrot decay during storage［J］. Crop Protection，1999，18（10）：639-642.

[120] Agilent. Application note：basics of measuring the dielectric properties of materials［R］. USA：Agilent Technologies Inc，2005，2006.

[121] Agribusiness Development Project. Vegetable packinghouse design［EB/OL］. http：//www. tomato. org.

[122] Ahmad U，Mardison S，Tjahjohutomo R，Nurhasanah A. Development of automatic grading machine prototype for citrus using image processing［J］. Australian Journal of Agricultural Engineering，2010，1（5）：165-169.

[123] Ait-Oubahou A. Modified atmosphere packaging of tomato fruit［M］// Gerasopoulos D（ed）. Postharvest losses of perishable horticultural products in the Mediterranean region. Chania（Greece）：CIHEAM-IAMC，1999：103-113.

[124] Ajlouni S，Sibrani H，Premier R，Tomkins B. Ultrasonication and fresh produce（Cos lettuce）preservation［J］. Journal of Food Science，2006，71（2）：62-68.

[125] Akamine E K，Arisumi T. Control of postharvest storage decay of fruits of papaya（*Carica papaya* L.）with special reference to the effect of hot water［J］. Proceedings of the American Society for Horticultural Science，1953，61：270-274.

[126] Akbas M Y, Olmez H. Inactivation of *Escherichia coli* and *Listeria monocytogenes* on iceberg lettuce by dip wash treatments with organic acids [J]. Letters in Applied Microbiology, 2007, 44 (6): 619-624.

[127] Al-Ati T, Hotchkiss J H. The role of packaging film permselectivity in modified atmosphere packaging [J]. Journal of Agricultural and Food Chemistry, 2003, 51 (14): 4133-4138.

[128] Al-Hindawi N, Rished R. Presence and distribution of *Salmonella* species in some local foods from Baghdad City, Iraq [J]. Journal of Food Protection, 1979, 42: 877-880.

[129] Allende A, Martinez B, Selma V, Gil M I, Suarez J E, Rodriguez A. Growth and bacteriocin production by lactic acid bacteria in vegetable broth and their effectiveness at reducing *Listeria monocytogenes* in vitro and in fresh-cut lettuce [J]. Food Microbiology, 2007, 24 (7-8): 759-766.

[130] Andersson Y, Jong B D. *Salmonella* associated with bean sprouts [C]. 10th (Jubilee) International Symposium, Stockholm, World Association of Veterinary Food Hygienists, 1989, 319-322.

[131] Andersson Y, Jong B D, Tulgrew B. *Salmonella* javiana in pepper [C]. 10th (Jubilee) International Symposium, Stockholm, World Association of Veterinary Food Hygienists, 1989, 27.

[132] Armstrong J W, Hu B K S, Brown S A. Single-temperature forced hot-air quarantine treatment to control fruit flies (Diptera: Tephritidae) in papaya [J]. Journal of Economic Entomology, 1995, 88 (3): 678-682.

[133] Artés F, Gómez P, Aguayo E, Escalona V, Artés-Hernández F. Sustainable sanitation techniques for keeping quality and safety of fresh-cut plant commodities [J]. Postharvest Biology and Technology, 2009, 51 (3): 287-296.

[134] Artes-Hernandez F, Tomas-Barberan F A, Artes F. Modified atmosphere packaging preserves quality of SO_2-free 'superior seedless' table grapes [J]. Postharvest Biology and Technology, 2006, 39 (2): 146-154.

[135] Arumugaswamy R K, Ali G R R, Abdul-Hamid S N. Prevalence of *Listeria monocytogenes* in foods in Malaysia [J]. International Journal of Food Microbiology, 1994, 23 (1): 117-121.

[136] Arumugaswamy R K, Rusul G, Abdul-Hamid S N, Cheah C T. Prevalence of *Salmonella* in raw and cooked foods in raw and cooked foods in Malaysia [J]. Food Microbiology, 1995, 12 (1): 3-8.

[137] ASHRAE. ASHRAE Handbook-refrigeration, 2006.

[138] ASHRAE. ASHRAE Handbook-refrigeration, 2010.

[139] Athamneh A I. Electronic nose evaluation of grape maturity [D]. Virginia Tech, 2006.

[140] Aytac S A, Gorris L G M. Survival of *Aeromonas hydrophila* and *Listeria monocytogenes* on fresh vegetables stored under moderate vacuum [J]. World Journal of Microbiology and Biotechnology, 1994, 10 (6): 670-672.

[141] Baker A C. The basis for treatment of products where fruit flies are involved as a condition for entry into the United States [M]. USDA Circular 551, Washington, DC, 1939.

[142] Baker A C. The vapor-heat process [M] // USDA Yearbook of Agriculture, U S Gov Print Off, Wash DC, 1952.

[143] Bari M L, Ukuku D O, Kawasaki T, Inatsu Y, Issiki K, Kawamoto S. Combined efficacy of nisin and pediocin with sodium lactate, citric acid, phytic acid, and potassium sorbate and EDTA in reducing the *Listeria monocytogenes* population of inoculated fresh-cut produce [J]. Journal of Food Protection, 2005, 68 (7): 1381-1387.

[144] Barkai-Golan R, Padova R, Ross I, Lapidot M, Davidson H, Copel A. Combined hot water and radiation treatments to control decay of tomato fruits [J]. Scientia Horticulturae, 1993, 56 (2): 101-105.

[145] Barkai-Golan R, Phillips D J. Postharvest heat treatment of fresh fruits and vegetables for decay control

〔J〕. Plant Disease, 1991, 11: 1085-1089.

[146] Barry-Ryan C, Pacussi J M, O'Beirne D. Quality of shredded carrots as affected by packaging film and storage temperature 〔J〕. Journal of Food Science, 2000, 65 (4): 726-730.

[147] Barth M M, Zhou C, Mercier J, Payne FA. Ozone storage effects on anthocyanin content and fungal growth in blackrries 〔J〕. Journal of Food Science, 1995, 60 (6): 1286-1288.

[148] Bautista O K, Mabesa R C (eds). Vegetable production 〔M〕. University of the Philippines at Los Banos, 1977.

[149] Beaudry R M, Cavalieri R P. Effect of O_2 and CO_2 partial pressure on selected phenomena affecting fruit and vegetable quality 〔J〕. Postharvest Biology and Technology, 1999, 15 (3): 293-303.

[150] Bechar A, Mizrach A, Barreiro P, Landahl S. Determination of mealiness in apple using ultrasonic measurements 〔J〕. Biosystems Engineering, 2005, 91 (3): 329-334.

[151] Becker B R, Fricke B A. Simulation of moisture loss and heat loads in refrigerated storage of fruits and vegetables 〔M〕// Murphy W E. New developments in refrigeration for food safety and quality. American Society of Agricultural Engineers, 1996: 210-221.

[152] Benedict R C. Biochemical basis for nitrite-inhibition of *Clostridium botulinum* in cured meat 〔J〕. Journal of Food Protection, 1980, 43 (11): 877-884.

[153] Bennett A H. Thermal characteristics of peaches as related to hydro cooling 〔M〕. US Department of Agriculture Technical Bulletin 1292, 1963.

[154] Bennik M H J, Vorstman W, Smid E J, Gorris L G M. The influence of oxygen and carbon dioxide on the growth of prevalent Enterobacteriaceae and *Pseudomonas* species isolated from fresh and controlled-atmosphere-stored vegetables 〔J〕. Food Microbiology, 1998, 15 (5): 459-469.

[155] Bennik M H J, Peppelenbos H W, Nguyen-the C, Carlin F, Smid E J, Gorris L G M. Microbiology of minimally processed, modified atmosphere packaged chicory endive 〔J〕. Postharvest Biology and Technology, 1996, 9 (2): 209-221.

[156] Ben-Yehoshua S, Shapiro B, Moran R. Individual seal-packaging enables the use of curing at high temperatures to reduce decay and heat injury of citrus fruits 〔J〕. HortScience, 1987, 22 (5): 777-783.

[157] Berrang M E, Brackett R E, Beuchat L R. Growth of *Aeromonas hydrophila* on fresh vegetables stored under a controlled atmosphere 〔J〕. Applied and Environmental Microbiology, 1989a, 55 (9): 2167-2171.

[158] Berrang M E, Brackett R E, Beuchat L R. Growth of *Listeria monocytogenes* on fresh vegetables stored under a controlled atmosphere 〔J〕. Journal of Food Protection, 1989b, 52 (10): 702-702.

[159] Besser R E, Lett S M, Weber J T, Doyle M P, Barrett T J, Wells J G, Griffin P M. An outbreak of diarrhoea and hemolytic uremic syndrome from *Escherichia coli* O157 : H7 in fresh-pressed apple cider 〔J〕. Journal of the American Medical Association, 1993, 269 (17): 2217-2220.

[160] Beuchat L R. Surface decontamination of fruits and vegetables eaten raw: a review 〔M〕. Food Safety Issues, WHO/FSF/FOS, Food Safety Unit, World Health Organization, 1998.

[161] Bhande S D. Modelling of respiration kinetics of banana fruits for control atmosphere storage and modified atmosphere storage 〔R〕. Unpublished M Tech Thesis, Department of Agriculture and Food Engineering, Indian Institute of Technology, Kharagpur, India, 2007.

[162] Birzele B, Orth R, Kramer J, Becker B. EinfluB psychrotropher Hefen auf den Verderb von Feinkostsalaten 〔J〕. Fleischwirtschaft, 1997, 77: 331-333.

[163] Bolton D C, Zee Y C, Osebold J W. The biological effects of ozone on representative members of five groups of animal viruses 〔J〕. Environmental Research, 1982, 27 (2): 476-484.

[164] Boyette M D, Ritchie D, Carballo S J, Blankenship S M, Sanders D C. Chlorination and postharvest

disease control [J] . HortTechnology, 1993, 3 (4): 395-400.

[165] Boyhan G E, Hurst W C, Kelley W T. Postharvest handling and transportation of fruits and vegetables [EB/OL] . The University of Georgia and Ft. Valley State University, the U S Department of Agriculture and counties of the state cooperating, 2009. [2012-09-01] . http: // www. fruit. cornell. edu/berry/postharvest/postharvestpdfs/FS100. pdf

[166] Brackett R E. Changes in the microflora of packaged fresh broccoli [J] . Journal of Food Quality, 1989, 12 (3): 169-181.

[167] Breer C, Baumgartner A. Occurrence and behavior of *Listeria monocytogenes* in salads, vegetables and fresh vegetable juices [J] . Archiv fur Lebensmittelhygiene, 1992, 43: 108-110.

[168] Brickell C D, Alexander C, David J C, Hetterscheid W L A, Leslie A C, Malecot V, Jin X (eds) . International code of nomenclature for cultivated plants (eighth edition) [S] . International Society of Horticultural Science, 2009.

[169] Broadwater W T, Hoehn R C, King P H. Sensitivity of three selected bacterial species to ozone [J] . Applied Microbiology, 1973, 26 (3): 391-393.

[170] Brocklehurst T F, Zaman-Wong C M, Lund B M. A note on the microbiology of retail packs of prepared salad vegetables [J] . Journal of Applied Bacteriology, 1987, 63: 409-415.

[171] Burleson G R, Murray T M, Pollard M. Inactivation of viruses and bacteria by ozone, with and without sonication [J] . Applied Microbiology, 1975, 29 (3): 340-344.

[172] Cai G, Gale L R, Schneider R W, Kistler H C, Davis R M, Elias K S, Miyao E M. Origin of race 3 of *Fusarium oxysporum* f. sp. *lycopersici* at a single site in California [J] . Ecology and Population Biology, 2003, 93 (8): 1014-1022.

[173] Callister S M, Agger W A. Enumeration and characterization of *Aeromonas hydrophilia* and *Aeromonas caviae* isolated from grocery store produce [J] . Applied and Environmental Microbiology, 1989, 53 (2): 249-253.

[174] Camelo A F L. Manual for the preparation and sale of fruits and vegetables from field to market [M] . FAO Agricultural services bulletin 151, Publishing and Multimedia Service, Information Division, FAO, Viale delle Terme di Caracalla, 00100 Rome, Italy, 2004.

[175] Cameron A C, Boylan-Pett W, Lee J. Design of modified atmosphere packaging systems: modeling oxygen concentrations within sealed packages of tomato fruits [J] . Journal of Food Science, 1989, 54 (6): 1413-1421.

[176] Carmichael N G, Winder C, Borges S H, Backhouse B L, Lewis P D. Minireview: the health implications of water treatment with ozone [J] . Life Sciences, 1982, 30 (2): 117-129.

[177] Catteau M, Krembel C, Wauters G. *Yersinia enterocolitica* in raw vegetables [J] . Sciences des Aliments, 1985, 5: 103-106.

[178] CDC (Centers for Disease Control and Prevention) . Multi-state outbreak of *Salmonella poona* infections- United States and Canada [J] . Morbidity and Mortality Weekly Report, 1991, 40 (32): 549-552.

[179] CDC (Centers for Disease Control and Prevention) . Outbreak of Campylobacter enteritis associated with cross-contamination of food, Oklahoma, 1996 [J] . Morbidity and Mortality Weekly Report, 1998, 47 (7): 129-131.

[180] CDC (Centers for Disease Control and Prevention) . Outbreak of *Escherichia coli* O157: H7 infections associated with drinking unpasteurized commercial apple juice- British Columbia, California, Colorado and Washington, October, 1996 [J] . Morbidity and Mortality Weekly Report, 1996a, 45 (44): 975.

[181] CDC (Centers for Disease Control and Prevention) . *Salmonella oranienburg* gastroenteritis associated

with consumption of precut watermelons, Illinois [J] . Morbidity and Mortality Weekly Report, 1979, 28 (44): 522-523.

[182] CDC (Centers for Disease Control and Prevention) . Surveillance for foodborne disease outbreaks-United States, 1988-1992 [J] . Morbidity and Mortality Weekly Report, 1996b, 45 (ss-5), 66.

[183] CDC (Centers for Disease Control and Prevention) . Update: Outbreaks of Cyclospora cayetanaensis infection- United States and Canada, 1996 [J] . Morbidity and Mortality Weekly Report, 1996c, 45: 611-612.

[184] CDR. Outbreaks of Escherichia coli O157 : H7 infection and cryptosporidiosis associated with drinking unpasteurized apple cider, Connecticut and New York, October 1996 [J] . Communicable Disease Intelligence, 1991, 15 (17): 292-293.

[185] CDR. Hospital outbreak of E. coli O157 : H7 associated with a rare phage type, Ontario [J] . Canada Communicable Disease Report, 1997, 23 (5): 33-39.

[186] Chan H T, Linse E. Conditioning cucumbers for quarantine heat treatments [J] . HortScience, 1989, 24: 985-989.

[187] Chen P, McCarthy M J, Kauten R. NMR for internal quality evaluation of fruits and vegetables [J] . Transactions of the ASABE, 1989, 32 (5): 1747-1753.

[188] Chervin C, Kulkarni S, Kreidl S, Birrell F, Glenn D. A high temperature/low oxygen pulse improves cold storage disinfestation [J] . Postharvest Biology and Technology, 1997, 10 (3): 239-245.

[189] Choi K H, Lee K J, Kim G. Nondestructive quality evaluation technology for fruits and vegetables using near-infrared spectroscopy [EB/OL] . [2012-09-01] . http: //unapcaem. org/Activities% 20Files/A02/Nondestructive%20Quality%20Evaluation%20paper%20at%207th%20IFVE. pdf

[190] Christie G B Y, Macdiarmid J I, Schliephake K, Tomkins R B. Determination of film requirements and respiratory behaviour of fresh produce in modified atmosphere packaging [J] . Postharvest Biology and Technology, 1995, 6 (1-2): 41-54.

[191] Christopher D J, Raj T S, Rani S U, Udhayakumar R. Role of defense enzymes activity in tomato as induced by Trichoderma virens against Fusarium wilt caused by Fusarium oxysporum f. sp. lycopersici [J] . Journal of Biopesticides, 2010, 3 (1) 158-162.

[192] Clark C. Non-destructive testing of kiwifruit [J] . New Zealand Kiwifruit, 1993, 2: 10-11.

[193] Clark G M, Kaufmann A F, Gangarosa E J, Thompson M A. Epidemiology of an international outbreak of Salmonella agona [J] . The Lancet, 1973, 302 (7827): 490-493.

[194] Coates L, Johnson G. Postharvest diseases of fruit and vegetable [M] //Brown J F, Ogle H J. Plant pathogens and plant diseases. Australia: Rockvale Publications, 1997.

[195] Coates L M, Johnson G I, Cooke A W. Postharvest disease control in mangoes using high humidity hot air and fungicide treatments [J] . Annals of Applied Biology, 1993, 123 (2): 441-448.

[196] Coates L M, Johnson G I. Effective disease control in heat-disinfected fruit [J] . Postharvest News and Information, 1993, 4: 35-40.

[197] Costa M L, Civello P M, Chaves A R, Martínez G A. Effect of hot air treatments on senescence and quality parameters of harvested broccoli (Brassica oleracea L. var. Italica) heads [J] . Journal of the Science of Food and Agriculture, 2005, 85 (7): 1154-1160.

[198] Couey H M. Heat treatment for control of postharvest diseases and insect pests of fruits [J] . HortScience, 1989, 24: 198-201.

[199] Coursey D G, Nwankwo F I. Effects of isolation and of shade on the storage behavior of yams in West Africa [J] . Ghana Journal of Science, 1968, 8 (1-2): 74-81.

[200] Creel R H. Vegetables as a possible factor in the dissemination of typhoid fever [J] . Public Health Reports, 1912, 27 (6): 187-193.

[201] Danish Technological Institute. Guide packaging fresh fruit and vegetables [EB/OL]. Danish Technological Institute Packaging and Transport, 2008 [2012-09-01]. http://www.modifiedatmospherepackaging.com/Applications/Modified-atmosphere-packaging-fruit-vegetables.aspx.

[202] Darbas H, Riviere M, Obertic J. Yersinia in refrigerated vegetables [J]. Sciences des Aliments, 1985, 5: 81-84.

[203] de Simon M, Tarrago C, Ferrer M D. Incidence of *Listeria monocytogenes* in fresh foods in Barcelona (Spain) [J]. International Journal of Food Microbiology, 1992, 16 (2): 153-156.

[204] Delaquis P J, Stewart S, Toivonen P M A, Moyls A L. Effect of warm, chlorinated water on the microbial flora of shredded iceberg lettuce [J]. Food Reseach International, 1999, 32 (1): 7-14.

[205] Denis C, Pioche B. Microbiologie des légumes frais prédécoupés [J]. Industries Alimentaires et Agricoles, 1986, 103 (6): 547-553.

[206] Dentener P R, Alexander S M, Lester P J, Petry R J, Maindonald J H, McDonald R M. Hot air treatment for disinfestation of lightbrown apple moth and longtailed mealy bug on persimmons [J]. Postharvest Biology and Technology, 1996, 8 (2): 143-152.

[207] Dentener P R, Bennett K V, Hoy L E, Lewthwaite S E, Lester P J, Maindonald J H, Connolly P G. Postharvest disinfestation of lightbrown apple moth and longtailed mealybug on persimmons using heat and cold [J]. Postharvest Biology and Technology, 1997, 12 (3): 255-264.

[208] Dentener P R, Lewthwaite S E, Bennett K V, Maindonald J H, Connolly P G. Effect of temperature and treatment conditions on the mortality of *Epiphyas postvittana* (Lepidoptera: Tortricidae) exposed to ethanol [J]. Journal of Economic Entomology, 2000, 93 (2): 519-525.

[209] Dentener P R, Lewthwaite S E, Maindonald J H, Connolly P G. Mortality of twospotted spider mite (Acari: Tetranychidae) after exposure to ethanol at elevated temperatures [J]. Journal of Economic Entomology, 1998, 91 (3): 767-772.

[210] Di-Renzo G C, Altieri G, D'Erchia L, Lanza G, Strano M C. Effects of gaseous ozone exposure on cold stored orange fruit [J]. ISHS Acta Horticulturae, 2005, 682 (3): 1605-1610.

[211] Djioua T, Charles F, Lopez-Lauri F, Filgueiras H, Coudret A, Freire-Jr M, Ducamp-Collin M-N, Sallanon H. Improving the storage of minimally processed mangoes (*Mangifera indica* L.) by hot water treatments [J]. Postharvest Biology and Technology, 2009, 52 (2): 221-226.

[212] Doyle M P, Schoeni J L. Isolation of *Campylobacter jejuni* from retail mushrooms [J]. Applied and Environmental Microbiology, 1986, 51 (2): 449-450.

[213] Dunn R A, Hall W N, Altamirano J V, Dietrich S E, Robinson-Dunn B, Johnson D R. Outbreak of *Shigella flexneri* linked to salad prepared at a central commissary in Michigan [J]. Public Health Reports, 1995, 110 (5): 580-586.

[214] EC. Commission Regulation (EC) No 2073/2005 of 15 November 2005 on microbiological criteria for foodstuffs [S]. Official Journal of the European Union, 2005.

[215] EC. Commission Regulation (EC) No 1441/2007 of 5 December 2007 amending Regulation (EC) No 2073/2005 on microbiological criteria for foodstuffs [S]. Official Journal of the European Union, 2007.

[216] Emerson M A, Sproul O J, Buck C E. Ozone inactivation of cell-associated viruses [J]. Applied and Environmental Microbiology, 1982, 43 (3): 603-608.

[217] Environmental Monitoring Systems Laboratory Office of Research and Development US Environmental protection agency. Method 180.1 Determination of turbidity by nephelometry [S]. Cincinnati, Ohio 45268.

[218] Ercolani G L. Bacteriological quality assessment of fresh marketed lettuce and fennel [J]. Applied and

Environmental Microbiology, 1976, 31 (6): 847-852.

[219] Escudero M E, Velázquez L, Di-Genaro M S, de-Guzmán A M. Effectiveness of various disinfectants in the elimination of *Yersinia enterocolitica* on fresh lettuce [J]. Journal of Food Protection, 1999, 62 (6): 665-669.

[220] Eshel D, Regev R, Orenstein J, Droby S, Gan-Mor S. Combining physical, chemical and biological methods for synergistic control of postharvest diseases: A case study of Black Root Rot of carrot [J]. Postharvest Biology and Technology, 2009, 54 (1): 48-52.

[221] Evelo R G, Boerrigter H A M. Integral approach for optimizing modified atmosphere packages for Elstar apples: a combination of product and packaging constraints [J]. Packaging Technology and Science, 1994, 7 (4): 195-204.

[222] Exama A, Arul J, Lencki R W, Lee L Z, Toupin C. Suitability of plastic films for modified atmosphere packaging of fruits and vegetables [J]. Journal of Food Science, 1993, 58 (6): 1365-1370.

[223] Fair G M, Morris J C, Chang S L, Weil I, Burden R P. The behavior of chlorine as a water disinfectant [J]. Journal (American Water Works Association), 1948, 40 (10): 1051-1061.

[224] Fallik E, Aharoni Y, Yekutieli O, Wiseblum A, Regev R, Beres H, Bar-Lev E. A method for simultaneously cleaning and disinfecting agricultural produce [P]. Israel Patent Application No. 116965, 1996a.

[225] Fallik E, Grinberg S, Alkalai S, Yekutieli O, Wiseblum A, Regev R, Beres H, Bar-Lev E. A unique rapid hot water treatment to improve storage quality of sweet pepper [J]. Postharvest Biology and Technology, 1999, 15 (1): 25-32.

[226] Fallik E, Grinberg S, Alkalai S, Lurie S. The effectiveness of postharvest hot water dipping on the control of gray and black molds in sweet red pepper (*Capsicum annuum*) [J]. Plant Pathology, 1996b, 45 (4): 644-649.

[227] Fallik E, Grinberg S, Gambourg M, Klein J D, Lurie S. Prestorage heat treatment reduces pathogenicity of *Penicillium expansum* in apple fruit [J]. Plant Pathology, 1996c, 45 (1): 92-97.

[228] Fallik E, Klein J D, Grinberg S, Lomaniec E, Lurie S, Lalazar A. Effect of postharvest heat treatment of tomatoes on fruit ripening and decay caused by *Botrytis cinerea* [J]. Plant Disease, 1993, 77 (10): 985-988.

[229] Fan L, Forney C F, Song J, Doucette C, Jordan M A, McRae K B, Walker B A. Effect of hot water treatments on quality of highbush blueberries [J]. Journal of Food Science, 2008, 73 (6): 292-297.

[230] Fan L, Song J, Hildebrand P D, Forney C F. Interaction of ozone and negative air ions to control micro-organisms [J]. Journal of Applied Microbiology, 2002, 93 (1): 144-148.

[231] FAO / WHO. Microbological hazards in fresh fruits and vegetables [R]. Rome, Italy: Microbiological risk assessment series (Pre-publication version), Food and Agriculture Organization of the United Nations/ World Health Oranization, 2008.

[232] FAO / WHO. Microbological hazards in fresh leafy vegetables and herbs [R]. Rome, Italy: Microbiological risk assessment series No 14, Food and Agriculture Organization of the United Nations/ World Health Oranization, 2008.

[233] Fetner R H, Ingols R S. A comparison of the bactericidal activity of ozone and chlorine against *Escherichia coli* at 1° [J]. Journal of General Microbiology, 1956, 15 (2): 381-385.

[234] Florissen P, Ekman J S, Blumenthal C, McGlasson W B, Conroy J, Holford P. The effects of short heat treatments on the induction of chilling injury in avocado fruit (*Persea americana* Mill) [J]. Postharvest Biology and Technology, 1996, 8 (2): 129-141.

[235] Foley D, Euper M, Caporaso F, Prakash A. Irradiation and chlorination effectively reduces *Escherichia coli*

O157：H7 inoculated on cilantro (*Coriandrum sativum*) without negatively affecting quality [J]. Journal of Food Protection, 2004, 67 (10): 2092-2098.

[236] Follet P A, Gabbard Z. Efficacy of the papaya vapor heat quarantine treatment against white peach scale in Hawaii [J]. HortTechnology, 1999, 9 (3): 506.

[237] Forney C F. Hot water dips extend shelf-life of fresh broccoli [J]. HortScience, 1995, 30: 1054-1057.

[238] Francis G A, O'Beirne D. Effects of vegetable type and antimicrobial dipping on survival and growth of Listeria innocua and *E. coli.* [J]. International Journal of Food Science and Technology, 2002, 37 (6): 711-718.

[239] Fukuzaki Satoshi, Urano Hiromi, Yamada Sadako. Effect of pH on the efficacy of sodium hypochlorite solution as cleaning and bactericidal agents [J]. Journal of the Surface Finishing Society of Japan, 2007, 58 (8): 465-469.

[240] Galili N, Mizrach A, Rosenhouse G. Ultrasonic testing of whole fruit for nondestructive quality evaluation [C]. An ASAE/CSAE meeting presentation paper No. 936026, 1993.

[241] Gan-Mor S, Regev R, Orenstien J, Glik Y, Levi A, Eshel D. Precise monitoring of produce surface temperature during heat disinfection utilizing thermal IR imaging [C]. Agricultural and biosystems engineering for a sustainable world. International Conference on Agricultural Engineering, Hersonissos, Greece, 2008: 23-25.

[242] Garcia J M, Aguilera C, Jimenez A M. Grey mold in and quality of strawberry fruit following postharvest heat treatment [J]. HortScience, 1996, 31: 255-257.

[243] García-Gimeno R M, Sanchez-Pozo M D, Amaro-López M A, Zurera-Cosano G. Behavior of *Aeromonas hydrophila* in vegetable salads stored under modified atmosphere at 4 and 15℃ [J]. Food Microbiology, 1996a, 13 (5): 369-374.

[244] García-Gimeno R M, Zurena-Cosano G, Amaro-López M A. Incidence, survival and growth of *Listeria monocytogenes* in ready-to-use mixed salad vegetables in Spain [J]. Journal of Food Safety, 1996b, 16 (1): 75-86.

[245] Garcia-Villanova Ruiz B, Cueto Espinar A, Bolaños Carmona M J. A comparative study of strains of salmonella isolated from irrigation waters, vegetables and human infections [J]. Epidemiology and Infection, 1987a, 98 (3): 271-276.

[246] Garcia-Villanova Ruiz B, Galvez Vargas R, Garcia-Villanova R. Contamination on fresh vegetables during cultivation and marketing [J]. International Journal of Food Microbiology, 1987b, 4 (4): 285-291.

[247] Gardner J W. Pattern recognition in the warwick electronic nose [C]. In 8th International Congress of European Chemoreception Reasearch Organization, Coventry, UK, 1988: 9.

[248] Gariépy T D, Lévesque C A, de Jong S N, Rahe J E. Species specific identification of the *Neofabraea* pathogen complex associated with pome fruits using PCR and multiplex DNA amplification [J]. Mycological Research, 2003, 107 (5): 528-536.

[249] Gariépy T D, Rahe J E, Lévesque C A, Spotts R A, Sugar D L, Henriquez J L. Neofabraea species associated with bull's-eye rot and cankers of apple and pear in the Pacific Northwest [J]. Canadian Journal of Plant Pathology, 2005, 27 (1): 118-124.

[250] Gayler G E, MacCready R A, Reardon J P, McKernan B F. An outbreak of Salmonellosis traced to watermelon [J]. Public Health Reports, 1955, 70 (3): 311-313.

[251] Geeson J D, Genge P M, Sharpies R O. The application of polymeric film lining systems for modified atmosphere box packaging of English apples [J]. Postharvest Biology and Technology, 1994, 4: 35-48.

［252］Geiges O，Stahlin B，Baumann B. Mikrobiologische Beurtrilung von Schnittsalat und Sprossgemuse ［J］. Mitt Gebiete Lebensm Hyg，1990，81：684-721.

［253］Gola S，Previdi M P，Mutti P，Belloi S. Microbiological investigation of frozen vegetables，incidence of Listeria and other psychrotrophic pathogens ［J］. Industria Conserve，1990，65（1）：36-38.

［254］Gómez F，Fernández L，Gergoff G，Guiamet J J，Chaves A，Bartoli C G. Heat shock increases mitochondrial H_2O_2 production and extends postharvest life of spinach leaves ［J］. Postharvest Biology and Technology，2008，49（2）：229-234.

［255］Gomez-Lopez V M，Ragaert P，Jeyachchandran V，Debevere J，Devlieghere F. Shelf-life of minimally processed lettuce and cabbage treated with gaseous chlorine dioxide and cysteine ［J］. International Journal of Food Microbiology，2008，121（1）：74-83.

［256］Gonzalez-Aguilar G A，Ayala-Zavala J F，Ruiz-Cruz S，Acedo-Felix E，Diaz-Cinco M E. Effect of temperature and modified atmosphere packaging on overall quality of fresh-cut bell peppers ［J］. LWT-Food Science and Technology，2004，37（8）：817-826.

［257］Gonzalez-Aguilar G A，Zacarias L，Lafuente M T. Ripening affects high-temperature-induced polyamines and their changes during cold storage of hybrid fortune mandarins ［J］. Journal of Agricultural and Food Chemistry，1998，46（9）：3503-3508.

［258］Gonzalez R J，Luo Y G，Ruiz-Cruz S，McEvoy J L. Efficacy of sanitizers to inactivate *Escherichia coli* O157：H7 on fresh-cut carrot shreds under simulated process water conditions ［J］. Journal of Food Protection，2004，67（11）：2375-2380.

［259］Gras M-H，Druet-Michaud C，Cerf O. La flore bactérienne des feuilles de salade fraîche ［J］. Sciences des Aliments，1994，14（2）：173-188.

［260］Gross K C，Wang C Y，Saltveit M. The commercial storage of fruits，vegetables，and florist and nursery Stocks ［M］. USDA Handbook No 66，2004.

［261］Guan W Q，Li C，Xi H L，Feng H Y. Effect of modified atmosphere packaging on the quality of Fuji apple ［J］. Transactions of the Chinese Society of Agricultural Engineering，2004，20（5）：218-221.

［262］Guo W C，Zhu X H，Nelson S O，Yue R，Liu H，Liu Y. Maturity effects on dielectric properties of apples from 10 to 4 500 MHz ［J］. Food Science and Technology，2011，44（1）：224-230.

［263］Gurley B. Ozone：Pharmaceutical sterilant of the future ［J］. Journal of Parenteral Science and Technology，1985，39（6）：256-261.

［264］Guzel-Seydim Z B，Greene A K，Seydim A C. Use of ozone in the food industry ［J］. LWT- Food Science and Technology，2004，37（4）453-460.

［265］Hadjok C，Mittal G S，Warriner K. Inactivation of human pathogens and spoilage bacteria on the surface and internalized within fresh produce by using a combination of ultraviolet light and hydrogen peroxide ［J］. Journal of Applied Microbiology，2008，104（4）：1014-1024.

［266］Haff R P，Toyofuku N. X-ray detection of defects and contaminants in the food industry ［J］. Sensing and Instrumentation for Food Quality and Safety，2008，2（4）：262-273.

［267］Hallman G J，Gaffney J J，Sharp J L. Vapor heat treatment for grapefruit infested with Caribbean fruit fly（Diptera：Tephritidae）［J］. Journal of Economic Entomology，1990，83（4）：1475-1478.

［268］Han Y，Sherman D M，Linton R H，Nielsen S S，Nelson P E. The effects of washing and chlorine dioxide gas on survival and attachment of *Escherichia coli* O157：H7 to green pepper surfaces ［J］. Food Microbiology，2000，17（5）：521-533.

［269］Han Y，Linton R H，Nielsen S S，Nelson P E. Reduction of *Listeria monocytogenes* on green peppers （*Capsicum annuum* L.）by gaseous and aqueous chlorine dioxide and water washing and its growth at 7 degrees C ［J］. Journal of Food Protection，2001，64（11）：1730-1738.

［270］Hardman E W，Jones R L H，Davies A H. Fascioliasis-a large outbreak ［J］. British Medical Journal，

1970, 3 (5721)： 502-505.

[271] Harmon S M, Kautter D A, Solomon H M. *Bacillus cereus* contamination of seeds and vegetable sprouts grown in a home sprouting kit [J]. Journal of Food Protection, 1987, 50 (1)： 62-65.

[272] Harris N D, Martin S R, Ellias L. Bacteriological quality of selected delicatessen foods [J]. Journal of Milk Food Technology, 1975, 38： 759-761.

[273] Harvey J, Gilmour A. Occurrence and characteristics of *Listeria* in foods produced in Northern Ireland [J]. International Journal of Food Microbiology, 1993, 19 (3)： 193-205.

[274] Heather N W, Corcoran R J, Kopittke R A. Hot air disinfestation of Australian 'Kensington' mangoes against two fruit flies (Diptera： Tephritidae) [J]. Postharvest Biology and Technology, 1997, 10 (1)： 99-105.

[275] Heisick J E, Wagner D E, Nierman M L, Peeler J T. *Listeria* spp. found on fresh market produce [J]. Applied and Environmental Microbiology, 1989, 55 (8)： 1925-1927.

[276] Hellström S, Kervinen R, Lyly M, Ahvenainen-Rantala R, Korkeala H. Efficacy of disinfectants to reduce *Listeria monocytogenes* on precut iceberg lettuce [J]. Journal of Food Protection, 2006, 69 (7)： 1565-1570.

[277] Herwaldt B L, Ackers M-L, the Cyclospora Working Group. An outbreak in 1996 of cyclosporiasis associated with imported raspberries [J]. The New England Journal of Medicine, 1997, 336 (22)： 1548-1556.

[278] Hewett E W. Bitter pit reduction in 'Cox's Orange Pippin' apple by controlled and modified atmosphere storage [J]. Scientia Horticulturae, 1984, 23 (1)： 59-66.

[279] Hong G, Peiser G, Cantwell M I. Use of controlled atmospheres and heat treatment to maintain quality of intact and minimally processed green onions [J]. Postharvest Biology and Technology, 2000, 20 (1)： 53-61.

[280] Houang E, Bodnaruk P, Ahmet Z. Hospital green salads and the effects of washing them [J]. Journal of Hospital Infection, 1991, 17 (2)： 125-131.

[281] Hoy L E, Whiting D C. Mortality responses of three leafroller (Lepidoptera： Tortricidae) species on kiwifruit to a high-temperature controlled atmosphere treatment [J]. New Zealand Journal of Crop Horticultural Science, 1998, 26： 11-15.

[282] Huang T S, Xu C, Walker K, West P, Zhang S, Weese J. Decontamination efficacy of combined chlorine dioxide with ultrasonication on apples and lettuce [J]. Journal of Food Science, 2006, 71 (4)： M134-M139.

[283] Hunter P R, Hornby H, Campbell C K, Browne K F. Isolation of food spoilage yeasts from salads purchased from delicatessens [J]. British Food Journal, 1994, 96 (3)： 23-25.

[284] Ignat T, Mizrach A, Schmilovitch Z, Felfoldi J. Bell pepper maturity determination by ultrasonic techniques [J]. Progress in Agricultural Engineering Sciences, 2010, 6 (1)： 17-34.

[285] Inatsu Y, Bari M L, Kawasaki S, Issiki K, Kawamoto S. Efficacy of acidified sodium chlorite treatments in reducing *Escherichia coli* O157： H7 on Chinese cabbage [J]. Journal of Food Protection, 2005a, 68 (2)： 251-255.

[286] Inatsu Y, Maeda Y, Bari M L, Kawasaki S, Kawamoto S. Prewashing with acidified sodium chlorite reduces pathogenic bacteria in lightly fermented Chinese cabbage [J]. Journal of Food Protection, 2005b, 68 (5)： 999-1004.

[287] Iqbal S M, Ganesan D, Sudhakara R P. Mechanical system for on-line fruits sorting and grading using machine vision technology [J]. Journal of Instrument Society of India, 2009, 34 (3)： 153-162.

[288] ISO/TC 51. ISO 6780 Flat pallets for intercontinental materials handling-Principal dimensions and tolerances [S]. Switzerland： ISO, 2003.

[289] ISO/TC 69. ISO 2859-1 Sampling procedures for inspection by attributes-Part 1: Sampling schemes indexed by acceptance quality limit (AQL) for lot-by-lot inspection [S]. Switzerland: ISO, 1999.

[290] ISO/TC 147. ISO 7027 Water quality-Determination of turbidity [S]. Switzerland: ISO, 1999.

[291] Jacobi K K, Giles J, MacRae E, Wegrzyn T. Conditioning 'Kensington' mango with hot air alleviates hot water disinfestation injuries [J]. HortScience, 1995, 30 (3): 562-565.

[292] Jacobi K K, Giles J E. Quality of 'Kensington' mango (*Mangifera indica* Linn.) fruit following combined vapor heat disinfestation and hot water disease control [J]. Postharvest Biology and Technology, 1997, 12 (3): 285-292.

[293] Jacobi K K, Wong L S, Giles J E. Lychee (*Litchi chinensis* Sonn.) fruit quality following vapour heat treatment and cool storage [J]. Postharvest Biology and Technology, 1993, 3 (2): 111-119.

[294] Jacobi K K, Wong L S, Giles J E. Postharvest quality of zucchini (*Cucurbita pepo* L.) following high humidity hot air disinfestation treatments and cool storage [J]. Postharvest Biology and Technology, 1996, 7 (4): 309-316.

[295] Jacobsson A, Nielsen T, Sjöholm I, Wendin K. Influence of packaging material and storage condition on the sensory quality of broccoli [J]. Food Quality and Preference, 2004, 15 (4): 301-310.

[296] Jacomino A P, Kluge R A, Sarantopoulos C I G L, Sigrist J M M. Evaluation of plastic packages for guava refrigerated preservation [J]. Packaging Technology and Science, 2001, 14 (1): 11-19.

[297] Jacxsens L, Devlieghere F, Falcato P, Debevere J. Behaviour of *Listeria monocytogenes* and *Aeromonas* spp. on fresh-cut produce packaged under equilibrium-modified atmosphere [J]. Journal of Food Protection, 1999, 62 (10): 1128-1135.

[298] Jang E B. Systems approach to quarantine security: postharvest application of sequential mortality in the Hawaiian grown 'Sharwil' avocado system [J]. Journal of Economic Entomology, 1996, 89: 950-956.

[299] Jayasekara N Y. Ecological, physiological and biotechnological properties of pseudomonads isolated from mineral waters and salads [D]. The University of New South Wales, Sydney, Australia, 1999.

[300] Jerngklinchan J, Saitanu K. The occurrence of salmonellae in bean sprouts in Thailand [J]. The Southeast Asian Journal of Tropical Medicine and Public Health, 1993, 24 (1): 114-118.

[301] Jessup A J. Quarantine disinfestation of 'Hass' avocados against *Bactrocera tryoni* (Diptera: Tephritidae) with a hot fungicide dip followed by cold storage [J]. Journal of Economic Entomology, 1994, 87 (1): 127-130.

[302] Jobling J. Modified atmosphere packaging: Not as simple as it seems [J]. Good Fruit and Vegetables Magazine, 2001, 11 (5): 32-33.

[303] Joce R D, O'Sullivan G, Strong C, Rowe B, Hall M L M, Threfall E J. A national outbreak of *Salmonella* gold-coast [R]. London, CDSC, January 26, 1990.

[304] Johnston L M, Jaykus L A, Moll D, Martinez M C, Anciso J, Mora B, Moe C L. A field study of the microbiological quality of fresh produce [J]. Journal of Food Protection, 2005, 68 (9): 1840-1847.

[305] Joyce D C, Hockings P D, Mazucco R A, Shorter A J, Brereton I M. Heat treatment injury of mango fruit revealed by nondestructive magnetic resonance imaging [J]. Postharvest Biology and Technology, 1993, 3 (4): 305-311.

[306] Joyce D C, Hockings P D, Mazucco R A, Shorter A J. H-nuclear magnetic resonance imaging of ripening 'Kensington Pride' mango fruit [J]. Functional Plant Biology, 2002, 29 (7): 873-879.

[307] Kader A A. Fruit maturity, ripening and quality relationships [J]. ISHS Acta Horticulturae, 1999, 485: 203-208.

[308] Kader A A. Postharvest quality maintenance of fruits and vegetables in developing countries [M] //

Lieberman M. Post-harvest physiology and crop preservation. Plenum Publishing Corporation, 1983: 455-469.

[309] Kader A A (ed). Postharvest technology of horticultural crops [M]. Oakland, Calif: University of California, Division of Agriculture and Natural Resources, 1992.

[310] Kakiomenou K, Tassou C, Nychas G J. Microbiological, physiochemical and organoleptic changes of shredded carrots stored under modified storage [J]. International Journal of Food Science & Technology, 1996, 31 (4): 359-366.

[311] Kallander K D, Hitchins A D, Lancette G A, Schmieg J A, Garcia G R, Solomon H M, Sofos J N. Fate of *Listeria monocytogenes* in shredded cabbage stored at 5 and 25 degrees C under a modified atmosphere [J]. Journal of Food Protection, 1991, 54 (4): 302-304.

[312] Kanlayanarat S, Rolle R, Acedo-Jr A. Horticultural chain management for countries of Asia and the Pacific region: a training package [M]. Food and Agriculture Organization of the United Nations, Regional Office for Asia and the Pacific Bangkok, 2009.

[313] Kano A, *et al*. Outbreak of S. Thompson-suspected source, cross-contamination from soft turtle [J]. Infectious Agents Surveillance Report, 1996, 11 (8): 12 (91).

[314] Kapperud G, Rorvik L M, Hasseltvedt V, Hoiby E A, Iverson B G, Staveland K, Johnson G, Leitao J, Herikstad H, Andersson Y, Langeland Y, Gondrosen B, Lassen J. Outbreak of *Shigella sonnei* infection traced to imported iceberg lettuce [J]. Journal of Clinical Microbiology, 1995, 33 (3): 609-614.

[315] Karabulut O A, Cohen L, Wiess B, Daus A, Lurie S, Droby S. Control of brown rot and blue mold of peach and nectarine by short hot water brushing and yeast antagonists [J]. Postharvest Biology and Technology, 2002, 24 (2): 103-111.

[316] Kato K. Electrical density sorting and estimation of soluble solids content of watermelon [J]. Journal of Agricultural Engineering Research, 1997, 67 (2): 161-170.

[317] Katzenelson E, Koerner G, Biedermann N, Peleg M, Shuval H I. Measurement of the inactivation kinetics of poliovirus by ozone in a fast-flow mixer [J]. Applied and Environmental Microbiology, 1979, 37 (4) 715-718.

[318] Kelley D G. Chlorine disinfectants and ORP control [C]. Washington Tree Fruit Postharvest Conference, December 8th, 2004, Yakima, WA.

[319] Kim J G, Yousef A E, Chism G W. Use of ozone to inactivate microorganisms on lettuce [J]. Journal of Food Safety, 1999, 19 (1): 17-34.

[320] Kim J J, Ben-Yehoshua S, Shapiro B, Henis Y, Carmeli S. Accumulation of scoparone in heat-treated lemon fruit inoculated with *Penicillium digitatum* Sacc. [J]. Plant Physiology, 1991, 97 (3): 880-885.

[321] Kim K B, Lee S, Kim M S, Cho B K. Determination of apple firmness by nondestructive ultrasonic measurement [J]. Postharvest Biology and Technology, 2009, 52 (1): 44-48.

[322] Kim K M, Ko J A, Lee J S, Park H J, Hanna M A. Effect of modified atmosphere packaging on the shelf-life of coated, whole and sliced mushrooms [J]. LWT- Food Science and Technology, 2006, 39 (4): 365-372.

[323] King-Jr A D, Magnuson J A, TöRöK T, Goodman N. Microbial flora and storage quality of partially processed lettuce [J]. Journal of Food Science, 1991, 56 (2): 459-461.

[324] Kirk M, Waddell R, Dalton C, Creaser A, Rose N. A prolonged outbreak of *Campylobacter* infection at a training facility [J]. Communicable Disease Intelligence, 1997, 21 (5): 57-61.

[325] Kitinoja L, Gorny J. Postharvest technology for fruit & vegetable produce marketers: Economic opportunities, quality & food safety [M]. A joint publication of the UC Postharvest Outreach

Program, Punjab Horticulture Postharvest Technology Ceter and USAID/ACE Project, 1998.

[326] Kitinoja L, Kader A A. Small-scale postharvest handling practices: A manual for horticultural crops [M] . Davis, California: University of California, 2003.

[327] Klein J D, Conway W S, Whitaker B D, Sams C E. *Botrytis cinerea* decay in apples is inhibited by postharvest heat and calcium treatments [J] . Journal of the American Society for Horticultural Science, 1997, 122 (1): 91-94.

[328] Klein J D, Lurie S. Prestorage heating of apple fruit for enhanced postharvest quality: interaction of time and temperature [J] . HortScience, 1992, 27 (4): 326-328.

[329] Kmutt. Post-harvest: a technology for living produce [R] . Multimedia produced by the Division of Post-harvest Technology, King Mongkut's University of Technology Thonburi (KMUTT), Bangkok, Thailand, 2007.

[330] Koide S, Shi J. Microbial and quality evaluation of green peppers stored in biodegradable film packaging [J] . Food Control, 2007, 18 (9): 1121-1125.

[331] Kondo N. Robotization in fruit grading system [J] . Sensing and Instrumentation for Food Quality and Safety, 2009, 3 (1): 81-87.

[332] Kondo N. Machine vision based on optical properties of biomaterials for fruit grading system [J] . Environment Control in Biology, 2006, 44 (3): 151-159.

[333] Kondo N, Murata M, Isshiki K. Efficiency of sodium hypochlorite, fumaric acid, and mild heat in killing native microflora and *Escherichia coli* O157 : H7, Salmonella Typhimurium DT104, and *Staphylococcus aureus* attached to fresh-cut lettuce [J] . Journal of Food Protection, 2006, 69 (2): 323-329.

[334] Koseki S, Isobe S. Effect of ozonated water treatment on microbial control and on browning of iceberg lettuce (*Lactuca sativa* L.) [J] . Journal of Food Protection, 2006, 69 (1): 154-160.

[335] Koseki S, Yoshida K, Isobe S, Itoh K. Decontamination of lettuce using acidic electrolyzed water [J] . Journal of Food Protection, 2001, 64 (5): 652-658.

[336] Koseki S, Yoshida K, Kamitani Y, Itoh K. Influence of inoculation method, spot inoculation site, and inoculation size of the efficacy of acidic electrolyzed water against pathogens on lettuce [J] . Journal of Food Protection, 2003, 66 (11): 2010-2016.

[337] Kosson R, Stępowska A. The effect of equilibrium modified atmosphere packaging on quality and storage ability of sweet pepper fruits [J] . Vegetable Crops Research Bulletin, 2005, 63: 139-148.

[338] Kowalski W J, Bahnfleth W P, Whittam T S. Bactericidal effects of high airborne ozone concentrations on *Escherichia coli* and *Staphylococcus aureus* [J] . Ozen Science & Engineering, 1998, 20: 205-221.

[339] Kupferman E. Cherry temperature management [J] . Tree Fruit Postharvest Journal, 1995, 6 (1): 3-6.

[340] Lamikanra O. Fresh-cut fruits and vegetables science, technology, and market [M] . CRC PRESS, 2002.

[341] Lamminen M O, Walker H W, Weavers L K. Mechanisms and factors influencing the ultrasonic cleaning of particle-fouled ceramic membranes [J] . Journal of Membrane Science, 2004, 237 (1-2): 213-223.

[342] Lapidot A, Romling U, Yaron S. Biofilm formation and the survival of *Salmonella* Typhimurium on parsley [J] . International Journal of Food Microbiology, 2006, 109 (3): 229-233.

[343] Laurila E, Ahvenainen R. Minimal processing in practice: Fresh fruits and vegetables [M] // Ohlsson T, Bengtsson N. Minimal processing technologies in the food industry. Cambridge England: Woodhead Publishing Limited, 2002.

[344] Lay -Yee M, Ball S, Forbes S K, Woolf A B. Hot water treatment for insect disinfestation and reduction of chilling sensitivity of 'Fuyu' persimmon [J] . Postharvest Biology and Technology, 1997a, 10 (1): 81-89.

[345] Lay -Yee M, Whiting D C. Response of 'Hayward' kiwifruit to high-temperature controlled atmosphere treatments for control of two-spotted spider mite (Tetranychus urticae) [J] . Postharvest Biology and Technology, 1996, 7 (1-2): 73-81.

[346] Lay -Yee M, Whiting D C, Rose K J. Response of 'Royal Gala' and 'Granny Smith' apples to high-temperature controlled atmosphere treatments for control of *Epiphyas postvittana* and *Nysius huttoni* [J] . Postharvest Biology and Technology, 1997b, 12 (2): 127-136.

[347] Lee S -Y, Costello M, Kang D H. Efficacy of chlorine dioxide gas as a sanitizer of lettuce leaves [J] . Journal of Food Protection, 2004, 67 (7): 1371-1376.

[348] Lester P J, Dentener P R, Bennett K V, Connolly P G. Postharvest disinfestations of diapausing and non-diapausing twospotted spider mite (*Tetranychus urticae*) on persimmons: hot water immersion and coolstorage [J] . Entomologia Experimentalis et Applicata, 1997, 83 (2): 189-193.

[349] Lester P L, Dentener P R, Petry R J, Alexander S M. Hot-water immersion for disinfestation of lightbrown apple moth (*Epiphyas postvittana*) and longtailed mealy bug (*Pseudococcus longispinus*) on persimmons [J] . Postharvest Biology and Technology, 1995, 6 (3-4): 349-356.

[350] Li Y, Brackett R E, Chen J, Beuchat L R. Survival and growth of *Escherichia coli* O157: H7 inoculated onto cut lettuce before or after heating in chlorinated water, followed by storage at 5℃ or 15℃ [J] .Journal of Food Protection, 2001, 64 (3): 305-309.

[351] Li Y, Brackett R E, Chen J, Beuchat L R. Mild heat treatment of lettuce leaves enhances growth of *Listeria monocytogenes* during subsequent storage at 5℃ or 15℃ [J] .Journal of Applied Microbiology, 2002, 92 (2): 269-275.

[352] Lieb S, Gunn R A, Medina R, Singh N, May R D, Janowski H T, Woodward W E. Norwalk virus gastroenteritis. An outbreak associated with a cafeteria at a college [J] .American Journal of Epidemiology, 1985, 121 (2): 259-268.

[353] Lieberman M. Post-harvest physiology and crop preservation [M] . New York: Plenum Publishing Corporation, 1983.

[354] Lilly T, Solomon H M, Rhodehamel E J. Incidence of *Clostridium botulinum* in vegetables packaged under vacuum or modified atmosphere [J] . Journal of Food Protection, 1996, 59 (1): 59-61.

[355] Lockhart C L, Lidster P D. Home storage for fruits and vegetables: Construction and operation [M] . Agriculture Canada Publication 1478/E, Communication Branch, Ottawa KIA0C7, 1985.

[356] Loutfi A, Coradeschi S. Odor recognition for intelligent systems [J] . IEEE Intelligent Systems, 2008, 23 (1): 41-48.

[357] Lu Z, Zhang L, Lu F, Bie X, Yu Z. Model of microbial growth on fresh-cut lettuce treated with chlorinated water during storage under different temperatures [J] .Journal of Food Process Engineering, 2007, 30 (1): 106-108.

[358] Lurie S. Postharvest heat treatments [J] . Postharvest Biology and Technology, 1998, 14 (3): 257-269.

[359] Lurie S, Laamim M, Lapsker Z, Fallik E. Heat treatments to decrease chilling injury in tomato fruit. Effects on lipids, pericarp lesions and fungal growth [J] .Physiologia Plantarum, 1997, 100 (2): 297-302.

[360] Lurie S, Klein J D. Acquisition of low-temperature tolerance in tomatoes by exposure to high-temperature stress [J] . Journal of the American Society for Horticultural Science, 1991, 116 (6): 1007-1012.

［361］ Lurie S, Klein J D. Temperature preconditioning ［M］// Gross K C, Wang C Y, Saltveit M E (ed). USDA Agriculture Handbook Number 66: The Commercial Storage of Fruits, Vegetables, and Florist and Nursery. Beltsville, MD: United States Department of Agriculture, Agricultural Research Service, 2004.

［362］ Lurie S, Klein J D, Ben-Arie R. Postharvest heat treatment as a possible means of reducing superficial scald of apples ［J］. The Journal of Horticultural Science & Biotechnology, 1990, 65 (5): 503-510.

［363］ MacGowan A P, Bowker K, McLauchlin J, Bennett P M, Reeves D S. The occurrence and seasonal changes in the isolation of *Listeria* spp. in shop bought food stuffs, human feces, sewage and soil from urban sources ［J］. International Journal of Food Microbiology, 1994, 21 (4): 325-334.

［364］ Magnuson J A, King-Jr A D, Torok T. Microflora of partially processed lettuce ［J］. Applied Environmental Microbiology, 1990, 56 (12): 3851-3854.

［365］ Mahmoud B S M, Linton R H. Inactivation kinetics of inoculated *Escherichia coli* O157: H7 and *Salmonella enterica* on lettuce by chlorine dioxide gas ［J］. Food Microbiology, 2008, 25 (2): 244-252.

［366］ Mahon B E, Pönkä A, Hall W N, Komatsu K, Dietrich S E, Siitonen A, Cage G, Hayes P S, Lambert-Fair M A, Bean N H, Griffin P M, Slutsker L. An international outbreak of *Salmonella* infections caused by alfalfa sprouts grown from contaminated seeds ［J］. The Journal of Infectious Diseases, 1997, 175 (4): 876-882.

［367］ Mangaraj S, Goswami T K, Mahajan P V. Applications of plastic films for modified atmosphere packaging of fruits and vegetables: A review ［J］. Food Engineering Reviews, 2009, 1 (2): 133-158.

［368］ Marchetti R, Casadei M A, Guerzoni M E. Microbial population dynamics in ready-to-eat vegetable salads ［J］. Italian Journal of Food Science, 1992, 2: 97-108.

［369］ Martin D L, Gustafson T L, Pelosi K W, Suarez L, Pierce G V. Contaminated produce-a common source for two outbreaks of *Shigella* gastroenteritis ［J］. American Journal of Epidemiology, 1986, 124 (2): 299-305.

［370］ McCollum T G, Doostdar H, Mayer R T, McDonald R E. Immersion of cucumber fruit in heated water alters chilling-induced physiological changes ［J］. Postharvest Biology and Technology, 1995, 6 (1-2): 55-64.

［371］ McCollum T G, D'Aquino S, McDonald R E. Heat treatment inhibits mango chilling injury ［J］. HortScience, 1993, 28 (3): 197-198.

［372］ McDonald R E, McCollum T G, Baldwin E A. Heat treatment of mature-green tomatoes: differential effects of ethylene and partial ripening ［J］. Journal of the American Society for Horticultural Science, 1998, 123 (3): 457-462.

［373］ McDonald R E, McCollum T G, Baldwin E A. Temperature of water heat treatments influences tomato fruit quality following low-temperature storage ［J］. Postharvest Biology and Technology, 1999, 16 (2): 147-155.

［374］ McGregor B M. Tropical productions transport handbook ［M］. USDA Handbook No 668, US Dept of Agriculture, Office of Transportation, 1989.

［375］ McGuire R G. Concomitant decay reductions when mangoes are treated with heat to control infestations of Caribbean fruit fly ［J］. Plant Disease, 1991, 75 (9): 946-949.

［376］ McGuire R G. Market quality of guavas after hot-water quarantine treatment and application of carnauba wax coating ［J］. HortScience, 1997, 32 (2): 271-274.

［377］ McLaren G F, McDonald R M, Fraser J A, Marshall R R, Rose K J, Ford A J. Disinfestation of New Zealand flower thrips from stonefruit using hot water ［J］. ISHS Acta Horticulturae, 1998,

464：524.

[378] Mencarelli F, Ceccantoni B, Bolini A, Anelli G. Influence of heat treatment on the physiological response of sweet pepper kept at chilling temperature [J] . ISHS Acta Horticulturae, 1993, 343: 238-243.

[379] Miller W R, McDonald R E, Sharp J L. Quality changes during storage and ripening of 'Tommy Atkins' mangos treated with heated forced air [J] . HortScience, 1991, 26 (4): 395-397.

[380] Mintz E D, Hudson-Wragg M, Mshar P, Cartter M L, Hadler J L. Foodborne giardiasis in a corporate office setting [J] . The Journal of Infectious Disease, 1993, 167 (1): 250-253.

[381] Mir N, Beaudry R M. Modified atmosphere packaging [M] // Gross K C, Wang C Y, Saltveit M E (ed) . USDA Agriculture Handbook Number 66: The Commercial Storage of Fruits, Vegetables, and Florist and Nursery. Beltsville, MD: United States Department of Agriculture, Agricultural Research Service, 2004.

[382] Mitchell F G, Guillouand R, Parsons R A. Commercial cooling of fruits and vegetables [M]. Berkeley, California: University of California, 1972.

[383] Mizrach A. Nondestructive ultrasonic monitoring of tomato quality during shelf-life storage [J] . Postharvest Biology and Technology, 2007, 46 (3): 271-274.

[384] Mizrach A, Bechar A, Grinshpon Y, Hofman A, Egozi H, Rosenfeld L. Ultrasonic classification of mealiness in apples [J] . Transactions of the ASAE, 2003, 46 (2): 397-400.

[385] Mizracha A, Flitsanova U, El-Batsrib R, Degani C. Determination of avocado maturity by ultrasonic attenuation measurements [J] . Scientia Horticulturae, 1999, 80 (3-4): 173-180.

[386] Mohamed S, Taufik B, Karim M N A. Effects of modified atmosphere packaging on the physicochemical characteristics of ciku (*Achras sapota* L.) at various storage temperatures [J] . Journal of the Science of Food and Agriculture, 1996, 70 (2): 231-240.

[387] Mohd-Som F, Kerbel E, Martin S E, Schmidt S J. Microflora changes in modified-atmosphere packaged broccoli florets stored at refrigerated temperature [J] . Journal of Food Quality, 1994, 17 (5): 347-360.

[388] Mulugeta E, Geyer M. Characterising the washing processes of vegetables and potatoes [J] . Biosystems Engineering, 2005, 91 (4): 441-453.

[389] Mulugeta E, Geyer M. Optimization of washing processes for vegetable and potatoes-development of washing nozzles in order to increase washing efficiency of vegetables and potatoes [R] . ASAE Annual International Meeting, 27, Las Vegas, Nevada, CD Rom, Paper Number 036118, 2003.

[390] Nascimento M S, Silva N, Catanozi M P, Silva K C. Effects of different disinfection treatments on the natural microbiota of lettuce [J] . Journal of Food Protection, 2003, 66 (9): 1697-1700.

[391] Nelson S O. Agricultural applications of dielectric measurements [J] . IEEE Transactions on Dielectrics and Electrical Insulation, 2006, 13 (4): 688-702.

[392] Nelson S O. Dielectric properties of agricultural products and some applications [J] . Research in Agricultural Engineering, 2008, 54 (2): 104-112.

[393] Nelson S O. Dielectric properties of grain and seed in the 1 to 50-mc range [J] . Transactions of the ASAE, 1965, 8 (1): 38-48.

[394] Nelson S O. Dielectric properties of some fresh fruits and vegetables at frequencies of 2. 45 to 22 GHz [J] . Transactions of the ASAE, 1983, 26 (2): 613-616.

[395] Nelson S O. Dielectric spectroscopy of fresh fruit and vegetable Tissues from 10 to 1800 MHz [J] . Journal of Microwave Power & Electromagnetic Energy, 2005, 40 (1): 31-47.

[396] Nelson S O. Electrical properties of agricultural products-A critical review [J] . Transactions of the ASAE, 1973, 16 (2): 384-400.

［397］Nelson S O. Frequency-and temperature-dependent permittivities of fresh fruits and vegetables from 0.01 to 1.8 GHz［J］. Transactions of the ASAE, 2003, 46 (2): 567-574.

［398］Nelson S O. Fundamentals of dielectric properties measurements and agricultural applications［J］. Journal of Microwave Power and Electromagnetic Energy, 2010, 44 (2): 98-113.

［399］Nelson S O. Microwave dielectric properties of fresh fruits and vegetables［J］. Transactions of the ASABE, 1980, 23 (5): 1314-1317.

［400］Nelson S O. Microwave dielectric properties of fresh onions［J］. Transactions of the ASAE, 1992, 35 (3): 963-966.

［401］Nelson S O. Models for the dielectric constants of cereal grains and soybeans［J］. Journal of Microwave Power and Electromagnetic Energy, 1987, 22 (1): 35-39.

［402］Nelson S O. Review and assessment of radio-frequency and microwave energy for stored-grain insect control［J］. Transactions of the ASAE, 1996, 39 (4): 1475-1484.

［403］Nelson S O, Bartley-Jr P G. Frequency and temperature dependence of the dielectric properties of food materials［J］. Transactions of the ASAE, 2002, 45 (4): 1223 1227.

［404］Nelson S O, Forbus-Jr W R, Lawrence K C. Assessment of microwave permittivity for sensing peach maturity［J］. Transactions of the ASAE, 1995, 38 (2): 579-585.

［405］Nelson S O, Forbus-Jr W R, Lawrence K C. Permittivities of fresh fruits and vegetables at 0.2 to 20 GHz［J］. Journal of Microwave Power and Electromagnetic Energy, 1994, 29 (2): 81-93.

［406］Nelson S O, Guo W C, Trabelsi S, Kays S J. Dielectric spectroscopy of watermelons for quality sensing［J］. Measurement Science and Technology, 2007, 18 (7): 1887-1892.

［407］Nelson S O, Soderholm L H, Yung F D. Determining the dielectric properties of grain［J］. Agricultural Engineering, 1953, 34 (9): 608-610.

［408］Nelson S O, Trabelsi S. Dielectric spectroscopy of wheat from 10 MHz to 1.8 GHz［J］. Measurement Science and Technology, 2006, 17 (8): 2294-2298.

［409］Nelson S O, Trabelsi S, Kays S J. Dielectric spectroscopy of honeydew melons from 10 MHz to 1.8 GHz for quality sensing［J］. Transactions of the ASABE, 2006, 49 (6): 1977-1981.

［410］Nelson S O, Whitney W K. Radio-frequency electric fields for stored-grain insect control［J］. Transactions of the ASAE, 1960, 3 (2): 133-137.

［411］Neven L G, Drake S R. Comparison of alternative postharvest quarantine treatments for sweet cherries［J］. Postharvest Biology and Technology, 2000, 20 (2): 107-114.

［412］Neven L G, Rehfield L M, Shellie K C. Moist and vapor forced air treatments of apples and pears: effects on the mortality of fifth instar codling moth (Lepidoptera: Tortricidae)［J］. Journal of Economic Entomology, 1996, 89 (3): 700-704.

［413］Neven L G, Mitcham E J. CATTS (controlled atmosphere/temperature treatment system): A novel tool for the development of quarantine treatments［J］. American Entomologist, 1996, 42 (1): 56-59.

［414］Nguyen-The C, Prunier J P. Involvement of pseudomonads in deterioration of 'ready-to-use' salads［J］. International Journal of Food Science & Technology, 1989, 24 (1): 47-58.

［415］Niemira B A. Relative efficacy of sodium hypochlorite wash versus irradiation to inactivate *Escherichia coli* O157: H7 internalized in leaves of Romaine lettuce and baby spinach［J］. Journal of Food Protection, 2007, 70 (11): 2526-2532.

［416］Nigmatullin R R, Nelson S O. Recognition of the 'fractional' kinetics in complex systems: Dielectric properties of fresh fruits and vegetables from 0.01 to 1.8 GHz［J］. Signal Processing, 2006, 86 (10): 2744-2759.

［417］NIOSH. Documentation for immediately dangerous to life or health concentrations (IDLHs) Ozone

［R］. The National Institute for Occupational Safety and Health（NIOSH），Publications and Products，1994.

［418］Nishijima K A，Chan-Jr H T，Sanxter S S，Linse E S. Reduced heat shock period of 'Sharwil' avocado for cold tolerance in quarantine cold treatment［J］. HortScience，1995，30（5）：1052-1053.

［419］Nishijima K A，Miura K，Armstrong J W，Brown S A，Hu B K S. Effect of forced，hot-air treatment of papaya fruit on fruit quality and incidence of postharvest diseases［J］. Plant Disease，1992，76（7）：723-727.

［420］Niu M T，Polish L B，Robertson B H，Khanna B K，Woodruff B A，Shapiro C N，Miller M A，Smith J D，Gedrose J K，Alter M J，Margoles H S. Multistate outbreak of hepatitis A associated with frozen strawberries［J］. The Journal of Infectious Disease，1992，166（3）：518-524.

［421］Njoroge J B，Ninomiya K，Kondo N，Toita H. Automatted fruit grading system using image processing［C］. Proceedings of the 41st SICE Annual Conference，SICE 2002，8：5-7.

［422］Odumeru J A，Mitchell S J，Alves D M，Lynch J A，Yee A J，Wang S L，Styliades S，Farber J M. Assessment of the microbiological quality of ready-to-use vegetables for health-care food services［J］. Journal of Food Protection，1997，60（8）：954-960.

［423］Ohlsson T，Bengtsson N. Minimal processing technologies in the food industry［M］. Cambridge England：Woodhead Publishing Limited，2002.

［424］Olmez H，Kretzschmar Ursula. Potential alternative disinfection methods for organic fresh-cut industry for minimizing water consumption and environmental impact［J］. LWT- Food Science and Technology，2009，42（3）：686-693.

［425］Ozer N，Engel B A，Simon J E. A multiple impact approach for non-destructive measurement of fruit firmness and maturity［J］. Transactions of the ASAE，1998，41（3）：871-876.

［426］O'Mahony M，Cowden J，Smyth B，Lynch D，Hall M，Rowe B，Teare E L，Tettmar R E，Rampling A M，Coles M，Gilbert R J，Kingcott E，Bartlett C L R. An outbreak of *Salmonella* saint-paul infection associated with bean sprouts［J］. Epidemiology and Infection，1990，104（2）：229-235.

［427］Park C E，Sanders G W. Occurrence of thermotolerant campylobacters in fresh vegetables sold at farmers' outdoor markets and supermarkets［J］. Canadian Journal of Microbiology，1992，38（4）：313-316.

［428］Park C M，HungY C，Doyle M P，Ezeike G O I，Kim C. Pathogen reduction and quality of lettuce treated with electrolyzed oxidizing and acidified chlorinated water［J］. Journal of Food Science，2001，66（9）：1368-1372.

［429］Paull R E. Response of tropical horticultural commodities to insect disinfestation treatments［J］. HortScience，1994，29（9）：988-996.

［430］Paull R E，Chen N J. Heat treatment prevents postharvest geotropic curvature of asparagus spears (*Asparagus officinallis* L.)［J］. Postharvest Biology and Technology，1999，16（1）：37-41.

［431］Pereira L M，Rodrigues A C C，Sarantopoulos C I G L，Junqueira V C A，Cunha R L，Hubinger M D. Influence of modified atmosphere packaging and osmotic dehydration on the quality maintenance of minimally processed guavas［J］. Journal of Food Science，2004，69（4）：1107-1111.

［432］Persaud K，Dodd G. Analysis of discrimination mechanisms in the mamalian olfactory system using a model nose［J］. Nature，1982，299（5881）：352-355.

［433］Pesis E，Dvir O，Feygenberg O，Arie R B，Ackerman M，Lichter A. Production of acetaldehyde and ethanol during maturation and modified atmosphere storage of litchi fruit［J］. Postharvest Biology and Technology，2002，26（2）：157-165.

[434] Petracek P D, Joles D W, Shirazi A, Cameron A C. Modified atmosphere packaging of sweet cherry (*Prunus avum* L., ev. 'Sams') fruit: metabolic responses to oxygen, carbon dioxide, and temperature [J]. Postharvest Biology and Technology, 2002, 24 (3): 259-270.

[435] PHLS. Botulism associated with an in-flight meal [J]. Communicable Disease Report Weekly, 1978, 42.

[436] Piñeiro M, Ríos L B D. Improving the quality and safety of fresh fruits and vegetables: A practical approach manual for trainers [R]. Food and Agriculture Organization of the United Nations, Rome, 2004.

[437] Porat R, Daus A, Weiss B, Cohen L, Fallik E, Droby S. Reduction of postharvest decay in organic citrus fruit by a short hot water brushing treatment [J]. Postharvest Biology and Technology, 2000, 18 (2): 151-157.

[438] Porat R, Pavoncello D, Peretz J, Ben-Yehoshua S, Lurie S. Effects of various heat treatments on the induction of cold tolerance and on the postharvest qualities of 'Star Ruby' grapefruit [J]. Postharvest Biology and Technology, 2000, 18 (2): 159-165.

[439] Portnoy B L, Goepfert J M, Harmon S M. An outbreak of *Bacillus cereus* food poisoning resulting from contaminated vegetable sprouts [J]. American Journal of Epidemiology, 1976, 103 (6): 589-594.

[440] Prokopowich D, Blank G. Microbiological evaluation of vegetable sprouts and seeds [J]. Journal of Food Protection, 1991, 54 (7): 560-562.

[441] Prusky D, Fuchs Y, Kobiler I, Roth I, Weksler A, Shalom Y, Fallik E, Zauberman G, Pesis E, Akerman M, Ykutiely O, Weisblum A, Regev R, Artes L. Effect of hot water brushing, prochloraz treatment and waxing on the incidence of black spot decay caused by *Alternaria alternata* in mango fruits [J]. Postharvest Biology and Technology, 1999, 15 (2): 165-174.

[442] Rao M V. Acidified sodium chlorite (ASC) [R]. Chemical and Technical Assessment for the 68th The Joint FAO/WHO Expert Committee on Food Additives (JECFA), 2007.

[443] Ramsay C N, Upton P A. Hepatitis A and frozen raspberries [J]. The Lancet, 1989, 333 (8628): 43-44.

[444] Ranganna B, Raghavan G S V, Kushalappa A C. Hot water dipping to enhance storability of potatoes [J]. Postharvest Biology and Technology, 1998, 13 (3): 215-223.

[445] Reyes M E Q, Nishijima W, Paull R E. Control of crown rot in 'Santa Catarina Prata' and 'Williams' banana with hot water treatments [J]. Postharvest Biology and Technology, 1998, 14 (1): 71-75.

[446] Rice R G, Netzer A. Handbook of ozone technology and applications [M]. Ann Arbor, Mich: Ann Arbor Science, 1984.

[447] Rice R G, Robson C M, Miller G W, Hill A G. Uses of ozone in drinking water treatment [J]. Journal of the American Water Works Association, 1981, 73 (1): 44-57.

[448] Rickard J E, Coursey D G. The value of shading perishable produce after harvest [J]. Appropriate Technology, 1979, 6 (2): 18-19.

[449] Rilling S, Viebahn R. The use of ozone in medicine [M]. Heidelberg, Germany: Karl F Haug Publishers, 1987.

[450] Rocha A M C N, Barreiro M G, Morais A M M B. Modified atmosphere package for apple 'Bravo de Esmolfe' [J]. Food Control, 2004, 15 (1): 61-64.

[451] Roberts P V, Aieta E M, Berg J D, Chow B M. Chlorine dioxide for wastewater disinfection: A feasibility evaluation [R]. Stanford University Technical Report 251, October, 1980.

[452] Roberts R G, Reymond S T. Chlorine dioxide for reduction of postharvest pathogen inoculum during handling of tree fruits [J]. Applied and Environmental Microbiology, 1994, 60 (8): 2864-2868.

[453] Rodov V, Ben-Yehoshua S, Albagli R, Fang D Q. Reducing chilling injury and decay of stored citrus fruit by hot water dips [J]. Postharvest Biology and Technology, 1995, 5 (1-2): 119-127.

[454] Rosenblum L S, Mirkin I R, Allen D T, Safford S, Hadler S C. A multifocal outbreak of hepatitis A traced to commercially distributed lettuce [J]. American Journal of Public Health, 1990, 80 (9): 1075-1079.

[455] Rubin M B. The history of ozone. The sch? nbein period, 1839-1868 [J]. Bulletin for the History of Chemistry, 2001, 26 (1): 40-56.

[456] Rude R S, Jackson G J, Bier J W, Sawyer T K, Risty N G. Survey of fresh vegetables for nematodes, amoebae and *Salmonella* [J]. Journal -Association of Official Analytical Chemists, 1984, 67 (3): 613-615.

[457] Ruiz-Cruz S, Luo Y G, Gonzalez R J, Tao Y, González G A. Acidified sodium chlorite as an alternative to chlorine to control microbial growth on shredded carrots while maintaining quality [J]. Journal of the Science of Food and Agriculture, 2006, 86 (12): 1887-1893.

[458] Salamah A A. Isolation of *Yersinia enterocolitica* and *Listeria monocytogenes* from fresh vegetables in Saudi Arabia and their behavior in some vegetable juices [J]. Journal of the University of Kuwait (Science), 1993, 20: 283-292.

[459] Salomao B C M, Aragao G M F, Churey J J, Worobo R W. Efficacy of sanitizing treatments against *Penicillium expansum* inoculated on six varieties of apples [J]. Journal of Food Protection, 2008, 71 (3): 643-647.

[460] Saltveit M E. Respiratory Metabolism [M] // Gross K C, Wang C Y, Saltveit M E (ed). USDA Agriculture Handbook Number 66: The Commercial Storage of Fruits, Vegetables, and Florist and Nursery. Beltsville, MD: United States Department of Agriculture, Agricultural Research Service, 2004.

[461] Sams C E, Conway W S, Abbott J A, Lewis R J, Ben-Shalom N. Firmness and decay of apples following postharvest pressure infiltration of calcium and heat treatment [J]. Journal of the American Society for Horticultural Science, 1993, 118 (5): 623-627.

[462] Sandhya. Modified atmosphere packaging of fresh produce: Current status and future needs [J]. LWT-Food Science and Technology, 2010, 43 (3): 381-392.

[463] Sanz C, Perez A G, Olias R, Olias J M. Modified atmosphere packaging of strawberry fruit: Effect of package perforation on oxygen and carbon dioxide [J]. Food Science and Technology International, 2000, 6 (1): 33-38.

[464] Sarkar N, Wolfe R R. Potential of ultrasonic measurements in food quality evaluation [J]. Transactions of the ASABE, 1983, 26 (2): 624-629.

[465] Satchell F B, Stephenson P, Andrews W H, Estela L, Allen G. The survival of *Shigella sonnei* in shredded cabbage [J]. Journal of Food Protection, 1990, 53 (7): 558-562.

[466] Satin M. Trends in post-production technology [M]. FAO, Rome Italy, 2000.

[467] Schalekamp M. Ozone as a sterilizing agent, its advantages and disadvantages in the treatment of water [J]. Water Science & Technology, 1982, 14 (4-5): 291-301.

[468] Schirra M, Agabbio M, D'Aquino S, McCollum T G. Postharvest heat conditioning effects on early ripening 'Gialla' cactus pear fruit [J]. HortScience, 1997, 32 (4): 702-704.

[469] Schirra M, Barbera G, D'Aquino S, La-Mantia T, McDonald R E. Hot dips and high-temperature conditioning to improve shelf quality of late-crop cactus pear fruit [J]. Tropical Science, 1996, 36 (3): 159-165.

[470] Schirra M, Cabras P, Angioni A, D'hallewin G, Ruggiu R, Minelli E V. Effect of heated solutions on decay control and residues of imazalil in lemons [J]. Journal of Agricultural and Food Chemistry,

1997，45 (10)：4127-4130.

[471] Schirra M，D'hallewin G. Storage performance of Fortune mandarins following hot water dips [J] . Postharvest Biology and Technology，1997，10 (3)：229-238.

[472] Schlech W F，Lavigne P M，Bortolussi R A，Allen A C，Haldane E V，Wort A J，Hightower A W，Johnson S E，King S H，Nicholls E S，Broome C V. Epidemic listeriosis-evidence for transmission by food [J] . New England Journal of Medicine，1983，308 (4)：203-206.

[473] Seiyama T，Kato A，Fujishi K，Nagatani M. A new detector for gaseous components using semiconductive thin films [J] . Analytical Chemistry，1962，34 (11)：1502-1503.

[474] Serrano M，Martinez-Romero D，Guillén F，Castillo S，Valero D. Maintenance of broccoli quality and functional properties during cold storage as affected by modified atmosphere packaging [J] . Postharvest Biology and Technology，2006，39 (1)：61-68.

[475] Seymour I J，Burfoot D，Smith R L，Cox L A，Lockwood A. Ultrasound decontamination of minimally processed fruits and vegetables [J] . International Journal of Food Science and Technology，2002，37 (5)：547-557.

[476] Sharp J L. Heat and cold treatments for postharvest quarantine disinfestations of fruit flies (Diptera：Tephritidae) and other quarantine pests [J] . Florida Entomologist，1993，76 (2)：212-218.

[477] Sharp J L，Gould W P. Control of Caribbean fruit fly (Diptera：Tephritidae) in grapefruit by forced hot air and hydrocooling [J] . Journal of Economic Entomology，1994，87 (1)：131-133.

[478] Sharp J L，McGuire R G. Control of Caribbean fruit fly (Diptera：Tephritidae) in navel orange by forced hot air [J] . Journal of Economic Entomology，1996，89 (5)：1181-1185.

[479] Shellie K C. Reduction of green mold on grapefruit after hot forced-air quarantine treatment [J] . Plant Disease，1998，82 (4)：380-382.

[480] Shellie K C，Mangan R L，Ingle S J. Tolerance of grapefruit and Mexican fruit fly larvae to heated controlled atmospheres [J] . Postharvest Biology and Technology，1997，10 (2)：179-186.

[481] Shuval H I，et al. [R] // Mara D，Cairncross S. Guidelines for the safe use of wastewater and excreta in agriculture and aquaculture：Measures for public health protection. Geneva，World Health Organization，1989：72-73.

[482] Simmons J L，Ryu J H，Beuchat L R. Comparision of treatment of fresh-cut lettuce and diced tomatoes with sodium hypochlorite and calcium hypochlorite for effects on microbiological and sensory qualities [J] . Food Protection Trends，2006，26 (9)：662-667.

[483] Singh N，Singh R K，Bhunia A K，Stroshine R L. Effect of inoculation and washing methods on the efficacy of different sanitizers against *Escherichia coli* O157：H7 on lettuce [J] . Food Microbiology，2002，19 (2-3)：183-193.

[484] Sipahioglu O，Barringer S A. Dielectric properties of vegetables and fruits as a function of temperature，ash，and moisture content [J] . Journal of Food Science，2003，68 (1)：234-239.

[485] Sivakumar D，Arrebola E，Korsten L. Postharvest decay control and quality retention in litchi (cv. McLean's red) by combined application of modified atmosphere packaging and antimicrobial agents [J] . Crop Protection，2008，27 (8)：1208-1214.

[486] Sivakumar D，Korsten L. Influence of modified atmosphere packaging and postharvest treatments on quality retention of litchi cv. Mauritius [J] . Postharvest Biology and Technology，2006，41 (2)：135-142.

[487] Sizmur K，Walker C W. Listeria in prepacked salads [J] . The Lancet，1988，331 (8595)：1167.

[488] Skog L J，Chu C L. Effect of ozone on qualities of fruits and vegetables in cold storage [J] . Canadian Journal of Plant Science，2001，81 (4)：773-778.

[489] Smilanick J L，Crisosto C，Mlikota F. Postharvest use of ozone on fresh fruit [J] . Perishables

Handling Quarterly Issue, 1999, 99: 10-14.

[490] Smilanick J L, MackeyB E, Reese R, Usall J, Margosan D A. Influence of concentration of soda ash, temperature, and immersion period on the control of postharvest green mold of oranges [J]. Plant Disease, 1997, 81 (4): 379-382.

[491] Smilanick J L, Margosan D A, Henson D J. Evaluation of heated solutions of sulfur dioxide, ethanol, and hydrogen peroxide to control postharvest green mold of lemons [J]. Plant Disease, 1995, 79 (7): 742-747.

[492] Soderstrom E L, Brandl D G, Mackey B E. High temperature for control of *Asynonychus godmani* (Coleoptera: Curculionidae) eggs on lemon fruit [J]. Journal of Economic Entomology, 1993, 86 (6): 1773-1780.

[493] Sommer N F. Principles of disease suppression and handling practices [M] //Kader A A (ed). Postharvest Technology of Horticultural Crops. University of California, Division of Agriculture and Natural Resources, Publication 3311, 1992.

[494] Sopher C D, Graham D M, Rice R G, Strasser J H. Studies on the use of ozone in production agriculture and food processing [R]. Proceedings of the International Ozone Association, 2002, Pan American Group.

[495] Soto-Zamora G, Yahia E M, Brecht J K, Gardea A. Effects of postharvest hot air treatments on the quality and antioxidant levels in tomato fruit [J]. LWT- Food Science and Technology, 2005, 38 (6): 657-663.

[496] Speight J G. Lange's Handbook of chemistry [M]. New York: McGraw-Hill, 2005.

[497] Spotts R A, Cervantes L A. Effect of ozonated water on postharvest pathogens of pear in laboratory and packinghouse tests [J]. Plant Disease, 1992, 76 (3): 256-259.

[498] Spotts R A, Peters B B. Chlorine and chlorine dioxide for control of d'Anjou pear decay [J]. Plant Disease, 1980, 64 (3): 1095-1097.

[499] Stewart J K, Couey H M. Hydrocooling vegetables: A practical guide to predicting final temperatures and cooling times [R]. USDA Marketing Research Report 637, Washington DC: US Dept of Agriculture, Agricultural Marketing Service, Market Quality Research Division, 1963.

[500] Stewart J K, Lipton W J. Factors influencing heat loss in cantaloupes during hydrocooling [R]. USDA Marketing Research Report 421, Washington DC: US Dept of Agriculture, Agricultural Marketing Service, Market Quality Research Division, 1960.

[501] Strickland W, Sopher C D, Rice R G, Battles G T. Six years of ozone processing of fresh cut salad mixes [J]. Ozone: Science & Engineering, 2010, 32 (1): 66-70.

[502] Suslow T. Chlorination in the production and postharvest handling of fresh fruits and vegetables [EB/OL]. [2012-09-01]. http://extension.psu.edu/food-safety/farm/resources/sanitizers-and-disinfectants/chlorination-in-the-production-and-postharvest-handling-of-fresh-fruits-and-vegetables/view.

[503] Suslow T. Postharvest chlorination: Basic properties and key points for effective disinfection [EB/OL]. Publication 8003, Division of Agriculture and Natural Resources, University of California, 1997. [2012-06-01]. http://danrcs.ucdavis.edu.

[504] Suslow T. Postharvest handling for organic crops [EB/OL]. Small Farm Handbook. [2012-06-01]. http://sfp.ucdavis.edu.

[505] Swerdlow D L, Mintz E D, Rodriquez M, Tejada E, Ocampo C, Espejo L, Greene K D, Saldana W, Seminario L, Tauxe R V, Wells J G, Bean N H, Ries A A, Pollack M, Vertoz B, Blake P A. Waterborne transmission of epidemic cholera in Trujillo, Peru: lessons for a continent at risk [J]. The Lancet, 1992, 340 (8810): 28-32.

［506］Sy K V, Murray M B, Harrison M D, Beuchat L R. Evaluation of gaseous chlorine dioxide as a sanitizer for killing *Salmonella*, *Escherichia coli* O157：H7, *Listeria monocytogenes*, and yeasts and molds on fresh and fresh-cut produce ［J］. Journal of Food Protection, 2005, 68 (6)：1176-1187.

［507］Taguchi N. Gas detecting device：US, 3695848 ［P］. 1972-10-03.

［508］Tamminga S K, Beumer R R, Kampelmacher E H. The hygienic quality of vegetables grown in or imported into the Netherlands：a tentative survey ［J］. Journal of Hygiene (Cambridge), 1978, 80 (1)：143-154.

［509］Tano K, Oulé M K, Doyon G, Lencki R W, Arul J. Comparative evaluation of the effect of storage temperature fluctuation on modified atmosphere packages of selected fruit and vegetables ［J］. Postharvest Biology and Technology, 2007, 46 (3)：212-221.

［510］Thompon J F, *et al*. Commercial cooling of fruits, vegetables and flowers ［M］. University of Califomia, DANR Publication 21567, 1998.

［511］Thompson J F. Pre-cooling and storage facilities ［M］// Gross K C, Wang C Y, Saltveit M E (ed). USDA Agriculture Handbook Number 66：The Commercial Storage of Fruits, Vegetables, and Florist and Nursery. Beltsville, MD：United States Department of Agriculture, Agricultural Research Service, 2004.

［512］Thompson J F, Kader A A. Wholesale distribution center storage ［M］// Gross K C, Wang C Y, Saltveit M E (ed). USDA Agriculture Handbook Number 66：The Commercial Storage of Fruits, Vegetables, and Florist and Nursery. Beltsville, MD：United States Department of Agriculture, Agricultural Research Service, 2004.

［513］Tian M S, Islam T, Stevenson D G, Irving D E. Color, ethylene production, respiration, and compositional changes in broccoli dipped in hot water ［J］. Journal of the American Society for Horticultural Science, 1997, 122 (1)：112-116.

［514］Tian M S, Woolf A B, Bowen J H, Ferguson I B. Changes in color and chlorophyll fluorescence of broccoli florets following hot water treatment ［J］. Journal of the American Society for Horticultural Science, 1996, 121 (2)：310-313.

［515］Tian S P, Li B Q, Xu Y. Effect of O_2 and CO_2 concentrations on physiology and quality of litchi fruits in storage ［J］. Food Chemistry, 2005, 91 (4)：659-663.

［516］UNCTAD. Safety and quality of fresh fruit and vegetables：A training manual for trainers ［R］. United Nations：UNCTAD/DITC/COM/2006/16, New York and Geneva, 2007.

［517］USDA (United States Department of Agriculture). United states standards for grades of apples ［S］. Effective December 19, 2002.

［518］USDA (United States Department of Agriculture). United states standards for grades of cucumbers ［S］. Effective March 1, 1958 (Reprinted- January 1997).

［519］USDA (United States Department of Agriculture). United states standards for grades of fresh tomatoes ［S］. Effective October 1, 1991.

［520］USDA (United States Department of Agriculture). United states standards for grades of greenhouse cucumbers ［S］. Effective September 5, 1985 (Reprinted- January 1997).

［521］USDA (United States Department of Agriculture). United states standards for grades of oranges (Texas and States other than Florida, California and Arizona) ［S］. Effective September 5, 2003.

［522］USDA (United States Department of Agriculture). United states standards for grades of watermelons ［S］. Effective March 23, 2006.

［523］US EPA. Alternative disinfectants and oxidants guidance manual ［R］. Report No 815-R-99-014, United States Environmental Protection Agency, Office of Water, Washington, D C 1999.

［524］US FDA. CFR 173. 325：Acidified sodium chlorite solutions ［S］// US FDA. CFR 21 Parts 170 to

199：Food and Drugs. Washington：U S Government Printing Office，2009，2012.

[525] Vahidy R，Jahan F，Nasim R. Isolation of *Listeria monocytogenes* from fresh fruits and vegetables [J] . HortScience，1992，27（6）：628.

[526] Valero D，Valverde J M，Martínez-Romero D，Guillén F，Castillo S，Serrano M. The combination of modified atmosphere packaging with eugenol or thymol to maintain quality，safety and functional properties of table grapes [J] . Postharvest Biology and Technology，2006，41（3）：317-327.

[527] Van-der-Steen C，Jacxsens L，Devlieghere F，Debevere J. A combination of high oxygen atmosphere and equilibrium modified atmosphere packaging to improve the keeping quality of red fruits [J] . Communications in Agricultural and Applied Biological Sciences，2001，66（3b）：487-494.

[528] Vanndy M，Buntong B，Acedo-Jr A，Weinberger K. Modified atmosphere packaging to improve shelf life of tomato fruit in Cambodia [C] . ISHS Acta Horticulturae 804：Europe-Asia Symposium on Quality Management in Postharvest Systems-Eurasia，2007.

[529] Velani S，Roberts D. *Listeria monocytogenes* and other *Listeria* spp. in prepacked mixed salads and individual salad ingredients [J] . PHLS Microbiology Digest，1991，8：21-22.

[530] Venosa A D. Ozone as a water and wastewater disinfectant：a literature review [M] //Francis L E. Ozone in water and wastewater treatment. Ann Arbor，MI：Ann Arbor Science，1972：83.

[531] Wang C Y. Chilling and freezing injury [M] // Gross K C，Wang C Y，Saltveit M E（ed）. USDA Agriculture Handbook Number 66：The Commercial Storage of Fruits，Vegetables，and Florist and Nursery. Beltsville，MD：United States Department of Agriculture，Agricultural Research Service，2004.

[532] Wang C Y. Combined treatment of heat shock and low temperature conditioning reduces chilling injury in zucchini squash [J] . Postharvest Biology and Technology，1994，4（1-2）：65-73.

[533] Wang C Y. Heat treatment affects postharvest quality of kale and collard，but not of brussels sprouts [J] . HortScience，1998，33（5）：881-883.

[534] Wang H，Feng H，Luo Y G. Dual-phasic inactivation of *Escherichia coli* O157：H7 with peroxyacetic acid，acidic electrolyzed water and chlorine on cantaloupes and fresh-cut apples [J] . Journal of Food Safety，2006，26（4）：335-347.

[535] Wang N，Elmasry G. Bruise detection of apples using hyperspectral imaging [M] // Sun D W（ed）. Hyperspectral imaging for food quality analysis and control. Elsevier Inc，2010.

[536] Watada A E，Izumi H，Luo Y，Rodov V. Fresh-cut produce [M] // Ben-Yehoshua S（ed）. Environmentally friendly technologies for agricultural produce quality. United States：CRC Press，2005.

[537] Wei X，Wu D，Huang L X，He Y，Sun D W. Bruise detection of intact kiwifruit using hyperspectral imaging technique [C] . Proceedings of the 6th CIGR Section VI International Symposium 'Towards a Sustainable Food Chain' Food Process，Bioprocessing and Food Quality Management，Nantes，France，2011：18-20.

[538] Wei K，Zhou H，Zhou T，Gong J. Comparison of aqueous ozone and chlorine as sanitizers in the food processing industry：Impact on fresh agricultural produce quality [J] . Ozone：Science and Engineering，2007，29（2）：113-120.

[539] Whiting D C，Hoy L E. High temperature controlled atmosphere and air treatments to control obscure mealybug (Hemiptera：Pseudococcidae) on apples [J] . Journal of Economic Entomology，1997，90（2）：546-550.

[540] Whiting D C，Jamieson L E，Spooner K J，Lay-Yee M. Combination of high-temperature controlled atmosphere and cold storage as a quarantine treatment against *Ctenopseustis obliquana* and *Epiphyas postvittana* on 'Royal Gala' apples [J] . Postharvest Biology and Technology，1999，16（2）：119-

126.

[541] WHO (World Health Organization). Enterohaemorrhagic *Escherichia coli* infection [J]. The Weekly Epidemiological Record, 1996, 35: 267-268.

[542] Wilkens W F, Hartman J D. An electronic analog for the olfactory processes [J]. Annals of the New York Academy of Sciences, 1964, 116 (2): 608-612.

[543] Wilson A D, Baietto M. Advances in electronic-nose technologies developed for biomedical applications [J]. Sensors, 2011, 11 (1): 1105-1176.

[544] Wilson A D, Baietto M. Applications and advances in electronic-nose technologies [J]. Sensors, 2009, 9 (7): 5099-5148.

[545] Wong H C, Chao W L, Lee S J. Incidence and characterization of *Listeria monocytogenes* in foods available in Taiwan [J]. Applied and Environmental Microbiology, 1990, 56 (10): 3101-3104.

[546] Woo C S, Mirisaee S H. A new method for fruits recognition system [C]. International Conference on Electrical Engineering and Informatics, 2009: 130-134.

[547] Woolf A B, Ball S, Spooner K J, Lay-Yee M, Ferguson I B, Watkins C B, Gunson A, Forbes S K. Reduction of chilling injury in the sweet persimmon 'Fuyu' during storage by dry air heat treatments [J]. Postharvest Biology and Technology, 1997a, 11 (3): 155-164.

[548] Woolf A B, Lay-Yee M. Pretreatments at 38 ℃ of 'Hass' avocado confer thermotolerance to 50℃ hot water treatments [J]. HortScience, 1997b, 32 (4): 705-708.

[549] Woolf A B, Watkins C B, Bowen J H, Lay-Yee M, Maindonald J H, Ferguson I B. Reducing external chilling injury in stored 'Hass' avocados with dry heat treatments [J]. Journal of the American Society for Horticultural Science, 1995, 120 (6): 1050-1056.

[550] Wright M E, Hoehn R C. Minimization of water use in leafy vegetable washers [R]. Cincinnati: Industrial Environmental Research Laboratory, Office of Research and Development, US Environmental Protection Agency, 1977.

[551] Wu F M, Doyle M P, Beuchat L R, Wells J G, Mintz E D, Awaminathan B. Fate of *Shigella sonnei* on parsley and methods of disinfection [J]. Journal of Food Protection, 2000, 63 (5): 568-572.

[552] Wu V C H, Kim B. Effect of a simple chlorine dioxide method for controlling five foodborne pathogens, yeasts and molds on blueberries [J]. Food Microbiology, 2007, 24 (7-8): 794-800.

[553] Yildiz H N, Altinok H H, Dikilitas M. Screening of rhizobacteria against *Fusarium oxysporum* f. sp. *melongenae*, the causal agent of wilt disease of eggplant [J]. African Journal of Microbiology Research 6 (15): 3700-3706.

[554] Yuk H G, Yoo M-Y, Yoon J-W, Moon K-D, Marshali D L, Oh O H. Effect of combined ozone and organic acid treatment for control of *Escherichia coli* O157 : H7 and *Listeria monocytogenes* on lettuce [J]. Journal of Food Science, 2006, 71 (3): M83-M 87.

[555] Zepeda-Lopez H, Ortega-Rodriguez, Quinonez-Ramirez E I, Vazguez-Salinas C. Isolation of *Escherichia coli* O157 : H7 from vegetables [R]. Annu Mtg Am Soc Microbiol (abstracts), Washington, D C, 1995.

[556] Zhang J X, Xun Y, Li W, Zhang C. Double-channel on-line automatic fruit grading system based on computer vision [C] // Hou X, Zhao W, Yao B L. 27th International Congress on High-Speed Photorephy and Photonics. Proceedings of the SPIE, 2007: 6279.

[557] Zhang L, Lu Z, Wang H. Effect of gamma irradiation on microbial growth and sensory quality of fresh-cut lettuce [J]. International Journal of Food Microbiology, 2006, 106 (3): 348-351.

[558] Zhang S, Farber J M. The effects of various disinfectants against *Listeria monocytogenes* on fresh-cut vegetables [J]. Food Microbiology, 1996, 13 (4): 311-321.

[559] Zwaardemaker H, Hogewind F. On spray- electricity and waterfall-electricity [J]. Proceedings of the

Koninklijke Nederlandse Akademie van Wetenschappen，1919，22（1）：429-437.

［560］丹保憲仁，小笠原紘一. 浄水の技術：安全な飲み水をつくるために［M］. 技報堂出版，1985.

［561］東京家政大学微生物学研究室. 弱酸性水の食品に対する殺菌効果. 2003.

［562］富嶋雄樹. 食品工場における次亜塩素酸殺菌水の導入例（塩酸と次亜塩素酸ナトリウムを利用したpH調整殺菌水装置について）［J］. 食品機械装置，2006，43（1）：75-80.

［563］福崎智司. 次亜塩素酸による洗浄、殺菌機構と細菌の損傷［J］. 日本食品微生物学会雑誌，2009，26（2）：76-80.

［564］高橋千晴. 次亜塩素酸の特性を利用した安全で環境を考えた洗浄［J］. 食品機械装置，2006，43（1）：92-98.

［565］機能水研究振興財団学術選考委員会. 電解水ガイド［M］. 財団法人機能水研究振興財団発行，2002.

［566］機能水研究振興財団. 次亜塩素酸水の成分規格改正に関する部会報告書（案）次亜塩素酸水の成分規格改正に関する部会報告書（案）（2007，3）［EB/OL］．［2012-9-1］．http：//www.fwf.or.jp/gyousei.html.

［567］堀田国元. 次亜塩素酸水（酸性電解水）をめぐる最近の動向［J］. ジャパンフードサイエンス，2008，47（6）：62-66.

［568］堀田国元. 食品加工に関する水処理技術-次亞塩素酸水として食品添加物指定された酸性電解水［J］. 冷凍，2004，79（8）：615-619.

［569］堀田国元. 酸性電解水の研究と利用の現状と課題［J］. 食品工業，2004，47（16）：20-25.

［570］苅部正寿. 微酸性電解水「ピュアスター水」について［J］. 食品機械装置，2003，40（9）：83-88.

［571］片平光彦，田村晃，張樹槐，大泉隆弘，後藤恒義. 画像処理によるエダマメの選別方法に関する研究（第1報）-主要傷害の分類と選別基準の策定［J］. 農業機械学会誌，2008，70（2）：90-96.

［572］片平光彦，張樹槐，大泉隆弘，後藤恒義，鵜沼秀樹，田村晃，後藤克典. 画像処理によるエダマメの選別方法に関する研究（第2報）-試作エダマメ選別機の性能評価［J］. 農業機械学会誌，2011，73（2）：127-134.

［573］強電解水企業協議会. 強酸性電解水使用マニュアル（食品添加物 強酸性次亜塩素酸水塩素酸水用），2002.

［574］秋田県和株式会社山本製作所. 莢果判別構造［P］. 日本，特開2008-20347（P2008-20347A）. 2008-01-31.

［575］日本工業標準調査会. JIS K 0101 工業用水試験方法［S］. 日本，1998.

［576］太田英明. 野菜・果実のCA貯蔵とMA包装［J］. ジャパンフードサイエンス，1999，38（7）：70-79.

［577］小野朋子，三宅真名，安本良，山下光治，藤井秀家，中山英治，内藤一郎，佐藤勝紀. 弱酸性次亜塩素酸水を飲水消毒に用いた場合の殺菌効果およびブロイラー種鶏の育成率と産卵率への影響［J］. 日本家禽学会誌，2007，44（4）：148-152.

［578］株式会社エム・アイ・シー. 試験報告書-ウイルス不活化試験（2005 第205011994-001号），財団法人日本食品分析センター［EB/OL］. 日本：［2012-6-1］．http：//www.mi-c.co.jp/others/pdf/cm-test-report_04-05.pdf.

［579］株式会社エム・アイ・シー. 試験報告書-殺菌効果試験（2004 第104091757-001号），財団法人日本食品分析センター［EB/OL］. 日本：［2012-6-1］．http：//www.mi-c.co.jp/others/pdf/cm-test-report_04-05.pdf.

［580］（株）リキッドガ. 食品の新鮮さと安全を両立する瞬間湿熱殺菌装置［J］. ジャパンフードサイエンス，2010，49（8）：60-61.

图书在版编目（CIP）数据

生鲜果蔬采后商品化处理技术与装备/王莉著．—
北京：中国农业出版社，2012.12
ISBN 978-7-109-17278-4

Ⅰ.①生… Ⅱ.①王… Ⅲ.①水果加工－农产品初加
工②蔬菜加工－农产品初加工 Ⅳ.①S660.9②S630.9

中国版本图书馆 CIP 数据核字（2012）第 244135 号

中国农业出版社出版
（北京市朝阳区农展馆北路 2 号）
（邮政编码 100125）
责任编辑 赵晓红
————————————
北京通州皇家印刷厂印刷 新华书店北京发行所发行
2013 年 5 月第 1 版 2013 年 5 月北京第 1 次印刷
————————————
开本：787mm×1092mm 1/16 印张：33.5 插页：6
字数：806 千字
定价：99.80 元
（凡本版图书出现印刷、装订错误，请向出版社发行部调换）

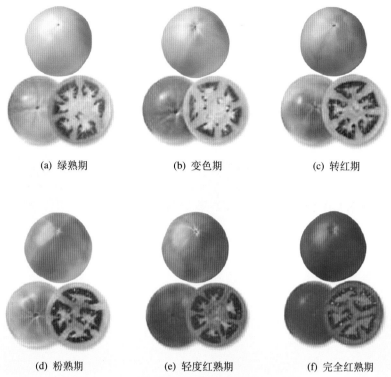

(a) 绿熟期   (b) 变色期   (c) 转红期

(d) 粉熟期   (e) 轻度红熟期   (f) 完全红熟期

图1-2-1 番茄在不同成熟阶段颜色变化情况

图2-1-1 完整果蔬

图2-1-2 半完整果蔬

图2-1-3　分切果蔬

(a) 生理裂纹

(b) 高温裂果

(c) 晒伤果

(d) 褐腐病

(e) 水烂阴腐

(f) 虫啃食后愈合伤口

图2-2-1　樱桃番茄的各种缺陷

图3-3-3　柑橘分级包装车间布置多条生产线

图3-3-4　生产线周边需有堆放产品的空间

(a) 气流量较小　　　　　　　　　　　(b) 气流量较大

图5-1-14　气泡清洗樱桃番茄

20kg，260L/min

20kg，800L/min

5kg，260L/min

5kg，800L/min

图5-1-15 气泡清洗时，不同果蔬量和不同进气量下樱桃番茄的运动状态

（a）清洗樱桃番茄　　　　　　　（b）清洗毛豆

（c）清洗整棵菠菜　　　（d）清洗块状胡萝卜

图5-1-21 各种果蔬在淹没水射流清洗过程中的运动状态

（a）未清洗樱桃番茄

（b）白粉虱代谢物污染果

（c）清洗后樱桃番茄

图5-2-1　樱桃番茄清洗效果的比较

（a）洗净菠菜

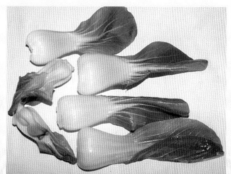

（b）洗净油菜

（c）未洗净菠菜

（d）未洗净油菜

图5-2-2　洗净蔬菜和未洗净蔬菜

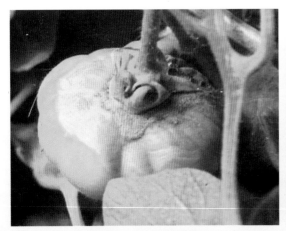

图6-1-1 南瓜灰霉病

图6-1-2 发霉的油桃

图6-1-3 受感染的柠檬

图6-1-4 发霉的樱桃

图6-1-5 草莓根霉软腐

图6-1-6 草莓炭疽病

（a）果实发病症状

（b）菌落形态特征

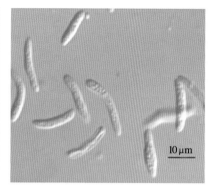

（c）分生孢子

**图6-1-7　智利进口苹果中的腐病果及
天津出入境检验检疫局分离出的牛眼果腐病致病菌**

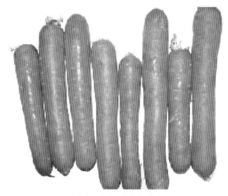

（a）未经刷洗的胡萝卜

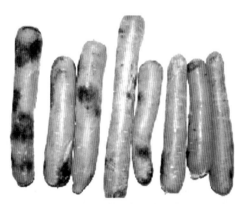

（b）经过刷洗的胡萝卜

图6-4-12　未经刷洗和经刷洗的胡萝卜

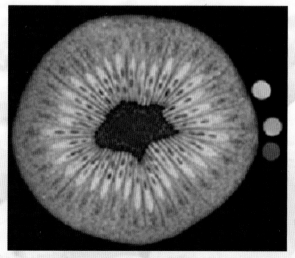

（a）横断面

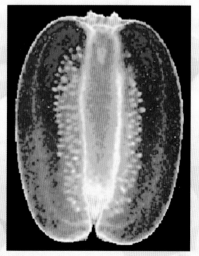

（b）纵断面

图8-5-6　猕猴桃的磁共振图像

图8-2-11　重量分级机分级苹果

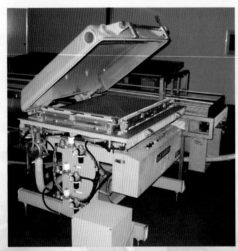

(a) 单室

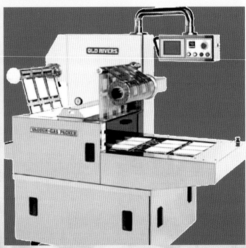

(b) 托盒式

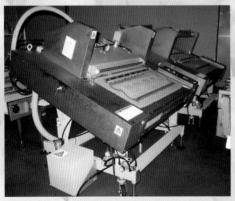

(c) 连动式

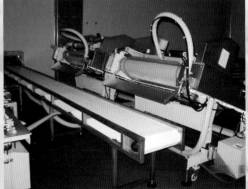

(d) 连动式包装机与输送机衔接

图9-5-5　真空／充气两用包装机

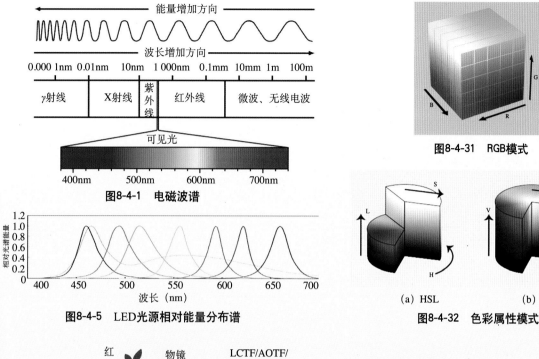

图8-4-1　电磁波谱

图8-4-31　RGB模式

图8-4-5　LED光源相对能量分布谱

(a) HSL　　　(b) HSV

图8-4-32　色彩属性模式

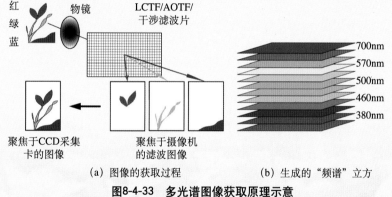

(a) 图像的获取过程　　　(b) 生成的"频谱"立方

图8-4-33　多光谱图像获取原理示意

(a) "推扫"过程——物体平移进入狭缝

(b) 用三维坐标记录数据　(c) 建立无限"图像"立方　(d) 形成的图像

图8-4-34　高光谱图像获取原理示意

图9-1-2　托盒盛装后覆膜包装的各种蔬菜

图9-1-15　纸板箱包装各品种番茄展销

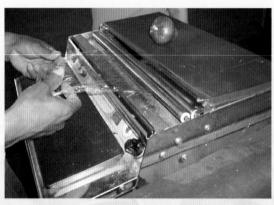

（a）将保鲜膜拉出

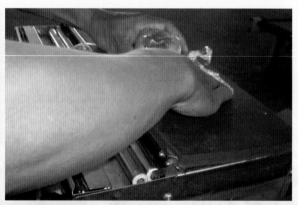

（b）保鲜膜包裹果蔬

（c）切断保鲜膜

（d）包裹好的莲雾

图9-5-1　利用覆膜包装机包装莲雾

图10-1-1 苹果加工处理生产线包装段的物料输送

（a）人工折成纸箱后放入输送机

（b）向包装线上输送

（c）输送到包装工位

图10-1-17 悬挂式输送机在脐橙包装生产线中用于输送纸箱

图10-1-2 苹果加工处理生产线中几种散果输送方式

（a）在苹果采后处理生产线的入料端采用水流输送

（b）工人拣出入水后苹果上的网套　　　　　　　　　（c）苹果向下一工序输送

图10-1-3 水流输送苹果